U0341229

中国建筑卫生陶瓷年鉴

ALMANAC OF CHINA BUILDING CERAMICS & SANITARYWARE

（建筑陶瓷 · 卫生洁具2012）

中国建筑卫生陶瓷协会　华南理工大学　中国陶瓷产业信息中心　编

中国建筑工业出版社

图书在版编目（CIP）数据

中国建筑卫生陶瓷年鉴（建筑陶瓷 ·卫生洁具 2012）/ 中国建筑卫生陶瓷协会，华南理工大学，中国陶瓷产业信息中心编 .—北京：中国建筑工业出版社，2013.10

ISBN 978-7-112-16129-4

Ⅰ.①中… Ⅱ.①中… ②华… ③中… Ⅲ.①建筑陶瓷—卫生陶瓷制品—中国—2012—年鉴 Ⅳ.①TQ174.76-54

中国版本图书馆CIP数据核字（2013）第270966号

责任编辑：李晓陶　李东禧
责任校对：肖　剑　王雪竹

中国建筑卫生陶瓷年鉴
ALMANAC OF CHINA BUILDING CERAMICS & SANITARYWARE
（建筑陶瓷 ·卫生洁具 2012）
中国建筑卫生陶瓷协会
华南理工大学　　　　编
中国陶瓷产业信息中心
*
中国建筑工业出版社出版、发行（北京西郊百万庄）
各地新华书店、建筑书店经销
北京京点设计公司制版
北京画中画印刷有限公司印刷
*
开本：880×1230 毫米　1/16　印张：27¼　插页：45　字数：1000 千字
2013 年 11 月第一版　2013 年 11 月第一次印刷
定价：380.00 元
ISBN 978-7-112-16129-4
（24855）

《中国建筑卫生陶瓷年鉴》（建筑陶瓷·卫生洁具2012）

编委会

主　　编：尹　虹　中国建筑卫生陶瓷协会　副秘书长

中国陶瓷产业信息中心　主任

全国建筑卫生陶瓷标准化技术委员会　副主任

《中国陶瓷》编辑部　执行主编

华南理工大学材料学院　副教授

常务副主编：刘小明　华夏陶瓷网　总编辑

副 主 编：缪　斌　中国建筑卫生陶瓷协会　副会长兼秘书长

主编单位：中国建筑卫生陶瓷协会

华南理工大学

中国陶瓷信息中心

战略合作机构：佛山市华夏时代传媒有限公司

华夏陶瓷网

主要参编单位：

中国建筑卫生陶瓷协会

中国陶瓷产业信息中心

华南理工大学材料学院

景德镇陶瓷学院材料学院

景德镇陶瓷学院图书馆

全国建筑卫生陶瓷标准化技术委员会

广东省陶瓷协会

福建省陶瓷协会

景德镇市建筑卫生陶瓷协会

华夏陶瓷网

中国陶瓷网

中洁网

《陶城报》报社

《陶瓷信息》报社

《陶瓷资讯》报社

《创新陶业》报社

《中国陶瓷》杂志社

《陶瓷》杂志社

《佛山陶瓷》杂志社

主要参编成员：

尹　虹　刘小明　缪　斌　宫　卫　黄惠宁　胡　俊　吴春梅

鄢春根　冯　青　孙春云　黄　宾　林文富　陈冰雪　朱思琪

毛国中　唐　钫　周建盛　张诗华　黄志坚　胡绍坚　张　扬

6月　在乌克兰召开的世界瓷砖大会代表合影

5月 中国建筑材料联合会乔龙德会长参加陶瓷协会会长会议

9月 中国建筑卫生陶瓷协会流通分会举办营销论坛暨杰出经销商颁奖

4月 中国建筑卫生陶瓷协会组织举办第二届世界卫浴设计大奖赛

1月27日　中国建筑卫生陶瓷协会卫浴分会成立十周年庆典大会在人民大会堂举行

全国建筑卫生陶瓷标准化技术委员会三届三次年会在成都召开

12月6日 中国建筑卫生陶瓷、卫生洁具行业诚信企业授牌仪式现场

7月27日 由中国建筑卫生陶瓷协会、陶瓷信息报社联合主办的陶业长征启动

12月18日 德清县县长胡国荣和诺贝尔集团公司董事长骆水根
启动点火按钮，德清诺贝尔陶瓷有限公司投产

8月28日 中国建筑卫生陶瓷协会授予东鹏陶瓷荣誉牌匾

4月25日 蒙娜丽莎集团荣获全国五一劳动奖状

4月28日 中国建筑卫生陶瓷协会领导到嘉俊陶瓷营销总部考察调研

1月5日 世界斯诺克名将丁俊晖出席博德品牌代言人签约仪式

8月17日 鹰牌陶瓷出征博洛尼亚展

“超旋风”系列新型节水坐便器成功通过鉴定

8月4日 航标卫浴签约品牌代言人范玮琪

6月13日 万利国际控股有限公司于韩交所成功上市

12月8日 科达机电二十周年庆典晚会在佛山科达机电总部举行

5月16日 简一陶瓷十周年庆典在清远生产基地举行

3月7日 威臣陶瓷企业总部基地营销中心开业

6月11日-14日 箭牌卫浴•瓷砖VIP会议在成都举行

2月18日 金意陶捐助景德镇陶瓷学院贫困生助学金30万元

12月4日-6日 中国建筑卫生陶瓷年会期间

4月20日 中国建筑卫生陶瓷协会领导莅临远泰制釉指导工作

2月28日 罗曼缔克陶瓷举行经销商年会

4月21日 汇亚陶瓷总裁携手世界名模现场签售

4月19日 金海达陶瓷薄板全球上市发布会暨陶瓷薄板发展趋势高峰论坛举行

12月19日 欧文莱陶瓷总部营销中心开业

第二届中国陶瓷50人论坛

品牌推广

品牌推广

品牌推广

品牌推广

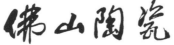

品牌推广

品牌推广

惠中国 达天下

Huida：Benefit China，influence the world.

2012年8月18日，“惠达创立30周年庆典暨国家住宅产业化基地授牌仪式”在惠达国际家居园举行。据悉，目前全国先后批准建立了27个国家住宅产业化基地，惠达被住房和城乡建设部批准列入国家住宅产业化基地，填补了陶瓷、卫浴家居行业的空白。

据了解，建立国家住宅产业化基地是推进住宅产业现代化的重要措施，其目的就是通过产业化基地的建立，培育和发展一批符合住宅产业现代化要求的产业关联度大、带动能力强的龙头企业，发挥其优势，集中力量探索住宅建筑工业化生产方式，研究开发与其相适应的住宅建筑体系和通用部品体系，建立符合住宅产业化要求的新型工业化发展道路，促进住宅生产、建设和消费方式的根本性转变。

惠达卫浴董事长王惠文指出，面对新形势，惠达人要高瞻远瞩、居安思危，谋求新发展、实现新跨越、创造新辉煌，为实现“双百”惠达、构建“两型企业”，建成“住宅产业化基地”努力奋斗。

中国卫浴设备第一品牌

HEGII 恒洁卫浴
中国卫浴 恒洁品质
3.5L
恒洁3.5L 挑战节水极限!
产品专利号：ZL 200710143460.X
恒洁卫浴形象代言人 艺术家

目　　录

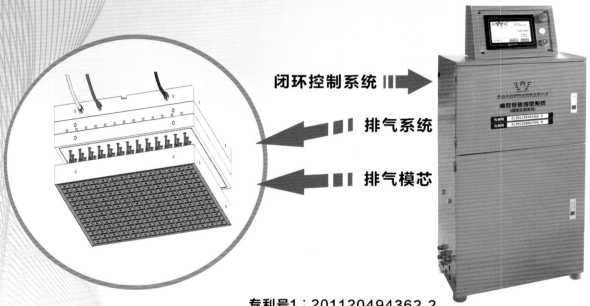

NEW Century
NEW Direction
新 世 纪　新 方 向

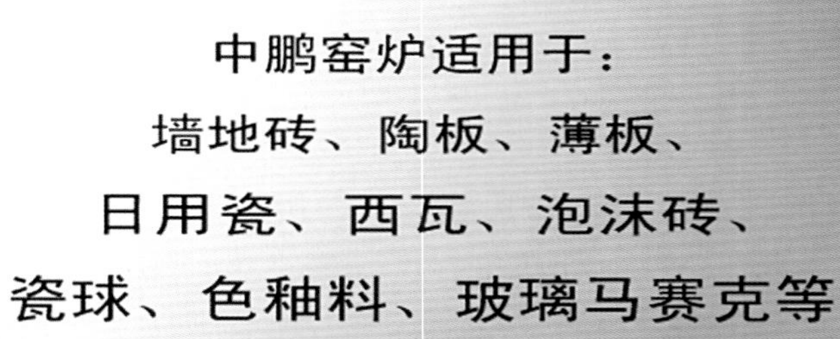
中鹏窑炉适用于：
墙地砖、陶板、薄板、
日用瓷、西瓦、泡沫砖、
瓷球、色釉料、玻璃马赛克等

Contents

天弼陶瓷
TIANBI CERAMICS

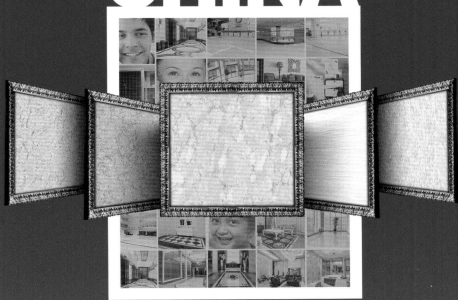

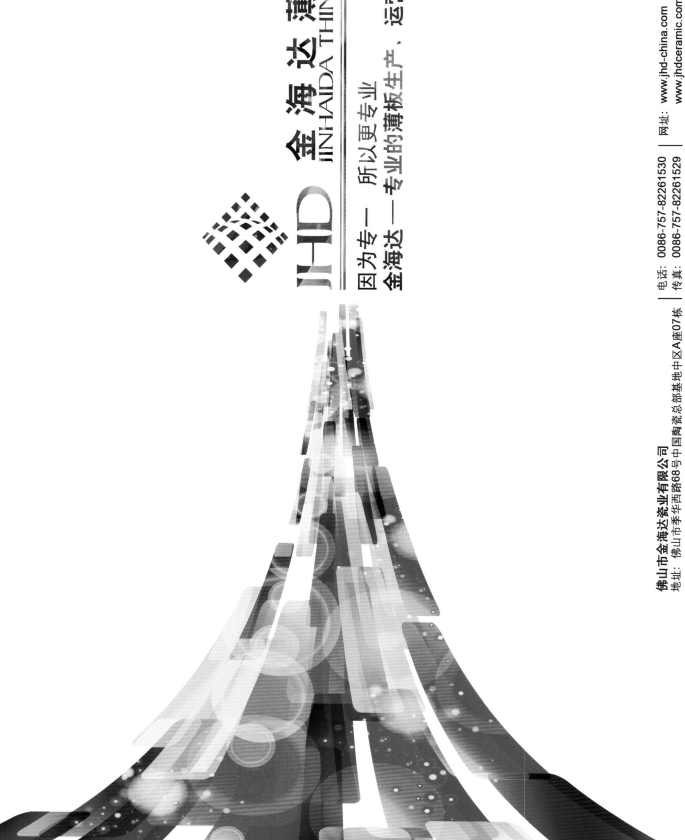

第一章　2012年全国建筑卫生陶瓷发展综述

第一节　我国建筑卫生陶瓷产量

中国建筑卫生陶瓷协会提供的资料表明，2012年建筑卫生陶瓷行业总体发展依然取得了令人欣慰的业绩，全国建筑陶瓷、卫生洁具规模以上企业工业总产值约5600亿元，增长6.2%，其中：建筑陶瓷企业近3735亿元，增长8.87%；卫生陶瓷企业446亿元，增长3.83%；五金卫浴企业1410多亿元，增长0.42%；主要产品产量均有不同程度的增长，其中：陶瓷砖产量约90亿平方米，同比增长3.35%；卫生陶瓷产量近2亿件，增长约4.05%；全行业各类建筑陶瓷与卫生洁具产品出口额达到145.5亿美元，增长24.68%[1]。

2012年全国陶瓷砖总产量89.93亿平方米（899260万平方米），相对2011年87.01亿平方米的产量增长了3.35%，自2004年连续八年保持两位数增长之后，第一次告别两位数增长，增幅大幅回落。2012年全国陶瓷砖产量数据特征与往年数据明显有较大变化，有迹象表明我国陶瓷砖行业发展已经由高速发展期步入平缓发展期。

2012年全国主要省、自治区、直辖市陶瓷砖产量（单位：万平方米）　表1-1

排名	地方	产量	增长（%）	排名	地方	产量	增长(%)
	全国	899260	3.35	12	重庆	12305	2.5
1	广东	222666	-15.4	13	湖南	12170	230.0
2	福建	217068	29.54	14	浙江	9349	28.7
3	山东	93186	-4.1	15	贵州	6952	15.1
4	江西	63934	6.9	16	安徽	5512	-7.8
5	四川	58213	-28.0	17	云南	3649	23.9
6	辽宁	56213	15.69	18	新疆	3229	8
7	湖北	36067	14.7	19	宁夏	2470	-2.0
8	河南	26959	20.7	20	甘肃	2371	15.1
9	广西	21731	32.8	21	山西	1283	-53.2
10	陕西	21035	66.2	22	上海	1150	-18.1
11	河北	19359	12.9	23	内蒙	1142	1.9

全国各省份的陶瓷砖产量中，广东省陶瓷砖产量在下滑15.4%的情况下，继续保持第一大省份的地位，但是与排在第二位的福建省产量几乎不相上下，相差仅5000万平方米，从数据上来看，也许福建省的陶瓷砖产量很快将超过广东省，成为全国最大的陶瓷砖生产制造大省，2012年上半年的统计数据福建省的陶瓷砖产量就排在第一位。但从行业的整体运行状况来看，福建省的陶瓷砖产量短期内不容易超过广东省的产量。

2012年全国陶瓷砖产量主要省份的排位顺序比往年有所变化，但没有动摇全国陶瓷产业的基本格局，最大的变化是江西省的陶瓷砖产量继续增长，而四川省陶瓷砖产量出现较大幅度的下降，江西省超过四川省排在第四位。2012年全国陶瓷砖产量的一个明显特点是31个省市自治区中，有11个出现负增长，其中有：含有阳泉、阳城产区的山西产量下降53.2%；含有夹江产区的四川产量下降28.0；含有淄博、临沂产区的山东省产量下降4.1%。相对之下，与2011年相比，同是11个省份出现负增长，而2010年全国陶瓷砖产量中，仅山东、重庆、湖南三省份出现负增长，幅度最大是山东，-6.84%。发展明显放缓是整个行业的特征。

用表观年人均瓷砖消费量可以从另一个方面看到我国瓷砖产业的现状（是否接近过剩？）。2012年我国的表观年人均瓷砖消费量[=（年产量-出口+进口）/人口总数]接近6平方米，已经处于世界高位，明显超过绝大多数的世界瓷砖生产制造消费大国，如：巴西、印度、伊朗等国。这是我国表观年人均瓷砖消费量数据的历史新高。这已经表明我国的年人均陶瓷砖表观消费量明显处于高位，目前位于全球第一。历史上2005年西班牙陶瓷砖产量6.09亿平方米（当时位于世界第二大陶瓷砖生产制造大国），国内消费3.03亿平方米，4520万人口。出口3.41亿平方米。2005年西班牙年人均瓷砖消费量达6.7平方米/人。我国目前表观年人均瓷砖消费量是全球第一，已经接近全球历史上第一。表明我国的瓷砖产量与消费已经接近饱和边缘。

我国的陶瓷砖产能与实际产量人均水平虽未突破世界历史极限，但应该已经处于相对过剩的边缘，过剩是市场经济的终极目标，无论是过剩前夕还是过剩到来，“十二五”期间行业的洗牌、调整都会明显加剧，关门倒闭、兼并重组间或会时有发生。

2012年全国主要省、自治区、直辖市卫生陶瓷产量（单位：万件） 表1-2

排名	地区	产量	增长（%）	排名	地区	产量	增长（%）
	全国	19971	4.05	7	重庆	564	50.2
1	河南	6466	8.35	8	上海	339	-6.0
2	广东	5996	-1.95	9	广西	253	17.0
3	河北	2717	6.7	10	北京	178	1.6
4	湖北	1773	27.0	11	江苏	98	116.8
5	湖南	725	-2.7	12	四川	90	-6.0
6	福建	609	4.2	13	山东	88	136.8

2012年全国卫生陶瓷总产量是2.0亿件（19971万件），相对2011年产量1.92亿件，增长4.05%。相对2011年7.71%的增幅，再次大幅回落。值得注意的是在2011年全国各省数据统计中，产量排在前三的仍是河南（6466万件）、广东（5996万件）、河北（2717万件）三省，与2011年全年广东（6115万件）、河南（5968万件）、河北（2546万件）相比，顺序已经发生变化，河南第一次成为我国卫生陶瓷产量第

一大省。

2012 年全国河南、广东、河北三省的卫生陶瓷总产量为 15179 万件，占全国总产量的 76.0%；相对比重与 2011 年占全国总产量 76.58% 相比，继续下滑，幅度微小。2010 年的相对比重是 81.04%，2009 年是 82.04%，2008 年是 80.51%。相对比重继续微弱下滑。2012 年全国卫生陶瓷产量保持两位数增长的身份有：湖北、重庆、广西、江苏、山东、天津、新疆等省。值得注意的是湖北省继续保持强劲增长，在 2011 年卫生陶瓷产量突破千万件，2012 年增长 27%，逼近两千万件。广东 2012 年下降 1.95%。

附录整个全国的数据还表明，到目前为止，全国仍有山西、内蒙古、辽宁、吉林、黑龙江、浙江、安徽、海南、贵州、云南、西藏、陕西、甘肃、青海、宁夏十五个省级地区继续“保持”没有卫生陶瓷生产制造。与 2011 年几乎相仿，也是 15 个省份没有卫生陶瓷生产制造。

第二节 我国建筑卫生陶瓷产品质量

关于我国建筑卫生陶瓷产品的质量，无论是产品的制造商还是消费者，还是主管产品质量的官方或行业其他方面的专业或非专业的人士，都可以直接或间接地感觉到我国建筑卫生陶瓷产品的质量越来越好，随着我国建筑卫生陶瓷产业的不断扩大，产品质量也随之而不断提升进步。但是我国一直缺乏整体建筑卫生陶瓷产品质量的全面定量描述与统计数据分析。每年例行的“国抽”（陶瓷砖、卫生陶瓷、陶瓷片密封水嘴产品质量国家监督抽查）从整体上对建筑卫生陶瓷产品质量有所反映。

2012 年 11 月 2 日国家质检总局公布了 2012 年陶瓷砖产品质量“国抽报告”——《陶瓷砖产品质量国家监督抽查结果》。2012 年陶瓷砖产品“国抽”共抽查了河北、山西、辽宁、上海、江苏、浙江、安徽、福建、江西、山东、河南、湖北、湖南、广东、广西、四川、陕西 17 个省、自治区、直辖市的 240 家企业生产的 240 种陶瓷砖产品。产品合格率 89.6%。对比前三年的“国抽报告”可以看到：2011 年产品合格率为 86.1%；2010 年为 81.62%；2009 年为 73.35%。四年来抽检产品的合格率年年都在攀升，从侧面多少反映了一些我国陶瓷砖产品质量的状况，2012 年有现一例放射性核素不合格。

国家质检总局 2012 年 9 月 19 日公布“陶瓷坐便器产品质量国家监督抽查结果”，这次“国抽”共抽查了北京、天津、河北、上海、江苏、福建、江西、山东、河南、湖北、广东、重庆、四川 13 个省、直辖市 160 家企业生产的 160 种陶瓷坐便器产品，抽查发现有 12 种陶瓷坐便器产品不合格，一半是“广东制造”。主要不合格项目为吸水率、便器用水量、洗净功能、密封性能、安全水位技术要求、安装相对位置。

国家质检总局 2012 年 9 月 19 日公布“陶瓷片密封水嘴产品质量国家监督抽查结果”，这次共抽查了河北、上海、江苏、浙江、福建、江西、广东 7 个省、直辖市 150 家企业生产的 150 种陶瓷片密封水嘴产品。32 种陶瓷片密封水嘴产品不合格，主要涉及到管螺纹精度、酸性盐雾试验、冷热疲劳试验、流量（不带附件）、冷热水标志项目。

“国抽”已经“规范”四年多了（《陶瓷砖产品质量监督抽查实施规范》及《卫生陶瓷产品质量监督抽查实施规范》已经实施四年多了），每年的“国抽”报告都会在央视的“每周质检报告”栏目曝光。但国家相关部门对“国抽”不合格产品的限制与惩罚远没有到位，完全不能与食品药品等产品相提并论，所以大部分陶企完全不够重视，估计这种情况不会持续太久。相信建筑卫生陶瓷产品的质量问题将越来越为社会、舆论、消费者所重视（甚至可能为一些陶企的竞争对手所重视），生产企业不引起足够的重视，最终将自食其果，而导致最终严重影响陶企的产品品牌形象与企业形象。2012 年陶瓷砖产品质量抽查方面一个新的变化是“省抽”（或曰：地方抽查）的地方大幅增加。

2012 年 4 月 25 日，陕西省质量技术监督局公布对便器冲洗阀产品质量进行了监督抽查结果。样品全部在西安地区经销企业中抽取。共抽查企业 25 家，抽取样品 42 批次，经检测，合格样品 42 批次，样品批次合格率为100%。

2012年4月25日，陕西省质量技术监督局通报陶瓷片密封水嘴产品质量监督抽查结果，样品批次合格率为58.2%。样品主要在西安、宝鸡、延安地区的经销企业中抽取样品55批次。经检验，合格样品32批次，样品批次合格率为58.2%。不合格样品涉及佛山市日丰企业有限公司、嘉尔陶瓷有限公司、合肥荣事达电子电器有限公司、北京雅之鼎卫浴设备有限公司、福建省特瓷卫浴实业有限公司、菲时特集团股份有限公司等企，主要是酸性盐雾试验、管螺纹精度、密封性能、冷热疲劳试验、阀体强度、冷热水标志、流量等项目不达标。

4月26日，湖南省工商行政管理局公布从长沙、株洲、湘潭3市的经销单位抽取了23组陶瓷砖样品的检测结果，合格19组，合格率为82.6%。四组样品不合格，标称生产企业涉及佛山军山陶瓷有限公司、福建晋江恒达陶瓷有限公司、江西瑞阳陶瓷有限公司、佛山市和发陶瓷有限公司，存在的主要问题是吸水率、破坏强度、断裂模数达不到标准要求。

6月13日，上海市质量技术监督局对本市生产和销售的坐便器产品质量进行专项监督抽查公布结果，本次抽查产品34批次，经检验，不合格1批次。标称洛阳市闻洲瓷业有限公司生产的一批次“Wenzhou”坐便器（规格型号：W026生产日期/批号：2012.3），吸水率不合格。

7月20日，广东省质量技术监督局通报陶瓷砖产品质量专项监督抽查结果。抽查了珠海、佛山、江门、肇庆、惠州、东莞、清远、河源、云浮9个地市126家企业生产的陶瓷砖140批次，有24批次产品不合格。不合格产品发现率为17.1%，剔除仅标识不合格16批次，实物质量不合格产品发现率为5.7%。主要不合格项目涉及到标志、破坏强度、尺寸、断裂模数和吸水率。

10月16日，河南省质量技术监督局通报卫生陶瓷产品质量省监督检查结果，本次监督检查共抽取了郑州、洛阳、平顶山、焦作、许昌、漯河等6个省辖市31家企业生产的59批次卫生陶瓷产品。有53批次合格，6批次不合格，涉及河南浪迪瓷业有限公司、郏县华美陶瓷有限公司、河南嘉陶卫浴有限公司、长葛市贝浪瓷业有限公司、禹州康洁瓷业有限公司、郏县中佳陶瓷有限责任公司等企，主要不合格项目为卫生陶瓷的安全水位、进水阀防虹吸、安装相对位置、CL线标记、溢流功能、洗净功能、固体物排放等。

10月27日，陕西省质量技术监督局通报陶瓷坐便器产品质量监督抽查结果。一共抽查了西安、宝鸡、渭南、榆林、安康地区50家经销企业，共抽查样品50批次，综合判定合格样品35批次。不合格产品涉及便器用水量、安全水位技术要求、安装相对位置、洗净功能、固体排放功能、坐便器水封回复、便器配套要求、进水阀CL标记、防虹吸功能、进水阀密封性项目不达标。

11月6日，安徽省工商局公布对宿州、亳州、阜阳、淮北等市场上销售的陶瓷片密封水嘴进行了省级质量监测结果，陶瓷片密封水嘴19批次，不合格9批次，质量问题突出表现在管螺纹精度、酸性盐雾试验、流量（不带附件）上不合格。

11月20日，广东省质量技术监督局对橡胶及塑料机械、木工机械、金属切削机械、防水涂料、厨房家具、卫浴家具、器具耦合器、输变电设备及产品、铝型材及铝合金型材、人造板等10种产品进行监督检验并公布广州、深圳、佛山、东莞、江门、顺德6个地区57家企业生产的卫浴家具产品共66批次，检验不合格5批次，不合格产品发现率为7.6%。

11月20日，广东省质量技术监督局对橡胶及塑料机械、木工机械、金属切削机械、防水涂料、厨房家具、卫浴家具、器具耦合器、输变电设备及产品、铝型材及铝合金型材、人造板等10种产品进行监督检验并公布了广州、深圳、佛山、东莞、中山5个地区32家企业生产的厨房家具产品共35批次，检验不合格3批次，不合格产品发现率为8.6%。

11月28日，广东省质量技术监督局对普通照明用自镇流荧光灯、陶瓷片密封水嘴、卫浴产品、卫生陶瓷4种产品进行了专项监督抽查之后。公布了佛山、广州、顺德区、中山、江门、东莞、清远、潮州8个地区的82家企业生产的100批次卫生陶瓷产品，检验不合格13批次，不合格产品发现率为

13.0%。涉及到吸水率、用水量、洗净功能、固体物排放功能、污水置换、水封回复功能、防贱污性、配套要求、用水量标识、冲洗噪声、防虹吸功能、安全水位技术要求、安装相对位置等项目。

11 月 28 日，广东省质量技术监督局对普通照明用自镇流荧光灯、陶瓷片密封水嘴、卫浴产品、卫生陶瓷 4 种产品进行了专项监督抽查之后，公布了佛山、江门、顺德、广州、深圳、东莞、珠海 7 个地区的 117 家企业生产的 150 批次陶瓷片密封水嘴产品，检验不合格 51 批次，不合格产品发现率为 34.0%。涉及到陶瓷片密封水嘴产品的管螺纹精度、冷热水标志、螺纹扭力矩试验、盐雾试验、附着力试验、阀体强度、密封性能、流量、冷热疲劳试验 9 个项目进行了检验。

第三节　建筑卫生陶瓷产品进出口

一、全国建筑卫生陶瓷产品出口数据

2012 年全年陶瓷砖产品出口 10.86 亿平方米（108621 万平方米），出口额 63.52 亿美元，较 2011 年全年出口 10.15 亿平方米增长 6.99%，较 2011 年全年出口额 47.64 亿美元增长 33.33%。2012 年陶瓷砖出口平均单价 5.85 美元 / 每平方米，较 2011 年陶瓷砖出口平均单价为 4.69 美元 / 平方米，大幅增加，增长 24.73%。2012 年我国陶瓷砖出口又是量增、价涨、平均单价升的一年。2012 年陶瓷砖出口量增长幅度较前几年减缓，仅个位数增长，出口额与平均单价大幅增长与汇率的变化也有一定的关联。

受国际金融危机深层次的影响，特别是欧洲主权债务危机深化蔓延，世界经济复苏明显减速，国际市场需求下滑，2012 年中国对外贸易发展面临的内外部环境复杂严峻，进出口增速下滑至个位数。我国建筑陶瓷与卫生洁具产品出口数量增速明显放缓，但出口金额仍有较高的增长幅度，全行业累计出口 145 亿美元，同比增长 24.68%，占同类产品国际贸易中的份额进一步提高，主要原因，一是受通货膨胀、人民币货币贬值、原材料及劳动力等生产要素成本攀升等导致出口产品比较优势下降，国外反倾销等贸易保护主义的影响，低价出口产品面临发展中国家的竞争越来越大，中国出口产品的价格普遍上扬；二是我国建筑陶瓷与卫生洁具产品主要出口市场是新兴经济体和发展中国家，这些国家受金融危机冲击相对较小，经济复苏较快，需求增速高于发达经济体；三是我国建筑陶瓷与卫生洁具行业民营企业占据绝对的主导地位，民营企业的国际市场竞争力日益提升，中国产品仍具有较高的性价比；四是我国政府采取的稳定的出口政策，加快外贸发展方式等措施，使企业自身不断提升产品的科技含量的附加值，从而有力地推动出口稳定增长；五是建筑陶瓷与卫生洁具行业属于劳动密集型、资源和能源消耗型产业，且需要较强的制造业支撑和完善的产业配套服务，这种类型的产业在发达国家难以立足，在发展中国家也难形成有竞争力的产业 [2]。

中国建筑陶瓷和卫生洁具产品出口到全世界二百多个国家和地区，中国产品的质量与高性价比越来越受到国外消费者的认同，出口产品主要流向国家或地区及所占份额基本保持稳定。除陶瓷色釉料外其他各类产品的出口额均有不同程度增长，建筑陶瓷类产品出口额约 69 亿美元，其中出口陶瓷砖 10.86 亿平方米，增长 6.6%，出口额 63.5 亿美元，增幅比上年提高近十个百分点，达到 33.3%；出口陶瓷色釉料 17.85 万吨，下降 9.32%，金额 1.82 亿美元，减少 8.78%；其他建筑陶瓷出口量约 4.1 万吨，增长 23.2%，金额 3.42 亿美元，增长 80.4%。卫生洁具类产品出口金额近 77 亿美元，增速比 2011 年高出 3 个百分点，达到 17.75%，其中：出口卫生陶瓷 5500 多万件，数量减少 4.2%，金额 9.3 亿美元，增长 10.4%；出口五金卫浴类产品 36.2 亿美元，增长 10.3%；淋浴房 18.6 亿美元，增长 7.02%；浴缸 4.3 亿美元，增长 80.67%；马桶座圈及盖板 3.3 亿美元，增长 41.42%；水箱及配件 4.87 亿美元，增长 190.4%[2]。

建筑陶瓷与卫生洁具行业是劳动密集型产业，高度依赖能源、资源，在生产过程中对环境产生一些负面影响。国外尤其是发达国家主要以“进口”的方式满足本国市场需求，由于各种因素导致中国产

品在国际市场上具有较高的性价比和较强的竞争力，国际市场对中国陶瓷砖及洁具产品仍有很大需求，2012 年中国出口陶瓷砖占国际市场贸易量的一半以上，洁具产品占全球贸易量的四成以上。2012 年陶瓷砖产品的出口平均价格继续上扬，达到 5.85 美元 / 平方米（增长 1.16 美元 / 平方米），均价同比增长 24.73%；其中：地砖（包括瓷质砖、细炻砖、炻瓷砖、炻质砖）平均提高 86 美分，增长 15.25%；釉面砖（陶质砖）提高 1.37 美元，增长 33.74%。2012 年中国向欧、美、日等发达国家和地区出口陶瓷砖的比重略有下降（增加约 2.4%），向前十个主要国家或地区的出口占陶瓷砖总出口量的 41.29%，排名依次是沙特阿拉伯（占总出口量的 8.22%，比 2011 年增长 14.71%）、美国（4.82%，增长 5.22%）、泰国（3.97%，增长 12.32%）、韩国（3.97%，增长 2.04%）、尼日利亚（3.72%，增长 37.94%）、阿联酋（3.57%，增长 4.40%）、新加坡（3.55%，减少 3.56%）、巴西（3.51%，减少 2.83%）、菲律宾（3.21%，增长 24.22%）、印度（2.75%，减少 25.99%）。时隔两年之后非洲的尼日利亚再次进入前十位出口流向国家，中国香港已经连续三年排在前十个主要出口流向地区名单之外。广东省陶瓷砖出口量和出口额依然傲视群雄，占全国出口总量的 68.64%，占出口总额的 71.76%；排在第二位的福建省陶瓷砖出口量和出口额分别为 17.50% 和 10.51%；山东省继续位列第三，出口量和出口额分别为 5.37% 和 3.32%，江西省位列第四，出口量和出口额分别为 1.67% 和 2.46%[2]。

2012 年，卫生陶瓷出口量约占全国总产量的三成，中国出口的卫生陶瓷超过全球贸易总量三分之一以上。2012 年全国出口卫生陶瓷 5513 万件，同比减少 4.2%。卫生陶瓷的平均出口价格为 16.93 美元 / 件，均价比上年增长 2.22 美元，价格上涨幅度 15.09%，考虑到近两年原材料、劳动力等生产要素成本攀升的因素，尽管价格提升，但许多出口企业采用低价竞争抢订单的策略，企业效益并不理想，不少企业仅靠国家的出口退税支撑才能运作。出口卫生陶瓷中约二分之一流向欧、美、日等发达国家和地区，前十个主要国家或地区分别是美国（占总出口量的 27.08%，比 2009 年增长 12.57%）、韩国（10.23%，降低 9.64%）、加拿大（4.94%，增长 18.35%）、尼日利亚（4.51%，增长 15.18%）、菲律宾（4.06%，增长 34.65%）、英国（3.37%，减少 23.08%）、新加坡（2.77%，增长 3.17%）、沙特阿拉伯（2.43%，增长 8.06%）、澳大利亚（2.42%，减少 1.18%）、印度（2.18%，降低 19.98%）。向这十个国家（或地区）的出口占全国卫生陶瓷出口量的 64.01%，其中向前 5 个地区的出口量约占总量的 50.83%。西班牙已经连续两年排在前十个主要出口流向地区名单之外，中国香港也是昙花一现，继 2011 年重归前十个主要出口流向地区名单后，2012 年再次被排名在外。广东省卫生陶瓷出口量和出口额继续保持全国第一，分别为 40.25% 和 38.39%；河北省位居第二，分别为 33.28% 和 33.97%；福建省依然位居第三，为 8.33% 和 7.8%；随后为山东省（4.79% 和 5.89%）、河南（3.85% 和 2.94%）、湖北（2.5% 和 1.58%），江苏（1.39% 和 2.75%），上海（1.26% 和 2.64%），其他地区（4.35% 和 5.03%）。河南也是首次进入前五强排名 [2]。

2012 年，水嘴等五金卫浴类产品的出口回归到正常的增长轨道，平均出口单价为 6.16 美元 / 套，与 2011 年增加 61 美分 / 套，比 2010 年增加 2.15 美元。中国出口到欧美等发达国家或地区的水嘴洁具产品只占总出口量的约四成，但所占金额比重超过六成，前十个主要出口流向国家（或地区）占出口总额的 53.73%，所占（金额）比例和平均价格分别为美国（占出口总额的 19.92%，平均价格为 10.48 美元 / 套）、俄罗斯（6.76%，9.47 美元 / 套）、英国（5.50%，16.57 美元 / 套）、德国（5%，10.03 美元 / 套）、法国（2.98%，9.89 美元 / 套）、菲律宾（2.91%，4.18 美元 / 套）、澳大利亚（2.82%，11.13 美元 / 套）、西班牙（2.81%，9.98 美元 / 套）、荷兰（2.55%，7.09 美元 / 套）、阿联酋（2.48%，4.15 美元 / 套）、加拿大（2.38%，18.81 美元 / 套）。浙江、广东和福建三个地区是我国水嘴等五金洁具的主要产区，其中浙江省中小型企业数量最多，出口量也最大，占全国出口总量的近一半 [2]。

2012 年全国出口浴缸类产品 9 万吨，与 2011 年相比增长 13.95% 出口平均价格为 4.79 美元 / 公斤，单价比 2011 年增加 1.77 美元。约五成的浴缸产品出口到欧美等发达国家或地区，向前十个主要国家（或地区）的出口占总额的 47.32%，分别为美国（占总出口额的 8.32%，平均价格 5.11 美元 / 公斤）、澳大利亚（7.92%，4.02 美元 / 公斤）、英国（7.67%，4.04 美元 / 公斤）、加拿大（4.89%，5.43 美元 / 公斤）、马来西亚（3.91%，7.59 美元 / 公斤）、日本（3.17%，6.57 美元 / 公斤）、沙特阿拉伯（3.06%，8.27 美元 / 公斤）、德国（2.99%，5.97 美元 / 公斤）、新加坡（2.69%，9.15 美元 / 公斤）、西班牙（2.69%，4.61 美元 / 公斤）。广东、浙江和上海等地区是我国浴缸产品的主要产区，广东省出口量和出口额最多，分别占全国的 32.90% 和 42.37%；浙江省位居第二分别为 20.81% 和 15.27%；上海位居第三，分别为 18% 和 11.80%[2]。

2012 年全国出口淋浴房 75.99 万吨，与 2011 年相比基本持平，出口额为 186834 万美元，同比增长 7.02%，出口平均价格为 2.46 美元 / 公斤，单价比 2011 年增加 14 美分。约四成的淋浴房产品出口到欧美等发达国家或地区，向前十个主要国家（或地区）的出口占总额的 42.07%，分别为澳大利亚（占总出口额的 14.77%，平均价格 3.49 美元 / 公斤）、俄罗斯（7.52%，2.22 美元 / 公斤）、美国（4.16%，3.52 美元 / 公斤）、赞比亚（3.04%，1.68 美元 / 公斤）、法国（2.58%，2.20 美元 / 公斤）、日本（2.05%，2.43 美元 / 公斤）、英国（2.02%，2.35 美元 / 公斤）、波兰（2.01%，2.10 美元 / 公斤）、蒙古（1.96%，1.77 美元 / 公斤）和马来西亚（1.96%，3.88 美元 / 公斤）。浙江、广东、北京等地区是我国淋浴房的主要产区，浙江省出口量和出口额最多，分别占全国的 33.10% 和 30.48%；广东省位居第二分别为 20.86% 和 25.84%；北京位居第三，分别为 10.44% 和 8.34%。

2012 年全国出口塑料马桶座圈及便器盖板类产品 7.5 万吨，增长 14.22%，平均出口价格为 4.38 美元 / 公斤，比 2011 年增加 84 美分，提高 23.72%。近六成的塑料马桶座圈及便器盖板类产品出口到欧美等发达国家，前十个主要出口流向国家（或地区）占出口总额的 54.47%，各地区所占份额和平均价格分别为：美国（占出口总额的 19.44%，4.20 美元 / 公斤）、德国（8.36%，3.88 美元 / 公斤）、英国（6.36%，4.24 美元 / 公斤）、荷兰（3.83%，4.05 美元 / 公斤）、澳大利亚（3.43%，6.10 美元 / 公斤）、泰国（3.05%，4.92 美元 / 公斤）、法国（2.81%，4.32 美元 / 公斤）、巴西（2.74%，4.54 美元 / 公斤）、印度（2.30%，4.45 美元 / 公斤）和墨西哥（2.15%，4.20 美元 / 公斤）。广东、福建和浙江三个地区是我国卫生陶瓷配件（包括坐便器盖和圈、水箱配件等）的主要产区，约占全国总产量的 75%，其中：广东省出口量和出口额位居全国第一，分别为 36.41% 和 35.85%；位居第二的福建分别占 25% 和 25.13%；浙江省位居第三，为 13.96% 和 11.07%；福建省的出口产品平均价格最高，达到 4.41 美元 / 公斤，广东为 4.32 美元 / 公斤，浙江地区为 3.48 美元 / 公斤 [2]。

2012 年塑料水箱及水箱配件类产品出口增幅最大，出口量及出口额创历史新高。全国出口塑料水箱及水箱配件类产品约 8.04 万吨，比 2011 年增长 54.10%，平均出口价格为 6.05 美元 / 公斤，同比增长 2.84 美元，增幅 88.47%。约三分之一的塑料水箱及水箱配件类产品出口到欧美等发达国家，前十个主要出口流向国家和地区占出口总额的 45.48%，所占金额比例和平均价格分别为美国（占总出口额的 6.09%，平均价格为 5.15 美元 / 公斤）、马来西亚（5.59%，6.34 美元 / 公斤）、新加坡（5.11%，7.84 美元 / 公斤）、阿联酋（4.78%，6.68 美元 / 公斤）、墨西哥（4.75%，8.04 美元 / 公斤）、印度（4.24%，6.07 美元 / 公斤）、沙特阿拉伯（4.16%，7.39 美元 / 公斤）、英国（3.75%，6.61 美元 / 公斤）、澳大利亚（3.71%，7.90 美元 / 公斤）和南非（3.29%，7.36 美元 / 公斤）。广东、福建、浙江、重庆等地区生产的水箱配件约占全国总产量的 75%，广东省出口量和出口额高居全国第一，分别为 53.12% 和 50.32%；其次是浙江，分别占 10.35% 和 6.56%；福建出口额位居第三，为 7.05% 和 7.72%；浙江省的平均出口价格最低，为 3.83 美元 / 公斤，不足其他地区同类产品的平均价格的三分之二 [2]。

陶瓷色釉料类产品出口量连续三年呈下降趋势，2012 年全国出口陶瓷色釉料类产品 17.85 万吨，同比下降 9.31%，出口额超过 1.8 亿美元，比 2011 年减少 8.78%，平均出口价格为 1.02 美元 / 公斤，同比增长 1 美分 / 公斤，单价增幅达到 0.01%。出口到亚洲国家或地区的陶瓷色釉料类产品约占总出口额的三分之二，前十个主要出口流向国家或地区占总出口额的 67.91%，所占比例和平均价格分别为印度尼西亚（占总出口量的 16.79%，平均价格为 0.57 美元 / 公斤）、越南（8.65%，0.53 美元 / 公斤）、印度（6.09%，

1.52美元/公斤)、意大利（6.07%，6.60美元/公斤)、尼日利亚（5.95%，0.65美元/公斤)、日本（5.81%，4.13美元/公斤)、孟加拉国（5.30%，0.59美元/公斤)、泰国（4.53%，2.47美元/公斤)、马来西亚（4.40%，1.38美元/公斤)、西班牙（4.33%，4.77美元/公斤)。广东、山东、江苏和福建等地区出口的色釉料产品占全国总量的80%以上，广东省出口最多，出口量和出口额分别为36.52%和45.99%；其次是山东分别占33.86%和14.26%；江苏位居第三，为7.77%和13.34%；福建排名第四，为2.85%和4.86%，山东省的出口平均价格为0.43美元/公斤，仅为全国平均出口价格的42%[2]。

与出口市场形成强烈的反差，在国内，伴随中国经济增长缓行的步伐，特别是受"历史上最严厉的房地产调控政策"影响，导致内需市场增长下降，除其他建筑陶瓷制品外，其他进口陶瓷砖和洁具产品均出现不同程度的下降。2012年全国进口建筑陶瓷和卫生洁具产品约6.9亿美元，同比减少5.22%，其中：进口陶瓷砖518万平方米，比2011下降16%，进口额7704万美元，下降17.1%，平均单价为14.87美元/平方米，比2011年平均减少52美分/平方米，降价幅度达到3.38%，出口产品平均单价约是进口产品的39.32%。2011年全国进口卫生陶瓷69.8万件，同比下降21.6%，进口额减少24%，为5088万美元，均价为72.96美元/件，与2011年相比降价2.99%。2009年进口水嘴类五金洁具1.98亿美元，与2011年相比进口额降低1.4%，进口产品单价为23.99美元/套，出口产品均价约为进口产品的25.68%。2012年进口淋浴房和浴缸类产品10213吨，价值约2.1亿美元，分别降低17.69%和25.25%，平均单价为20.65美元/公斤；进口塑料马桶座圈及盖板类产品约386吨，价值582万美元，同比减少0.87%和31.85%，平均单价为15.08美元/公斤，单价降幅为25.31%，出口产品平均单价是进口产品的29.05%；进口塑料水箱及水箱配件类产品513吨，下降1.35%，进口金额增长10.44%，达到677万美元，平均单价为13.20美元/公斤，提价幅度为11.96%，出口产品平均单价是进口产品的45.83%。进口陶瓷色釉料近1.79万吨，同比减少2.28%，进口额为1.38亿美元，比2011年增长46%，平均单价为7.69美元/公斤，提价49.61%，出口产品平均单价是进口产品的13.26%[2]。

数据显示2012年是中国陶瓷砖出口增长放缓的一年，其中沙特、美国、泰国成为是我国陶瓷砖出口的三大目的国，泰国第一次成为我国陶瓷砖出口三大目的国之一，替代韩国2011年的位置。对沙特的出口出现大幅度增长，达8932万平方米，较2011年7787万平方米增长14.7%。在全国陶瓷砖产品出口方面，广东省仍是最大的陶瓷砖出口省份，出口量占全国68.64%，出口额占全国71.76%，相对2010年所占比例（出口量：70.71%，出口额：79.21%）继续下降，出口量份额第一次跌破70%。

2006年～2012年中国陶瓷砖产品出口数据 **表1-3**

年份	出口量（万平方米）	增长	出口金额（亿美元）	增长
2006	54373	29.2%	17.09	44.8%
2007	59007	8.62%	21.31	24.7%
2008	67090	13.7%	27.11	27.2%
2009	68547	2.15%	28.62	5.54%
2010	86720	20.96%	38.51	25.68%
2011	101528	17.07%	47.644	23.72%
2012	108621	6.99%	63.5237	33.33%

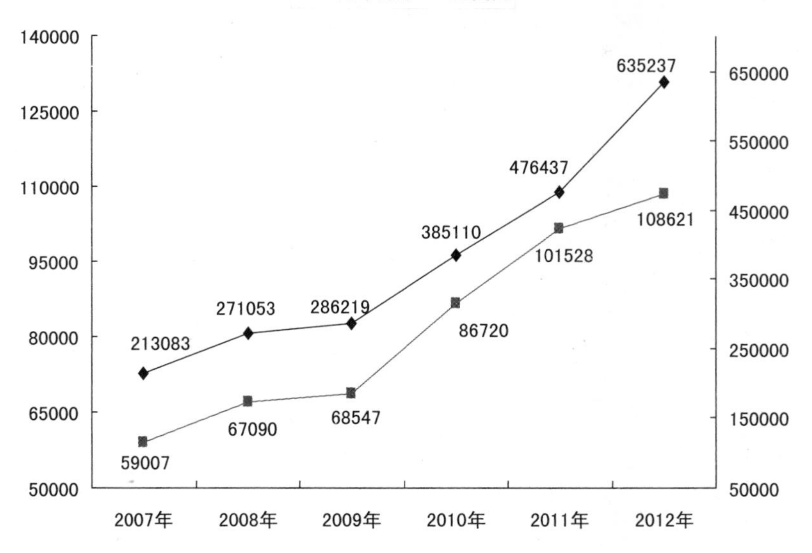

图 1-1 2007 年～ 2012 年全国建筑陶瓷出口量与出口额

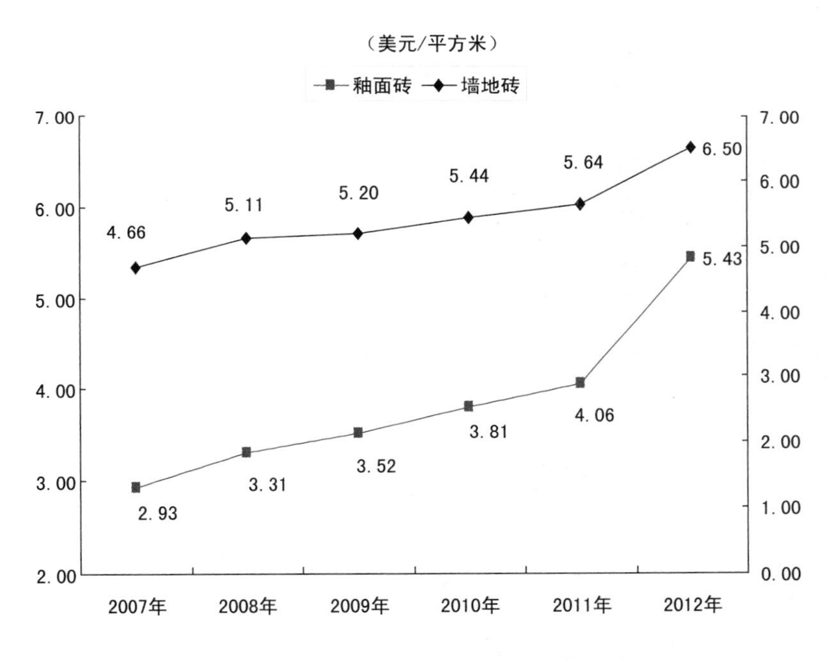

图 1-2 2007 年～ 2012 年建筑陶瓷砖出口平均价格

十多年以来，中国陶瓷砖产品在国际上几乎年年遭受反倾销，但是出口却是年年增长，而且是“三增”（量增、价增、平均单价增）并进，2012 年也是如此。尽管中国陶瓷砖的出口总量已经超过了世界第二大陶瓷砖生产制造大国的产量，但中国的陶瓷砖产品出口仅占国内全年陶瓷砖总产量的 10% 左右，与我国卫生陶瓷行业（出口 >30%）及日用陶瓷行业（出口 >70%）比较依赖出口完全不一样，也不像意大利、西班牙陶瓷砖行业产品出口超过 50%，过度依赖出口市场。我国陶瓷砖产业受国际经济市场的变化影响不大。但也应该看到出口的增幅已经下降到个位数，随着出口基数的庞大，面对多国出口的反倾销，可以预计我国建筑卫生陶瓷的出口将进入平缓发展的年代。

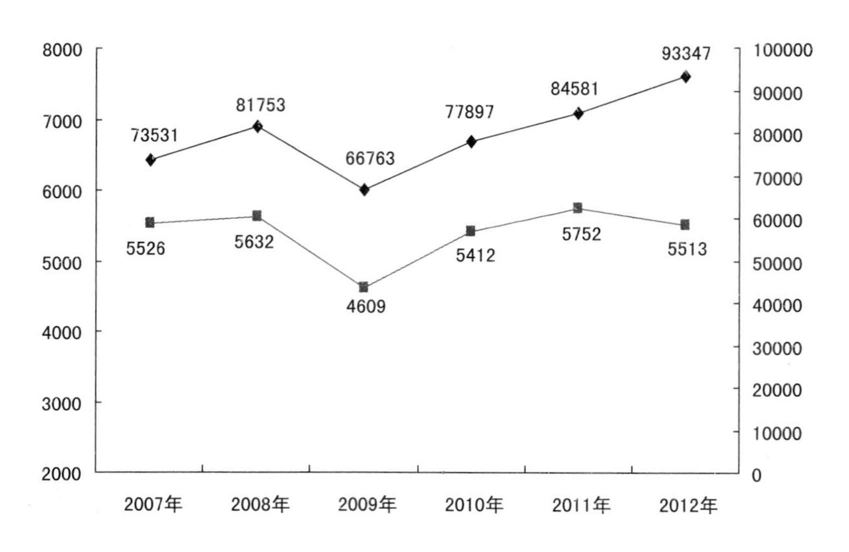

图 1-3　2007 年～ 2012 年全国卫生陶瓷出口量与出口额

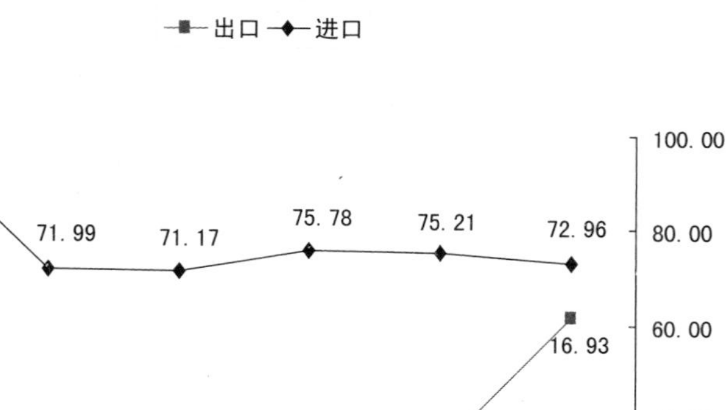
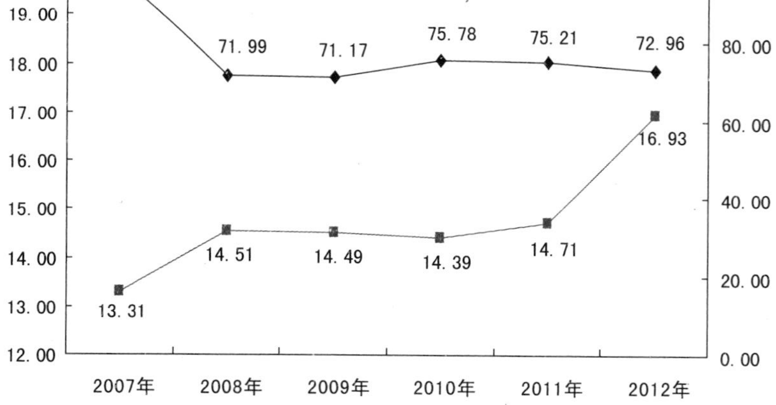

图 1-4　2007 年～ 2012 年卫生陶瓷进出口平均价格

二、2012 年全国各省市出口比例

从图 1-5 ～图 1-8 显示的相关数据表明，广东省、江苏省、江西省出口陶瓷砖产品的平均单价超过全国陶瓷砖出口的平均单价，福建省、山东省出口陶瓷砖产品的平均单价低过全国陶瓷砖出口的平均单价。我国各地卫生陶瓷出口的平均单价基本集中在全国平均单价的上下，江苏的卫生陶瓷产品出口较大幅度地高于全国平均单价，但份额很小。

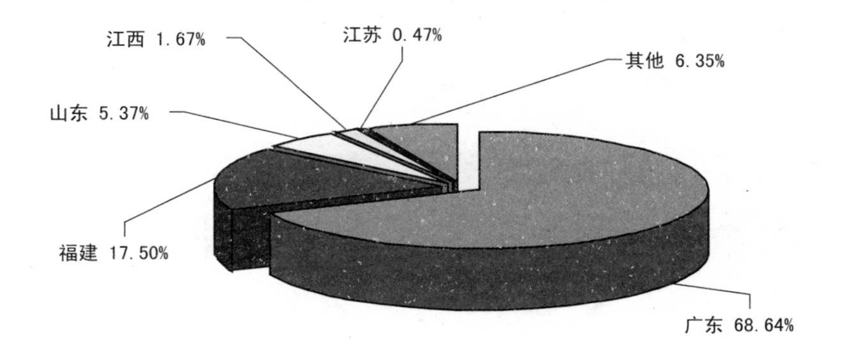

图 1-5　2012 年建筑陶瓷砖（出口量）各省市所占比例（%）

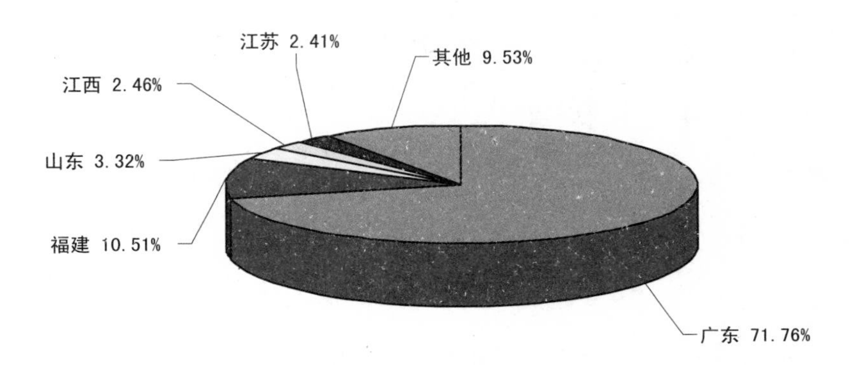

图 1-6　2012 年建筑陶瓷砖（出口额）各省市所占比例（%）

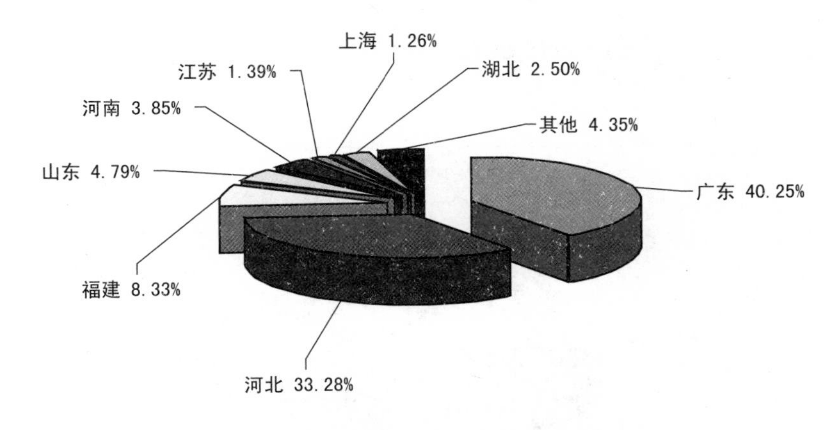

图 1-7　2012 年卫生陶瓷（出口量）各省市所占比例（%）

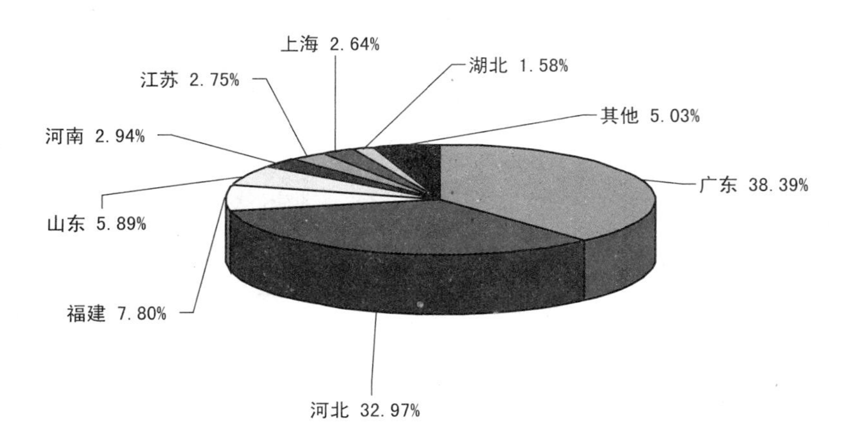

图 1-8　2012 年卫生陶瓷（出口额）各省市所占比例（%）

三、2012 年全国建筑卫生陶瓷出口目的国

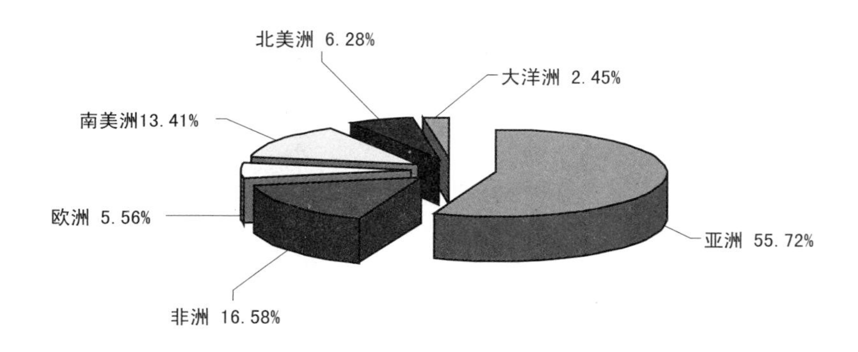

图 1-9　2012 年建筑陶瓷砖（出口量）流向各大洲所占比例（%）

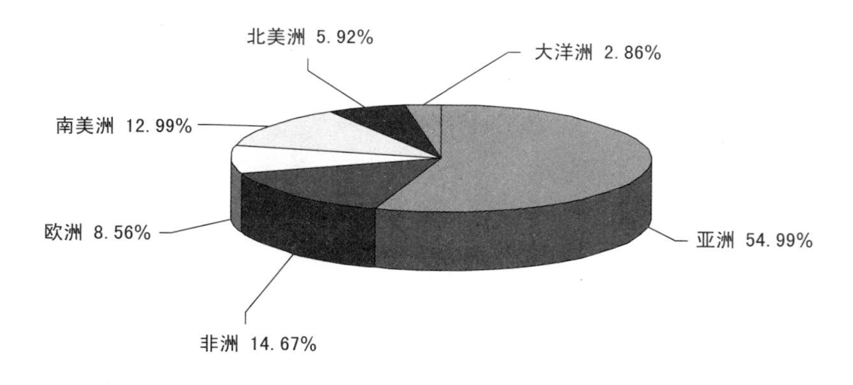

图 1-10　2012 年建筑陶瓷砖（出口额）流向各大洲所占比例（%）

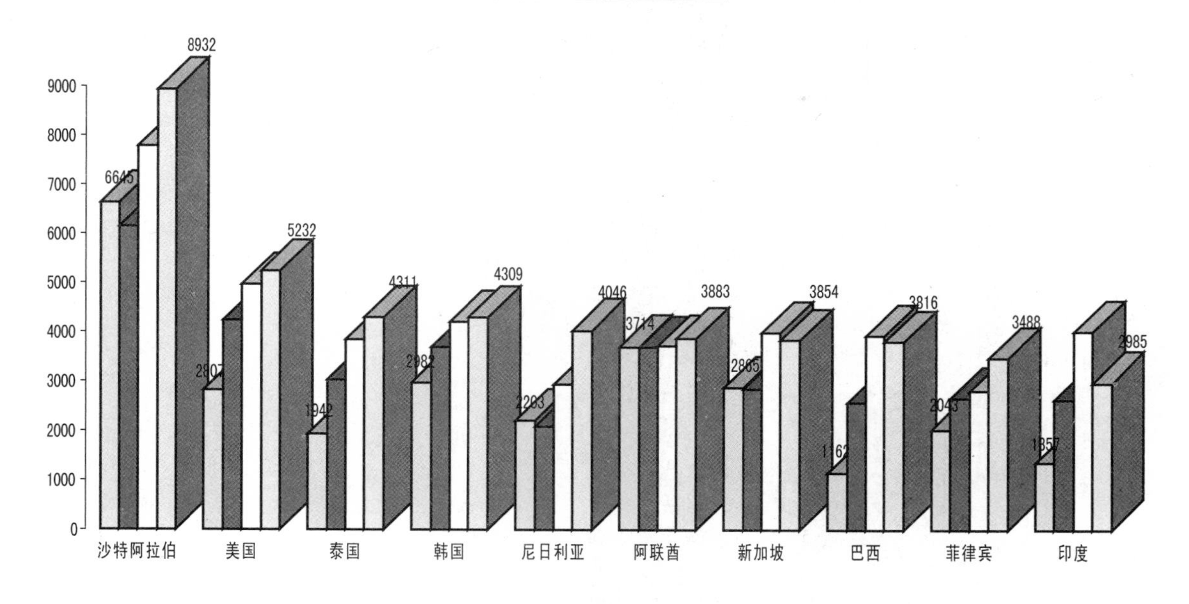

图 1-11　2009 年～2012 年建筑陶瓷砖出口主要流向（万平方米）

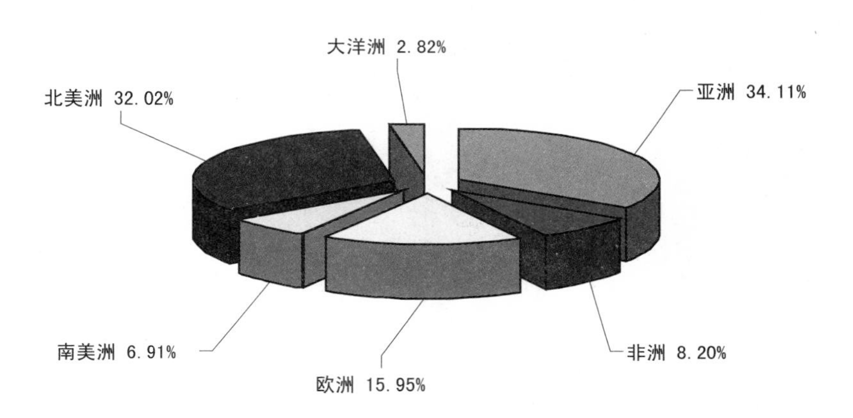

图 1-12　2012 年卫生陶瓷（出口量）流向各大洲所占比例（%）

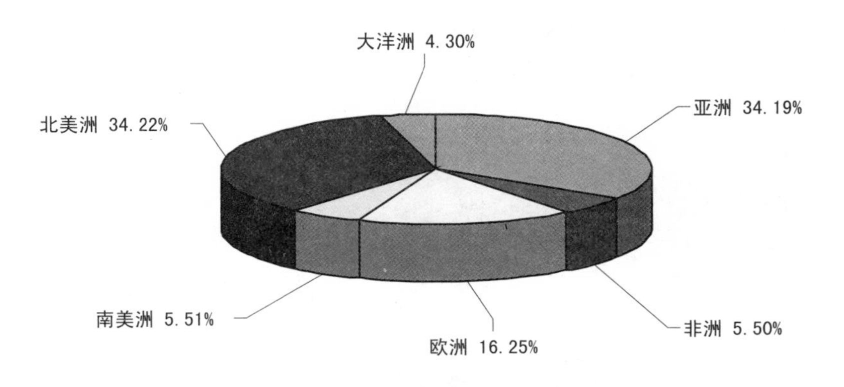

图 1-13　2012 年卫生陶瓷（出口额）流向各大洲所占比例（%）

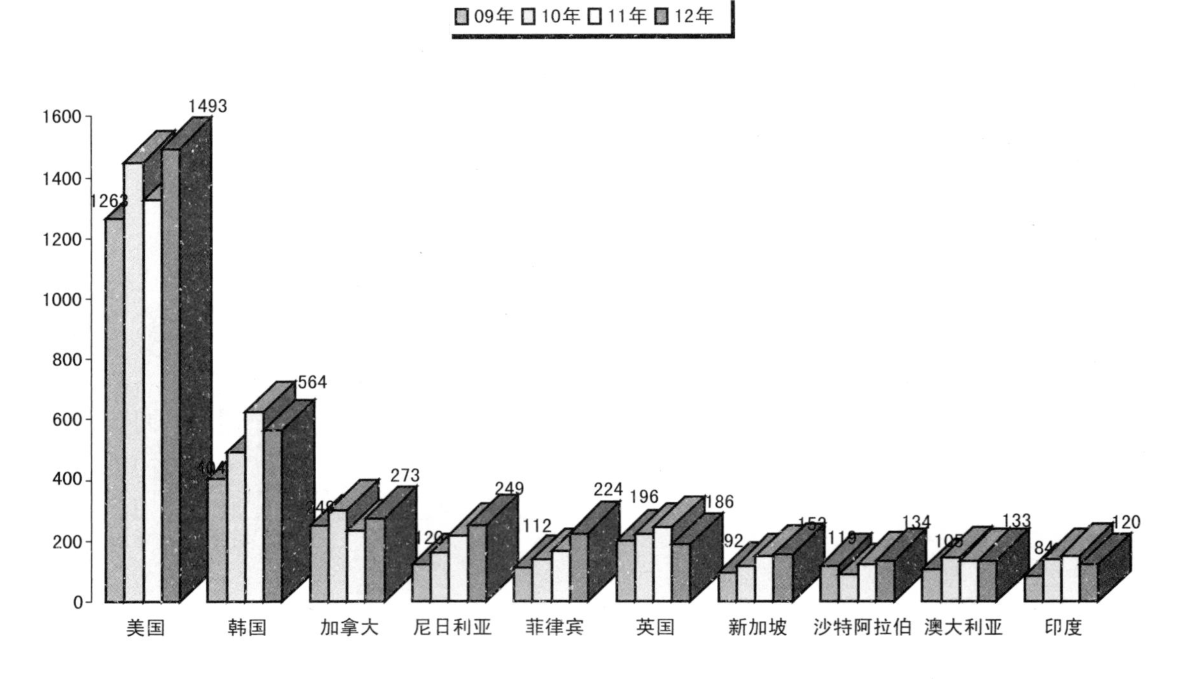

图 1-14　2009 年～ 2012 年卫生陶瓷出口主要流向（万件）

四、建筑卫生陶瓷产品进出口比较

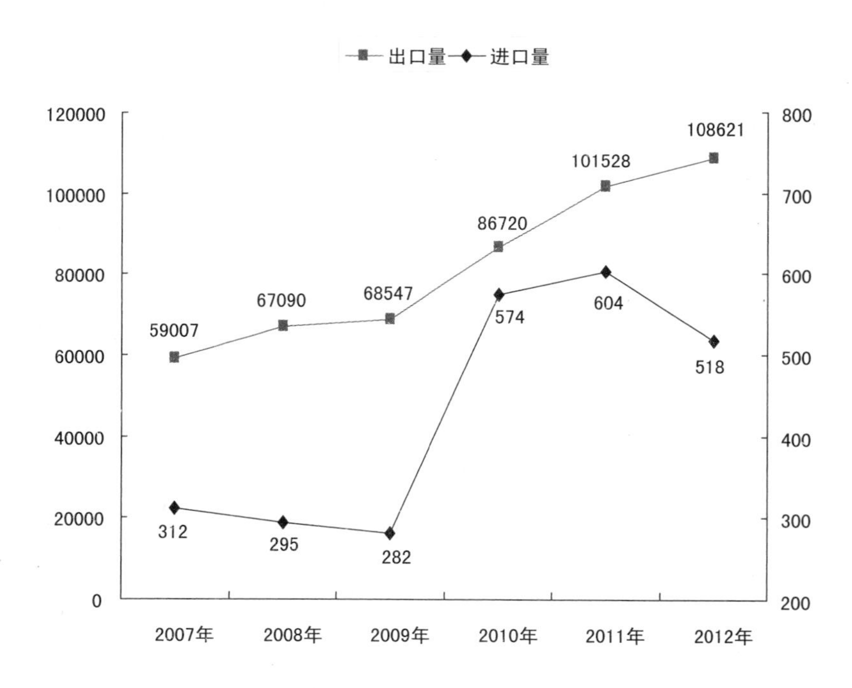

图 1-15　2007 年～ 2012 年建筑陶瓷砖进出口量（万平方米）

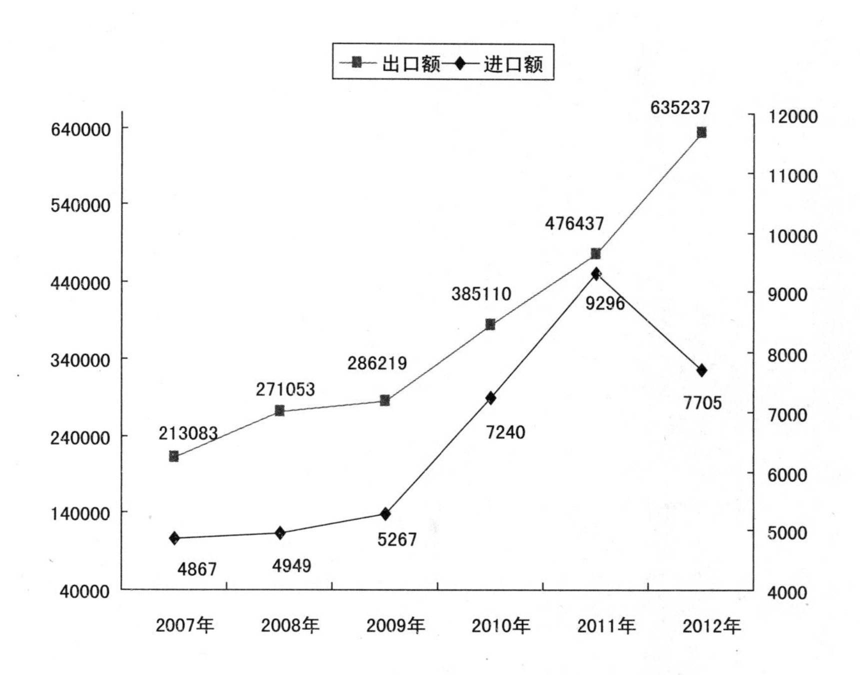

图 1-16　2007 年～ 2012 年建筑陶瓷砖进出口额（万美元）

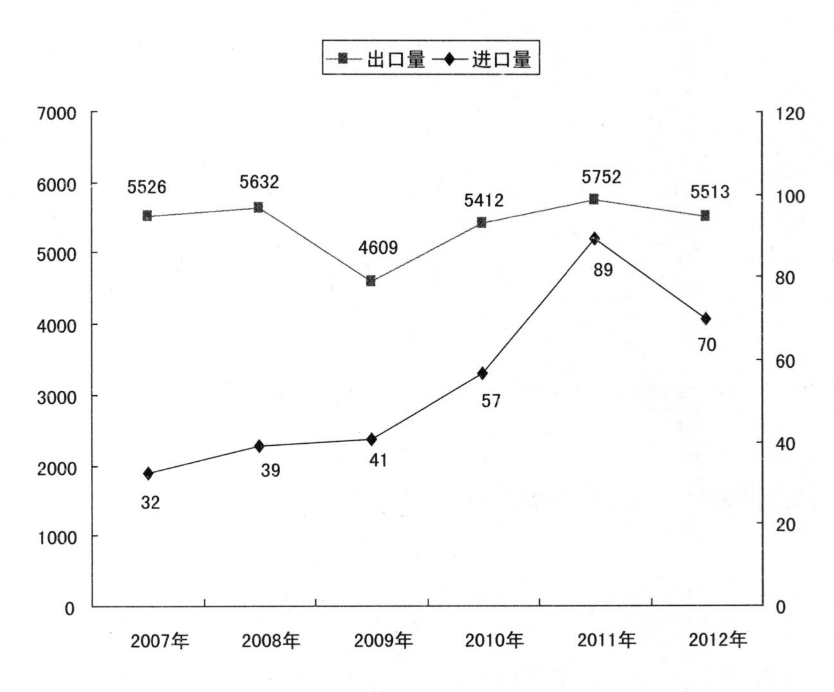

图 1-17　2007 年～ 2012 年卫生陶瓷进出口量（万件）

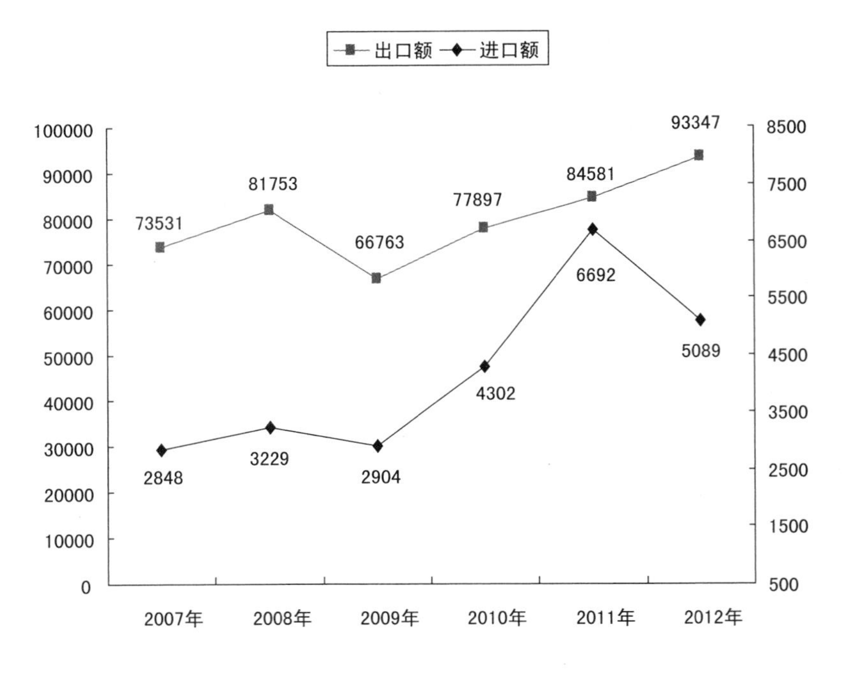

图 1-18　2007 年～ 2012 年卫生陶瓷进出口额（万美元）

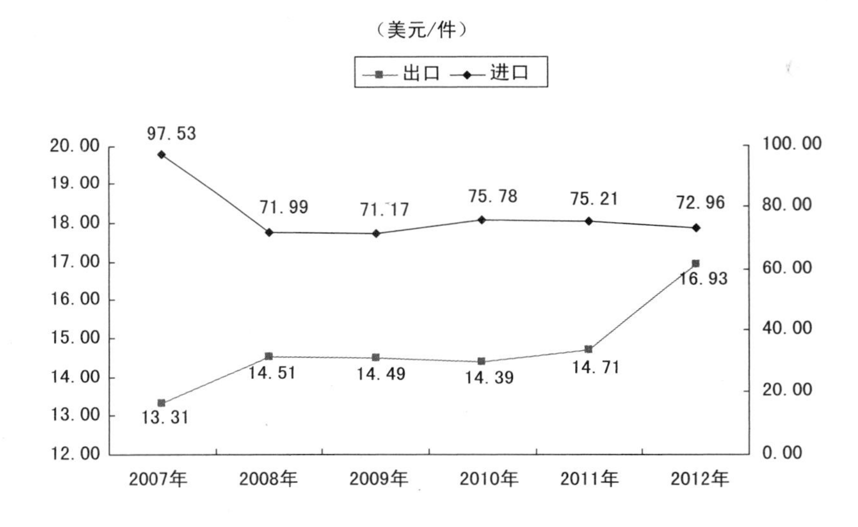

图 1-19　2007 年～ 2012 年卫生陶瓷进出口平均单价（美元 / 件）

第四节　建筑卫生陶瓷产品市场与营销

一、概况

关于我国建筑卫生陶瓷产品国内市场的销售，可以说长期缺少完整的数据，且不说全年的份额、销值，就是全年的销量、每年产品的产销率都缺乏完整的统计数据或相对的权威数据。根据中国建筑卫生陶瓷协会提供的数据，2012 年全国 1400 多家规模以上建筑陶瓷企业实现利税 370 亿元，同比增长 8.6%，增速比 2011 年下滑 25%[1]。2006 年～ 2011 年期间的陶瓷砖产品产销率如表 1-4 所示。

2006年～2011年我国陶瓷砖产品产销率（单位：亿平方米）　　表1-4

年份	2006	2007	2008	2009	2010	2011
产量	43.02	50.10	57.55	64.27	75.76	87.01
内销	37.58	44.20	50.84	55.04	67.08	76.86
出口	5.44	5.90	6.71	6.85	8.67	10.15
销售	43.02	50.10	57.55	61.89	75.75	87.01
产销率	100%	100%	100%	96.30%	99.99%	100%

表 1-4 中的内销是中国国内的陶瓷砖产品消费，产量是总产量。虽我们无法知晓这些陶瓷砖产品的销量数据的具体来源与统计方法，对于品种千差万别、单价跨度极大的陶瓷砖产品具体的销值数据就更难得到。我国陶瓷砖产品全年产量的 10% 左右出口，2012 年我国陶瓷砖产量 89.93 亿平方米，出口 10.86 亿平方米，出口比例 12.08%。从表 1-4 的数据可以看到近年来我国建筑陶瓷一直保持着很高的产销率。但 2012 年下半年的形势变化，使山东、四川、湖北、江西等陶瓷砖产区出现较大面积的停窑，相对来讲，佛山产区所受的冲击最小，显然与佛山陶企在品牌、渠道、终端诸方面比其他产区略胜一筹不无关系。这也使得在全国范围内出现了 11 个省市地区的陶瓷砖产量负增长。

2012 年卫生洁具行业（包括卫生陶瓷及其配件、五金卫浴产品等）增长速度明显回落，根据对 1150 多家规模以上企业统计，卫生洁具企业工业产值超过 1860 亿元，其中卫生陶瓷企业主营业务收入减少 3.08%，五金洁具企业增长 17.23%。河南、河北等卫生陶瓷等主产区的产量有不同幅度增长，山东、江苏、重庆、湖北等地区的卫生陶瓷产量大幅度增长；由于规模小、实力弱、生产成本相对较高，以及受到出口下降等因素的影响，广东潮州地区卫生陶瓷企业产量、产值和效益显著下降。相对而言，卫生洁具企业的规模和实力明显弱于建筑陶瓷企业，而且八成以上都是规模以下的小企业，在经济形势不景气的情况下，这些企业的大多数抗风险能力差，再加上国际卫生洁具市场需求增长乏力，亏损企业数量大幅度增加，根据中国建筑卫生陶瓷协会的调查，2012 年全国有一成半以上的卫生洁具企业出现经营亏损 [1]。

二、国内建筑卫生陶瓷产品的主要营销模式

目前国内建筑卫生陶瓷产品的营销模式主要有：区域代理制；分公司制；建材超市与电子商务（B2C）。

区域代理制又成为区域代理经销商制，是目前建筑卫生陶瓷产品营销的主要模式，这种厂家与经销商合作建设终端、推广品牌、销售产品的模式，是建筑卫生陶瓷产品营销模式中营销体系建设发展速度最快捷最经济的模式。随着新农村建设的发展，销售渠道下沉，目前区域代理经销商模式中代理经销商也不断下沉，同时区域经销商的区域范围在不断缩小，也就是厂家所说的区域经销商体系不断“扁平”，以适当维护厂商之间的平衡。目前区域经销商代理体系大约占有 60% 以上的销售市场。

分公司制主要是指整个营销渠道、终端及体系都由参加负责或主要负责建设，使用这种营销模式的陶企主要有华东一代拥有台资、外资背景的高端陶企，这其中最为著名的有诺贝尔瓷砖，使用这种体系还有一些依靠直销为主的外墙砖制造陶企和一些同样是以直销为主的低端产品。估计分公司制营销占有建筑卫生陶瓷产品销售不足 20%。

建材超市是西方发达国家建筑卫生陶瓷产品销售的主流模式。20 世纪 90 年代末建材超市开始进入

中国，十多年的发展并不顺利，期间总部位于德国的欧倍德（全球拥有 400 多家连锁店）退出中国市场，总部位于英国的百安居也是在中国的最大的建材超市连锁，整体长期亏损，门店时有关闭。国内本土建材超市也是发展缓慢，时起时落。2012 年 9 月 14 日，世界知名建材超市连锁家得宝（Home Depot）正式对外宣布关闭其在中国的所有七家大型家居建材零售店。估计目前建材超市在中国建筑卫生陶瓷销售的市场份额在 10% 左右。

电子商务（B2C），在中国建筑卫生陶瓷产品的销售系统中可以说是十几年“千呼万唤不出来”。各种原因主要是与区域代理经销商在品牌、价格、利益方面的冲突。但最近几年随着陶瓷砖生产制造技术的成熟、透明，不少陶企正在扩大 B2C 的营销模式，2012 年佛山地区又提出“陶瓷云”的概念，主要是拓展建筑卫生陶瓷的电子商务，预计未来数年电子商务将有一个新的发展。

当然，工程项目不少是公司总部直销，2012 年欧神诺陶瓷公司提出全新的销售形式 C2B，就是所谓的量身定做。

三、建材大卖场大肆扩张

由食品超市（Supermarket）延伸的建材超市在西方国家成为陶瓷砖等建材产品的销售主流，在中国没有获得同等的成功与影响。但近几年由大型购物中心（ShoppingMall）延伸的建材大卖场在建材及建筑卫生陶瓷领域大肆扩张。北京地区的红星美凯龙、居然之家、集美家居三大连锁建材卖场巨头都纷纷在全国各地扩张。至 2012 年红星美凯龙集团在全国开店已经超过 100 家，居然之家连锁店在全国有 70 家，总部位于武汉的欧亚达家居连锁在全国也已拥有 20 多家连锁卖场，具有坚实建筑卫生陶瓷背景的华美立家，也在全国三线城市开始建立 10 多家大型建材卖场。类似的建材大卖场在全国各地到处都是，有局部连锁的，也有单打独斗的，建材家居卖场在全国快速扩张导致了同质化竞争严重，甚至推高了卖场的空置率，过度膨胀在不少地方还造成卖场脆弱、盈利能力下降、导致卖场租金不断上涨，供应商还要“被扩张”，经销商成本压力越来越大，卖场与销售商之间的利益、矛盾将决定建材大卖场的下一步发展。

四、建筑卫生陶瓷营销新动向

前些年建筑卫生陶瓷销售流行的奢华大店、多品牌战略、泛家居联盟、设计师营销、团购、明星总裁签售等手段，近年来仍在持续，但近几年影响较大的营销方法还有：

工程比例加大，2012 年广州地区精装房的比例达到 47%，万科房地产坚持 100% 的精装房，沈阳二环之内禁建毛坯房。

“整体家居”全面推进，几年前就有陶瓷砖企业提出整体空间解决方案，现在集设计、配件等与一体的整体厨卫以及整体空间概念已经从样板房走入消费者。

三四线市场全面发展，经销商扁平化扩大，县、镇级的分销商纷纷独立扁平，新农村建设与城镇化进程进一步繁荣了三、四线市场的建筑卫生陶瓷产品销售。

由于佛山地区拥有华夏陶瓷博览城、总部基地、瓷海国际三大带有总部形式的营销中心，这种建设在新农村建设与城镇化进程进一步繁荣了三、四线市场的建筑卫生陶瓷产品销售。产区附近的总部基地，正在被全国各地效仿，估计数年后，会发现大部分没有佛山总部基地的作用与效能。

设计师营销，由于高额佣金回扣事件的披露，名声在下降，但仍在不断地改良之中。设计师营销将被改造得更规范些。

混合多极营销组合，主要是部分陶企调整一贯的区域代理体系而融入部分地区的分公司制。随着精装修房的比例不断提高，工程项目的销售不断增加，分公司溶于区域经销代理制的营销模式体现了优点。建筑卫生陶瓷营销整体战略的调整与各种方法的尝试主要都是围绕着品牌、渠道、终端的建设。

第五节　建筑卫生陶瓷新产品与创新

瓷砖行业新产品制胜的案例比比皆是，甚至一个新产品拯救了一个陶企或助力一个陶企上一个新的台阶，这其中给人们印象颇深的有：水晶釉、金花米黄、木纹砖、普拉提、洞石等。

一、瓷砖仿生产品

现在瓷砖仿生产品主要有仿石材、仿木纹、仿布纹、仿皮纹、仿墙纸等。这其中以仿石材产品的种类最多、总量最大，东鹏洞石、简一大理石产品具有很好的代表性。随着全抛釉技术及喷墨印花技术的普及，大理石瓷砖几乎成为瓷砖产品的一大门类。在微晶石技术、抛光砖布料技术、全抛半抛柔抛技术以及喷墨技术的进步，嘉俊陶瓷、欧神诺陶瓷等的仿玉石产品使仿石瓷砖更加丰富。仿石瓷砖（或曰：大理石瓷砖）已经称为瓷砖产品的最大品类，不仅拓宽了瓷砖产品的市场消费，而且高档仿石瓷砖产品已经将触角伸进了石材领域，现在已有一些陶企积极参加国内国际石材展。

木纹砖是瓷砖仿生产品的第二大类，影响较大的有早年的楼兰陶瓷、金意陶陶瓷、马可波罗陶瓷的木纹砖以及现在懋隆陶瓷的木纹砖。类似大理石瓷砖，这些木纹砖产品也已经开始进入木地板行业，再扩大着瓷砖的应用领域。在最近几年的国际国内瓷砖展会上，可以见到具有特殊效果的仿古船木甚至朽木的瓷砖，这是真实古船木、朽木无法用作装饰的很好补充。

在仿布纹砖的产品中，诺贝尔陶瓷的地毯砖获得极大的成功。简一陶瓷当年的羊皮砖及欧神诺陶瓷、马可波罗陶瓷的皮纹砖都在市场上留下很深的影响。瓷砖仿生将是瓷砖装饰款式创新的一大主题，其中最重要仍是仿石方向的发展。

二、喷墨印花技术

喷墨印花，当年西班牙 Kerajet 与美国 Ferro 公司合作开发成功的喷墨印花技术与设备，最初是完全对中国大陆市场封锁的。我国瓷砖行业喷墨印花技术开始普及进入广泛应用应是 2011 年，到 2012 年底我国陶瓷砖行业估计已经装备有 800 台喷墨印花设备并投入使用。在行业内外同时涌现出多家喷墨印花机设备供应商，在业内有：希望、美嘉、新景泰等，业外有：泰威、彩神、精陶等，在中国市场的国外喷墨花机供应商 Kerejet 之外还有 Efi-catepriter、Siti-B&T、Durst、Tecnoferrari、System、Sacmi 等，但国产喷墨花机已经占据了主要市场份额。尽管国产墨水研发也已经取得了实质性的突破，估计目前的市场份额仅在 10% ～ 20%，其中有明朝科技、道氏技术、汇龙科技、迈瑞思、康立泰等色釉料企业开始进入市场，国内市场的主要份额仍然是 Torrecid 与 Esmalglass-Itacc 及 Ferro 等。但仍然可以预测，就在最近两三年间，喷墨印花设备与墨水的全部国产化将全面实现。

随着喷墨印花生产技术的突破，其生产成本也在不断突破，最终使喷墨印花作为陶瓷砖生产制造的主要装饰技术不仅仅是革命性的，而且是颠覆性的。因为喷墨印花技术应用的普及，不仅使传统色釉料的用量大幅下降，而且从操作管理、技术调试层面表现得更简单、更直接，也使模仿甚至抄袭也变得更简单更直接，势必将对整个陶瓷砖的生产工艺、管理、甚至营销产生深远影响。估计将来喷墨印花将占到我国瓷砖釉线的 60%，估计我国喷墨花机总量将发展到 3000 台左右为平衡点。

三、围绕喷墨印花的各种装饰技术

围绕喷墨印花的各种装饰技术正在成为技术创新的热点。利用喷墨印花技术的喷釉产品已经是呼之即出，在 2012 年广州陶瓷工业展会及里米尼的陶瓷工业展会上都可以看到下陷釉、金属釉、糖果釉、透明釉、贵金属釉等釉料的喷墨印花试制产品。推出这些技术的主要有 Torrecid、Esmalglass-Itacc、

Ferro及Colorobbia等公司，估计一两年之后，随着喷墨花机喷头的进一步改进，这些技术将很快广泛应用。利用喷墨印花技术部分替代各种施釉技术的努力正在进行中，甚至喷粉的技术也在研制中，预计喷墨印花技术将逐步成为瓷砖装饰印花、施釉的主要技术。

四、微晶石：推动微晶熔块技术进步

微晶石，严格来讲应称之为陶瓷微晶玻璃复合砖（或板材），这是一款完全由我国陶瓷行业自主研发的陶瓷砖新品种，现在有一次烧与两次烧产品。无论是一次烧还是两次烧产品，都会使用大量的微晶熔块，相对全抛釉产品更具有晶莹剔透的效果。至于最终产品中微晶的含量比例有多少，似乎没有太多机构与研发人员在意这个数据。但一般来讲微晶石产品还较全抛釉产品更耐磨些。

其实微晶石产品差不多十年前就有了两次烧的产品，但随着喷墨技术的推进，一次烧微晶产品、薄微晶产品的出现，近几年微晶石产品大幅增长，估计目前全国已经有近百条微晶石生产线，微晶石产品价格也大幅下降，越来越平民化。类似的在国外出现了所谓“干粒抛”产品，似乎与我国的微晶石产品大同小异。

五、陶板

陶板（或称陶土板），是一种挤压成型的较大型板材。大型陶板干挂具有特别的装饰效果，早期我国的这类产品基本都是依赖进口，近几年随着瑞高、新嘉理、华泰等陶企陶板生产制造的成功，2010年开始吸引大批陶企上陶板项目，致使2011年、2012年全国各地（福建、江西、江苏、山东等地）大批陶板生产线上马，目前全国已完成大约有近30条陶板生产线，其中规模最大的是福建万利瓷业。2011年万利瓷业完成万利国际控股有限公司韩国挂牌上市，位于漳州的陶板和陶瓷太阳能生产基地（万利太阳能科技有限公司）正式投产，该基地陶板生产线号称7+1，即7条陶板+1条太阳能板生产线。

六、薄砖与薄板

薄砖与薄板，在节能减排及陶瓷砖薄型化理念的推动下，陶瓷砖减薄的趋势已成方向，但由于相关产品标准、规范、能耗限额指标没有配套，且市场消费的理念也没有到位。陶瓷薄板最早是意大利SYSTEM公司研制的3mm厚的板材，国内最早生产陶瓷薄板的是蒙娜丽莎陶瓷，厚度约5.5mm，近几年国内不少陶企都开始了陶瓷砖薄型化的研发，这其中马可波罗、金意陶、东鹏、楼兰、新中源、汇亚等陶企都已研制了5.5mm厚600×900（mm）或600×1200（mm）的陶瓷砖，BOBO陶瓷及金海达陶瓷专门生产4.8mm厚陶瓷砖的生产线也相继在广西北流与湖北咸宁投产。

2012年，在国内外展会上，大型薄板均是很大的亮点之一，特别是大规格瓷质薄板纷纷亮相，而且带有各种装饰，规格尺寸越来越大。同时也有厚度较厚（厚度8mm ~ 10mm）的大型瓷质板材，显然在瓷质板材的制造技术又有新的突破。国内摩德娜机械在广州陶瓷工业展也展示类似的挤出法生产瓷质板材的技术与产品，随着干燥与烧成技术的成熟，成品率的提高，挤出法生产大型瓷质薄板（6mm以下）或厚板（8mm ~ 10mm）不久也会在国内出现。

七、干法制粉

干法制粉技术的研制与开发至少已经有二十多年历史，它曾经是最原始的瓷砖生产技术。现在随着技术的进步与节能减排的要求提高，干法制粉技术全面应用呼之欲出。这些年意大利MS公司及LB公司干法制粉技术由于设备投资巨大，在中国没有具体应用，据说在巴西获得部分市场份额。

目前我国从事这方面研究开发企业单位山东义科科技与佛山溶州二厂虽然采用不完全相同的技术路线，但都已经进入了工业性试验阶段，在国家科技项目支持下咸阳陶瓷研究设计院凭借多年研制干粉制粉的科研经验，整个项目进展顺利。估计国产的干法制粉技术与设备明年就会登陆瓷砖生产制造企业，这将是瓷砖生产制造节能减排的一次革命性应用。

第六节 建筑卫生陶瓷产业新格局

一、佛山陶瓷产业转移

佛山陶瓷产业转移是从2006年开始，以新中源陶瓷落户湖南衡阳为起点，然后在全国各地开花，主要以长江流域的江西、湖南、湖北等地为主，同时也涉及到东北的法库、河南的鹤壁、内蒙古的鄂尔多斯等地，这一轮陶瓷产业转移是一轮典型的扩张转移、产业全面再布局转移，高峰时期是在2008年和2009年。

这一轮产业转移扩张，使我国建陶产量从2005年的35亿平方米发展到2009年的超过64亿平方米。短短四年时间里，全国产量增长近30亿平方米；再增长到今天的近90亿平方米（2012年）的建陶产量。

福建陶瓷、山东陶瓷等都加入了这轮转移扩张行列。佛山市政府及淄博市政府“整治提升”陶瓷产业的态度与做法，大大加速了这轮陶瓷产业转移的进度。2009年，佛山市禅城区陶瓷产业整治办曾公开通报，两年时间里禅城区已有87家企业完成关迁转移，共拆除窑炉269条和喷雾干燥塔155个，分别占原总数的66.4%和62.5%；淄博市政府出台《淄博市建筑陶瓷产业调整振兴指导意见（2009-2011）》，规划用三年将淄博市建筑陶瓷由12亿平方米控制到7亿平方米之内，实现淘汰转移落后生产线200条，产能5亿平方米。从统计数据来看，此后山东省的建陶产量持续下降，2012年下降到9.3亿平方米。经过这一轮建陶产业转移扩张，全国新兴建陶产业基地不断兴起，全国形成了具有一定规模的建陶产业基地超过30个，建陶产品制造区域化与产品销售市场区域化的特征正在全面形成。

佛山陶瓷产业转移，节能减排、环境保护成主要动因，带有很强的政治内涵与行政色彩。这一轮全国范围内的陶瓷产业转移、扩张、重新布局带动了全国建陶产业的均衡发展，加速了各产区产品的品质进步与品牌提升，正在形成我国建陶产业的新格局并推动了我国建陶产业竞争力的进一步提升。

这种带有扩张内涵的产业转移还包括闽清陶瓷，闽清陶瓷大概有3～4亿平方米的产能，但地处山区，仅十几年，闽清陶瓷已经成为法库、易门、米泉、内黄等地陶瓷企业的主力军。但由于闽清陶瓷的扩张转移时间跨度较大、品牌层面不高、影响力不大，几轮建陶产业转移之后，建陶产业在全国范围内遍地开花，产业集中度相对下降，并形成新的产业格局雏形。第三轮陶瓷产业转移过程中，或曰在招商引资过程中，不少陶企顺势进军房地产开发行业，形成一次小小的上下游联动。

二、建陶产业新格局

经历了多次建陶产业转移之后，我国建陶产业的新格局已经形成。原有的佛山陶瓷引领四大产区的基本产业格局正在被彻底打破。广东、福建、山东、四川四大产区建陶产量在2008年之前一直占有全国产量的80%以上，现在已经被彻底推翻，数据见下表。四省建陶产量占全国产量份额由2008年的84.37%下降到2012年的65.74%。这个数据在未来还将继续下降。

广东、福建、山东、四川四省陶瓷砖产量份额变化（单位：万平方米） 表1-5

	2008年	2009年	2010年	2011年	2012年
广东	185413	179754	213812	263101	222666
福建	120249	133216	155233	167571	217068
山东	115725	117630	109583	97184	93186

续表

	2008年	2009年	2010年	2011年	2012年
四川	64185	68393	71723	80835	58213
总量	485572	498993	550351	608691	591133
全国	575500	642711	757566	870141	899260
份额	84.37%	77.64%	72.65%	69.95%	65.74%

（1）**广东产区龙头地位不改**

广东、福建、山东、四川四大产区的概念已经被彻底推翻。2011 年年底发布的《全国瓷砖产能报告》显示：江西省陶企每天生产制造陶瓷砖产能达 331.61 万平方米，超过四川省 250.95 万平方米，陶瓷砖生产制造产能列全国第四。

在建筑陶瓷产业转移重新布局的过程中，佛山地区的陶瓷厂大量减少。近几年来，广东陶瓷砖产量几度下降。但是由于转移到内地的陶瓷砖生产制造企业，综合发展条件远不如在广东地区，在产业转移的后期，更多陶企选择了在广东省内转移扩张（如：恩平、开平、云浮、英德等），或选择与广东人文地理比较接近的广西地区发展，广东省的陶瓷砖产量又有所增长。以佛山陶瓷为中心的广东陶瓷砖在全国的龙头地位仍然不变。

目前全国陶瓷砖产区第一梯队广东、福建、山东、江西、四川，2012 年产量之和 65.51 亿平方米，占全国总产量 72.85%。目前全国陶瓷砖产区第二梯队（1 ～ 5 亿平方米产量）有：辽宁、湖北、河南、广西、陕西、河北、重庆、湖南八个省市地区，2012 年年产量之和 20.58 亿平方米；占全国产量 22.89%。

而 2010 年仅有四个省份的陶瓷砖产量在 1 ～ 5 亿平方米，过亿产量的省份总共 8 个。2012 年过亿平方米产量的省份共 13 个，1 ～ 5 亿平方米产量有 8 省份。第二梯队陶瓷砖产区的迅速增长扩大，表明陶瓷砖行业大面积扩张的同时并适当区域扩张。

（2）**新兴产业发展增速显著**

高速发展、扩张的同时，新的产业格局打破了旧的产业格局，显露了建陶产业新格局的发展方向，新形势、新格局下的建陶产业与产区发展已经受到行业、政府与陶企的普遍关注。近几年我国建陶产业的发展明显具有以下几个特点：

其一是扩张，“十一五”期间产量成倍增长，连续八年产量保持两位数增长；其二是产业转移，佛山陶瓷产业转移是我国建陶发展史上最大的一次产业转移，佛山陶企在全国各地建厂圈地 4 万多亩；其三是整治提升，以节能减排环境保护为实质的整治提升，使佛山地区关停转的陶企达 70%，山东淄博产区陶企关停转近 50%，福建晋江产区已经明显感到这方面的压力，夹江产区已出台了相应政策，甚至是高安产区政府也有所动作；其四是再布局，从表象上看几乎就是遍地开花，新兴建陶产区如雨后春笋，广东的河源、恩平、云浮，江西的高安、景德镇、丰城，广西的藤县，湖北的当阳、蕲春，湖南的岳阳、临湘、衡阳、茶陵，辽宁的法库、建平，陕西的咸阳、宝鸡，安徽的淮北、萧县，河北的高邑，内蒙古的鄂尔多斯，山西的阳城，河南的鹤壁、内黄，云南的易门，新疆的米泉等。2009 年～ 2011 年，建陶产品产量每年增长超过 50% 的省份平均有 8 个，其中大部分都超过 100%。2012 年全国产业增速放缓，但新兴产区发展增速仍然显著。2012 年全国十多个省市地区的陶瓷砖产量增速保持在两位数之上。

（3）市场区域化特征明显

由于物流成本的比重增加，建陶产品市场区域化的特征越来越明显，并直接导致了生产制造区域化。建陶产业过于集群易导致环保与能耗的压力，新的建陶产业格局将全面表现出大范围的相对分散以及小区域的有限集中，（也许一地集中100～150条生产线是一个比较合理的规模）。在建陶产业进一步发展的过程中，新兴建陶产区将在原材料优势、能源优势、相关区域优势等方面的竞争中，逐步完善新的建陶产业格局与产业体系，我国建陶产业的可持续发展也将步入一个新的阶段。

正在形成的建陶产业新格局将对老牌建陶产业基地（如淄博、夹江、闽清、晋江、佛山等）的产能、销售、品牌等各方面都将形成冲击。受冲击最大的可能是淄博陶瓷，其次是福建陶瓷与四川陶瓷。佛山陶瓷由于其家喻户晓的区域品牌特征，使佛山当地聚集着更多的陶企总部及机械装备、色釉料配套企业，佛山陶瓷的区域品牌的实际效益仍在不断强化。

各个新兴建陶产区的强弱优劣竞争也将全面展开，这其中最明显的是以“中国建筑陶瓷生产基地”（江西高安市陶瓷工业园）为中心并拥有数百条生产线的江西产区，如何在有限区域范围内消化全部产能或走向全国走向世界？还有鄂尔多斯包头内蒙古建陶产业基地形成，对淄博陶瓷北上、法库陶瓷西行将增加多少竞争？如果陕西、山西建陶产业全面崛起，鄂尔多斯建陶又会面临怎样的挑战，对夹江陶瓷北上产生多大阻力？这些新兴建陶产区将在相关区域市场的竞争中逐步完善新的建陶产业格局与产业体系。

随着建陶产业格局的逐步形成完善，市场区域化的特征越来越明显。一方面没有层次差异定位的平行多品牌策略凸显市场保护管理难度，另一方面市场新格局的变化正在不断影响着建陶产品的销售体系，区域经销商代理体系结合自建渠道的分公司制、大额直销的混合型营销模式开始出现。

佛山陶瓷产业转移及我国建陶产业新格局的构建已经步入尾声，我国新的建陶产业体系正在形成，后佛山陶瓷时代开始来临，我国建陶产业的可持续发展正在步入一个新的阶段。

三、后佛山陶瓷时代

“后佛山陶瓷时代”的概念是指在我国佛山陶瓷一枝独秀的时代结束后，我国建陶产业所面临的新局面。

我国建陶产业已经进入了后佛山陶瓷时代，新的产业格局雏形已经形成，新的产业体系正在全面构筑。事实表明，在佛山陶瓷产业转移过程中，佛山市政府基本完成了关停转70%的佛山建陶生产制造企业的任务目标，佛山陶瓷企业家在清远、肇庆、河源、开平、恩平、韶关等地大量投资，在江西、湖南、湖北、河南、河北、山东、山西、广西、辽宁、内蒙古、四川、重庆等地大规模建厂设点布局，一方面政府完成了以节能减排淘汰低端为实质的佛山陶瓷产业转移，另一方面陶企完成了以扩张、再布局、生产制造销售区域化、利益最大化为内涵的佛山陶瓷转移。

这种佛山陶瓷产业转移的直接结果就是改变并形成了全国建陶产业的新格局，增加全国建陶产量、提升建陶竞争力的同时，也不免对佛山陶瓷产业空心化带来影响。

通俗地说，后佛山陶瓷时代就是全面改变佛山陶瓷为首的几大建陶产区的建陶产业格局，目前全国建陶业格局遍地开花的现象非常明显，市场区域化与产业区域化围绕着成本最低化正在逐步形成，佛山陶瓷的概念正在向全国各地渗透，佛山陶瓷自身的概念正在逐步淡化。

所谓新的产业体系还没有完全形成，主要是指目前在全国范围内虽然已经形成几十个建陶产业基地，但这些产业基地还没有接受足够的风雨，各个新兴建陶产区的强弱优劣竞争才刚刚开始。

后佛山陶瓷时代的发展，人们普遍关心的问题之一就是佛山陶瓷空心化的影响程度有多大，佛山陶瓷会像“莺歌陶瓷”那样？或有其他产区陶瓷来替代佛山陶瓷？在后佛山陶瓷时代、在未来二十年都不存在，其主要理由如下：

其一，后佛山陶瓷时代是以市场区域化利益最大化为核心，建陶行业一枝独秀的时代已经正在逝去；其二，江西建陶产业经过近几年的迅猛发展，目前的瓷砖产量也仅是广东陶瓷的1/4，要在短期内突破10亿平方米产量，尚有难度，像泛佛山陶瓷区域达到20亿平方米的产量则更加遥远；其三，佛山陶瓷的产业链配套方面及其他产业基础在世界范围内都是无与伦比，目前还看不到那个新兴产区可以望其项背，若干年后，即使佛山陶瓷的概念淡化，其他产区取而代之的现状可能基本不存在。

后佛山陶瓷时代已经来临，佛山陶瓷的概念是否还将继续？是不断淡化还是扩大延伸？无论佛山陶瓷概念是不断淡化还是扩大延伸，似乎都意味着区域品牌的概念越来越弱，诺贝尔陶瓷、马可波罗陶瓷的巨大成功，正在喻示着佛山陶瓷之外将有更多新军崛起，是围绕具体品牌的概念还是区域品牌的概念，值得关注。

四、卫生陶瓷产业格局

卫生陶瓷目前仍然以河南（长葛、洛阳等）、广东（潮州、佛山等）、河北（唐山及周边）三大身份为主。但2012年这三省份的卫生陶瓷总量达到全国产量76.0%，相对比重与2011年占全国总产量76.58%相比，继续下滑，幅度微小。主要原因也是区域化的趋势，总体来讲，湖北卫生陶瓷产量逼近两千万件，很快将进入第一主力集团。完整的全国卫生陶瓷产量数据还表明，到目前为止，全国仍有山西、内蒙古、辽宁、吉林、黑龙江、浙江、安徽、海南、贵州、云南、西藏、陕西、甘肃、青海、宁夏等十五个省级地区继续“保持”没有卫生陶瓷生产制造。与2011年几乎相仿，也是15个省份没有卫生陶瓷生产制造。

第七节　洗牌重组，跨界经营

一、跨界经营地产

随着我国瓷砖行业的发展，不少陶企寻找横向、纵向的拓展，扩大业务范围，开始是很多瓷砖企业进军卫浴行业，如：新中源陶瓷、新明珠陶瓷等相继建立了自身品牌的卫生陶瓷生产基地，接着又增加了非陶瓷类休闲卫浴产品，而箭牌卫浴则从卫浴方面发向瓷砖行业拓展，建立了江西景德镇、广东四会的瓷砖生产基地，利用其原有的经销网络，建立箭牌瓷砖、法恩莎瓷砖、安华瓷砖的经销体系。

近几年，在我国瓷砖行业最引人注意的跨界经营，是大批陶企进军房地产行业，如宏宇陶瓷、新中源陶瓷、新明珠陶瓷、东鹏陶瓷、马可波罗陶瓷、欧美陶瓷、白兔陶瓷、诺贝尔陶瓷等，几乎瓷砖行业的知名陶企都投资了房地产，这与我国整体经济发展密切相关，房价的不断攀升，房地产投资的回报高、获利快，使各行各业都进军房地产业，据统计我国51%的上市公司，都涉足房地产业，瓷砖行业当然不能例外。更何况，房地产行业是建筑陶瓷的下游关联行业，几近过程唇齿相依，陶企发展房地产，直接使用自己生产的瓷砖产品，减少销售的压力。还有就是在2006年～2009年间的建筑陶瓷产业转移中，不少陶企被各地政府招商引资，同时获得的“奖励”就是配套的商住用地（一般约10%），为陶企获得廉价的商住用地资源提供了条件，大批知名陶企进军房地产业也就是顺理成章的事了。

2012年开始动工的广东佛山华夏中央广场，是由中国陶瓷城联合新明珠陶瓷共同开发。中国陶瓷城是广东东鹏控股股份有限公司、广东星星投资控股股份有限公司的投资组合。这对组合开发了许多项目都在陶瓷商业地产中拥有着标志性的意义。如2002年10月18日正式营业的中国陶瓷城，占地面积13万平方米，主楼建筑面积5.3万平方米。2008年10月18日开始营业的中国陶瓷产业总部基地，总规划1000亩，第一阶段建筑占地面积400亩，是政府打造佛山陶瓷总部经济的第一个落地项目。华夏中央广场，项目总建筑面积约42万平方米，分二期开发，一期2012年动工，建筑产品有超甲级写字楼（国际创意设计中心）、国际行政公馆、白领精英住宅，以及配套底商街铺，计划2014年底完工。二期计划2014年动工，由现代陶瓷商城、超高地标建筑——现代5A超甲级写字楼、五星级国际酒店、国际商务公馆等建筑组团构成，计划2016年完工。

华耐家居集团与唯美陶瓷、乐华陶瓷等知名陶企联合投资建立华美立家，专业投资于专业家居建材广场项目。华美立家携手多家产业资本，以引领渠道变革为目标，致力于家居建材总部基地的专业运营。目前，华美立家正在全力开拓家居建材总部基地，打造低成本高品质的优质商业平台。现已投入运营、已在建项目达13个，分布在河北、天津、江西、四川、广西、江苏、黑龙江等7个省市12个城市，总建筑和营业面积超过360万平米，计划2016年扩展到30个城市，在建建筑和经营面积再扩大1000万平米。

新中源（集团）有限公司在主营陶瓷生产、销售之外，是行业内较早涉及房地产开发、酒店投资与经营的陶企。新中源房地产业集房地产开发、建设、规划、设计、销售、物业管理及酒店投资与管理为一体，属下企业有：中源亚太控股有限公司（境外）、佛山市新中源房地产开发有限公司、新中源（南昌）房产开发有限公司、新中源（衡阳）房产开发有限公司、新中源（绵阳）房产开发有限公司、绵阳市新中源房产开发有限公司、肇庆市新中源房产开发有限公司、华夏新中源大酒店有限公司、新中源物业管理有限公司。公司目前在建、待建项目总占地10000余亩，年开工建筑面积40余万平方米，分布于江西、四川、广东、湖南、广西等地。

新明珠陶瓷集团是我国目前规模最大的建陶企业，2008年开始进军房地产领域，成立有佛山市新明珠房地产有限公司，新明珠地产是一家集房地产开发、营销、建筑设计、施工监理、物业管理以及商业地产开发等为一体。目前新明珠地产控股或参股的正开发的项目遍及广东佛山、肇庆及江西等城市，南庄项目、三水北江明珠项目、三水015项目、肇庆中源明珠项目、高安新中源明珠项目、瓷都国际等。正在开发或亟待开发项目的面积超过400万平米。

新明珠陶瓷2010年入主广东城建达设计院，合作成立工程设计家装研究院，该设计院是一家拥有建筑专业、市政专业和城市规划编制等多项设计资质和监理资质的综合设计院。新明珠陶瓷提出5年内要在陶瓷和房地产业务同时实现“超百亿”的目标。

而陶瓷行业中涉及房地产开发规模最大，是行事最低调的宏宇陶瓷。由于宏宇的生产坚守清远源潭，而拿地则以广东为主，遍及各地，所以并不为众人所知。

二、兼并重组，产业集中度提高

2012年8月，佛山宏宇陶瓷收购清远新陶星陶瓷。这家由佛山市南海区西樵先特实业股份有限公司投资兴建的砖坯企业，在今年初因老板欠债跑路事件而名扬业界，旗下拥有土地和房产各5处，厂区占地超过260亩，生产线8条和压砖机16台。由于受到股东内耗以及管理层多次决策失误的影响，新陶星最终被迫背负着3.2亿元的高额债务退出市场，并被广州中级人民法院于8月31日以8851万余元的起拍价进行公开拍卖。最终，宏宇集团收购了新陶星。

2012年10月，鹰牌陶瓷收购东源好爱多陶瓷。好爱多是于2010年8月建成投产的砖坯企业，旗下拥有450亩厂区和600亩空置土地，有生产线4条（其中2条正在停窑检修中）。在过户手续完结之后，鹰牌集团将在其原有产业基础上对好爱多进行全面升级改造，并将其纳入自主生产体系。

随着我国瓷砖产业的不断发展，瓷砖产量越来越大，越来越接近饱和过剩的边缘，市场竞争越来越激烈，将来会有更多的陶企面临经营困境。一个客观事实是，遍布全国20个重点产区、数百家企业的3000多条瓷砖生产线，但产值能够达到5亿元以上的，只有数十个企业或集团。因此，行业内会出现更多的兼并重组，一部分企业通过兼并重组做大做强，一部分企业通过重组而摆脱困境。沉舟侧畔千帆过，病树前头万木春，将成为行业的一道风景。

虽然建筑卫生陶瓷行业出现行业寡头并不容易，但近年的行业发展从各个方面都表明，产业的集中度在不断增加，品牌的集中度也在不断提升。

2012 年，瓷砖行业的增长大约为 3.35%，而大部分知名品牌瓷砖企业的增长都在 20% 以上。像行业的知名品牌诺贝尔陶瓷、马可波罗陶瓷、新明珠陶瓷、宏宇陶瓷、东鹏陶瓷、欧神诺陶瓷、汇亚陶瓷等都保持较高的增长。诺贝尔陶瓷由于产能不够销量，在广东、江西产区大量贴牌，寻找合作陶企；马可波罗陶瓷产能不够，以至于扩大江西丰城基地建设，计划新建 10 条生产线。

在中国瓷砖行业继续做大做强做精的过程中，产业集中度与品牌集中度会不断提升，同时出现了陶企之间的大量合作，贴牌（OEM），甚至租赁。同时也会出现一些专业生产制造的陶企，像天弼陶瓷这样的类型，一心一意做好产品的研究开发与生产制造。

第八节　建筑卫生陶瓷行业的相关政策、法规

近几年国家频频颁发各种针对建筑卫生陶瓷行业的政策法规，对行业的发展产生极大影响。如：GB 21252-2007《建筑卫生陶瓷单位产品能源消耗限额》；GB 25464-2010《陶瓷工业污染物排放标准》；《建筑卫生陶瓷工业“十二五”发展规划》（2011）；国家发改委《陶瓷行业清洁生产评价指标体系》；GB/T 23332-2009《能源管理体系要求》等。

2012 年开始实施的标准主要有：国家标准（GB/T 26542-2011）《陶瓷地砖表面防滑性试验方法》自 2012 年 2 月 1 日起实施；国家标准（GB/T 9195-2011）《建筑卫生陶瓷分类及术语》自 2012 年 3 月 1 日起实施；国家标准（GB/T 26742-2011）《建筑卫生陶瓷用原料黏土》自 2012 年 3 月 1 日起实施；国家标准（G26539-2011）《防静电陶瓷砖》自 2012 年 4 月 1 日起实施；国家标准（GB/T 27972-2011）《干挂空心陶瓷板》自 2012 年 10 月 1 日起实施；国家标准（GB/T 27969-2011）《建筑卫生陶瓷单位产品能耗评价体系和监测方法》自 2012-10-01 起实施。

2012 年 10 月国家建筑卫生陶瓷标准化委员会通过了“薄型陶瓷砖”的标准审议，同时讨论了“卫生陶瓷”标准的修订。2012 年 10 月工信部原组织“建筑卫生陶瓷产业政策”论证会，是否出台相关产业政策没有直接的定论。

2012 年 11 月 8 日，有国家住建部主持的行业标准《外墙饰面砖工程施工及验收规程》（送审稿）审查会议如期在浙江绍兴举行。修订的 JGJ 126-2000《外墙饰面砖工程施工及验收规程》将对外墙砖产品提出的重要修订意见是“外墙饰面砖背面不得有粉状材料（3.1.2）”。福建陶瓷砖产区 30 余家外墙砖企业在福建陶瓷协会三家副会长单位的带领下前往绍兴密切关注《施工及验收规程》审议的过程。据说携带了 100 多枚陶企的公章，如果必要，随时准备在会议现场立即发表联合声明。福建外墙砖企业占全国外墙砖企业数量近 9 成，且 95% 以上的企业均采用无垫板烧成，产品背面都有粉状材料。如果一旦规定了外墙砖背面不得含有粉状材料的新《施工及验收规程》通过审议的话，就意味着 95% 的福建外墙砖企业将面临全线整改或关闭的命运，这可以说关系着福建产区外墙砖行业的生存。行业标准 JGJ 126《外墙饰面砖工程施工及验收规程》（送审稿）审查的最终结果是：将“外墙饰面砖背面不得有粉状材料”的内容从第三部分（材料要求）调整至第五部分（施工要求）。

2012 年 10 月广东清远市政府就也出台了《推进陶瓷企业“煤改气”工作实施方案》，类似的还有福建晋江市政府、江西高安市政府、广东肇庆、辽宁法库、山东淄博，这其中好像是福建晋江与广东清远的动作最大力度最强。

强制所有陶企使用天然气还存在着很多问题：如果经过一段时间后，全国仍有不少产区可以使用煤制气，就意味着政府在正面制造行业的不公平竞争；如果大家都完成“煤改气”，天然气的供应是否能够保证（当年夹江产区就是无法保证天然气的供应，而有不少陶企转用煤制气），建陶产业是一个连续

性生产的产业，如果因为断气（无法持续供应充足的天然气）而造成的损失由谁来承担负责；天然气是被垄断的，以后它的价格波动是依据什么机制，谁来监督。

在节能减排、环境保护、循环经济主题下各种国家政策法规的出台，给建筑卫生陶瓷行业的发展提出了更高的要求，也不断提高了建筑卫生陶瓷生产企业的投入与生产成本，这种局面应该会长期持续下去，关键是各地要求与执行力度不要差异太大，否则就会正面造成行业内部的不平等竞争。

本章参考文献

[1] 缪斌，调整思路 夯实基础 稳中求进—— 2012 年建筑陶瓷与卫生洁具颁发展形势分析（2013）

[2] 宫卫，2012 年中国建筑陶瓷与卫生洁具行业进出口分析（2013）

[3] 中国建筑卫生陶瓷协会等，中国建筑卫生陶瓷年鉴（建筑陶瓷 • 卫生洁具 2011）中国建筑工业出版社（2012）

第二章　2012年中国建筑卫生陶瓷大事记

第一节　行业大事记

1月

1月12日，江西省委常委、省政府常务副省长凌成兴出席开通典礼并宣布："江西省建筑陶瓷产业基地铁路专用线暨樟树、新干盐化工产业基地铁路专用线正式开通。"至此，建陶线和新干线建设圆满画上句号，并正式投入运营。两条铁路专运线的顺利开通，不仅改写了一直以汽运为主的高安运输业历史，还将大大缓解建陶基地内陶瓷生产企业原材料及产品运输瓶颈，极大限度降低运输成本，促进企业的进一步发展。

1月29日，佛山阳光陶瓷厂一工人在陶瓷生产车间检修窑炉时，不慎煤气泄漏，导致10人煤气中毒，1人抢救无效死亡，其他9人脱离危险。

2月

2月，广东省工商行政管理局决定以有效期满未申请延续、不予受理延续申请为依据，以及经广东省著名商标评审委员会评审不予延续的商标予以注销广东省著名商标资格，根据《广东省著名商标认定和管理规定》收回了万兴、鹏佳、伟业、陶城4个佛山陶瓷品牌已被注销著名商标资格商标的《广东省著名商标证书》和牌匾。

2月，广东省经济和信息化委员会公布了《首批广东商品国际采购中心及重点培育对象名单的通知》，佛山陶瓷市场集群被认定为广东建筑卫生陶瓷国际采购中心。

2月，淄博张店区范围内的20余家建陶企业因超政府要求关停期限，被相关部门采取停电措施强制关停。此次大规模强制关停是由张店区政府牵头，区环保、经信局、供电、安监等多家部门联合行动。随着淄博市政府对节能减排，淘汰落后产能的信心与决心不断增强，政府使用行政手段治理建陶行业的力度也会越来越大。

2月7日，清远市新陶星陶瓷有限公司老板张旋惠举家跑路到加拿大。源于新陶星最近一两年来经营不善，企业的日子过得举步维艰。主要原因是由于其内部股东不合以及决策上多次出现错误所造成，新陶星陶瓷总共欠债约3.2亿余元，其中拖欠银行9000多万元，拖欠供应商2.1亿元，拖欠单个供应商的货款最高达3000多万元。

2月15日，佛山召开全市人力资源社会保障工作会议，50位"佛山市创新领军人才"、10位"佛山市创业领军人才"和50名突出贡献高技能人才获佛山市政府表彰。这是佛山首次对创业创新人才的集体评选和表彰，建陶行业6位人士荣获"佛山市创新领军人才"称号，获得殊荣的有：广东鹰牌陶瓷集团有限公司集团总裁兼党委书记林伟、广东金意陶陶瓷集团有限公司副总经理黄惠宁、佛山欧神诺陶瓷股份有限公司研发中心经理唐奇、广东蒙娜丽莎新型材料集团有限公司生产技术副总裁刘一军、广东科达机电股份有限公司总经理边程、佛山市恒力泰机械有限公司总工程师韦峰山。

2月18日，宁夏中卫市常乐镇美康陶瓷厂发生火灾，发生火灾的是一个过滤用竖罐，罐内沉积有大量残余煤焦油。事发当日，厂内技术员正用电焊机焊接罐体损害的阀门，迸发的火星不慎飞溅到罐内将煤焦油引燃，大火瞬间从罐体上方喷出，霎时火光冲天、烟雾弥漫。所幸扑救及时未造成人员伤亡。

3 月

3 月，2012 年度河南省建材工业行业 30 强企业名单日前发布，陶瓷行业共有 6 家企业上榜，分别是安阳日日升陶瓷有限公司、安阳新明珠陶瓷有限公司、安阳福惠陶瓷有限公司、舞阳县冠军瓷业有限公司、河南洁石实业集团建材有限公司、河南瑞兴堡建材有限公司，上榜企业数量仅次于水泥行业，排名第二。

3 月 1 日，国际标准化组织发布了新的陶瓷砖国际标准 ISO13006:2012《陶瓷砖——定义、分类、特性和标记》，取代了已使用多年的旧版（1998）陶瓷砖国际标准。

3 月 13 日，杭州市萧山区党山镇解放村一家卫浴厂突发大火并引燃毗邻民房，六名人员被困房内。接警后，萧山消防紧急调动 2 个现役中队，7 支专职消防队，共 14 辆消防车、75 名官兵火速赶往现场。6 人成功获救。

3 月 15 日，国家质量监督检验检疫总局下发国质检科（2012）133 号《关于同意筹建国家陶瓷产品质量监督检疫中心（江西）宜春建筑卫生陶瓷产品分中心的批复》一文。同意在江西宜春市产品质量监督检验所的基础上，筹建国家陶瓷产品质量监督检验中心（江西）宜春建筑卫生陶瓷产品分中心。

3 月 28 日，在佛山市珠江渔村酒店召开的“东鹏、嘉俊联合声明发布酒会”上，始于 2008 年的东鹏洞石专利维权案双方达成和解，联合发表声明。

3 月 28 日，福建省陶瓷行业协会第二届会员代表大会暨换届大会在福州外贸中心酒店顺利召开。大会一致表决通过，由原福建省经贸委轻纺行管办处长陈建新出任会长，德化县政府副调研员黄建发、福建省晋江市美胜建材实业有限公司总经理吴声团出任执行会长，朱详豪、吴国宽、吴瑞彪、林文智等人出任副会长，叶少芬出任常务秘书长。

3 月 31 日～4 月 2 日，全国建筑卫生陶瓷标准化技术委员三届三次年会暨《陶瓷片密封水嘴》等国家标准和行业标准审议会将在成都四川绿洲大酒店召开，此次标委会年会的主要内容包括：全国建筑卫生陶瓷标准化技术委员会三届三次年会，审议《陶瓷片密封水嘴》国家标准；审议《建筑卫生陶瓷生产环境评价体系和监测方法》国家标准；审议《供水系统中用水器具的噪声分级和测试方法》标准；审议《陶瓷太阳能板》行业标准；审议《卫生洁具排水配件》行业标准。

4 月

4 月 20 日，阿根廷初步裁定从中国进口的未上釉地砖和饰面瓷砖对阿根廷相关产业造成了实质性损害。此次阿根廷对华的瓷砖反倾销涉案企业约 100 多家，其中有 75% 属于佛山的生产性企业及贸易型企业。但由于企业出口该地的量并不多，企业的应诉积极性很低，提交资料应诉的佛山陶瓷企业很少。

4 月 25 日，陕西省质量技术监督局公布对便器冲洗阀产品质量进行了监督抽查结果。样品全部在西安地区经销企业中抽取。共抽查企业 25 家，抽取样品 42 批次，经检测，合格样品 42 批次，样品批次合格率为 100%。

4 月 25 日，陕西省质量技术监督局通报陶瓷片密封水嘴产品质量监督抽查结果，样品批次合格率为 58.2%。

样品主要在西安、宝鸡、延安地区的经销企业中抽取样品 55 批次。经检验，合格样品 32 批次，样品批次合格率为 58.2%。不合格样品涉及佛山市日丰企业有限公司、嘉尔陶瓷有限公司、合肥荣事达电子电器有限公司、北京雅之鼎卫浴设备有限公司、福建省特瓷卫浴实业有限公司、菲时特集团股份有限公司等企，主要是酸性盐雾试验、管螺纹精度、密封性能、冷热疲劳试验、阀体强度、冷热水标志、流量等项目不达标。

4 月 26 日，湖南省工商行政管理局公布从长沙、株洲、湘潭 3 市的经销单位抽取了 23 组陶瓷砖样品的检测结果，合格 19 组，合格率为 82.6%。4 组样品不合格，标称生产企业涉及佛山军山陶瓷有限公司、福建晋江恒达陶瓷有限公司、江西瑞阳陶瓷有限公司、佛山市和发陶瓷有限公司，存在的主要问题是吸水率、破坏强度、断裂模数达不到标准要求。

5月

5月初，当阳市陶瓷产业协会召开理事会议，就人选问题作出新的调整。当阳市政协副主席刘跃进担任新任会长；市委副书记、市长石显银，市政协主席、原任会长孙照玉，市委常委、副市长叶永清被聘请为名誉会长。

5月10日，江西省省委书记苏荣在省委常委、省委秘书长赵智勇、省委副秘书长杨宪平、钟金根，宜春市领导谢亦森、蒋斌、张鉴武、万秀奇，高安市领导皮德艳、聂智胜等陪同下，在参加完江西省建筑陶瓷基地铁路专用线客运化集装箱班列开行仪式后，深入高安市建陶基地新中源陶瓷集团富利高陶瓷有限公司视察陶瓷产业发展情况。

5月16日，湖南省陶瓷行业协会在醴陵市召开第七次会员大会，选举产生第七届行业协会理事、常务理事、会长、副会长和秘书长。中国陶瓷工业协会理事长何天雄，省民政厅及省轻工行业管理办公室有关负责人，醴陵市领导蒋永清、蔡周良、李理、陈立耀等出席会议。

5月17日，佛山南海区西樵镇赛德陶瓷厂蜡桶爆炸发生火灾，两名工人重度烧伤。

5月17日，中国硅酸盐学会陶瓷分会机械装备专业委员会在潮州举行换届大会，景德镇陶瓷学院院长、中国硅酸盐学会陶瓷分会理事长周健儿、机械装备专委会主任张柏清、秘书长周鹏等相关领导出席。会议通过选举产生了新一届专委会领导班子，其中张柏清担任第六届专业委会主任委员、陈帆担任名誉主任、周鹏担任秘书长。

5月22日，中国（佛山）陶瓷价格指数项目验收会议在中国陶瓷产业总部基地举行，会议由佛山市发展改革局物价局科长江毅俊主持，佛山陶瓷行业协会秘书长尹虹、佛山东星陶瓷产业总部基地发展有限公司执行董事周军、广东鱼珠国际木材市场副总经理陆英等协会领导及企业代表作为评审组成员出席会议。

5月30日，四川科达陶瓷有限公司70多名工人因为企业拖欠工资，在科达公司大楼前面聚集讨薪，导致从夹江黄土镇通向高速公路的路段一度中断。

6月

6月初，佛山检验检疫局技术中心正式收到美国ICC-ES的认可通知。此举意味着今后佛山水暖卫浴企业出口北美，在ICC-ES申请相关认证的时间和费用将大为节省。这次获得美国ICC-ES认可，是佛山检验检疫局技术中心继获得马来西亚CIDB、SIRIM QAS、Ikram QA，澳大利亚SAI GLOBAL，菲律宾DTI-BSP，厄瓜多尔INEN，加拿大CSA等国家和地区的认可后，又一重大突破。

6月1日，佛山市陶瓷行业协会和30多家陶瓷企业召开泰国陶瓷反倾销复审培训会。邀请了上海中伦律师事务所宋立伟和上海浩英律师事务所张振安律师在会上对陶瓷企业进行了复审的讲解和辅导。

6月5日，上海斯米克在其官网上发出公告，为适应多元化经营发展需要，公司名称由“上海斯米克建筑陶瓷股份有限公司”变更为“上海斯米克控股股份有限公司”。此次转型改革的后续表现就是斯米克“裁员风波”，斯米克内部人员透露，此次“裁员风波”与网上盛传的“行业不景气导致裁员”等相关猜测没有直接关系。

6月12日，位于高埗的中国建筑陶瓷博物馆迎来了建馆6周年庆典，市委常委，宣传部部长潘新潮出席庆典仪式并发言，唯美集团马可波罗瓷砖董事长兼总裁黄建平介绍了博物馆6年来走过的历程。

6月12日～13日，内地瓷砖入港PCCS-CT认证评审会议在佛山金环球陶瓷举行，会议对金环球陶瓷相关瓷砖产品进行了PCCS-CT认证的第二阶段审核。佛山市陶瓷行业协会秘书长尹虹博士作为此次认证工作机构“佳力高认证服务有限公司”的技术顾问出席此次认证评审会议。

6月13日，“打造千亿产业集群 争创中国陶瓷之都”——全国知名陶瓷企业家座谈会在沈阳召开，辽宁省省长陈政高先生、沈阳市市长陈海波先生，法库县县委书记冯守权先生，法库县县长陈佳标先生，中国建筑卫生陶瓷协会副会长、秘书长缪斌先生以及来自广东佛山、潮州，福建晋江，江西景德镇等地的近百名陶瓷企业家及行业协会领导，共同出席了此次座谈会。

6月13日，上海市质量技术监督局对本市生产和销售的坐便器产品质量进行专项监督抽查公布结果，本次抽查产品34批次，经检验，不合格1批次。标称洛阳市闻洲瓷业有限公司生产的一批次“Wenzhou”坐便器（规格型号：W026生产日期 / 批号：2012.3），吸水率不合格。

6月15日，广东陶瓷协会第五届第一次会员代表大会暨第二届广东省陶瓷艺术大师颁证表彰大会在广州鸣泉居度假村隆重召开。陈环当选广东陶瓷协会第五届理事会会长，陈振广任秘书长，张智英任常务副秘书长，尹虹、李重光任副秘书长。会上还举行了第二届广东省陶瓷艺术大师颁证表彰仪式。

6月27～30日，第十届世界瓷砖大会在乌克兰克里米亚半岛塞瓦斯托波尔（Sevastopol）召开，来自美国、意大利、西班牙、土耳其、墨西哥、阿联酋、中国、日本、乌克兰、澳大利亚、北美等国家的陶瓷行业协会、世界ISO组织及相关企业家共40余人参加了会议。

6月28日，“第九届世界品牌大会暨中国500最具价值品牌颁奖仪式”在北京东方君悦大酒店隆重举行，2012年“中国500最具价值品牌”排行榜正式揭晓。建陶卫浴21家企业荣膺榜单，占总数的4.2%。其中，马可波罗瓷砖、九牧卫浴分别以65.75亿、61.85亿列建陶、卫浴第一。

6月28日，江西省陶瓷行业协会成立暨第一次会员大会在景德镇市紫晶会堂5号会议室召开。中国轻工业联合会副会长陶小年，中国陶瓷工业协会理事长何天雄，市委副书记、市长刘昌林，省轻工业行业管理办公室主任谢光华，景德镇陶瓷学院党委书记冯林华等领导出席了会议，省轻工行业管理办公室副主任魏斌当选协会首任理事长。陶小年、何天雄、谢光华和景德镇市市长刘昌林共同为“江西省陶瓷行业协会”成立揭牌。

6月28日，广东省清远市陶瓷行业商会第二届会员大会在清远国际酒店顺利召开。清远市委、市政府、市工商联，广东省建材协会，广东省陶瓷协会领导，清远市清城区、源潭镇、清新县等领导出席了本次会议。大会选举产生了第二届理事会成员、监事会成员、理事会会长、副会长、秘书长。广东家美陶瓷有限公司董事长谢悦增当选为第二届理事会会长。

7月

7月10日，位于高邑县仓房工业区的恒盛陶瓷有限公司发生一起事故，一名工人在上班时因电路连电事故，不慎触电身亡。事故发生后，该公司并未上报，而是用瞒报的手段将此事私了。

7月11日，维护企业知识产权权益，积极促进企业科技创新的中国陶瓷知识产权信息中心湘东分中心正式成立。

7月13日，航标控股有限公司于香港联交所主板成功上市，这是航标卫浴发展史上的重要里程碑，也是航标卫浴发展第二次创业的新起点。

7月16日，陕西省质量技术监督局通报陶瓷砖产品质量监督抽查结果，有5批次样品不符合标准的规定，涉及花开富贵瓷砖、MOLON、雅士德、瑞德尔、玺宝等品牌。

7月18日，红星美凯旗舰店琶洲店遭遇商户撤柜。商户表示撤柜主要是因为家居行业整体下滑和卖场租金过高，萧条中的商户难以支付租金。

7月20日，广东省质量技术监督局通报陶瓷砖产品质量专项监督抽查结果。抽查了珠海、佛山、江门、肇庆、惠州、东莞、清远、河源、云浮9个地市126家企业生产的陶瓷砖140批次，有24批次产品不合格。不合格产品发现率为17.1%，剔除仅标识不合格16批次，实物质量不合格产品发现率为5.7%。主要不合格项目涉及到标志、破坏强度、尺寸、断裂模数和吸水率。

7月20日，潮安县古巷陶瓷协会在陶协会议厅召开全体会员会议，会长苏锡波传达了潮安县委、县政府召开重点企业代表和部分行业协会会长座谈会的会议精神，促进古巷卫生洁具行业的健康发展。

古巷镇镇委书记庄安平、镇长林一兵、副镇长邢杰平和古巷陶瓷协会全体会员参加了会议。

7 月 24 日，湖北首家陶瓷行业工会联合会——当阳市陶瓷行业工会联合会成立。当阳市陶瓷行业工会联合会主席黄天唤代表全市 45 家陶瓷及其配套企业，与企业主代表刘春华签订了工资集体协议。

7 月 31 日，中国建筑材料联合会副会长、广东省建筑材料行业协会会长吴一岳，中国建筑卫生陶瓷协会副会长、广东陶瓷协会会长陈环，广东陶瓷协会秘书长陈振广，宏宇集团市场总监王勇，广东陶瓷协会理事、《陶城报》副社长罗杰一行五人到咸阳陶瓷研究设计院就建筑卫生陶瓷产业发展政策研究课题展开调研，咸阳陶瓷研究设计院院长闫开放、常务副院长李转、院长助理白战英、标准室主任王博、科研经营管理部主任刘纯参加了产业政策研讨。翌日下午，调研小组及广东陶瓷协会副秘书长尹虹一行赴夹江产区举行了政策调研座谈会。

8 月

8 月，广东省经信委近日公示了“广东省优势传统产业转型升级示范企业”的名单，共有 16 家陶瓷企业上榜。其中新明珠、欧神诺、蒙娜丽莎、东鹏、鹰牌、金意陶 6 家企业入选“转型升级龙头企业”，入选企业将优先获得政府扶持。

9 月

9 月 3 日，佛山市陶瓷行业协会根据“佛社委【2012】32 号文行关于业协会、商会‘去行政化’的精神——党政群机关、事业单位人员不得在行业协会商会兼职”，协会会长向理事会提名解聘秘书长。至此，佛山陶瓷行业协会秘书长尹虹正式卸任。

9 月 12 日，中国商业联合会市场委员会授予法库陶瓷产业集群项目为“中国陶瓷谷”。获得“中国陶瓷谷”的认证。

9 月 13 日，辽宁沈阳法库荣获“中国陶瓷谷”称号新闻发布会在沈阳举行。

9 月 14 日，世界知名建材超市连锁家得宝（Home Depot）正式对外宣布关闭其在中国的所有七家大型家居建材零售店。

9 月 19 日，国家质检总局公布“陶瓷坐便器产品质量国家监督抽查结果”，这次“国抽”共抽查了北京、天津、河北、上海、江苏、福建、江西、山东、河南、湖北、广东、重庆、四川 13 个省、直辖市 160 家企业生产的 160 种陶瓷坐便器产品，抽查发现有 12 种陶瓷坐便器产品不合格，一半是“广东制造”。主要不合格项目为吸水率、便器用水量、洗净功能、密封性能、安全水位技术要求、安装相对位置。

9 月 19 日，国家质检总局公布“陶瓷片密封水嘴产品质量国家监督抽查结果”，这次共抽查了河北、上海、江苏、浙江、福建、江西、广东 7 个省、直辖市 150 家企业生产的 150 种陶瓷片密封水嘴产品。32 种陶瓷片密封水嘴产品不合格，主要涉及到管螺纹精度、酸性盐雾试验、冷热疲劳试验、流量（不带附件）、冷热水标志项目。

9 月 28 日，福建省水暖卫浴阀门行业协会第三次会员代表大会暨换届选举大会在南安大酒店举行。省经贸委、南安市委市政府及仑苍镇等各级相关部门领导，及社会各界人士和协会全体会员约 500 人参加本次大会。大会选举产生了新一届理事会，辉煌水暖公司董事长王建业当选会长。

10 月

10 月 8 日，饶平检验检疫局食品与陶瓷实验室顺利通过中国合格评定国家认可委员会（CNAS）的现场评审。

10 月 10 日，首届中国卫浴产业地方协会友好联盟成立大会在厦门举行，福建省水暖卫浴阀门行业协会、广东佛山市陶瓷协会、潮州市陶瓷行业协会、台湾省彰化水五金产业发展协会、浙江省水暖阀门行业协会、厦门市卫厨行业协会等协会领导，签署了友好联盟公约。

10 月 12 日，由国家标准化管理委员会承办，淄博市人民政府、山东省质量技术监督局、山东工业陶瓷研究设计院有限公司和国家工业陶瓷工程技术研究中心联合协办的 ISO/TC206 国际精细陶瓷标准化专业技术委员会第 19 届年会在淄博召开。来自德国、法国、中国、韩国等 6 个国家的精细陶瓷标准化专家 42 人参加了会议，淄博市精细陶瓷行业 6 家企业的 9 名代表列席了本届年会。

10 月 15 日，第 112 届中国进出口商品交易会分三期在琶洲展馆举行，共有 2.48 万家企业参展，其中，佛山市有 460 家企业参加本届广交会，共获得展位 1472 个。

10 月 16 日，河南省质量技术监督局通报卫生陶瓷产品质量省监督检查结果，本次监督检查共抽取了郑州、洛阳、平顶山、焦作、许昌、漯河 6 个省辖市 31 家企业生产的 59 批次卫生陶瓷产品。有 53 批次合格，6 批次不合格，涉及河南浪迪瓷业有限公司、郏县华美陶瓷有限公司、河南嘉陶卫浴有限公司、长葛市贝浪瓷业有限公司、禹州康洁瓷业有限公司、郏县中佳陶瓷有限责任公司等，主要不合格项目为卫生陶瓷的安全水位、进水阀防虹吸、安装相对位置、CL 线标记、溢流功能、洗净功能、固体物排放等。

10 月 25 日，全国重点陶瓷产区政协工作联谊会第一次会议在湖北省当阳市召开，来自全国十个主要陶瓷产区的政协领导、协会及企业代表出席。本次联谊会上，成员单位围绕政协工作服务陶瓷产业发展的主题进行了深入交流，并通过了《全国重点陶瓷产区政协工作联谊会章程》。

10 月 25 日，国家陶瓷检测重点实验室联盟第四次会议和全国出口陶瓷主产区检验监管工作会议在山东省淄博市召开。山东省检验检疫局党组成员、副局长唐光江，国家质检总局科技司实验室处处长梁津，国家陶瓷检测重点实验室联盟各成员单位以及国内各出口陶瓷主产区检验监管部门的领导和专家参加了会议。

10 月 27 日，陕西省质量技术监督局通报陶瓷坐便器产品质量监督抽查结果。一共抽查了西安、宝鸡、渭南、榆林、安康地区 50 家经销企业，共抽查样品 50 批次，综合判定合格样品 35 批次。不合格产品涉及便器用水量、安全水位技术要求、安装相对位置、洗净功能、固体排放功能、坐便器水封回复、便器配套要求、进水阀 CL 标记、防虹吸功能、进水阀密封性项目不达标。

11 月

11 月，佛山怡顺陶瓷重大变故后退出经营，小地砖生产线 2450 万元卖给中盛陶瓷。怡顺陶瓷转让的生产线位于新兴县水台生产基地，于 2012 年 5 月份建成投产，总投资 6000 多万元，主要生产 30×30 小地砖。同时转让的还包括怡顺陶瓷的工业用地。

11 月 2 日，国家质检总局公布了 2012 年陶瓷砖产品质量“国抽报告”——《陶瓷砖产品质量国家监督抽查结果》。2012 年陶瓷砖产品“国抽”共抽查了河北、山西、辽宁、上海、江苏、浙江、安徽、福建、江西、山东、河南、湖北、湖南、广东、广西、四川、陕西等 17 个省、自治区、直辖市的 240 家企业生产的 240 种陶瓷砖产品。产品合格率 89.6%。

11 月 5 日，哈尔滨市道外区先锋路 1 号一陶瓷厨具仓库发生火灾，过火面积达千余平方米，哈市近 10 支消防中队赶赴现场进行灭火。

11 月 6 日，安徽省工商局公布对宿州、亳州、阜阳、淮北等市场上销售的陶瓷片密封水嘴进行了省级质量监测结果，陶瓷片密封水嘴 19 批次，不合格 9 批次，质量问题突出表现在管螺纹精度、酸性盐雾试验、流量（不带附件）上不合格。

11 月 6 日，“中原陶瓷产业基地”授牌仪式暨陶瓷产业发展研讨会在内黄县中州国际饭店西三楼会议室内隆重举行，中国建筑卫生陶瓷协会会长叶向阳，秘书长缪斌，安阳市政府副市长郭建华、河南省工信厅规划处副处长徐宝民、内黄县领导王永志及内黄县陶瓷企业家代表参加了此次活动。

11 月 8 日，行业标准 JGJ126《外墙饰面砖工程施工及验收规程》（送审稿）审查会议在浙江绍兴举行。备受争议的《规程》（送审稿）主要修改意见及建议中的“外墙饰面砖背面不得有粉状材料”，经多方讨论，终于没有成为第三部分（材料要求）的内容。

11月17日，中国建筑卫生陶瓷协会卫浴分会成立十周年庆典大会在京隆重举行，国资委、工信部、商务部等有关政府领导出席了会议，中国建筑卫生陶瓷协会会长叶向阳、中国建筑卫生陶瓷协会名誉会长丁卫东、秘书长缪斌等出席庆典和年会开幕仪式。中国建筑卫生陶瓷协会卫浴分会及淋浴房分会年会同期举行。

11月19日，中国硅酸盐学会陶瓷分会2012学术年会在湖南省长沙市芙蓉华天大酒店召开。此次会议由中国硅酸盐学会陶瓷分会主办，长沙隆泰微薄热工有限公司承办、苏州威斯特拉有限公司协办，来自全国各地高等院校、科研院所及企业的250多名代表参加了本次年会。

11月20日，广东省质量技术监督局对橡胶及塑料机械、木工机械、金属切削机械、防水涂料、厨房家具、卫浴家具、器具耦合器、输变电设备及产品、铝型材及铝合金型材、人造板等10种产品进行监督检验并公布广州、深圳、佛山、东莞、江门、顺德6个地区57家企业生产的卫浴家具产品共66批次，检验不合格5批次，不合格产品发现率为7.6%。

11月20日，广东省质量技术监督局对橡胶及塑料机械、木工机械、金属切削机械、防水涂料、厨房家具、卫浴家具、器具耦合器、输变电设备及产品、铝型材及铝合金型材、人造板等10种产品进行监督检验并公布了广州、深圳、佛山、东莞、中山5个地区32家企业生产的厨房家具产品共35批次，检验不合格3批次，不合格产品发现率为8.6%。

11月23日，由必维国际检验集团政府服务与国际贸易部、佛山出入境检验检疫局检验检疫综合技术中心主办，国家建筑卫生陶瓷检测重点实验室、广东出口陶瓷与建筑材料公共技术服务平台协办，陶城报、陶瓷资讯报提供媒体支持的国际贸易出口检验认证研讨会，在佛山皇冠假日酒店会议中心禅城厅举行。必维国际检验集团政府服务与国际贸易部相关负责人陈嘉文、张俊，佛山出入境检验检疫局检验检疫综合技术中心相关负责人刘亚民、袁芳丽、肖景红，以及100多家公司的出口部门代表参加了此次会议。

11月26日，中国陶瓷宣布每半年进行0.10美元每股的现金分红。首批分红将于2013年7月13日和2014年1月14日进行，2013年6月13日和2013年12月13日买入该公司股票的股东将有资格分红。

11月27日，中国领先的陶瓷墙地砖生产和住宅与商业建筑设计公司中国陶瓷，NASDAQ Global Market：CCCL宣布，中国陶瓷已经与中国最大的房地产工程承包商中国建筑（3.12，0.08，2.63%）股份有限公司（CSCEC）的全资子公司中国建筑装饰集团有限公司签署了一份战略合同。合同规定，中国陶瓷和中国建筑装饰集团有限公司在供应与采购瓷砖时将彼此视为战略合作伙伴。

11月28日，广东省质量技术监督局对普通照明用自镇流荧光灯、陶瓷片密封水嘴、卫浴产品、卫生陶瓷4种产品进行了专项监督抽查之后。公布了佛山、广州、顺德区、中山、江门、东莞、清远、潮州8个地区的82家企业生产的100批次卫生陶瓷产品，检验不合格13批次，不合格产品发现率为13.0%。涉及到吸水率、用水量、洗净功能、固体物排放功能、污水置换、水封回复功能、防贱污性、配套要求、用水量标识、冲洗噪声、防虹吸功能、安全水位技术要求、安装相对位置等项目。

11月28日，广东省质量技术监督局对普通照明用自镇流荧光灯、陶瓷片密封水嘴、卫浴产品、卫生陶瓷4种产品进行了专项监督抽查之后，公布了佛山、江门、顺德、广州、深圳、东莞、珠海7个地区的117家企业生产的150批次陶瓷片密封水嘴产品，检验不合格51批次，不合格产品发现率为34.0%。涉及到陶瓷片密封水嘴产品的管螺纹精度、冷热水标志、螺纹扭力矩试验、盐雾试验、附着力试验、阀体强度、密封性能、流量、冷热疲劳试验9个项目进行了检验。

12月

12月，广东省科技技术厅网站公示了2012年度广东省科学奖拟奖项目，由佛山市科技局推荐的项目共有11项入围，其中陶瓷行业入围的项目共有5项。陶瓷行业入围的项目中《瓷砖薄型化与陶瓷废渣高效循环利用关键技术研发与产业化》被评为二等奖，其他四项《陶瓷洁具新产品数字化开发关键技术的研究与应用》、《陶瓷装饰用高清三维胶辊印刷技术》、《利用铝型材厂污泥制备功能性多孔陶瓷》、《煤炭梯级清洁利用技术及其应用》均评为三等奖。

12 月底，泛高安产区喷墨打印机数量已增至 40 余台。其中大部分喷墨打印机用于瓷片的生产，因此也有业内人士将 2012 年称为泛高安瓷片生产企业的喷墨年。泛高安产区的多家仿古砖生产企业也在近期计划上马喷墨设备，喷墨打印技术也将广泛应用于泛高安产区的仿古砖生产领域。

12 月底，经江西省人民政府 2011 年批准、国家教育部备案，纳入国家统招计划的民办全日制普通高等职业院校——景德镇陶瓷职业技术学院今秋首届招生 300 多人并顺利开学。与被誉为"江南第一衙"的浮梁古县衙毗邻之该院，聘请浮梁籍国家级"工艺美术大师"王隆夫为名誉院长；由原景德镇陶瓷学院党委书记肖任贤教授任督导专员兼党总支书记、原景德镇陶瓷学院材料工程系主任朱小平教授任院长；又聘请了王安维、张苏波、郑乃章、奚文渊、王啸中等省内外知名教授或特聘教授领衔任教，拥有一批教学经验丰富、专业特色鲜明、结构合理、具有高学历专业知识的师资队伍。

12 月 4 日～ 5 日，由央视纪录频道制作的最新作品——高清纪录片《China 瓷》于央视综合频道（CCTV-1）晚间十点半档《魅力纪录》栏目正式播出。这部由央视纪录频道制作的最新作品，将历史上关于中国外销瓷的重要事件一一呈现，描绘了明清之际中国瓷器外销瓷寰宇之旅的恢宏图景。据了解，这是国内首次以中国外销瓷为题材拍摄的纪录片。

12 月 5 日，中国建筑卫生陶瓷协会第六届第四次理事会暨 2012 年年会在佛山南国桃园枫丹白鹭酒店举行。中国建筑卫生陶瓷协会会长叶向阳、秘书长缪斌，中国建材咸阳陶瓷研究设计院院长闫开放等国家建材有关部门及行业协会领导，建筑卫生陶瓷科研机构专家学者，全国建筑卫生陶瓷上中下游企业代表以及各大媒体代表等近 500 人出席了此次大会。

12 月 10 日，是关于巴基斯坦瓷砖反倾销企业需要提交的材料的最后的日子，此案调查期间自 2011 年 10 月 1 日始至 2012 年 09 月 30 日，牵涉调查的瓷砖产品的巴基斯坦海关税号为 6907.1000，6907.9000，6908.1000，6908.9010 和 6908.9090。佛山陶瓷业积极应诉巴基斯坦对华瓷砖反倾销。

12 月 29 日，由中国建筑卫生陶瓷协会、陶瓷信息报社联合主办的第二届全国陶瓷人大会暨陶业长征全国终端建材市场调研成果发布会于佛山 1506 创意城多功能会议厅（石湾公园内）举行。中国建筑卫生陶瓷协会专职副会长、秘书长缪斌，国家行政学院教授时红秀博士，合富辉煌房地产集团首席市场分析师、高级工程师黎文江作现场报告，分析中国经济、房地产及陶瓷产业未来的发展趋势。"中国瓷砖高峰论坛"同期举行，中国建筑卫生陶瓷协会副秘书长尹虹博士，佛山市简一陶瓷有限公司董事长李志林，佛山市金丝玉玛装饰材料有限公司董事长章云树，维克卫浴董事长、新徽商咨询公司创始人汪光武，华耐家居连锁副总裁何晓勇，湖南民族职业技术学院院长助理、著名官场作家姜宗福等论坛嘉宾围绕"大变局的发展探索"这一主题发表各自的精彩观点。

12 月 31 日，"中国驰名商标"正式对外公示，其中，建筑卫生陶瓷行业共有 10 件上榜。其中有 7 件为佛山品牌。具体名单为：惠万家（广东新明珠陶瓷集团有限公司）、欧神诺（佛山欧神诺陶瓷股份有限公司）、圣德保 SANDEBO（广东新中源陶瓷有限公司）、汇强（广东新润成陶瓷有限公司）、恒洁 HENGJIE（佛山市恒洁陶瓷有限公司）、安华洁具 annwa（佛山市高明安华陶瓷洁具有限公司）、美陶 MEITAO（佛山市高明美陶陶瓷有限公司）、祥达（福建晋江市祥达陶瓷有限公司）、Bolina Italiana（漳州万佳陶瓷工业有限公司）、TIANWEI（江西富利高陶瓷有限公司）。

第二节 招商引资大事记

1 月

1 月底，宜宾珙县余箐工业园区首条陶瓷生产线即将建成，首个入驻的欧冠陶瓷建设项目总投资 6.8 亿元，占地 450 亩，拟建 10 条陶瓷生产线。工程分三期建设，拟于 2 月底一期建成投产，该项目预计实现年产值3亿元，实现年利税4000万元。

1月29日，到目前为止萍乡陶瓷产业基地已签约企业74家，签约资金71.69亿元，已有36家企业建成投产，在建企业7家，2011年完成工业总产值109.9亿元，同比去年增加36.78%。同期还规划建设了博士创业园、高新技术陶瓷孵化园，专为博士、研究生、高级技术人才提供创业平台。

2月

2月1日，龙腾盛世，薪火相传——江西威臣陶瓷生产基地2月1日正式点火投产。

2月7日，在高安市2012年全市经济工作会议上，江西恒达利陶瓷建材有限公司董事长黄家洞、高安市瑞鹏陶瓷有限责任公司董事长涂银辉、江西新阳陶瓷有限公司董事长兼总经理王毅等3位陶瓷企业的掌舵人被授予"2011年高安市劳动模范先进工作者"称号。

2月8日，东莞市委、市政府组织市党政代表团赴佛山学习考察该市重大项目、重大发展平台、重大科技专项、"三旧"改造、科技产业园建设等方面的先进经验，2月10日，大朗镇也组织了该镇的毛纺织行业协会、毛织企业家以及巷头、巷尾、求富路、黎贝岭、大井头等相关社区领导、镇经贸办、毛织办、科技办负责人组成学习考察团，由该镇大朗镇渠带队前往佛山市南庄镇学习该镇陶瓷产业转型升级的成功经验。

2月，淄博张店区范围内的20余家建陶企业因超政府要求关停期限，被相关部门采取停电措施强制关停。此次大规模强制关停是由张店区政府牵头，区环保、经信局、供电、安监等多家部门联合行动。随着淄博市政府对节能减排，淘汰落后产能的信心与决心不断增强，政府使用行政手段治理建陶行业的力度也会越来越大。

2月8日，东莞市委书记徐建华，市委副书记、市长袁宝成率东莞党政代表团一行100多人在佛山市委副书记、市长刘悦伦，副市长李子甫，禅城区区长刘东豪、副区长梁炳军以及中国陶瓷城、中国陶瓷产业总部基地执行董事周军的陪同下，莅临中国陶瓷产业总部基地参观考察。

2月15日，内黄县陶瓷产业园区荣获安阳市"两快"产业集聚区称号，这是内黄县陶瓷产业园区继去年被授予河南省"十快"产业集聚区、中原地区最具发展潜力集聚区称号之后，获得的又一殊荣。

2月，东源县县长叶少军带领县府办、林业局、发改局、建设局、国土资源局、交通局、环保局、经贸局、供电局等部门负责人到骆湖镇道格拉斯陶瓷（河源）生产基地现场办公，要求全力加快推进道格拉斯陶瓷项目建设，确保项目及早动工建设，及早竣工投产，及早发挥效益。

2月28日，齐齐哈尔市委副书记、市长韩冬炎在带队考察江西省建筑陶瓷产业基地建设，宜春市委副书记、市长蒋斌，宜春市副市长、高安市委书记皮德艳，高安市人大、高安市政协、江西省建筑陶瓷基地的领导陪同考察。

2月28日，鹤壁山城区宏腾建材、石林工业园区集中供气、年产1000台振动机械输送机等3个陶瓷及配套项目集中开工仪式在石林工业园区举行。鹤壁市副市长张然、山城区委书记胡润、区长徐伟等市、区领导，市直有关单位、各乡镇、区直有关单位负责人以及企业高层参加了开工仪式。

2月28日，九牧厨卫陶瓷科技产业园奠基仪式在高岭土资源丰富的泉州永春县隆重举行。九牧厨卫董事长兼总裁林孝发、副董事长林四南携九牧管理团队及员工代表参加了奠基仪式；改项目位于福建省永春县介福乡，与中国水暖城——南安接壤。产业园规划用地面积200亩，分四期5年内建成，一二期项目投资将达到5亿元。

3月

3月4日，江西省首个境外生产型项目，江西雅星纺织实业有限公司在南非比勒陀利亚地区兴建的建筑陶瓷生产线项目进展顺利，现已完成土建工程和钢结构厂房搭建，此项目由江西雅星纺织实业有限公司独资兴建，项目总投资1970万美元，占地面积350亩，主要生产釉面瓷砖、抛光瓷砖、釉面瓷瓦等建筑用陶瓷产品，预计年产值可达6000万美元。

3月，东鹏洁具丰城生产基地投资20亿元项目签约，并破土动工，五金龙头厂正式投产，浴室柜厂开业，实现产能扩张，产品线覆盖洁具全部品类，形成强大发展后劲。

3月6日，恩平市委副书记、市长薛卫东来到广东嘉俊陶瓷有限公司进行工作调研。薛卫东市长在嘉俊陶瓷副董事长陈耀强的陪同下察看企业生产情况。

3月6日，湖北鑫来利陶瓷公司与武汉理工大学合作建设湖北省首家陶瓷研发中心的项目签约仪式在当阳宾馆举行。当阳市市委副书记、市长石显银，市委常委、副市长叶永清，市人大常委会副主任苏琼、武汉理工大学材料科学与工程学院教授吴建锋和湖北鑫来利陶瓷公司董事长吴全发等嘉宾出席签约仪式。

3月8日，江西神州陶瓷第二条生产线顺利投产。

3月9日，安徽省萧县经济开发区内的安徽正冠建筑陶瓷有限公司首条日产量达20000平方米的抛光砖生产线举行了点火仪式。萧县人民政府副县长朱新奇，萧县经济开发区管委会主任欧阳飞、纪委书记郭刚，萧县工业经济委员会副主任董长征等领导在安徽正冠建筑陶瓷有限公司董事长钟厚文的陪同下一起为正冠陶瓷的首条生产线点燃了第一把火。

3月11日，周口恒丰建材家居大世界大型招商会隆重开始。此次招商会由河南周口经济开发区管理委员会主办，周口市浙江商会与周口市帮鹏物业服务有限公司为协办单位，周口市电视台为承办单位。

3月13日，抚州市政协主席谢发明深入黎川县工业园区调研陶瓷产业，市政协秘书长徐容宁随同调研。谢发明一行先后实地察看了环球陶瓷、康舒陶瓷、嘉顺陶瓷、华星陶瓷、振辉陶瓷等企业。

3月17日，福建三明市产业项目推介会在广州广东大厦三楼会议厅举行。福建省人民政府驻广州办事处副主任徐建设、福建省人民政府驻广州办事处经济联络处处长赖再生、阿根廷华人商会会长袁建华、广东家居装饰材料商会秘书长郭毅、广东标美硅氟新材料有限公司总经理黄振宏、广州白云区和记黄埔中药有限公司技开发总经理蔡玉辉、厦门瑞尔特卫浴有限公司佛山办事处总经理杨章琪等囊括生物医学、陶瓷卫浴、建材、银行和物流等各大行业的企业代表、协会代表参加了此次推进会。

3月18日，江西神州陶瓷有限公司与华中建陶品牌交易中心——瓷都国际签约，拟斥巨资建设5000平米营销总部，正式开启神州陶瓷品牌化发展的新征程。

3月18日，夹江甘霖工业园区宏发瓷业新建的玻化砖生产线正式投产，广东科达、佛山力泰、中燃窑炉、华伟陶机、合地利化工等多家供应商代表与企业高层领导一起见证了新建生产线投产的仪式。同时，也标志着夹江第二条宽体窑生产线投产成功。

3月，台资企业湖北京华陶瓷科技有限公司二期工程暨佛山科美窑炉机械有限公司落户浠水开工仪式，黄冈市台办主任王玲、浠水县县长吴烨、县委副书记周丽娅等领导，市台商协会常务副会长陈万益以及企业家代表出席了开工仪式。

3月22日，云南曲靖市麒麟区工业和信息化局王国华局长、麒麟区工业园区招商引资局李云波局长等领导一行五人开展了考察佛山陶瓷业的活动。中国陶瓷工业协会建筑卫生陶瓷专委会秘书长黄芯红、佛山市陶瓷行业协会专业副会长黄希然、佛山市陶瓷行业协会建筑陶瓷专业委员会主任潘勇文等国家及地方协会领导，以及佛山市南海桑雅装饰材料有限公司总经理庄大宇、佛山市博今科技材料有限公司董事长吴桂周、广东摩德娜科技股份有限公司技术创新部经理熊亮等佛山当地的代表性企业负责人，以及已经落户曲靖麒麟区陶瓷工业园的金曲陶瓷有限公司企业代表参加了座谈。

3月29日，哈尔滨齐齐哈尔政府在佛山皇冠假日酒店举行依安县陶瓷产业招商推介会。佛山市副市长麦洁华，齐齐哈尔市市长韩冬炎、高新区党工委书记郝明哲、中国陶瓷工业协会黄芯虹、佛山市陶瓷行业协会专员副会长黄希然等领导出席。

4 月

4 月 12 日，黑龙江省委副书记、省长王宪魁在哈尔滨花园邨会见了来考察、访问的江西省陶瓷产业商务团。双方希望挖掘优势，发挥政府引导作用，充分依靠市场力量，以企业为主体，搭建合作平台，实现共赢发展。

4 月 18 日，安阳市工资集体协商推进会暨内黄县陶瓷行业现场观摩会在内黄县中州国际宾馆隆重举行。安阳市人大常委会副主任、总工会主席聂孟磊，内黄县委书记郭建华，安阳市国资委副主任、企业家协会秘书长李国顺及安阳市人力资源和社会保障局、工商联负责人等市县领导参加了会议。

4 月 19 日，由福建省晋江市中山榕陶瓷有限公司和德鑫陶瓷有限公司共同投资的江西中盛陶瓷项目一期工程建设即将竣工。江西中盛陶瓷有限公司引进德国翰德乐和意大利摩德娜生产设备，建成世界一流的陶板生产线。

4 月 21 日，佛山陶瓷企业考察团第二次走进湖南兆邦陶瓷企业，湖南兆邦陶瓷副总经理梁忠、生产副厂长许新洲等高管接待了考察团一行。

4 月 22 日，广东佛山陶瓷企业交流考察团一行在监利县招商专班成员的陪同下，考察了位于监利县白螺镇临港工业园的华油科技石化码头、湖北璧玉新材料科技有限公司，随后参观了监利县工业园。

4 月，高安市工业总产值近 13 亿元，其中高安陶瓷产值近 8 亿元、产能 2321 万平方米、产销率达到 98.4%，产值及产能相比去年再攀新高。

5 月

5 月 8 日，藤县与广西碳歌环保新材料股份有限公司举行签约仪式，引进陶瓷轻质环保保温新材料生产项目，助推陶瓷产业转型升级。该项目一期占地约 220 亩，投资 2.5 亿元，利用陶瓷生产的固体废料专业生产各型号陶瓷轻质保温新型材料，主要用于 20 米以上建筑及公共场所的保温防火。项目计划在两年内建设 5 条生产线。

5 月 10 日，中宇卫浴陶瓷生产线正式在南安投产，意味着中宇卫浴将拥有属于自己的陶瓷生产基地。

5 月 10 日，江西省省委书记苏荣在省委常委、省委秘书长赵智勇、省委副秘书长杨宪平、钟金根，宜春市领导谢亦森、蒋斌、张鉴武、万秀奇，高安市领导皮德艳、聂智胜等陪同下，在参加完江西省建筑陶瓷基地铁路专用线客运化集装箱班列开行仪式后，深入高安市建陶基地新中源陶瓷集团富利高陶瓷有限公司视察陶瓷产业发展情况。

5 月 12 日，福州市长杨益民带领市直有关部门负责人赴闽清县调研。先后来到盛利达陶瓷实业有限公司和富兴陶瓷有限公司，鼓励企业不断提升企业核心竞争力和产品利润率，进一步加快闽清陶瓷产业转型升级步伐。

5 月 23 日～24 日，河北省政协副主席赵文鹤到唐山市调研。市委书记王雪峰，市政协主席郭彦洪，市委常委、秘书长郭竞坤陪同调研。赵文鹤先后参观考察了丰南惠丰湖、运河唐人街，河北省文化创意产业园，唐山国际五金城，万博源国际陶瓷建材家居生活广场等处。

5 月 29 日，国家工商总局商标局审查处处长孙张岩带领调研组到高安市调研实施商标战略工作情况，江西省、宜春市工商局相关领导随同调研，宜春市副市长、高安市委书记皮德艳，高安市委副书记、市长聂智胜，高安市委常委、副市长徐结强等出席座谈会。

6 月

6 月 8 日，四川丹棱陶瓷工业园内的新高峰陶瓷有限公司二期高档仿古砖生产线顺利点火。公司董事长孙世勇与公司高层领导一同为新线点火。

6 月，河南安阳福惠陶瓷有限公司微晶砖生产线开工奠基仪式隆重举行。这是河南安阳内黄首条微晶砖生产线，该条微晶砖生产线计划总投资 1.2 亿元，建设一条 20m × 330m 的国内最先进微晶砖生产线，预计年产规格 800 × 800（mm）、600 × 1200（mm）微晶砖 330 万平方米，实现年产值 1.8 亿元。

6 月 10 日，内黄新时代陶瓷系列餐具项目在县陶瓷产业园区开工奠基。河南省锐龙经贸有限公司高层和内黄政府县长王永志，县委常委、组织部长张庆伟等领导参加了奠基仪式。

6 月，宜丰领先精工陶瓷日产抛光砖 18000 平方米的第二条生产线顺利投产，项目合同总投资 20 亿元，规划建设 20 条高档建筑陶瓷生产线，目前已完成投资 4.2 亿元。

6 月 13 日，“打造千亿产业集群 争创中国陶瓷之都”——全国知名陶瓷企业家座谈会在沈阳召开，辽宁省省长陈政高先生、沈阳市市长陈海波先生，法库县县委书记冯守权先生，法库县县长陈佳标先生，中国建筑卫生陶瓷协会副会长、秘书长缪斌先生以及来自广东佛山、潮州，福建晋江，江西景德镇等地的近百名陶瓷企业家及行业协会领导，共同出席了此次座谈会。

6 月 13 日，吉林安图县举行亿元以上项目集中开工暨陶瓷产业园区奠基仪式，总投资 101 亿元的 10 个亿元以上项目集中开工，省政协主席巴音朝鲁，省委常委、州委书记张安顺，省政协副主席兼秘书长王尔智等领导出席开工奠基仪式。

6 月 29 日，由江苏省陶瓷研究所有限公司承担的西藏自治区墨竹工卡县塔巴陶瓷工业化生产科技示范基地建成交接仪式在墨竹工卡县工卡镇政府会议室隆重举行，拉萨市科技局、文化局和墨竹工卡县、工卡镇相关领导参加了交接仪式。

7 月

7 月 2 日，鹤壁市委书记丁巍到山城区考察石林陶瓷产业园区发展和石林新城建设。副市长史全新，市直有关部门主要负责同志参加考察。

7 月 6 日，在东源县举行的经贸活动上，中山市道格拉斯陶瓷有限公司正式与东源县政府签订道格拉斯（河源）建筑陶瓷生产项目投资协议。

7 月 10 日，河南省人民政府副省长王铁带领省直管县体制改革试点工作领导小组有关领导、省直管县（市）县（市）委书记莅临内黄视察，观摩视察了内黄县质监局承建的河南省陶瓷砖产品质量监督检验中心，对该中心的建设情况及考核验收筹备工作给予高度认可。

7 月 18 日，为了探寻“东北瓷都”法库的陶瓷产业进一步发展与提升之道，沈阳市副市长祁鸣、沈阳市金融办主任马智天、广东发展银行沈阳分行行长陈静波等一行，来到佛山南庄考察取经。南庄镇副镇长、镇人大副主席冼永恒，华夏陶瓷博览城总经理于枫，广东发展银行佛山分行行长徐波等的接待，并与南庄罗南村副书记陈顺桥、佛山中鹏机械有限公司董事长万鹏等佛山陶业人士进行了座谈。

7 月 18 日～ 19 日，广东产区水暖卫浴产业考察团在江西鹰潭考察。鹰潭市委书记陈兴超、市长钟志生、市委副书记熊茂平、市人大常委会副主任徐晓年、副市长徐云、市委秘书长胡高堂分别参加宴会、陪同考察并出席了座谈会。

7 月 20 日，河南鹤壁市山城区政府与意大利薇莎陶瓷（亚太）有限公司河南陶瓷生产基地项目签约仪式在鹤壁迎宾馆举行，市委书记丁巍，市政协主席张俊成，市委常委、常务副市长桂玉强，市委常委、市委秘书长钱伟，市人大常委会副主任韩玉山及意大利薇莎陶瓷有限公司董事长陈晓波等客商代表出席签约仪式。

7 月 20 日，恩平市委书记李灼冰、市长薛卫东率队到沙湖新型建材工业基地对基础设施建设等问题进行现场办公，促治理陶瓷污染工作落实，市领导李健忠、叶仕钦、何焕仍、方国韶及有关部门负责人陪同。

7 月 20 日，位于夹江黄土镇，由四川新万兴集团总投资 3 亿元，打造陶瓷专业商城之一的瓷都万象城项目在隆隆的礼炮声中正式开工建设，县人大常委会主任蔡建勇，县委副书记、县长张建红，县政协主席吴晏平，县委副书记袁月、陈林，县委常委张晋锐，周作先以及四川新万兴集团董事长刘继明等出席开工仪式。

7月21日，辽宁省第一条陶板生产线在法库县经济开发区沈阳骊住建材有限公司正式投产。副市级干部佟晶石、县几大班子领导冯守权、陈佳标、张振权、张福志出席了落成典礼仪式。

7月，国内首家百万产能智能陶瓷生产线点火仪式在九牧厨卫工业园隆重举行，中国陶瓷工业协会理事长何天雄、秘书长黄芯红、南安市委书记黄南康、市长王春金、九牧厨卫董事长林孝发、副董事长林四南、监事会主席林孝山等公司领导、新闻媒体及全球九牧营销人共襄盛会。

7月25日～28日，河南省外侨办副主任付劲松与中原侨商会负责人一行五人来粤考察交流，推介“第四届华侨华人中原经济合作论坛”及河南招商引资的政策环境。26日，广东省侨办党组副书记、巡视员陈仰豪，副主任郑建民等会见了河南省侨办代表团。27日，该团赴佛山，与佛山陶瓷协会的十多家陶瓷企业负责人座谈交流。

8月

8月，福建圣泉制釉项目进入内黄县陶瓷产业园区，这是内黄第一家陶瓷化工配套企业。

8月8日，总投资28.82亿元建设的道格拉斯（河源）建筑陶瓷生产项目在东源县骆湖镇新型环保建材基地举行奠基开工庆典仪式。

8月，由日本爱和陶乐华株式会社和佛山市乐华陶瓷有限公司共同投资2000万美元新建的爱和陶乐华陶瓷项目竣工投产。

8月21日～22日，福建省省长苏树林先后赴泉州南安市、三明大田县、龙岩漳平市，深入三地的民营企业，了解我省出台的一系列支持企业发展优惠政策的落实情况，21日上午，省长苏树林一行在泉州市委书记徐钢、市长黄少萍、南安市委书记黄南康陪同下，莅临辉煌水暖集团视察指导。辉煌水暖集团董事长王建业迎接来访领导并详细介绍公司的情况。

8月22日，江西省委常委、南昌市委书记王文涛，南昌市委副书记、政法委书记郭安，在宜春市市委副书记、市长蒋斌，宜春市副市长、高安市委书记皮德艳，高安市副市长席国华等领导的陪同下到江西富利高陶瓷视察。

8月，湖北浠水县与广东佛山市新中陶等6家陶瓷企业签订投资协议，投资额达66亿元。

8月28日，江西星子工业园区投资2.1亿元的骆应陶瓷材料项目一期试投产。

9月

9月9日，浠水县低碳陶瓷产业园湖北雄陶陶瓷有限公司第一条生产线试投产。

9月12日，中国商业联合会市场委员会授予法库陶瓷产业集群项目为“中国陶瓷谷”。获得“中国陶瓷谷”的认证。

9月13日，辽宁沈阳法库荣获“中国陶瓷谷”称号新闻发布会在沈阳举行。

9月，阳城县舒耐奇新型建材公司投资的首期年产100万平方米陶瓷发热地板生产线建成投入试运行。这也是国内第一条标准化幕墙陶板生产线。

10月

10月1日，中央第四企业金融巡视组组长吴定富到浠水县视察京华陶瓷。黄冈市人大常委会主任龙福清，浠水县委书记吴烨，县长黄文虎，县委常委、常务副县长董瑞成，县经济开发区管委会主任涂浩然陪同视察。吴烨、黄文虎分别向巡视组汇报了浠水县经济发展环境和招商引资工作情况以及浠水下一步招商引资工作打算。

10月7日，湖南省茶陵县华盛建筑陶瓷有限公司第一条生产线点火，成为县里首条投入生产的建筑陶瓷生产线。据县有关部门负责人介绍，该县计划5年投资40亿元，建成15家年产值在亿元以上的建筑陶瓷企业，成为全省最大的建筑陶瓷生产基地。

10月9日，浠水县长黄文虎主持召开浠水县低碳陶瓷产业园投产庆典暨招商推介活动筹备会，浠水低碳陶瓷产业园投产庆典将同期在25日举行。

10月12日，福建漳州平和县霹雳陶瓷二期项目开工建设和优诺包装项目竣工投产。据悉，霹雳陶瓷二期项目总投资1.2亿元，装备2条陶瓷生产线，年可生产300万平方米建筑用陶瓷，创产值2亿元；优诺包装项目总投资2000万元，占地30亩，是陶瓷产业配套项目。

10月18日，内蒙古蒙西高新技术集团公司旗下蒙西水泥股份有限公司投资兴建的克东蒙西建材产业园项目开工建设。该项目总投资10亿元，项目规划占地面积20.5万平方米。

10月21日，位于宜兴市丁蜀镇的江苏宜兴陶瓷产业园区内多个重大项目在这里进行奠基及竣工仪式。同时，陶瓷产业园区被中国设备管理协会、省科技厅、韩国精细陶瓷协会联络事务所等单位授予河湖治理工程技术中心、宜兴新材料高新技术创业服务中心、江苏省宜兴工业陶瓷科技产业园、中•韩精细陶瓷技术人才交流中心等称号。

10月22日，赞皇经济开发区，总投资15.8亿元的河北润玉陶瓷制品有限公司高端陶瓷新材料系列产品项目顺利开工。

10月23日，新中源集团董事局主席霍炽昌视察新中源鹤壁生产基地，并参加由新中源投资的石林新城综合开发项目奠基仪式。鹤壁市委书记丁巍、市长魏小东在鹤壁迎宾馆会见了霍炽昌一行，鹤壁副市长史全新、新中源加利申房地产集团副总裁郭光辉、新中源集团副总裁黄林基参加会见。

10月29日，夹江县总投资12.2亿元的6个项目在焉城镇陶瓷物流中心项目现场集中开工。乐山市委常委、市委秘书长宁坚，市人大常委会副主任毕建芝，市政协副主席罗勇及市级相关部门负责人，夹江县委、县人大、县政府、县政协领导及各乡镇、部门负责人、业主单位、企业代表共400余人参加了开工仪式。

11月

11月1日，醴陵市委书记蒋永清深入部分陶瓷企业进行调研，他指出：要在抓好传统陶瓷发展的同时，加快特种陶瓷发展步伐，提高科技含量、提升产品附加值，通过“产、学、研”的有机结合，加强技术攻关，让醴陵陶瓷产业更具竞争力。

11月6日，“中原陶瓷产业基地”授牌仪式暨陶瓷产业发展研讨会在内黄县中州国际饭店西三楼会议室内隆重举行，中国建筑卫生陶瓷协会会长叶向阳，秘书长缪斌，安阳市政府副市长郭建华、河南省工信厅规划处副处长徐宝民、内黄县领导王永志及内黄县陶瓷企业家代表参加了此次活动。

11月6日，内黄县被中国建筑卫生陶瓷协会授予“中原陶瓷产业基地”荣誉称号。近年来，内黄县引进了投资100多亿元的陶瓷及其配套生产企业，实现了陶瓷产业集聚集群发展，成为中部地区目前最大的陶瓷生产基地，被授予河南省承接陶瓷产业转移示范基地、全省“十快”产业集聚区。

11月9日，江北区政府通报了重点工业项目建设情况。世界500强美国霍尼韦尔公司陶瓷刹车片项目，已进入试生产。

11月15日，中国西部瓷都金秋陶瓷贸易大会暨承接成都产业转移投资招商说明会在夹江峨眉山月花园饭店举行。省经信委副主任张国斌、省招商引资局副局长戴绍泉、市人大常委会主任罗建安、市委常委、常务副市长黄正富、市委常委、市委秘书长宁坚、市政协副主席、市交委主任刘忠福、县委书记廖克全，县人大主任蔡建勇，县委副书记、县长张建红，县政协主席吴晏平等省、市、县三级领导以及陶瓷企业和经销商代表出席了本次陶瓷贸易大会。会上还进行了贸易协议集中签约仪式，产区内40多家陶瓷企业和来自川、渝、贵、云等多省份的70家经销商共签订85.8亿元陶瓷贸易销售协议。此外，为承接成都产业转移，家具制造工业园、物流产业园配套综合体、中药材生产基地等7个投资协议也在当天签约，投资总额逾50亿元。

11 月，总投资 40 亿元的唐县（台商）陶瓷文化产业园日前在唐县经济开发区开工建设，这是该县引进的首家台资项目。该产业园由广州台商协会组织台商投资建设，分期进行，一期投资 15 亿元，建设陶瓷工艺文化创意产业园、中华陶瓷古文化街；二期投资 11 亿元，建设陶瓷展览馆、大师研究创作室、创意产品展示大厅、多功能培训中心、陶瓷检测检验中心等。今年拟投资 1000 万美元建设“唐华”陶瓷工艺文化研发培训中心，主要研发、生产、销售各类工艺陶瓷制品。

11 月，宜宾市珙县政协主席孙怀勇亲自带队与夹江县政协主席吴晏平带队的政协代表团在夹江举行工作交流座谈会，双方就政协工作和发展陶瓷产业集群等相关问题进行了深入的交流学习，与此同时，珙县政协还借此次座谈会之际向夹江政协代表团学习建设陶瓷产业集群的经验。希望通过此次座谈交流会向夹江政府“取经”，希望早日实现珙县“川南新瓷都”的目标。

12 月

12 月 9 日，漳州平和工业园已完成项目用地征储 1200 亩，新引进 5 家陶瓷企业入驻。工业区陶瓷特色产业园共完成投资 10.613 亿元，完成今年计划投资额 5.95 亿元的 178.4%。

12 月 12 日，介休市转型综改标杆项目、总投资 15 亿元的安晟公司年产 50 万立方米 A 级节能保温材料“泡沫陶瓷”生产线一期工程正式投产。山西省住房和城乡建设厅、晋中市人民政府、介休市人民政府举行了新闻发布会。

12 月 30 日，在江西湖口华美立家国际生活广场举行的招商会上，马可波罗、箭牌、法恩莎卫浴、全友家私、圣象地板、飞利浦照明、欧派橱柜等 100 多个一线品牌现场签约，争先入驻。

12 月，河北省保定市的顺平润东陶瓷有限公司首条日产 20000 平方米的内墙砖生产线近日顺利投产。主要生产喷墨印花、辊筒印花两大系列，300×450（mm）、300×600（mm）、240×600（mm）三种规格的内墙砖产品。

12 月，山西怀仁三保陶瓷烤花印花项目开工奠基仪式在内黄县陶瓷产业园区举行。内黄县委常委、组织部长张庆伟，副县长杨彦军、马浩宇，县政府党组成员、办公室主任曹卫彬等领导出席仪式并为项目开工奠基。

12 月 24 日～25 日，温州陶瓷品市场改造提升一期建设工程项目的监理单位和建设施工单位按时在市公共资源交易中心开标公开选定。这标志着温州鹿城区陶瓷品市场即将被改造。

12 月 25 日，在成都举行的“四川省取消政府还贷二级公路收费”新闻发布会上得知，从 2013 年 1 月 1 日零时起一次性整体取消全省政府还贷二级公路收费的要求，夹江政府及时停止了永兴收费站和盘渡河收费站的收费，为该县陶瓷产业转型升级发展迈出了实质性的一步。

12 月 27 日，珠海旭日陶瓷项目正式签约攸县，参加签约仪式的有珠海旭日陶瓷有限公司董事长黄英明、总经理宁红军，攸县县领导胡湘之、龚红果、谭智勇、尹诺昂、吴爱清、李子善、谭伟生、宾玉良、彭新立。县委常委、副县长谭伟生主持仪式。

12 月底，泛高安产区喷墨打印机数量已增至 40 余台。其中大部分喷墨打印机用于瓷片的生产，因此也有业内人士将 2012 年称为泛高安瓷片生产企业的喷墨年。泛高安产区的多家仿古砖生产企业也在近期计划上马喷墨设备，喷墨打印技术也将广泛应用于泛高安产区的仿古砖生产领域。

第三节　会展大事记

1 月

1 月，2012 年“广州陶瓷工业展”主办权所属又现纷争：中国国际贸易促进委员会建筑材料行业分会和广东新之联展览服务有限公司分别通知企业，都表示 2012 年的陶瓷工业展由其举办，且两者通知显示的展会举办时间、地点完全相同。而众多企业希望主办单位能够从行业大局着想，将事情圆满解决，以免大家每年陷入进退两难的境地。

1月6～9日，在曼谷IMPACT展览中心5号馆隆重举办了首届中国-东盟（泰国）商品贸易展览会暨2012中国-东盟（泰国）机电产品展览会、2012中国佛山陶瓷商品展览会。广东新明珠陶瓷集团有限公司、广东新中源陶瓷进出口有限公司、佛山市蒙娜丽莎实业有限公司、广东东鹏陶瓷股份有限公司、佛山欧神诺陶瓷股份有限公司等中国知名陶瓷企业都在展会上展示他们的最新产品和技术。佛山建材展区还有精彩的陶艺、剪纸等民间艺术表演。

2月

2月7～10日，世界第二大陶瓷卫浴展——CEVISAMA（西班牙瓦伦西亚陶瓷卫浴展）在瓦伦西亚会展中心隆重召开。中国新中源、简一、亚洲陶瓷、马可波罗等近二十家陶瓷卫浴企业以及包括佛山康立泰化工等色釉料企业赴西班牙参展。

2月13～14日，两年一届的国际瓷砖论坛QUALICER在西班牙陶瓷重镇卡斯特里翁举行。创立于1990年的国际瓷砖论坛，距今已有22年历史。本届论坛共吸引了600位来自全球陶瓷行业的专业人士。

3月

3月3日，2012第十届建陶产业发展高峰论坛在中国陶瓷城隆重举行，佛山市工商联副主席李德、广东省家居建筑装饰材料商会秘书长郭毅、广东省营销学会副会长陆勇、佛山市陶瓷行业协会专业副会长黄希然以及建陶行业的企业领导、代表、媒体等一百多人出席了本次论坛。

3月6日～9日，第十届巴西瓷砖及石材展览会EXPO REVESTIR在圣保罗Transamerica展览中心举行。据展会主办方消息，今年参展企业达230家，吸引来自全球60个国家的专业观众预计40000名，成交额突破1.7亿美元。西班牙ROCA（乐家卫浴）、德国GROHE（高仪卫浴）及HANSGROHE（汉斯格雅卫浴）、瑞士LAUFEN（劳芬卫浴）、日本TOTO（东陶卫浴）、美国DELTA FAUCET（得而达龙头）、巴西DECA（迪卡卫浴）及DOCOL（多欧卫浴）等将同台竞技。

3月20日，2012印度国际陶瓷技术展览会开展，中国佛山市尼森国际商务展览有限公司证实本次展会共有149家陶瓷供应商参展，其中中国企业62家，包括海源、奔朗、中鹏、奥斯博等。

3月25日，“中国制造 佛山论坛”暨第八届中国陶瓷行业新锐榜颁奖典礼将在佛山新媒体产业园盛大举行。2011年度陶瓷行业优秀品牌、产品、优秀推广创意及技术创新、风云企业、金土奖等奖项揭开。

3月，北京市工商业联合会陶瓷商会举行成立大会，全国工商联常务副主席孙安民到会祝贺并向当选的首任会长陈进林授牌。

4月

4月2日，2012中国房地产与泛家居行业跨界峰会暨2012年度中国建筑卫生陶瓷十大品牌颁奖典礼在人民大会堂举行。

4月3～4日，世界暖通协会（World Plumbing Council，简称WPC）2012年年会在京举行，来自近20个国家和地区的暖通行业协会的代表出席了此次会议。缪斌秘书长代表中国建筑卫生陶瓷协会以正式会员身份第一次出席了该组织会议。

4月9日，陶瓷卫生洁具资源节约产品认证暨标准宣贯会在长葛市蓝鲸卫浴多功能会议厅召开，会议邀请了国家建筑卫生陶瓷质量检测中心主任段先湖、中国质量认证中心武汉分中心主任陈卫斌，工程师刘继武、陈远新、王祥等参加。

4月9日～12日，西班牙瓷砖制造商协会（AS-CER）组织西班牙瓷砖企业参与于上海新国际博览中心举办的第十三届中国国际建筑装饰展览会。来自ASCER的海外贸易及出口推广部的Guzmán

Boronat 透露，本次组团参展的西班牙企业共 10 家，其中 4 家是首次来华展示。

4 月 11 日，景德镇市陶瓷产品标准和保护条例制定座谈会在市瓷局会议室召开。市委常委、副市长黄康明及市有关单位负责人参加座谈会。会议研究讨论了《景德镇陶瓷产品标准》和《景德镇陶瓷促进与保护条例》。

4 月 15 日，第 111 届广交会在广州开幕，中国企业积极应对严峻外贸形势。中国外贸出口企业向本届广交会提交的展会需求量总计达到 10.4 万个，比上届增长超过 12%，展位在比上届增加 710 个的情况下，满足率仍不足 60%。

4 月 18 日，2012 佛山陶瓷论坛暨消费者信赖陶瓷品牌授牌仪式在中国陶瓷城五楼会议室举办。中国陶瓷工业协会副理事长傅维杰，中国陶瓷工业协会副秘书长侯文全，建筑卫生陶瓷专业委员会秘书长黄芯红，广东陶瓷协会常务副会长陈环，秘书长陈振广，佛山陶瓷行业协会副会长黄希然，中国建筑卫生陶瓷协会副秘书长、佛山陶瓷行业协会秘书长尹虹，以及禅城区经贸局常务副局长毛伟峰参加了论坛。

4 月 18 日，2012 第 5 届中国艺术瓷砖节在瓷海国际·佛山陶瓷交易中心盛大开幕，佛山陶瓷行业协会秘书长尹虹、马来西亚驻广州总领事馆商务领事沈国安、大韩贸易投资振兴公社副馆长郑圣和、加拿大商会华南区总裁副会长 Marco Maher Laila、香港中小企业总会华南首席代表程遥等出席了本届开幕式。

4 月 18 日，2012 国际空间设计大奖——Idea-Tops 艾特奖佛山站暨建筑室内设计全国巡回论坛在瓷海国际·佛山陶瓷交易中心正式启动。中华室内设计网首席运营官王鲲、瓷海国际佛山陶瓷交易中心总经理麦湛、广东金意陶陶瓷有限公司副总经理兼研发设计中心总经理黄慧宁、泥巴匠陶瓷制品有限公司艺术总监袁智等领导嘉宾及各媒体代表共同见证本次启动仪式。

4 月 18 日，安阳市工资集体协商推进会暨内黄县陶瓷行业现场观摩会在内黄县中州国际宾馆隆重举行。安阳市人大常委会副主任、总工会主席聂孟磊，内黄县委书记郭建华，安阳市国资委副主任、企业家协会秘书长李国顺及安阳市人力资源和社会保障局、工商联负责人等市县领导参加了会议。

4 月 18 日～22 日。第九届中国（佛山）国际马赛克展览会暨第九届中国马赛克文化节在中国马赛克城举行。

4 月 19 日～21 日，中国陶瓷城、中国陶瓷产业总部基地再次携手西班牙商会，盛情举办备受业界瞩目的“国际采购节系列活动·第二届西班牙采购节”。

4 月 21 日，由东华大学、中国建筑卫生陶瓷协会等单位主办、服装学院，艺术设计学院承办的，环东华时尚周、中荷建交四十周年上海周系列活动之一的“时尚环境设计创意论坛”在东华大学延安路校区举行。中国建筑卫生陶瓷协会首席顾问、荷兰 HC 协会首席顾问陈丁荣大师、中国建筑卫生陶瓷协会副秘书长夏高生先生、复旦大学上海视觉艺术学院副校长设计学院院长张同教授；上海市创意设计协会副主席、上海市美协艺术设计专业委员会副主任、同济大学设计创意吴国欣教授、荷兰设计时尚建筑协会中国区执行主席玛丽女士，上海现代设计集团环境设计研究院副院长王传顺等嘉宾出席会议论坛。

4 月 21 日，由福建省水暖卫浴阀门行业协会、厦门市卫厨行业协会、潮州市陶瓷行业协会、潮安县古巷镇陶瓷协会主办，中洁网承办的第二届潮州卫浴论坛暨海西卫浴企业家交流会圆满举办。在会议上，厦门市卫厨行业协会与潮州市陶瓷行业协会签订了“友好协会”协议。

4 月 22 日，2012 中国国际陶瓷技术装备及建筑陶瓷卫生洁具产品展览会（2012 广州陶瓷展）全国推广万里行活动江西地区贵宾企业邀请会在江西省高安市中国建筑陶瓷基地隆重举行。中国国际贸易促进委员会建筑材料行业分会副会长刁敏攸先生、中国建筑卫生陶瓷协会副秘书长徐波先生、江西省建筑陶瓷产业基地管委会副主任廖树生先生出席了会议。

4 月 22 日，2012 广州陶瓷展组委会在四川夹江举行了全国推广万里行第三站贵宾企业邀请活动。会议由夹江县政协主席、夹江陶瓷协会会长李学如先生主持，中国国际贸易促进委员会建筑材料行业分会副会长刁敏攸先生、中国建筑卫生陶瓷协会副秘书长徐波先生分别介绍了 2012 广州陶瓷展筹备进展情况。

4 月 22 日，由华耐家居集团、唯美集团、乐华陶瓷集团共同投资组建的华美立家家居建材城在江西吉安召开了首届家居建材高峰论坛。华美立家投资控股有限公司董事长贾锋先生、全国工商联家具装饰业商会执行会长张传喜先生、中国建筑卫生陶瓷协会会长叶向阳、佛山市陶瓷行业协会秘书长尹虹、吉安市城南专业市场主任涂德斌、华美立家集团副总裁张志良、总经理赵君先生以及来自蒙娜丽莎瓷砖、马可波罗瓷砖、箭牌卫浴、法恩莎卫浴、L&D 陶瓷等代表共同参加了本次高峰论坛。

4 月 26 日，中国陶瓷家居跨界合作论坛暨 2012 年度陶瓷卫浴十大品牌颁奖典礼，在北京隆重举行。东鹏瓷砖、宏宇陶瓷、新中源陶瓷等品牌获得分量最重的 2012 年度“陶瓷十大品牌”荣誉，雪狼陶瓷、宝时洁陶瓷、狮王陶瓷、神韵瓷砖等 10 个陶瓷品牌获得“瓷砖十大品牌”称号，惠达卫浴、箭牌卫浴、宏浪卫浴等卫浴品牌荣登卫浴十大品牌榜单，大将军陶瓷、蒙娜丽莎瓷砖，卡米亚陶瓷等 10 个陶瓷卫浴品牌获得 2012 年度“抛光砖十大品牌”称号，马可波罗瓷砖、荣高陶瓷、格仕陶瓷砖、伊莎瓷砖等 10 个陶瓷品牌荣获仿古砖十大品牌称号。

4 月 26 日，江门市河南商会开平分会正式成立，在开平从事卫浴行业的河南籍企业家钱昌宝当选为首任会长。在商会成立仪式上，商会会员们积极献爱心，筹集了 11100 元善款捐给开平市玲珑医院。

4 月 27 日，漳州市政府在万利工业园举行主题为“低碳节能材料与建筑设计创新”研讨会。参加此次研讨会的有漳州市设计院院长及漳州勘察设计协会会长骆向阳、漳州建设局总工程师蔡云社以及房地产开发企业、设计单位、审查机构、施工单位、监理单位的代表、专家等。

4 月 28 日，陶瓷 CEO 金牌俱乐部启动仪式暨瓷膳晚宴在新中源大酒店五楼多功能宴会厅盛大举行。中国陶瓷工业协会秘书长黄芯红，广东省陶瓷协会会长陈环，佛山市禅城区委区政府秘书长魏一萍，中央党校国情国策研究中心高级研究员、品牌中国产业联盟专家委员会专家张永农，中国工商业精英联合会荣誉会长、国际大中华经贸促进会副会长、中国陶瓷工业协会营销分会高级顾问张有卓等嘉宾出席了启动仪式。

4 月 28 日，广州陶瓷展全国推广万里行—贵宾企业邀请第五站在长葛市科技局会议室召开。河南省长葛市科技局副局长、长葛市卫生陶瓷协会秘书长张建民、中国国际贸易促进委员会建筑材料行业分会副会长周治洲、中国建筑卫生陶瓷协会副秘书长徐波等领导出席会议。

5 月

5 月 11 日，由北京市人力资源社会保障局、北京市住房和城乡建设委等 14 家政府部门联合举办，北京市建筑装饰协会承办的“2012 年北京市第三届职业技能大赛‘居然之家杯’装饰镶贴工、手工木工比赛”新闻发布会在居然之家丽泽店五层会议室召开。

5 月 18 日，“2012（潮州）新技术、新装备与陶瓷产业转型升级高峰论坛”在潮州市枫溪区政府礼堂举行，本次论坛由中国硅酸盐学会陶瓷分会机械装备专业委员、潮州市科学技术局和潮州市枫溪区管理委员会共同主办，潮州陶瓷研究院和广东四通集团股份有限公司共同承办。

5 月 23 日，2012 第十七届中国国际厨房卫浴展览会（简称“上海厨卫展”）在上海新国际博览中心盛大开幕，科勒、TOTO、美标、高仪、欧琳等国际大品牌及箭牌、惠达、安华、华盛、中宇等国内知名品牌纷纷亮相，数千家厨卫企业隆重登场。

5 月，由景德镇市瓷局、中国银行景德镇市分行联合举办的“服务陶瓷、共赢发展——全市陶瓷企业金融服务对接会”在开门子大酒店三楼会议室召开。市委常委、副市长黄康明，市瓷局，市人民银行相关领导，市高新区，工业园区招商负责人出席了会议，参加此次会议的还有 50 余家企业代表。

5 月 27 日上午，中国建筑卫生陶瓷协会第六届理事会第四次全体会长扩大会议暨陶瓷产业发展座谈会在广州琶洲广交会威斯汀酒店隆重召开。中国建筑材料联合会会长乔龙德，中国建筑材料联合会名誉会长张人为，中国建筑材料联合会常务副会长孙向远，中国建筑材料联合会副会长陈国庆，中国建筑材料联合会副会长、中国建筑卫生陶瓷协会会长叶向阳，中国建筑卫生陶瓷协会副会长兼秘书长缪斌，中国建筑卫生陶瓷协会全体副会长等领导和陶瓷行业领军企业代表、陶瓷行业有关规划信息、科研设计、标委会以及全国陶瓷各主要产区的代表一百余人出席了会议。

5月27日下午，2012第二届陶瓷产区科学发展论坛暨新产品新技术推广交流会在广州琶洲展览中心威斯汀酒店隆重召开。中国建筑卫生陶瓷协会秘书长缪斌，广东陶瓷协会会长陈环，咸阳陶瓷研究设计院副院长、国家建筑卫生陶瓷检验检测中心主任苑克兴，佛山陶瓷协会秘书长、华南理工大学教授尹虹，中国建筑卫生陶瓷年鉴副主编、华夏陶瓷网主编刘小明等行业领导和来自各个产区陶瓷上下游企业代表参加了本次论坛。

5月28日，2012广州陶瓷展会开幕仪式在琶洲展馆举办。中国建筑材料联合会会长乔龙德，中国建筑材料联合会名誉会长张人为，中国建筑材料联合会常务副会长、中国贸促会建材分会会长孙向远，中国建筑卫生陶瓷协会会长叶向阳，中国建筑卫生陶瓷协会副会长兼秘书长缪斌，中国国际贸易促进委员会建筑材料行业分会常务副会长胡幼奕以及来自国内外陶瓷行业领导等近40位嘉宾出席了开幕式。

5月29日，EFI Cretaprint新公司成立庆祝晚宴在广州香格里拉大酒店举办。EFI首席执行官Guy Gecht在晚宴上宣告了EFI在佛山陶瓷总部基地开设了其在中国的第三个分公司，此举标志着EFI Cretaprint中国总部的正式建立。EFI亚太区董事总经理Ramin Kazemi、EFI Cretaprint总经理Victor Blasco、中国陶瓷工业协会理事长何天雄、佛山陶瓷行业协会秘书长尹虹、陶城报社管委会主任李新良等人也出席了晚宴。

5月29日，景德镇市陶瓷文化创意新区建设工作推进会在市政府四楼会议室召开。市长刘昌林，市委常委、常务副市长于秀明，市政协副主席、市政府秘书长刘朝阳出席会议。

5月29日，2012第二届（中国）国际陶瓷高峰论坛于广州琶洲会展中心会议室举行。高峰论坛主题为："陶瓷进化论"，旨在通过此次论坛为国际陶瓷行业搭建一个共同交流的平台，并且就喷墨打印等新技术话题进行国内外企业的意见交流。现场汇聚了来自意大利、西班牙、英国等陶瓷行业国际知名人士，以及海外设备生产企业、海外原材料供应商、海外设计公司、国内陶瓷生产企业的企业代表共150多名嘉宾参与。

5月29日上午，2012年全国陶板企业工作座谈会在中国进出口商品交易会馆召开。中国建筑卫生陶瓷协会会长叶向阳、建筑琉璃制品分会秘书长徐波，以及来自全国的部分陶板生产、设备制造企业、国外陶板企业等参加了此次会议。全国陶板企业共同呼吁尽快成立陶板制品分会。

6月

6月8日，由广东陶瓷协会和《陶瓷资讯》报联合举办的第三届广东省陶瓷上游供应企业研讨会暨优秀供应商表彰大会在佛山瓷海国际交易中心隆重举行。中国建材联合会副会长、广东省建材行业协会会长吴一岳、中国陶瓷工业协会营销分会常务副秘书长于枫、广东陶瓷协会秘书长陈振广、广东省家居建筑装饰材料商会副秘书长杨传辉、佛山陶瓷行业协会副秘书长白梅以及众多知名企业领导、供应商代表参加了本次研讨会。

6月9日，以"探索文化与产业对接构筑创新与应用平台"为主题的首届"中国（佛山）文化艺术与陶瓷产业发展"论坛在佛山东方印象馆举行。包括中国工艺美术大师潘柏林、"四方艺林"艺术家代表、蒙娜丽莎创意设计公司总经理陈捷、中豪陶瓷有限公司董事长梁炳照以及广东省家居建材商会秘书长郭毅、佛山陶瓷协会专业副会长黄希然等专家、企业家、协会代表参与。

6月，第一届国际学术研讨会闭孔泡沫陶瓷与建筑节能产业发展论坛在北流市举行。中国建筑金属结构协会副会长、秘书长刘哲，广西住建厅总工程师杨绿峰，广西建筑业联合会会长黄大友，玉林市副市长禤甲军参加了研讨会。

6月，由国家质检总局产品质量监督司联合水利部水资源司、全国节约用水办公室在北京召开了节水产品质量提升活动座谈会。中国塑料加工工业协会、中国建筑卫生陶瓷协会、中国标准化研究院、全国工业节水标准化技术委员会、全国建筑卫生陶瓷标准化技术委员会、全国塑料制品标准化技术委员会、国家排灌及节水设备产品质量监督检验中心、国家建筑卫生陶瓷质量监督检验中心、国家建筑装修材料质量监督检验中心、国家陶瓷及水暖卫浴产品质量监督检验中心、福建省产品质量检验研究院、国家建筑五金材料产品质量监督检验中心、国家塑料制品质量监督检验中心、国家化学建材质量监督检验中心、中国质量认证中心以及部分生产企业共50多名代表参加了座谈会。

6月18日，首届中国卫浴产业发展论坛在广东佛山中国陶瓷城五楼会议室隆重召开。中国建筑卫生陶瓷协会副秘书长尹虹博士以及来自全国各地150余家卫浴企业代表出席了本次论坛。

6月20日，印度驻广州领事馆、印度“陶瓷之邦”古吉拉特邦政府和企业代表团拜访中国陶瓷行业，并与中国陶瓷企业代表举行行业交流会。佛山市陶瓷行业协会专业副会长黄希然、副秘书长白梅以及近20位陶瓷企业和行业媒体代表参加了此次交流会。

6月20日，2012中国景德镇国际陶瓷博览会筹备工作汇报会在景德镇瓷博会执委会会议室召开。景德镇市市长刘昌林，市委常委、市委宣传部部长汪立耕，市委常委、副市长黄康明，副市长熊皓出席以及各相关部门负责人参加了会议。

6月22日，“家居中国行 品牌赢天下——2012中国陶瓷家居全国消费调查暨百强经销商”新闻发布会在佛山中国陶瓷城举行。中国建材市场协会秘书长苏纶、依诺瓷砖总经理唐茜、宏宇集团市场总监王勇、嘉俊陶瓷董事长助理王常德、新濠陶瓷营销总经理翁文平、新中源陶瓷市场总监何磊、全友卫浴总经理施冰等企业代表出席了新闻发布会，会议宣布2012中国陶瓷家居全国消费调查正式启动。

6月28日，“2012珠三角旅游产业转型升级高峰论坛暨企业品牌文化游启动仪式”在佛山新闻中心举行。现场开启了“品牌文化企业游及自驾游特惠日”活动的启动仪式。欧神诺、新中源、嘉俊、新明珠、鹰牌等知名陶企被授予首批“佛山企业品牌文化游示范单位”。

7月

7月8日，中国（广州）建筑装饰博览会在广州国际展览中心拉开湛洲序幕。来自潮州市潮安县的27家卫浴企业抱团参加建博会的核心建材展——中国（广州）国际卫浴及建筑陶瓷展，开幕当日，中国建筑卫生陶瓷协会会长叶向阳等一行领导参观了展会。中共潮安县委书记、潮安县人大常委会主任张帆，潮安县县长林群等领导参观了整个潮安卫浴专区。

7月20日，由佛山陶瓷学会主办的2012陶瓷行业热点沙龙系列活动第二期“硅酸锆涨价下的增白技术”在佛山市陶瓷研究所3楼会议室举行。中国建筑卫生陶瓷协会副秘书长、广东省陶瓷协会副秘书长、佛山市陶瓷行业协会秘书长、华南理工大学副教授尹虹博士，佛山市陶瓷学会副秘书长、广东金意陶陶瓷有限公司研发设计中心总经理黄惠宁高级工程师，佛山市陶瓷研究所副所长刘桔英，佛山陶瓷杂志、创新陶业报社长乔富东，国家陶瓷水暖及卫浴产品质量监督检验中心工程师胡俊，陶瓷工艺工程师梁锦泉，佛山陶瓷研究所检测公司总经理林珊，萍乡金刚科技有限责任公司总经理苏小红，佛山市海翔色釉料开发中心总经理黄德祥，佛山格林陶瓷技术开发有限公司总经理蔡飞虎高级工程师以及岳阳大力神电磁机械有限公司、江苏拜富科技有限公司、佛山市佛诺斯除铁机械设备有限公司等30多家企业代表共50人出席了本次沙龙。

7月20日，“佛山淋浴房2012发展方向研讨会”在佛山陶瓷研究所三楼会议室召开。海洋卫浴营销总监陈耀同、登宇卫浴市场部经理白小霞、奥尔氏卫浴总经理刘文贵、伊丽莎白总经理王荣光、格林斯顿总经理刘高坡、富美莱总经理任国卿、丹枫白鹭总经理周思成、丹顿卫浴总经理简志烽、美心总经理朱志良、理想卫浴经理张邦军等佛山淋浴房品牌高层出席了这次会议。

7月27日，“陶瓷窑炉能耗调查方案研讨会”在佛山市陶瓷研究所3楼会议室举行，中国建筑卫生陶瓷协会窑炉暨节能技术装备分会秘书长、广东摩德娜科技股份有限公司总经理管火金主持会议，摩德娜、中窑、中鹏、金利顺、亮峰等多家窑炉企业代表以及华南理工大学专家共30余人参加了此次会议。

7月28日，“2012第九届中国陶机装备与工艺技术发展高层论坛”在中国陶瓷城五楼会议室拉开帷幕，广东省家居建材商会副会长郭毅、佛山市陶瓷行业协会专业副会长黄希然、华南理工大学教授陈帆以及科达机电、恒力泰机械、星光传动、博晖机械、彩神、赛诺窑业、远泰制釉、明朝科技、大鸿制釉、陶丽西、金鹰色料、东鹏陶瓷、嘉俊陶瓷、亚洲陶瓷、简一陶瓷、金牌陶瓷等企业的重要代表出席了论坛。

8月

8月2日～6日，“2012中国（昆明）首届陶醉中华·彩云之陶艺术节”在昆明国际会展中心举行。本次活动由云南省文化产业发展领导小组办公室主办，由省轻纺工业行业协会、省工艺美术行业协会承办，省紫陶研究会、省陶瓷研究会、省普洱茶协会、《艺术云南》杂志等协办。

8月4日，第四届卫浴行业经理人俱乐部（BKMC）论坛在佛山石湾公园原乡会所举行。美标、乐家、尚高、益高、四维、东鹏、浪鲸、华艺、中利莱、乐谷等全国卫浴行业30多名俱乐部成员出席了本次聚会。

8月7日，第十五届唐山中国陶瓷博览会冠名签约仪式在市政府会议中心举行，曹妃甸出资100万元冠名本届陶博会。副市长、陶博会筹委会副主任曹全民出席签约仪式并为曹妃甸授牌。

8月7日，轻工商会举办的“欧盟对华日用陶瓷反倾销调查情况沟通会”在北京河南大厦顺利召开。轻工商会李文锋副会长、陈江峰副会长、地方商务主管部门代表及全国六十多家陶瓷企业代表参加了会议。

8月8日，第三届“泛高安”产区陶瓷出口研讨会在江西省中国建筑陶瓷产业基地实训中心隆重召开。高安市人民政府副市长席国华，中国建筑材料联合会副会长、广东省建筑材料行业协会会长吴一岳，意大利对外贸易委员会广州代表处首席代表Paolo Lemma，广东省陶瓷协会秘书长陈振广，广东陶瓷协会副秘书长、佛山陶瓷行业协会秘书长尹虹，佛山检验检疫局检验检疫综合技术中心市场总监、质量工程师刘亚民，高安市口岸办主任曾雯婷，陶城报社管委会主任、总编辑、总经理李新良，江西精诚陶瓷有限公司董事长罗来足，广东陶瓷协会理事、陶城报社副社长罗杰等嘉宾，以及从佛山远道而来的进出口贸易公司代表和配套企业代表、陶瓷企业相关负责人、新闻媒体代表等共计百余人出席了当天的研讨会。

8月18日，中国建筑卫生陶瓷行业外商企业家联谊会理事扩大会在上海大宁喜来登大酒店举行，来自TOTO、高仪、杜拉维特、唯宝、美标、伊奈（骊住）、吉博力、乐家（劳芬）、Hlippe、美高、IMERYS（德）、博华、安防（STANLC、Piin）近18家世界顶级陶瓷卫浴品牌中国企业代表出席了会议。

8月15日～18日，由全国工商联卫浴专业委员会和中国家居主流媒体矩阵联合主办的“中国卫浴行业二十年成就表彰活动”进入了实地考察企业的第三站，考察团一行到福建厦门、南安，先后参观了路达、九牧、申鹭达、辉煌水暖、中宇、华盛等国内一线知名企业。

8月18日，在上海交通大学有着百年历史的图书馆108会议室，中国建筑卫生陶瓷协会召开了首届中国建筑卫生陶瓷行业创二代精英企业家座谈会。九牧、斯米克、中宇、亚细亚、申鹭达、丰华、奥雷士、华艺、乐谷、迪丽奇、和成、冠军、宏浪、正兴等二代企业领导参加会议。

9月

9月6日，第十二届中国（淄博）国际陶瓷博览会·第十一届中国（淄博）新材料技术论坛在淄博国际会展中心开幕。来自法国、意大利、澳大利亚、美国等国家的驻华官员，美国、韩国、法国等二十多个国家和地区的外宾、外商代表以及国内有关省市的嘉宾，中国工程院、中国科学院有关专家和研发人员，全国100多所高等院校、科研院所的专家、学者和项目研发人员凳参加了开幕式。

9月7日，中国（淄博）第五届陶瓷代理、经销商峰会在中国财富陶瓷城盛大开幕，同时财富二期高端精品展厅开业。淄博市副市长刘有先、淄博市招商局局长贾刚、淄川区委书记丛锡钢、中国建筑卫生陶瓷协会秘书长缪斌等领导应邀出席了开幕式。

9 月 14 日，景德镇市 2011 年度陶瓷品牌建设表彰大会在市瓷局会议室召开。会议总结了 2011 年度全市陶瓷品牌建设工作，表彰了 2011 年度陶瓷品牌建设先进单位。2011 年获得省著名商标和市知名商标的企业代表及瓷局相关负责人参加会议。

9 月 16 日，第十五届唐山中国陶瓷博览会在国际会展中心隆重召开。本届陶博会共签订陶瓷贸易合同额 44.3 亿元人民币，同比增长 11%，内贸成交合同额 27.2 亿元人民币，外贸成交合同额 17.1 亿元人民币，均创历届最好水平。

9 月 20 日，中国陶瓷厨卫行业流通营销论坛暨杰出经销商颁奖庆典在北京钓鱼台国宾馆十号楼四季厅举行。根据参评条件和官方网上海评报告，专家评审委员会的终评意见，25 家单位获得“中国陶瓷厨行业杰出经销商”荣誉称号。

9 月 21 日，法库县举办了陶瓷产业营销论坛，中国建筑卫生陶瓷协会副秘书长、华南理工大学副教授尹虹博士，辽宁建材工业协会赵福义秘书长受邀参加了论坛并做主题演讲。

9 月 22 日，佛山淋浴房协会筹备会在佛山市榴苑路佛山陶瓷研究所举行，本次筹备会由佛山市淋浴房协会筹备委员会主办，《创新陶业》报协办、佛山市陶瓷研究所赞助。理想卫浴总经理黄娘灵、歌纳卫浴董事长朱云峰、奥尔氏卫浴总经理刘文贵以及协办方《创新陶业》营运总监罗平宏等相关人士约 30 人参与本次会议。

9 月 26 日，中国马赛克城举办了“2012 迎中秋贺国庆茶话会”。中国陶瓷工业协会马赛克专业委员会秘书长、中国马赛克城总经理杨瑞鸿，佛山市工艺美术学会秘书长黄强华，佛山市工艺美术学会常务副理事长陈一林，中国陶瓷媒体俱乐部主席、中国陶瓷工业协会驻佛山办事处主任蓝卫兵，中国陶瓷媒体俱乐部荣誉主席张永农，佛山市陶瓷行业协会会长戴一民，佛山市陶瓷行业协会执行会长吴焕亮，佛山科学技术学院文学院院长李克和，佛山科学技术学院文学院教学科研院长万伟城，佛山科学技术学院文学院副书记罗月红，以及多位陶瓷艺术大师、陶瓷行业媒体记者、马赛克企业代表等共约 150 人参加了茶话会。

10 月

10 月 6 日，第六届中国卫生洁具行业高峰论坛将在北京正式拉开序幕，拟发起“母亲水窖”慈善项目募捐。

10 月 18 日，中国陶瓷产业总部基地四周年志，陶瓷总部中央商厦将正式更名为“中国陶瓷剧场”。

10 月 18 日晚，合作共赢•感恩同行——中国陶瓷城感恩十周年庆典晚会在佛山电视台 1 号演播厅隆重拉开帷幕。各级政府领导、行业协会领导、国际领事馆商会官员、入驻企业代表、新闻媒体记者以及长期与中国陶瓷城合作的伙伴齐聚一堂，共同见证中国陶瓷城成立十周年这一具有历史意义的一刻。

10 月 18 日，以“节能创新，拓宽未来”为主题的“宽体窑集成技术高峰论坛”在佛山市中国陶瓷城举行。

10 月 18 日，2012 中国景德镇国际陶瓷博览会在江西景德镇开幕，来自世界主要产瓷国的近 700 家陶瓷企业参展，海内外各层面采购商、贸易商 4200 余人将在未来几天开展有关陶瓷贸易和陶瓷文化交流的多项活动。

10 月 19 日，2013 年中国建筑卫生陶瓷新品发布在陶瓷总部基地中国陶瓷剧场举行。

10 月 19 日，由中国陶瓷工业协会营销分会主办的“2012 年度中国优秀陶瓷经销商表彰大会”在佛山华夏陶瓷博览城的新中源大酒店国际会议厅盛大举行。新明珠陶瓷集团 171 个经销商喜获“2012 年度中国优秀陶瓷经销商”殊荣。

10 月 20 日晚，佛山市设计企业协会成立酒会在佛山市顺德区陈村花卉世界牡丹路 38 号营造学舍召开。

10 月 21 日，佛山市经济管理协会筹委会扩大会议暨成立庆典大会筹备会在广东佛山金意陶总部会议中心隆重召开，金意陶董事长何乾荣任首届会长。

10月22日，“浴见大未来——中国首届淋浴房产业融合发展研讨会”在佛山创意产业园举行。

10月22日，中国硅酸盐学会陶瓷分会建筑卫生陶瓷专业委员会学术年会在西安唐华宾馆隆重召开，并同期举办建筑卫生陶瓷产品质量分析会。

11月

11月17日，近30名的佛山淋浴房协会会员组团到开平参加了首届佛开卫浴企业交流会。本次交流会以“化零为整 凝聚力量”为主题，旨在加强佛山淋浴房企业和开平水暖配套企业的联系合作。

11月21～22日，由中国建筑材料联合会主办、北新建材协办的“全国墙体材料行业结构调整工作座谈会”在北京友谊宾馆隆重召开。国家发改委环境与资源保护司副司长李静与中国建材副总裁、北新建材董事长王兵，中国建筑材料联合会会长乔龙德、中国建材联合会副会长陈国庆、中国建材联合会副会长孙向远、徐永模、党委副书记叶向阳，中国砖瓦工业协会、中国加气混凝土协会、中国建筑砌块协会、中国混凝土与水泥制品协会的领导以及部分生产、装备企业，科研院所的代表参加大会。

11月22日，佛山市工商联（总商会）十三届二次执委（扩大）会议于高明碧桂园凤凰酒店召开，工商联120多名企业家会员出席了会议。经过与会企业家会员的举手投票，一致通过广东金意陶陶瓷有限公司董事长兼总经理何乾、清远市樵顺房地产开发有限公司董事长何乃添等10名会员增补为常委，广东新润成陶瓷有限公司副总裁关伟洪、佛山市俊典陶瓷制品有限公司董事长吴建设等20名会员增补为执委。

11月25日，在中国建材联合会、住建部科技发展促进中心、科技部中国生产力促进中心协会的支持和指导下，由中国建材报社、建筑材料行业生产力促进中心主办的“首届中国建材自主创新论坛暨2012新型建材成果交流发布会”在广州白云国际会议中心鸣泉居度假村隆重召开。论坛就中国建材行业发展的新成果、新技术、新模式及转型升级的新路径展开了深入探讨，并举行了“2012中国建材自主创新论坛创新发展力”榜单发布暨颁奖仪式。

11月25日，由中国建材流通协会和中国机冶建材工会全国委员会联合主办的“全国建材流通行业先进集体和劳动模范表彰大会暨全国建材下乡阶段性总结会议”在北京召开。此次大会共有99家单位获得“全国建材流通行业先进集体”称号，199人获得“全国建材流通行业劳动模范”称号。其中广东蒙娜丽莎新型材料集团有限公司、广东嘉俊陶瓷有限公司、广东鹰牌陶瓷集团有限公司分别被评为“先进集体”，广东蒙娜丽莎新型材料集团有限公司王家旺、广东嘉俊陶瓷有限公司董事长助理王常德、广东鹰牌陶瓷集团有限公司总裁办主任潘苑萍获得“劳动模范”称号。

11月25日，“中国陶瓷厨卫行业创二代企业精英俱乐部理事会”在福建厦门盛之乡温泉度假村隆重举行，中宇、申鹭达、辉煌、乐谷、亚细亚瓷砖、华艺、申旺、丰华、奥雷士等多位企业二代领导以及行业资深人士，共50余人应邀出席会议。会议以民主选举的形式推举中宇卫浴蔡吉林先生为第二届轮值主席。

11月28日～30日，在南非约翰内斯堡加拉格尔会展中心举办的“广东（约翰内斯堡）商品展览会”。来自古巷的梦佳卫浴、欧美尔卫浴、欧乐家卫浴、欧陆卫浴和尼尔斯卫浴等6家卫浴企业已经确定参展，而报名随团去南非参观考察的人数已经有30多人。

11月28日，“中国硅酸盐学会陶瓷年会设计艺术委员会换届大会”在湖南长沙召开，广东金意陶陶瓷有限公司总经理何乾当选为中国硅酸盐学会设计艺术委员会副主任。

12月

12月1～2日，旨在研讨和凝练陶瓷机械装备领域共性基础理论问题的“首届陶瓷技术装备学术前沿与发展战略高层论坛”在景德镇市紫晶宾馆举行。此次论坛由国家自然科学基金委员会工程与材料科学部主办、景德镇陶瓷学院承办，来自清华大学、华南理工大学、景德镇陶瓷学院等高校，咸阳陶瓷设计研究院、欧神诺陶瓷、广东科达机电等企事业的知名专家、学者、企业家出席。

12 月 3 日，由全国工商联家居装饰业商会卫浴专委会主办的“2012 中国卫浴行业年会”暨“中国卫浴行业二十年成就表彰活动”、“中国卫浴行业老年关爱行先进企业表彰活动”在佛山乐从财神酒店举行。出席本次年会的嘉宾有国家住建部政策研究中心原主任陈淮、全国工商联家具装饰业商会执行会长兼秘书长张传喜、中国消费者协会消费指导部部长 张德志、国家陶瓷及水暖卫浴产品质量检验中心副主任区卓琨、全国工商联家具装饰业商会卫浴专委会会长谢岳荣、全国工商联家具装饰业商会卫浴专委会执行会长蔡吉林、全国工商联家具装饰业商会卫浴专委会副会长魏启超、巴西大使管商务处刘宏、泰国投资促进委员会帮安•提达派讪朋等领导、嘉宾出席了此次年会。

12 月 4 日，佛山陶瓷行业协会协同中国民生银行佛山支行陶瓷金融部在中国陶瓷城五楼会议室举行佛山市陶瓷行业协会融资推介会，为 50 多家陶瓷行业企业代表讲解陶瓷行业交易链融资方案，搭建融资平台。此次会议由佛山陶瓷行业协会主办，中国民生银行支行陶瓷金融部协办。

12 月 5 日，由佛山市陶瓷行业协会主办的佛山陶企海外市场拓展及贸易融资宣讲会在中国陶瓷城举行。佛山市陶瓷行业协会、中国出口信用保险公司广东分公司以及中国银行佛山分行等单位有关负责人与来自进出口贸易公司、陶企出口部等企业代表 100 余人参加了会议。

12 月 5 日～ 6 日，第五届中国建筑卫生陶瓷工业发展高层论坛在佛山南海枫丹白鹭酒店举行。由中国建筑卫生陶瓷协会副秘书长、华南理工大学教授尹虹博士主持高层对话论坛，辉煌水暖集团有限公司董事长王建业，航标卫浴董事长肖志勇，唐山贺祥机电股份有限公司总裁赵祥来，山东义科节能科技有限公司总经理姚长青，珠海旭日陶瓷总经理宁红军，深圳润天智（彩神）图像技术有限公司销售总监钟声宏，冠军瓷砖副总经理陈志男七位企业代表作为论坛嘉宾参与了对话活动。

12 月 7 日，由金堂奖组委会“玛缇之夜”全国设计师春晚大联欢暨中国建筑与室内设计师年会在广州琶洲保利世贸展览 5 号馆隆重召开，金堂奖组委会领导张宏毅、谢海涛等，全国建筑与室内设计师们出席并参加了晚会。

12 月 8 日，中国建筑学会室内设计分会（CIID）第二届发展论坛将于佛山鹰牌国际陶瓷城奢瓷壹号馆举行。

12 月 8 日～ 9 日，由中国建筑学会室内设计分会（CIID）主办、CIID 第十（佛山）专业委员会承办的 CIID2012 第二届发展论坛在鹰牌陶瓷壹号馆展厅成功举办。鹰牌集团总裁林伟、中国建筑学会室内设计分会理事长邹瑚莹，名誉理事长张世礼，副理事长宋微建、温少安、刘伟、孙华锋、孙建华，理事谢智明、苏谦，常务副理事长兼秘书长叶红，资深顾问、南京林业大学教授吴涤荣，名誉理事、第三（深圳）专业委员会秘书长刘力平，各地专委会主任、专委会秘书长、精英设计师及各媒体代表参加了此次论坛。

12 月 9 日，由中国建筑学会室内设计分会主办的“CIID（中国建筑学会室内设计分会）战略合作发布会”在佛山石湾惠风美术馆举行。上海微建（Vjian）建筑空间设计有限公司董事长兼首席设计师，中国建筑学会室内设计分会副理事长宋微建 ，中国建筑学会室内设计分会副理事长、中国建筑学会室内设计分会专家委员、哈尔滨唯美源装饰设计公司及唯美环艺设计学校创办人王兆明，中国建筑学会室内设计分会常务副会长兼秘书长叶红，景德镇陶瓷学院美术教授田鸿喜，建设部建筑设计院原副总建筑师、中国建筑学会室内设计分会副会长劳智权，各地知名设计师，东鹏、嘉俊、鹰牌、博德等合作过的企业代表和行业媒体等参加了发布会。

12 月 12 日，“中国家居品牌联盟入驻装修启动仪式暨中国（佛山）国际家居博览城品牌升级发布会”在佛山国际家居博览城隆重举行，会议由中国（佛山）国际家居博览城和中国家居品牌联盟主办，中国家具协会、全国工商联家具装饰业商会等家居行业组织协办。来自全国各地的 50 多个家居行业组织的主要领导，以及来自国内外知名家具厂商的代表，3000 多位嘉宾参加了此次盛会。

12 月 13 日，新之联印度陶瓷工业展在古吉拉特大学展馆隆重开幕，展会规模五千平米，参展商百余家，来自中国、意大利、西班牙、英国、美国、日本、印度等多个国家齐齐亮相。中国包括有科达、恒力泰、摩德娜、美嘉、润天智、中窑、亚洲陶机、捷成工、奥克罗拉、金鹰、禾合、金环等多家企业参加。

12 月 14 日，“2012 中国陶瓷低碳发展论坛暨绿色陶瓷推荐评选活动颁奖典礼”在新中源酒店 4 楼会议室隆重举行。中国建筑卫生陶瓷协会秘书长缪斌、副秘书长尹虹、宫卫，广东陶瓷协会会长陈环、秘书长陈振广，佛山市陶瓷行业协会专职副会长黄希然，佛山市科技协会副主席、佛山市陶瓷学会理事长冯斌等行业领导以及华南理工大学教授陈帆、行业知名专家徐平和企业代表约 200 余人出席本次活动。

12 月 15 日，第四届全国十大城乡品牌（CVB 奖）颁奖盛典暨三四级市场营销论坛在佛山隆重揭幕。江西产区的太阳、新景象、瑞源，湖南产区的天欣、兆邦（顺成企业投资），山东产区的恒宇建陶以及湖北的中瓷万达等各地产区优秀企业品牌先后荣获全国十大城乡品牌殊荣。

12 月 15 日，广东省建筑装饰材料行业协会年会暨第二届会员代表大会召开，通过选举表决，兰芳连任协会会长。年会还评选出“优秀企业”、“优秀企业家”、“技术创新企业”、“最具竞争力企业”、“最具影响力装饰建材市场”、“十大年度人物”、“行业终身成就奖”等一批行业先进企业及个人奖项。陶瓷行业有广东蒙娜丽莎新型材料集团有限公司等五家陶瓷、卫浴企业获奖。

12 月 18 日，第六届中国建陶产业进出口高峰论坛在佛山鲍国演义酒店举行。中国陶瓷工业协会营销分会常务副秘书长于枫、中国建筑卫生陶瓷协会副秘书长尹虹、佛山出入境检验检疫局主任梁柏清、佛山市对外贸易经济合作局政策法规科科长张玲等专家领导，以及亚洲陶瓷控股有限公司总裁蒲鼎新等企业代表出席了此次论坛。

12 月 19 日，高安市企业联合会、高安市企业家协会在高安市新高安宾馆正式成立。高安市市委副书记邓川担任大会主持，高安市委书记聂智胜、高安市政协主席熊冬根、高安市人大副主任邓六根、高安市人民政府副市长席国华、高安市政协副主席陈小安、江西省企业联合会会长张海如、常务副会长胡健、秘书长李其华、副秘书长高妮妮，宜春市企业联合会会长刘迪光、宜春市工业和信息化委员会主任龚向东、宜春市企业联合会常务副会长刘善柏等领导出席了此次会议，另外高安市 200 余家企业代表也参加了此次成立大会。

12 月 25 日在成都举行的“四川省取消政府还贷二级公路收费”新闻发布会上得知，从 2013 年 1 月 1 日零时起一次性整体取消全省政府还贷二级公路收费的要求，夹江政府及时停止了永兴收费站和盘渡河收费站的收费，为该县陶瓷产业转型升级发展迈出了实质性的一步。

12 月 27 日，泰国反倾销座谈会在广州花园酒店泰国领事馆举行，泰国贸易代表与佛山陶瓷行业协会会长戴一民、副会长黄希然等协会领导以及来自佛山的东鹏、欧神诺、金意陶等十多家陶瓷企业的代表参加了座谈会。经过沟通协商泰国同意对申诉陶瓷企业进入平均性税率的审查。

12 月 28 日，“中国陶瓷业第四届成长之星颁奖典礼”在佛山盛大举行。由《东西传讯》杂志社联手中国陶瓷工业协会营销分会共同策划，汇聚了国内陶瓷行业以及产业链上下游的精英企业，600 多名陶瓷行业的名流和企业代表出席。

第四节　营销卖场大事记

1 月，汇亚企业提出“铸剑 12、砺剑 13、亮剑 14”三年发展战略，营销全面转型升级。

1 月 3 ～ 4 日，惠达集团在总部召开国内经销商年会，全国各地经销商代表、各大区经理、集团高层管理干部及厂、部长参加了会议，围绕“全面创新营销，打造强势品牌”这一主题总结 2011 年营销工作，布置 2012 年营销任务，董事长王惠文、总裁王彦庆分别做了重要讲话。会议期间，举行了惠达营销战略发布会，举行了营销策略培训，还进行了新产品推介和订货活动，对 2011 年优秀经销商进行了表彰。

1 月 5 日，广东博德精工建材有限公司在重庆隆重举行“博德携手世界斯诺克名将丁俊晖签约仪式”，正式宣布聘请丁俊晖先生担任博德公司全球品牌代言人。

1 月 9 日，武汉东•国际家居建材博览城盛大开盘，上千名各地客商共同见证了场面火爆的开盘庆典。

1 月 9 日，为期两天的广东嘉俊陶瓷 2012 年全国经销商大会在广州市长隆酒店盛大召开，来自全国各地 500 多名经销商高层出席本届年会。

1 月 29 日，万利国际控股有限公司在晋江国际荣誉大酒店隆重举行“新万利•新形象•新未来”经销商年会暨“万利 20 年，感恩有您”酒会。晋江市副市长王茂泉、晋江市政协主席周伯恭、中国建筑装饰协会副秘书长张京跃等出席了活动。

2 月 10 日，广东华美立家家居建材广场项目签约仪式在萍乡经济技术开发区举行。市委副书记、市长陈卫民，市政府秘书长李德雄出席签约仪式。

3 月，《2011 年中国陶瓷品牌竞争力报告》新闻发布会暨品牌高峰论坛上，佛山传媒集团牵手华南理工大学品牌研究所，历时半年调研分析的建筑卫浴行业首份品牌白皮书闪亮面世。

3 月 7 日，佛山陶瓷总部基地 7000 平方米的威臣陶瓷企业品牌营销中心盛世揭幕。同期，威臣陶瓷企业成立 6 周年庆典也隆重上演。

3 月 11 日，华鹏陶瓷 2200 平方米的总部展厅重装开业，并举行“2012 心服务新发展”经销商年会。

3 月 18 日，江西神州陶瓷有限公司与华中建陶品牌交易中心——瓷都国际签约，拟斥巨资建设 5000 平米营销总部，正式开启神州陶瓷品牌化发展的新征程。

4 月 8 日，惠达集团唐山直销中心在东方家园举办的万人团购活动中售出 700 万元产品。

4 月 18 日，和美之春——和美企业四大品牌（陶城瓷砖、百和陶瓷 、合美陶瓷、尊道科技建材）联合新品推广暨财富订货会在佛山财神酒店举行。和美董事长冼伟昌、总经理罗显锡、常务副总经理谢达海等出席盛会。

4 月 26 日，塘沽胡家园产业园区筹委会与天津华耐家居产业园有限公司签署“天津华美立家家居建材广场”项目协议书。天津华美立家家居建材广场项目总投资 60 亿元，建成后预计年税收 2 亿元，解决就业人口 9000 人。

5 月 8 日，中国最大的绿色环保建材市场落户河南省会郑州，填补了河南之前一直没有绿色环保专业建材市场的空白。

5 月 15 日，位于潮州市火车站区的“潮州国际陶瓷交易中心之中国瓷都总部经济创业城项目”举行了隆重的开工庆典仪式，潮州市委常委、宣传部部长陈丽文，枫溪区委书记张时义等政府相关领导、古巷陶瓷协会秘书长陈定鹏、潮州市卫浴企业代表以及潮商代表等 300 多人出席了庆典仪式。

5 月 28 日，“法恩莎杯”2012 年世界女排大奖（佛山站）发布会隆重举办，国家体育总局排球运动管理额中心竞赛部部长、中国排球协会副秘书长蔡毅、广东省体育运动技术学院副院长何治平、佛山市体育局局长、组委会副秘书长杨振富、佛山市法恩莎洁具有限公司总经理严邦平出席了本次发布会。

6 月，北京最大的陶瓷专业市场“闽龙陶瓷总部基地”正经历着拆迁之痛，由于未达成补偿协议，持续多月的拆迁仍无法完结。

6 月 16 日，青岛梅蒂奇家居有限公司联合来自意大利的顶级瓷砖卫浴品牌莱芬（Refin）、德拉•康卡（Del Conca）、艾迪迈斯（Edimax）、威图（Vitruvit），携手举办了一场大型的“意大利顶级瓷砖卫浴品牌”中国计划发布会。来自全国各地瓷砖卫浴行业的精英和专家应邀到场。

6 月 17 日，中国陶瓷城携手进驻企业与好家网、佛山日报、佛山电台、南方日报联合举办的中国陶瓷城感恩十年陶瓷卫浴厂家联盟促销订货会圆满结束。此次活动吸引了来自在广州、佛山、深圳、东莞、中山等地区约 500 户近 2000 人前往中国陶瓷城采购陶瓷卫浴产品。

6 月 17 日，广东博德精工建材有限公司在宁波召开全国重点区域经销商会议暨新品发布会，中国建筑卫生陶瓷协会专职副会长、秘书长缪斌先生和博德全球品牌大使、世界斯诺克大师丁俊晖先生作为重要嘉宾应邀出席此次会议。会上，博德公司全面启动了十五大城市联动的、以设计师为活动对象的“梦想晖悦•挑战无限”2012 博德全国设计师斯诺克挑战赛，宣告了博德公司全新的品牌推广战略的开始。

6 月 23 日，西班牙著名陶瓷品牌 LLADRó（雅致）专卖店在岭南新天地祖庙大街举行了开业仪式，这一国际陶瓷奢侈品牌正式进驻佛山。

7 月 3 日，全国工商联家具装饰业商会秘书长张传喜先生携中国家具城股份有限公司总经理陈延喜、四川创美实业有限公司董事长林超等一行专访视察华耐家居张家口高新店，张家口市工商联主席吴凤英领导及华耐家居集团总裁贾锋、副总裁张志良、庞建国接待了全国工商联考察团。

7 月 7 日，“跳水皇后”高敏空降“中国酒城”泸州，参加在中国（泸州）西南商贸城举行的“金牌家居联盟”现场签售活动。

7 月 13 日，中国陶瓷中央商务区启动暨华夏中央广场奠基仪式在佛山南庄举行。佛山市市长助理万志康、禅城区副区长梁炳军，南庄镇人民政府党委副书记、镇长梁梓熙，中国建筑卫生陶瓷协会会长叶向阳，中国陶瓷工业协会理事长何天雄、华夏中央广场董事长何新明、华夏中央广场副董事长叶德林、华夏中央广场副董事叶仙斌、华夏中央广场总负责人周军以及南庄镇领导、协会领导、企业代表以及媒体代表等 200 余人出席启动仪式。

7 月 20 日，位于夹江黄土镇，由四川新万兴集团总投资 3 亿元，打造陶瓷专业商城之一的瓷都万象城项目在隆隆的礼炮声中正式开工建设，县人大常委会主任蔡建勇，县委副书记、县长张建红，县政协主席吴晏平，县委副书记袁月、陈林，县委常委张晋锐，周作先以及四川新万兴集团董事长刘继明等出席开工仪式。

7 月 21 日，广东新中源陶瓷有限公司团购部在新中源集团十大基地之一的湖北基地举办“相约世界小姐 让装修与众不同”千人入厂团购活动，第 62 届世界小姐陕西赛区总决赛冠军贺婷婷佳丽受邀到团购现场助阵。

7 月 22 日，宏宇陶瓷赞助的“第七届珠江形象大使贵州环保行”启动仪式在宏宇总部展厅举行。

7 月 23 日，瓷海国际四周年庆典晚会暨“金海奖”颁奖典礼在瓷海国际五楼会议室隆重举行，中国陶瓷工业协会建筑卫生陶瓷专委会秘书长黄芯红、中国建筑卫生陶瓷协会副秘书长尹虹、瓷海国际总经理麦湛等行业领导和嘉宾出席了庆典活动。

7 月 28 日，新中源陶瓷举办的 2012“新高度、新模式、新飞跃”经销商分享会暨“最具价值 500 强”分享会在佛山市华夏陶瓷城新中源大酒店顺利举行。新中源陶瓷副总裁陈兴文、营销总经理欧书军、市场总监何磊、新中源陶瓷清远基地研发中心负责人赵国涛以及专程从广东、南海、福建、南海、浙江、江苏、山东及天津赶来的共计 300 多名经销商共同出席了分享会。

7 月 30 日，“微晶头等舱，财富新引擎”——欧文莱喷墨微晶新品发布暨招商大会于佛山三水成功举办。以珍罕的玉石为主题的欧文莱新一代微晶产品现场亮相，欧文莱喷墨微晶以高端的喷墨技术为依托采用的是 2012 的核心创新技术。

7 月 31 日，“市在人为•凝心聚力•共克时艰——金意陶瓷砖第 14 届英雄会暨全国经销商年会在北京圆满召开。来自金意陶全国经销商、战略合作伙伴等共计 320 余人齐聚一堂，一同回顾 2012 年上半年金意陶和中国陶业走过的不平凡道路，总结上半年的经验教训，为金意陶更好地开展下半年工作出谋献策。

8 月，梅蒂奇联合意大利 DELCONCA、REFIN、EDIMAX 三大高端瓷砖品牌强势进入中国，并在青岛设立上亿库存进行全国销售网络的建立与管理。

8 月 4 日，航标卫浴签约台湾艺人范玮琪担任公司的品牌形象代言人，标志着航标卫浴在品牌战略的推进上又迈出了重要的一步。

8 月 9 日，广东省流通工作会议在广州召开。中共中央政治局委员、广东省委书记汪洋，广东省委副书记、省长朱小丹，副省长刘志庚出席会议。会上公布了《广东省人民政府关于加快现代流通业发展的若干意见》，副省长刘志庚宣读了广东商品国际采购中心名单并举行了授牌仪式。中国陶瓷城、中国陶瓷产业总部基地董事长何新明代表领取了广东建筑卫生陶瓷国际采购中心匾牌。

8月17日，重庆市高新区建材市场“2010—2011年度消费者放心店（企业）”授牌仪式在南方君临酒店举行。重庆市工商局局长、消委会会长黄波、重庆市工商联党组书记蒋平、高新区管委会主任石继东等领导向获得“放心”称号的65家经营户授予了匾牌。

9月25日，江西天瑞陶瓷3000平方米营销中心落成，十余款全抛釉新品上市。

9月，东鹏瓷砖启动单店盈利提升项目，以产品强势切入三、四线市场，召开“新机遇，新模式，新格局”2012东鹏瓷砖经销商总裁战略研讨会，确定了营销三大战略。

10月6日，骏翔陶瓷、新浩松陶瓷由于受大市场环境的影响，经营每况愈下，同时撤出设在瓷海国际的营销中心。

10月，嘉俊陶瓷四维数字空间展示系统全面投入应用。嘉俊四维数字空间展示系统包括IPAD、IPHONE、PC三个版本，是建立在现代电子化、信息化、多媒体技术和三维模拟技术之上的科技营销软件工具。

10月29日，夹江县总投资12.2亿元的6个项目在焉城镇陶瓷物流中心项目现场集中开工。乐山市委常委、市委秘书长宁坚，市人大常委会副主任毕建芝，市政协副主席罗勇及市级相关部门负责人，夹江县委、县人大、县政府、县政协领导及各乡镇、部门负责人、业主单位、企业代表共400余人参加了开工仪式。

11月，北京居然之家投资控股集团有限公司投资1.1亿元的居然之家珲春金地家居商场项目已动工建设。该项目商场规划总占地面积5325平方米，规划总建筑面积23000平方米，物流配送中心规划总占地面积32000平方米，规划建筑面积20000平方米，项目建成后，将成为集商品零售、仓储物流为一体的商业综合体。

11月9日，财富名园红星美凯龙家居广场在长沙万家丽北路隆重奠基。副省长何报翔，长沙市委常委、副市长陈泽珲等省、市领导出席奠基仪式。家居业界称，财富名园红星美凯龙家居广场项目的开工将会开创家具建材行业的新格局。

11月15日，天津销区箭牌卫浴品牌部正式与京东商城签订协议。

11月17日，哈尔滨箭牌旗舰店盛大开业。

11月23日，由佛山市顺德区乐华陶瓷洁具有限公司主办，华耐家居集团成都箭牌瓷砖承办的箭牌瓷砖“新品鉴赏会”在成都富森.美家居建材MALL圆满落幕。

11月24日，第二届佛山家居建材工厂直供会在佛山新城新闻中心完满落下帷幕。本次活动联合了好莱客衣柜、皮阿诺橱柜、北美枫情地板、冠珠陶瓷、鹰卫浴、巴迪斯吊顶、皇朝家私、尊庭布艺、玛堡壁纸等九大一线建材品牌，汇集了各种家居装修主材，为消费者提供一条龙购买服务。

12月6日，新中源旗下圣德保陶瓷签约中国国家马术队，欲借马术队进行品牌营销。这是该企业签约中国航天基金会和影视明星王珞丹之后的体育营销计划。

12月19日，欧文莱陶瓷位居陶瓷总部的展馆举办了开业盛典，具有13年品牌轨迹的欧文莱为中国陶瓷行业带来一股新风。

12月24日～25日，温州陶瓷品市场改造提升一期建设工程项目的监理单位和建设施工单位按时在市公共资源交易中心开标公开选定。这标志着温州鹿城区陶瓷品市场即将被改造。

12月30日，在江西湖口华美立家国际生活广场举行的招商会上，马可波罗、箭牌、法恩莎卫浴、全友家私、圣象地板、飞利浦照明、欧派橱柜等100多个一线品牌现场签约，争先入驻。

12月，意特陶陶瓷参加迪拜建材展，凭借技艺领先、个性时尚的产品，吸引了众多外商前来展位洽谈交流。

第五节 企业大事记

1月

1月1日，航标卫浴成立商学院。根据集团的IPO战略制定各职能中心培训计划，深度分析和总结提炼公司企业文化，并组建公司内部企业文化培训师，推动整个公司的战略实现。

1月，金环球陶瓷企业荣获佛山市“安全生产应急管理先进单位”。

1月，金意陶陶瓷向景德镇陶瓷学院捐助30万元爱心助学基金。

1月,广东宏陶陶瓷有限公司“高清三维胶辊印刷技术及凹凸釉面砖开发”项目荣获中国建材联合会·中国硅酸盐学会联合颁发的“中国建材科技奖科技进步一等奖”。

1月，卡米亚所在广东宏威陶瓷实业有限公司成功组建清远市工程技术研究开发中心。

1月，恩平市科技局向广东嘉俊陶瓷有限公司颁授“江门市工程技术研究开发中心”牌匾。

1月7日，福建省科技厅厅长丛林在漳州市科技局局长王继跃、南靖县副县长林丽卿和高新区主任刘勇福等领导的陪同下，莅临万利集团参观指导。万利总经理吴泽松带领领导一组参观TOP陶板和黑瓷太阳能板生产线。

1月，摩德娜自主研发的干挂空心陶瓷板节能高效五层辊道式干燥器和辊道窑获得了中国建筑材料联合会科技成果鉴定证书，结论全部为“综合技术水平居国际领先”，并在广东省科技厅进行成果登记。

1月9日，余杭区委书记徐立毅，区委副书记、代区长朱华，在余杭组团党工委书记孙炳松、闲林街道党工委书记马峰、办事处主任郑颖等陪同下，莅临诺贝尔集团调研。集团公司董事长骆水根，党委书记、副总经理摇先华，副总经理曾成勇等陪同徐书记一行参观了集团公司产品展示厅和仲元生产车间。

1月10日，由万利独家出品的首部当代南方乡村爱情题材电视剧、党的十八大献礼片《土楼春早》于厦门杀青。南靖县县长郭德志、南靖县委宣传部长蒲少城等县领导和出品方万利董事长吴瑞彪出席了关机仪式。

1月11日，佛山市2011年度纳税大户光荣榜出炉，广东博德精工建材有限公司再次荣获“纳税超5000万元企业”称号，是佛山市陶瓷行业5家纳税超5000万元企业之一。

1月12日，经广东省江门市科技局批准，恩平市科技局正式向广东嘉俊陶瓷有限公司颁授“江门市工程技术研究开发中心”牌匾。恩平市委常委、副市长胡其波，恩平市科技局局长吴永红，副局长岑顺庭，沙湖镇委书记吴永芳等政府领导，以及嘉俊陶瓷副董事长兼执行总经理陈耀强、董事长助理王常德、副总经理张国洲等领导出席了授牌仪式。

1月15日，惠达集团在惠达礼堂召开2011年度总结表彰大会，获奖个人和先进集体、员工代表和全体管理干部1200多人参加了大会。中共丰南区委副书记王成、黄各庄党委书记张国春、镇长刘志贵出席大会。王成、张国春分别讲话，董事长王惠文讲话，总裁王彦庆做了题为《汇智聚力、转型创新、实现更好更快发展》的工作报告，总结2011年工作，布置2012年任务，会议表彰奖励了2011年度125名劳动模范、20个先进班组、12个先进车间、5个先进分厂、21个科技进步奖、工艺创新项目和专项贡献奖。

1月31日，河北省委副书记、省长张庆伟，副省长张杰辉一行在唐山市委书记王雪峰、市长陈国鹰等领导陪同下，到惠达陶瓷集团考察调研，董事长王惠文、总裁王彦庆等集团领导陪同参观了惠达展馆。省长张庆伟指出“惠达经过30年的发展，现已成为我国卫生陶瓷的一面旗帜”。鼓励惠达：“把企业做大做强努力争当行业领军和龙头企业”。

1月31日，广东省第十二届人民代表大会第一次会议依法选举产生广东省第十二届全国人民代表大会代表161人，广东唯美陶瓷有限公司董事长黄建平当选（代表资格由全国人大常委会代表资格审查委员会审查后确认），成为本届人大广东省陶瓷行业唯一代表。

2月

2 月，金意陶荣获“广东省名牌产品”荣誉称号。

2 月，恒洁“3.5 升挑战节水极限”新节水广告片开拍，节水大使、著名公益大使濮存昕老师倾力推荐“恒洁超旋风”坐便器。恒洁卫浴共同携手濮存昕老师为节水事业奉献自己一份力量！

2 月，罗曼缔克瓷砖经销商年会暨施华洛微晶石发布会举行，推出 300×300（mm）小规格一次性烧微晶石。

2 月，全国人大代表，惠达集团董事长王惠文在首都“两会期间”表示：要坚定不移走品牌效益之路，在调结构、转方式、挖潜力，加大自身改造，加强住宅产业化基地建设上实现大突破。

2 月，中国建筑装饰装修材料协会评选“ARROW”牌“超薄墙内砖”等系列产品被认定为“中国绿色、环保、节能建材产品”。

2 月，万利陶棍生产线上线，生产长度可达 2.8 米。

2 月，嘉俊陶瓷的“JIAJUN（图形）”连续第四次蝉联“广东省名牌产品”称号。

2 月 3 日，惠达集团正式被住房和城乡建设部批准列入国家住宅产业化基地。这不仅填补了河北省国家住宅产业化基地的空白，也填补了陶瓷、卫浴家具行业的空白。

2 月 6 日，福建省委副书记、省长苏树林率省直有关领导一行，在漳州市委书记陈东、南靖县委等领导的陪同下，视察万利（中国）太阳能科技有限公司陶瓷工业园。详细了解万利企业 TOP 陶板、陶瓷太阳能产品生产经营情况，并对万利企业研发生产节能环保型产品给予肯定。

2 月 7 日，在高安市 2012 年全市经济工作会议上，江西恒达利陶瓷建材有限公司董事长黄家洞、高安市瑞鹏陶瓷有限责任公司董事长涂银辉、江西新阳陶瓷有限公司董事长兼总经理王毅等 3 位陶瓷企业的掌舵人被授予“2011 年高安市劳动模范先进工作者”称号。

2 月 8 日，东莞市委书记徐建华，市委副书记、市长袁宝成率东莞党政代表团一行 100 多人在佛山市委副书记、市长刘悦伦，副市长李子甫，禅城区区长刘东豪、副区长梁炳军以及中国陶瓷城、中国陶瓷产业总部基地执行董事周军的陪同下，莅临中国陶瓷产业总部基地参观考察。

2 月 8 日，河北省工信厅副厅长张羽一行在丰南区区长郭文良、董事长王惠文等陪同下到惠达集团调研。

2 月 10 日，广东博德精工建材有限公司的“幻彩抽象艺术风格结晶的微晶玻璃陶瓷复合板”产品被广东省科学技术厅评定为“2011 年广东省高新技术产品”。

2 月 16 日，余杭区第十四届人民代表大会第一次会议选举产生了出席杭州市第十二届人民代表大会代表。杭州诺贝尔集团有限公司董事长骆水根光荣当选。

2 月 16 日，河北省证监局副局长王旻一行在惠达董事长王惠文、总裁王彦庆等陪同下到集团调研。

2 月 18 日，惠达集团“十二五”期间老厂区改造二期工程隧道窑建设方案确定，设计新窑全长 128 米，宽 3.96 米，高 1.3 米，设计年产卫生陶瓷 150 万件。

2 月 22 日，汇亚原创“普利亚•跨界石”成功通过科技成果鉴定，技术鉴定委员会各专家一致鉴定该技术项目是首次采用喷粉布料工艺和无余粉布料技术，达到了国际先进水平，建议在行业中推广应用；

2 月 26 日，广东博德精工建材有限公司位于广东阳西县的第二生产基地正式拉开了建设帷幕，总规划面积占地 5000 亩、总投资达到 60 亿元，将全面布局玻化砖、釉面砖、仿古砖、人造岗石、陶瓷薄板、卫浴洁具、精工玉石、产品深加工等生产项目，全部投产后年产值可超过 100 亿元。

3月

3 月，金丝玉玛荣登央视 CCTV2 财经频道黄金强档。

3 月，汇亚企业 VI 系统全面升级，品牌形象向国际化、时尚化迈进，并推出了“品质生活，真情创造”的品牌理念；并以 3.15 为契机推出“汇亚真情服务节”，对内建立服务体系，对外向消费者推出“汇亚七星服务”项目。

3 月，远泰制釉荣获“第八届中国陶瓷行业新锐榜‘年度风云企业’、‘年度人物’、‘年度新锐管理文化’”三项大奖。

3 月，华南理工大学发布建陶行业白皮书，马可波罗瓷砖知名度美誉度综合排名第一。

3 月，万利公司办公大楼及陶瓷博物馆奠基建设。

3 月，奥特玛陶瓷实施了“窑炉节能喷枪技改”项目，对工厂现有的整个窑炉燃烧系统进行一系列改进。

3 月，精陶陶瓷数码印花技术中心正式对外亮相，该中心集精品喷墨瓷砖展示、喷墨印花设备展示、数码瓷砖调色调图演示、设计稿展示等等功能于一体。

3 月，罗曼缔克实业有限公司在河源厂再增加了一条窑炉，主要生产 800×800(mm) 规格全抛釉产品。

3 月，箭牌卫浴•瓷砖被评为 2012 中国房地产开发企业 500 强建筑节能项目首选供应商。

3 月 1 日，鹰牌集团总裁林伟受颁“首届佛山市创新领军人才”称号。

3 月 1 日，惠达集团旨在强化干部技能提升员工素质为其 3 天的首批管理干部岗位技能大练兵活动结束。各陶瓷分厂成型班长、主任共 79 人参加了此项活动，表彰奖励了优胜，批评了综合成绩后 3 名。年内将陆续开展烧成、施釉、原料、检验、包装等岗位管理干部的技能比武练兵活动。

3 月 3 日～ 4 日，在安徽国际会展中心，箭牌卫浴参与家家户户网安徽团购网组织的中国（合肥）第五届春季家博会。

3 月，摩德娜“MFS-305 型大规格抛光砖节能高效宽体窑”获得广东省科技厅的“广东省重点新产品”认定证书。同时获得科技部、环保部、商务部和国家质检总局的“国家重点新产品”认定。

3 月 6 日，湖北鑫来利陶瓷公司与武汉理工大学合作建设湖北省首家陶瓷研发中心的项目签约仪式在当阳宾馆举行。当阳市市委副书记、市长石显银，市委常委、副市长叶永清，市人大常委会副主任苏琼、武汉理工大学材料科学与工程学院教授吴建锋和湖北鑫来利陶瓷公司董事长吴全发等嘉宾出席签约仪式。

3 月 6 日，恩平市委副书记、市长薛卫东来到广东嘉俊陶瓷有限公司进行工作调研。薛卫东市长在嘉俊陶瓷副董事长陈耀强的陪同下察看企业生产情况。

3 月 8 日，恒洁五金水龙头厂正式投入运营，标志着恒洁完成了整体卫浴生产制造的战略布局。是恒洁企业十四年来高速发展的靓丽缩影，更是恒洁企业专注卫浴践行“创造中国品质”战略聚焦的成果展现。

3 月 9 日，鹰牌陶瓷自主研发的“晶聚合”微晶玻璃陶瓷复合砖等七个系列产品获评高新技术产品。

3 月 14 日，河北省委常委、副省长聂辰席一行，在唐山市委书记王雪峰、市委副书记市长陈国鹰、丰南区委书记王东印、区长郭文良陪同下来惠达集团调研，集团总裁王彦庆陪同调研。

3 月 14 日，中国合格评定国家认可委员会（CNAS）向科达机电计量检测中心颁发了《国家实验室认可证书》，科达机电成为国内陶机装备行业首家获得国家实验室认可的企业。同时获得 ILAC（国际实验室认可合作组织）的认可。

3 月 16 日，佛山市三水区西南街道召开 2012 年安全生产暨企业安全生产标准化建设工作动员大会，大会授予包含奥特玛陶瓷在内的 35 个单位“西南街道 2011 年度安全生产工作先进单位”荣誉称号。

3 月 17 日，宏宇“高清三维胶辊印刷技术及凹凸釉面砖开发”项目获“中国建材科技奖科技进步一等奖”，在中国建陶行业史上，获此殊荣的项目屈指可数。

3 月 20 日，唐山惠达陶瓷（集团）股份有限公司变更为惠达卫浴股份有限公司。

3 月 21 日，杭州市国家税务局党组副书记、副局长沈华带领有关处、室领导，在余杭区国税局党组书记、局长曹水林等陪同下，走访了诺贝尔集团。集团公司董事长骆水根，党委书记、副总经理摇先华等与市、区国税局领导进行了座谈。

3月24日，《2011中国陶瓷品牌竞争力报告》新闻发布会暨品牌高峰论坛举行，鹰牌陶瓷获得中国陶瓷品牌百强榜“十大陶瓷品牌”和“十大微晶石品牌”称号。

3月25日，在第八届中国陶瓷行业新锐榜评选活动中，佛山顺德区乐华陶瓷洁具有限公司荣获“年度风云企业”，公司赞助中国男篮和亚锦赛事件荣获“年度新锐事件”，漩系类坐便器AB1120荣获“年度优秀产品”。金丝玉玛获得第八届中国陶瓷行业新锐榜“年度风云企业”与“年度优秀产品”两项大奖。金意陶揽获最具实力的年度最佳产品、年度新锐事件、年度人物三项新锐榜大奖。威臣陶瓷企业荣耀入选2012新锐榜“年度风云企业”称号。鹰牌陶瓷获新锐榜三大奖项：年度社会责任奖，年度风云企业奖，鹰牌陶瓷“晶聚合”获得年度最佳新锐产品奖。汇亚陶瓷原创“普利亚•跨界石”荣膺第八届中国陶瓷行业新锐榜年度优秀产品。欧文莱陶瓷“时光年轮”喷墨系列荣获“最受设计师欢迎产品”新锐奖。博德精工建材荣获“年度优秀产品”、“年度风云企业”荣誉称号。

3月30日，惠达集团投资400万元，建筑面积22000平方米的夫妻双职工公寓破土动工，预计年底竣工，届时将有320户外地来惠达务工的双职工夫妻入住精装新居。

3月31日，东莞市麻涌镇镇委书记、镇人大主席邓流文带领的麻涌镇党政代表团一行，在禅城区经济开发区管委会主任邓小坚的陪同下，参观考察了中国陶瓷产业总部基地。

4月

4月，佛山金环球陶瓷企业被评为“2012消费者信赖陶瓷品牌”。

4月，金意陶以全年60余场非诚勿扰4S品牌明星总裁签售活动决胜全国终端市场，“非诚勿扰Ⅲ”获国家版权局颁发版权证书。

4月，在2012年中国微晶石发展高峰论坛上远泰制釉荣获“2012最具竞争力微晶石原辅料解决商”称号。

4月，惠达集团荣获中国建材行业“低碳安全与环保责任”示范企业。惠达集团被河北省工业和信息化厅、河北省信息化工作领导小组办公室授予“河北省信息化与工业化融合示范企业”称号，获得五万元人民币奖励。唐山市委、市政府授予惠达集团“振兴唐山先进单位”称号，授予惠达集团职工王淑凤“唐山市劳动模范”称号。

4月5日，浙江省副省长毛光烈率省级有关部门负责人，在余杭区区长朱华、副区长祝振伟等陪同下参观了诺贝尔集团临平生产车间，董事长骆水根介绍了车间的基本概况和诺贝尔集团的技术研发及生产经营情况集团副总经理摇先华等陪同参观。

4月7日，广东博德精工建材有限公司举办“博德•微晶石探寻之旅”论坛活动，邀请中国建筑卫生陶瓷协会专职副会长、秘书长缪斌先生，原中科院专家、高级工程师、博德公司微晶玻璃复合板研发中心总工程师戴长禄先生等资深专家，共同就微晶石展开探讨，解密真假微晶石。

4月9日，惠达集团董事长王惠文撰写的《惠达陶瓷的由来》一书首发至公司班组长以上人员。该书讲述了作者致富家乡、打造民族品牌30年的风雨征程。

4月11日，宏宇陶瓷“超耐磨高硬度全抛釉制备技术及产品开发”通过省级鉴定达“国际先进水平”，表面耐磨度最高可达6000转4级，远超业内水平。

4月12日，2012年度中国建筑卫生陶瓷十大品牌颁奖典礼在北京举行，嘉俊陶瓷荣获“陶瓷十大品牌、抛光砖十大品牌、微晶石十大品牌”三项大奖。

4月12日，惠达集团荣获唐山市委、市政府授予“2011年度科技创新优秀企业”称号，获10万元奖金奖励。

4月12日，中国建筑卫生陶瓷“十大”排行榜活动中，鹰牌陶瓷荣获“中国陶瓷十大品牌”、“抛光砖十大品牌”和“微晶石十大品牌”。威臣陶瓷旗下品牌柏戈斯、宝力荣膺“瓷片十大品牌”殊荣。箭牌卫浴荣获“卫浴十大品牌”、箭牌瓷砖荣获“仿古砖十大品牌”、“抛光砖十大品牌”荣誉称号。

4月17日，广东博德精工建材有限公司隆重推出“博德精工玉石•晖”系列、“博德精工宝石•韵”

系列、博德精工内墙砖“悦色”系列、15世纪.com新奢华仿古砖“原石•臻”系列等数十款新产品。

4月21日，邯郸箭牌大明星签售会，邀请著名表演艺术家侯耀华、刘际先生前来邯郸箭牌进行演绎签售。极大地提高箭牌卫浴在邯郸的影响力，提高了阳光滏瑞特鑫港店在邯郸的知名度。

5月

5月，万利TOP品牌新型数码5D喷墨陶板研发成功并批量生产，同期万利超大规格薄板开始投产。

5月，汇亚企业连续11年荣获“广东省守合同重信用企业”称号。

5月，金意陶获广东省创新型试点企业多项省级企业资质认定。

5月，箭牌卫浴，瓷砖，五金系列产品荣获“国际知名品牌”、“绿色环保首选品牌”荣誉称号。

5月，江苏拜富公司和武汉科技大学合作的项目获得了国家科技部支撑计划“日用陶瓷高品质化关键技术研究”，子项目编号：“011BAE-30BOD”。

5月，广东宏陶陶瓷有限公司“高清三维石雕釉面砖”入选科学技术部、环境保护部、商务部、国家质量监督检验检疫总局联合批准的“国家重点新产品计划项目”。

5月，广东博德精工建材有限公司获中共佛山市委、佛山市人民政府授予“2009-2011年度佛山市先进集体”称号。

5月，以“快稳久”为主题的金丝玉玛品牌绿色发展战略研讨会在济南顺利召开，顶级奢侈系列“银河之星”同期上市。金丝玉玛被中国建筑材料流通协会评为“全国保障性住房建设用材优秀供应商”。

5月8日，唐山市委副书记、组织部长曹征平一行在惠达总裁王彦庆等领导陪同下到公司调研，实地考察了产品展厅、生产车间以及国际家居园生产线。

5月11日，由北京市人力资源社会保障局、北京市住房和城乡建设委等14家政府部门联合举办，北京市建筑装饰协会承办的“2012年北京市第三届职业技能大赛‘居然之家杯’装饰镶贴工、手工木工比赛”新闻发布会在居然之家丽泽店五层会议室召开。

5月，摩德娜代表中国建筑卫生陶瓷协会窑炉暨节能技术装备分会在广州举办了“2012′中国陶瓷节能技术装备论坛暨陶瓷砖能耗调查启动发布会”。

5月15日，柏戈斯陶瓷江西生产基地第二条全抛釉和微晶石生产线顺利点火；威臣陶瓷企业董事长孔庆基、总经理罗志健等领导出席了本次仪式。

5月19日，由广东宏威陶瓷实业有限公司、广东宏陶陶瓷有限公司共同研发的“负压布料技术及玉龙石系列抛光砖研制”项目科技成果鉴定会在清远丁香花园酒店召开，该项目通过了科技成果鉴定会，被专家一致鉴定为达到国内领先水平。

5月23日，航标卫浴清新亮相上海厨卫展。在延续航标“净”核心功能的基础上，融入更多的时尚设计元素，产品不仅外观更加美观大方，功能上也更加人性化。

5月23日～26日，“恒洁中国馆”亮相第十七届上海厨卫展，3.5升超节水坐便器的正式问世，首创性解决了节水与冲水效果兼顾的难题，标志着恒洁在卫浴领域掌握了节水核芯科技，跻身全球卫浴节水技术前列。

5月30日，在广州陶瓷工业展上，精陶机电发布了陶瓷行业第一套以陶瓷喷墨印花设备为核心的“陶瓷印花中央管理系统”，系统包含印前过程：数字模具、数字打板、免烧看样、调图分色等系统；印中过程：软件控制、砖胚恒温控制、模花侦测等系统；印后过程：拉线侦测、色差侦测等系统，该系统获得业界一致好评。

6月

6月，惠达集团入选“2011年度河北省百强民营企业”。

6月，东鹏清远基地二厂投资4.5亿元，建成世界最先进的建陶生产线，并顺利投产，东鹏生产制造能力跻身世界领先水平。

6月，佛山顺德区乐华陶瓷洁具有限公司被广东省建筑材料行业协会评为2011年度广东省建材行业社会责任模范企业。

6月，中国品牌研究院向社会公布了“第四届中国行业标志性品牌”榜单，惠达作为卫生陶瓷行业龙头企业，再次蝉联中国卫生陶瓷行业标志性品牌。

6月1日，《浙商》杂志推出2012浙商全国500强榜单。杭州诺贝尔集团有限公司名列其中，排名第118位，比2011年度131位的排名提升了13位。至今为止，集团公司已连续4年荣膺了全国浙商500强。6月获“质量管理先进单位”证书。

6月，远泰制釉在第三届广东省陶瓷上游供应企业研讨会暨优秀供应商表彰大会上荣获“十大最具诚信供应商”和“十大最具实力供应商”两项殊荣。

6月，广东博德精工建材有限公司的“幻彩抽象艺术风格结晶的微晶玻璃陶瓷复合板”项目荣获佛山市人民政府颁发“佛山市科学技术三等奖”。

6月，摩德娜公司被广东陶瓷协会评为“十大最具诚信供应商”；“陶瓷薄板”被评为“十大创新产品奖”。

6月5日，第二届“宏宇集团奖助学奖”在景德镇陶瓷学院材料学院成功发放。

6月11日至6月14日，由箭牌卫浴•瓷砖举办的以“专业提升品牌、信心赢得未来”为主题的箭牌卫浴•瓷砖VIP会议在四川成都青城豪生酒店会议厅隆重举行；会上，箭牌各领导与经销商朋友们齐聚一堂，共同探讨着箭牌卫浴•瓷砖的品牌发展，提升改造等问题。

6月15日，浙江台州埃飞灵卫浴迎来了创业十年生日，中国建筑卫生陶瓷协会名誉会长丁卫东、副秘书长夏高生、中国装饰协会厨卫专业委员会秘书长胡亚男及埃飞灵卫浴全国各地代理商、供应商及员工800余人出席了十年庆典。

6月15日，广东宏威陶瓷实业有限公司喜获“广东省建材行业优秀企业”殊荣。

6月21日，杭州东箭贸易有限公司举行了一场盛况空前的箭牌设计师红酒品鉴会暨箭牌卫浴瓷砖2012新品推广会，活动在美丽的杭州钱塘江畔西湖之声游轮拉开帷幕。

6月28日，“第九届世界品牌大会暨中国500最具价值品牌颁奖仪式”在北京东方君悦大酒店隆重举行，2012年“中国500最具价值品牌”排行榜正式揭晓，马可波罗瓷砖、九牧卫浴分别以65.75亿、61.85亿列建陶、卫浴第一；惠达作为卫浴行业知名品牌，以60.75亿元的品牌价值连续9度上榜；鹰牌陶瓷以41.25亿元的品牌价值连续九年荣登中国500最具价值品牌榜，较上年上升10.2亿元，升幅达33%；汇亚瓷砖荣登“中国500最具价值品牌榜”，品牌价值21.15亿元；嘉俊陶瓷的“嘉俊”品牌以41.36亿的品牌价值，在全国排名第317位；博德品牌价值从2010年首次入围的18.31亿元跃升至当前的56.55亿元，排行287位，稳居建陶企业前五位。

6月29日，鹰牌集团在2012年“广东（佛山）扶贫济困日”活动启动仪式中捐款100万元，并在“佛山市首届扶贫济困慈善玫瑰杯”评选中获“慈善银杯奖”。

7月

7月，钻石瓷砖通过香港PCCS-CT产品认证。

7月，东鹏新总部办公大楼项目启动，揭开公司发展的全新蓝图。

7月，广东恒洁卫浴有限公司的项目“卫生陶瓷高效节水技术研发及产业化应用”、广东热金宝特种耐火材料实业有限公司的项目“高晶体莫来石-堇青石质高温工业陶瓷技术研发平台建设”。同时入围2012年省级企业技术中心专项资金拟扶持项目。恒洁官方网站全新改版，品味新装全新呈现，上线后的官方网站在模块建设更加时尚大气，内容注重与经销商学习互补、信息交流，旨在缔造一个高品质的窗口，让外界更直观、更全面地认识恒洁。

7 月 12 日，广东省工商联（总商会）第十一次会员代表大会圆满完成在广州闭幕。省委常委、统战部部长林雄出席闭幕式并向新当选的省工商联第十一届执委会主席、副主席以及省工总商会会长、副会长颁发了证书。广东新明珠陶瓷集团副总裁叶永楷当选广东省工商联（总商会）副会长。

7 月，远泰制釉荣获佛山市质量管理协会颁发的“行业质量诚信示范单位”荣誉称号。

7 月，东鹏瓷砖•洁具获禅城区第一批低碳试点企业称号，推动中国建陶行业转型升级。

7 月，广东宏威陶瓷实业有限公司凭借强大的技术创新能力及瞩目的创新成果，被评为“国家高新技术企业”。

7 月 16 日，广东博德精工建材有限公司与意大利 B&B、Fendi、德国 Dornbracht 等国际家居建材奢侈品牌共同入选《全球奢侈品风云榜》，是唯一连续两年蝉联该榜单中国家居品牌，成为中国家居建材界独一无二的奢侈品品牌。

7 月 17 日，山东枣庄箭牌杯室内设计大赛启动仪式在滕州市鲁班大酒店隆重举行。

7 月 19 日，西安箭牌先后新装城市人家华杰美居店、红星美凯龙 3 店、红星美凯龙 4 店、东郊大明宫店，同期西安箭牌北三环店盛大开业。

7 月 21 日，宏宇集团“一辊多色多图立体印刷技术及产品开发”项目科技成果鉴定会在佛山石湾宾馆顺利召开。由中国建筑卫生陶瓷协会高工缪斌、华南理工大学教授吴建青、中国建陶质量监督检验中心高工苑克兴、咸阳陶瓷研究院高工王博、佛山市陶瓷协会秘书长尹虹、中国硅酸盐学会陶瓷分会教授吴大选、广东省建材行业协会高工陈环、中国建材机械工业协会高工王玉敏、高工唐奇等十多位专家组成的专家组，以及中国建材联合会科技部主任潘东晖、秘书长魏从九、宏宇集团副总经理欧家瑞、市场总监王勇、瓷片生产负责人余国明等领导嘉宾出席鉴定会。

7 月 23 日，为期 3 天的箭牌卫浴第五届全国营销精英培训班在一场激情洋溢的歌舞盛会中正式落下帷幕。旨在给全国各地的销售精英提供一个广阔的交流平台，全面提升箭牌销售人员的团队战斗力，建设富有竞争力及创新思维的终端销售。

7 月 24 日，科达发明专利“循环煤流化床煤气发生炉系统（专利号：ZL200710099134.3）”荣获中国专利优秀奖。中国专利奖是由中国政府颁发的专利领域最高奖项，并为世界知识产权组织认可，代表着中国自主创新和科技进步的最高水平。

7 月 28 日，海口市 2012 年暑期建材团购会盛大开幕，箭牌卫浴、TATA 木门、索菲亚衣柜等建材高端品牌共同参与了此次活动。

7 月 28 日，由中国门窗幕墙专家学者设计师协会主办，青岛市房地产业协会协办，广东东鹏控股股份有限公司、青岛子公司承办的“现代瓷板，新城市的流行艺术——2012 中国（青岛）东鹏现代幕墙干挂技术研讨会”在青岛隆重举行。

7 月 29 日，位于中国陶瓷产业总部基地东区陶机原材料配套中心二楼的佛山市艾陶制釉有限公司隆重开业。

7 月 29 日，航标控股旗下第五条陶瓷卫生洁具生产线，即年产 100 万件、总长 110 米节能环保型宽截面燃气隧道窑正式点火投产，集团生产规模将实现年产 490 万件。

8 月

8 月，金丝玉玛在“第三届中国家居十大品牌风尚榜”颁奖典礼中，荣获“中国家居行业十大口碑力品牌”和“中国家居行业十大创新力品牌”称号。

8 月，中国建筑装饰协会厨卫工程委员会评选佛山市顺德区乐华陶瓷洁具有限公司为主任委员单位。

8 月，航标控股举行了第六条生产线奠基典礼仪式，建成投产后，集团生产规模将达到年产量 590 万件。

8 月，惠达集团编纂了《惠达志（续)》。续志共分为企业转型、提升形象、科技创新、管理创新、绿色企业、人力资源、企业文化、社会公益、荣誉奖励、重要往来等12编章，全面、系统、准确、翔实地记叙了惠达集团在国际金融危机的影响下，五年间逆势而上，续写辉煌的历程。惠达集团印发了《三十年的足迹》画册，董事长王惠文为《三十年的足迹》作序。

8月，罗曼缔克瓷砖推出创新产品白韵石系列产品。

8月，“和衷共济四十年，感恩一路有您”，东鹏瓷砖成立40周年，举行系列庆祝活动答谢社会，行业第一本企业传记、董事长何新明著作《东鹏之道》出版，提升品牌影响力。

8月3日，浙江省经信委、余杭区经信局组织的省级工业新产品新技术开发项目——“陶瓷生产过程中废料的资源化利用技术”鉴定会在诺贝尔集团公司召开。浙江大学纳米研究院、浙江大学无机非金属材料研究所、浙江工业大学等5位专家组成鉴定委员会。集团公司副总经理钟树铭、摇先华、曾成勇，副总经理兼总工程师余爱民等参加了鉴定会。“陶瓷生产过程中废料的资源化利用技术”通过省级新产品新技术鉴定。

8月17日，由中国建筑卫生陶瓷协会与佛山市经信局联合主办的“从中国制造到世界品牌——中国建陶企业国际化品牌发展之道”论坛在鹰牌陶瓷壹号馆举行。

8月18日，惠达创立30周年庆典暨国家住宅产业化基地授牌仪式在惠达国际家居园隆重举行。中国建材联合会名誉会长张人为，国家住房和城乡建设部房地产市场监管司副司长杨佳燕，国家住建部住宅产业化促进中心副主任文林峰，中国建材联合会副会长、中国建筑卫生陶瓷协会会长叶向阳，中国建筑装饰材料协会厨卫委秘书长胡亚男，唐山市副市长辛志纯，丰南区委书记王东印、区长郭文良，中国建材报总编辑孟宪江以及来自国内外的领导、嘉宾、经销商及企业职工代表近千人出席了庆典活动。区委副书记、区长郭文良主持仪式，董事长王惠文致辞。惠达商学院成立揭牌仪式在惠达园东二楼会议室举行。总经理王彦庆与惠达商学院名誉教授吕巍共同为惠达商学院揭牌。

8月，嘉俊陶瓷《嘉俊•品鉴》摘得含金量最高的奖项“最佳企业内刊金奖”。

8月18日，第三届中国家居十大品牌“时尚榜”颁奖典礼暨中国泛家居整合营销战略高端峰会在石湾举办。欧文莱陶瓷凭借多年出色的产品设计以及设计师的良好口碑，荣获“十大时尚家居品牌”。

8月18日，嘉俊陶瓷微晶石以在行业的知名度和领先地位位居“风尚榜”微晶石十大品牌榜首。

8月18日，鹰牌迎来38周年生日，集团举行了“晶聚38周年盛典”系列活动。“中国鹰牌，世界印象”形象发布。

8月21日～22日，福建省省长苏树林先后赴泉州南安市、三明大田县、龙岩漳平市，深入三地的民营企业，了解我省出台的一系列支持企业发展优惠政策的落实情况，21日上午，省长苏树林一行在泉州市委书记徐钢、市长黄少萍、南安市委书记黄南康陪同下，莅临辉煌水暖集团视察指导。辉煌水暖集团董事长王建业迎接来访领导并详细介绍公司的情况。

8月22日，江西省委常委、南昌市委书记王文涛，南昌市委副书记、政法委书记郭安，在宜春市市委副书记、市长蒋斌，宜春市副市长、高安市委书记皮德艳，高安市副市长席国华等领导的陪同下到江西富利高陶瓷视察。

8月24日～25日，中共中央政治局常委、国务院总理温家宝来广东考察指导工作。在中共中央政治局委员、省委书记汪洋和省长朱小丹的陪同下召开了座谈会，有来自各行业的二十多家企业代表参加，金意陶陶瓷董事长何乾作为行业代表受邀参加座谈会并做了发言。

8月26日，以《设计创造价值》为主题的第一期箭牌瓷砖驻店设计师培训在佛山箭牌总部盛大开启。诚邀全国各地20多位驻店设计师精英参加此次培训，为箭牌瓷砖的美好未来共同奋进。

8月29日，箭牌卫浴瓷砖2012年新品发布会，暨设计师红酒品鉴会在临沂蓝海国际大酒店隆重举办，来自临沂市装饰行业150多名设计精英汇聚一堂共同沟通交流。

8月30日，2012中国民营企业500强榜单在京揭晓，杭州诺贝尔集团有限公司名列榜单第436位，成为中国建筑陶瓷行业中唯一入选的企业。诺贝尔集团从2002年起，已经连续10年入围“全国民营企业500强”。

8月30日，广东博德精工建材有限公司连续三年荣获中国建筑材料企业管理协会颁发的“中国建材企业500强”荣誉称号，并入选“2012年度中国建材最具成长性企业100强”。

9月

9月，浙江省经信委、浙江省财政厅公布了2012年浙江省优秀工业新产品、新技术名单，诺贝尔集团的“陶瓷生产过程中废料的资源化利用技术”荣获2012年浙江省优秀工业新产品、新技术奖一等奖。

9月，汇亚企业“喷粉布料技术与普利亚微粉抛光砖产品系列研发”项目荣获“2011年度南海区科技进步奖”。

9月，罗曼缔克瓷砖、伊丽莎白瓷砖相继推出3D喷墨产品系列，这是继推出罗曼缔克瓷砖品牌以来，在行业中有着“小砖之王”实力后，今年开始向大规格全抛釉领域进军，实现企业二次创业的完美转身。罗曼缔克实业有限公司旗下拥有三水和河源两大生产基地，分别生产小规格异型砖和全抛釉瓷砖。

9月，金丝玉玛首座“银河之星”终端店面在武汉盛大开业，佘诗曼、柳岩两大明星联袂助阵，开创了金丝玉玛奢侈名品店的营销新模式。国际著名设计师梁景华博士出席金丝玉玛沈阳大型设计师活动，给予金丝玉玛产品高度评价。金丝玉玛产品通过质量管理体系ISO9001:2008认证，“银河之星”系列K金瓷砖通过省级新产品鉴定。

9月8日，箭牌卫浴在佛山总部举行了一场以“狼性执行力锻造与团队管理”为主题的培训课程，此次课程由狼性营销的创始人、九维领导力的创立者王建伟先生执讲，课程主要围绕狼性执行力五大心态、狼性精神五项解密及锻造、狼性执行力五大核心以及营销经理三维沟通五大策略等六个方面展开。

9月9日，以“亚洲品牌竞争力的战略全球化定位”为主题的第七届亚洲品牌盛典在香港迪士尼国际会议中心盛大举行，金意陶跃登亚洲品牌五百强，副董事长黄雪芬出席了颁奖盛典。

9月，摩德娜公司五层智能干燥器技术、双层烧成辊道窑技术、抛光砖宽体辊道窑技术及其应用案例被工业和信息化部、科学技术部和财政部三部门列入“推进工业节能减排技术成果应用（第一批）”。

9月，宏宇陶瓷“高清三维石雕釉面砖”作为唯一一个陶瓷砖项目入选“国家重点新产品”计划，再次证明了其自身技术创新性和先进性。提升了中国建筑陶瓷砖的生产技术水平和装饰技术水平。

9月18日，宏宇陶瓷“陶瓷砖减薄技术研究及薄型微粉抛光砖产品开发”项目通过省级科技成果鉴定达“国际先进水平”，在节能降耗方面符合国家相关产业政策要求，创新性明显，具有很高的经济和社会效益。

9月20日，省人大常委会副主任、省工商联主席黄荣在市领导曹征平、辛志纯、张艳春，区领导王东印、郭文良、王树臣、郝志军、李自学等陪同下到惠达国际家居园视察。

9月25日～27日，国家水利部权威机构认定：恒洁坐便器节水技术国内领先！这是中国卫浴行业唯一一家享此殊荣的卫浴企业。恒洁卫浴打破了过往国外卫浴品牌在节水技术领域一枝独秀的局面，为中国卫浴行业的发展历史书写新的传奇。3.5升的技术革新，为恒洁开创了中国卫浴行业一个崭新的节水“芯”时代。

9月27日，2012年《亚洲品牌500强》排行榜在香港隆重揭晓，广东嘉俊陶瓷有限公司的“嘉俊”品牌首次进入这一榜单，排名第438位，在入选的陶瓷品牌中位列第四。

9月27日，广东博德精工建材有限公司首次跻身“2012年《亚洲品牌500强》排行榜”，名列亚洲建材行业前列。

9月25～29日，鹰牌第15次代表中国参加意大利博洛尼亚展。集团总裁林伟发表《鹰，无国界》的演讲。

10 月

10 月，罗曼缔克瓷砖在中国陶瓷城投资建立的 300 平方展厅正式开业。

10 月，中国建筑卫生陶瓷协会会长叶向阳、中国建筑卫生陶瓷协会名誉会长丁卫东莅临金丝玉玛艺术馆考察指导。

10 月，鹰牌国际陶瓷城国际馆和中国陶瓷城华鹏陶瓷形象展厅隆重开业。中国建筑卫生陶瓷协会和中国陶瓷工业协会领导到两馆参观。

10 月，2012 年中国建材企业 500 强发布会在北京隆重举行。惠达凭借稳定的发展势头和骄人的销售成绩荣膺“2012 年中国建材企业 500 强”。

10 月 14 日，以“绽放真石之美 悦享上品盛惠”为主题的箭牌瓷砖新品品鉴会在广东省佛山市财神酒店盛大开幕。

10 月，广东省科技厅批准摩德娜公司组建“广东省绿色建筑陶瓷低碳成套装备工程技术研究开发中心”。

10 月 18 日，箭牌卫浴联合上海二十多名高端卫浴设计师于查普门泰勒设计院成功举办了一场设计师交流会，箭牌卫浴事业部总经理方春、卫浴市场部经理谭毅、大客户部经理魏峰辉、研发中心经理鲁作为等多位高层领导共同出席见证了此次设计师交流活动，双方就箭牌卫浴品牌及产品进行了广泛的交流与探讨。

10 月 19 日，唐山市举行民营企业家协会成立揭牌仪式暨民营企业与金融机构对接会议。惠达公司总经理王彦庆党训为副会长。

10 月 24 日，广东陶瓷协会受国家工信部委托，研究制定全国建筑卫生陶瓷产业政策。编委会深入惠达集团进行调研，董事长王惠文、生产技术副总宋子春、设备副总吴萍等陪同调研。最后，调研组一行还参观了国际家居园和高压注浆生产线。

10 月 28 日，省人大常委会副主任、党组副书记宋长瑞在市区领导陈国鹰、王东印、郭文良等陪同下到惠达国际家居园参观考察。董事长王惠文陪同并向各位领导汇报企业情况。

10 月 26 日，居变 • 新生——2012 中国家居领军者峰会暨家居品牌 TOP10 颁奖典礼上，航标卫浴通过重重考验，历经数月的权威评估，最终荣获“2012 消费者最信赖十大卫浴品牌”。

10 月 26 日，广东鹰牌陶瓷集团有限公司对外正式宣布，收购河源市东源县好爱多陶瓷有限公司。

10 月 28 日，航标卫浴荣获广告主领域最高级别年度评选奖项——“中国广告长城奖 •2012 年度广告主奖”。

11 月

11 月，钻石瓷砖获得全国用户委员会颁发的“全国用户满意产品”称号。

11 月，沈阳科达洁能燃气有限公司正式向法库陶瓷工业园供气。

11 月，董事长何新明获“2012 中国建材自主创新杰出贡献人物”，成为陶瓷卫浴行业唯一一位获奖人物，并荣膺“2012 世界华商财智人物”。

11 月，中国卫浴榜评选委员会的评审，箭牌卫浴 • 瓷砖在第四届中国卫浴榜评比中被评为中国十大卫浴品牌。

11 月，佛山奥特玛陶瓷有限公司成为佛山市知识产权协会和佛山市陶瓷学会会员单位。

11 月，科达“清洁燃煤气化系统技术改造项目”、“新型高效节能绿色建材装备研发及产业化项目”以及“5 万套高压柱塞泵生产基地建设项目”分别入选“广东省现代产业 500 强”。其中，清洁煤项目入选“广东省战略性新兴项目 100 强”，绿色建材及高压柱塞泵项目同时入选“广东省先进制造业项目 100 强”。

11 月 4 日，央视每周质量报告播出《节水报告调查》，在这次抽样检查中，箭牌卫浴所有的产品均通过相关测试，节水性能也都达到了《节水型产品技术条件与管理通则》（GB ＼ T18870-2002）国家标准，这充分体现了箭牌卫浴多年来在节水方面作出的努力与贡献，也是对箭牌品牌的支持和肯定。

11 月 6 日，中国房地产研究会副会长童悦仲在惠达总裁王彦庆的陪同下参观惠达展厅。

11 月，东鹏瓷砖携手意大利名牌成立 DPI•REX，华盛昌陶艺公司开业，品牌国际化战略迈出重要一步，集团稳步向多领域发展，向第三产业发展。

11 月 8 日，航标卫浴华北分公司暨天津市航标仓储有限公司正式成立，对华北地区乃至全国范围内的市场渠道开拓与规范化运营意义深远。

11 月 11 日，中国建材联合会副会长孙铁石、张志法在惠达董事长王惠文、副总吴萍等的陪同下到生产一线参观、考察。

11 月 13 日，由广东省标准化研究院副主任陈学章、项目工程师曾小红等组成的专家团莅临华艺卫浴参观考察，重点考察了五金产品的重金属析出量、节水效能等情况。同时针对目前卫浴五金产品陶瓷片密封水嘴质量检测标准与市场销售产品存在差异的现状，广东省标准化研究院正在酝酿出台新标准。

11 月 19 ～ 20 日，“中国硅酸盐学会陶瓷年会设计艺术委员会换届大会”在湖南长沙召开，金意陶陶瓷董事长何乾当选为中国硅酸盐学会设计艺术委员会副主任，同时，金意陶公司产品“古今瓷砖”系列、“金碧生辉”系列、“流砂玉”系列、“竹玉”系列入选《首届陶瓷艺术创新作品展作品集》。

11 月 21 日～ 23 日，恒洁卫浴首次率团参加北京第十一届中国住博会。绿色、低碳生活的主题与恒洁的节水中国主题不谋而合，恒洁产品成功入选中国“保障性住房建设材料部品采购信息平台”。

11 月 23 日，以“爱水、节水、抢救地球”为主题的第六届中国卫生洁具行业高峰论坛于北京人民大会堂召开。航标卫浴凭借上市公司雄厚的企业实力、品牌影响力和产品创新力，获中国十大卫浴品牌殊荣。

11 月 23 日，第四届中国卫浴榜颁奖典礼在北京人民大会堂隆重举行，箭牌卫浴凭借对卫浴高品质的追求、良好的品牌口碑及行业影响力，荣获“中国十大卫浴品牌”称誉。

11 月 27 日，在中国建筑卫生陶瓷协会卫浴分会成立十周年庆典大会的颁奖典礼上，苏泊尔不锈钢无铅龙头获得了中国绿色水龙头、中国卫浴知名品牌和中国卫浴优秀创新企业三个奖项。

11 月 29 日，北京建材行业联合会、天津市建材行业协会、河北省建筑材料工业协会、山东省建筑材料工业协会、辽宁省建筑材料工业协会、山西省建筑材料工业协会在北京友谊宾馆隆重召开了环渤海地区建材行业“最具影响力企业”、“诚信企业”、“知名品牌”总结表彰会，惠达公司均榜上有名。

11 月 29 日，鹰牌陶瓷“晶聚合技术的研究开发，一次烧微晶玻璃陶瓷复合砖”项目获 2011 年度佛山市科学技术奖一等奖。

11 月，广东宏陶陶瓷有限公司被国家科技部火炬中心评选为“国家火炬计划重点高新技术企业”，成为 2012 年全国陶瓷行业唯一荣获此称号的企业。

12 月

12 月，钻石瓷砖获得中国建筑卫生陶瓷协会颁发的“中国建筑陶瓷知名品牌”称号。

12 月，汇亚陶瓷专题片——《大汇于成》面世，成为陶瓷行业第一部充满现代及未来感的专题片。

12 月，远泰制釉一次快烧微晶干粒荣获 2012 中国陶瓷原辅材料“节能之星”称号。

12 月，摩德娜公司与中科院上海硅酸盐研究所合作的“挤出法一次烧大规格薄板关键技术研发和工程示范”项目获得广东省科技厅立项。

12 月，箭牌卫浴 A11161C 单把单孔面盆龙头被中国建筑装饰协会评定为“最佳工程配套产品”和“最佳健康产品”。A81191CJ 单把单孔面盆龙头荣获“最佳外观设计产品”称号，AB1271MD 单挡马桶荣获“综合性能第一名”、“最佳节水产品”、“最佳外观设计产品”称号，AB1283MD 双挡马桶荣获“最佳静音产品”等荣誉。

12月，诺贝尔集团2012年完成销售额比2011年增长了18.8%，销售收入（绝对值）创历史新高；上交国家税收3.77亿元，比2011年增长23.6%。

12月，太平洋家居网《家里的大牌，2012公司人家居品牌调查》同行评分，马可波罗瓷砖排名第一。

12月，科达机电新申请发明专利28项、实用新型专利93项、外观设计3项，已授权发明专利12项、实用新型专利115项、外观设计1项。主要研发项目包括：低压粉煤气流床清洁煤气化系统、高效节能陶瓷窑炉、半固态内腔挤压成型核心技术及成套装备、炊具压机等。

12月，金丝玉玛2012年度颁奖盛典隆重举行，来自全国各地的优秀经销商、设计师、导购接受了表彰，其中经销商最高奖“章氏兄弟奖”颁发出5台价值60万元的宝马跑车。展示面积4200m^{2}的金丝玉玛“银河之星”系列独立展馆盛大开业，同期金丝玉玛推出全抛釉系列——玉石之王，“玉石之王”与K金瓷砖、微晶石两大品类共同组成全新的产品阵容，使金丝玉玛服务客户的产品线进一步得到完善。

12月，佛山东鹏洁具召开了媒体见面会，就媒体刊登的《省质监局公布卫浴品牌抽检结果蒙娜丽莎阿波罗上黑榜》一文中提到“东鹏”不合格密封水嘴产品作出声明，上榜的为开平东鹏卫浴，并非佛山东鹏洁具，目前两公司正在就“东鹏”商标一事进行维权诉讼。

12月4～6日，中国建筑卫生陶瓷协会2012年年会在佛山南国桃园举行，惠达荣获“中国卫生洁具知名品牌”荣誉称号。江西拜富公司独家承办了“陶瓷装饰新技术新工艺座谈会”。在行业年会上同时获得了国家行业协会评定、颁发的建筑陶瓷行业名牌产品及诚信企业的荣誉称号。

12月7日，江苏拜富科技有限公司在香港投资设立了拜富科技（香港）有限公司，总投资1550万美元，为进一步抢占国外国际市场奠定了坚实的基础。

12月10日，中华全国工商业联合会第十一次会员代表大会在北京落下帷幕。大会闭幕式由全国政协副主席黄孟复主持。会议选举产生了新一届领导班子和领导机构，王钦敏当选为第十一届全国工商联执行委员会主席，全哲洙当选常务副主席，新明珠陶瓷集团董事长叶德林当选全国工商联第十一届执委。中共中央政治局常委、中央书记处书记刘云山会见全体与会代表，并代表中共中央、国务院致贺词。

12月17日，世界晋江同乡恳亲大会暨“爱在晋江”文艺晚会，在晋江体育馆隆重举行。会上表彰了晋江市慈善事业突出贡献的企业家，万利董事长吴瑞彪荣获晋江市“慈善事业突出贡献奖”称号。

12月17日，2012中国建筑装饰协会厨卫工程委员会年会暨“中国厨卫百强”颁奖典礼在北京召开。航标卫浴蝉联“中国厨卫百强卫浴知名品牌10强”，成为该项评奖的“长青树”，同时还揽获“2012中国卫浴洁具优秀产品”、“最佳工程配套产品”和“最佳外观设计产品”三大项奖。

12月17～18日，由科达机电作为第一起草单位起草的三项行业标准《辊道式烧成窑炉》、《陶瓷制品辊道式干燥器》、《建材行业涂覆制膜机》专家审定会在科达机电一楼会议中心召开。专家组审议认为该三项标准达到国际先进水平，并一致同意该三项标准通过审定。

12月18日，诺贝尔集团又一子公司——德清诺贝尔陶瓷有限公司总长达1000多米的第一条生产线正式点火投产。德清县委副书记、县长胡国荣和诺贝尔集团董事长骆水根共同按下点火控制钮，窑炉点火圆满成功。德清县委常委、常务副县长潘华明，诺贝尔集团副总裁曾成勇参加点火仪式并致辞和讲话。德清诺贝尔陶瓷有限公司是诺贝尔集团在德清投资建设的重大产业项目，是浙江省产业转型升级的重点项目。一期工程占地896亩，投资近20亿人民币。

12月，东鹏得到政府、行业协会和大众媒体的认可，蝉联“行业唯一标志性品牌”，荣获“中国十大陶瓷品牌”、“中国家居产业优秀品牌企业”、“中国十大卫浴品牌”、“中国卫浴品牌节水金奖”、“年度社会责任奖”、“十大创新力品牌”，董事长何新明获得“中国卫浴行业二十年突出成就奖”等30多项荣誉。

12月21日，“2012品牌佛山•经济源动力”系列颁奖典礼在佛山市新闻中心隆重举行，广东中窑窑业股份有限公司喜获佛山“最具成长性中小企业”，并且获得中国邮政储蓄银行2000万授信。

12月28日，第四届陶瓷行业成长之星颁奖典礼上合富陶瓷荣膺“中国陶瓷十大品牌”殊荣。

第六节　协会工作大事记

2月27～29日，由中国建筑卫生陶瓷协会召开的《卫生洁具安装维修工》职业标准编写专家会在北京海特饭店举行。中国建筑卫生陶瓷协会秘书长缪斌出席了会议，并发表重要讲话。中国建筑卫生陶瓷协会卫浴分会秘书长王巍宣布《卫生洁具安装维修工》职业标准编写专家组成立。

3月5日，中国建筑卫生陶瓷协会卫浴分会秘书处赴广东省开平市水口水暖产区调研，在开平市水口创新中心会议室举行了座谈会，会议由中国建筑卫生陶瓷协会卫浴分会秘书长王巍主持，中国建筑卫生陶瓷协会卫浴分会副秘书长史红卫女士、广东省开平市水口镇镇长许永辉先生、副镇长司徒霭政先生、副镇长张灼威先生、广东华艺卫浴实业有限公司董事长冯松展等企业代表近20人参加了会议。

3月31日，分会应邀出席在成都绿洲大酒店召开的全国建筑卫生陶瓷标准化技术委员三届三次年会暨《陶瓷片密封水嘴》等国家标准和行业标准审议会。会议期间，大会审议通过了《陶瓷片密封水嘴》、《建筑卫生陶瓷生产环境评价体系和检测方法》两项国家标准；《供水系统中用水器具的噪声分级和测试方法》、《卫生洁具排水配件》、《陶瓷太阳能板》三项行业标准。

3月，协会组织安排相关企业参加2012年米兰卫浴设备展览会，27家品牌企业参展，全部独立特装精彩亮相，保持了中国以往的CEB杰出品牌良好形象，聘请了意大利知名的律师把关，再次确保了知识产权零投诉。中国驻米兰领馆副总领事潘滢到展会观看，并高度评价了中国企业的产品形象，认可了协会的理念和为在欧洲树立中国品牌形象开了好头，符合国家政策和市场方向。

4月，协会组织举办第二届W3世界卫浴设计大奖赛，这次W3大奖赛有480件作品参赛，84件入围，评选出金银奖共8项，并在上海精品会展设专馆进行展示，很多媒体认为：中国的陶瓷卫浴创新已进入国际化和良性循环的阶段，是中国陶瓷真正由“制造”走向“智造”的信号。

4月，艺术专业委员会在上海组织举办了“中国陶瓷创新国际论坛”，邀请了美国房屋协会、英国卫浴咨询国际公司在佛山南国桃园与中国陶瓷城合作举行“CERARCHITECTURE第六届世界建筑与瓷砖国际采购”尖峰对话，两个高层次的论坛从广度和深度探讨了行业的陶瓷的复兴未来发展中碰到的瓶颈和存在的问题，指出了未来产业转型、市场转型的方向，拓宽了中国陶瓷的国际战略视野，为行业决策提供参考。

4月，为搭建中国陶瓷行业与美国主流渠道的合作桥梁，协会委派联络部2012年2月到美国参观全美最大的房屋设备展，并邀请美国NAHB全美住房建筑商前任会长及副总裁鲍威尔于4月18日到中国佛山参观演讲，美国客人与中国的企业家第一次进行零距离的沟通。美国客人在参观中国陶瓷城和相关企业后高度评价了中国陶瓷卫浴产品品质和设计，还与中国建筑卫生陶瓷协会签订了中美两会战略合作框架协议，这是协会为中国陶瓷企业架起了一次有潜力的未来合作契机。

4月27～28日，分会在北京举办了全国建材行业职业技能鉴定考评员培训班。来自北京、河北、浙江、上海、福建、广东等地的44名业内专家参加了培训。培训结束后，所有学员都参加了考试，考试成绩合格的学员，将获得由国家建材行业职业技能鉴定指导中心颁发，人力资源和社会保障部统一印制的考评员证书。

5月5～7日，中国建筑卫生陶瓷协会常务会长、秘书长缪斌在建筑琉璃制品分会秘书长徐波陪同下对晋江、南安、漳州十多家陶企进行走访、考察、学习、调研。先后走访了瓷商建材、美胜、华泰、协盛、碧圣、腾达、恒大、国兴、豪山、协进、九牧、福星、万利等陶瓷企业。

5月，在协会的努力下，人社保授予了协会陶瓷产品设计师、艺师、培训站的工作，为做好产品设计的培训工作，艺术委员会先后与河南、景德镇等相关大学进行中国陶瓷行业技师、产品设计师专业的教材组织协调工作，并取得明显的进展。

5 月，中国建筑卫生陶瓷协会第六届理事会第四次全体会长扩大会议暨陶瓷产业发展座谈会在广州隆重召开。中国建筑材料联合会会长乔龙德，中国建筑材料联合会名誉会长张人为，中国建筑材料联合会常务副会长孙向远，中国建筑材料联合会副会长陈国庆，中国建筑材料联合会副会长、中国建筑卫生陶瓷协会会长叶向阳，中国建筑卫生陶瓷协会副会长兼秘书长缪斌，中国建筑卫生陶瓷协会全体副会长等领导和陶瓷行业领军企业代表、陶瓷行业有关规划信息、科研设计、标委会以及全国陶瓷各主要产区的代表一百余人出席了会议。会议由中国建筑材料联合会副会长叶向阳主持，孙向远副会长代表中国建筑材料联合会致辞，乔龙德会长就陶瓷行业当前的形势和任务发表了重要讲话。与会代表还围绕陶瓷行业控制总量、创新技术、提升标准等产业发展重大问题举行座谈。会议期间还举办了 2012 年建筑卫生陶瓷行业产区发展论坛。

5 月，2012 中国国际陶瓷技术装备及建筑陶瓷卫生洁具产品展览会在广州市琶洲展馆举行，2012 第二届陶瓷产区科学发展论坛暨新产品新技术推广交流会；2012 中国陶瓷节能装备技术论坛暨窑炉能耗调查启动发布会。

5 月 29 日，全国陶板企业工作座谈会在中国进出口商品交易会馆召开。中国建筑卫生陶瓷协会会长叶向阳以及来自全国的部分陶板生产、设备制造企业、国外陶板企业等 80 多人参加了此次会议。

6 月 8 日，中国建筑卫生陶瓷协会副会长兼秘书长缪斌一行到平顶山学院考察交流，并代表中国建筑卫生陶瓷协会与平顶山学院签订战略合作协议，建设中国陶瓷产品工艺设计及各个工序流程初、中、高级技师培训基地。市政府党组成员、副市厅级干部严寄音出席了当天上午召开的座谈会并致辞。

7 月 12 日～ 15 日，由中国轻工业联合会、中国国际贸易促进委员会轻工行业分会联合主办的“2012 中国国际轻工消费品展览会”暨中国陶瓷工业协会协办的“第二届中国陶瓷文化艺术创意精品展览会”在北京中国国际展览中心盛大开幕，全国人大常委会原副委员长何鲁丽，中国轻工业联合会会长步正发、中国轻工业联合会名誉会长陈士能等领导和北京市领导蔡晓春、曹新民、叶新亚出席展览会。

7 月 22 日～ 23 日，卫浴分会及淋浴房分会 2012 年副理事长会议在浙江省玉环县召开，会议由中国建筑卫生陶瓷协会秘书长缪斌主持，玉环县经信局局长陈彩勇、浙江省水暖阀门行业协会秘书长杨延才等领导及各副理事长单位领导约 70 人出席了会议。会后，协会组织参会代表参观了浙江清源水暖洁具有限公司、浙江苏尔达水暖有限公司、台州丰华铜业有限公司、浙江康意洁具有限公司。

8 月，艺术委员会携手中华陶瓷大师联盟，在延安举办了“中华陶瓷大师联盟走进延安系列活动”，同期举办了“陶瓷文化发展论坛”、“延安发展陶瓷产业评估认证会”，47 位大师为延安博物馆捐献了作品，表达了对党的感恩之情，十多位行业专家、企业家参加认证会。

8 月，为让陶瓷卫浴产业传承有序，中国建筑卫生陶瓷协会联络部在上海交大举办了首届“中国陶瓷卫浴行业创二代企业精英座谈会”，来自全行业近 30 多位创二代企业精英参加了会议，会议邀请了上海交大戴明朝教授及陈丁荣高参作主题演讲，并围绕行业的转型、如何接好父辈的枪、国际化战略思考、未来市场等五大热点进行热议。

8 月，中国建筑卫生陶瓷行业外商企业家联谊会理事会在上海举行，来自 30 多家外资企业的负责人参加了会议，大家畅谈外资企业在中国的发展和对中国市场的看法，为中国的行业发展提出了很多好的建设性意见，发挥了外商企业融入中国市场的协调作用。

8 月 30 ～ 31 日，由中国建筑卫生陶瓷协会卫浴分会、中国房地产报、中国住交会组委会、中国房地产工程采购联盟联合主办的“2012 第四届中国房地产工程采购创新大会”在北京•世纪金源香山商旅酒店盛大召开。来自全国 150 家 300 多位房地产采购相关的负责人参会。路达（厦门）工业有限公司、中宇建材集团有限公司、辉煌水暖集团有限公司、广东华艺卫浴实业有限公司等龙头企业通过参会、展示、演讲等方式出席了大会，让更多的房地产商了解企业及产品，更好的拓展了房地产工程市场，取得了显著成效。

9 月，协会联合中国三家企业、CTS“三合一”博洛尼亚破冰之展，并在意大利举办了中国品牌与世界友谊感恩酒会，这是中国品牌第一次亮相博洛尼亚五星酒店的文化活动，来自欧盟、瓷砖大会、意大利、土耳其、乌克兰陶瓷协会的主席、媒体及中国的企业家共120人参加了酒会。开创中国陶瓷行业先河，得到世界同行的好评。

9月20日，流通分会在北京钓鱼台国宾馆举行了隆重的“中国陶瓷厨卫行业杰出经销商颁奖庆典”和“中国陶瓷厨卫营销论坛”，25家流通企业被授予“杰出经销商”。

9月24日～10月3日，参加中国建筑卫生陶协会组团一行22人赴德国、意大利进行了商务考察活动，在德国和意大利有效时间只有8天，我们参观了里米尼国际陶瓷装备展、博洛尼亚陶瓷展、维罗纳石材展；协会领导与意大利陶瓷协会、机械协会进行了亲密接触，并在一些重大国际性合作问题上达成一致。多家建筑琉璃制品、陶板企业参加此次考察活动。

10月，流通分会与搜狐家居网合作，积极策划了全国优秀流通经销商的评选活动，此次活动得到全国近20个一、二线城市最大代理商的参与和支持，这是行业第一次对流通商队伍从销售业绩、社会消费满意度、品牌认可度、服务诚信的综合检阅。

10月，外商企业家联谊会、艺术委员会应中国陶瓷总部基地邀请，在中国陶瓷城十周年大庆活动中，启动了“中华陶瓷大师走进佛山系列活动”。

10月，在协会联络部的协调下，中国与俄罗斯最大的住宅建设项目已取得进展，俄建设部副部长、中方投资方中稷集团、中国经济研究学会主要负责人参加了首次的新闻发布会，项目委托中国建筑卫生陶瓷协会作为对中国陶瓷卫浴品牌的唯一推荐单位，并希望协会对企业的产品质量和服务进行督促，这是协会为行业争取到的一个极大市场机会和话语权。首批20家品牌企业参加上海的见面会，并进行了有效的工作。

10月19日～20日，在中国建筑卫生陶瓷协会卫浴分会秘书处的带领下，中建一局集团装饰工程有限公司、中艺建筑装饰公司、北京港源建筑装饰工程有限公司、北京市建筑工程装饰公司等八家装饰公司相关负责人组成了考察团，对福建中宇建材集团有限公司、申鹭达股份有限公司、辉煌水暖集团有限公司、南安市利达五金工业有限公司进行了为期两天的参观考察。

10月20日，由中国建筑卫生陶瓷协会卫浴配件分会组织的“走进卫浴名企”考察团到中国水暖阀门基地镇——英都镇，参观考察申鹭达股份有限公司。

11月15日，国家海关总署组织专家对协会承担的《锆英砂应用于建筑卫生陶瓷加工贸易单耗审核、核定、核查方法的研究》课题进行了评审，此项目受到了专家组的一致好评，并通过专家审议。

11月24日，“中国建筑卫生陶瓷厨卫行业创二代企业家俱乐部”在厦门正式成立，并进行创二代精英第二次尖峰对话，俱乐部的成立，为二代企业搭建了一个交流、学习、合作的平台，将对行业的传承发展产生深刻的影响。

11月27日中国建筑卫生陶瓷协会卫浴分会成立十周年庆典大会在北京人民大会堂新闻发布厅隆重举行，来自全国各地的建筑卫生陶瓷及卫浴行业领导、专家、企业家等汇聚一堂，共同庆祝中国建筑卫生陶瓷协会卫浴分会成立10周年。中国建筑卫生陶瓷协会卫浴分会及淋浴房分会年会也同期举行。国资委、工信部、商务部等有关政府领导出席了会议，中国建筑卫生陶瓷协会会长叶向阳、中国建筑卫生陶瓷协会名誉会长丁卫东、秘书长缪斌等出席庆典和年会开幕式。中国建筑卫生陶瓷协会秘书长缪斌主持大会并致欢迎辞；中国建筑卫生陶瓷协会卫浴分会秘书长王巍作分会十周年工作总结。下午，在北京会议中心举行了“庆祝卫浴分会成立十周年系列活动—中国厨卫文化与创新”论坛。

12月5日，中国建筑卫生陶瓷协会第六届第四次理事会暨2012年年会在佛山举行。中国建筑卫生陶瓷协会会长叶向阳、秘书长缪斌，中国建材咸阳陶瓷研究设计院院长闫开放等国家建材有关部门及行业协会领导，建筑卫生陶瓷科研机构专家学者，全国建筑卫生陶瓷上中下游企业代表以及各大媒体代表等近500人出席了此次大会。

12月，为推动行业的设计创新和文化发展，由艺术委员会积极参与的中华陶瓷大师联盟正在全行业产生影响，陶瓷大师与产业的战略合作已开始，中华陶瓷大师联盟“人民网”独家视频已开播，上海第一拍卖厅与中华陶瓷大师联盟战略合作框架已达成，中华陶瓷大师联盟第二次组织28位大师近50件作品赴法国卢浮宫参展，为弘扬中华陶瓷文化、促进产业转型创新产生积极的影响。

12月27日，中国建筑卫生陶瓷协会窑炉暨节能技术装备分会2012年会在佛山宾馆举行。中国建筑卫生协会秘书长缪斌，副秘书长尹虹、宫卫，窑炉暨节能技术装备分会领导管火金、乔富东、万鹏、徐胜昔和众多陶瓷窑炉与相关技术装备代表共同出席了本次年会。

12月28日，温州市五金卫浴行业协会成立暨第一届第一次会员大会在温州万和豪生大酒店隆重召开。中国建筑卫生陶瓷协会秘书长、卫浴分会理事长缪斌，卫浴分会秘书长王巍到会，缪斌发表讲话。大会根据行业协会章程，选举产生协会第一届会长、执行会长、副会长、秘书长。缪斌在讲话中表示中国建筑卫生陶瓷协会卫浴分会将一如既往地支持各地方产区、各级协会及全体卫浴会员单位，为共创我国卫浴行业美好未来努力奋斗。

12月29日，由中国建筑卫生陶瓷协会、陶瓷信息报社联合主办的第二届全国陶瓷人大会暨陶业长征全国终端建材市场调研成果发布会于佛山1506创意城多功能会议厅（石湾公园内）举行。中国建筑卫生陶瓷协会专职副会长、秘书长缪斌，国家行政学院教授时红秀博士，合富辉煌房地产集团首席市场分析师、高级工程师黎文江作现场报告，分析中国经济、房地产及陶瓷产业未来的发展趋势。“中国瓷砖高峰论坛”同期举行，中国建筑卫生陶瓷协会副秘书长尹虹博士，佛山市简一陶瓷有限公司董事长李志林，佛山市金丝玉玛装饰材料有限公司董事长章云树，维克卫浴董事长、新徽商咨询公司创始人汪光武，华耐家居连锁副总裁何晓勇，湖南民族职业技术学院院长助理、著名官场作家姜宗福等论坛嘉宾围绕“大变局的发展探索”这一主题发表各自的精彩观点。

第三章　政策与法规

第一节　工业和信息化部关于进一步加强工业节能工作的意见

各省、自治区、直辖市及计划单列市、新疆生产建设兵团、副省级城市工业主管部门，有关中央企业：

为深入贯彻落实科学发展观，切实推动工业转型升级，促进工业绿色低碳发展，现就进一步加强工业节能工作提出以下意见：

一、认清形势，抓住时机，开创工业节能新局面

“二五”以来，各地区、行业和企业按照国家节能减排的总体部署，继续推进节能降耗各项工作，为工业转型升级、促进绿色发展发挥了积极作用。今年一季度，我国规模以上工业企业能源消费量同比增长3.84%，增速低于去年同期6.56个百分点，环比下降1.64%；规模以上工业企业单位工业增加值能耗同比下降6.95%，工业节能形势有所好转。但必须清醒认识到，国家“十二五”节能减排约束性目标的实现面临严峻挑战，去年我国规模以上工业能耗占全国总能耗的73.74%、高耗能行业能耗占工业能耗的78.9%，远高于世界主要经济体在工业化过程中的最高占比，且还呈上升趋势。为此，各级工业主管部门必须充分利用当前高耗能产品市场需求放缓、高耗能行业能耗增幅下降的有利时机，进一步增强使命感和责任感，切实加大工作力度，坚决采取有效措施，从根本上扭转工业能源消耗高、增长快的被动局面，促进工业转型升级和绿色发展。

二、进一步加强高耗能和产能过剩行业新建项目管理

从严把好企业技术改造项目审核和节能评估审查（以下简称能评）关。按照《国务院关于进一步加强淘汰落后产能工作的通知》（国发〔2010〕7号）、《国务院关于印发国家环境保护“十二五”规划的通知》（国发〔2011〕42号）相关要求，建立新建项目与污染减排、淘汰落后产能衔接的审批机制，进一步加强高耗能和产能过剩行业项目管理；严格控制钢铁、水泥、平板玻璃、煤化工、电解铝、金属镁等行业新增产能；加强多晶硅、风力发电装备制造行业统筹规划，实施行业准入，防止产能盲目扩张。从严把好企业技术改造项目审核关，对高耗能和产能过剩行业的结构调整和改造升级项目，要认真执行国家产业政策和行业准入条件要求，引导企业加强技术进步、提高质量效益、促进节能降耗；对节能减排目标任务未达进度要求的地区，新上项目的单位产品能耗必须达到全行业先进水平。加强工业固定资产投资项目能评，切实发挥能评的前置性作用，遏制高耗能行业能耗过快增长势头。各省级工业主管部门应尽快完善工业固定资产投资项目节能评估审查办法，切实加强高耗能行业项目节能评估审查工作，把好能评关。对年综合能源消费量在20万吨标准煤及以上项目，各省级工业主管部门应将项目节能评估报告书和审查批复意见报送工业和信息化部。

三、加大淘汰落后产能工作力度

将国家下达的淘汰落后产能年度目标任务，分解到地、市、县，落实到具体企业、具体项目。切实加强落后产能淘汰工作的督促检查、验收和考核。严格执行《国务院关于进一步加强淘汰落后产能工作

的通知》相关要求，对未按规定期限淘汰落后产能的企业，不予审批和核准新的投资项目，不予安排技术改造专项资金；对未按期完成落后产能淘汰任务的地区，暂停对该地区工业固定资产投资项目的审批、核准和备案。充分发挥淘汰落后产能财政奖励资金引导作用，对按期或提前淘汰、超标准淘汰落后产能的企业，按照《淘汰落后产能中央财政奖励资金管理办法》有关规定优先给予资金支持，加大扶持力度。

四、加快建立和实施超能耗限额企业惩罚性电价政策

照国务院《“十二五”节能减排综合性工作方案》（国发〔2011〕26号）、《国务院办公厅转发发展改革委关于完善差别电价政策意见的通知》（国办发〔2006〕77号）和发展改革委、电监会、能源局《关于清理对高耗能企业优惠电价等问题的通知》（发改价格〔2010〕978号）有关要求，各地区要加快建立和完善基于企业能耗限额标准执行情况的惩罚性电价政策机制，对单位产品（工序）能耗超过限定值标准的企业实行惩罚性电价；要加强政策协调和落实，根据本地区实际情况，扩大执行惩罚性电价的产品范围，提高惩罚性电价加价标准，加大惩罚性电价实施力度；惩罚性电价收入应优先用于支持被惩罚企业实施强制性能源审计、节能技术改造等，发挥好惩罚性电价政策对促进高耗能行业能效提升的政策效应。

五、加强节能减排技术改造

励各地区利用当前高耗能产品市场需求减缓的有利时机，实施以“上大关小”、“减量置换”为主要内容的节能技术改造。通过对规模小、能耗高、污染重的水泥、平板玻璃、陶瓷、炼油、冶炼等产能或企业进行兼并重组和升级改造，置换为技术先进、能耗排放低的大型项目，实现节能降耗和污染减排。各省级工业主管部门要加强企业、区域节能减排技术改造方案审查和置换项目管理，对企业、区域依据关停产能规模及其能耗、排放总量提出的节能减排“减量置换”方案进行审核，报工业和信息化部备案后组织实施，并加强对置换项目的核准、备案管理。

六、强化重点用能企业节能管理

明确企业节能主体责任，督促年综合能耗1万吨标准煤以上的重点用能企业每年能耗实现下降1%。切实加强重点用能企业节能管理，开展企业能源管理绩效评价，推进能效水平对标达标，建设和实施企业能源管理体系、能源管理负责人制度，完善能源管理制度。重点产品单耗和工序能耗达不到限额标准的企业，应强制进行能源审计，限期整改。中央企业集团要加快建设本企业能源管理信息系统，推进下属钢铁、水泥、有色金属、化工企业建设能源管理（管控）中心，实现能源高效合理利用。支持有条件的地区开展工业能耗在线监测试点，对本地区重点用能企业实施在线监测管理。工业和信息化部将会同财政部继续加强对企业能源管理（管控）中心建设、能耗在线仿真系统建设等项目的支持。

七、实施更加严格的能效标准

工业和信息化部将会同有关部门加快制订发布全国产业能效指南，参照国际先进水平，实行更严格的产品能耗限额标准，提出主要行业能效指标，作为节能评估审查、淘汰落后产能、产业转移的主要依据之一。各级工业主管部门可根据本地区产业实际情况，制订和执行比国家标准更为严格的产品能耗限额地方标准和产业能效指南。在产业转移和承接过程中，低于全国产业能效指南中行业平均能效水平的落后生产能力，严禁转移到中西部地区。

八、加强节能降耗监督检查

各级工业主管部门要督促本级节能监察机构，把能耗限额标准执行情况和高耗能落后机电设备淘汰情况专项监督检查作为常态化工作，制定年度监察计划，认真组织实施。对重点用能企业涉及的28项

国家强制性单位产品能耗限额标准执行情况，以及电机、风机、水泵、压缩机等高耗能落后用能设备淘汰情况进行定期监督检查。按照能耗限额执行情况监督检查结果，及时公布超标企业名单并将能耗超过国家和地方规定单位产品能耗限额标准的企业纳入惩罚性电价实施范围，督促企业整改落实。进一步加强节能监察机构人员队伍、制度、设施等能力建设。

九、加快建设工业园区能源集中供应设施

国家新型工业化产业示范基地、各类工业园区及产业集聚区应建设能源、供水公共共享设施，通过能源（热、冷、电、汽等）、水资源集中统一供应、梯级利用，对废水、污泥、废物等实行集中处理，提高能源、水资源利用效率，降低单位产品能源、水资源消耗和废水、固废排放量。在符合条件的园区，应集中建设大容量、高效率、低污染热电联产机组代替各企业分散式的小锅炉及自备小机组，实现集中供汽。

十、积极支持工业企业余热余压发电上网

各级工业主管部门要积极支持钢铁、有色金属、建材、石油化工等行业企业建设余热余压发电上网设施，提高自供电率，协调有关部门出台企业余热发电上网政策，主动做好服务工作，帮助企业妥善解决并网、收费、管理等有关问题，大力推进工业企业余热余压发电上网，为保障工业用电平稳增长做出积极贡献。

工业和信息化部
2012 年 7 月 11 日

第二节　广东省“十二五”节能减排综合性工作方案

一、广东省人民政府办公厅印发《广东省“十二五”节能减排综合性工作方案》的通知

各地级以上市人民政府，各县（市、区）人民政府，省政府各部门、各直属机构：

《广东省“十二五”节能减排综合性工作方案》已经省人民政府同意，现印发给你们，请认真贯彻执行。执行中遇到的问题，请径向省经济和信息化委、环境保护厅反映。

广东省人民政府办公厅
二〇一二年二月二十二日

二、广东省“十二五”节能减排综合性工作方案

为进一步加强我省节能减排工作，确保完成“十二五”节能减排目标任务，加快建设资源节约型、环境友好型社会，实现经济社会全面协调可持续发展，根据《国务院关于印发“十二五”节能减排综合性工作方案的通知》（国发（2011）26 号）精神，结合我省实际，制定本方案。

一、节能减排总体要求和主要目标

（一）总体要求。以邓小平理论和“三个代表”重要思想为指导，深入贯彻落实科学发展观，围绕“加快转型升级、建设幸福广东”核心任务，坚持降低能源消耗强度、减少主要污染物排放总量、合理控制能源消费总量相结合，形成加快转变经济发展方式的倒逼机制；坚持强化责任、健全法制、完善政策、

加强监管相结合，建立健全激励和约束机制；坚持优化产业结构、推动技术进步、强化工程措施、加强管理引导相结合，大幅度提高能源利用效率，显著减少污染物排放；进一步完善政府为主导、企业为主体、市场有效驱动、全社会共同参与的推进节能减排工作格局。

（二）主要目标。到2015年，全省单位生产总值能耗下降到0.477吨标准煤/万元（按2010年价格计算），比2010年和2005年分别下降18%、31.46%；化学需氧量和二氧化硫排放总量分别控制在170.1万吨、71.5万吨，比2010年分别下降12.0%、14.8%；氨氮和氮氧化物排放总量分别控制在20.39万吨、109.9万吨，比2010年分别下降13.3%、16.9%。

二、强化节能减排目标责任

（三）合理分解节能减排指标。综合考虑经济发展水平、产业结构、节能潜力、环境容量及产业布局等因素，将全省节能减排目标合理分解到各地级以上市、各行业、重点用能单位和重点排污单位。各地级以上市要将省下达的节能减排指标层层分解落实，明确下一级政府、有关部门、重点用能单位和重点排污单位的责任。

（四）健全节能减排统计、监测和考核体系。加强能源生产、流通、消费统计，建立健全建筑、交通运输、公共机构能耗统计制度以及分地区单位生产总值能耗指标季度统计制度，完善统计核算与监测方法，提高能源统计的准确性和及时性。完善重点减排企业主要污染物排放数据网上直报系统和减排措施调度制度，建立重点污染源信息动态管理系统，以及农业源与机动车排放统计监测指标体系。完善节能减排考核办法，继续做好各地级以上市单位生产总值能耗、环境质量、污染物减排结果和企业环境行为公告工作。

（五）加强目标责任评价考核。坚持地区目标考核与行业目标评价相结合、落实五年目标与完成年度目标相结合、年度目标考核与进度跟踪相结合。各地级以上市政府每年要向省政府报告节能减排目标完成情况；有关部门每年要向省政府报告节能减排措施落实情况。省政府每年组织开展地级以上市政府节能减排目标责任评价考核，并将考核结果向社会公告。强化考核结果运用，将节能减排目标完成情况和政策措施落实情况作为领导班子和领导干部综合考核评价的重要内容，纳入政府绩效和国有企业业绩管理，实行问责制和“一票否决”制，并对成绩突出的地区、单位和个人给予表彰奖励。

三、调整优化产业结构

（六）抑制高耗能、高排放行业过快增长。严格控制高耗能、高排放和产能过剩行业新上项目，进一步提高行业准入门槛，强化节能、环保、土地、安全等指标约束，依法加强节能评估审查、环境影响评价、建设用地审查，严格贷款审批。建立健全项目审批、核准、备案责任制，严肃查处越权审批、分拆审批、未批先建、边批边建等行为，依法追究有关人员责任。东西北地区承接产业转移必须坚持高标准，严禁污染产业和落后产能转入。

（七）加快淘汰落后产能。抓紧制定重点行业“十二五”淘汰落后产能实施方案，将任务按年度分解落实到各地区。加大工业燃煤锅炉的淘汰力度。完善落后产能退出机制，指导、督促淘汰落后产能企业做好职工安置工作。统筹安排财政资金，支持淘汰落后产能工作。完善淘汰落后产能公告制度，对未按期完成淘汰任务的地区，暂停对该地区重点行业建设项目办理核准、审批和备案手续；对未按期淘汰的企业，依法吊销排污许可证、生产许可证和安全生产许可证；对虚假淘汰行为，依法追究企业负责人和地方政府有关人员的责任。

（八）推动传统产业改造升级。严格执行《产业结构调整指导目录》。加快运用高新技术和先进适用技术改造提升传统产业，促进信息化和工业化深度融合，重点支持对产业升级带动作用大的重点项目和重污染企业搬迁改造。合理引导企业兼并重组，提高产业集中度。

（九）优化能源结构。优化电源布局，合理增加接收西电，在确保安全的基础上，坚定不移发展核电，优化发展火电，建设天然气发电等调峰电源，积极开发风能、太阳能、海洋波浪能、潮汐能等可再生能源，合理布局一批生物质能发电项目。进一步加强电网建设，积极发展智能电网，促进电网电源协调发展。

（十）加快发展现代服务业和先进制造业，积极培育发展战略性新兴产业。大力实施《广东省现代产业体系建设总体规划（2010—2015年）》，尽快形成节约能源资源和保护生态环境、产业结构高级化、产业布局合理化、产业发展集聚化、产业竞争力高端化的现代产业体系。到2015年，服务业增加值占全省生产总值比重达到48%，战略性新兴产业增加值占比约10%。

四、实施节能减排重点工程

（十一）实施节能重点工程。实施万企（单位）节能工程，引导1万家企业（单位）开展能量系统优化、余热余压利用、窑炉改造、电机系统优化、工艺节能等技术改造，加快淘汰落后工艺和设备，力争形成3000万吨标准煤节能量。实施节能产品惠民工程，积极推广照明、空调、汽车、电机等领域的节能产品，提高节能产品普及率，全面淘汰城市道路、公共场所、公共机构的低效照明产品。建设绿色照明示范城市，打造世界级的LED照明应用综合示范区。加快实施新能源汽车推广应用示范工程。

（十二）实施污染物减排重点工程。推进城镇污水处理设施及配套管网建设，改造提升现有设施，强化脱氮除磷效果，大力推进污泥无害化处理处置，加强重点流域区域污染综合治理，实施重点海域海洋污染防治工程。到2015年，广州、深圳、珠海、佛山、东莞、中山等市所有建制镇及其他地区的所有中心镇建成城镇污水集中处理设施，全省城镇生活污水日处理能力达到2200万吨，新增配套管网约1.5万公里，城镇生活污水处理率达到85%。加快推进火电机组脱硫脱硝设施建设，2015年底前完成全省所有燃煤火电机组脱硫设施建设和改造，按规定取消燃煤电厂脱硫设施烟气旁路；全面实施广东省火电厂降氮脱硝工程实施方案，完成12.5万千瓦（含12.5万千瓦）以上现役燃煤火电机组（不含循环流化床锅炉发电机组）低氮燃烧改造和烟气脱硝改造。

（十三）实施循环经济重点工程。实施资源综合利用、废旧商品回收体系建设、再制造产业化、餐厨废弃物资源化、产业园区循环化改造、资源循环利用技术示范推广等循环经济重点工程，完善循环经济试点示范体系。建设30个广东省循环经济工业园、省市共建循环经济产业基地，培育一批广东省资源综合利用龙头企业、广东省清洁生产示范企业，推进国家级再制造试点、“城市矿产”示范基地、“环境友好型、资源节约型”企业试点建设。

（十四）多渠道筹措节能减排资金。节能减排重点工程所需资金主要由项目实施主体通过自有资金、金融机构贷款、社会资金解决，各级政府应安排一定的资金予以支持和引导。各级政府要切实承担城镇污水处理设施和配套管网建设的主体责任，严格城镇污水处理费征收和管理，省对符合条件的重点建设项目给予适当支持。

五、加强节能减排管理

（十五）合理控制能源消费总量。参照国家对能源消费总量控制的指标设定和分解办法，结合我省实际，确定能源消费总量目标，建立能源消费目标分解指标体系，制订科学合理的分解方案下达各地执行。通过能源消费总量控制，引导各地大力发展低碳产业和循环经济，加快产业转型升级。将固定资产投资项目节能评估审查作为控制地区能源消费增量和总量的重要措施，建立新上项目与能源消费增量和淘汰落后产能“双挂钩”机制，引导各地将能源消费增量指标主要用于低能耗、高附加值的项目。对关系国计民生而当地增量指标不足的项目，探索建立能源消费指标市场交易机制。严格控制燃煤项目，降低煤炭消费比重，推动企业实施集中供热或改燃清洁能源。珠三角地区开展煤炭消费总量控制试点，原则上不再规划新建、扩建除热电冷联供发电机组以外的燃煤燃油火电厂、炼化、炼钢炼铁、水泥熟料等项目。

（十六）强化重点用能单位节能管理。扩大重点用能单位范围，将年综合能耗5000吨标准煤以上的企业纳入省级监管范围，鼓励各市将监管范围扩大到3000吨标准煤以上企业，有条件的地区可扩大到1000吨标准煤以上企业，并制定与地方节能指标相衔接的企业“十二五”节能目标。完善重点用能单位能源利用状况季报制度并逐步过渡到月报，严格落实节能目标责任制。实行能源审计制度，开展能效水平对标活动，建立健全企业能源管理体系，鼓励重点用能单位建立测量管理体系并通过认证。每年组织开展重点用能单位节能目标考核，并公布考核结果；对未完成年度节能任务的重点用能单位，强制进行能源审计，限期整改。

（十七）加强工业节能减排。重点推进电力、石化、钢铁、水泥、陶瓷、玻璃、造纸、纺织等行业节能减排，明确目标任务，加强行业指导，推动技术进步，强化监督管理。发展热电联产，推广分布式能源。实施工业和信息产业能效提升计划。推动信息数据中心、通信机房和基站节能改造。对电力、钢铁、造纸、印染等重污染行业实施行业主要污染物排放总量控制，珠三角地区对造纸、印染、鞣革等行业实施行业产能总量控制。制定广东省工业锅炉烟气污染治理指导意见，实施钢铁、建材、水泥、石化等重点行业和大型燃煤工业锅炉烟气治理工程。到 2015 年底前，现役新型干法水泥窑实施低氮燃烧技术改造，熟料生产规模在 2000 吨 / 日以上的生产线全面实施脱硝改造；钢铁烧结机、球团设备及石油石化催化裂化装置等重点污染源全面安装脱硫设施；全省工业锅炉（不含使用清洁能源、生物质能的工业锅炉）达 30 蒸吨 / 小时以上的企业全部实施烟气脱硫和低氮燃烧改造，综合脱硫效率达到 80% 以上，脱硝效率达到 30% 以上。到 2015 年，工业废水排放达标率达到 90% 以上，重点行业工业企业用水重复利用率达到 65% 以上。加大造纸、印染、化工、食品、饮料等重点企业工艺技术改造和废水治理力度，单位工业增加值排放强度下降 50%。

（十八）推动建筑节能。按照国家的部署和要求，制定本地区绿色建筑行动实施方案，从规划、法规、技术、标准、设计等方面全面推进建筑节能。逐步将建筑能耗指标纳入城乡规划许可条件，从源头上控制建筑能耗。建立可再生能源应用补贴机制，推动 30% 新建建筑采用可再生能源。在珠三角 9 市开展居住建筑和中小型公共建筑能耗统计试点。加强对高耗能建筑的审计和监管，稳步推进节能监管平台建设。到 2015 年，全省建筑设计和施工节能标准执行率达到 100%，城镇新型墙体材料使用率达 98% 以上。

（十九）推进交通运输节能减排。优化交通运输资源配置，充分发挥综合运输的整体优势和组合效率，降低能源消耗强度。推动交通运输的信息化建设，积极发展节能低碳的智能高效交通系统，逐步提高轨道交通运输和地面公交出行分担率。以国家甩挂运输试点工作为契机，大力发展公路甩挂运输。严格执行车辆燃料消耗量限额标准，对实载率低于 70% 的客车线路不得新增运力。加快内河水运发展，推广节能环保型运输船舶。加快淘汰高排放车辆，争取全省淘汰 2005 年以前注册的营运“黄标车”，珠三角地区淘汰全部“黄标车”。鼓励重点区域和城市出台高排放机动车限行政策，划定低排放区域。全面提升车用成品油质量，力争 2015 年底前在珠三角地区全面供应粤 V 车用汽油，全省范围内全面供应粤 IV 车用汽油和粤 IV 车用柴油。加强机动车环保定期检验和机动车环保标志管理。加快建设机动车环保监管平台和机动车氮氧化物总量减排统计、监测、考核平台。探索重点城市机动车保有量总量控制试点，优化机动车保有结构。

（二十）促进农业和农村节能减排。加大可再生能源和生物质能推广应用力度，建设生物质固化成型燃料开发试点。力争新建农户用沼气 10 万户，扶持 750 个养殖场建设大中型沼气工程，推广农村经济适用型太阳能热水器 15 万台。完善全省农村节能技术改造措施，开展全省农村建筑节能示范工作。加快淘汰和更新高耗能落后农业机械和渔船设备，打造 2-3 个海洋生态系统节能减排示范区和节能渔业示范基地。推动养殖废弃物的肥料化和沼气化处理，鼓励实施规模化畜禽养殖场有机肥生产利用工程。到 2015 年，全省规模化畜禽养殖场和养殖小区配套建设固体废弃物和污水贮存处理设施。加大畜禽养殖业环境监管力度，实施“以奖促治”，对符合有关条件、推行资源化利用和全过程污染治理的养殖场（小区）按规定给予一定的资金支持；对未实现达标排放的养殖场（小区），责令限期治理。

（二十一）推动商业和民用节能。在酒店、零售等旅游和商贸服务业开展节能减排行动，建立商贸酒店能耗统计平台，逐步推行省重点商贸酒店能源利用情况网上季报制度。加快设施节能改造，严格用能管理，引导消费行为。宾馆、商厦、写字楼、机场、车站等要严格执行夏季、冬季空调温度设置标准。积极推广高效节能家电、照明产品，鼓励购买节能环保型汽车，支持乘用公共交通工具，提倡绿色出行。减少一次性用品使用，限制过度包装，抑制不合理消费。

（二十二）加强公共机构节能减排。建立公共机构能耗统计平台，全面实施公共机构能耗定期报送制度。在教育、科技、文化、卫生、体育等系统大力推进节能工作，开展节约型公共机构示范单位创建活动，力争实施建筑节能标准改造的公共机构建筑占比达 30% 以上。推进节能型示范高校建设，构建校园能耗实时监控平台，实现高校学生人均综合能耗指标下降 15%，建成节能型示范高校 40 所。推进公务用车制度改革，严格用车油耗定额管理，提高节能与新能源汽车比例。建立完善公共机构能源审计、能效公示和能耗定额管理制度，加强能耗监测平台和节能监管体系建设。支持军队重点用能设施设备节能改造。

六、大力发展循环经济

（二十三）扩大循环经济试点示范。组织实施循环经济相关规划，从区域、园区、企业三个层面推进循环经济发展，完善“省循环经济试点—省市共建循环经济产业基地—省循环经济工业园”试点示范体系，推动工业园区、产业基地加快完善循环经济产业链。进一步加强对省循环经济试点示范单位监督管理，强化财政激励和投融资政策扶持。健全循环经济中介服务体系，发挥行业协会作用，建立省循环经济服务平台，开展循环经济相关培训。

（二十四）全面推行清洁生产。加大清洁生产审核力度，扩大清洁生产审核范围，积极培育清洁生产审核人才队伍。全面推进循环经济工业园和产业基地清洁生产审核，对污染物排放超标或者超总量的企业，以及使用有毒、有害原料或者排放有毒、有害物质的企业实施强制性清洁生产审核，加快推动全省企业开展自愿性清洁生产审核。继续推进“粤港清洁生产伙伴”计划。

（二十五）加强资源综合利用。加快资源综合利用技术开发、示范和推广应用，为企业开展资源综合利用提供必要的技术支持。落实国家资源综合利用税收优惠政策，开展资源综合利用产品（工艺）、电厂（机组）的认定工作。鼓励企业加大对三废（废气、废水、固体废弃物）的综合利用。继续认定一批省资源综合利用龙头企业。健全城市生活垃圾分类回收制度，完善分类回收、密闭运输、集中处理体系。鼓励开展垃圾焚烧发电和供热、填埋气体发电、海洋疏浚泥和餐厨废弃物资源化利用。鼓励在工业生产过程中协同处理城市生活垃圾和污泥。

（二十六）推进节水型社会建设。确立用水效率控制红线，实施用水总量控制和定额管理。加快重点用水行业节水技术改造，提高工业用水循环利用率。到 2015 年，实现单位工业增加值用水量下降 30%。加强城乡生活节水，推广应用节水器具。推广普及高效节水灌溉技术。大力开展海水淡化，推动重点行业直接利用海水。积极开展全省再生水回用工作，推进城镇污水处理回用工程和再生水利用设施及配套管网建设。加大城镇污水处理厂污泥无害化处理力度，到 2015 年，全省污泥基本实现无害化处理处置。加强垃圾渗滤液处理，实现达标排放。

七、加快节能减排技术开发和推广应用

（二十七）加快节能减排共性和关键技术研发。实施低碳技术创新与示范重大科技专项，加大对节能减排科技研发的支持力度，完善技术创新体系。加快制订完善重点领域节能关键技术路线图，推广应用成熟的节能减排新技术、新工艺、新设备和新材料。优化节能减排技术创新与转化的政策环境，加强资源环境高技术领域创新团队和研发基地建设。支持企业开展节能减排技术研发，推动建立以企业为主体、产学研相结合的节能减排技术创新与成果转化体系。引导企业运用科技保险等市场机制，建立节能减排技术创新风险保障体系。

（二十八）加大节能减排技术产业化示范。建立节能减排技术产业化分类遴选、示范和推广的动态

管理机制，加强节能减排技术产业化示范工作。实施节能信息化示范工程，以信息化和工业化融合促进节能减排工作，培育100个节能减排信息技术应用项目示范工程和100个清洁生产信息技术应用项目示范工程，实现节能管理的信息化、实时化和网络化。

（二十九）加快节能减排技术推广应用。继续发布省重点节能技术推广目录。重点推广能量梯级利用、低温余热发电、先进煤气化、高压变频调速、干熄焦、蓄热式加热炉、冰蓄冷、高效换热器，以及干法和半干法烟气脱硫、膜生物反应器、选择性催化还原氮氧化物控制等节能减排技术。加强与有关组织、政府在节能环保领域的交流与合作，积极引进、消化、吸收国内外先进节能环保技术，加大推广力度。

八、完善节能减排经济政策

（三十）推进价格和环保收费改革。逐步推行居民阶梯式电价、水价制度。根据节能减排需要，加大对落后的高耗能、高污染企业实施差别电价、惩罚性电价政策力度。严格落实脱硫电价，配合国家研究制定燃煤电厂烟气脱硝电价政策。进一步完善差别排污费、生活垃圾处理费、污水处理费、污泥处置价格和危险废物处理价格等政策，研究主要污染物和碳排放权有偿使用初始价格及交易价格政策，建立健全排污收费与治污成效挂钩的减排约束价格机制。

（三十一）完善财政激励政策。各级政府要加大对节能减排的投入，完善财政支持节能减排工作的相关政策，多渠道筹集资金，统筹用好现有省节能减排、产业技术研究开发、挖潜改造、低碳技术创新与示范等专项资金，对符合条件的省重大节能减排工程项目和重大节能减排技术开发、示范项目给予补助或贷款贴息支持。推行政府绿色采购，完善强制采购和优先采购制度，逐步提高节能环保产品比重，研究实行节能环保服务政府采购。

（三十二）落实税收支持政策。积极落实国家有关资源综合利用、节能节水专用设备、合同能源管理、节能省地环保型建筑和既有建筑节能改造等税收优惠政策。依法征收城镇土地使用税，利用税收等经济手段促进土地高效利用。

（三十三）用足用好投融资支持政策。推动各类金融机构加大对节能减排项目的信贷支持力度，鼓励创新适合节能减排项目特点的信贷管理模式。拓展节能环保服务公司投融资渠道，引导各类创业投资企业、股权投资企业、社会捐赠资金和国际援助资金增加对节能减排领域的投入。积极推进绿色信贷，提高高耗能、高排放行业贷款门槛，实施企业环境信用制度，将企业环境违法信息纳入银行征信管理系统，与企业信用等级评定、贷款及证券融资联动；对造成严重环境污染的企业限制贷款。推行环境污染责任保险，要求重点区域涉重金属企业购买环境污染责任保险。

九、强化节能减排监督检查

（三十四）健全节能环保法规政策体系。推动建立健全有关促进循环经济发展、环境保护的政策法规体系，制订出台节能监察管理、节能评估和审查、工业园区节能规划评价、节能服务单位管理、工业企业能源量化管理与评价、水资源费征收使用管理等配套政策文件。

（三十五）严格节能评估审查和环境影响评价制度。建立节能评估审查与能源消费总量控制共同约束机制。把能效指标作为衡量引进项目质量的重要标准，综合考虑本地区能源消费增量和环境容量指标，提高项目准入门槛。严格实施建设项目环保管理主要污染物排放总量前置审核制度，建立建设项目与减排进度挂钩、与淘汰落后产能衔接的环评审批机制，实行新建项目污染物排放等量置换或减量置换。对未通过能评、环评审查的投资项目，有关部门不得审批、核准、批准开工建设，不得发放生产许可证、安全生产许可证、排污许可证，金融机构不得发放贷款，有关单位不得供水、供电。加强能评和环评审查的监督管理，严肃查处各种违规审批行为。

（三十六）积极推进重点污染源在线监控系统建设。加强各级环境监控中心建设，提高数据储存、传输和共享等信息化水平。2015年底前力争完成国控重点污染源在线监控设备的改造和验收，并与环保部门联网，做好氨氮和氮氧化物的在线监测和数据传输。列入国家重点环境监控范围的电力、钢铁、造纸、印染等重点行业的企业，要安装运行管理监控平台和污染物排放自动监控系统，定期报告运行情况及污染物排放信息，推动污染源自动监控数据联网共享。加强在线监控设备运行维护，强化对自动监控系统数据有效性的审核，提高污染源日常监督监测能力。

（三十七）加强重点污染源和治理设施运行监管。严格排污许可证管理。强化重点流域、重点地区、重点行业污染源监管，适时发布主要污染物超标严重的重点环境监控企业名单。加强对火电厂脱硫脱硝设施运行的监管，对未按规定运行脱硫脱硝设施的电厂依法予以处罚，扣减脱硫脱硝电价。加强城市污水处理厂监控平台建设，提高污水收集率，做好运行和污染物削减评估考核，考核结果作为核拨污水处理费的重要依据。对城市污水处理设施建设严重滞后、收费政策不落实、污水处理厂建成后一年内实际处理水量达不到设计能力60%，以及已建成污水处理设施但无故不运行的地区，暂缓审批该城市项目环评。对污泥无害化处理处置率达不到要求的污水处理厂，相应核减污水处理费。

（三十八）加强节能减排执法监督。各级政府要组织开展节能减排专项检查，督促落实各项措施，严肃查处违法违规行为。加大对重点用能单位和重点污染源的执法检查力度，加大对高耗能特种设备节能标准和建筑施工阶段标准执行情况、国家机关办公建筑和大型公共建筑节能监管体系建设情况，以及节能环保产品质量和能效标识的监督检查力度。对严重违反节能环保法律法规，未按要求淘汰落后产能、违规使用明令淘汰用能设备、虚标产品能效标识、减排设施未按要求运行等行为，予以公开通报或挂牌督办，限期整改，对有关责任人进行严肃处理。实行节能减排执法责任制，对行政不作为、执法不严等行为，严肃追究有关主管部门和执法机构负责人的责任。

十、推广节能减排市场化机制

（三十九）加大能效标识和节能环保产品认证实施力度。扩大终端用能产品能效标识实施范围，加强宣传和政策激励，引导消费者购买高效节能产品。继续推进节能产品、环境标志产品、环保装备认证，规范认证行为，扩展认证范围，建立有效的国际协调互认机制。加强对能效标识、认证质量的监督管理，强化社会监督、举报和投诉处理机制。开展对电（燃）气热水器、家用电器及照明灯具等产品能效标识专项监督检查和抽查，严肃查处虚假标注、以假充真、以次充好等能效质量欺诈行为。

（四十）建立领跑者标准制度。研究确定高耗能产品和终端用能产品的能效先进水平，制定领跑者能效标准。将领跑者能效标准与新上项目能评审查、节能产品推广应用相结合，推动企业技术进步，加快标准的更新换代，促进能效水平快速提升。

（四十一）加强节能发电调度和电力需求侧管理。实施有利于节能减排的发电调度方式，优先安排清洁、高效机组和资源综合利用机组发电，限制能耗高、污染重的低效机组发电，实现电力节能、环保和经济调度。研究完善蓄冷电价政策，促进电能合理利用，降低整体能耗。落实电力需求侧管理等有关规定，充分发挥电力需求侧管理综合优势。推进能效电厂试点工作，提高电能使用效率。

（四十二）加快推行合同能源管理。落实财税、金融等扶持政策，加大合同能源管理的财政奖励支持力度，鼓励采用合同能源管理方式开展工业、建筑、交通、商贸酒店、公共机构等领域节能技术改造，扶持壮大节能服务产业。研究建立合同能源管理项目节能量审核和交易制度，培育第三方审核评估机构。鼓励大型重点用能单位利用自身技术优势和管理经验，组建专业化节能服务公司。引导和支持各类融资担保机构提供风险分担服务。

（四十三）推进排污权和碳排放权交易试点。进一步完善排污许可证制度，严禁无排污许可证或不按排污许可证规定排放污染物。积极推进排污权有偿使用与交易试点工作，探索建立具有广东特色的排污权有偿使用和交易制度。实施低碳发展重点行动，推进多种形式的碳排放权交易试点，初步建立有利于促进低碳发展的体制机制。

（四十四）推行污染治理设施建设运行特许经营。总结燃煤电厂烟气脱硫特许经营试点经验，完善相关政策措施。鼓励采用多种建设运营模式开展城镇污水垃圾处理、工业园区污染物集中治理，确保处理设施稳定高效运行。实行环保设施运营资质许可制度，推进环保设施的专业化、社会化运营服务。

十一、加强节能减排基础工作

（四十五）加快节能环保标准体系建设。建立健全能耗限（定）额标准体系。完善重点耗能行业强制性能耗限额和公共机构等非工业领域能耗限额标准体系。研究制定分类建筑用能定额标准和建筑节能设计规范，加快制修订重点耗能行业节能评价和监测等地方标准，大力推动节能环保标准化工作。对尚未制定国家和行业标准的用能产品，抓紧制定地方标准；对已有国家标准和行业标准的用能产品，研究制定更严格的地方节能、污染物排放标准。制定在用船舶柴油机排气污染物排放标准、重点流域水污染物排放标准以及印染、化工等行业地方污染物排放标准。提高环保准入门槛，在珠三角地区实施严于其他地区的污染物排放标准，对两高一资（高耗能、高污染、资源性）行业实行更严格的地方排放标准，引导重污染行业有序退出。

（四十六）强化节能减排管理能力建设。建立健全节能管理、监察、服务三位一体的节能管理体系。

加强节能监察机构能力建设，配备监测和检测设备，加强人员培训，提高执法能力，落实工作经费，完善节能监察工作体系。加强能源统计能力建设，健全能源计量管理数据报送制度，定期发布主要能耗数据，加强对节能形势的监测分析和预警。推动重点用能单位按要求配备计量器具，推行能源计量数据在线采集、实时监测。完善省重点用能单位能源信息管理平台系统，加快建设国家城市能源计量中心（广东、深圳）和钢铁、石化、建材、电力等行业能源管理中心。加强减排监管能力建设，推进环境监管机构标准化，提高污染源监测、机动车污染监控、农业源污染检测和减排管理能力，加强人员培训和队伍建设。

十二、动员全社会参与节能减排

（四十七）加强节能减排宣传教育。把节能减排纳入社会主义核心价值观宣传教育体系以及基础教育、高等教育、职业教育体系。组织开展节能宣传周活动，在企业、机关、学校、社区等单位深入开展节能减排全民行动，大力倡导低碳节能生活方式和消费方式。建立节能减排教育培训基地，全面提高节能减排管理人员、重点用能单位、重点排污单位以及节能环保服务单位的管理和服务水平。充分利用各类新闻媒体广泛宣传节能减排的重要性和紧迫性，以及政府积极采取的政策措施和工作成效，普及节能减排知识和方法，树立先进典型，为节能减排工作开展营造良好环境。

（四十八）深入开展节能减排全民行动。抓好家庭社区、青少年、企业、学校、军营、农村、政府机构、科技、科普和媒体等十个节能减排专项行动，通过典型示范、专题活动、展览展示、岗位创建、合理化建议等多种形式，广泛动员全社会参与节能减排，发挥职工节能减排义务监督员队伍作用，倡导文明、节约、绿色、低碳的生产方式、消费模式和生活习惯。

（四十九）加强政府机关节能减排工作。各级政府机关要将节能减排作为机关工作的一项重要任务来抓，强化节约意识，健全规章制度，落实岗位责任，细化管理措施，作节能减排的表率。

第三节　佛山市陶瓷行业“质量提升、效益提升”行动计划（2012-2015年）

为促进佛山陶瓷产业健康可持续发展，转变经济发展方式，提高我市经济质量与效益，特制定本行动计划。

一、指导思想

全面贯彻落实科学发展观，紧密围绕产业强市战略，以转变经济发展方式为主线，以调整优化升级为方向，以节能减排、自主创新为关键，以技术改造、研发设计、品牌提升、产业链延伸为手段，推动陶瓷产业从资源消耗为主向创新驱动为主转变，促进产业由低端向高端跃升，提升陶瓷产业质量与效益，实现陶瓷产业与城市、环境、资源和谐发展，传承和发扬佛山陶瓷文化，把佛山打造成为世界“陶瓷之都”。

二、主要目标

1. 总量目标。到2015年，陶瓷产业总产值达到1000亿元，年均增长约10%；工业增加值达到300亿元，年均增长约10%。

2. 效益目标。到2015年，陶瓷行业利税总额达到120亿元，年均增加约12%；万元增加值能耗比2010年末下降20%。

3. 结构目标。到2015年，陶瓷产业结构显著优化，产业核心竞争力全面提升，陶瓷产业总产值达到1000亿元，其中建筑卫生陶瓷约为700亿元，特种陶瓷、工艺美术陶瓷、日用陶瓷等约100亿元，陶瓷装备、化工色釉料、文化产业及服务业约为200亿元。

三、工作任务

围绕陶瓷产业链条的高端部分，以高新技术、先进适用技术、信息化和云制造环境推动陶瓷产业产品、技术、管理的升级，优化空间布局，加快总部经济和文化创意产业发展，促进产业链由低端（生产、制造、加工）向高端（设计、研发、会展、营销、装备和文化等）跃升，构建更为完整的现代产业发展体系，实现陶瓷产业整体质量、效益的提升。

（一）推动产品升级

1. 拓展产品功能。建立产品制造创新服务平台，以行业龙头企业为实施主体，利用云制造技术，为产品提供高附加值、低成本和全球化制造的服务。引导企业加大技术改造、自主创新力度。陶瓷企业由相对单一的陶瓷产品向新型无机材料与制品（如节能建筑材料、功能材料等）转变，向综合提供产品和服务转变。鼓励企业开发具有特殊功能的建筑卫生陶瓷，如空心陶板、保温隔热、防静电、吸音、自洁净、除雾防污等，拓展现代陶瓷的功能和应用领域。

2. 发展高技术陶瓷。围绕我市以及周边地区成熟产业的配套需求，重点发展与汽车、白色家电、照明、医药、环境等产业相关的高技术陶瓷，如电子陶瓷及器件、透明陶瓷及灯具、多孔陶瓷及净化设备、生物陶瓷、低碳经济等先进理念相关的特种陶瓷等。

（二）推动技术升级

1. 加强陶瓷生产装备研究。支持企业研发和推广先进陶瓷生产装备，特别是云制造技术、建筑陶瓷先进球磨、窑炉和陶瓷机械等装备的研究开发和应用，推动粉料制备由“空心粉料制备→实心粉料制备”、成品工艺由“高温煅烧→低温快烧”以及窑炉的富氧（全氧）燃烧技术、陶瓷产品由“厚→薄”等的革新。

2. 鼓励新材料和原料标准化应用。鼓励企业和研发机构开展新型陶瓷粉体的开发和产业化；逐步开发新的原料来源，推动原料标准化生产应用，促进节能减排以及资源节约综合利用。

（三）推动管理升级

1. 实施节能减排工程。推动陶瓷企业开展以使用清洁能源（天然气、石油气等）为主要内容的新一轮清洁生产；从现在开始到2015年底，逐步过渡到禁止陶瓷企业使用煤或煤制气作为燃料；对能耗较大的陶瓷企业实施节能减排目标责任制，强化节能减排监管，切实落实节能减排目标。

2. 提高企业管理信息化水平。鼓励将信息技术应用到企业管理的各个环节，发展“数字化工厂”，改善和优化组织流程，提高生产经营管理水平。鼓励大型陶瓷企业开展企业能源管理中心建设，实现能源在线监测和统计。

3. 建立循环经济服务平台。建立陶瓷企业原材料和下脚料数据库，设立基于云技术环境下的陶瓷交易市场，实现资源的循环利用，取得经验后在全行业推广，进而辐射到广佛肇地区。

（四）优化区域发展布局

1. 禅城区。以建筑陶瓷总部基地、公共研发平台、设计创意中心为主要内容，建设和完善禅城区陶瓷产业集群转型升级示范区，提升南庄镇和石湾镇 2 个陶瓷专业镇发展水平。

2. 其他区域。在三水、南海、高明、禅城（清远）工业园等陶瓷生产基地，对现有企业进行改造和产业集聚，形成有特色的陶瓷产品生产基地以及原材料供应地和陶瓷装备等配套产业，促进陶瓷总部经济与陶瓷清洁生产基地协同发展。

（五）转变发展方式

1. 推动总部经济建设。以中国陶瓷产业总部基地、广东国际采购中心为依托，以中国陶瓷城、华夏陶瓷城、瓷海国际、家居博览城、陶瓷价格指数等平台为支撑，鼓励现有企业将企业总部、采购中心、研发中心、检测中心、营销中心、结算中心、展示中心、信息中心、文化中心等留在佛山，同时积极吸引国内外陶瓷企业和研发等相关机构在佛山设立总部（或区域总部）、研发中心、检测中心和营销中心等。

2. 推动陶瓷创意产业发展。以石湾公仔（“佛山工艺美术陶瓷”）、南风古灶、陶瓷博物馆、创意产业园等为载体宣传佛山陶瓷文化，大力发展陶瓷文化旅游和陶瓷服务业，加大力度引进高端人才，打造中国陶瓷设计中心，引领陶瓷产业潮流。

3. 发展工业设计。利用云服务方式，让更多的设计资源实现共享，推动大中型企业广泛开展工业设计，应用工业设计开发节能、节材等新型环保产品，创新产品结构和花色品种，提高产品附加值。

四、保障措施

（一）政策保障。全面落实各级政府支持陶瓷产业发展提升的财税、金融、政府采购、知识产权保护、人才队伍建设等方面的政策。建立各级、各部门的联动协作机制，出台我市相关扶持政策，对重大项目和重点项目共同支持，集中力量突破关键核心技术和系统集成技术。发挥财政资金引导作用，围绕产业链升级，市、区相关专项资金加大对陶瓷企业工艺革新、设备研发、节能减排、技术改造、技术创新、总部基地建设、文化创意、品牌建设等发展提升项目的资金扶持力度；在政府采购中，优先对本市符合条件的产品进行采购、使用；推动国家出台针对陶瓷产业资源综合利用的优惠政策，对符合要求的项目落实相关减免税收优惠。

（二）技术保障。培育陶瓷技术公共研发平台和商业模式创新平台，加快建立以企业为主体、市场为导向、产学研相结合的技术创新体系。建设“中国科学院佛山陶瓷技术创新与育成中心”，着重推进中科院的高端陶瓷技术成果在佛山的转移转化；建设“佛山市陶瓷产业院士工作站”（暂名），发展各级企业技术中心和工程中心，建立以企业为主体，产学研相结合的技术创新体系；鼓励企业与国家级科研院所、大学建立战略技术联盟，吸引国家重点实验室、院士工作室、工程研究中心、博士后流动站落户佛山，建立陶瓷行业专家库，为佛山陶瓷企业解决关键技术问题；出台支持和促进企业商业模式创新相关政策，重点支持商业模式创新平台建设，对众多中小企业起到引导、示范作用。

（三）能源保障。加快建立全市工业天然气供应体系，增加我市天然气供应量，加快天然气管网建设，扩大管网覆盖面，保障陶瓷企业生产用气。

（四）人才保障。围绕提高产业自主创新能力，加强创新型研发设计人才、开拓型管理人才和高级技能人才队伍建设。在我市高等院校开设陶瓷专业，实施“量贩式”人才培训计划，批量培养陶瓷专业人才；加大力度引进陶瓷技术研发、陶瓷产品设计、陶瓷产业管理等方面的尖端人才，并健全人才引进配套措施，特别是对带项目来的高技术人才在住房、待遇、配偶工作、子女入学等方面在政策上给予一定的倾斜。

（五）项目支撑。围绕产业链提升重点和重点工作内容，在全市范围内，选择5家示范企业，落实一批转型升级项目，取得经验后在全行业推广。

佛山市陶瓷行业“质量提升、效益提升”行动计划（2012-2015年）重点项目表 **表3-1**

序号	项目名称	项目承担单位	项目内容概述	实施年限	投资（万元）	所属区
1	基于SaaS的传统陶瓷行业云计算信息服务平台建设	广东东鹏陶瓷股份有限公司	项目主要内容：本项目由设备系统、虚拟计算资源系统、基础服务系统、业务服务系统、应用系统等五大模块共同组成。它采用国内外先进成熟的云计算技术，应用计算机、网络和现代通信等新技术对传统陶瓷企业进行改造升级，服务平台将能适应陶瓷企业各种工作流程，实现业务数据实时、安全、准确地互联互通。	2012-2015年	6000万元	禅城区
2	高效节能型一次烧成微晶玻璃陶瓷复合砖产业化推广示范	佛山石湾鹰牌陶瓷有限公司	该项目在自主研发的高温微晶熔块粒料的基础上将优化配方及颗粒级配，解决熔块膨胀系数和坯体膨胀系数适应性及烧成后缩釉、针孔、变形等关键技术问题。采用辊筒印花和丝网干法印彩色熔块粉相结合的工艺进行产品表面装饰形成图案。以辊筒结合宽带层叠式布料取代斗式熔块布料等，使项目产品达到快速一次烧成（相对传统的二次烧成，烧成整周期缩短一半以上），制备出具有硬度高、耐磨耐污、质地细腻、装饰效果好的微晶玻璃陶瓷复合砖。项目在节能降耗方面具有重大突破，技术已经达到国际领先水平，按鹰牌初期月产量9万m^2/月计算，节天然气：39.45万立方/月；节电：47.79万千瓦时/月。若项目在行业内推广实施，全年可节天然气32664.6万m^3，节电39570.12万千瓦时。按目前5.1元/ m^3的天然气价格计算，可节约16.66亿元/年的天然气费用,按0.7元/千瓦时的电费计算，可节约2.77亿元/年的电费。若国内行业上采用一次烧工艺，按2011年的微晶石产量保守估计来计算，仅节能方面就可节约资金19.43亿元/年。	2012-2014年	3500万元	禅城区
3	新型浅色防静电瓷质砖的产业化	广东东鹏陶瓷股份有限公司	浅色及可调色防静电瓷砖可用于各种有防尘、防静电要求的场所。项目围绕解决浅色调和成本控制等关键问题，开发国内外尚属空白的浅色防静电瓷砖产业化技术。通过浅色系导电粉的开发，以及与基料复合技术的研究，获得适用的复合导电粉体材料。借鉴特种陶瓷设计理念，开发具有自主知识产权、普适的低成本坯料网络复合技术。本项目的实施，对于进一步开发其他功能型瓷砖，形成新的产业链、开拓新的陶瓷产业增长点，推动整个建筑陶瓷行业的产业升级和技术进步都具有重要引领作用。	2012-2015年	3000万元	禅城区

续表

序号	项目名称	项目承担单位	项目内容概述	实施年限	投资（万元）	所属区
4	利用工业废渣生产新型泡沫陶瓷保温板技术改造项目	佛山市溶洲建筑陶瓷二厂有限公司	自主创新研制出利用天然矿物和渗入30%以上的工业废渣等作为生产原料经先进的生产工艺和发泡成型技术，经高温焙烧而成的高气孔率的闭孔陶瓷保温材料，具有热传导率低（≤ 0.10W/(M·K)）、防火（A1级）、耐高温、耐老化、与水泥制品相容性好、吸水率低、耐候等优越的性能，保温板与墙基层和抹面层相容性好，安全稳固性好，可与建筑物同寿命。更重要的是材料防火等级为A1级，克服有机材料怕明火，易老化的致命弱点，填补了建筑无机保温材料的国内空白，可替代EPS板、XPS板薄抹灰外保温系应用于建筑墙体保温（外墙外保温系统、内保温系统）、环保等领域，能够极大的降低建筑能耗，在建筑物的隔热保温方面的应用非常具有潜力。	2011-2013年	2000万元	禅城区
5	陶瓷墙地砖薄型化制造工艺技术改造	广东金意陶陶瓷有限公司	通过对车间“一机一线”进行技改，制造5～7mm厚的陶瓷墙地砖，使其厚度降低1/3～1/2。研究其配方成分、泥浆流动性、粉料颗粒级配、添加剂、坯体和釉料的适应性、成型时生坯致密度分布的均匀性等对生坯强度的影响，使其满足输送线、干燥、施面釉、印花的运行和操作；窑炉烧制时横向温差和纵向温差使坯体收缩而产生的热应力对坯体变形和裂纹的影响；抗脆剂、配方中氧化铝含量和烧成制度对产品烧结性能特别是破坏强度的影响等。	2012-2014年	800万元	禅城区
6	利用工业废料生产新型具有负离子功能的轻质仿古砖技术改造	广东金意陶陶瓷有限公司	项目通过对部分原料车间进行规划，根据工业废弃物处理工艺流程建设一个固体废物处理中心，分类、收集、均化处理工业废物。项目完成后，每日将生产≥6000平方米具有负离子功能的轻质仿古砖，同时处理日处理工业废料50吨以上。	2011-2014年	600万元	禅城区
7	利用陶瓷建筑废渣生产仿古砖技术改造项目	佛山市禅城区杏头群兴建陶厂	自主创新研制出利用陶瓷建筑废渣加工生产陶瓷仿古地砖，并且渗入比例超过70%以上。	2012-2014年	200万元	禅城区
8	宽体式节能环保型辊道窑	广东中窑窑业股份有限公司	通过余热二级循环利用、窑炉内腔镜面反射热量、负压燃烧与排烟过滤处理。 1.余热二级循环：将急冷余热与缓冷一部分余热抽至干燥窑炉，对余热风的抽湿进行改良，将排烟风抽至窑前干燥。2.镜面窑炉：选用耐高温镜面涂料，使窑墙与窑顶形成向窑炉镜面反射热量的效果，减少窑体的散热，达到降低能耗的目的。3.通过富氧燃烧与燃烧器改良、通过排烟过滤装置减少氮氧化合物与硫化物的产生并进行过滤处理，大幅减少氮氧化合物与硫化物的排放量，提升窑炉整体的环保水平。	2012-2015年	2000万元	南海区

续表

序号	项目名称	项目承担单位	项目内容概述	实施年限	投资（万元）	所属区
9	利用工业废渣生产新型无机轻质板材技术改造项目	广东蒙娜丽莎新型材料集团有限公司	自主创新研制出利用天然矿物和渗入50%以上的工业废渣等作为生产原料经加工制造而成的大规格、轻质、可作为新型建筑装饰材料和带有防火保温等功能的新型无机轻质板材。	2012-2015年	12800	南海区
10	高档卫生陶瓷洁具机器人施釉项目	佛山市顺德区乐华陶瓷洁具有限公司	购置相关设备,开发陶瓷洁具机器人喷釉系统,项目完成后，由单个工位每人一年产能为28800件提升为单个工位每台设备一年产能为122400件。	2011-2013年	4000万元	顺德区
11	引进喷墨印花设备提升产品质量及提高产能	佛山百利丰建材有限公司	利用最新的喷墨印花设备，降低了工人的劳动强度，提升了产品档次，比原来的产能提高了30%左右，同时减少了材料的库存。	2011-2014年	2000万元	三水区
12	建设中央集尘系统及改造升级封闭式水帘清洁生产循环系统	佛山欧威斯洁具制品有限公司	1.建设中央集尘系统。建造集尘库房，安装大功率真空机，通过集尘管道将各种设备与中央抽尘机连接，形成封闭的收纳系统，从而将边料、碎屑、粉尘收集到中央库房，既减少粉尘，减少固废排放，达到清洁生产，又回收固废作为制造建筑板材的原材料。2.建设水池及大型水帘，通过十六个大功率风机将整个车间的空气抽出，经水帘过滤后才排出。既减少废水废气排放（废气排放浓度降到18mg每立方），又能将废气中的油脂在水中收集，变为工业材料。大大提高经济效益。	2012-2014年	1850万元	三水区
13	ERP管理系统在陶瓷行业的应用	佛山欧神诺陶瓷股份有限公司	通过ERP管理系统的建设，实现信息化管理，使管理流程规范化，提高管理水平。	2011-2015年	1000万	三水区
14	一次烧成节能新工艺生产微晶玉石砖	佛山欧神诺陶瓷股份有限公司	一次烧成微晶玉石砖是一种采用天然无机材料，运用高新技术突破传统微晶烧成技术，实现一次高温烧成的新型绿色环保高档建筑装饰材料。从两次烧转变为一次高温烧成，使其在烧制过程中大大节省了能耗，节省量达50%以上。更低碳、更环保、高硬度、高耐磨度等指标的全面升级也使得产品的耗损率大大降低，真正做到全方位的环保节能新突破。配合喷墨技术，质感细腻真实，晶莹通透优雅，仿若浑然天成。	2012-2013年	680万	三水区
15	钢渣新材料配方的研究	佛山欧神诺陶瓷股份有限公司	中国是全球钢铁生产第一大国，年产钢渣近5000万吨，目前主要采用的方法是以废物方式填埋处理，不仅占用土地，还会产生严重的二次环境污染。本项目通过对钢渣进行研究，开发高强度陶瓷，实现固体废弃物无害化高附加值的资源协同利用，可有效治理冶金废渣所带来的环境污染问题，跨行业实现固废无害化、资源化和高附加值利用，同时开发配套的工艺技术及设备。	2012-2014年	560万	三水区
16	配套配件新材料开发	佛山欧神诺陶瓷股份有限公司	应用人造石材，加工成陶瓷配套配件产品，免烧节能，同时提高产品附加值。	2012-2014年	500万	三水区

续表

序号	项目名称	项目承担单位	项目内容概述	实施年限	投资（万元）	所属区
17	企业能源管理中心建设	佛山欧神诺陶瓷股份有限公司	通过企业能源管理中心建设，实现能源在线监测和统计，达到减少能源浪费和提高能源利用率的目的。	2012-2015年	300万	三水区
18	喷雾塔热风炉燃水煤浆改烧煤粉项目	佛山市三水新明珠建陶工业有限公司	原料车间采用燃水煤浆方式供热给喷雾塔设备进行湿法制粉，水煤浆进入热风炉时的含水率约50%左右,燃烧过程中因水分蒸发需耗用大量热量，这部分热量对制粉来说属于无效热量。现通过将燃水煤浆改为直接燃煤粉进行热量供给，煤粉含水8%左右，可以减少大部分水分（约42%）蒸发所需无效热量，且改善燃烧，从而节约煤粉耗用。	2012-2015年	能源合同管理模式（490万元）	三水区
	合计				4.23亿元	

第四节　佛山市陶瓷产业转型升级规划（征求意见稿）（2013—2017）

为贯彻党的十八大精神，落实《佛山市建设国家创新型城市总体规划》，大力实施创新驱动发展战略，加快实体经济的“建链”、“补链”和“强链”，增强佛山陶瓷产业的核心竞争力，特编制本规划。

一、目的意义

实体经济是佛山经济发展的命脉，是社会财富的根本源泉，是改善人民生活的重要保障。建设国家创新型城市，推进城市战略转型，佛山必须以科学发展观统揽全局，从自身的历史传承和时空特点出发，加快创新驱动优势传统产业的发展，全面推进“先进制造基地、产业服务中心、岭南文化名城、美丽幸福家园”的建设。

佛山古有“南国陶都”之位，今享“中国陶瓷之都”和“中国陶瓷商贸之都”之誉。佛山陶瓷历经千年薪火相传，积淀了深厚的历史文化底蕴，是佛山少有的几个具有国际品牌和影响力的传统优势产业，也是其他新兴产业未来很长一段时间内都无法比拟和超越的，极具转型升级为创新型现代产业的潜力和条件的实体产业。现已发展成为全国乃至全球最大的建筑卫生陶瓷生产、出口基地及陶瓷商品集散、会展中心，不仅产业基础雄厚、体系完备、影响辐射面广，而且产业链发育完善、集群优势突出，形成了专业化分工、产业化协作和集群化发展的格局。其中：建筑陶瓷和卫生陶瓷产能分别占全国的17%和6.3%，陶瓷装备和色釉料产值分别占全国的80%以上和50%以上。此外，还培育了“中国佛山（国际）陶瓷博览交易会”、“中国佛山（国际）陶瓷工业展览会”、“中国（石湾）陶艺文化节”等知名展会，拥有展贸面积合计180万平方米、入驻企业合计1900家的五大陶瓷专业市场，拥有创意设计产业园2个，陶瓷检测、科技服务、技术培训等公共平台8个，陶瓷专业平面媒体和综合信息网站9家。“陶瓷兴、佛山兴”，是改革开放30多年来的佛山经济社会快速发展历程的缩影，也是佛山抢占先机取得区位优势的成功经验之一。

虽然佛山陶瓷产业发展取得了世人瞩目的成绩，但是与创新型城市建设的要求还有一定的差距：

1. 产业结构需要进一步的优化。一是第三产业的比重偏低，尤其是创意设计和现代服务业的发展较缓；二是特种陶瓷制造业比重偏小，投入和支撑力度仍然较弱；三是工艺美术陶瓷业的比重偏小，具有更广阔的发展前景和深厚的发展潜力。

2. 产业效益需要进一步提高。产品同质化现象和自主创新能力不强阻碍了陶瓷产业的经济社会效益发挥。一是制约了品牌价值进一步提升，导致了非合理性竞争；二是削弱了佛山陶瓷国际市场竞争力；三是造成了陶瓷产业资源利用效率提升缓慢，与佛山城市发展对土地、交通、能源等资源供给与利用效益的快速增长要求之间的差距正逐步加大。

3. 陶瓷产业的现代化进展较缓。陶瓷产业的自动化、智能化和集约化水平仍然偏低，且产品设计、色釉料、节能环保装备等发展相对滞后。

4. 产业的自主创新能力仍较薄弱。创新体系建设尚不完善，政产学研金互动机制还未形成，企业创新缺少外部支撑。高水平的公共服务平台与企业工程技术中心数量偏少，缺乏金融、设计等支撑平台。创新联盟的数量较少且发挥的作用不够明显，为中小企业创新提供的服务能力仍显不足。

5. 商贸服务业的经济总量偏小。陶瓷专业市场的税收贡献率远低于商业用地的平均水平，占据产业高端的企业总部偏少，陶瓷电子商务平台和物联网还没有投入运营；陶瓷文化旅游资源开发深度不够，商务会展与陶瓷文化没有形成良好的旅游体系。

因此，佛山要建设国家创新型城市，就必须实现佛山陶瓷产业与城市、环境、资源的和谐发展，进一步明确其发展定位，大力推进产业转型升级，优化产业结构，提高产业效益，加快产业的现代化进程，提高产业自主创新能力，以避免导致产业中心城市的空心化。

二、规划总则

（一）指导思想

高举中国特色社会主义伟大旗帜，全面落实科学发展观，实施创新驱动发展战略，贯彻“全面统筹、先行先试、重点突破、系统推进”的原则，紧扣佛山城市发展战略目标，进一步健全创新体系、构建创新环境与整合创新资源，着力建设创新型陶瓷产业集群，以推进产业与城市发展的“双转型、双升级”，成为世界陶瓷名城。

（二）规划目标

佛山市陶瓷产业转型升级工作的总体要求是：全面完成打造“世界陶瓷名城”及其“四个中心”建设的重点任务，做到三年有变化、五年大变化、七年新面貌。2017 年，陶瓷产业实现的具体目标如下：

1. 总量目标：陶瓷产业总产值达到 1000 亿元，年均增长约 10%，其中：陶瓷、装备和色釉料等制造业约 800 亿元、陶瓷商贸会展服务业约 150 亿元、陶瓷文化旅游服务业约 50 亿元。

2. 效益目标：陶瓷产业利税总额超过 150 亿元，年均增长约 12%；万元增加值能耗比 2010 年末下降 20%。

3. 创新目标：陶瓷产业获得国家创新型产业集群试点认定，建成服务基本完备的创新支撑体系且国家和省级创新平台 10 个以上，形成一批专利、版权和标准且发明专利年申请量达到 300 件以上，产业 R&D 经费投入占年销售收入的 2.5% 以上，高新技术产品产值占销售收入的 50% 以上。

三、主要任务

围绕建设国家创新型城市和打造“世界陶瓷名城”的发展战略目标，佛山陶瓷产业转型升级的主要任务是围绕“四个中心”建设：

（一）国际先进的陶瓷产业制造中心建设

强大的、先进的陶瓷制造业、色釉料制造业和装备制造业，是整个佛山陶瓷产业可持续发展的基石。要始终坚定不移地引导和推动传统制造业向先进制造业的跃升，大力培育佛山陶瓷区域品牌和一批具有国际竞争力的企业品牌，打造生态文明的、最具创新活力的、规模和品质世界一流的陶瓷先进制造产业基地。

1. 加快提升陶瓷产业经济效益水平

加快提升陶瓷产业经济效益水平，关键就在于迅速提高制造业的附加值。通过新材料、新技术和新装备的科技创新，大力培育佛山陶瓷区域品牌和推动提升企业品牌，做强建筑陶瓷、陶瓷装备和色釉料三大产业，做大特种陶瓷、卫生陶瓷和陈设陶瓷三大产业。提升陶瓷产业经济效益水平关键技术的重点攻关方向有：

（1）新材料产业化技术开发。主要包括：低膨胀陶瓷棍棒、蜂窝陶瓷、LED 灯具陶瓷零配件、通信和纺织陶瓷零配件、打印喷头关键部件等特种陶瓷新材料产业化技术；陶瓷墨水、绿色与功能性釉料、新型塑性黏土原料、无机黏结剂等建筑陶瓷新材料产业化技术等。

（2）提升传统陶瓷产品附加值的产业化技术开发。主要包括：建筑保温陶瓷、喷墨打印陶瓷数码装饰、陶瓷产品功能化等建筑陶瓷产业化技术及装备；多功能坐便器、节能减排型坐便器、陶瓷洁具高压注浆成形等卫生陶瓷产业化技术及装备；陶瓷模种模具数码加工、陶瓷砖高硬度模具加工等特种陶瓷产业化技术及装备；石湾公仔传统制作及石湾柴烧龙窑等陈设陶瓷技术传承与创新等。

（3）提升“佛山陶瓷”品牌。主要包括：在加快推进“佛山陶瓷”区域品牌建设的同时，强化企业和产品的品牌建设，积极打造品牌梯队，引导和支持企业通过自主创新凸显品牌特色，进一步提升企业品牌的国际知名度和产品的市场竞争力。重点建设企业设计研发中心和品牌的营销中心，推动生产经营企业向品牌运营企业转变，助力跨国跨区企业的快速发展。

2. 加快提升陶瓷工业环境友好水平

建设生态文明的陶瓷产业，提升环境友好水平，核心任务就是要节能、降耗、减排。要大力开发节能减排的新工艺、新技术和新装备，积极推动利用陶瓷固废和污泥淤泥大规模生产陶瓷产品，推进建筑陶瓷制造业进行回收利用，使传统陶瓷制造业成为新兴的城市环保工业。同时，要将节能减排理念、技术贯彻于产业每个环节，生产中的每道工序。提升环境友好水平关键技术攻关方向有：

（1）节能降耗产业化技术开发。主要包括：陶瓷砖减薄实用技术、陶瓷低温烧成技术及装备、复合微晶陶瓷一次快速烧成技术、粉料干法制备整线技术装备、高效节能分段式连续球磨机系统、瓷质砖烧成宽体辊道窑与余热利用技术、生物质气替代燃料油技改及低碳能源使用、高效除尘、脱硫、脱硝技术及装备、高效减水剂等。

（2）废物回收利用产业化技术开发。主要包括：陶瓷固废、尾矿废渣、淤泥污泥等高效回收利用技术及产业化示范推广。

3. 加快提升陶瓷工业先进制造水平

陶瓷制造业的自动化、智能化与信息化，将不仅提高自身的劳动生产率，而且有利于推动陶瓷装备的更新换代，拉动陶瓷装备制造业经济增长，促进佛山 IT 产业发展。提升陶瓷制造业的自动与智能化水平，要着重解决伤害健康的生产工序和促进改善生产环境。提升先进制造水平关键技术开发的攻关方向有：

（1）自动化、智能化产业化技术开发。主要包括：粉料制备、印花施釉、烧成窑炉、热风系统、产品搬运和包装等装备及陶瓷砖等生产线的自动化与智能化；建筑陶瓷生产能耗的在线有效采集与控制；产品外观质量在线检测、分选、包装自动化生产线。

（2）信息化产业化技术开发。主要包括：大型设备及生产线故障的远程维护系统、陶瓷工业三废处理区域网络在线采集与监控系统等。

（二）世界陶瓷的现代商贸会展中心建设

强大的、现代的陶瓷商贸业，是产业与城市“双转型、双升级”的有效助推剂。要在加快提升传统会展商贸业的同时，大力引导和推动佛山陶瓷会展、电子商务等现代商贸服务业的快速发展，进一步提升佛山陶瓷商城和企业营销总部以及配套服务业的规模档次与国际化水平，打造著名品牌集聚的、服务周到便捷的世界陶瓷现代商贸物流服务产业中心，推动总部经济和相关产业的蓬勃发展。建设世界陶瓷的现代商贸会展中心的主要攻关方向有：

（1）提升传统会展商贸业，打造陶瓷中央商务区，关键是产品、工业展会及传统商贸市场的提升。要积极吸引国内外其他地区的著名陶瓷企业参展，扩大会展的规模和国际影响力，树立佛山陶瓷会展的品牌和地位。同时，还要加强服务业发展的研究与规划。

（2）发展现代商贸服务业，积极推进电子商务与商务信息、物联网的发展。重点是支持陶瓷产品与原辅材料电子商务软件技术平台、高仿真墙地砖装修效果设计展示软件及陶瓷产品数据库和物联网软件技术平台。

（三）岭南特色的陶瓷文化旅游中心建设

大力继承与弘扬以五百年窑火不熄的南风古灶和石湾公仔为代表的岭南特色陶瓷文化，着力建设佛山陶瓷历史文化载体、陶瓷文化产业园及大师工作室、工艺美术陶瓷商贸旅游市场和陶瓷文化旅游服务平台等，定期举办佛山陶瓷文化旅游节，推动佛山陶瓷文化旅游及体验经济的快速发展，打造文化底蕴深厚、相关服务高度融合的岭南特色陶瓷文化旅游中心。建设岭南特色的陶瓷文化旅游中心的主要攻关方向包括：

（1）健全陶瓷文化平台，重点支持创意设计之新产品研发试制、大赛设计创新成果奖励、设计版权保护与交易系统，以及陶瓷文化产业带建设。在河宕贝丘遗址、南风古灶、公仔街等历史遗存保护与建设的基础上，积极推进陶瓷历史文化场馆、陶瓷文化与权威设计媒体、陶瓷文化主题公园、大师工作室及陶瓷文化旅游市场等建设。

（2）加大陶瓷文化旅游区建设，举办陶瓷文化旅游节。积极主动举办佛山陶瓷设计赛会、陶艺展与拍卖会和体验游等文化旅游节等活动。

（四）国家陶瓷产业技术的创新中心建设

强大的、高水平的产业创新能力，是佛山陶瓷产业引领潮流、充满活力和竞争力的引擎。要全力引导和推动市内外优质创新资源的高效集聚和配置，全面构建以市场为导向、企业为主体、产学研用紧密结合的技术创新体系，着力建设国际化、高水平的陶瓷产业创新综合服务公共平台网络，大力支持自主创新和加速成果产业化，打造最具国际市场竞争力的陶瓷新产品、新技术、新装备的国家产业技术创新中心。建设国家陶瓷产业技术的创新中心的主要攻关方向有：

（1）建设高水平综合科技创新公共服务平台。重点支持工业设计服务平台、技术创新服务平台，电子商务服务平台及人才培训服务平台等，进一步提升佛山陶瓷产业创新公共平台服务能力，推动企业工程技术中心建设。

（2）建设创新联盟。重点支持组建产业联盟及专业技术联盟，建立健全实体化运作模式及合作共赢机制，以切实推动行业开展产学研结合及学术交流活动，组织承担技术攻关与推广，充分发挥联盟聚集创新资源和加快科技成果转化的重要作用。

（3）建设支撑体系。重点支持知识产权等非固定资产质押贷款等金融产品开发、人才引进与培养、重要岗位上岗资质及技术培训、设计研发衔接技术及服务软件开发，进一步加快发展融资平台、技术培训平台和创意设计平台等新型业态的服务产业。

四、重点工程

（一）先进制造提升工程

1. 特种陶瓷新产品示范生产线建设

建设透明陶瓷激光介质示范生产线，利用结构致密、无杂质、晶界窄、晶粒粒度分布合理的大尺寸掺杂 YAG 激光透明陶瓷材料制备技术，实现压电特性优良的压电体薄膜、增韧氧化锆陶瓷和陶瓷喷墨打印机喷头产业化。

2. 陶瓷墨水示范生产线建设

完善陶瓷墨水在亮度强度、彩色范围、印刷质量、均匀性和稳定性等方面的工艺诉求，实现基础四色和陶瓷釉料系列墨水的规模生产，力争突破大红等鲜艳颜色墨水产业化制造关键技术。

3. 陶瓷墙地砖全自动生产示范线建设

实现粉料制备至搬运包装各工序的全自动化生产、现场无人操作及技术装备制造的国产化，重点开发陶瓷砖喷墨打印及数码喷釉装饰自动化生产装备，实现陶瓷砖坯体印花、施釉等装饰设备数字化和整线自动化；开发陶瓷窑炉智能控制系统，实现窑炉的智能控制、远程控制和节能 3% 以上；开发陶瓷砖在线检测、分选、包装与储运智能化生产装备，实现瓷砖检测系统全面化、智能化与模块化，分选、包装与储运装备操作简单、高效率和全自动化。

（二）生态工业建设工程

1. 陶瓷砖原料干法制备示范生产线建设

系统开发原料的干法制备工艺技术、均化造粒与干粉除铁技术装备，优化设计干法制粉生产线及其管道输送系统，开发控制及自动化技术，制定技术标准，实现粉料加工综合节能 35%以上和节水 60%以上及其技术装备制造的国产化。

2. 陶瓷生产三废处理与回收示范线建设

重点开发陶瓷砖生产的高效除尘、脱硫、脱硝技术，实现处理烟气的达标排放和较低的投资与运行成本及其技术装备制造的国产化；淤泥污泥高效回收利用制备陶瓷砖技术，实现产品中的淤泥含量不小于 60% 及其技术装备制造的国产化；陶瓷工业三废处理区域网络在线采集与监控系统，通过对现场的运行设备进行监视和控制，以实现数据采集、设备控制、测量、参数调节以及信号报警等功能。

3. 打造高明示范产业园

在高明区更合镇建设“佛山陶瓷产业基地高明示范园”，实现陶瓷生态化生产，减轻城市环境负荷，打造世界级现代陶瓷制造业基地。产业园以制造建筑陶瓷和节能环保型高技术陶瓷产品为主。通过制定入园门槛，技术把关，重点解决原料高效利用、降低能耗和排放（采用天然气）、先进工艺装备、集约生产和高效物流等关键问题。

（三）区域品牌建设工程

推动“佛山陶瓷”集体商标规范的管理和使用，树立和维护区域品牌信誉与加强对外宣传，推进佛山城市与陶瓷产业的双提升，不断提升佛山陶瓷的国际影响力和市场竞争力。研究制定区域品牌评价指标和方法，重点突出“佛山陶瓷”先进性方面的建设内容，包括产品的碳标识和企业的创新能力、环保水平等，打造品牌梯队，建立完善的区域品牌支撑体系。

（四）创新联盟建设工程

积极探索创新联盟的新模式、新机制，推动联盟的实体化运作，引导和支持上下游企业及多行业部门之间合作，组建基于重大关键产业共性技术联合攻关与高效服务的专业联盟；充分发挥企业的主体作用和公共平台的支撑作用，鼓励联盟牵头组织开展技术攻关和产业化示范，切实促进产学研结合和加快科技成果的产业化进程。重点建设的陶瓷产业专业创新联盟包括：陶瓷喷墨打印技术创新联盟、陶瓷产品设计服务联盟、陶瓷产业创新服务联盟、结构陶瓷配件创新联盟（陶瓷膜及载体创新联盟）、陶瓷清洁生产创新联盟、陶瓷工业智能化创新联盟、工艺美术陶瓷创新联盟等。

（五）创新平台提升工程

1. 特种陶瓷产业创新服务公共平台提升

积极推动依托佛山市中国科学院上海硅酸盐研究所陶瓷研发中心建设特种陶瓷产业创新公共服务平台及育成中心建设，重点开展纳米材料制备及应用技术开发，压电陶瓷、远红外陶瓷、微波陶瓷、透明陶瓷等功能及结构陶瓷材料产业化技术开发，特种陶瓷材料在传统建筑卫生陶瓷产品多功能化的应用开发等。

2. 传统陶瓷产业创新服务公共平台提升

积极推动构建全省陶瓷专业镇中枢平台，重点支持陶瓷工业设计服务超市、研发试制服务公共平台、人才梯队培训体系等建设和“陶瓷低温烧成”、“喷墨色彩校正曲线及色卡”、“产品颜色检测标准及方法”等前瞻性产业关键共性技术的研发。

3. 企业科技创新支撑平台提升

积极推动企业工程技术中心建设国家与省级重点工程技术中心，进一步加强关键实验条件建设与创新能力提升，推进新材料、新技术及新装备应用基础研究与产业化技术开发，鼓励企业工程技术中心面向行业提供公共服务。

（六）文化旅游开发工程

1. 石湾公仔文化旅游区建设

要结合旧城改造加快规划与开发步伐，形成以南风古灶为核心的集制陶、赏陶、商贸、休闲于一体的陶瓷文化旅游区。重点建设佛山陶瓷发展史电子图文展示系统、石湾龙窑及传统公仔制作体验旅游生产线、陶艺大师工作室和工艺美术陶瓷公共服务平台等。

2. 陶瓷设计文化产业带建设

要结合佛山西城区开发，推进以绿岛湖为核心、沿季华路聚集与发展的陶瓷设计文化产业带。重点支持云设计服务平台及相关数据库等建设和引进国家权威陶瓷设计刊物。

3. 陶瓷会展与文化舞台提升

要结合现有陶瓷展会活动，举办佛山陶瓷节暨陶瓷产品设计大赛、陶艺展与拍卖会等，着力提升文化舞台的规模和影响力。重点支持参赛设计产品的试制、成果转化与版权保护等。

（七）卓越人才引进工程

1. 科研团队引进

重点支持企业牵头引进国内外科研团队或共同组建创新团队，进行前沿应用技术开发与产业化。

2. 人才梯队培养

重点建设卓越工程师培养公共平台，推动建立国内外高校、科研院所和企业之间便捷的联络渠道与机制，按照企业创新与发展需求广泛开展研究生、本科生的联合培养。

（八）电子商务建设工程

1. 陶瓷产品电子商务平台建设

重点扶持佛山陶瓷商城、淘德网、陶瓷云等陶瓷产品电子商务及陶瓷墙地砖价格指数信息平台建设及其系统开发，着力推进面向全球提供陶瓷销售服务的多语种电子商务、储运产品质押贷款等系统开发与服务终端网络建设。

2. 陶瓷原辅材料电子商务平台建设

重点扶持原辅材料电子商务平台建设及其系统开发，着力推进固废的资源化回收利用信息系统的开发与建设。

3. 陶瓷物联网平台建设

重点扶持原辅材料、陶瓷产品物联网平台建设及其系统开发。

五、保障措施

（一）组织保障

1. 加强领导，全面推进

加强组织领导，在佛山市建设国家创新型城市工作领导小组下，成立佛山市陶瓷产业转型升级工作指挥部，由市政府分管领导牵头，指挥部办公室设在市科技局。各区要建立相应的工作小组，落实分管领导以及工作人员和办公场所。

做好顶层设计，建立联动工作机制，协调市、区、镇（街）三级政府及其相关职能部门共同支持佛山陶瓷创新型产业集群建设，集中力量突破产业关键共性技术，形成合力推进“建链”、“补链”、“强链”。

2. 加强管理，强化考核

加强实施组织管理，依据《佛山市建设国家创新型城市总体规划》及本规划，制定既切合实际又能跨越式发展的实施方案，按计划分阶段落实各项工作任务与责任，统筹和协调推进陶瓷产业转型升级工作。

强化实施考评工作，将陶瓷产业转型升级工作纳入佛山市、区、镇（街）三级政府年度经济社会工作任务的考核范围，突出科技创新及其对产业转型升级贡献等要求，使本规划提出的各项任务列入各级政府及其相关职能部门工作的年度计划，发挥“两代表一委员”参政议政和民主监督作用，保障转型升级工作任务的全面实施与顺利完成。

组织行业协会、地方商会、创新联盟和公共平台参与具体实施协调管理工作，建立承办工作考核制度，增强本规划实施的执行力。

3. 加强评估，动态调整

加强监测评估工作，建立规范的监测制度，制定科学合理的量化指标体系和评估方法，实时分析具体进展情况与实施中遇到的重大问题，及时对本规划作出切合实际的调整，确保陶瓷产业转型升级工作顺利推进和各项目标的如期实现。同时要积极开展陶瓷产业科技发展战略研究，为战略决策和组织实施提供有力支撑。

（二）政策保障

1. 加大政府资金投入

在每年投入创新型城市的20亿专项资金中，原则上按10%的比例设立陶瓷产业转型升级专项，专门用于支持佛山陶瓷产业转型升级的科技创新。市级专项侧重支持重大关键产业化技术开发、战略性应用技术基础研究和创新体系建设。区级专项在与市级专项联动的同时，侧重支持结合本地陶瓷产业转型升级实际的科技创新。各级政府的专项科技经费预算中，均应安排产业科技发展战略研究和本规划组织实施等专项工作经费。

2. 加大税费扶持力度

加快贯彻实施激励企业自主创新、绿色生产的税收政策，简化相关手续，支持企业加强自主创新能力建设。对符合国家规定企业进口的科研与生产的关键设备等，免征进口关税和进口环节增值税。对城市污泥、河涌淤泥和工业固废等利用率超过30%的陶瓷产品且具有一定利用规模的企业，给予减免排污费、增值税和企业所得税的鼓励政策。将技术服务和成果转让税收优惠政策中的“先征后返”，调整为经过市区科技主管部门合同登记并缴纳有关印花税后“即征即返”。

3. 加大金融支持力度

积极推动科技资本市场建设，扶持金融机构建立“科技金融服务中心”，探索金融支持科技创新与转型升级的新途径、新办法，建立完善风险补偿机制。充分利用基金、贴息、政策性担保、可转换债券、担保换期权等方式，引导和推动商业银行与信用担保机构、创业投资机构、科技企业孵化器等机构的合作，开发适合陶瓷产业特色的金融服务新产品，促进科技金融互动互融发展。鼓励各类商业金融机构通过战略合作的方式共同支持自主创新与产业化。引导和激励社会资金建立陶瓷中小企业担保机构，鼓励和支持陶瓷产业中有条件的企业上市融资。

（三）支撑保障

1. 优化人才环境

引导和推动搭建支持人才自主创新的事业平台，建立和完善年轻创新型后备人才的发现培育体系，构建创新型人才教育培养体系。建立政府与高级人才的联系制度，构建开放、包容的人才软环境，营造宽松、自由、民主、平等、公开、公正的人文环境。积极推动建立支持人才自主创新的体制机制，加大对创新人才的激励，调动各方面力量共同改善人才的工作环境和生活环境，加快市区的专家公寓建设。

2. 加强知识产权保护

引导和支持建立陶瓷产业的科技成果和创新设计等知识产权登记制度，推动知识产权自律和专利侵害保险工作，搭建陶瓷产业知识产权交易平台，促进和保障陶瓷科技与创意文化产品的合理、有效流通，实现知识产权管理服务与科技创新活动的有机结合。

3. 加强创新宣传

大力宣传陶瓷产业转型升级的基本思路、工作目标及扶持政策等，加强对陶瓷产业科技创新活动和成果应用的宣传，及时总结推广创新典型的经验，努力营造促进陶瓷产业科技创新的良好氛围。

第五节　清远市推进陶瓷企业“煤改气”工作实施方案

一、印发《清远市推进陶瓷企业“煤改气”工作实施方案》的通知

各县（市、区）人民政府，市政府各部门、各直属机构：

《清远市推进陶瓷企业“煤改气”工作实施方案》已经市委六届第31次常委（扩大）会议审议通过，现印发给你们，请认真贯彻实施。

清远市人民政府

2012年10月8日

二、清远市推进陶瓷企业“煤改气”工作实施方案

为贯彻落实市第六次党代会精神，加快实施“桥头堡”战略，紧密结合《广东省建筑陶瓷产业转型升级行动方案》要求，鼓励引导陶瓷企业加快燃料路线改造，用天然气替代煤炭做燃料（简称“煤改气”），加快我市陶瓷产业转型升级，特制定本实施方案。

1. 目标任务

坚持“试点先行，分步推进”原则，稳步推进全市陶瓷企业“煤改气”工作。第一步，启动“煤改气”试点。在源潭陶瓷工业城选取8家企业开展试点，试点企业在2013年3月31日以前完成技改并通气生产。第二步，在源潭陶瓷工业城全面推动“煤改气”工作。源潭陶瓷工业城每家陶瓷企业都要保证有生产线采用“煤改气”生产。到2014年3月31日止，现有生产线少于或等于5条的至少要有1条生产线改用天然气；现有生产线多于5条的至少要有2条生产线改用天然气。第三步，2015年3月31日前，源潭陶瓷工业城、清新云龙工业园全面完成“煤改气”工作。积极鼓励其他陶瓷企业使用天然气。

2. 扶持政策

（一）保障气源供应。清城区政府和源潭镇政府要抓好征地拆迁工作，协助有关天然气供气企业尽快完成管道建设等基础设施建设。同时，凡涉及对我市“煤改气”陶瓷企业供气的天然气公司都要加快供气基础设施建设，相关部门和基层政府要全力支持配合，确保能按时按量按质供气。尽快编制天然气供应应急预案，制定好应对供应紧张和用气高峰的相关措施，抓好应急储备设施建设。物价部门要切实把好天然气价格关，确保陶瓷企业所用天然气价格在合理水平。

（二）财政补贴。财政部门对陶瓷企业“煤改气”完成技改后并使用天然气的，按其使用天然气的生产线所产生的地税留成部分的比例进行补贴。补贴所需资金，由市、区两级财政承担，承担比例按市、区利益共同体比例执行，具体补贴标准为：源潭陶瓷工业城陶瓷生产企业在2013年3月31日前完成技改使用天然气的生产线，每一条生产线一次性补贴130万元；在2013年4月1日至2014年3月31日完成技改并投入使用天然气的生产线，每一条生产线给予一次性补贴100万元；2014年4月1日至2015年3月31日完成技改并投入使用天然气的生产线，每一条生产线给予一次性补贴70万元；2015年4月1日后完成技改使用天然气的生产线，财政不再给予补贴。补贴采用以奖代补方式，分两年发放，如经查实未按要求使用天然气生产的，取消补贴，对已经发放补贴的勒令返还。

（三）税费优惠政策。根据《中华人民共和国企业所得税法》及其实施条例有关规定，若企业符合税法对相关税法优惠政策的规定条件，实行“煤改气”的陶瓷企业依法享受亏损弥补、税收抵免、加速折旧等税收优惠政策。对按要求实行了“煤改气”的陶瓷企业，向物价部门提出申请减免，价格调节基金按应缴纳的70%收取。全面核查涉及“煤改气”陶瓷企业的收费项目，可以取消的予以取消，能降低的予以降低。在“煤改气”过程中，属于“煤改气”的管道铺设建设项目，其报建费用政府部门予以免收。

（四）加强产业引导政策。从本《实施方案》颁布之日起，对陶瓷企业不再审批新建煤气发生炉生产线，新增生产能力和新建生产线，包括已建但未投入生产的生产线，一律使用天然气生产。除源潭陶瓷工业城、清新云龙工业园以外的全市其他陶瓷企业也必须积极推进向“煤改气”方向发展，暂未实行“煤改气”的，必须积极进行技改，确保清洁生产。环保部门必须进行严格的环保监测，对存在严重环保及安全隐患的煤气炉，环保部门要会同安监部门联合报当地政府，实行限期技改并使用天然气或强制淘汰拆除。对不能按要求完成“煤改气”工作的全市范围内的各陶瓷企业，环保部门要切实加大其环境影响的监管力度，对排放不达标的企业要严格按有关规定收费或处罚；供电部门要认真执行广东省政府对高能耗企业的差别电价政策，按规定加价征收电费；情节严重、影响恶劣的，要严格依法淘汰清理。

3. 保障措施

（一）加强组织领导。充分发挥清远市建筑陶瓷产业转型升级工作领导小组的统筹协调作用，形成政府部门、行业协会、产业园区和企业之间有效互动的工作体系，加强对新情况、新问题的研究，明确责任，抓紧组织编制陶瓷企业“煤改气”试点和后续工作方案，切实推进陶瓷企业“煤改气”工作。

（二）抓好配合协调。清城区、清新县政府以及有陶瓷企业的县（市）政府要引导和督促好“煤改气”工作。市安监局、市质监局要做好对“煤改气”陶瓷企业的管理和指导工作。供电部门要根据“煤改气”陶瓷企业客户生产特性制定个性化有序用电方案，尽量减少错峰限电的影响，在需要采取“有序限电”措施的非常时期，优先保障使用天然气的企业电力供应。国土部门在出让陶瓷项目用地时将使用天然气生产作为土地使用条件。其他各相关部门在自身职能范围内做好配合协调工作。

（三）加大宣传力度。充分利用报刊、广播、电视、网络等多种渠道和形式，大力宣传推进“煤改气”工作的必要性和紧迫性及其在实施“桥头堡”战略中的重要意义。发挥先进典型的示范引领作用，及时总结推广成功经验，充分调动陶瓷企业的积极性，确保“煤改气”工作顺利、快速推进。

（四）各县（市、区）对辖区内的陶瓷企业，可参照本《实施方案》执行。

第六节　佛山市陶瓷产业转型升级技术路线图

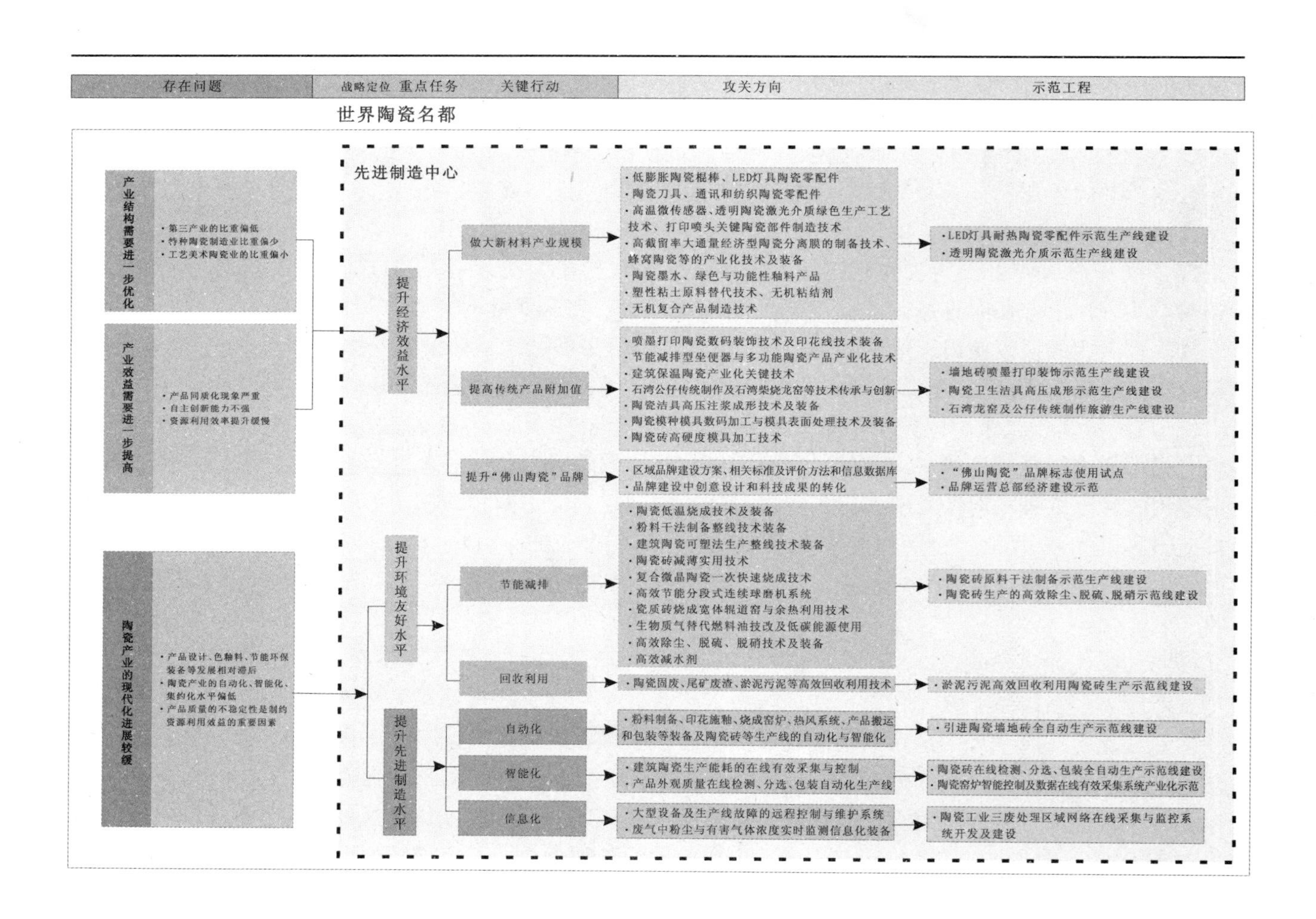

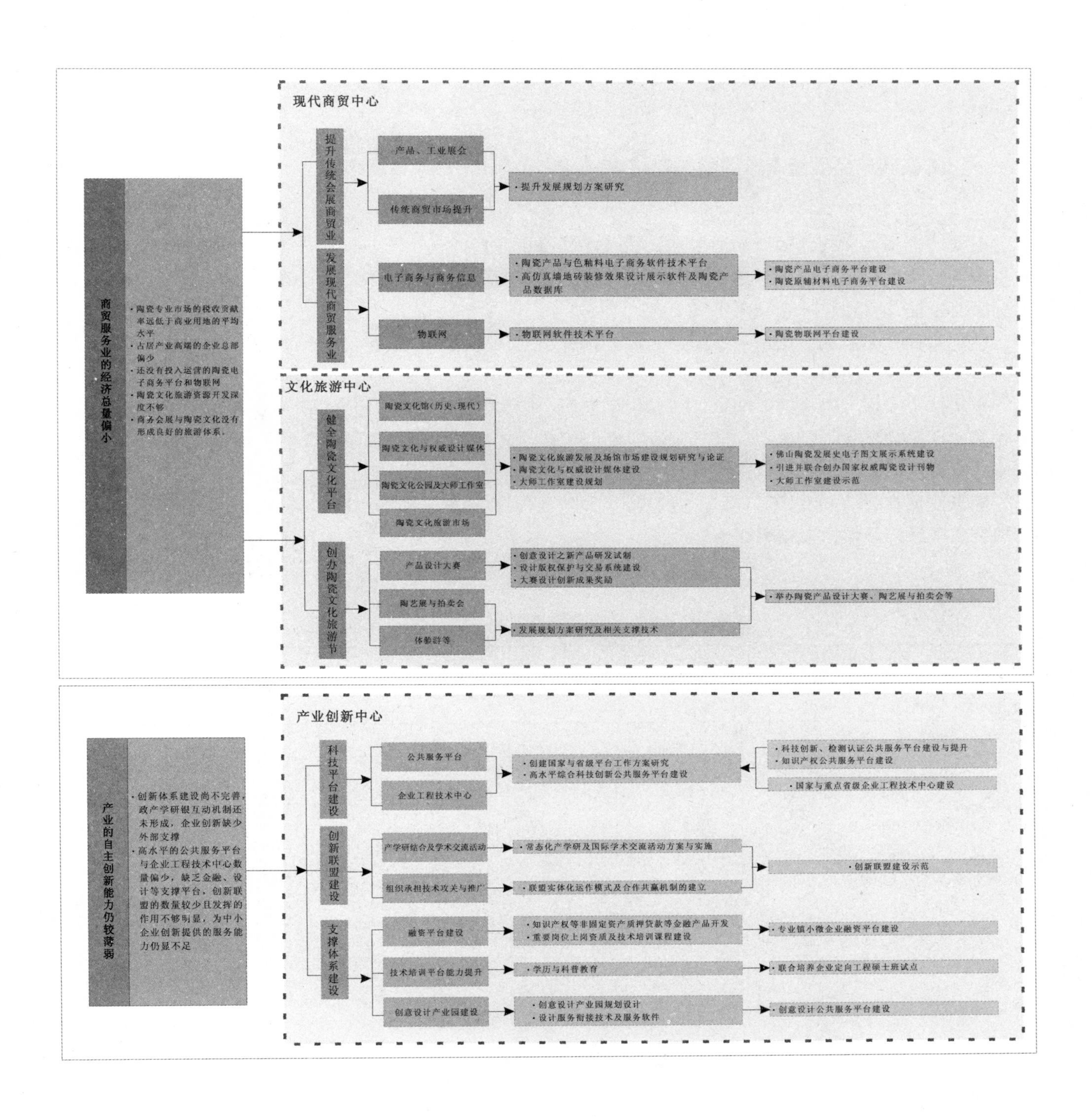
商贸服务业的经济总量偏小
·陶瓷专业市场的税收贡献率远低于商业用地的平均水平
·占居产业高端的企业总部偏少
·还没有投入运营的陶瓷电子商务平台和物联网
·陶瓷文化旅游资源开发深度不够
·商务会展与陶瓷文化没有形成良好的旅游体系。
现代商贸中心
提升传统会展商贸业
产品、工业展会
传统商贸市场提升
·提升发展规划方案研究
发展现代商贸服务业
电子商务与商务信息
·陶瓷产品与色釉料电子商务软件技术平台
·高仿真墙地砖装修效果设计展示软件及陶瓷产品数据库
·陶瓷产品电子商务平台建设
·陶瓷原辅材料电子商务平台建设
物联网
·物联网软件技术平台
·陶瓷物联网平台建设
文化旅游中心
健全陶瓷文化平台
陶瓷文化馆（历史、现代）
陶瓷文化与权威设计媒体
陶瓷文化公园及大师工作室
陶瓷文化旅游市场
·陶瓷文化旅游发展及场馆市场建设规划研究与论证
·陶瓷文化与权威设计媒体建设
·大师工作室建设规划
·佛山陶瓷发展史电子图文展示系统建设
·引进并联合创办国家权威陶瓷设计刊物
·大师工作室建设示范
创办陶瓷文化旅游节
产品设计大赛
陶艺展与拍卖会
体验游等
·创意设计之新产品研发试制
·设计版权保护与交易系统建设
·大赛设计创新成果奖励
·发展规划方案研究及相关支撑技术
·举办陶瓷产品设计大赛、陶艺展与拍卖会等
产业的自主创新能力仍较薄弱
·创新体系建设尚不完善，政产学研银互动机制还未形成，企业创新缺少外部支撑
·高水平的公共服务平台与企业工程技术中心数量偏少，缺乏金融、设计等支撑平台，创新联盟的数量较少且发挥的作用不够明显，为中小企业创新提供的服务能力仍显不足
产业创新中心
科技平台建设
公共服务平台
企业工程技术中心
·创建国家与省级平台工作方案研究
·高水平综合科技创新公共服务平台建设
·科技创新、检测认证公共服务平台建设与提升
·知识产权公共服务平台建设
·国家与重点省级企业工程技术中心建设
创新联盟建设
产学研结合及学术交流活动
组织承担技术攻关与推广
·常态化产学研及国际学术交流活动方案与实施
·联盟实体化运作模式及合作共赢机制的建立
·创新联盟建设示范
支撑体系建设
融资平台建设
·知识产权等非固定资产质押贷款等金融产品开发
·重要岗位上岗资质及技术培训课程建设
·专业镇小微企业融资平台建设
技术培训平台能力提升
·学历与科普教育
·联合培养企业定向工程硕士班试点
创意设计产业园建设
·创意设计产业园规划设计
·设计服务衔接技术及服务软件
·创意设计公共服务平台建设

第四章　建筑卫生陶瓷生产制造

第一节　建筑卫生陶瓷产品质量

一、陶瓷砖产品质量国家监督抽查结果（2012年11月2日发布）

根据《中华人民共和国产品质量法》和《产品质量监督抽查管理办法》的规定，国家质检总局对国内生产的日用消费品、建筑装饰装修材料、食品、农业生产资料、工业生产资料等26类产品质量进行了国家监督抽查，现将抽查结果予以公布。

本次共抽查了河北、山西、辽宁、上海、江苏、浙江、安徽、福建、江西、山东、河南、湖北、湖南、广东、广西、四川、陕西等17个省、自治区、直辖市240家企业生产的240种陶瓷砖产品。

本次抽查依据《陶瓷砖》GB/T4100-2006、《建筑材料放射性核素限量》GB6566-2010等标准的要求，对陶瓷砖产品的尺寸、吸水率、破坏强度、断裂模数、无釉砖耐磨性、耐污染性、耐化学腐蚀性、抗釉裂性、放射性核素等9个项目进行了检验。

抽查发现有25种产品不符合标准的规定，涉及放射性核素、破坏强度、断裂模数、吸水率、尺寸、抗釉裂性项目。具体抽查结果如下：

陶瓷砖产品质量国家监督抽查产品及其企业名单　　表4-1

企业名称	所在地	产品名称	商标	规格型号	产品等级	生产日期（批号）	抽查结果	主要不合格项目	承检机构
制造商：佛山市圣亚诺陶瓷有限公司 生产厂：高邑县福隆陶瓷有限责任公司	河北省	陶瓷砖（纳米特陶瓷砖）	纳米特	（600×600）mm	优等品	2012-03	合格		国家建筑节能产品质量监督检验中心
制造商：佛山市讯丰陶瓷有限公司生产厂：高邑县恒泰建筑陶瓷有限公司	河北省	陶瓷砖（讯丰陶瓷）	——	（600×600）mm	优等品	2012-06-05	合格		国家建筑节能产品质量监督检验中心
高邑县力马建陶有限公司	河北省	陶瓷砖（力马建陶）	力马	（800×800×11）mm	优等品	2011-11-21	合格		国家建筑节能产品质量监督检验中心
制造商：佛山市美诺雅陶瓷有限公司 生产厂：高邑新恒盛建陶有限公司	河北省	陶瓷砖（美诺雅陶瓷）	美诺雅	（800×800×10）mm	优等品	2012-06-08	合格		国家建筑节能产品质量监督检验中心

续表

企业名称	所在地	产品名称	商标	规格型号	产品等级	生产日期（批号）	抽查结果	主要不合格项目	承检机构
制造商：广东佛山天慈兴陶瓷有限公司 生产厂：河北恒德陶瓷有限公司	河北省	陶瓷砖	佛尔特斯	（300×450）mm	优等品	2012-06-08	合格		国家建筑节能产品质量监督检验中心
制造商：佛山市卢布尔陶瓷有限公司 生产厂：石家庄恒力陶瓷有限公司	河北省	陶瓷砖（金e顺陶瓷）	金e顺	（300×450×10）mm	优等品	2012-06-07	合格		国家建筑节能产品质量监督检验中心
阳城县金方圆陶瓷有限公司	山西省	内墙砖	欧象	（300×450×9.2）mm	合格品	2012-05-02/6517	合格		国家建筑装修材料质量监督检验中心
阳城县华冠陶瓷有限公司	山西省	内墙砖	——	（300×450×9.6）mm	合格品	2012-05-18	合格		国家建筑装修材料质量监督检验中心
阳城县龙飞陶瓷有限公司	山西省	内墙砖	龙元帅	（300×450×10）mm	合格品	2012-06-06/20120606	合格		国家建筑装修材料质量监督检验中心
阳城县时代陶瓷有限责任公司	山西省	内墙砖	——	（300×300×9.5）mm	合格品	2012-06-03	合格		国家建筑装修材料质量监督检验中心
制造商：佛山市伊浩特陶瓷有限公司 生产厂：沈阳大唐陶瓷有限公司	辽宁省	陶瓷砖	伊尔莎	（600×600×9.0）mm	优等品	S6600	合格		国家建筑节能产品质量监督检验中心
制造商：佛山路易顺陶瓷有限公司 生产厂：沈阳佳得宝陶瓷有限公司	辽宁省	陶瓷砖	路易顺	（300×300×10）mm	优等品	2012-06-14/30618	合格		国家建筑节能产品质量监督检验中心
沈阳市强力陶瓷有限公司	辽宁省	陶瓷砖	金百康	（300×450）mm	优等品	2012-06-15/83613	合格		国家建筑节能产品质量监督检验中心
沈阳蓝威建筑陶瓷有限公司	辽宁省	陶瓷砖	蓝威	（600×600）mm	——	2012-06-15	合格		国家建筑节能产品质量监督检验中心
制造商：佛山欧佳美陶瓷有限公司 生产厂：沈阳新东方陶瓷有限公司	辽宁省	陶瓷砖（高级内墙砖）	新世源	（300×450）mm	优等品	2012-05-16/T45028	合格		国家建筑节能产品质量监督检验中心
制造商：佛山市舒耐尔陶瓷有限公司 生产厂：沈阳新大地陶瓷有限公司	辽宁省	陶瓷砖	圣世一陶	（300×450）mm	优等品	2012-04-18/X46050B	合格		国家建筑节能产品质量监督检验中心

续表

企业名称	所在地	产品名称	商标	规格型号	产品等级	生产日期（批号）	抽查结果	主要不合格项目	承检机构
沈阳万顺达陶瓷有限公司	辽宁省	陶瓷砖	万顺达	（300×300）mm	优等品	2012-05-19/18027B	合格		国家建筑节能产品质量监督检验中心
沈阳强盛陶瓷有限公司	辽宁省	陶瓷砖	强盛至尊	（300×450）mm	优等品	2012-05-17/BT3609	合格		国家建筑节能产品质量监督检验中心
沈阳金美达陶瓷有限公司	辽宁省	陶瓷砖	金美达	（200×400）mm	优等品	2012-06-16	合格		国家建筑节能产品质量监督检验中心
沈阳日日顺陶瓷有限公司	辽宁省	陶瓷砖（完全不透水系列）	陶喜居	（300×450）mm	优等品	8863	合格		国家建筑节能产品质量监督检验中心
制造商：佛山市德利宝陶瓷有限公司 生产厂：沈阳王者陶瓷有限公司	辽宁省	陶瓷砖（完全不透水）	金威廉	（300×300×10）mm	优等品	2011-10-26/51	合格		国家建筑节能产品质量监督检验中心
沈阳飞奥美陶瓷有限公司	辽宁省	陶瓷砖（高级内墙砖）	聚陶轩	（300×450）mm	优等品	2012-05-20	合格		国家建筑节能产品质量监督检验中心
制造商：佛山市丰银陶瓷有限公司 生产厂：沈阳日日升陶瓷有限公司	辽宁省	陶瓷砖（胜陶陶瓷）	胜陶	（600×600×9. 5）mm	优等品	2012-05-13	合格		国家建筑节能产品质量监督检验中心
制造商：佛山市斗牛士陶瓷有限公司 生产厂：沈阳博士盖陶瓷有限公司	辽宁省	超晶亮全瓷抛光砖	博普	（600×600×9.5）mm	优等品	2012-06-04	合格		国家建筑节能产品质量监督检验中心
制造商：广东佛山圣诺地奥陶瓷有限公司 生产厂：沈阳浩松陶瓷有限公司	辽宁省	陶瓷砖（典雅复古砖）	圣诺地奥	（300×300×9.5）mm	优等品	SOH330005A	合格		国家建筑节能产品质量监督检验中心
制造商：佛山市鑫涛乐陶瓷有限公司 生产厂：沈阳泰一陶瓷有限公司	辽宁省	陶瓷砖	库伦特	（800×800×10.3）mm	优等品	2012-04-29	合格		国家建筑节能产品质量监督检验中心
制造商：佛山市泰昌祥陶瓷有限公司 生产厂：沈阳隆盛陶瓷有限公司	辽宁省	陶瓷砖	鑫涛	（600×600×9.0）mm	优等品	2012-05-12	合格		国家建筑节能产品质量监督检验中心
制造商：广东马可贝尔陶瓷有限公司 生产厂：沈阳兴发陶瓷有限公司	辽宁省	陶瓷砖	马可贝尔	（300×450）mm	优等品	2012-05-15/A7	合格		国家建筑节能产品质量监督检验中心

续表

企业名称	所在地	产品名称	商标	规格型号	产品等级	生产日期（批号）	抽查结果	主要不合格项目	承检机构
制造商：佛山市清韵陶瓷有限公司 生产厂：沈阳天强陶瓷有限公司	辽宁省	陶瓷砖	塞诺维亚	（300×300×10）mm	优等品	2012-06-11/S6601D	合格		国家建筑节能产品质量监督检验中心
制造商：佛山市顺鑫陶瓷有限公司 生产厂：沈阳顺鑫陶瓷有限公司	辽宁省	陶瓷砖	皇典	（300×450×10）mm	优等品	2012-05-28/A06	合格		国家建筑节能产品质量监督检验中心
上海亚细亚陶瓷有限公司	上海市	亚细亚瓷砖	亚细亚	Q45012；M30cm×45cm	优等品	2012-04-30/YRZF10	合格		国家建筑五金材料产品质量监督检验中心
上海斯米克建筑陶瓷股份有限公司	上海市	斯米克水晶石	CIMIC	30×45(cm) GL/VWK-OOOM	优等品	01/05/12,N55OY125	合格		国家建筑五金材料产品质量监督检验中心
苏州伊奈建材有限公司	江苏省	瓷质外墙砖	INAX	(45×145×6.7)mm	——	2011-10-20/201110201	合格		国家建材产品质量监督检验中心（南京）
信益陶瓷（中国）有限公司	江苏省	陶质砖	冠军	(300×450×9.2)mm	——	2012-04-14/0058152	合格		国家建材产品质量监督检验中心（南京）
杭州诺贝尔集团有限公司	浙江省	诺贝尔瓷砖	诺贝尔	W25111；(250×330×8.5)mm	优等品	11102910/32963U	合格		国家建筑五金材料产品质量监督检验中心
制造商：佛山市伊泰力陶瓷有限公司 生产厂：温州天龙陶瓷有限公司	浙江省	莱克斯陶瓷砖	莱克斯	7792；(250×400×7.4)mm	优等品	120602	合格		国家建筑五金材料产品质量监督检验中心
温州市宏康陶瓷有限公司	浙江省	诺莱尔陶瓷砖	诺莱尔	35019；(250×330) mm	优等品	120607	合格		国家建筑五金材料产品质量监督检验中心
温州市龙湾永进陶瓷有限公司	浙江省	逸骋陶瓷	澳达维盛	A07；(250×400)mm	优等品	2012-06-06	合格		国家建筑五金材料产品质量监督检验中心
制造商：佛山市波尔登陶瓷有限公司 生产厂：温州市新艺陶瓷制造有限公司	浙江省	波尔登陶瓷	波尔登	65000/16；(250×330)mm	优等品	2012-05-31	合格		国家建筑五金材料产品质量监督检验中心
温州市龙湾宏丰陶瓷有限公司	浙江省	宏璟陶瓷	宏璟	580；（200×300)mm	优等品	2012-06-06	合格		国家建筑五金材料产品质量监督检验中心
温州市龙湾东方红陶瓷有限公司	浙江省	艺术水晶砖	火箭	01；(300×200×6) mm	优等品	2012-05-14	合格		国家建筑五金材料产品质量监督检验中心
温州市龙湾新中联陶瓷有限公司	浙江省	居仕雅	居仕雅	5200；(200×300×7.2)mm	优等品	0604	合格		国家建筑五金材料产品质量监督检验中心

续表

企业名称	所在地	产品名称	商标	规格型号	产品等级	生产日期（批号）	抽查结果	主要不合格项目	承检机构
温州市龙湾美尔达陶瓷有限公司	浙江省	美尔达陶瓷	美尔达	M45203/R9；(300×450)mm	优等品	120603	合格		国家建筑五金材料产品质量监督检验中心
制造商：佛山市龙帝陶瓷有限公司 生产厂：温州亚泰陶瓷有限公司	浙江省	龙帝陶瓷	龙帝	RL 46733/31；(300×600×9.3)mm	优等品	120322	合格		国家建筑五金材料产品质量监督检验中心
淮北市惠尔普建筑陶瓷有限公司	安徽省	陶瓷砖	惠尔普陶瓷	(600×600×9.3)mm	合格品	1206160073	合格		国家建筑卫生陶瓷质量监督检验中心
淮北伯爵陶瓷有限公司	安徽省	高级釉面砖	诺帝尔	(300×450×8.5)mm	合格品	5500	合格		国家建筑卫生陶瓷质量监督检验中心
福建省闽清豪业陶瓷有限公司	福建省	地砖（细炻砖）	精艺瓷	(330×330×8.7)mm	——	2012-06-06	合格		国家建材产品质量监督检验中心（南京）
福建省闽清金城陶瓷有限公司	福建省	内墙砖（陶质砖）	优派	(250×330×7.2)mm	——	2012-06-02	合格		国家建材产品质量监督检验中心（南京）
福建七彩陶瓷有限公司	福建省	釉面砖（炻瓷砖）	七彩	(45×145×6.4)mm	——	2012-05-30	合格		国家建材产品质量监督检验中心（南京）
福建省晋江瓷灶钱埔泉盛建材厂	福建省	通体砖（炻瓷砖）	国邦	(45×145×6.5)mm	——	2012-03-15	合格		国家建材产品质量监督检验中心（南京）
晋江鑫圣亚陶瓷实业有限公司	福建省	劈开砖（炻瓷砖）	鑫霸	(60×240×6.5)mm	——	2012-06-03	合格		国家建材产品质量监督检验中心（南京）
福建省晋江市碧圣建材有限公司	福建省	通体砖（炻瓷砖）	碧圣	(60×200×6.5)mm	——	2012-05-14/20120514	合格		国家建材产品质量监督检验中心（南京）
福州中陶实业有限公司	福建省	尊陶内墙砖（陶质砖）	——	(300×450×9.4)mm	——	2012-05-18	合格		国家建材产品质量监督检验中心（南京）
福建省闽清富兴陶瓷有限公司	福建省	釉面内墙砖（陶质砖）	富兴	(300×450×8.7)mm	——	2012-05-20	合格		国家建材产品质量监督检验中心（南京）
福建省闽清蓝天陶瓷有限公司	福建省	釉面内墙砖（陶质砖）	益得	(200×300×6.9)mm	——	2012-06-08	合格		国家建材产品质量监督检验中心（南京）
福建省闽清新东方陶瓷有限公司	福建省	内墙砖（陶质砖）	依俪斯	(300×450×9.4)mm	——	2012-04-13	合格		国家建材产品质量监督检验中心（南京）
福建省晋江豪万陶瓷有限公司	福建省	通体砖（炻瓷砖）	豪万	(45×145×6.4)mm	——	2012-05-06	合格		国家建材产品质量监督检验中心（南京）
福建省晋江市内坑鸿新建材有限公司	福建省	通体砖（炻瓷砖）	鸿新	(45×145×6.0)mm	——	2012-06-03	合格		国家建材产品质量监督检验中心（南京）

续表

企业名称	所在地	产品名称	商标	规格型号	产品等级	生产日期（批号）	抽查结果	主要不合格项目	承检机构
福建省晋江协隆陶瓷有限公司	福建省	劈开砖（无釉砖）	协盛	(60×240×11)mm	——	2012-04-24	合格		国家建材产品质量监督检验中心（南京）
福建省晋江市矿建釉面砖厂	福建省	通体砖（炻瓷砖）	美胜	(52×235×7.0)mm	——	2012-06-01	合格		国家建材产品质量监督检验中心（南京）
福建省晋江市燕山建陶有限公司	福建省	瓷砖（细炻砖）	三燕	(45×45×5.6)mm	——	2012-06-05	合格		国家建材产品质量监督检验中心（南京）
晋江前兴陶瓷有限公司	福建省	通体砖（炻瓷砖）	阔兴	(45×195×6.7)mm	——	2012-03-15	合格		国家建材产品质量监督检验中心（南京）
福建省晋江豪山建材有限公司	福建省	通体砖（炻瓷砖）	豪山	(60×240×11)mm	——	2012-06-03	合格		国家建材产品质量监督检验中心（南京）
福建华泰集团有限公司	福建省	仿古砖（炻瓷砖）	华鸿	(330×330×8.5)mm	——	2012-06-05	合格		国家建材产品质量监督检验中心（南京）
福建晋江市祥达陶瓷有限公司	福建省	祥达通体砖（炻瓷砖）	祥达	(45×95×6.4)mm	——	2012-03-12	合格		国家建材产品质量监督检验中心（南京）
晋江市品质陶瓷建材有限公司	福建省	劈开砖（炻瓷砖）	国星	(60×240)mm	——	2012-05-14	合格		国家建材产品质量监督检验中心（南京）
晋江鸿基建材有限公司	福建省	通体砖（炻瓷砖）	鹏程	(60×200×6.5)mm	——	2011-11-19	合格		国家建材产品质量监督检验中心（南京）
福建省南安市九洲瓷业有限公司	福建省	通体砖（炻瓷砖）	九洲龙	(45×145×6.5)mm	——	2012-05-01	合格		国家建材产品质量监督检验中心（南京）
福建省南安市协辉陶瓷有限公司	福建省	文化砖（细炻砖）	协辉	(250×500)mm	——	2012-05-10	合格		国家建材产品质量监督检验中心（南京）
南安协进建材有限公司	福建省	外墙装饰瓷砖（瓷质砖）	协进	(45×195×6.2)mm	——	2012-05-17	合格		国家建材产品质量监督检验中心（南京）
福建省南安市鹰山陶瓷有限公司	福建省	通体砖（炻瓷砖）	鹰山	(45×145×6.0)mm	——	2012-04-25	合格		国家建材产品质量监督检验中心（南京）
高安市三星陶瓷有限公司	江西省	高级瓷质耐磨砖	星徽	(600×600)mm；601	优等品	2012-05-30	合格		国家建筑五金材料产品质量监督检验中心
江西瑞源陶瓷有限公司	江西省	玻化砖	沁园春	(600×600)mm	优等品	2012-06-04	合格		国家建筑五金材料产品质量监督检验中心
高安市宏信陶瓷有限公司	江西省	内墙釉面砖	粤洁	(300×450×9.5)mm	优等品	12E16	合格		国家建筑五金材料产品质量监督检验中心

续表

企业名称	所在地	产品名称	商标	规格型号	产品等级	生产日期（批号）	抽查结果	主要不合格项目	承检机构
江西恒达利陶瓷建材有限公司	江西省	恒达瓷砖	恒达	(600×600×9.8)mm	优等品	2012-04-25	合格		国家建筑五金材料产品质量监督检验中心
江西新中英陶瓷有限公司	江西省	全瓷玻化砖	欧卡罗	(600×600)mm	优等品	2012-04-26	合格		国家建筑五金材料产品质量监督检验中心
高安寰宝陶瓷有限公司	江西省	陶瓷砖	顺嘉宝	(300×450)mm；A3124	优等品	2012-05-09	合格		国家建筑五金材料产品质量监督检验中心
江西瑞福祥陶瓷有限公司	江西省	陶瓷砖	瑞福祥	(300×450)mm；P88038	优等品	12F06	合格		国家建筑五金材料产品质量监督检验中心
江西罗纳尔陶瓷有限公司	江西省	完全玻化石	罗纳尔	(600×600×9.6)mm	优等品	2012-06-04	合格		国家建筑五金材料产品质量监督检验中心
江西省高安市仁牌陶瓷有限公司	江西省	陶瓷砖	王者天地	(300×450)mm；E77258	优等品	120526	合格		国家建筑五金材料产品质量监督检验中心
江西长城陶瓷有限公司	江西省	陶瓷砖	康驰	(300×450)mm；55263	优等品	2012-06	合格		国家建筑五金材料产品质量监督检验中心
江西美尔康陶瓷有限公司	江西省	内墙砖	美帝雅	(300×450)mm	优等品	2012-05-26	合格		国家建筑五金材料产品质量监督检验中心
江西太阳陶瓷有限公司	江西省	仿古砖	路易保罗	L67207；(600×600×10)mm	优等品	120529	合格		国家建筑五金材料产品质量监督检验中心
江西国员陶瓷有限公司	江西省	陶瓷砖	国员陶瓷	GK4088D；(300×450)mm	优等品	2012-05-10	合格		国家建筑五金材料产品质量监督检验中心
江西和发陶瓷有限公司	江西省	金属釉墙地砖	和发	H33016；(300×300)mm	优等品	2012-03	合格		国家建筑五金材料产品质量监督检验中心
江西金利源陶瓷有限公司	江西省	全瓷玻化砖	金博达	J6304；(600×600)mm	优等品	2012-04-03	合格		国家建筑五金材料产品质量监督检验中心
江西新瑞景陶瓷有限公司	江西省	外墙砖	瑞景	(60×200)mm	优等品	120502	合格		国家建筑五金材料产品质量监督检验中心
江西精诚陶瓷有限公司	江西省	瓷质仿古砖	富士康家	(600×600)mm	优等品	2012-06-06	合格		国家建筑五金材料产品质量监督检验中心
江西欧雅陶瓷有限公司	江西省	陶瓷砖	卡尔丹顿	(300×450×9.5)mm；CA1001	优等品	12E12	合格		国家建筑五金材料产品质量监督检验中心
江西鑫鼎陶瓷有限公司	江西省	外墙砖	昇鼎	(113×256)mm；2576	优等品	120607	合格		国家建筑五金材料产品质量监督检验中心

续表

企业名称	所在地	产品名称	商标	规格型号	产品等级	生产日期（批号）	抽查结果	主要不合格项目	承检机构
江西富利高陶瓷有限公司	江西省	内墙砖	天伟	(300×450)mm	优等品	2012-03-16	合格		国家建筑五金材料产品质量监督检验中心
江西金牛陶瓷有限公司	江西省	陶瓷砖	金牛	SAR8016；(300×450)mm	优等品	2012-03-17	合格		国家建筑五金材料产品质量监督检验中心
江西东方王子陶瓷有限公司	江西省	陶瓷砖	奥路丝	(300×450)mm；6528	优等品	2012-06-06	合格		国家建筑五金材料产品质量监督检验中心
江西恒辉陶瓷有限公司	江西省	瓷质抛光砖	恒辉	HH9603；(600×600)mm	优等品	2012-05-26	合格		国家建筑五金材料产品质量监督检验中心
江西普京陶瓷有限公司	江西省	陶瓷砖	伟特	319445；(300×450×9.3)mm	优等品	2012-06-06	合格		国家建筑五金材料产品质量监督检验中心
江西新明珠建材有限公司	江西省	釉面内墙砖	德美	(300×450×9.3)mm；DQRA83581	优等品	2012-04-13	合格		国家建筑五金材料产品质量监督检验中心
江西金环陶瓷有限公司	江西省	五环陶瓷	五环	(600×600)mm	优等品	2012-06-06	合格		国家建筑五金材料产品质量监督检验中心
山东统一陶瓷科技有限公司	山东省	瓦伦蒂诺复古生态砖	瓦伦蒂诺	（600×600×10）mm	合格品	2012-05-17	合格		国家建筑卫生陶瓷质量监督检验中心
临沂市连顺建陶有限公司	山东省	南粤瓷砖	南粤	（300×450×9.6）mm	合格品	2012-06-18	合格		国家建筑卫生陶瓷质量监督检验中心
临沂金森建陶有限公司	山东省	普罗米金脉石瓷砖	普罗米	（800×800×10）mm	合格品	2012-06-12	合格		国家建筑卫生陶瓷质量监督检验中心
山东江泉实业股份有限公司江兴建筑陶瓷厂	山东省	超洁亮抛光砖	天地瓷砖	（600×600×10）mm	合格品	1202	合格		国家建筑卫生陶瓷质量监督检验中心
临沂佳贝特建陶有限公司	山东省	佳贝特陶瓷	佳贝特	（300×450×9.8）mm	合格品	2012-06-10	合格		国家建筑卫生陶瓷质量监督检验中心
临沂顺成建陶有限公司	山东省	罗马皇宫陶瓷	罗马皇宫	（300×450×9.8）mm	合格品	2012-06-10	合格		国家建筑卫生陶瓷质量监督检验中心
临沂佳宝陶瓷有限公司	山东省	卡贝尔瓷砖	卡贝尔 CaBell	（300×450×9）mm	合格品	2012-06-16	合格		国家建筑卫生陶瓷质量监督检验中心
临沂沂州建陶有限公司	山东省	精工砖超洁亮	地王	（600×600×9.6）mm	合格品	2012-03-27	合格		国家建筑卫生陶瓷质量监督检验中心
信益陶瓷（蓬莱）有限公司	山东省	冠军瓷砖	冠军	（300×600×9.4）mm	合格品	2012-06-07	合格		国家建筑卫生陶瓷质量监督检验中心

续表

企业名称	所在地	产品名称	商标	规格型号	产品等级	生产日期（批号）	抽查结果	主要不合格项目	承检机构
淄博狮子王陶瓷有限公司	山东省	普拉提	金煜	（800×800×11）mm	合格品	2012-06-21	合格		国家建筑卫生陶瓷质量监督检验中心
淄博舜元建陶有限公司	山东省	超白天玉石	舜元	（800×800×10.5）mm	合格品	2012-06-21	合格		国家建筑卫生陶瓷质量监督检验中心
淄博双颖陶瓷有限公司	山东省	艺术砖	史蒂芬	（300×300×9.9）mm	合格品	2012-05-18	合格		国家建筑卫生陶瓷质量监督检验中心
淄博强赛特陶瓷有限公司	山东省	华韵艺术砖	金狮王	（600×600×9.9）mm	合格品	2012-06-19	合格		国家建筑卫生陶瓷质量监督检验中心
淄博邦德陶瓷有限公司	山东省	柯尼斯陶瓷	柯尼斯	（300×600×9.8）mm	合格品	2012-06-22	合格		国家建筑卫生陶瓷质量监督检验中心
山东嘉丽雅陶瓷股份有限公司	山东省	釉面砖	东鹏瓷砖	（300×450×9）mm	合格品	2012-02-16	合格		国家建筑卫生陶瓷质量监督检验中心
淄博雍大陶瓷有限公司	山东省	聚晶透晶渗花超洁亮系列	惠中	（800×800×10.5）mm	合格品	2012-06-09	合格		国家建筑卫生陶瓷质量监督检验中心
淄博北方陶瓷有限公司	山东省	铂金石超洁亮	汇林	（800×800×11）mm	合格品	2012-06-20	合格		国家建筑卫生陶瓷质量监督检验中心
山东国润陶瓷有限公司	山东省	超洁亮全透晶石	国润	（800×800×11.5）mm	合格品	2012-06-20	合格		国家建筑卫生陶瓷质量监督检验中心
淄博佳汇建陶有限公司	山东省	万友瓷砖-不透水内墙砖	万友	（300×600×9.7）mm	合格品	2012-06-16	合格		国家建筑卫生陶瓷质量监督检验中心
淄博峰霞陶瓷有限公司	山东省	独家超白玻化砖	独家陶瓷	（800×800×10.5）mm	合格品	2012-06-05	合格		国家建筑卫生陶瓷质量监督检验中心
淄博狮王陶瓷有限公司	山东省	玉玲珑系列超白聚晶	狮王陶瓷	（800×800×11.3）mm	合格品	2012-06-19	合格		国家建筑卫生陶瓷质量监督检验中心
山东亚细亚陶瓷有限公司	山东省	陶质砖	亚细亚	（300×450×9.0）mm	合格品	2012-04-30	合格		国家建筑卫生陶瓷质量监督检验中心
山东米开朗陶瓷有限公司	山东省	普拉提	米开朗	（600×600×9.5）mm	合格品	2012-06-10	合格		国家建筑卫生陶瓷质量监督检验中心
山东玉玺陶瓷有限公司	山东省	玉玺生态砖	玉玺	（600×600×9.5）mm	合格品	2012-06-16	合格		国家建筑卫生陶瓷质量监督检验中心
山东齐都陶瓷有限公司	山东省	普拉提	齐都	（800×800×10.5）mm	合格品	2012-06-10	合格		国家建筑卫生陶瓷质量监督检验中心

续表

企业名称	所在地	产品名称	商标	规格型号	产品等级	生产日期（批号）	抽查结果	主要不合格项目	承检机构
制造商：佛山市居仕雅陶瓷有限公司 生产厂：安阳市新南亚陶瓷有限公司	河南省	陶瓷砖（迪贝尔瓷砖）	迪贝尔	（300×450）mm	优等品	2012-06-08/9101A	合格		国家建筑节能产品质量监督检验中心
制造商：佛山市南冠陶瓷有限公司 生产厂：新乡市金博尔陶瓷有限公司	河南省	陶瓷砖	南冠	（300×450）mm	优等品	2012-05-18/45013A	合格		国家建筑节能产品质量监督检验中心
制造商：佛山市帝福尼陶瓷有限公司 生产厂：洛阳国邦陶瓷有限公司	河南省	陶瓷砖（王牌国邦精工砖）	王牌国邦	（800×800）mm	优等品	2012-05-23/WJ8311	合格		国家建筑节能产品质量监督检验中心
制造商：佛山市喜来福陶瓷有限公司 生产厂：汝阳强盛陶瓷有限公司	河南省	陶瓷砖（魅力印象陶瓷）	魅力印象	（300×450）mm	优等品	2012-06-15/EM76118	合格		国家建筑节能产品质量监督检验中心
汝阳名原陶瓷有限公司	河南省	陶瓷砖（名原陶瓷）	宝尔佳	（300×300）mm	优等品	2012-06-12	合格		国家建筑节能产品质量监督检验中心
汝阳中洲陶瓷有限公司	河南省	陶瓷砖	欧美佳	（299×199×7.2）mm	优等品	2012-03-20	合格		国家建筑节能产品质量监督检验中心
制造商：佛山市欧伯雅陶瓷有限公司 生产厂：南阳新豪地陶瓷有限公司	河南省	陶瓷砖（圣地亚格陶瓷）	圣地亚格	（600×600）mm	工程优级	2012-06-16/SL6020	合格		国家建筑节能产品质量监督检验中心
制造商：广东佛山赛米特陶瓷有限公司 生产厂：罗山县新时代陶瓷有限公司	河南省	陶瓷砖（赛米特陶瓷）	赛米特	（300×450）mm	优等品	2012-06-16	合格		国家建筑节能产品质量监督检验中心
制造商：佛山市圣珞沙陶瓷有限公司 生产厂：安阳中福陶瓷有限公司	河南省	陶瓷砖（万佳陶瓷）	万佳	（600×600×10）mm	优等品	2012-02-17	合格		国家建筑节能产品质量监督检验中心
制造商：佛山市吉信陶瓷有限公司 生产厂：安阳新明珠陶瓷有限公司	河南省	陶瓷砖（布拉提系列）	亚美亚	（800×800）mm	优等品	2012-06-10	合格		国家建筑节能产品质量监督检验中心

续表

企业名称	所在地	产品名称	商标	规格型号	产品等级	生产日期（批号）	抽查结果	主要不合格项目	承检机构
制造商：佛山陶喜居陶瓷有限公司 生产厂：河南安阳日日升陶瓷有限公司	河南省	陶瓷砖（普拉提超闪亮系列）	陶喜居	（600×600×9.5）mm	优等品	2012-05-27	合格		国家建筑节能产品质量监督检验中心
制造商：广东省佛山市鑫盛源陶瓷有限公司 生产厂：安阳福惠陶瓷有限公司	河南省	陶瓷砖（天美意瓷砖）	天美意	（800×800×10）mm	优等品	2012-06-06	合格		国家建筑节能产品质量监督检验中心
湖北宝加利陶瓷有限公司	湖北省	瓷质抛光砖	宝加利	（600×600×9.5）mm	合格品	2012-05-22	合格		国家建筑装修材料质量监督检验中心
湖北新万兴瓷业有限公司	湖北省	瓷质砖	万茂	（800×800×10.2）mm	合格品	2012-06-08	合格		国家建筑装修材料质量监督检验中心
湖北帝豪陶瓷有限公司	湖北省	釉面内墙砖	陶工匠	（450×300×9.5）mm	合格品	2011-09-02	合格		国家建筑装修材料质量监督检验中心
湖北大地陶瓷有限公司	湖北省	釉面内墙砖	盛邦陶瓷	（300×450×9.2）mm	合格品	2012-06-07	合格		国家建筑装修材料质量监督检验中心
湖南衡利丰陶瓷有限公司	湖南省	抛光砖	衡利丰陶瓷	（600×600×9.5）mm	优等品	2012-05-03	合格		福建省产品质量检验研究院
湖南兆邦陶瓷有限公司	湖南省	瓷质抛光砖	兆邦	（800×800×10.5）mm	优等品	2012-06-01	合格		福建省产品质量检验研究院
湖南华雄陶瓷有限公司	湖南省	仿古砖	陶夫人	（600×600×10）mm	优等品	2012-05-20	合格		福建省产品质量检验研究院
湖南天欣科技股份有限公司	湖南省	同喜仿古砖	同喜	（600×600×10）mm	优等品	2012-06-10	合格		福建省产品质量检验研究院
广东东鹏陶瓷股份有限公司	广东省	玻化砖	DONG-PENG 东鹏	（800×800×11）mm	优等品	2012-05-31/OY01120130	合格		国家建筑装修材料质量监督检验中心
广东兴辉陶瓷集团有限公司	广东省	瓷质抛光砖	兴辉 SANFI	（800×800×11.2）mm	优等品	2012-06-06/HC0820N	合格		国家建筑装修材料质量监督检验中心
广东金牌陶瓷有限公司	广东省	瓷质抛光砖	金牌亚洲	（800×800×10.5）mm	优等品	2012-06-12/JTW80674	合格		国家建筑装修材料质量监督检验中心
广东金意陶陶瓷有限公司	广东省	瓷质仿古砖	KITO 金意陶	（800×800×13.3）mm	优等品	2012-04-06/K080940KAF	合格		国家建筑装修材料质量监督检验中心
广东欧雅陶瓷有限公司	广东省	瓷质抛光砖	YINIBAO 意利宝陶瓷	（800×800×11.0）mm	优等品	2012-01-10/YP-KZ80835	合格		国家建筑装修材料质量监督检验中心

续表

企业名称	所在地	产品名称	商标	规格型号	产品等级	生产日期（批号）	抽查结果	主要不合格项目	承检机构
佛山欧神诺陶瓷股份有限公司	广东省	瓷质抛光砖	OCEANO 欧神诺	(800×800×10.5) mm	优等品	2012-06-07/C120601	合格		国家建筑装修材料质量监督检验中心
广东博德精工建材有限公司	广东省	瓷质抛光砖	BODE 博德	(600×600×10.0) mm	优等品	2012-05-06/BT304	合格		国家建筑装修材料质量监督检验中心
佛山石湾鹰牌陶瓷有限公司	广东省	瓷质抛光砖	鹰牌	(800×800×11.2) mm	优等品	2012-04-26/EOFA-J03E	合格		国家建筑装修材料质量监督检验中心
广东骏仕陶瓷有限公司	广东省	瓷质抛光砖	JUIMSI	(600×600×9.6) mm	优等品	2012-06-10/PB63100A	合格		国家建筑装修材料质量监督检验中心
佛山市南海升华陶瓷有限公司	广东省	瓷质抛光砖	SHENG HUA	(600×600×9.6) mm	优等品	2012-06-01/SHF6513-3T	合格		国家建筑装修材料质量监督检验中心
广东新明珠陶瓷集团有限公司	广东省	瓷质抛光砖	冠珠	(800×800×11.3) mm	优等品	2012-05-14/GW88804	合格		国家建筑装修材料质量监督检验中心
佛山百利丰建材有限公司	广东省	陶瓷砖	裕景陶瓷	(300×450×9.5) mm	优等品	2012-04-05/1-PT450000G	合格		国家建筑装修材料质量监督检验中心
广东新润成陶瓷有限公司	广东省	瓷质抛光砖	新润成	(800×800×10.8) mm	优等品	2012-05-28/SP8319T	合格		国家建筑装修材料质量监督检验中心
广东蒙娜丽莎新型材料集团有限公司	广东省	瓷质抛光砖	蒙娜丽莎 MON-ALISA	(800×800×10.7) mm	优等品	2012-06-07/8WYSP0005CM	合格		国家建筑装修材料质量监督检验中心
佛山市金巴利陶瓷有限公司	广东省	瓷质抛光砖	金巴利	(800×800×10.5) mm	优等品	2012-06-08/JS8339	合格		国家建筑装修材料质量监督检验中心
广东汇亚陶瓷有限公司	广东省	瓷质抛光砖	汇亚 HUIYA	(800×800×11.0) mm	优等品	2012-04-26/8SPXF002A	合格		国家建筑装修材料质量监督检验中心
佛山市阳光陶瓷有限公司	广东省	瓷质抛光砖	维罗生态砖 VERO-TILES	(800×800×10.5) mm	优等品	2012-05-19/8KLP005	合格		国家建筑装修材料质量监督检验中心
广东宏陶陶瓷有限公司	广东省	瓷质抛光砖	WINTO 宏陶精工	(800×800×11.1) mm	优等品	2012-06-07/TPQ80-148	合格		国家建筑装修材料质量监督检验中心
佛山市骆驼陶瓷有限公司	广东省	瓷质抛光砖	CAM-ELRY	(800×800×11.4) mm	合格品	2012-04-12/CRA811	合格		国家建筑装修材料质量监督检验中心
佛山市利华陶瓷有限公司	广东省	瓷质抛光砖	利华陶瓷	(800×800×10.4) mm	优等品	2012-03-24/P20804S	合格		国家建筑装修材料质量监督检验中心

续表

企业名称	所在地	产品名称	商标	规格型号	产品等级	生产日期（批号）	抽查结果	主要不合格项目	承检机构
佛山市南海区广维创展装饰砖有限公司	广东省	瓷质抛光砖	广维	（600×600×10.0）mm	优等品	2012-06-08/AL-F2606	合格		国家建筑装修材料质量监督检验中心
佛山市三水威特精工建材有限公司	广东省	瓷质仿古砖（有釉）	WINCUN 威俊	（800×800×11.0）mm	优等品	2012-05-20/A-8E56P	合格		国家建筑装修材料质量监督检验中心
佛山高明顺成陶瓷有限公司	广东省	瓷质抛光砖	顺辉 SH	（600×600×10.0）mm	优等品	2012-04-02/F-SPJ6853	合格		国家建筑装修材料质量监督检验中心
佛山市高明汇德邦陶瓷有限公司	广东省	瓷质抛光砖	VIGOR-BOOM 汇德邦	（800×800×10.5）mm	一级品	2012-05-06/PM81021	合格		国家建筑装修材料质量监督检验中心
佛山市威臣陶瓷有限公司	广东省	瓷质抛光砖	柏戈斯	（800×800×10.6）mm	优等品	2012-06-04/BBL3832	合格		国家建筑装修材料质量监督检验中心
佛山市金舵陶瓷有限公司	广东省	瓷质抛光砖	金舵 JIN-DUO	（800×800×11.4）mm	合格品	2012-05-30/TPX8512	合格		国家建筑装修材料质量监督检验中心
佛山市南海安基装饰砖集团有限公司	广东省	瓷质抛光砖	安基 AJ	（800×800×10.5）mm	优等品	2012-05-04/AZ8001JL	合格		国家建筑装修材料质量监督检验中心
佛山市和美陶瓷有限公司	广东省	瓷质仿古砖（有釉）	合美	（800×800×12.0）mm	优等品	2012-05-21/2H81015P	合格		国家建筑装修材料质量监督检验中心
广东强辉陶瓷有限公司	广东省	瓷质抛光砖	强辉 QHTC	（800×800×11.5）mm	优等品	2012-02-29/CS8020B	合格		国家建筑装修材料质量监督检验中心
制造商：广东唯美陶瓷有限公司 生产厂：东莞市唯美陶瓷工业园有限公司	广东省	仿古砖	马可波罗	（600×600×10）mm	合格品	2012-05-12	合格		福建省产品质量检验研究院
肇庆市瑞朗陶瓷有限公司	广东省	抛光砖	——	（600×600×9.5）mm	合格品	2011-10-09	合格		福建省产品质量检验研究院
肇庆市中恒陶瓷有限公司	广东省	高级釉面砖	骏仕	（300×600×10）mm	合格品	2012-06-12	合格		福建省产品质量检验研究院
广东陶一朗陶瓷有限公司	广东省	釉面砖	陶一郎	（300×300×9.5）mm	合格品	2012-03-14	合格		福建省产品质量检验研究院
高要市新时代陶瓷有限公司	广东省	内墙砖	名邦	（300×300×9.6）mm	合格品	2012-05-15	合格		福建省产品质量检验研究院
高要市将军陶瓷有限公司	广东省	釉面内墙砖	大将军	（300×600×10.5）mm	合格品	2012-06-12	合格		福建省产品质量检验研究院
清远市冠星王陶瓷有限公司	广东省	雅光砖	冠星王	（600×600×10）mm	合格品	2012-06-02	合格		福建省产品质量检验研究院
清远市宝仕马陶瓷有限公司	广东省	耐磨砖	——	（600×600×9）mm	合格品	2012-06-01	合格		福建省产品质量检验研究院
清远市天域陶瓷有限公司	广东省	抛光砖	——	（600×600×9）mm	合格品	2011-05-15	合格		福建省产品质量检验研究院

续表

企业名称	所在地	产品名称	商标	规格型号	产品等级	生产日期（批号）	抽查结果	主要不合格项目	承检机构
广东英超陶瓷有限公司	广东省	抛光砖	——	（600×600×9.5）mm	合格品	2012-05-30	合格		福建省产品质量检验研究院
东莞市和美陶瓷有限公司	广东省	陶质砖	——	（450×300×9.8）mm	合格品	2011-12-01	合格		福建省产品质量检验研究院
广东中盛陶瓷有限公司	广东省	抛光砖	中盛	（800×800×10.4）mm	合格品	2012-06-26	合格		福建省产品质量检验研究院
制造商：佛山石湾鹰牌陶瓷有限公司 生产厂：鹰牌陶瓷实业（河源）有限公司	广东省	瓷质砖	鹰牌	（600×600×10.2）mm	合格品	2012-06-04	合格		福建省产品质量检验研究院
制造商：佛山市贝嘉利陶瓷有限公司 生产厂：河源市贝嘉利陶瓷有限公司	广东省	瓷质抛光砖	Becarry	（600×600×9.5）mm	合格品	2011-08-26	合格		福建省产品质量检验研究院
制造商：佛山市方圆陶瓷有限公司 生产厂：恩平市华昌陶瓷有限公司	广东省	仿古砖	楼兰	（600×150×10.2）mm	合格品	2012-04-01	合格		福建省产品质量检验研究院
制造商：佛山市南海冠德建材有限公司 生产厂：恩平市百强陶瓷有限公司	广东省	抛光砖	GDKM	（800×800×10.5）mm	合格品	2012-06-06	合格		福建省产品质量检验研究院
制造商：广东俊怡陶瓷企业有限公司 生产厂：恩平市俊豪陶瓷有限公司	广东省	釉面砖	威登堡	（300×450×9.5）mm	合格品	2012-06-16	合格		福建省产品质量检验研究院
恩平荣高陶瓷有限公司	广东省	仿古砖	荣高	（600×600×10）mm	合格品	2012-05-25	合格		福建省产品质量检验研究院
制造商：佛山市圣凡尔赛陶瓷有限公司 生产厂：恩平市景业陶瓷有限公司	广东省	仿古砖	——	（600×600×10）mm	合格品	2012-04-14	合格		福建省产品质量检验研究院
开平市立鑫建材有限公司	广东省	瓷质仿古砖	TILEE'S	（600×600×10）mm	合格品	2012-01-10	合格		福建省产品质量检验研究院
肇庆市来德利陶瓷有限公司	广东省	釉面内墙砖	来德利	（300×450×10）mm	合格品	2012-06-03	合格		福建省产品质量检验研究院
肇庆乐华陶瓷洁具有限公司	广东省	瓷质饰釉砖	箭	（600×600×10）mm	合格品	2012-04-30	合格		福建省产品质量检验研究院

续表

企业名称	所在地	产品名称	商标	规格型号	产品等级	生产日期（批号）	抽查结果	主要不合格项目	承检机构
清远市简一陶瓷有限公司	广东省	仿古砖	简一陶瓷	（600×600×9.8）mm	合格品	2012-03-10	合格		福建省产品质量检验研究院
广东清远蒙娜丽莎建陶有限公司	广东省	玻化抛光砖	蒙娜丽莎	（600×600×9.6）mm	合格品	2012-05-18	合格		福建省产品质量检验研究院
东鹏陶瓷（清远）有限公司	广东省	玻化砖	东鹏瓷砖	（800×800×11）mm	合格品	2012-02-22	合格		福建省产品质量检验研究院
清远市欧雅陶瓷有限公司	广东省	欧美陶瓷	欧美	（300×300×9）mm	合格品	2012-04-12	合格		福建省产品质量检验研究院
清远圣利达陶瓷有限公司	广东省	抛光砖	欧锦	（600×600×10）mm	合格品	2012-01-06	合格		福建省产品质量检验研究院
广东天弼陶瓷有限公司	广东省	天弼抛光砖	天弼	（600×600×10）mm	合格品	2012-06-07	合格		福建省产品质量检验研究院
清远南方建材卫浴有限公司	广东省	超洁亮抛光砖	圣德保	（600×600×9.5）mm	合格品	2012-05-01	合格		福建省产品质量检验研究院
珠海市斗门区旭日陶瓷有限公司	广东省	高级瓷质釉面外墙砖	白兔	（45×45×5.7）mm	合格品	2012-05-20	合格		福建省产品质量检验研究院
制造商：佛山市虎王陶瓷有限公司 生产厂：广西北流市永达陶瓷有限公司	广西壮族自治区	栀子花	——	（300×300×8.6）mm	优等品	2012-05-15	合格		福建省产品质量检验研究院
制造商：佛山市新中陶陶瓷有限公司 生产厂：广西新中陶陶瓷有限公司	广西壮族自治区	北江瓷砖	——	（600×600×9.5）mm	优等品	2012-05-10	合格		福建省产品质量检验研究院
制造商：佛山市瑞远陶瓷有限公司 生产厂：广西瑞远陶瓷有限公司	广西壮族自治区	勇将陶瓷	——	（300×300×9.5）mm	优等品	2012-05-02	合格		福建省产品质量检验研究院
制造商：佛山市金舵陶瓷有限公司 生产厂：广西新舵陶瓷有限公司	广西壮族自治区	爬墙虎系列高级釉面砖	——	（300×300×10）mm	优等品	2012-05-16	合格		福建省产品质量检验研究院
四川省新万兴瓷业有限公司	四川省	厨卫地砖（陶质砖）	圣堂	(300×300×9.2)mm	——	2011-11-15/TF1-34005	合格		国家建材产品质量监督检验中心（南京）
峨眉山金陶瓷业发展有限公司	四川省	陶质釉面砖（陶质砖）	名石	(300×300×10)mm	——	2012-03-20/BJ3002	合格		国家建材产品质量监督检验中心（南京）
四川盛峰陶瓷有限公司	四川省	瓷质砖	福布斯	(800×800×11)mm	优等品	2011-12-03	合格		国家建材产品质量监督检验中心（南京）
四川建辉陶瓷有限公司	四川省	釉面内墙砖（陶质砖）	建辉	(300×450)mm	优等品	2012-06-10	合格		国家建材产品质量监督检验中心（南京）

续表

企业名称	所在地	产品名称	商标	规格型号	产品等级	生产日期（批号）	抽查结果	主要不合格项目	承检机构
夹江县凯风陶瓷有限公司	四川省	瓷质砖	博瓷	(800×800×11)mm	——	2012-06-08	合格		国家建材产品质量监督检验中心（南京）
四川省米兰诺陶瓷有限公司	四川省	精工内墙砖（陶质砖）	米兰诺	(300×300×9.0)mm	优等品	2012-06-09/M103603	合格		国家建材产品质量监督检验中心（南京）
陕西隆达陶瓷有限公司	陕西省	陶瓷砖	富源	（300×450×9.3）mm	合格品	2012-06-16	合格		国家建筑卫生陶瓷质量监督检验中心
陕西千禾陶瓷有限公司	陕西省	抛晶砖	千禾陶瓷	（300×300×8.7）mm	合格品	2012-06-10	合格		国家建筑卫生陶瓷质量监督检验中心
咸阳三洋陶瓷有限公司	陕西省	相伴一生陶瓷	秦洋	（600×600×9）mm	合格品	2012-05-16	合格		国家建筑卫生陶瓷质量监督检验中心
咸阳康美特陶瓷有限公司	陕西省	陶瓷砖	景韵陶瓷	（600×600×9.5）mm	合格品	0403	合格		国家建筑卫生陶瓷质量监督检验中心
阳城福龙陶瓷有限公司	山西省	外墙砖	吉龙	（140×280×7.5）mm	合格品	2012-06-05/20120605	不合格	破坏强度	国家建筑装修材料质量监督检验中心
淮北新生活陶瓷有限公司	安徽省	陶瓷砖	瑞雷克斯	（200×300×7）mm	合格品	2011-10	不合格	破坏强度、断裂模数	国家建筑卫生陶瓷质量监督检验中心
淮北粤州陶瓷有限公司	安徽省	陶瓷砖	侨泰	（199×299×7.4）mm	合格品	2012-04	不合格	破坏强度、断裂模数、抗釉裂性	国家建筑卫生陶瓷质量监督检验中心
晋江市树林陶瓷实业有限公司	福建省	劈开砖（炻瓷砖）	泰宝山	(60×240×7.0)mm	——	2012-05-10/6493	不合格	吸水率	国家建材产品质量监督检验中心（南京）
晋江市昆鹏陶瓷建材有限公司	福建省	通体砖（炻瓷砖）	昆鹏	(45×145×6.0)mm	——	2012-06-01	不合格	吸水率	国家建材产品质量监督检验中心（南京）
福建省晋江市小虎陶瓷有限公司	福建省	通体劈开砖（炻瓷砖）	小虎	(60×240×6.7)mm	——	2012-06-05	不合格	吸水率	国家建材产品质量监督检验中心（南京）
晋江广达陶瓷有限公司	福建省	通体砖（细炻砖）	广达龙	(45×195×6)mm	——	2012-06-07	不合格	吸水率	国家建材产品质量监督检验中心（南京）
福建省晋江晋成陶瓷有限公司	福建省	外墙砖（细炻砖）	晋成	(100×200×7.0)mm	——	2012-06-06	不合格	吸水率	国家建材产品质量监督检验中心（南京）
上高瑞州陶瓷有限公司	江西省	通体砖	瑞州	T1268；(100×200) mm	优等品	2012-01-20	不合格	尺寸	国家建筑五金材料产品质量监督检验中心
江西冠溢陶瓷有限公司	江西省	陶瓷砖	冠佳	L66010；(60×240) mm	优等品	2012-02-13	不合格	尺寸	国家建筑五金材料产品质量监督检验中心

续表

企业名称	所在地	产品名称	商标	规格型号	产品等级	生产日期（批号）	抽查结果	主要不合格项目	承检机构
淄博立沣建筑陶瓷有限公司	山东省	齐王地砖	齐王	（600×600×9.5）mm	合格品	081236	不合格	吸水率	国家建筑卫生陶瓷质量监督检验中心
淄博国鹏陶瓷科技有限公司	山东省	陶瓷大理石	阿克米	（800×800×10）mm	合格品	2012-06-13	不合格	尺寸、吸水率	国家建筑卫生陶瓷质量监督检验中心
淄博国誉陶瓷有限公司	山东省	超洁亮	誉中	（600×600×10）mm	合格品	2012-06-18	不合格	尺寸	国家建筑卫生陶瓷质量监督检验中心
临沂市奥达建陶有限公司	山东省	奥易嘉	奥易嘉	（600×600×10）mm	合格品	2012-06-13	不合格	尺寸	国家建筑卫生陶瓷质量监督检验中心
罗山县粤特陶瓷有限责任公司	河南省	陶瓷砖（粤特陶瓷）	——	（250×330×8）mm	优等品	2501	不合格	破坏强度	国家建筑节能产品质量监督检验中心
河南远方陶瓷有限公司	河南省	陶瓷砖（吉家陶瓷）	吉家	（60×240）mm	优等品	6405	不合格	吸水率	国家建筑节能产品质量监督检验中心
制造商：佛山市凯帝雅陶瓷有限公司 生产厂：湖南凯美陶瓷有限公司	湖南省	青瓷文化石	（图形商标）	（200×100×10）mm	优等品	2012-05-16	不合格	吸水率、破坏强度	福建省产品质量检验研究院
广东金科陶瓷有限公司	广东省	瓷质抛光砖	金科	（800×800×11.3）mm	优等品	2011-08-13/Q8C800	不合格	断裂模数	国家建筑装修材料质量监督检验中心
广东欧文莱陶瓷有限公司	广东省	瓷质仿古砖（有釉）	OVER-LAND	（600×600×9.5）mm	合格品	2012-03-31/YI6C5001	不合格	放射性核素	国家建筑装修材料质量监督检验中心
制造商：佛山市金亚欧陶瓷有限公司 生产厂：广西亚欧瓷业有限公司	广西壮族自治区	奥帅陶瓷	奥帅	（600×600×10）mm	优等品	2012-04-03	不合格	尺寸	福建省产品质量检验研究院
四川省丹棱县恒发陶瓷厂	四川省	外墙砖（陶质砖）	恒发	(280×140×6.5)mm	——	2012-06-08	不合格	破坏强度、断裂模数	国家建材产品质量监督检验中心（南京）
夹江县鑫鹏瓷业有限公司	四川省	瓷质砖	福伦多	(600×600×9.5)mm	——	2012-05-08	不合格	吸水率	国家建材产品质量监督检验中心（南京）
陕西锦泰陶瓷股份有限公司	陕西省	陶瓷砖	爱格斯	（300×300×8.0）mm	合格品	Y3077	不合格	尺寸	国家建筑卫生陶瓷质量监督检验中心
宝鸡市申博陶瓷有限公司	陕西省	申博陶瓷	申博	（800×120×8.0）mm	合格品	2012-05-12	不合格	尺寸、破坏强度	国家建筑卫生陶瓷质量监督检验中心
宝鸡市景铃陶瓷有限责任公司	陕西省	景铃高级艺术砖	景铃	（400×600×8.6）mm	合格品	2012-05-18	不合格	尺寸	国家建筑卫生陶瓷质量监督检验中心

二、陶瓷坐便器产品质量国家监督抽查结果（2012 年 9 月 19 日发布）

质检总局、水利部、全国节约用水办公室公布 2012 年 3 类节水产品质量国家监督抽查结果，12 种陶瓷坐便器产品不合格，一半是“广东制造”。

本次共抽查了北京、天津、河北、上海、江苏、福建、江西、山东、河南、湖北、广东、重庆、四川等 13 个省、直辖市 160 家企业生产的 160 种陶瓷坐便器产品。依据《卫生陶瓷》GB 6952-2005、《便器水箱配件》JC987-2005 和经备案现行有效的企业标准及产品明示质量要求，对陶瓷坐便器产品的水封深度、水封表面面积、吸水率、便器用水量、洗净功能、固体排放功能、污水置换功能、坐便器水封回复、便器配套要求、管道输送特性、安全水位技术要求、进水阀 CL 标记、安装相对位置、防虹吸功能、进水阀密封性、排水阀密封、进水阀耐压性等 17 个项目进行了检验。

抽查发现有 12 种产品不符合标准的规定，涉及河南利雅德瓷业有限公司、长葛市加美陶瓷有限公司、河南省新郑市华裕陶瓷公司、郑州欧普陶瓷有限公司、禹州市华夏卫生陶瓷有限责任公司、宜都市惠宜陶瓷有限公司、潮安县古巷镇伯朗陶瓷厂、潮州市新群陶瓷实业有限公司、潮州市枫溪锦辉陶瓷厂、佛山市爱立华卫浴洁具有限公司、佛山市伊丽卫浴设备有限公司、佛山市安蒙建材科技有限公司等企。主要不合格项目为吸水率、便器用水量、洗净功能、密封性能、安全水位技术要求、安装相对位置。

质检总局表示，已责成相关省、直辖市质量技术监督部门按照有关法律法规，对本次抽查中不合格的产品及其生产企业依法进行处理。具体抽查结果如下：

陶瓷坐便器产品质量国家监督抽查产品及其企业名单　　表4-2

企业名称	所在地	产品名称	商标	规格型号	生产日期（批号）	抽查结果	主要不合格项目	承检机构
东陶机器（北京）有限公司	北京市	分体坐便器	TOTO	CW744RB/SW784B	2012-03-28	合格		国家建筑卫生陶瓷质量监督检验中心
美标（天津）陶瓷有限公司	天津市	陶瓷坐便器	American standard	cp-2070.002.04	2012-04-18	合格		国家建筑卫生陶瓷质量监督检验中心
惠达卫浴股份有限公司	河北省	连体坐便器 HDC6115	HUIDA	HDC6115	2012-04-21	合格		国家建筑卫生陶瓷质量监督检验中心
唐山华丽陶瓷有限公司	河北省	陶瓷坐便器	华丽HuaLi	42#	2010-08-05	合格		国家建筑卫生陶瓷质量监督检验中心
唐山新鹰卫浴有限公司	河北省	连体坐便器	YING	CB=116	2011-12-15	合格		国家建筑卫生陶瓷质量监督检验中心
唐山中陶实业有限公司	河北省	陶瓷坐便器	IMEX意中陶·卫浴	CA1098	2012-02-14	合格		国家建筑卫生陶瓷质量监督检验中心
东陶华东有限公司	上海市	连体坐便器	TOTO	CW854RB(6L)	2012-05-24	合格		国家排灌及节水设备产品质量监督检验中心
上海宏延卫浴设备开发实业有限公司	上海市	陶瓷坐便器	CASCADE	CS0313(普通型)	2012-05-08	合格		国家排灌及节水设备产品质量监督检验中心
上海劳达斯洁具有限公司	上海市	陶瓷坐便器	RODDEX	CT109A(普通型)	2012-03-02	合格		国家排灌及节水设备产品质量监督检验中心
上海美标陶瓷有限公司	上海市	IDS灵动风格加长型连体坐厕400mm	American Standard	CP-2041.702.04(6L)	2012-04-10	合格		国家排灌及节水设备产品质量监督检验中心

续表

企业名称	所在地	产品名称	商标	规格型号	生产日期（批号）	抽查结果	主要不合格项目	承检机构
上海维纳斯洁具有限公司	上海市	虹吸式坐便器	ORans欧路莎	OLS-992(6L)	2012-04-16	合格		国家排灌及节水设备产品质量监督检验中心
苏州伊奈建材有限公司	江苏省	连体式坐便器	INAX伊奈	GNC-300S-2C/BW1(6/4L节水型)	2012-05-16	合格		国家排灌及节水设备产品质量监督检验中心
无锡汇欧陶瓷有限公司	江苏省	陶瓷坐便器	——	C670(6L)	2012-05-20	合格		国家排灌及节水设备产品质量监督检验中心
和成（中国）有限公司	江苏省	单体省水马桶	HCG	C4650T(6L)	2012-05-18	合格		国家排灌及节水设备产品质量监督检验中心
华辉科技（中国）有限公司	福建省	陶瓷坐便器	SUNLOT	LD-77226	2011-06-24	合格		国家建筑卫生陶瓷质量监督检验中心
辉煌水暖集团有限公司	福建省	陶瓷坐便器	HHSN	HS1066-S	2012-05-11	合格		国家建筑卫生陶瓷质量监督检验中心
九牧集团有限公司	福建省	陶瓷坐便器	JOMOO	1176	2011-12-12	合格		国家建筑卫生陶瓷质量监督检验中心
福建南安市欧尔陶卫浴有限公司	福建省	陶瓷坐便器	欧尔陶/OLTO	OL-TZ1009	2012-05	合格		国家建筑卫生陶瓷质量监督检验中心
福建省南安市华盛建材有限公司	福建省	陶瓷坐便器	HHHS	H-TZ1211	2012-05	合格		国家建筑卫生陶瓷质量监督检验中心
泉州中宇陶瓷有限公司	福建省	陶瓷坐便器	中宇	(JoYou)JY60089	2012-04	合格		国家建筑卫生陶瓷质量监督检验中心
漳州万佳陶瓷工业有限公司	福建省	陶瓷坐便器	Bolina	W1151	2012-04	合格		国家建筑卫生陶瓷质量监督检验中心
制造商：佛山市顺德区乐华陶瓷洁具有限公司 生产厂：景德镇乐华陶瓷洁具有限公司	江西省	连体坐便器	ARROW	AB1122(6L)	2012-03-30	合格		国家排灌及节水设备产品质量监督检验中心
山东美林卫浴有限公司	山东省	连体坐便器	Milim	MC168A	2012-05-11	合格		国家建筑卫生陶瓷质量监督检验中心
淄博科勒有限公司	山东省	希玛龙 舒适型坐便器（水箱4620-W-0底座斗4285T-W-0）	KOHLER	3830T-0	2012-05	合格		国家建筑卫生陶瓷质量监督检验中心
河南美霖卫浴有限公司	河南省	陶瓷坐便器	GAODI高帝	113	2012-05-11	合格		国家建筑卫生陶瓷质量监督检验中心
长葛市春风瓷业有限公司	河南省	陶瓷坐便器	英伦	8#	2012-04-26	合格		国家建筑卫生陶瓷质量监督检验中心
长葛市飞达瓷业有限公司	河南省	陶瓷坐便器	Feida	A-01	2012-04-02	合格		国家建筑卫生陶瓷质量监督检验中心
长葛市恒尔瓷业有限公司	河南省	陶瓷坐便器	恒尔	6820	2012-04-18	合格		国家建筑卫生陶瓷质量监督检验中心
长葛市吉祥瓷业有限公司	河南省	陶瓷坐便器	雅格	A01	2012-05-06	合格		国家建筑卫生陶瓷质量监督检验中心

续表

企业名称	所在地	产品名称	商标	规格型号	生产日期（批号）	抽查结果	主要不合格项目	承检机构
长葛市蓝鲸卫浴有限公司	河南省	陶瓷坐便器	蓝鲸	LJ-232	2012-05	合格		国家建筑卫生陶瓷质量监督检验中心
长葛市新石梁瓷业有限公司	河南省	陶瓷坐便器	shiliang	1013型	2012-05-02	合格		国家建筑卫生陶瓷质量监督检验中心
长葛市远东陶瓷有限公司	河南省	陶瓷坐便器	好亿家	HYJ2028	2012-04-26	合格		国家建筑卫生陶瓷质量监督检验中心
河南蓝健陶瓷有限公司	河南省	陶瓷坐便器	lanjan蓝健	LJM-15	2012-04-29	合格		国家建筑卫生陶瓷质量监督检验中心
河南浪迪瓷业有限公司	河南省	陶瓷坐便器	LODO	LZ09006	2012-05-06	合格		国家建筑卫生陶瓷质量监督检验中心
河南明泰陶瓷制品有限公司	河南省	陶瓷坐便器	埃琳娜	13#	2012-04-01	合格		国家建筑卫生陶瓷质量监督检验中心
洛阳美迪雅瓷业有限公司	河南省	陶瓷坐便器	Medyag美迪雅阁	MLZ-0910	2012-04-26	合格		国家建筑卫生陶瓷质量监督检验中心
洛阳市闻洲瓷业有限公司	河南省	陶瓷坐便器	闻洲	W026	2012-04-15	合格		国家建筑卫生陶瓷质量监督检验中心
新郑市恒益陶瓷厂	河南省	陶瓷坐便器	HENGYI	6810	2012-04-28	合格		国家建筑卫生陶瓷质量监督检验中心
禹州富田瓷业有限公司	河南省	陶瓷坐便器	FTAN富田	328D	2012-05-10	合格		国家建筑卫生陶瓷质量监督检验中心
禹州市高点陶瓷厂	河南省	陶瓷坐便器	美尼佳	9608	2012-05-06	合格		国家建筑卫生陶瓷质量监督检验中心
禹州市明珠陶瓷有限公司	河南省	陶瓷坐便器	赛丹 SAIDAN	18#	2012-05-06	合格		国家建筑卫生陶瓷质量监督检验中心
禹州市欧亚陶瓷有限公司	河南省	陶瓷坐便器	欧兰奇(OULANQI)	601	2012-04-13	合格		国家建筑卫生陶瓷质量监督检验中心
禹州市中陶卫浴有限公司	河南省	陶瓷坐便器	mahadn曼哈顿	MLT-3107	2012-05-13	合格		国家建筑卫生陶瓷质量监督检验中心
舞阳县冠军瓷业有限责任公司	河南省	陶瓷坐便器	鹰之浴（KING WARE）	LZ017	2012-03-28	合格		国家建筑卫生陶瓷质量监督检验中心
湖北齐家陶瓷有限公司	湖北省	坐便器	润格卫浴 Runge	RG5021	2012-05-02	合格		国家陶瓷及水暖卫浴产品质量监督检验中心
潮安县安彼卫浴实业有限公司	广东省	陶瓷坐便器	ANBI安彼	3683(节水型6L)	2012-05-03	合格		国家排灌及节水设备产品质量监督检验中心
潮安县柏嘉陶瓷有限公司	广东省	陶瓷坐便器	monlsbath	3120(普通型9升)	2012-05-08	合格		国家排灌及节水设备产品质量监督检验中心
潮安县帝牌陶瓷卫浴有限公司	广东省	陶瓷坐便器	帝牌	R033(普通型)	2012-05-10	合格		国家排灌及节水设备产品质量监督检验中心
潮安县帝陶瓷业有限公司	广东省	陶瓷坐便器	帝陶	DT-291(普通型)	2012-05-09	合格		国家排灌及节水设备产品质量监督检验中心

续表

企业名称	所在地	产品名称	商标	规格型号	生产日期（批号）	抽查结果	主要不合格项目	承检机构
潮安县古巷镇汉高陶瓷厂	广东省	陶瓷坐便器	东姿	6649(节水型)	2012-05-15	合格		国家排灌及节水设备产品质量监督检验中心
潮安县古巷镇美冠陶瓷厂	广东省	陶瓷坐便器	MENG-LONG梦隆卫浴	803(普通型)	2012-04-09	合格		国家排灌及节水设备产品质量监督检验中心
潮安县古巷镇鑫隆陶瓷厂	广东省	陶瓷坐便器	JTO佳陶	JTO-0835(节水型)	2012-05-12	合格		国家排灌及节水设备产品质量监督检验中心
潮安县海博陶瓷有限公司	广东省	陶瓷坐便器	鹰陶	98158(普通型)	2012-05-10	合格		国家排灌及节水设备产品质量监督检验中心
潮安县恒生陶瓷有限公司	广东省	陶瓷坐便器	恒生	HS-903(普通型)	2012-05-16	合格		国家排灌及节水设备产品质量监督检验中心
潮安县吉利来瓷业有限公司	广东省	陶瓷坐便器	NAMEIQI	372(普通型)	2012-04-28	合格		国家排灌及节水设备产品质量监督检验中心
潮安县蒙娜丽莎陶瓷实业有限公司	广东省	陶瓷坐便器	monnal	A-0996(普通型)	2012-05-03	合格		国家排灌及节水设备产品质量监督检验中心
潮安县耐斯陶瓷有限公司	广东省	陶瓷坐便器	NICE	N-A2091(普通型)	2012-05-10	合格		国家排灌及节水设备产品质量监督检验中心
潮安县欧贝尔陶瓷有限公司	广东省	陶瓷坐便器	欧贝尔	2088(节水型6L)	2012-05-13	合格		国家排灌及节水设备产品质量监督检验中心
潮安县欧莱美陶瓷有限公司	广东省	陶瓷坐便器	鸥莱美	8057(普通型)	2012-05-08	合格		国家排灌及节水设备产品质量监督检验中心
潮安县欧诺陶瓷实业有限公司	广东省	陶瓷坐便器	嘉年华	2089(普通型)	2012-05-10	合格		国家排灌及节水设备产品质量监督检验中心
潮安县鹏王陶瓷实业有限公司	广东省	陶瓷坐便器	法比亚	A021(节水型)	2012-05-13	合格		国家排灌及节水设备产品质量监督检验中心
潮安县四海陶瓷有限公司	广东省	陶瓷坐便器	欧美莱	124(普通型)	2012-05-05	合格		国家排灌及节水设备产品质量监督检验中心
潮安县特美思瓷业有限公司	广东省	陶瓷坐便器	特美思	2016(普通型)	2012-05-16	合格		国家排灌及节水设备产品质量监督检验中心
潮安县伟民陶瓷有限公司	广东省	陶瓷坐便器	佳德利	9868(普通型)	2012-04-16	合格		国家排灌及节水设备产品质量监督检验中心
潮安县雅伦陶瓷实业有限公司	广东省	陶瓷坐便器	YAGEER	8876(普通型)	2012-04-01	合格		国家排灌及节水设备产品质量监督检验中心
潮安县泽英陶瓷有限公司	广东省	陶瓷坐便器	创佳	311(普通型)	2012-05-08	合格		国家排灌及节水设备产品质量监督检验中心

续表

企业名称	所在地	产品名称	商标	规格型号	生产日期（批号）	抽查结果	主要不合格项目	承检机构
潮安县中德陶瓷有限公司	广东省	陶瓷坐便器	中德·标致	ZD-882(普通型)	2012-05-15	合格		国家排灌及节水设备产品质量监督检验中心
潮安县鑫艺陶瓷实业有限公司	广东省	陶瓷坐便器	欧名	B017(普通型6L/9L)	2012-05-13	合格		国家排灌及节水设备产品质量监督检验中心
潮州市牧野陶瓷制造有限公司	广东省	陶瓷坐便器	muye	MY-2193(普通型)	2012-04-28	合格		国家排灌及节水设备产品质量监督检验中心
潮州市培兴陶瓷制作有限公司	广东省	陶瓷坐便器	YOYO	PR-8013(普通型)	2012-04-05	合格		国家排灌及节水设备产品质量监督检验中心
广东非凡实业有限公司	广东省	陶瓷坐便器	欧乐佳尚磁	UD-1337(节水型)	2012-05-13	合格		国家排灌及节水设备产品质量监督检验中心
广东卡西尼卫浴有限公司	广东省	陶瓷坐便器	卡西尼	CB-2193(节水型6L)	2012-05-11	合格		国家排灌及节水设备产品质量监督检验中心
广东梦佳陶瓷实业有限公司	广东省	陶瓷坐便器	Monga	241(节水型)	2012-05-13	合格		国家排灌及节水设备产品质量监督检验中心
广东欧美尔工贸实业有限公司	广东省	陶瓷坐便器	欧美尔	1182(节水型)	2012-05-15	合格		国家排灌及节水设备产品质量监督检验中心
广东荣信卫浴实业有限公司	广东省	陶瓷坐便器	SUITao	ST0817(普通型)	2012-05-13	合格		国家排灌及节水设备产品质量监督检验中心
潮州市鹏佳陶瓷实业有限公司	广东省	连体坐便器	斯洛美（SLOM）	SA-1109	2012-05-02	合格		国家陶瓷及水暖卫浴产品质量监督检验中心
潮安县洁厦瓷业有限公司	广东省	卫生陶瓷（坐便器）	JASEE（洁厦）	JX-5534	2012-05	合格		国家陶瓷及水暖卫浴产品质量监督检验中心
潮安县登塘相约陶瓷洁具厂	广东省	卫生陶瓷（坐便器）	凯瑟	2106	2012-04-20	合格		国家陶瓷及水暖卫浴产品质量监督检验中心
潮州市美建瓷业有限公司	广东省	卫生陶瓷（坐便器）	NAN TAO	017	2012-04-01	合格		国家陶瓷及水暖卫浴产品质量监督检验中心
潮州市枫溪区意佳陶瓷厂	广东省	卫生陶瓷（坐便器）	科科	3025	2012-05-15	合格		国家陶瓷及水暖卫浴产品质量监督检验中心
广东恒洁卫浴有限公司	广东省	连体坐便器	HeGLL	H0126	2012-05-11	合格		国家陶瓷及水暖卫浴产品质量监督检验中心
潮州市枫溪区美龙格洁具厂	广东省	卫生陶瓷（坐便器）	美龙格	312	2012-05-08	合格		国家陶瓷及水暖卫浴产品质量监督检验中心
潮安县登塘镇乐琪陶瓷厂	广东省	卫生陶瓷（坐便器）	乐琪	052	2012-05-10	合格		国家陶瓷及水暖卫浴产品质量监督检验中心

续表

企业名称	所在地	产品名称	商标	规格型号	生产日期（批号）	抽查结果	主要不合格项目	承检机构
潮安县凤塘镇名辉陶瓷洁具厂	广东省	坐便器（慢盖）	德蕾莎	T30	2012-05-05	合格		国家陶瓷及水暖卫浴产品质量监督检验中心
潮州市亚陶瓷业有限公司	广东省	连体坐便器	yato（亚陶）	YA-915	2012-05-10	合格		国家陶瓷及水暖卫浴产品质量监督检验中心
潮安县凤塘镇尊龙洁具厂	广东省	卫生陶瓷（坐便器）	尊龙世陶	2170	2012-05-11	合格		国家陶瓷及水暖卫浴产品质量监督检验中心
潮州市枫溪区法伊斯陶瓷制作厂	广东省	卫生陶瓷（坐便器）	维达	2061	2012-03-18	合格		国家陶瓷及水暖卫浴产品质量监督检验中心
潮安县凤塘镇鸿美洁具厂	广东省	卫生陶瓷（坐便器）	卫达斯	2367	2012-05-09	合格		国家陶瓷及水暖卫浴产品质量监督检验中心
潮州市名流陶瓷实业有限公司	广东省	坐便器	名流	391	2012-05-06	合格		国家陶瓷及水暖卫浴产品质量监督检验中心
潮州市佩尔森陶瓷实业有限公司	广东省	卫生陶瓷（坐便器）	佩尔森	A1853	2012-05-02	合格		国家陶瓷及水暖卫浴产品质量监督检验中心
潮州市枫溪区丰达利陶瓷厂	广东省	连体坐便器（管道施釉）	澳洁尼	840	2012-05-02	合格		国家陶瓷及水暖卫浴产品质量监督检验中心
潮安县明珠陶瓷洁具有限公司	广东省	卫生陶瓷（坐便器）	晶碧	MZ-830	2011-11	合格		国家陶瓷及水暖卫浴产品质量监督检验中心
潮安县登塘镇高露卫浴洁具厂	广东省	卫生陶瓷（坐便器）	澳维丝	1108	2012-05-12	合格		国家陶瓷及水暖卫浴产品质量监督检验中心
潮州市枫溪区韩佳陶瓷洁具制作厂	广东省	卫生陶瓷（坐便器）	雕牌	D076	2012-05-13	合格		国家陶瓷及水暖卫浴产品质量监督检验中心
潮安县登塘镇伊帆陶瓷制作厂	广东省	卫生陶瓷（坐便器）	伊帆	021	2012-04-28	合格		国家陶瓷及水暖卫浴产品质量监督检验中心
潮安县登塘镇新汉健陶瓷厂	广东省	坐便器	金乐和	2611	2012-05-05	合格		国家陶瓷及水暖卫浴产品质量监督检验中心
潮州市枫溪美光陶瓷三厂	广东省	卫生陶瓷	韩美	3028	2012-05	合格		国家陶瓷及水暖卫浴产品质量监督检验中心
潮州市中韩陶瓷实业有限公司	广东省	（陶瓷）坐便器	华盛	56	2012-04-30	合格		国家陶瓷及水暖卫浴产品质量监督检验中心
广东金厦瓷业有限公司	广东省	坐便器	JASSA（金厦）	JA-38	2012-05-06	合格		国家陶瓷及水暖卫浴产品质量监督检验中心
潮州市赛欧陶瓷实业有限公司	广东省	卫生陶瓷（坐便器）	Saio	339	2012-05-02	合格		国家陶瓷及水暖卫浴产品质量监督检验中心

续表

企业名称	所在地	产品名称	商标	规格型号	生产日期（批号）	抽查结果	主要不合格项目	承检机构
潮安县三元陶瓷洁具有限公司	广东省	坐便器	威利斯	557	2012-04-15	合格		国家陶瓷及水暖卫浴产品质量监督检验中心
潮安县凤塘镇狮牌洁具厂	广东省	坐便器	狮牌	0118	2012-05	合格		国家陶瓷及水暖卫浴产品质量监督检验中心
潮安县惠纳陶瓷实业有限公司	广东省	卫生陶瓷（坐便器）	惠纳	2055	2012-05-10	合格		国家陶瓷及水暖卫浴产品质量监督检验中心
潮安县米奇瓷业有限公司	广东省	坐便器（连体）	MICKY	2043	2012-05-06	合格		国家陶瓷及水暖卫浴产品质量监督检验中心
潮州市美丹瓷业有限公司	广东省	卫生陶瓷（坐便器）	卡恩诺（KAN-NOR）	K-10	2012-05-06	合格		国家陶瓷及水暖卫浴产品质量监督检验中心
潮安县民洁卫浴有限公司	广东省	卫生陶瓷（坐便器）	民洁	41	2012-05-10	合格		国家陶瓷及水暖卫浴产品质量监督检验中心
潮安县凤塘镇泰美斯陶瓷洁具厂	广东省	翻斗式革新马桶	智能之星	AP-ST2118	2012-05	合格		国家陶瓷及水暖卫浴产品质量监督检验中心
潮安县凤塘凡尔赛洁具厂	广东省	卫生陶瓷（坐便器）	佳乐斯	1183	2012-02-19	合格		国家陶瓷及水暖卫浴产品质量监督检验中心
潮州市格林陶瓷实业有限公司	广东省	陶瓷坐便器	美家好	2108	2012-05-02	合格		国家陶瓷及水暖卫浴产品质量监督检验中心
潮州市澳丽泰陶瓷实业有限公司	广东省	连体坐便器	泰陶（TaiTao）	TA-8160	2012-05-04	合格		国家陶瓷及水暖卫浴产品质量监督检验中心
清远南方建材卫浴有限公司	广东省	陶瓷坐便器	新中源	NB6949（节水型）	2012-05-04	合格		国家建筑装修材料质量监督检验中心
佛山东鹏洁具股份有限公司	广东省	连体坐便器	DONG PENG	W1001A（节水型）	2011-07-19	合格		国家建筑装修材料质量监督检验中心
开平金牌洁具有限公司	广东省	连体坐便器	GOLD	RF2097（节水型）	2012-05-13	合格		国家建筑装修材料质量监督检验中心
佛山市法恩洁具有限公司	广东省	喷射虹吸式连体坐便器	FAENZA	FB1682MDSX（节水型）	2012-05-07	合格		国家建筑装修材料质量监督检验中心
佛山市顺德区乐华陶瓷洁具有限公司	广东省	连体坐便器	ARROW	AB-1122（节水型）	2012-05-12	合格		国家建筑装修材料质量监督检验中心
阿波罗（中国）有限公司	广东省	喷射虹吸式连体坐便器	阿波罗 AP-POLLO	211PB-ZB3426L-0001（普通型）	2012-05-03	合格		国家建筑装修材料质量监督检验中心
佛山市冠珠陶瓷有限公司	广东省	坐便器	冠珠	G039M（节水型）	2012-05-01	合格		国家建筑装修材料质量监督检验中心
广州市欧派卫浴有限公司	广东省	陶瓷坐便器	OPPEIN	OP-W780（普通型）	2012-03-19	合格		国家建筑装修材料质量监督检验中心
佛山市日丰企业有限公司	广东省	虹吸式连体坐便器	日丰	B-1009M（普通型）	2012-04-11	合格		国家建筑装修材料质量监督检验中心

续表

企业名称	所在地	产品名称	商标	规格型号	生产日期（批号）	抽查结果	主要不合格项目	承检机构
新乐卫浴（佛山）有限公司	广东省	116丽系列超级节水连体坐便器	YING	CD=11630（节水型）	2012-05-09	合格		国家建筑装修材料质量监督检验中心
佛山市南海益高卫浴有限公司	广东省	连体坐便器	EAGO 益高	TB336L（节水型）	2011-05-21	合格		国家建筑装修材料质量监督检验中心
佛山市南海区泰和洁具制品有限公司	广东省	陶瓷坐便器	NTH 新泰和	MY-8024（普通型）	2011-07-14	合格		国家建筑装修材料质量监督检验中心
佛山市高明安华陶瓷洁具有限公司	广东省	连体坐便器	annwa	aB1351LD（节水型）	2012-05-08	合格		国家建筑装修材料质量监督检验中心
佛山科勒有限公司	广东省	圣罗莎连体坐便器	科勒	圣罗莎 3323T（节水型）	2012-04-29	合格		国家建筑装修材料质量监督检验中心
华美洁具有限公司	广东省	迈阿密节水型加长连体坐厕	American Standard	CP-2089·702（节水型）	2012-04-25	合格		国家建筑装修材料质量监督检验中心
佛山市家家卫浴有限公司	广东省	连体坐便器	SSWW	CO-1009（节水型）	2012-04-20	合格		国家建筑装修材料质量监督检验中心
乐家（中国）有限公司	广东省	NEXO尼梭连体·连配件	RoCa	3-49617（节水型）	2012-04-18	合格		国家建筑装修材料质量监督检验中心
佛山市高明英皇卫浴有限公司	广东省	连体坐便器	CRW	HB3665（普通型）	2012-03-15	合格		国家建筑装修材料质量监督检验中心
佛山市卫欧卫浴有限公司高明分公司	广东省	卫生陶瓷（坐便器）	VIRGO	T131（普通型）	2012-03-10	合格		国家建筑装修材料质量监督检验中心
乔登卫浴（江门）有限公司	广东省	虹吸式连体坐便器	JODEN	TC10036W-4（节水型）	2011-12-07	合格		国家建筑装修材料质量监督检验中心
佛山市高明天盛卫浴有限公司	广东省	WC连体坐便器	GMERRY	ZB3434（节水型）	2012-05-05	合格		国家建筑装修材料质量监督检验中心
佛山市高明恒天洁具有限公司	广东省	连体坐便器	OBLONG	118591（节水型）	2011-10-15	合格		国家建筑装修材料质量监督检验中心
佛山市美加华陶瓷有限公司	广东省	连体坐便器	MICAWA	MB-1807（节水型）	2012-03-24	合格		国家建筑装修材料质量监督检验中心
佛山伯朗滋洁具有限公司	广东省	陶瓷坐便器	OXO	CW8009（节水型）	2011-06-17	合格		国家建筑装修材料质量监督检验中心
佛山钻石洁具陶瓷有限公司	广东省	连体坐便器	Diamond	A-UA105（节水型）	2012-05-18	合格		国家建筑装修材料质量监督检验中心
佛山市恒洁卫浴有限公司	广东省	连体坐便器	HeGll	H-0118（节水型）	2011-05-17	合格		国家建筑装修材料质量监督检验中心
江门吉事多卫浴有限公司	广东省	乐活节水连体坐厕	giessdorf 吉事多	GP6417（节水型）	2012-05-14	合格		国家建筑装修材料质量监督检验中心
英陶洁具有限公司	广东省	智恩分体双冲坐厕	Imperial	072-20057（节水型）	2012-05-08	合格		国家建筑装修材料质量监督检验中心
广州贝泰卫浴用品有限公司	广东省	连体坐便器	BRAVAT	C2193XW-3（节水型）	2012-05-03	合格		国家建筑装修材料质量监督检验中心
中山市丹丽洁具有限公司	广东省	陶瓷连体坐厕	Dynasty	82226.1（普通型）	2012-03-30	合格		国家建筑装修材料质量监督检验中心
中山市卡莱尔洁具有限公司	广东省	陶瓷坐便器	carlyle	C1132（普通型）	2012-05-08	合格		国家建筑装修材料质量监督检验中心

续表

企业名称	所在地	产品名称	商标	规格型号	生产日期（批号）	抽查结果	主要不合格项目	承检机构
开平市澳斯曼洁具有限公司	广东省	坐便器	ΛOSMΛN	AS-1250（节水型）	2012-05-14	合格		国家建筑装修材料质量监督检验中心
清远市尚高洁具有限公司	广东省	陶瓷坐便器（连体）	Suncoo	SOL801（坐便器）（普通型）	2012-05-07	合格		国家建筑装修材料质量监督检验中心
佛山市禅城区中冠浴室设备厂	广东省	连体坐便器	ivi	V-6580（普通型）	2012-03-10	合格		国家建筑装修材料质量监督检验中心
杜拉维特（中国）洁具有限公司	重庆市	美特欧连体	DURAVIT	0157010003（节水型）	2012-04-15	合格		国家建筑装修材料质量监督检验中心
重庆新康洁具有限责任公司	重庆市	陶瓷坐便器	concast	8828（普通型）	2012-04-06	合格		国家建筑装修材料质量监督检验中心
重庆四维卫浴（集团）有限公司	重庆市	陶瓷坐便器	swell	22315A（节水型）	2011-12-27	合格		国家建筑装修材料质量监督检验中心
四川帝王洁具股份有限公司	四川省	CT8002坐便器	帝王	CT8002	2012	合格		国家陶瓷及水暖卫浴产品质量监督检验中心
河南利雅德瓷业有限公司	河南省	陶瓷坐便器	利雅德	10号	2012-05-08	不合格	洗净功能、密封性能	国家建筑卫生陶瓷质量监督检验中心
长葛市加美陶瓷有限公司	河南省	陶瓷坐便器	洁达 JIEDA	CZ351	2012-05-01	不合格	安全水位技术要求、安装相对位置	国家建筑卫生陶瓷质量监督检验中心
河南省新郑市华裕陶瓷公司	河南省	陶瓷坐便器	ouli	6618	2012-05-01	不合格	吸水率	国家建筑卫生陶瓷质量监督检验中心
郑州欧普陶瓷有限公司	河南省	陶瓷坐便器	莱科	1104	2012-04-27	不合格	安全水位技术要求、安装相对位置	国家建筑卫生陶瓷质量监督检验中心
禹州市华夏卫生陶瓷有限责任公司	河南省	陶瓷坐便器	唐州 Tang-zhou	1#	2012-05-08	不合格	安全水位技术要求、安装相对位置	国家建筑卫生陶瓷质量监督检验中心
宜都市惠宜陶瓷有限公司	湖北省	连体坐便器	Huitao惠陶	HB5225	2012-05-04	不合格	便器用水量、安全水位技术要求、安装相对位置	国家陶瓷及水暖卫浴产品质量监督检验中心
潮安县古巷镇伯朗陶瓷厂	广东省	陶瓷坐便器	露意莎	HK-8168（普通型）	2012-05-16	不合格	安全水位技术要求、安装相对位置	国家排灌及节水设备产品质量监督检验中心
潮州市新群陶瓷实业有限公司	广东省	卫生陶瓷（坐便器）	华斯顿	870	2012-04-04	不合格	洗净功能	国家陶瓷及水暖卫浴产品质量监督检验中心

续表

企业名称	所在地	产品名称	商标	规格型号	生产日期（批号）	抽查结果	主要不合格项目	承检机构
潮州市枫溪锦辉陶瓷厂	广东省	陶瓷坐便器	LMD	050	2012-05-14	不合格	吸水率	国家陶瓷及水暖卫浴产品质量监督检验中心
佛山市爱立华卫浴洁具有限公司	广东省	连体坐便器	Gemy	G6213（节水型）	2012-03-19	不合格	便器用水量	国家建筑装修材料质量监督检验中心
佛山市伊丽卫浴设备有限公司	广东省	连体坐便器	伊丽	1304（普通型）	2012-05-21	不合格	安全水位技术要求、安装相对位置	国家建筑装修材料质量监督检验中心
佛山市安蒙建材科技有限公司	广东省	连体坐便器	ABM	993005（节水型）	2011-07-05	不合格	便器用水量、安全水位技术要求、安装相对位置、吸水率	国家建筑装修材料质量监督检验中心

三、陶瓷片密封水嘴产品质量国家监督抽查结果（2012年9月19日发布）

质检总局、水利部、全国节约用水办公室公布2012年3类节水产品质量国家监督抽查结果，32种陶瓷片密封水嘴产品不合格，涉及樱花卫厨（中国）、浙江安玛洁具、浙江兰花实业、福建特瓷卫浴实业、深圳成霖洁具等企。

本次共抽查了河北、上海、江苏、浙江、福建、江西、广东等7个省、直辖市150家企业生产的150种陶瓷片密封水嘴产品。依据《陶瓷片密封水嘴》GB 18145-2003及相应产品标准的要求，对陶瓷片密封水嘴产品的管螺纹精度、冷热水标志、流量（带附件）、流量（不带附件）、阀体强度、密封性能、冷热疲劳试验、酸性盐雾试验等8个项目进行了检验。

抽查发现有32种产品不符合标准的规定，涉及管螺纹精度、酸性盐雾试验、冷热疲劳试验、流量（不带附件）、冷热水标志项目。

据悉，质检总局已责成相关省、直辖市质量技术监督部门按照有关法律法规，对本次抽查中不合格的产品及其生产企业依法进行处理。具体抽查结果如下：

陶瓷片密封水嘴产品质量国家监督抽查产品及其企业名单 **表4-3**

企业名称	所在地	产品名称	商标	规格型号	生产日期（批号）	抽查结果	主要不合格项目	承检机构
河北润旺达洁具制造有限公司	河北省	单柄面盆龙头	武洁	WJ0316	2012-04-26	合格		国家建筑卫生陶瓷质量监督检验中心
上海宝杨水暖洁具有限公司	上海市	面盆双联龙头	日新	B100	2012-04-28	合格		国家建筑五金材料产品质量监督检验中心
上海市外冈水暖器材厂	上海市	单把面盆水嘴	图案（外冈）	20104B	2012-01-20	合格		国家建筑五金材料产品质量监督检验中心

续表

企业名称	所在地	产品名称	商标	规格型号	生产日期（批号）	抽查结果	主要不合格项目	承检机构
上海劳达斯洁具有限公司	上海市	单柄单孔厨房龙头	RODDEX	RDX3206-03C	2011-07-12	合格		国家建筑五金材料产品质量监督检验中心
汉斯格雅卫浴产品（上海）有限公司	上海市	单把手面盆龙头	hansgrohe	31701007	2012-02-21	合格		国家建筑五金材料产品质量监督检验中心
上海宝路卫浴陶瓷有限公司	上海市	单孔单把面盆龙头	bolo	BS-1135	2012-02-04	合格		国家建筑五金材料产品质量监督检验中心
上海绿太阳建筑五金有限公司	上海市	单柄独孔面盆水嘴	绿太阳	Z21506型	2012-03-19	合格		国家建筑五金材料产品质量监督检验中心
和成（中国）有限公司	江苏省	单把手单孔脸盆龙头	——	DN15、LF1018	2012-05-08	合格		福建省产品质量检验研究院
乐家洁具（苏州）有限公司	江苏省	摩洛丁N面盆龙头	——	DN15、5A3007CON	2012-05-27	合格		福建省产品质量检验研究院
苏州伊奈卫生洁具有限公司	江苏省	单把冷热水洗面盆龙头	——	DN15、LFCP101S	2012-04-26	合格		福建省产品质量检验研究院
上海欧姆卫浴设备有限公司（生产单位：瑞安市欧姆卫生洁具有限公司）	浙江省	陶瓷片密封水嘴	OMO	B-80008CP	2012-04-18	合格		国家排灌及节水设备产品质量监督检验中心
上海劳达斯洁具有限公司（生产单位：温州鸿升集团有限公司）	浙江省	陶瓷片密封水嘴	RODDEX	RDX3206-C	2012-05-10	合格		国家排灌及节水设备产品质量监督检验中心
浙江贝乐卫浴科技有限公司	浙江省	陶瓷片密封水嘴	BeiLe	3408	2012-05-10	合格		国家排灌及节水设备产品质量监督检验中心
瑞安市丽丹达五金洁具有限公司	浙江省	陶瓷片密封水嘴	lidanda	LD 13501	2012-05-11	合格		国家排灌及节水设备产品质量监督检验中心
浙江凯泰洁具有限公司	浙江省	陶瓷片密封水嘴	KAIT 凯泰	2117	2012-05	合格		国家排灌及节水设备产品质量监督检验中心
浙江中克家居用品有限公司	浙江省	陶瓷片密封水嘴	chungo 中克	2001	2012-04-08	合格		国家排灌及节水设备产品质量监督检验中心
浙江利尼斯洁具有限公司	浙江省	陶瓷片密封水嘴	LINISI	F8010-101	2012-03-12	合格		国家排灌及节水设备产品质量监督检验中心
浙江申红达卫浴有限公司	浙江省	陶瓷片密封水嘴	SHD 申红达	SH-2515	2012-05-15	合格		国家排灌及节水设备产品质量监督检验中心
温州市苹果洁具有限公司	浙江省	陶瓷片密封水嘴	苹果卫浴	1602	2012-02-11	合格		国家排灌及节水设备产品质量监督检验中心

续表

企业名称	所在地	产品名称	商标	规格型号	生产日期（批号）	抽查结果	主要不合格项目	承检机构
温州蓝藤洁具有限公司	浙江省	陶瓷片密封水嘴	LTENG蓝藤	7141A	2012-05	合格		国家排灌及节水设备产品质量监督检验中心
温州市景岗洁具有限公司	浙江省	陶瓷片密封水嘴	JINGANG	D3518S	2012-05	合格		国家排灌及节水设备产品质量监督检验中心
浙江普鲁士厨卫有限公司	浙江省	陶瓷片密封水嘴	PRUSSIA	F122B	2012-05-17	合格		国家排灌及节水设备产品质量监督检验中心
温州市龙湾海城鑫来达洁具厂	浙江省	陶瓷片密封水嘴	鑫来达	1034	2012-05-17	合格		国家排灌及节水设备产品质量监督检验中心
浦江乐门洁具有限公司	浙江省	面盆龙头	LEMEN（乐门）	LB61402	10924	合格		国家建筑五金材料产品质量监督检验中心
杭州杭特卫浴洁具有限公司	浙江省	陶瓷片密封水嘴	西子杭特娇	J33TC	2012-03	合格		国家建筑五金材料产品质量监督检验中心
台州市路桥豪迪水暖配件厂	浙江省	特长带嘴快开单冷龙头	安得巧	7001	2012-04-20	合格		国家建筑五金材料产品质量监督检验中心
菲时特集团股份有限公司	浙江省	洗衣机水嘴	FANSKI	AG001	62180	合格		国家建筑五金材料产品质量监督检验中心
台州雅迪水暖器材有限公司	浙江省	单把脸盆龙头	雅迪	YD140201	2012-02-10	合格		国家建筑五金材料产品质量监督检验中心
台州丰华铜业有限公司	浙江省	单把厨房龙头	丰华	FH8723-D10	2012-05	合格		国家建筑五金材料产品质量监督检验中心
台州嘉德利卫浴有限公司	浙江省	厨房龙头	——	8701460	2012-05-14	合格		国家建筑五金材料产品质量监督检验中心
中捷厨卫股份有限公司	浙江省	厨房龙头	桑耐丽	C0111	2011-12	合格		国家建筑五金材料产品质量监督检验中心
浙江瑞格铜业有限公司	浙江省	镀锌瓷芯水嘴	瑞格	RG850	2012-01-10	合格		国家建筑五金材料产品质量监督检验中心
浙江永德信铜业有限公司	浙江省	陶瓷芯快开水嘴	CREDIT	C-2036	2012-05-10	合格		国家建筑五金材料产品质量监督检验中心
台州苏尔达水暖有限公司	浙江省	单把手面盆龙头	苏尔达SU-ERDA	SD90043	2012-02-11	合格		国家建筑五金材料产品质量监督检验中心
浙江康意洁具有限公司	浙江省	单柄面盆龙头	维莎	ART0151	2011-11-07	合格		国家建筑五金材料产品质量监督检验中心
浙江金源铜业制造有限公司	浙江省	单把单孔脸盆龙头	汉格	JY11101-1	2011-05	合格		国家建筑五金材料产品质量监督检验中心

续表

企业名称	所在地	产品名称	商标	规格型号	生产日期（批号）	抽查结果	主要不合格项目	承检机构
浙江霹雳马厨卫设备有限公司	浙江省	面盆龙头	霹雳马	WM2B	2012-05	合格		国家建筑五金材料产品质量监督检验中心
宁波杰克龙阀门有限公司	浙江省	面盆龙头	杰克龙	4548	2012-05-09	合格		国家建筑五金材料产品质量监督检验中心
宁波奥雷士洁具有限公司	浙江省	脸盆龙头	奥雷士	1903	2012-01-04	合格		国家建筑五金材料产品质量监督检验中心
宁波欧琳实业有限公司	浙江省	厨房龙头	欧琳	OL-8006	2012-05-13	合格		国家建筑五金材料产品质量监督检验中心
宁波埃美柯铜阀门有限公司	浙江省	单柄双控面盆龙头	埃美柯	MG78	2012-05-18	合格		国家建筑五金材料产品质量监督检验中心
余姚市欧耐克洁具厂	浙江省	单孔面盆龙头	港舜	6264	2012-05	合格		国家建筑五金材料产品质量监督检验中心
余姚市阿发厨具有限公司	浙江省	不锈钢单柄厨房龙头	阿发	AF-KF1001	2012-04-18	合格		国家建筑五金材料产品质量监督检验中心
浙江永爱卫生洁具有限公司	浙江省	陶瓷片密封水嘴	永爱	DN15	2012-05-09	合格		国家建筑五金材料产品质量监督检验中心
雅鼎卫浴股份有限公司	浙江省	面盆龙头	雅鼎	8033001	2012-03-20	合格		国家建筑五金材料产品质量监督检验中心
杭州邦勒卫浴有限公司	浙江省	面盆龙头	邦勒	BC8601	2012-04	合格		国家建筑五金材料产品质量监督检验中心
杭州汇家卫浴用品有限公司	浙江省	单把面盆龙头	百德嘉	H210013	2012-02-06	合格		国家建筑五金材料产品质量监督检验中心
杭州港信电器有限公司	浙江省	短水嘴	港信	1516	2012-05	合格		国家建筑五金材料产品质量监督检验中心
杭州乐贝卫浴洁具有限公司	浙江省	陶瓷片密封水嘴	杭派	HP-4302	2012-03-10	合格		国家建筑五金材料产品质量监督检验中心
福建欧联卫浴有限公司	福建省	陶瓷片密封水嘴	OLE	D21037A	2012-03	合格		国家建筑卫生陶瓷质量监督检验中心
中宇建材集团有限公司	福建省	陶瓷片密封水嘴	JOYOU	JY00221	2012-03	合格		国家建筑卫生陶瓷质量监督检验中心
申鹭达股份有限公司	福建省	陶瓷片密封水嘴	SUNLOT	LD-12166A	2012-03-26	合格		国家建筑卫生陶瓷质量监督检验中心
辉煌水暖集团有限公司	福建省	陶瓷片密封水嘴	HHSN	HH-121105-SL2105	2012-04	合格		国家建筑卫生陶瓷质量监督检验中心
特陶科技发展有限公司	福建省	陶瓷片密封水嘴	特陶（TETAO）	TT22776	2012-02-13	合格		国家建筑卫生陶瓷质量监督检验中心

续表

企业名称	所在地	产品名称	商标	规格型号	生产日期（批号）	抽查结果	主要不合格项目	承检机构
九牧集团有限公司	福建省	陶瓷片密封水嘴	JOMOO	3259-033	2011-11-22	合格		国家建筑卫生陶瓷质量监督检验中心
福建福泉集团有限公司	福建省	单把脸盆龙头	hona	FQ-11068	2012-04-01	合格		国家建筑卫生陶瓷质量监督检验中心
泉州苹果王卫浴有限公司	福建省	雅鹭淋浴向上	苹果王	575-105	2012-05-15	合格		国家建筑卫生陶瓷质量监督检验中心
南安市圣达卫浴洁具有限公司	福建省	陶瓷芯水龙头	SODOVO	8011	2012-04	合格		国家建筑卫生陶瓷质量监督检验中心
福建申旺集成卫浴有限公司	福建省	陶瓷片密封水嘴	sun swan	SW82051	2012-05-05	合格		国家建筑卫生陶瓷质量监督检验中心
优达（中国）有限公司	福建省	陶瓷片密封水嘴	HCG	LF1101-1CP	2012-02-29	合格		国家排灌及节水设备产品质量监督检验中心
南安市双珠水暖洁具阀门有限公司	福建省	陶瓷芯水龙头	卫霸	DN15	2012-05-05	合格		国家建筑卫生陶瓷质量监督检验中心
泉州市新一代洁具管业有限公司	福建省	单冷陶瓷片密封水龙头	新一代洁具（NGSW）	DN15	2012-04	合格		国家建筑卫生陶瓷质量监督检验中心
厦门人水科技有限公司	福建省	陶瓷片密封水嘴	人水	600.01	2012-02-02	合格		国家排灌及节水设备产品质量监督检验中心
温思特(福州)厨卫设备有限公司	福建省	陶瓷片密封水嘴	墨林	FA-01	2012-03-02	合格		国家排灌及节水设备产品质量监督检验中心
福建省泉州市飞宇卫浴有限公司	福建省	陶瓷芯水龙头	飞宇	FY-8504	2012-05-12	合格		国家建筑卫生陶瓷质量监督检验中心
福建省洁而美建材实业有限公司	福建省	陶瓷片密封水嘴	洁而美（JOROM）	82114B	2012-05	合格		国家建筑卫生陶瓷质量监督检验中心
福建省南安市新华水暖建材厂	福建省	快开龙头	洁芳卫浴	801	2011-12-12	合格		国家建筑卫生陶瓷质量监督检验中心
福建省南安市龙塔卫浴有限公司	福建省	陶瓷片密封水嘴	龙塔洁具（LONG-TA）	3201	2012-05-16	合格		国家建筑卫生陶瓷质量监督检验中心
福建省南安市新辉水暖洁具有限公司	福建省	陶瓷片密封水嘴	TENGHUI	TH-1504	2012-04-11	合格		国家建筑卫生陶瓷质量监督检验中心
福建夏龙卫浴有限公司	福建省	陶瓷片密封水嘴	夏龙卫浴（XOLOO）	XL-2001	2011-10-03	合格		国家建筑卫生陶瓷质量监督检验中心
福建申利卡洁具发展有限公司	福建省	陶瓷片密封水嘴	申利卡（SLK）	SLK-9101	2012-05	合格		国家建筑卫生陶瓷质量监督检验中心
南安水晶卫浴有限公司	福建省	陶瓷片密封水嘴	天籁卫浴（TeNar）	TL-3301	2012-02-20	合格		国家建筑卫生陶瓷质量监督检验中心
泉州市吉利来实业有限责任公司	福建省	快开龙头	吉思达	9953B	2012-04-15	合格		国家建筑卫生陶瓷质量监督检验中心
泉州和浴洁具有限公司	福建省	快开龙头	和浴	A876	2012-05-18	合格		国家建筑卫生陶瓷质量监督检验中心
南安市申宇霸卫浴洁具制造厂	福建省	陶瓷片密封水嘴	申宇达	8956	2012-05	合格		国家建筑卫生陶瓷质量监督检验中心

续表

企业名称	所在地	产品名称	商标	规格型号	生产日期（批号）	抽查结果	主要不合格项目	承检机构
龙尔卫浴洁具有限公司	福建省	瓷芯快开水龙头	LONGER	LE-8525-1	2012-04-17	合格		国家建筑卫生陶瓷质量监督检验中心
泉州金仕顿卫浴洁具有限公司	福建省	陶瓷片密封水嘴	JISID	JSD-65036	2012-05	合格		国家建筑卫生陶瓷质量监督检验中心
福建省惠尔达卫浴洁具有限公司	福建省	带网龙头	惠尔雅	7002	2012-05	合格		国家建筑卫生陶瓷质量监督检验中心
南昌科勒有限公司	江西省	陶瓷片密封水嘴	科勒 KOHLER	8623T-CP	2012-04-28	合格		国家排灌及节水设备产品质量监督检验中心
广州市欧派卫浴有限公司	广东省	陶瓷片密封水嘴	OPPEIN	OP-F142	2012-05-10	合格		国家排灌及节水设备产品质量监督检验中心
广州摩恩水暖器材有限公司	广东省	陶瓷片密封水嘴	MOEN	7869(MCL01)	2012-04-07	合格		国家排灌及节水设备产品质量监督检验中心
东陶机器（广州）有限公司	广东省	陶瓷片密封水嘴	TOTO	DL332	2012-01-08	合格		国家排灌及节水设备产品质量监督检验中心
佛山市禅城区中冠浴室设备厂	广东省	陶瓷片密封水嘴	ivi	S-1710	2011-06-13	合格		国家排灌及节水设备产品质量监督检验中心
新乐卫浴（佛山）有限公司	广东省	陶瓷片密封水嘴	YING	EF-411011	2012-04-18	合格		国家排灌及节水设备产品质量监督检验中心
佛山钻石洁具陶瓷有限公司	广东省	陶瓷片密封水嘴	Diamond	MEI-0041	2012-05-10	合格		国家排灌及节水设备产品质量监督检验中心
佛山东鹏洁具股份有限公司	广东省	陶瓷片密封水嘴	DONGPENG	JJH1708D	2011-12-12	合格		国家排灌及节水设备产品质量监督检验中心
广东联塑科技实业有限公司	广东省	陶瓷片密封水嘴	联塑	W32217	2011-10-22	合格		国家排灌及节水设备产品质量监督检验中心
佛山市顺德区乐华陶瓷洁具有限公司	广东省	陶瓷片密封水嘴	ARROW	A1566C	2012-05-21	合格		国家排灌及节水设备产品质量监督检验中心
佛山市高明安华陶瓷洁具有限公司	广东省	陶瓷片密封水嘴	annwa	anIA2727C	2012-05-21	合格		国家排灌及节水设备产品质量监督检验中心
佛山市家家卫浴有限公司	广东省	陶瓷片密封水嘴	SSWW	LT 1132	2012-04-23	合格		国家排灌及节水设备产品质量监督检验中心
佛山市南海益高卫浴有限公司	广东省	陶瓷片密封水嘴	EAGO	PL172B-66E	2012-04-07	合格		国家排灌及节水设备产品质量监督检验中心
佛山市恒洁卫浴有限公司	广东省	陶瓷片密封水嘴	HeGII	HL-3615	2012-04-24	合格		国家排灌及节水设备产品质量监督检验中心
广东朝阳卫浴有限公司	广东省	面盆龙头	朝阳	DN15、L129	2012-04-28	合格		福建省产品质量检验研究院

续表

企业名称	所在地	产品名称	商标	规格型号	生产日期（批号）	抽查结果	主要不合格项目	承检机构
美标（江门）水暖器材有限公司	广东省	睿欧单柄双控单孔台式厨房水嘴	——	DN15、AF-5-T33.501.50.1	2012-05-04	合格		福建省产品质量检验研究院
江门吉事多卫浴有限公司	广东省	新若谷单孔台面厨房龙头	吉事多	DN15、GT-3510-11	2011-11-30	合格		福建省产品质量检验研究院
江门市金凯登装饰材料实业有限公司	广东省	陶瓷片密封水嘴	金凯登	DN15、JT065100P11	2011-05-26	合格		福建省产品质量检验研究院
广东金恩卫浴实业有限公司	广东省	单把面盆龙头	——	DN15、481101C	2012-05-14	合格		福建省产品质量检验研究院
鹤山市世龙卫浴实业有限公司	广东省	单把单孔面盆龙头	SHILONG	DN15、SL-1091S47	2012-05-19	合格		福建省产品质量检验研究院
广东希恩卫浴实业有限公司	广东省	单把面盆龙头	CAE	DN15、871635C	2012-04-20	合格		福建省产品质量检验研究院
开平市雅致卫浴有限公司	广东省	陶瓷片密封水嘴	CNYAZHI	DN15、8388	2012-05-18	合格		福建省产品质量检验研究院
开平金牌洁具有限公司	广东省	龙头	GOLD	DN15、RF1206	2012-03-18	合格		福建省产品质量检验研究院
广东华艺卫浴实业有限公司	广东省	单把面盆龙头	Huayi 华艺	DN15、MA16170C	2012-04-20	合格		福建省产品质量检验研究院
开平市水口镇中原水暖铸造厂	广东省	龙头	——	DN15、AS-2502A	2012-02-18	合格		福建省产品质量检验研究院
开平市名浪五金实业有限公司	广东省	单柄双控面盆龙头	MALOG	DN15、ML-V2001	2012-05-10	合格		福建省产品质量检验研究院
开平市木美卫浴实业有限公司	广东省	单柄双控面盆水嘴	——	DN15、DSM15	2012-05-05	合格		福建省产品质量检验研究院
开平市恒美卫浴实业有限公司	广东省	单柄双控面盆水嘴	HENGMEI	DN15、HM-8701	2012-05-02	合格		福建省产品质量检验研究院
开平市永真卫浴实业有限公司	广东省	面盆水嘴	——	DN15、516	2012-05-10	合格		福建省产品质量检验研究院
开平美迪晨卫浴有限公司	广东省	单柄双控面盆水嘴	Springsan+（图形商标）	DN15、2821	2012-03-02	合格		福建省产品质量检验研究院
开平东升卫浴实业有限公司	广东省	单控单冷面盆龙头	——	DN15、2736	2012-05-16	合格		福建省产品质量检验研究院
开平市洁士卫浴实业有限公司	广东省	单把面盆龙头	CSF	DN15、A0101	2012-05-21	合格		福建省产品质量检验研究院
开平市格雅卫浴有限公司	广东省	面盆龙头	GFXY	DN15、GY-76009	2012-05-06	合格		福建省产品质量检验研究院
开平市朝升卫浴有限公司	广东省	单孔面盆龙头	——	DN15、YJ2571	2012-04-02	合格		福建省产品质量检验研究院
广东彩洲卫浴实业有限公司	广东省	厨房龙头	CAIZHOU 彩洲	DN15、3305B-D7	2012-02-08	合格		福建省产品质量检验研究院
开平市东鹏卫浴实业有限公司	广东省	单柄双控面盆水嘴	东鹏 Dopen（图形商标）	DN15、DP1308	2012-05-16	合格		福建省产品质量检验研究院

续表

企业名称	所在地	产品名称	商标	规格型号	生产日期（批号）	抽查结果	主要不合格项目	承检机构
开平市水口镇天龙水暖洁具制品厂	广东省	单把面盆龙头	TILO	DN15、082006	2012-05-10	合格		福建省产品质量检验研究院
开平威尔格卫浴有限公司	广东省	单把混合面盆龙头	Viergou	DN15、115111	2012-05-25	合格		福建省产品质量检验研究院
开平市上华卫浴实业有限公司	广东省	面盆龙头	AOLI 奥利	DN15、LB-1108C	2012-04-20	合格		福建省产品质量检验研究院
鹤山市康立源卫浴实业有限公司	广东省	单柄双控面盆龙头	——	DN15、KLY-10123	2012-03-03	合格		福建省产品质量检验研究院
樱花卫厨（中国）股份有限公司	江苏省	单孔脸盆龙头	SAKURA+图形商标	DN15、HB3121-11	2012-05-29	不合格	酸性盐雾试验	福建省产品质量检验研究院
瑞安市斯利朗卡卫浴洁具厂	浙江省	陶瓷片密封水嘴	斯利朗卡洁具	Z01	2012-05-11	不合格	酸性盐雾试验	国家排灌及节水设备产品质量监督检验中心
瑞安市贵族洁具有限公司	浙江省	陶瓷片密封水嘴	Guizu贵族卫浴	3105-C	2012-05-06	不合格	酸性盐雾试验	国家排灌及节水设备产品质量监督检验中心
浙江摩玛利洁具有限公司	浙江省	陶瓷片密封水嘴	MOMALI	M11027-502C	2012-05-14	不合格	酸性盐雾试验	国家排灌及节水设备产品质量监督检验中心
浙江沃顿厨卫科技有限公司	浙江省	陶瓷片密封水嘴	——	F0502401101	2012-05-10	不合格	流量（不带附件）	国家排灌及节水设备产品质量监督检验中心
浙江安玛洁具有限公司	浙江省	菜盆龙头	安玛	AM-LT60808	2012-05-12	不合格	酸性盐雾试验	国家建筑五金材料产品质量监督检验中心
浙江兰花实业有限公司	浙江省	陶瓷片快开水龙头	兰花	LH9818-DDX15	2012-05-15	不合格	管螺纹精度、酸性盐雾试验	国家建筑五金材料产品质量监督检验中心
余姚市华标洁具厂	浙江省	面盆龙头	佰世杰	——	2012-04	不合格	管螺纹精度	国家建筑五金材料产品质量监督检验中心
兴达建材（中国）有限公司	福建省	单把软管式三联龙头	JOXOD	JXD-8307-009	2012-02	不合格	流量（不带附件）	国家建筑卫生陶瓷质量监督检验中心
福建省申雷达卫浴洁具有限公司	福建省	快开短龙头	——	1102	2012-05-14	不合格	酸性盐雾试验	国家建筑卫生陶瓷质量监督检验中心
泉州丽驰科技有限公司	福建省	陶瓷片密封水嘴	Nees	5315（DN15）	2012-05	不合格	管螺纹精度	国家建筑卫生陶瓷质量监督检验中心
福建元谷卫浴有限公司	福建省	单把单孔面盆龙头	LOGOO	LG015501	2011-06-18	不合格	管螺纹精度	国家建筑卫生陶瓷质量监督检验中心
福建省特瓷卫浴实业有限公司	福建省	陶瓷片密封水嘴	TECI	2731-207	2012-03	不合格	管螺纹精度	国家建筑卫生陶瓷质量监督检验中心
福建省南安市科洁电子感应设备有限公司	福建省	单把单孔面盆龙头	科洁（KETCH）	J120	2012-04	不合格	管螺纹精度、酸性盐雾试验	国家建筑卫生陶瓷质量监督检验中心

续表

企业名称	所在地	产品名称	商标	规格型号	生产日期（批号）	抽查结果	主要不合格项目	承检机构
南安市九头鸟卫浴洁具有限公司	福建省	翡翠菜盆水嘴	九头鸟	6181	2012-05-10	不合格	管螺纹精度、冷热水标志、流量（不带附件）	国家建筑卫生陶瓷质量监督检验中心
泉州市三晓洁具有限公司	福建省	陶瓷片密封水嘴	sanhill	S935	2012-04-08	不合格	酸性盐雾试验	国家建筑卫生陶瓷质量监督检验中心
福建南安市海景卫浴有限公司	福建省	陶瓷片密封水嘴	SWSS	HJ-5002平口龙头	2012-05-03	不合格	酸性盐雾试验	国家建筑卫生陶瓷质量监督检验中心
南安市美林金太阳卫浴洁具厂	福建省	陶瓷片密封水嘴	JINTAI-YANG	JTY884-5	2012-05-17	不合格	管螺纹精度、酸性盐雾试验	国家建筑卫生陶瓷质量监督检验中心
泉州市海鹰实业有限责任公司	福建省	陶瓷芯水龙头	翔鹰卫浴	XOYOO：4027	2012-05	不合格	管螺纹精度、酸性盐雾试验	国家建筑卫生陶瓷质量监督检验中心
泉州奥美斯洁具发展有限公司	福建省	陶瓷片密封水嘴	奥美斯	2001-045	2012-05-15	不合格	酸性盐雾试验	国家建筑卫生陶瓷质量监督检验中心
泉州市金光阀门制造有限公司	福建省	陶瓷片密封水嘴	JIN GUANG	JG-5213	2012-05	不合格	酸性盐雾试验	国家建筑卫生陶瓷质量监督检验中心
深圳成霖洁具股份有限公司	广东省	陶瓷片密封水嘴	Gobo	GB-1255CP	2011-09-15	不合格	流量（不带附件）	国家排灌及节水设备产品质量监督检验中心
乔登卫浴（江门）有限公司	广东省	单把单孔面盆龙头	JODEN 乔登	DN15、1008B344C	2012-03-07	不合格	酸性盐雾试验	福建省产品质量检验研究院
鹤山市安蒙卫浴科技有限公司	广东省	单柄面盆龙头	//ABM	DN15、041490	2012-05-07	不合格	管螺纹精度、酸性盐雾试验	福建省产品质量检验研究院
鹤山市苹果卫浴实业有限公司	广东省	单把面盆龙头	（图形商标）	DN15、95101	2012-05-14	不合格	酸性盐雾试验	福建省产品质量检验研究院
鹤山市亿峰卫浴实业有限公司	广东省	GD9206面盆龙头	——	DN15、GD9206	2012-05-18	不合格	冷热水标志、酸性盐雾试验	福建省产品质量检验研究院
鹤山市国美卫浴科技实业有限公司	广东省	单把单孔面盆龙头	柯尼	DN15、E7116	2012-05-12	不合格	管螺纹精度	福建省产品质量检验研究院
鹤山市洁丽实业有限公司	广东省	单把手单孔面盆龙头	GICEEPO	DN15、0714000C	2012-04-19	不合格	酸性盐雾试验	福建省产品质量检验研究院
开平市尼可卫浴有限公司	广东省	单柄单冷入墙式菜盆龙头	nicoR	DN15、26-1101	2012-05-18	不合格	管螺纹精度	福建省产品质量检验研究院
开平市水口镇顺博卫浴厂	广东省	龙头	——	DN15、00611	2011-08-10	不合格	管螺纹精度、酸性盐雾试验	福建省产品质量检验研究院
广东粤轻卫浴科技有限公司	广东省	单柄双控面盆水嘴	——	DN15、GB1800	2011-12	不合格	管螺纹精度	福建省产品质量检验研究院
鹤山市莱雅斯顿卫浴实业有限公司	广东省	单柄单孔厨房龙头	——	DN15、189C	2012-04-29	不合格	管螺纹精度、冷热疲劳试验	福建省产品质量检验研究院

四、建筑卫生陶瓷产品质量地方监督抽查结果

1. 2012年陕西省便器冲洗阀产品监督抽查结果（2012年4月25日发布）

陕西省质量技术监督局于2012年第1季度对便器冲洗阀产品质量进行了监督抽查。样品全部在西安地区经销企业中抽取。共抽查企业25家，抽取样品42批次，经检测，合格样品42批次，样品批次合格率为100%。

此次抽查依据CJ 164-2002《节水型生活用水器具》、QB2948-2008《小便冲洗阀》、QB/T 3649-1999《大便器冲洗阀》的相关标准及其要求，对便器冲洗阀产品的冲洗量（节水性能）、阀体强度、密封性能、噪声、外观质量等5个项目进行了检验。具体抽查结果如下：

2012年陕西省便器冲洗阀质量监督抽查产品及其企业名单　　表4-4

序号	产品名称	生产日期或批号	抽查企业名称	生产企业名称	商标	规格型号	抽查结果	承检单位
1	大便冲洗阀	——	西安市未央区日兴水暖器材批发部	福建申利卡洁具发展有限公司	申利卡	DN20	合格	陕西省质检所
2	小便冲洗阀	2010.04	西安市未央区日兴水暖器材批发部	福建申利卡洁具发展有限公司	申利卡	DN15	合格	陕西省质检所
3	大便冲洗阀	——	新一代洁具	泉州市新一代洁具管业有限公司	新一代	DN25	合格	陕西省质检所
4	大便冲洗阀	——	飞宇卫浴	福建省泉州市飞宇卫浴有限公司	飞宇	DN20	合格	陕西省质检所
5	大便冲洗阀	2011.12	泉州丽驰科技有限公司西安总代理	泉州丽驰科技有限公司	丽驰	DN25	合格	陕西省质检所
6	小便冲洗阀	2011.09	泉州丽驰科技有限公司西安总代理	泉州丽驰科技有限公司	丽驰	DN15	合格	陕西省质检所
7	大便冲洗阀	2009.06	新京陵洁具	南安市新京陵水暖洁具有限公司	新京陵	XJL-55011	合格	陕西省质检所
8	大便冲洗阀	2010.11	西安创惠商贸有限公司	唐山惠达陶瓷（集团）股份有限公司	惠达	HD902C-A	合格	陕西省质检所
9	小便冲洗阀	2011.08	西安创惠商贸有限公司	唐山惠达陶瓷（集团）股份有限公司	惠达	HDK813	合格	陕西省质检所
10	大便冲洗阀	2010.09	朝阳卫浴陕西总代理	广东朝阳卫浴有限公司	朝阳卫浴	A-01K(25-20)	合格	陕西省质检所
11	小便冲洗阀	2010-07	朝阳卫浴陕西总代理	广东朝阳卫浴有限公司	朝阳卫浴	C-05K	合格	陕西省质检所
12	大便冲洗阀	2012.01	特瓷卫浴陕西总代理	福建省特瓷卫浴实业有限公司	TECI	8701-25×25	合格	陕西省质检所
13	小便冲洗阀	2010.03	特瓷卫浴陕西总代理	福建省特瓷卫浴实业有限公司	TECI	8711-15	合格	陕西省质检所
14	大便冲洗阀	2010.04	申鹭达卫浴	申鹭达集团有限公司	申鹭达	LD-17401	合格	陕西省质检所
15	小便冲洗阀	2011.08	申鹭达卫浴	申鹭达集团有限公司	申鹭达	7403	合格	陕西省质检所
16	大便冲洗阀	2011.05	陕西科牧工贸有限公司	九牧集团有限公司	九牧	8206-25×25	合格	陕西省质检所

续表

序号	产品名称	生产日期或批号	抽查企业名称	生产企业名称	商标	规格型号	抽查结果	承检单位
17	小便冲洗阀	2011.09	陕西科牧工贸有限公司	九牧集团有限公司	九牧	8244-15	合格	陕西省质检所
18	大便冲洗阀	2011.10	广西桂花水暖器材股份有限公司驻西安办事处	广西桂花水暖器材股份有限公司	桂花	DN25	合格	陕西省质检所
19	小便冲洗阀	2011.10	广西桂花水暖器材股份有限公司驻西安办事处	广西桂花水暖器材股份有限公司	桂花	DN15	合格	陕西省质检所
20	大便冲洗阀	2010.02	长江水暖	广东佛山市顺德区容桂镇新时代水暖洁具厂	新时代	DN20	合格	陕西省质检所
21	小便冲洗阀	2011.09	多美多卫浴西安总经销	泉州市多美多卫浴洁具有限公司	多美多	DN15	合格	陕西省质检所
22	大便冲洗阀（脚踏式）	2011.06	多美多卫浴西安总经销	泉州市多美多卫浴洁具有限公司	多美多	DN25	合格	陕西省质检所
23	小便冲洗阀	——	卓氏水暖洁具厂西北总代理	南安市恒泉洁具厂	恒泉	DN15	合格	陕西省质检所
24	小便冲洗阀	——	腾翎洁具	丹尼斯卫浴洁具厂	丹尼斯	DN15	合格	陕西省质检所
25	大便冲洗阀	——	名久王洁具	南安市名久王洁具厂	名久王	DN25	合格	陕西省质检所
26	小便冲洗阀	——	名久王洁具	南安市名久王洁具厂	名久王	DN15	合格	陕西省质检所
27	小便冲洗阀	——	尊龙卫浴	佛山市尊龙洁具有限公司	尊龙	LT1007	合格	陕西省质检所
28	大便冲洗阀	2011.12	荣新洁具	福建省南安市荣新水暖洁具厂	荣新	RX-6824	合格	陕西省质检所
29	小便冲洗阀	2011.10	荣新洁具	福建省南安市荣新水暖洁具厂	荣新	DN15	合格	陕西省质检所
30	大便冲洗阀	2010.03	和浴洁具总经销	泉州和浴洁具有限公司	和浴	HY-A859	合格	陕西省质检所
31	大便冲洗阀	2011.10	西安天翼装饰材料工程有限公司	西安天翼装饰材料工厂有限公司	九牧祺祥（JOMQO）	DN25	合格	陕西省质检所
32	小便冲洗阀	2011.10	西安天翼装饰材料工程有限公司	西安天翼装饰材料工厂有限公司	九牧祺祥（JOMQO）	DN15	合格	陕西省质检所
33	小便冲洗阀	——	奥柯洁具	江门奥柯卫浴实业有限公司	奥柯卫浴（AOKE）	DN15	合格	陕西省质检所
34	小便冲洗阀	——	南安市凤巢卫浴洁具厂西安总代理	南安市凤巢卫浴洁具厂	凤巢	DN15	合格	陕西省质检所
35	大便冲洗阀	——	金特陶卫浴西北总代理	金特陶实业有限公司	JTOTO	6685-20	合格	陕西省质检所
36	小便冲洗阀	——	金特陶卫浴西北总代理	金特陶实业有限公司	JTOTO	DN15（6701）	合格	陕西省质检所
37	大便冲洗阀（脚踏式）	——	金特陶卫浴西北总代理	金特陶实业有限公司	JTOTO	6692	合格	陕西省质检所
38	大便冲洗阀	——	九龙王洁具总经销	九龙王洁具制造厂	九龙王	DN25	合格	陕西省质检所
39	小便冲洗阀	2011.09	九龙王洁具总经销	九龙王洁具制造厂	九龙王	DN15	合格	陕西省质检所

续表

序号	产品名称	生产日期或批号	抽查企业名称	生产企业名称	商标	规格型号	抽查结果	承检单位
40	大便冲洗阀	2011.06	上海报喜鸟卫浴制品有限公司陕西总代理	上海报喜鸟卫浴制品有限公司	报喜鸟	DN25	合格	陕西省质检所
41	小便冲洗阀	2011.10	上海报喜鸟卫浴制品有限公司陕西总代理	上海报喜鸟卫浴制品有限公司	报喜鸟	DN15	合格	陕西省质检所
42	小便冲洗阀	——	金特陶卫浴西北总代理	金特陶实业有限公司	JTOTO	DN15 (6700)	合格	陕西省质检所

2. 2012年陕西省陶瓷片密封水嘴产品质量监督抽查结果（2012年4月25日发布）

陕西省质量技术监督局通报陶瓷片密封水嘴产品质量监督抽查结果，样品批次合格率为58.2%。

本次样品主要在西安、宝鸡、延安地区的经销企业中抽取，共抽查企业55家，抽取样品55批次。依据国家质检总局制定的《CCGF318.1-2010 陶瓷片密封水嘴》产品质量监督抽查实施规范中相关标准的规定，对陶瓷片密封水嘴产品的管螺纹精度、冷热水标志、流量（不带附件）、流量（带附件）、密封性能、阀体强度、冷热疲劳试验、酸性盐雾试验等8个项目进行了检验。

经检验，合格样品32批次，样品批次合格率为58.2%。不合格样品涉及佛山市日丰企业有限公司、嘉尔陶瓷有限公司、合肥荣事达电子电器有限公司、北京雅之鼎卫浴设备有限公司、福建省特瓷卫浴实业有限公司、菲时特集团股份有限公司等企，主要是酸性盐雾试验、管螺纹精度、密封性能、冷热疲劳试验、阀体强度、冷热水标志、流量（带附件）等项目不达标。具体抽查结果如下：

2012年陕西省陶瓷片密封水嘴产品质量监督抽查产品及企业名单 **表4-5**

序号	产品名称	生产日期/批号	抽查企业名称	生产企业名称	商标	规格型号	抽查结果	主要不合格项目	承检单位
1	面盆龙头	2011-10-15	冉山（个体）	福建省南安市华盛建材有限公司	HHHS	H10080	合格		国家建筑卫生陶瓷质量监督检验中心
2	双孔双把脸盆龙头	2008-7-25	陕西中宇建材有限公司	中宇建材集团有限公司	中宇（JOYOU）	JY00282	合格		国家建筑卫生陶瓷质量监督检验中心
3	面盆龙头	2010-8-29	西安市大明宫遗址区唐山惠达经销处	唐山惠达陶瓷（集团）股份有限公司	惠达（HUIDA）	HD762	合格		国家建筑卫生陶瓷质量监督检验中心
4	单柄双控面盆水嘴	2012-02	西安经济技术开发区祥瑞建材经销部	辉煌水暖集团有限公司	辉煌	HH-122106-SL2106	合格		国家建筑卫生陶瓷质量监督检验中心
5	陶瓷芯密封水嘴	2010-12-8	申鹭达卫浴居然之家店	申鹭达股份有限公司	申鹭达（SUNLOT）	LD13147	合格		国家建筑卫生陶瓷质量监督检验中心
6	单把脸盆龙头	2011-4-22	西安经济技术开发区冬玲卫浴经销部	福建福泉集团有限公司	宏浪（hona）	FQ-11028	合格		国家建筑卫生陶瓷质量监督检验中心
7	单柄双控面盆水嘴	2011-11-14	埃美柯卫浴	埃美柯集团有限公司	埃美柯	MD135	合格		国家建筑卫生陶瓷质量监督检验中心

续表

序号	产品名称	生产日期/批号	抽查企业名称	生产企业名称	商标	规格型号	抽查结果	主要不合格项目	承检单位
8	台式单柄冷热混合水栓	1×25	西安天丽洁具有限公司	东陶（中国）有限公司	TOTO	DL316	合格		国家建筑卫生陶瓷质量监督检验中心
9	单孔冷热面盆龙头	111201742B	西安市未央区申达建材商行	广东朝阳卫浴有限公司	朝阳卫浴（CME）	L169	合格		国家建筑卫生陶瓷质量监督检验中心
10	面盆龙头	100603	陕西家得宝家居建材超市有限公司太华路分公司	新乐卫浴（佛山）有限公司	YING	WY50046 1001948	合格		国家建筑卫生陶瓷质量监督检验中心
11	4"面盆龙头	2011-3-4	陕西家得宝家居建材超市有限公司太华路分公司	得而达水龙头（中国）有限公司	得而达（DELTA）	DC25030	合格		国家建筑卫生陶瓷质量监督检验中心
12	单把双孔面盆龙头	2011-11-20	陕西家得宝家居建材超市有限公司太华路分公司	佛山市顺德区乐华陶瓷洁具有限公司	箭牌（ARROW）	A1566C	合格		国家建筑卫生陶瓷质量监督检验中心
13	水龙头	2012-1-7	陕西信美经贸有限公司	美标（中国）有限公司	American Standard	CF1502	合格		国家建筑卫生陶瓷质量监督检验中心
14	面盆龙头	2011-12	河北青新塑料有限公司西安直销处	瑞安市四维卫浴有限公司	Siweet	69039	合格		国家建筑卫生陶瓷质量监督检验中心
15	水龙头	2010-6-17	陕西安华陶瓷洁具有限公司	佛山市高明安华陶瓷洁具有限公司	annwa	an1A0606TC	合格		国家建筑卫生陶瓷质量监督检验中心
16	面盆龙头	F0629	西安经济技术开发区浪鲸卫浴五金商行	佛山市家家卫浴有限公司	SSWW	LT1132	合格		国家建筑卫生陶瓷质量监督检验中心
17	面盆龙头	2011-3-23	西安居奕工贸有限责任公司	摩恩（上海）厨卫有限公司重庆分公司	MOEN	17121	合格		国家建筑卫生陶瓷质量监督检验中心
18	水龙头	2008-9-4	西安市未央区科牧水暖洁具经销部	九牧集团有限公司	JOMOO	3559-022	合格		国家建筑卫生陶瓷质量监督检验中心
19	水龙头	2011-8-25	西安市未央区富源陶瓷经销部	中山市港华卫浴有限公司	汉斯	FL3260	合格		国家建筑卫生陶瓷质量监督检验中心
20	水龙头	2011-12-30	西安市未央区恒洁卫浴经销部	广东恒洁卫浴有限公司	HeGll	HL-2211	合格		国家建筑卫生陶瓷质量监督检验中心
21	水龙头	2011-12-12	西安市未央区中信卫浴经销部	佛山市百田建材实业有限责任公司	Suncoo	ST1032C	合格		国家建筑卫生陶瓷质量监督检验中心
22	水龙头	260729/0111011	西安市碑林区冠晨洁具销售部	乐家（中国）有限公司	乐家（Roca）	特佳面龙	合格		国家建筑卫生陶瓷质量监督检验中心

续表

序号	产品名称	生产日期/批号	抽查企业名称	生产企业名称	商标	规格型号	抽查结果	主要不合格项目	承检单位
23	单把单孔面盆龙头	2009-5-18	西安市碑林区乔登红星美凯龙店	乔登卫浴（江门）有限公司	JODEN	10018017C	合格		国家建筑卫生陶瓷质量监督检验中心
24	水龙头	2011-11-5	西安市碑林区益高红星美凯龙店	佛山市南海益高卫浴有限公司	EAGO	PL149B-66E	合格		国家建筑卫生陶瓷质量监督检验中心
25	水龙头	2011-11-21	西安市碑林区希尔曼美凯龙店	瑞安市贝乐卫浴洁具有限公司	贝乐	6008	合格		国家建筑卫生陶瓷质量监督检验中心
26	水龙头	2012-1-1	西安市碑林区普非特红星美凯龙店	佛山市欧威斯洁具制造有限公司	WOMA	L002	合格		国家建筑卫生陶瓷质量监督检验中心
27	水龙头	2011-2-17	西安市碑林区格拉仕伦红星美凯龙店	中山蓝天建材有限公司	格拉仕伦(rassland)	A213	合格		国家建筑卫生陶瓷质量监督检验中心
28	水龙头	——	西安勋达建材有限公司	杭州丰贝厨卫科技有限公司	TATA	5001	合格		国家建筑卫生陶瓷质量监督检验中心
29	单孔面盆龙头	K1116	宝鸡市金台区高宝卫浴洁具营销中心	深圳成霖洁具有限公司广州销售部	Gobo	GB-9652ECP	合格		国家建筑卫生陶瓷质量监督检验中心
30	单把厨房龙头	——	特瓷卫浴	福建省特瓷卫浴实业有限公司	特瓷（TECI）	2760-233	合格		国家建筑卫生陶瓷质量监督检验中心
31	水嘴	——	美拉奇	潮安县美拉奇特瓷洁具实业有限公司	MARACHI	2012	合格		国家建筑卫生陶瓷质量监督检验中心
32	水龙头	22	吴香容（法人代表）	浙江雅鼎卫浴股份有限公司	雅鼎卫浴	8021001	合格		国家建筑卫生陶瓷质量监督检验中心
33	陶瓷芯密封水嘴	2011-7-19	西安市未央区港宏卫浴商行	开平市标图五金卫浴有限公司	标图(BIAOTU)	1205	不合格	酸性盐雾试验	国家建筑卫生陶瓷质量监督检验中心
34	单把面盆混合龙头	2011-11-17	西安市未央区日晟卫浴经销部	佛山市日丰企业有限公司	日丰卫浴	RF-9165AP	不合格	管螺纹精度	国家建筑卫生陶瓷质量监督检验中心
35	陶瓷芯密封冷热调温水龙头	2011-12	广东省佛山市苹果卫浴陕西总代理	佛山市安宝卫浴有限公司	APPLE	AP3801D	不合格	管螺纹精度、酸性盐雾试验	国家建筑卫生陶瓷质量监督检验中心
36	水嘴	2011-10-31	陕西家得宝家居建材超市有限公司太华路分公司	北京润德鸿图科技发展有限公司	潜水艇（Submarine）	L101	不合格	酸性盐雾试验	国家建筑卫生陶瓷质量监督检验中心
37	雅迪瓷芯雾化水嘴	2010-7-16	陕西家得宝家居建材超市有限公司太华路分公司	安住（上海）水暖卫浴销售有限公司	雅迪（YADER）	YD3015	不合格	酸性盐雾试验	国家建筑卫生陶瓷质量监督检验中心

续表

序号	产品名称	生产日期/批号	抽查企业名称	生产企业名称	商标	规格型号	抽查结果	主要不合格项目	承检单位
38	水龙头	2012-01	樱花世家卫浴江于亮	潮安县古巷镇金丽佳陶瓷制造厂	樱花世家（SCBFOR）	8049	不合格	密封性能、阀体强度、酸性盐雾试验	国家建筑卫生陶瓷质量监督检验中心
39	水龙头	——	盛维洁具	旭盛五金配件厂	盛维	1034	不合格	管螺纹精度、酸性盐雾试验	国家建筑卫生陶瓷质量监督检验中心
40	面盆二联龙头	——	欧克斯卫浴西北总代理	嘉尔陶瓷有限公司	欧克斯（Oukesi）	面盆二联龙头	不合格	酸性盐雾试验	国家建筑卫生陶瓷质量监督检验中心
41	水龙头	——	开平市伯恩卫浴有限公司	开平市伯恩卫浴有限公司	Byrne	90126	不合格	密封性能、冷热疲劳试验、酸性盐雾试验	国家建筑卫生陶瓷质量监督检验中心
42	水龙头	515181	西安经济技术开发区刘娟卫浴经销部	东莞市家乐玻璃制品有限公司	家斯达	515181	不合格	冷热水标志、酸性盐雾试验	国家建筑卫生陶瓷质量监督检验中心
43	水龙头	2010-10-10	西安市未央区坤泰建材商行	鹤山市波士顿卫浴实业有限公司	波士顿（boshi-dun）	B7604	不合格	管螺纹精度	国家建筑卫生陶瓷质量监督检验中心
44	水龙头	——	西安市未央区亦盛建材商行	鹤山市安得利卫浴有限公司	Larsd	LD5201	不合格	管螺纹精度、酸性盐雾试验	国家建筑卫生陶瓷质量监督检验中心
45	水龙头	——	西安市未央区广凯建材经营部	——	JINGPIN	雅思单孔	不合格	酸性盐雾试验	国家建筑卫生陶瓷质量监督检验中心
46	日新洁具（水嘴）	——	日新卫浴西北直销处	南安市溪美日新水暖洁具厂	日新致精	DN15	不合格	管螺纹精度、酸性盐雾试验	国家建筑卫生陶瓷质量监督检验中心
47	单把面盆龙头	2011-5-10	西安市碑林区荣利建材经销部	合肥荣事达电子电器有限公司	荣事达	RSD-30002	不合格	流量（带附件）	国家建筑卫生陶瓷质量监督检验中心
48	水龙头	2011-8-30	西安金铭装饰工程有限公司	北京雅之鼎卫浴设备有限公司	居逸（G&E）	YH140720	不合格	管螺纹精度	国家建筑卫生陶瓷质量监督检验中心
49	凯士比龙头	——	凯士比洁具	泉州市凯士比科技洁具有限公司	凯士比	15873	不合格	酸性盐雾试验	国家建筑卫生陶瓷质量监督检验中心
50	面盆龙头	——	西安市未央区康霸洁具经营部	温州康霸洁具有限公司	KBKB	2201-308E	不合格	密封性能、阀体强度、冷热疲劳试验	国家建筑卫生陶瓷质量监督检验中心
51	水嘴	2011-12	西安市未央区郎霸洁具经营部	温州市郎霸洁具有限公司	郎霸	洗衣机水嘴	不合格	酸性盐雾试验	国家建筑卫生陶瓷质量监督检验中心

续表

序号	产品名称	生产日期/批号	抽查企业名称	生产企业名称	商标	规格型号	抽查结果	主要不合格项目	承检单位
52	陶瓷芯水龙头	——	宝鸡市渭滨区盛杰水暖阀门经销部	南安市佳斯木洁具厂	佳斯木	——	不合格	酸性盐雾试验	国家建筑卫生陶瓷质量监督检验中心
53	快开中长龙头	2009-07	宝鸡市金台区法朗莎卫浴经销部	福建省特瓷卫浴实业有限公司	TECI	8801-338	不合格	酸性盐雾试验	国家建筑卫生陶瓷质量监督检验中心
54	普通水嘴	2011-12	宝鸡市金台区越鑫建材经销部	菲时特集团股份有限公司	FANSKI	AG011	不合格	酸性盐雾试验	国家建筑卫生陶瓷质量监督检验中心
55	陶瓷阀芯水龙头	——	鹰陶卫浴	南安市富宇洁具厂	富宇	DN15	不合格	酸性盐雾试验	国家建筑卫生陶瓷质量监督检验中心

3. 2012 年湖南省陶瓷砖产品监督抽查结果（2012 年 4 月 26 日发布）

2012 年一季度，湖南省工商行政管理局从长沙、株洲、湘潭 3 市的经销单位抽取了 23 组陶瓷砖样品。经检测，合格 19 组，合格率为 82.6%。

根据检测结果，4 组样品不合格，标称生产企业涉及佛山军山陶瓷有限公司、福建晋江恒达陶瓷有限公司、江西瑞阳陶瓷有限公司、佛山市和发陶瓷有限公司，存在的主要问题是吸水率、破坏强度、断裂模数达不到标准要求。具体抽查结果如下：

2012年湖南省陶瓷砖质量监督抽查合格产品及其企业名单　　表4-6

序号	样品名称	标称商标	规格型号	生产日期	被监测人	标称生产企业
1	军山瓷砖（有釉）	军山	（300 × 450 × 9.2）mm	未标识	娄底市五江经济开发区新坪街陶瓷仓储批发中心7-1号(张立明)	佛山军山陶瓷有限公司
2	五环陶瓷	五环	（800 × 800）mm	未标识	娄底市经济开发区乐家居陶瓷店(肖建红)	佛山市金新环陶瓷有限公司
3	陶瓷砖（有釉）	一顺百顺	（300 × 450）mm	未标识	娄底市经济开发区乐家居陶瓷店(肖建红)	佛山一顺百顺陶瓷有限公司
4	陶瓷砖（有釉）	法迪克	（300 × 450）mm	未标识	德美陶瓷经营部(陈新强)	佛山市澳特尔陶瓷有限公司
5	陶瓷砖（有釉）	亿时代	（300 × 450）mm	未标识	颜学平宏陶陶瓷经营部(颜学平)	香港亿时代陶瓷有限公司
6	原生态复古砖（有釉）	新景象	（600 × 600）mm	未标识	颜学平宏陶陶瓷经营部 (颜学平)	佛山市新景象陶瓷有限公司
7	陶瓷砖（有釉）	旌旗	（300 × 450）mm	未标识	胡桥东（鑫鼎陶瓷）(胡桥东)	佛山市旌旗陶瓷有限公司
8	陶瓷砖（有釉）	国员	（300 × 450）mm	未标识	胡桥东（鑫鼎陶瓷）(胡桥东)	佛山国员陶瓷有限公司
9	陶瓷砖（有釉）	新南悦	（300 × 600 × 10.5）mm	2011.3.14	长沙市芙蓉区豪联建材经营部（张翠屏）	清远南方建材卫浴有限公司
10	陶瓷砖	中源朗高	（600 × 600 × 9.5）mm	2011.10.07	长沙市芙蓉区领先建材商行（刘展）	佛山百利丰建材有限公司

续表

序号	样品名称	标称商标	规格型号	生产日期	被监测人	标称生产企业
11	陶瓷砖	金欧雅	（300×450×9.5）mm	未标识	长沙市芙蓉区欧雅建材商行（梁红丽）	广东欧雅陶瓷有限公司
12	陶瓷砖	滙亚	（300×450×10.2）mm	2011.9.22	长沙市芙蓉区鑫达建材商行（王建平）	广东汇亚陶瓷有限公司
13	陶瓷砖	樵东	（300×300×8.2）mm	2010.5.23	湖南省道格尔建材有限公司（陈祥）	广东清远蒙娜丽莎建陶有限公司
14	陶瓷砖（有釉）	冠珠	（300×450）mm	2011.3.	长沙市芙蓉区长城经营部（张子伍）	广东新明珠陶瓷集团有限公司
15	陶瓷砖（有釉）	博华	（300×300×9.8）mm	未标识	易勇贤（利君建材销售行）（易勇贤）	广东博华陶瓷有限公司
16	陶瓷砖（有釉）	海豚	（300×600）mm	2011.1.30	易勇贤（利君建材销售行）（易勇贤）	佛山市中基陶瓷有限公司
17	陶瓷砖（有釉）	国员	（300×450）mm	未标识	株洲市天元区神塘建材经营部（易鸿刚）	佛山市国员陶瓷有限公司
18	陶瓷砖	威尼斯商人	（300×300×7.4）mm	未标识	长沙市红星美凯龙建材一楼A8068、8109号	成都新西南艺术陶瓷厂
19	陶瓷砖	金意陶	（164×164×9.5）mm	2011.10.	长沙市芙蓉区名典建材商行（李玉红）	广东金意陶陶瓷有限公司

2012年湖南省陶瓷砖质量监督抽查不合格产品及其企业名单 **表4-7**

序号	样品名称	商标	规格型号	生产日期	被监测人	标称生产企业	主要不合格项目
1	军山瓷砖（有釉）	——	（300×300×9.2）mm	未标识	娄底市五江经济开发区新坪街陶瓷仓储批发中心7-1号(张立明)	佛山军山陶瓷有限公司	吸水率、破坏强度、断裂模数
2	瓷砖	桓达	（45×145）mm	2008.4.10	长沙市芙蓉区闽恒达陶瓷经营部(王天补)	福建晋江恒达陶瓷有限公司	吸水率
3	瑞阳陶瓷砖（GL）	瑞洋	（140×280×7.4）mm	未标识	株洲市天元区马家河镇凿石村永安建材销售行（罗元满）	江西瑞阳陶瓷有限公司	吸水率
4	陶瓷砖	佳兴	（300×300）mm	未标识	株洲市天元区马家河镇凿石村永安建材销售行（罗元满）	佛山市和发陶瓷有限公司	破坏强度

4. 2012 年上海市坐便器产品质量监督抽查结果（2012 年 6 月 13 日发布）

近期，上海市质量技术监督局对本市生产和销售的坐便器产品质量进行专项监督抽查。本次抽查产品 34 批次，经检验，不合格 1 批次。本次监督抽查依据 GB 6952-2005《卫生陶瓷》、JC 987-2005《便器水箱配件》、JC/T 931-2003《机械式便器冲洗阀》等国家标准及相关标准要求，对产品的下列项目进行了检验：水封深度、水封表面面积、吸水率、便器用水量、洗净功能、固体排放功能、污水置换功能、坐便器水封回复、排水管道输送特性、便器配套要求、用水量标识、安全水位技术要求、进水阀 CL 标记、安装相对位置、防虹吸性能、进水阀密封性能、排水阀密封、排水阀耐压性能。

抽查中发现，标称洛阳市闻洲瓷业有限公司生产的一批次“Wenzhou”坐便器（规格型号：W026 生产日期 / 批号：2012.3），吸水率不合格。

质监部门表示，坐便器标准GB 6952-2005《卫生陶瓷》规定：瓷质卫生陶瓷产品的吸水率 E ≤ 0.5%，陶质卫生陶瓷的吸水率 8.0% ≤ E < 15.0%。不合格瓷质坐便器的吸水率为1.1%，超过了标准要求的0.5%。具体抽查结果如下：

2012年上海市坐便器产品质量监督抽查合格产品及其企业名单　　表4-8

受检产品	商标	规格型号	生产日期/批号	生产企业(标称)	受检企业
虹吸式坐便器	欧路莎(ORans)	OLS-992	2012.3.2	上海维纳斯洁具有限公司	上海维纳斯洁具有限公司
Q1成套305坐便器	图案	1043041	2011.8.22	科马(上海)卫生间产品开发有限公司	科马(上海)卫生间产品开发有限公司
坐便器	DENGLE	DL-T1309	2011.3.25	上海登勒工贸有限公司	上海登勒工贸有限公司
连体坐便器	LONGER	LE-5678	2012.1	上海龙尔卫浴洁具有限公司	上海龙尔卫浴洁具有限公司
联体坐便器	外冈(图案)	Z358	2012.1	上海市外冈水暖器材厂	上海市外冈水暖器材厂
卫生陶瓷(坐便器)	大本象	DBX-A-21	2012.2	上海铿基卫浴有限公司	上海铿基卫浴有限公司
喷射虹吸式连体坐便器	bolo	BT-1201	2011.5.11	上海宝路卫浴陶瓷有限公司	上海宝路卫浴陶瓷有限公司
坐便器	TOZO	6601	2011.12.31	上海东姿陶瓷有限公司	上海东姿陶瓷有限公司
IDS灵动风格加长型连体坐厕305mm	American Standard	CP-2040.702.04	2012.3.12	上海美标陶瓷有限公司	上海美标陶瓷有限公司
坐便器	boond	BC6180	2012.1.7	上海班帝实业有限公司	上海班帝实业有限公司
连体坐便器	TOTO	CW854RB	2012.3.21	东陶华东有限公司	东陶华东有限公司
卫生陶瓷(坐便器)	绿太阳	58815	2011.12.11	上海绿太阳建筑五金有限公司	上海绿太阳建筑五金有限公司
坐便器	RODDEX	CT104A-3	2011.8.29	上海劳达斯洁具有限公司	上海劳达斯洁具有限公司
连体坐便器	Panasonic	CHZWL	2012.1.10	上海松下电工有限公司	上海松下电工有限公司
连体坐便器	interbath!	D-79000	2011.12.15	英特贝斯(上海)陶瓷有限公司	英特贝斯(上海)陶瓷有限公司
单冲水分体坐便器	CASCADE	CSS156	2012.2.9	上海宏延卫浴设备开发实业有限公司	上海宏延卫浴设备开发实业有限公司
连体坐便器	卡恩诺	K-10	2011.8	上海卡恩瓷业有限公司	上海卡恩瓷业有限公司
连体坐便器	HHSN	6T158	2011.8.18	辉煌水暖集团公司	上海欧洁卫浴有限公司
分体坐便器	HUIDA	HD2-W	2012.2.15	唐山惠达陶瓷(集团)股份有限公司	上海润忠贸易有限公司
连体坐便器	DONGPENG	W1141	2011.4.21	佛山东鹏洁具股份有限公司	上海东鹏陶瓷有限公司
连体坐厕	BRAVAT	C2128XW-3	2011.9.25	广州贝泰卫浴用品有限公司	贝朗(上海)卫浴设备有限公司
乐活节水连体坐厕	吉事多	GP-6417	2012.2.21	吉事多卫浴有限公司	上海显浩卫厨有限公司
坐便器	SUNLOT	LD-77209	2011.4.4	申鹭达股份有限公司	上海鹭云卫浴有限公司
坐便器	特陶	TT-86283	2012.3.8	特陶科技发展有限公司	上海特陶卫浴设备有限公司
单体省水马桶	HCG	C4520NT	2012.3.20	和成(中国)有限公司	和成(中国)有限公司上海第一分公司
坐便器	T&T	OS-T5688	2011.12	潮安县欧贝尔陶瓷有限公司	上海顶峰卫浴有限公司

续表

受检产品	商标	规格型号	生产日期/批号	生产企业(标称)	受检企业
连体坐便器	JOMOO	1176-1	2012.3.13	九牧厨卫股份有限公司	上海祥达洁具有限公司
连体坐便器	ARROW	AB1218LDSX	2012.3.22	佛山市顺德区乐华陶瓷洁具有限公司	上海红星美凯龙家居市场经营管理有限公司
连体坐便器	YING	CD=117C	2011.12.28	新乐卫浴(佛山)有限公司	上海百安居建材超市有限公司沪太店
坐便器	科勒	4276T-6-0	2012.1.1	佛山科勒有限公司	上海红星美凯龙家居市场经营管理有限公司
斯达克3连体坐便器	DURAVIT	2120010001	2012.2.28	杜拉维特(中国)洁具有限公司	杜拉维特(中国)洁具有限公司上海分公司
纽瑞坐厕	Roca	3-4224B	2012.2.20	乐家（中国）有限公司	乐家(中国)有限公司上海分公司
卫生陶瓷（坐便器）	JOYOU	JY-60023	2012.2	中宇建材集团有限公司	上海市闵行区春发卫浴商行

2012年上海市坐便器产品质量监督抽查不合格产品及其企业名单 表4-9

受检产品	商标	规格型号	生产日期/批号	生产企业（标称）	受检企业	不合格项目
坐便器	Wenzhou	W026	2012.3	洛阳市闻洲瓷业有限公司	上海闻洲洁具有限公司	吸水率

5. 2012年广东省陶瓷砖产品质量监督抽查结果（2012年7月20日发布）

广东省质量技术监督局7月20日通报陶瓷砖产品质量专项监督抽查结果，有24批次产品不合格。

本次抽查了珠海、佛山、江门、肇庆、惠州、东莞、清远、河源、云浮等9个地市126家企业生产的陶瓷砖140批次，依据GB/T 4100-2006《陶瓷砖》、GB 6566-2010《建筑材料放射性核素限量》、GB/T 23458-2009《广场用陶瓷砖》、GB/T 13891-2008《建筑饰面材料镜向光泽度测定方法》，经备案现行有效的企业标准及产品明示质量要求，对陶瓷砖产品的表面质量、尺寸、吸水率、破坏强度、断裂模数、抗釉裂性、耐污染性、耐化学腐蚀性、无釉地砖耐磨性、光泽度、放射性核素、标志等12个项目进行了检验。

经检验，不合格24批次，不合格产品发现率为17.1%，剔除仅标识不合格16批次，实物质量不合格产品发现率为5.7%。主要不合格项目涉及标志、破坏强度、尺寸、断裂模数和吸水率。具体抽查结果如下：

2012年广东省陶瓷砖产品质量专项监督抽查不合格产品及其企业名单 表4-10

序号	生产企业名称（标称）	产品名称	商标	型号规格	生产日期或批号	不合格项目名称	承检单位
1	佛山市三水华纳陶瓷有限公司	艺术砖	华纳	300mm × 300mm × 8.6mm		破坏强度	国家陶瓷及水暖卫浴产品质量监督检验中心（备注：潮州）
2	佛山市高明汇德邦陶瓷有限公司	瓷质砖	汇德邦	PM80401 800mm × 800mm × 10.5mm	2011-11-30	标志和说明	国家陶瓷及水暖卫浴产品质量监督检验中心（备注：佛山）

续表

序号	生产企业名称（标称）	产品名称	商标	型号规格	生产日期或批号	不合格项目名称	承检单位
3	佛山市维纳尔陶瓷有限公司	抛光砖	恒和	HY8003 800mm × 800mm	2012-3-15	标志和说明	国家陶瓷及水暖卫浴产品质量监督检验中心（备注：佛山）
4	佛山市上元上陶陶瓷有限公司	釉面砖（内墙砖）	——	250mm × 400mm × 8.2mm	2011-8-25	标识	国家陶瓷及水暖卫浴产品质量监督检验中心（备注：潮州）
5	佛山市澳翔陶瓷有限公司	陶瓷砖	澳翔	300mm × 450mm	2011-2-1	标识	国家陶瓷及水暖卫浴产品质量监督检验中心（备注：潮州）
6	广东新润成陶瓷有限公司	陶瓷砖	裕成	300mm × 450mm	2010-7-7	标识	国家陶瓷及水暖卫浴产品质量监督检验中心（备注：潮州）
7	广东汇亚陶瓷有限公司	内墙砖	汇亚	300mm × 450mm × 10.2mm	2011-8-19	标识	国家陶瓷及水暖卫浴产品质量监督检验中心（备注：潮州）
8	广东汇亚陶瓷有限公司	内墙砖	汇亚	300mm × 300mm × 10.2mm	2012-6-1	标识	国家陶瓷及水暖卫浴产品质量监督检验中心（备注：潮州）
9	广东佛山国际闽南建材有限公司	陶瓷砖	玉嘉华	300mm × 450mm		标识	国家陶瓷及水暖卫浴产品质量监督检验中心（备注：潮州）
10	佛山市豪帅陶瓷有限公司	墙地砖	陶兴帅	300mm × 300mm × 8.5mm	2011-10-1	标识	国家陶瓷及水暖卫浴产品质量监督检验中心（备注：潮州）
11	台山市新摩迪沙陶瓷有限公司	耐磨砖	力天	6002 600mm × 600mm × 8mm	2012-3-4	1.尺寸及偏差；2.破坏强度；3.标志和说明	国家陶瓷及水暖卫浴产品质量监督检验中心（备注：佛山）
12	江门市金瑞宝陶瓷有限公司	古典艺术砖	金瑞宝	Y6526 600mm × 600mm	2012-3-14	1.吸水率；2.标志和说明	国家陶瓷及水暖卫浴产品质量监督检验中心（备注：佛山）
13	恩平市正德陶瓷有限公司	抛光砖	正德	DA8402 800mm × 800mm × 10.6mm	2012-3-8	尺寸及偏差	国家陶瓷及水暖卫浴产品质量监督检验中心（备注：佛山）
14	江门市华陶陶瓷有限公司	仿古砖	圣陶坊	Y3603 300mm × 600mm	2012-3	标志和说明	国家陶瓷及水暖卫浴产品质量监督检验中心（备注：佛山）
15	高要市玉山陶瓷工业有限公司	干压陶瓷砖	玉山	P6862 600mm × 600mm × 9.2mm	2012-3-13	1.破坏强度;2.断裂模数	国家陶瓷及水暖卫浴产品质量监督检验中心（备注：佛山）
16	四会市石兴陶瓷厂	高级仿石砖	石兴	283 277mm × 138mm	2012-3-2	1.尺寸及偏差；2.破坏强度；3.标志和说明	国家陶瓷及水暖卫浴产品质量监督检验中心（备注：佛山）
17	四会市科迪瓷砖有限公司	陶瓷砖	金宝	300mm × 300mm × 7.8mm	2011-7-1	破坏强度	国家陶瓷及水暖卫浴产品质量监督检验中心（备注：潮州）
18	惠州市惠阳皇磁陶瓷有限公司	仿古砖（HG410）	皇磁	450mm × 450mm	2011-8-5	标识	国家陶瓷及水暖卫浴产品质量监督检验中心（备注：潮州）

续表

序号	生产企业名称（标称）	产品名称	商标	型号规格	生产日期或批号	不合格项目名称	承检单位
19	惠州市惠阳皇磁陶瓷有限公司	仿古砖(HGG33003)	皇磁	330mm × 330mm	2011-10-10	标识	国家陶瓷及水暖卫浴产品质量监督检验中心（备注：潮州）
20	清远圣利达陶瓷有限公司	瓷质抛光砖	欧锦	PA6117 600mm × 600mm × 10mm	2012-3-18	尺寸及偏差	国家陶瓷及水暖卫浴产品质量监督检验中心（备注：佛山）
21	河源市贝嘉利陶瓷有限公司	瓷质抛光砖	贝嘉利	600mm × 600mm	2012-3-5	标识	国家陶瓷及水暖卫浴产品质量监督检验中心（备注：潮州）
22	罗定市罗宝陶瓷有限公司	耐磨砖	罗宝	6001 600mm × 600mm × 9mm	2012-3-5	标志和说明	国家陶瓷及水暖卫浴产品质量监督检验中心（备注：佛山）
23	罗定市鸿正陶瓷有限公司	耐磨陶瓷砖	鸿正	601 600mm × 600mm × 9mm	2012-3-3	标志和说明	国家陶瓷及水暖卫浴产品质量监督检验中心（备注：佛山）
24	罗定市骏华陶瓷实业有限公司	高级瓷砖	骏华	22AW1 200mm × 200mm × 7mm	2012-2-12	标志和说明	国家陶瓷及水暖卫浴产品质量监督检验中心（备注：佛山）

2012年广东省陶瓷砖产品质量专项监督抽查合格产品及其企业名单　　表4-11

序号	生产企业名称（标称）	产品名称	商标	型号规格	生产日期或批号	承检单位
1	珠海市斗门区旭日陶瓷有限公司	釉面外墙砖	白兔	45mm × 45mm × 5.1mm	2012-2-24	国家陶瓷及水暖卫浴产品质量监督检验中心（备注：潮州）
2	珠海市斗门区旭日陶瓷有限公司	釉面外墙砖	白兔	45mm × 95mm × 5.1mm	2012-2-28	国家陶瓷及水暖卫浴产品质量监督检验中心（备注：潮州）
3	佛山市辉鸿鸣陶陶瓷有限公司	精工砖（陶瓷砖）	凯莎	CPV6E02 600mm × 600mm × 9mm	2012-3	国家陶瓷及水暖卫浴产品质量监督检验中心（备注：佛山）
4	佛山市新东龙陶瓷有限公司	瓷质砖	龙驹	A1005 45mm × 95mm × 6mm	2012- 3-21	国家陶瓷及水暖卫浴产品质量监督检验中心（备注：佛山）
5	佛山市利华陶瓷有限公司	釉面砖	利华	PBAG45116 300mm × 450mm × 9.5mm	2011-10-11	国家陶瓷及水暖卫浴产品质量监督检验中心（备注：佛山）
6	佛山市南海区广维创展装饰砖有限公司	瓷质抛光砖	广维	AL-32615 600mm × 600mm × 10mm	2012-3-11	国家陶瓷及水暖卫浴产品质量监督检验中心（备注：佛山）
7	广东强辉陶瓷有限公司	釉面砖	强辉	QHB36002 300mm × 300mm × 10mm	2012-2-29	国家陶瓷及水暖卫浴产品质量监督检验中心（备注：佛山）
8	佛山市雷诺特陶瓷有限公司	瓷质抛光砖	多利莱	DV6303 600mm × 600mm × 9.5mm	2012-2-29	国家陶瓷及水暖卫浴产品质量监督检验中心（备注：佛山）
9	佛山市凯虹陶瓷有限公司	瓷质抛光砖	金昊	AS6208 600mm × 600mm × 9.5mm	2012-1-2	国家陶瓷及水暖卫浴产品质量监督检验中心（备注：佛山）
10	佛山优粤建陶有限公司	瓷质抛光砖	先特	OS6151 600mm × 600mm × 9.5mm	2012-3-16	国家陶瓷及水暖卫浴产品质量监督检验中心（备注：佛山）
11	佛山市南海亿方陶瓷有限公司	瓷质抛光砖	诺德	6ZN006 600mm × 600mm	2012-2-22	国家陶瓷及水暖卫浴产品质量监督检验中心（备注：佛山）

续表

序号	生产企业名称（标称）	产品名称	商标	型号规格	生产日期或批号	承检单位
12	佛山市南海龙鹏玻化砖有限公司	瓷质抛光砖	新龙鹏	8V703 800mm × 800mm × 10.5mm	2012-3-12	国家陶瓷及水暖卫浴产品质量监督检验中心（备注：佛山）
13	佛山市南海区西樵英源达抛光砖有限公司	瓷质抛光砖	家业	JF601 600mm × 600mm × 9.5mm	2012-3-15	国家陶瓷及水暖卫浴产品质量监督检验中心（备注：佛山）
14	佛山市南海西樵吉尔斯陶瓷有限公司	瓷质抛光砖	吉尔斯	A6203 600mm × 600mm × 9.0mm	2012-3-2	国家陶瓷及水暖卫浴产品质量监督检验中心（备注：佛山）
15	佛山市南海方向陶瓷有限公司	瓷质抛光砖	利创	LCR8010 800mm × 800mm	2012-3-20	国家陶瓷及水暖卫浴产品质量监督检验中心（备注：佛山）
16	佛山市全胜盛世陶瓷有限公司	瓷质抛光砖	全胜	Q6113 600mm × 600mm	2012-2-28	国家陶瓷及水暖卫浴产品质量监督检验中心（备注：佛山）
17	佛山市威臣陶瓷有限公司	抛光砖	柏戈斯	BBL3632 600mm × 600mm × 9.5mm	2012-3-24	国家陶瓷及水暖卫浴产品质量监督检验中心（备注：佛山）
18	佛山市南海区小塘圣陶利陶瓷有限公司	亮晶砖	圣陶利	SH852 800mm × 800mm × 10.8mm	2012-3-1	国家陶瓷及水暖卫浴产品质量监督检验中心（备注：佛山）
19	佛山市南海卓强陶瓷有限公司	抛光砖	荣强	PE6601 600mm × 600mm × 9.5mm	2012-3-26	国家陶瓷及水暖卫浴产品质量监督检验中心（备注：佛山）
20	佛山市南海升华陶瓷有限公司	抛光砖	升华	SHA8303-3T 800mm × 800mm	2012-3-17	国家陶瓷及水暖卫浴产品质量监督检验中心（备注：佛山）
21	佛山市南海区豪昌陶瓷有限公司	精工石（陶瓷砖）	汗马	HM6AJ059 600mm × 600mm × 9.5mm	2012-3-27	国家陶瓷及水暖卫浴产品质量监督检验中心（备注：佛山）
22	佛山市居之美陶瓷有限公司	釉面砖	富豪居	FD6306A-1 300mm × 300mm × 9mm	2012-3-30	国家陶瓷及水暖卫浴产品质量监督检验中心（备注：佛山）
23	佛山市豪威陶瓷有限公司	抛光砖	豪威	Q6038 600mm × 600mm × 9.8mm	2012-1-9	国家陶瓷及水暖卫浴产品质量监督检验中心（备注：佛山）
24	佛山市双喜陶瓷有限公司	内墙砖	双喜	633118 333mm × 600mm × 9.8mm	2012-3	国家陶瓷及水暖卫浴产品质量监督检验中心（备注：佛山）
25	佛山市开拓者陶瓷有限公司	抛光砖	尚韵	SA1600 600mm × 600mm	2012-3-9	国家陶瓷及水暖卫浴产品质量监督检验中心（备注：佛山）
26	佛山市宏博陶瓷有限公司	抛光砖	豪程	6HB505A 600mm × 600mm × 9.5mm	2012-2-22	国家陶瓷及水暖卫浴产品质量监督检验中心（备注：佛山）
27	佛山高明顺成陶瓷有限公司	陶瓷砖	顺辉	400mm × 250mm × 8.3mm	2009-7-9	国家陶瓷及水暖卫浴产品质量监督检验中心（备注：潮州）
28	广东宏宇陶瓷有限公司	陶瓷砖	宏宇	330mm × 600mm × 10.5mm	2009-1-3	国家陶瓷及水暖卫浴产品质量监督检验中心（备注：潮州）
29	佛山市阳光陶瓷有限公司	陶瓷砖	几何	300mm × 300mm × 9.0mm		国家陶瓷及水暖卫浴产品质量监督检验中心（备注：潮州）
30	佛山石湾鹰牌陶瓷有限公司	釉面砖	鹰牌	300mm × 300mm × 9.5mm	2009-10-8	国家陶瓷及水暖卫浴产品质量监督检验中心（备注：潮州）
31	佛山市和美陶瓷有限公司	釉面砖	百和	300mm × 30mm × 8.5mm	2011-5-16	国家陶瓷及水暖卫浴产品质量监督检验中心（备注：潮州）
32	广东新明珠陶瓷集团有限公司	釉面地砖	冠珠	300mm × 300mm × 9.1mm	2011-5-19	国家陶瓷及水暖卫浴产品质量监督检验中心（备注：潮州）

续表

序号	生产企业名称(标称)	产品名称	商标	型号规格	生产日期或批号	承检单位
33	佛山市盛兴陶瓷有限公司	内墙砖	盛辉	250mm × 400mm × 8.2mm	2011-10-5	国家陶瓷及水暖卫浴产品质量监督检验中心（备注：潮州）
34	佛山市高明森景陶瓷有限公司	内墙砖	森尼	300mm × 300mm × 10mm	2010-8-7	国家陶瓷及水暖卫浴产品质量监督检验中心（备注：潮州）
35	佛山市高明森景陶瓷有限公司	抛光砖	森尼	600mm × 600mm × 10mm	2009-12-12	国家陶瓷及水暖卫浴产品质量监督检验中心（备注：潮州）
36	佛山市嘉俊陶瓷有限公司	陶瓷砖(搏客石)	嘉俊	600mm × 600mm × 10mm		国家陶瓷及水暖卫浴产品质量监督检验中心（备注：潮州）
37	佛山高明顺成陶瓷有限公司	陶瓷砖	顺辉	300mm × 300mm × 10.0mm	2009-10-13	国家陶瓷及水暖卫浴产品质量监督检验中心（备注：潮州）
38	佛山市三水新明珠建陶工业有限公司	釉面地砖	蒙地卡罗陶瓷	300mm × 300mm × 9.5mm	2011-5-20	国家陶瓷及水暖卫浴产品质量监督检验中心（备注：潮州）
39	广东新中源陶瓷有限公司	新中原超石韵瓷砖系列1G3002	新中源陶瓷	300mm × 300mm × 9.5mm	2010-9-21	国家陶瓷及水暖卫浴产品质量监督检验中心（备注：潮州）
40	广东新中源陶瓷有限公司	新中原超石韵瓷砖系列1-GT45026	新中源陶瓷	300mm × 450mm × 9.5mm	2010-8-4	国家陶瓷及水暖卫浴产品质量监督检验中心（备注：潮州）
41	佛山市佳陶美陶瓷有限公司	佳陶美高级外墙装饰砖	——	60mm × 128mm × 7.3mm		国家陶瓷及水暖卫浴产品质量监督检验中心（备注：潮州）
42	广东利家居陶瓷有限公司	陶瓷砖	利家居	300mm × 450mm × 10mm	2011-4-14	国家陶瓷及水暖卫浴产品质量监督检验中心（备注：潮州）
43	广东欧雅陶瓷有限公司	陶瓷砖	——	300mm × 300mm × 9.5mm	2008-7-1	国家陶瓷及水暖卫浴产品质量监督检验中心（备注：潮州）
44	佛山市金满堂建材有限公司	抛光砖	金裕陶	600mm × 600mm × 9.5mm	2011-11-23	国家陶瓷及水暖卫浴产品质量监督检验中心（备注：潮州）
45	佛山石湾鹰牌陶瓷有限公司	釉面内墙砖	鹰牌	1300mm × 450mm × 10mm	2008-9-4	国家陶瓷及水暖卫浴产品质量监督检验中心（备注：潮州）
46	佛山市高明贝斯特陶瓷有限公司	内墙砖	百特	250mm × 400mm × 8.3mm	2011-7-26	国家陶瓷及水暖卫浴产品质量监督检验中心（备注：潮州）
47	佛山市三水宏源陶瓷企业有限公司	高德瓷砖	高德	600mm × 600mm × 10mm	2011-2-1	国家陶瓷及水暖卫浴产品质量监督检验中心（备注：潮州）
48	佛山市高明骏程陶瓷有限公司	内墙砖	骏程	300mm × 450mm × 9.5mm	2011-5-9	国家陶瓷及水暖卫浴产品质量监督检验中心（备注：潮州）
49	佛山市南海千叶红陶瓷有限公司	干压陶瓷砖	千叶红	600mm × 600mm × 9.2mm	2011-11-25	国家陶瓷及水暖卫浴产品质量监督检验中心（备注：潮州）
50	佛山市禅丰陶瓷有限公司	干压陶瓷砖	嘉尼斯	600mm × 600mm × 9.5mm	2012-3-10	国家陶瓷及水暖卫浴产品质量监督检验中心（备注：潮州）
51	广东来德利陶瓷有限公司	内墙砖	来德利	300mm × 450mm × 10mm	2011-5-8	国家陶瓷及水暖卫浴产品质量监督检验中心（备注：潮州）
52	佛山市诺梵陶瓷有限公司	不透水瓷片	——	300mm × 450mm × 8.5mm	2011-12-1	国家陶瓷及水暖卫浴产品质量监督检验中心（备注：潮州）
53	佛山市四维经典陶瓷有限公司	釉面砖	经典	250mm × 400mm × 8.2mm	2011-10-9	国家陶瓷及水暖卫浴产品质量监督检验中心（备注：潮州）

续表

序号	生产企业名称(标称)	产品名称	商标	型号规格	生产日期或批号	承检单位
54	广东宏陶陶瓷有限公司	陶瓷砖	宏陶	300mm × 300mm × 9.5mm		国家陶瓷及水暖卫浴产品质量监督检验中心（备注：潮州）
55	佛山市三水金山陶瓷有限公司	艺术仿古砖	金彩	300mm × 300mm × 8mm	2010-6-22	国家陶瓷及水暖卫浴产品质量监督检验中心（备注：潮州）
56	佛山市盛丰陶瓷有限公司	内墙砖	盛发	250mm × 400mm × 8.2mm	2010-8-1	国家陶瓷及水暖卫浴产品质量监督检验中心（备注：潮州）
57	佛山市合新创展陶瓷有限公司	抛光砖	金牌华厦	600mm × 600mm × 9.5mm	2011-10-1	国家陶瓷及水暖卫浴产品质量监督检验中心（备注：潮州）
58	广东金科陶瓷有限公司	陶瓷砖	金科	300mm × 300m × 10mm		国家陶瓷及水暖卫浴产品质量监督检验中心（备注：潮州）
59	佛山市罗纳尔陶瓷有限公司	内墙砖	罗娜尔	300mm × 450mm × 9.5mm	2012-2-1	国家陶瓷及水暖卫浴产品质量监督检验中心（备注：潮州）
60	广东新润成陶瓷有限公司	高级釉面砖	壹加壹	B10A45023 450mm × 300mm × 9.8mm	2011-8-27	国家陶瓷及水暖卫浴产品质量监督检验中心（备注：潮州）
61	佛山市百纳陶瓷有限公司	内墙砖	解百纳	300mm × 300mm × 9.5mm	2010-7-30	国家陶瓷及水暖卫浴产品质量监督检验中心（备注：潮州）
62	恩平市全圣陶瓷有限公司	不透水瓷片	德田	30047 300mm × 300mm × 9.5mm	2011-10-29	国家陶瓷及水暖卫浴产品质量监督检验中心（备注：佛山）
63	鹤山市鸿利德陶瓷有限公司	抛光砖	强陶	KZ8403 800mm × 800mm	2012-3-27	国家陶瓷及水暖卫浴产品质量监督检验中心（备注：佛山）
64	高要市顺胜陶瓷有限公司	高级耐磨砖	圣莎拉	302 300mm × 300mm × 7.0mm	2012-3-9	国家陶瓷及水暖卫浴产品质量监督检验中心（备注：佛山）
65	高要市金沙江陶瓷有限公司	抛光砖	砖铸	TAA0604 600mm × 600mm × 9.2mm	2011-10-17	国家陶瓷及水暖卫浴产品质量监督检验中心（备注：佛山）
66	高要市新时代陶瓷有限公司	内墙砖	名邦	1L5072A 300mm × 450mm × 9.6mm	2012-3-12	国家陶瓷及水暖卫浴产品质量监督检验中心（备注：佛山）
67	高要市金成陶瓷有限公司	高级不透水内墙砖	喜牌	X5126 300mm × 450mm × 9.3mm	2012-3-12	国家陶瓷及水暖卫浴产品质量监督检验中心（备注：佛山）
68	高要市宏润陶瓷有限公司	高级墙地砖	高宏奥博	D61309 300mm × 300mm × 9.3mm	2012-3-5	国家陶瓷及水暖卫浴产品质量监督检验中心（备注：佛山）
69	高要市鸿顺达陶瓷有限公司	耐磨砖	鸿顺达	6002 600mm × 600mm × 9mm	2012-3	国家陶瓷及水暖卫浴产品质量监督检验中心（备注：佛山）
70	高要市兴达陶瓷有限公司	艺术砖	艺得博	39001 300mm × 300mm × 8mm	2012-3-13	国家陶瓷及水暖卫浴产品质量监督检验中心（备注：佛山）
71	广东中盛陶瓷有限公司	抛光砖	中盛	8A028 800mm × 800mm × 10.4mm	2011-11-21	国家陶瓷及水暖卫浴产品质量监督检验中心（备注：佛山）
72	肇庆市瑞朗陶瓷有限公司	抛光砖	世陶	MS602 600mm × 600mm × 9.5mm	2011-12	国家陶瓷及水暖卫浴产品质量监督检验中心（备注：佛山）
73	高要市纯美陶瓷有限公司	抛光砖	腾祥	TX8B03 800mm × 800mm × 10.5mm	2012-3-12	国家陶瓷及水暖卫浴产品质量监督检验中心（备注：佛山）
74	肇庆新瓷域陶瓷有限公司	仿古砖	新中瓷	45B076 450mm × 450mm × 9.5mm	2011-9	国家陶瓷及水暖卫浴产品质量监督检验中心（备注：佛山）
75	肇庆市中恒陶瓷有限公司	高级釉面砖	骏仕	BG63006 300mm × 600mm × 10mm	2012-2-25	国家陶瓷及水暖卫浴产品质量监督检验中心（备注：佛山）

续表

序号	生产企业名称（标称）	产品名称	商标	型号规格	生产日期或批号	承检单位
76	肇庆市圣晖陶瓷有限公司	瓷质仿古砖	圣卡洛	P80131P 800mm × 800mm × 11.5mm	2011-12-21	国家陶瓷及水暖卫浴产品质量监督检验中心（备注：佛山）
77	四会市中正陶瓷有限公司	瓷质抛光砖	中正	LJ8101 800mm × 800mm × 10.6mm	2012-2-17	国家陶瓷及水暖卫浴产品质量监督检验中心（备注：佛山）
78	广东协进陶瓷有限公司	釉面砖	协进	1GA45192B 300mm × 450mm × 9.5mm	2012-2-21	国家陶瓷及水暖卫浴产品质量监督检验中心（备注：佛山）
79	肇庆市郭氏企业名嘉陶瓷有限公司	微晶石（瓷质砖）	欧玛尼	2-OW8204 800mm × 800mm × 16.0mm	2012-2-7	国家陶瓷及水暖卫浴产品质量监督检验中心（备注：佛山）
80	广东嘉联企业陶瓷有限公司	釉面砖	格莱美	2-M45072 300mm × 450mm × 9.5mm	2012-2-12	国家陶瓷及水暖卫浴产品质量监督检验中心（备注：佛山）
81	肇庆市和谐陶瓷企业有限公司	釉面砖	和谐	H52126 300mm × 450mm × 9.6mm	2011-12-26	国家陶瓷及水暖卫浴产品质量监督检验中心（备注：佛山）
82	肇庆市永圣陶瓷有限公司	瓷质抛光砖	威乐斯	CR6304 600mm × 600mm × 9.5mm	2011-9-21	国家陶瓷及水暖卫浴产品质量监督检验中心（备注：佛山）
83	高要市特高特陶瓷有限公司	釉面砖	TGT	TBD30P025 300mm × 300mm × 9.5mm	2012-3-9	国家陶瓷及水暖卫浴产品质量监督检验中心（备注：佛山）
84	肇庆市金顺通陶瓷有限公司	内墙砖	金瑞	3011 200mm × 300mm × 6.8mm	2012-2-23	国家陶瓷及水暖卫浴产品质量监督检验中心（备注：佛山）
85	高要高尔新型建材陶瓷有限公司	陶瓷砖	欧彩	250mm × 400mm × 8.2mm	2011-10-14	国家陶瓷及水暖卫浴产品质量监督检验中心（备注：潮州）
86	广东协进陶瓷有限公司	陶瓷砖	珈纳	300mm × 300mm × 9.5mm		国家陶瓷及水暖卫浴产品质量监督检验中心（备注：潮州）
87	高要广福陶瓷有限公司	陶瓷砖	陶博世家	300mm × 450mm × 9.5mm	2010-9-18	国家陶瓷及水暖卫浴产品质量监督检验中心（备注：潮州）
88	四会市新权业陶瓷有限公司	内墙砖	新权业	300mm × 450mm × 8.8mm	2008-10-1	国家陶瓷及水暖卫浴产品质量监督检验中心（备注：潮州）
89	高要广福陶瓷有限公司	内墙砖	——	250mm × 400mm × 8.5mm		国家陶瓷及水暖卫浴产品质量监督检验中心（备注：潮州）
90	肇庆市中恒陶瓷有限公司	釉面砖	澳威斯	300mm × 450mm × 9.5mm		国家陶瓷及水暖卫浴产品质量监督检验中心（备注：潮州）
91	高要市将军陶瓷有限公司	陶瓷砖(釉面内墙砖)	长安	300mm × 450mm × 9.5mm	2011-10-2	国家陶瓷及水暖卫浴产品质量监督检验中心（备注：潮州）
92	高要市宏润陶瓷有限公司	陶瓷砖	高宏奥博	300mm × 300mm × 9.3mm	2010-7-12	国家陶瓷及水暖卫浴产品质量监督检验中心（备注：潮州）
93	广东萨米特陶瓷有限公司	内墙砖	萨米特	300mm × 450mm × 9.8mm	2011-4-10	国家陶瓷及水暖卫浴产品质量监督检验中心（备注：潮州）
94	广东萨米特陶瓷有限公司	塞纳时光·抛光砖	萨米特	600mm × 600mm × 9.8mm	2011-3-13	国家陶瓷及水暖卫浴产品质量监督检验中心（备注：潮州）
95	广东唯美陶瓷有限公司	马可波罗瓷砖	马可波罗	316mm × 450mm × 9.8mm	2012-2-20	国家陶瓷及水暖卫浴产品质量监督检验中心（备注：潮州）
96	广东唯美陶瓷有限公司	马可波罗瓷质砖	马可波罗	300mm × 300mm × 10.2mm	2011-8-2	国家陶瓷及水暖卫浴产品质量监督检验中心（备注：潮州）

续表

序号	生产企业名称（标称）	产品名称	商标	型号规格	生产日期或批号	承检单位
97	清远纳福娜陶瓷有限公司	玻化砖	东鹏	YG602013 600mm × 600mm × 10mm	2011-12-10	国家陶瓷及水暖卫浴产品质量监督检验中心（备注：佛山）
98	广东清远蒙娜丽莎建陶有限公司	玻化抛光砖	樵东	6WSP6602CQ 600mm × 600mm × 9.6mm	2011-11-5	国家陶瓷及水暖卫浴产品质量监督检验中心（备注：佛山）
99	广东家美陶瓷有限公司	内墙砖	马可波罗	45088 450mm × 316mm × 9.8mm	2012-2	国家陶瓷及水暖卫浴产品质量监督检验中心（备注：佛山）
100	广东天弼陶瓷有限公司	完全玻化砖	天弼	TT60107L 600mm × 600mm × 9.7mm	2012-3-3	国家陶瓷及水暖卫浴产品质量监督检验中心（备注：佛山）
101	广东宏威陶瓷有限公司	釉面砖	卡米亚	2-6B45225 300mm × 450mm × 9.5mm	2011-10	国家陶瓷及水暖卫浴产品质量监督检验中心（备注：佛山）
102	清远市简一陶瓷有限公司	仿古砖	简一	G601504N 600mm × 600mm × 9.8mm	2012-2-1	国家陶瓷及水暖卫浴产品质量监督检验中心（备注：佛山）
103	清远市欧雅陶瓷有限公司	泛古砖	OMICA	ODKA88209 800mm × 800mm × 11.1mm	2011-11-1	国家陶瓷及水暖卫浴产品质量监督检验中心（备注：佛山）
104	广东博华陶瓷有限公司	高级内墙砖	博华	2D30060 300mm × 300mm × 9.6mm	2012-3-10	国家陶瓷及水暖卫浴产品质量监督检验中心（备注：佛山）
105	清远市新恒粤陶瓷有限公司	墙砖	——	200mm × 300mm × 6.5mm	2011-11-1	国家陶瓷及水暖卫浴产品质量监督检验中心（备注：潮州）
106	广东英超陶瓷有限公司	洁亮石（抛光砖）	英超	600mm × 600mm × 9.5mm	2011-11-1	国家陶瓷及水暖卫浴产品质量监督检验中心（备注：潮州）
107	广东宏威陶瓷实业有限公司	玉文壁釉面砖	威尔斯	300mm × 450mm × 9.8mm	2011-12-1	国家陶瓷及水暖卫浴产品质量监督检验中心（备注：潮州）
108	广东宏威陶瓷实业有限公司	釉面砖	威尔斯	300mm × 300mm × 9.5mm	2011-3-1	国家陶瓷及水暖卫浴产品质量监督检验中心（备注：潮州）
109	广东高微晶科技有限公司	喷墨微晶石	新粤	600mm × 600mm × 14.5mm	2012-2-23	国家陶瓷及水暖卫浴产品质量监督检验中心（备注：潮州）
110	广东恒福陶瓷有限公司	陶瓷砖	恒福	300mm × 300mm × 10.2mm	2010-6-26	国家陶瓷及水暖卫浴产品质量监督检验中心（备注：潮州）
111	广东恒福陶瓷有限公司	陶瓷砖	恒福	300mm × 450mm × 10.2mm	2010-12-9	国家陶瓷及水暖卫浴产品质量监督检验中心（备注：潮州）
112	广东高微晶科技有限公司	喷墨微晶石	新粤	800mm × 800mm × 16mm	2011-12-28	国家陶瓷及水暖卫浴产品质量监督检验中心（备注：潮州）
113	新兴建兴陶瓷有限公司	高级艺术瓷砖	华顺	3689 300mm × 300mm × 7.4mm	2012-3	国家陶瓷及水暖卫浴产品质量监督检验中心（备注：佛山）
114	新兴县俊钰陶瓷有限公司	釉面砖	英盛	2-45193 300mm × 450mm × 9.5mm	2012-3	国家陶瓷及水暖卫浴产品质量监督检验中心（备注：佛山）
115	新兴县东骏陶瓷有限公司	外墙砖	东建	A34264AP 45mm × 45mm × 6mm	2012-3-18	国家陶瓷及水暖卫浴产品质量监督检验中心（备注：佛山）
116	新兴县金玛利陶瓷有限公司	不透水内墙砖	艺一	300mm × 450mm × 9.3mm	2011-2-1	国家陶瓷及水暖卫浴产品质量监督检验中心（备注：潮州）

6. 2012年河南省卫生陶瓷产品质量监督抽查结果（2012年10月16日发布）

河南省质量技术监督局日前通报卫生陶瓷产品质量省监督检查结果，有6批次产品质量不符合标准要求。本次监督检查共抽取了郑州、洛阳、平顶山、焦作、许昌、漯河等6个省辖市31家企业生产的59批次卫生陶瓷产品。依据《卫生陶瓷产品质量监督抽查实施规范》CCGF213.2-2010、《卫生陶瓷》GB6952-2005和《便器水箱配件》JC987-2005要求。对卫生陶瓷吸水率、便器用水量、污水置换、洗净功能、固体物排放、水封、便器配套要求、安全水位、CL线标记、安装相对位置、进水阀防虹吸、进水阀密封性、排水阀密封性、耐压性、溢流功能、抗裂性等16个项目进行检验。

经抽样检验，有53批次产品质量符合标准要求。有6批次产品质量不符合标准要求，涉及河南浪迪瓷业有限公司、郏县华美陶瓷有限公司、河南嘉陶卫浴有限公司、长葛市贝浪瓷业有限公司、禹州康洁瓷业有限公司、郏县中佳陶瓷有限责任公司等企，主要不合格项目为卫生陶瓷的安全水位、进水阀防虹吸、安装相对位置、CL线标记、溢流功能、洗净功能、固体物排放等。具体抽查结果如下：

2012年河南省卫生陶瓷产品质量监督检查产品及其企业名单　　表4-12

企业名称	所在地	产品名称	商标	规格型号	生产日期（批号）	检查结果	主要不合格项目	承检机构
洛阳市闻洲瓷业有限公司	洛阳	连体坐便器	闻洲	WC2-020	2012-4-16	合格		国家建筑装修材料质量监督检验中心
洛阳市闻洲瓷业有限公司	洛阳	洗涤槽	闻洲	WHB-02	2012-4-16	合格		国家建筑装修材料质量监督检验中心
长葛市恒尔瓷业有限公司	长葛	连体坐便器	Hner恒尔	6820	2012-4-20	合格		国家建筑装修材料质量监督检验中心
长葛市恒尔瓷业有限公司	长葛	柱盆	Hner恒尔	22#	2012-4-20	合格		国家建筑装修材料质量监督检验中心
洛阳美迪雅瓷业有限公司	洛阳	连体坐便器	Medyag	连体虹吸	2012-4-20	合格		国家建筑装修材料质量监督检验中心
洛阳美迪雅瓷业有限公司	洛阳	分体坐便器	Medyag	横排(后出水)	2012-4-20	合格		国家建筑装修材料质量监督检验中心
长葛市加美陶瓷有限公司	许昌	连体坐便器	JIEDA	CZ351#	2012-4-16	合格		国家建筑装修材料质量监督检验中心
长葛市加美陶瓷有限公司	许昌	洗面器(带柱)	JIEDA	CMB403#	2012-4-16	合格		国家建筑装修材料质量监督检验中心
禹州市中陶卫浴有限公司	许昌	陶瓷坐便器	Mahadn曼哈顿	LT3101	2012-4-1	合格		国家建筑装修材料质量监督检验中心
禹州市高点陶瓷厂	许昌	坐便器(连体)	美尼佳Meinijia	602#	2012-4-16	合格		国家建筑装修材料质量监督检验中心
禹州市高点陶瓷厂	许昌	立柱盆	美尼佳Meinijia	503#	2012-4-16	合格		国家建筑装修材料质量监督检验中心
河南蓝健陶瓷有限公司	许昌	连体坐便器	蓝健LanJan	LJ-M15	2012-4-26	合格		国家建筑装修材料质量监督检验中心
河南蓝健陶瓷有限公司	许昌	挂便器	蓝健LanJan	LJ-G3	2012-4-26	合格		国家建筑装修材料质量监督检验中心
长葛市远东陶瓷有限公司	许昌	连体坐便器	好亿家	2028	2012-4-27	合格		国家建筑装修材料质量监督检验中心
长葛市远东陶瓷有限公司	许昌	柱盆	晨辉	好亿家	2012-4-27	合格		国家建筑装修材料质量监督检验中心

续表

企业名称	所在地	产品名称	商标	规格型号	生产日期（批号）	检查结果	主要不合格项目	承检机构
长葛市蓝鲸卫浴有限公司	许昌	坐便器	蓝鲸	232	2012-5-1	合格		国家建筑装修材料质量监督检验中心
长葛市蓝鲸卫浴有限公司	许昌	蹲便器	蓝鲸	112	2012-5-1	合格		国家建筑装修材料质量监督检验中心
河南金惠达卫浴有限公司	许昌	连体坐便器	JINDA	806#	2012-5-3	合格		国家建筑装修材料质量监督检验中心
河南金惠达卫浴有限公司	许昌	柜盆	JINDA	60	2012-5-3	合格		国家建筑装修材料质量监督检验中心
长葛市春风瓷业有限公司	许昌	连体坐便器	英伦	8#	2012-5-1	合格		国家建筑装修材料质量监督检验中心
长葛市春风瓷业有限公司	许昌	柱盆	英伦	Z5	2012-5-1	合格		国家建筑装修材料质量监督检验中心
河南美霖卫浴有限公司	许昌	连体坐便器	高帝GAODI	102	2012-4-27	合格		国家建筑装修材料质量监督检验中心
河南美霖卫浴有限公司	许昌	蹲便器	高帝GAODI	608	2012-4-27	合格		国家建筑装修材料质量监督检验中心
长葛市白特瓷业有限公司	许昌	拖布池	白特	9004	2012-4-25	合格		国家建筑装修材料质量监督检验中心
河南峰景陶瓷科技有限公司	郑州	连体坐便器	ZTO正陶	LZ-828	2012-4-20	合格		国家建筑装修材料质量监督检验中心
河南峰景陶瓷科技有限公司	郑州	分体坐便器	ZTO正陶	FT-3700	2012-4-20	合格		国家建筑装修材料质量监督检验中心
焦作市欧翔陶瓷有限公司	焦作	连体坐便器	如艺	6607	2012-4-17	合格		国家建筑装修材料质量监督检验中心
焦作市欧翔陶瓷有限公司	焦作	柱盆	普雷斯顿	如艺	2012-4-17	合格		国家建筑装修材料质量监督检验中心
新郑市恒益陶瓷厂	郑州	陶瓷坐便器	正得	6810	2012-4-11	合格		国家建筑装修材料质量监督检验中心
新郑市恒益陶瓷厂	郑州	陶瓷坐便器	20寸	正得	2012-4-11	合格		国家建筑装修材料质量监督检验中心
舞阳县冠军瓷业有限公司	漯河	连体坐便器	鹰之浴	LZ017	2012-4-1	合格		国家建筑装修材料质量监督检验中心
舞阳县冠军瓷业有限公司	漯河	洗面器	鹰之浴	L610	2012-4-1	合格		国家建筑装修材料质量监督检验中心
舞阳县帕罗艮瓷业有限公司	漯河	连体坐便器	梦之浴	07#	2012-4-2	合格		国家建筑装修材料质量监督检验中心
舞阳县帕罗艮瓷业有限公司	漯河	洗涤槽	梦之浴	001#	2012-4-2	合格		国家建筑装修材料质量监督检验中心
禹州富田瓷业有限公司	许昌	蹲便器	富田FTAN	203	2012-4-10	合格		国家建筑装修材料质量监督检验中心
禹州富田瓷业有限公司	许昌	挂便器	富田FTAN	805	2012-4-10	合格		国家建筑装修材料质量监督检验中心
禹州市明珠陶瓷有限公司	许昌	柱盆	赛丹	2#	2012-4-16	合格		国家建筑装修材料质量监督检验中心

续表

企业名称	所在地	产品名称	商标	规格型号	生产日期（批号）	检查结果	主要不合格项目	承检机构
禹州市明珠陶瓷有限公司	许昌	拖布池	赛丹	5#	2012-4-16	合格		国家建筑装修材料质量监督检验中心
禹州市欧亚陶瓷有限公司	许昌	连体坐便器	欧兰奇	虹吸601	2012-4-10	合格		国家建筑装修材料质量监督检验中心
禹州市华夏卫生陶瓷有限责任公司	许昌	分体坐便器	唐州	瓷质分体	2012-4-8	合格		国家建筑装修材料质量监督检验中心
禹州市华夏卫生陶瓷有限责任公司	许昌	洗涤槽	唐州	3#	2012-4-8	合格		国家建筑装修材料质量监督检验中心
新郑市新亚美卫生陶瓷厂	郑州	拖布池	亿佳隆	瓷质2#	2012-4-10	合格		国家建筑装修材料质量监督检验中心
郑州欧普陶瓷有限公司	郑州	连体坐便器	莱科	8201	2012-4-12	合格		国家建筑装修材料质量监督检验中心
郑州欧普陶瓷有限公司	郑州	洗面器	莱科	603	2012-4-12	合格		国家建筑装修材料质量监督检验中心
河南省新郑市华裕陶瓷有限公司	郑州	蹲便器	华裕	瓷质	2012-4-11	合格		国家建筑装修材料质量监督检验中心
河南省新郑市华裕陶瓷有限公司	郑州	柱盆	华裕	20寸	2012-4-11	合格		国家建筑装修材料质量监督检验中心
河南浪迪瓷业有限公司	许昌	洗面器	LODO浪迪	LX09001	2012-4-25	合格		国家建筑装修材料质量监督检验中心
河南浪迪瓷业有限公司	许昌	小便器	LODO浪迪	LZ09003	2012-4-25	合格		国家建筑装修材料质量监督检验中心
河南浪迪瓷业有限公司	许昌	拖布池	LODO浪迪	LT09006	2012-4-25	合格		国家建筑装修材料质量监督检验中心
河南浪迪瓷业有限公司	许昌	蹲便器	LODO浪迪	LD09001	2012-4-25	合格		国家建筑装修材料质量监督检验中心
郏县华美陶瓷有限公司	平顶山	拖布池	欧美达	小四季发	2012-3-15	合格		国家建筑装修材料质量监督检验中心
郏县华美陶瓷有限公司	平顶山	台上盆	欧美达	20寸	2012-3-15	合格		国家建筑装修材料质量监督检验中心
河南嘉陶卫浴有限公司	许昌	柜盆	FOVA	301	2012-4-28	合格		国家建筑装修材料质量监督检验中心
河南浪迪瓷业有限公司	许昌	连体坐便器	LODO浪迪	LZ09032	2012-4-25	不合格	安全水位；进水阀防虹吸；安装相对位置	国家建筑装修材料质量监督检验中心
郏县华美陶瓷有限公司	平顶山	连体坐便器	欧美达	1900-1-13	2012-3-15	不合格	安全水位；CL线标记；安装相对位置	国家建筑装修材料质量监督检验中心

续表

企业名称	所在地	产品名称	商标	规格型号	生产日期（批号）	检查结果	主要不合格项目	承检机构
河南嘉陶卫浴有限公司	许昌	柱盆	FOVA	202#	2012-4-28	不合格	溢流功能	国家建筑装修材料质量监督检验中心
长葛市贝浪瓷业有限公司	许昌	连体坐便器	BELON	BL-9006	2012-4-27	不合格	洗净功能；安全水位；安装相对位置	国家建筑装修材料质量监督检验中心
禹州康洁瓷业有限公司	许昌	柱盆（洗面器）	施尔福	18寸	2012-4-15	不合格	溢流功能	国家建筑装修材料质量监督检验中心
郏县中佳陶瓷有限责任公司	平顶山	陶瓷坐便器（连体）	中佳	1#	2012-4-15	不合格	固体物排放；安全水位；CL线标记；安装相对位置	国家建筑装修材料质量监督检验中心

7. 2012年陕西省陶瓷坐便器产品质量监督抽查结果（2012年10月27日发布）

陕西省质量技术监督局近日通报陶瓷坐便器产品质量监督抽查结果。本次共抽查了西安、宝鸡、渭南、榆林、安康地区50家经销企业，共抽查样品50批次，经检验，综合判定合格样品35批次。

本次抽查依据GB 6952-2005《卫生陶瓷》、JC 987-2005《便器水箱配件》、JC/T 931-2003《机械式便器冲洗阀》等相关标准和经备案现行有效的企业标准及产品明示质量要求，对陶瓷坐便器产品的水封深度、水封表面面积、便器用水量、洗净功能、固体排放功能、污水置换功能、坐便器水封回复、便器配套要求、管道输送特性、安全水位技术要求、进水阀CL标记、安装相对位置、防虹吸功能、进水阀密封性、排水阀密封、进水阀耐压性等项目进行了检验。

抽查发现有15批次样品不符合标准的规定，涉及便器用水量、安全水位技术要求、安装相对位置、洗净功能、固体排放功能、坐便器水封回复、便器配套要求、进水阀CL标记、防虹吸功能、进水阀密封性项目不达标。具体抽查结果如下：

2012年陕西省陶瓷坐便器产品质量监督抽查结果合格企业名单　　**表4-13**

产品名称	生产日期/批号	抽查企业名称及地址	生产企业名称	商标	规格型号	监督抽查结果
陶瓷坐便器	2012-05-11	渭南市临渭中宇卫浴专卖店（渭南市东天大街祥和建材家居城一楼东区）	中宇建材集团有限公司	中宇卫浴（JOYOU）	JY60089	合格
陶瓷坐便器	2012-4-30	申鹭达卫浴渭南总经销（渭南市开发区贸易广场中天建材二楼）	申鹭达股份有限公司	申鹭达（SUVLOT）	LD-77206	合格
陶瓷坐便器	2012-07-01	康泰卫浴（榆林市榆阳区广榆建材市场）	佛山钻石洁具陶瓷有限公司	钻石（Diamond）	A-CA67	合格
陶瓷坐便器	2012-02-11	榆林市榆阳区美霞辉煌水暖销售处（广榆建材市场）	辉煌水暖集团有限公司	辉煌（HHSN）	6T155	合格
陶瓷坐便器	2012-02	榆林市宜家商贸有限责任公司（榆阳区长城路古城建材市场）	佛山市顺德区乐华陶瓷洁具有限公司	箭牌卫浴（ARROW）	AB1218	合格

续表

产品名称	生产日期/批号	抽查企业名称及地址	生产企业名称	商标	规格型号	监督抽查结果
陶瓷坐便器	2012-01	西安市美拉奇卫浴经销部（西安市未央区大明宫建材家居城）	潮安县美拉奇陶瓷洁具实业有限公司	美拉奇卫浴（MARACHI）	MA2076	合格
陶瓷坐便器	2011-06-11	陕西安得利商贸有限公司（大明宫家居城北郊店）	佛山东鹏洁具股份有限公司	东鹏洁具（DONGPENG）	W0611	合格
陶瓷坐便器	2012-02-02	陕西好百年贸易有限公司（未央区现代大明宫家具城）	佛山市三水维可陶陶瓷有限公司	维可陶卫浴（VICTOR）	VOT-123	合格
陶瓷坐便器	2012-02-03	睢胜军（西安市太华路东方美居建材家居）	潮州市亚陶瓷业有限公司	亚陶（YaTo）	YA-5510	合格
陶瓷坐便器	2012-04	西安市未央区恒洁卫浴经销部（西安市未央区大明宫家居城）	佛山市恒洁卫浴有限公司	恒洁（HEGII）	H0112	合格
陶瓷坐便器	2012-03-03	周宇辉（西安市太华南路111号东方美居国际家居广场）	广州市欧派卫浴有限公司	欧派（OPPEIN）	OP-W760X	合格
陶瓷坐便器	2012-02-12	唐鸣西安市大明宫遗址区东方美居建材城0	佛山市法恩洁具有限公司	法恩莎（FAENZA）	FB-1682	合格
陶瓷坐便器	2012-2-08	杨中西安市太华路东方美居国际建材城0	广东欧美尔工贸实业有限公司	欧美尔卫浴（oumer）	1181	合格
陶瓷坐便器	2012-04-18	王志卿（西安市大明宫遗址区太华路）	九牧集团有限公司	JOMOO	1188-1	合格
陶瓷坐便器	2012-03-19	西安市未央区日晟卫浴经销部（未央区北三环大明宫建材家居批发市场精品龙头区）	佛山市日丰企业有限公司	日丰卫浴	B-1017M	合格
陶瓷坐便器	2012-06	西安市未央区乐伊陶瓷精品店（未央区北三环大明宫建材家居批发市场）	兆峰陶瓷（北京）洁具有限公司	ROY	T106C	合格
陶瓷坐便器	2012-05-18	西安市永顺机电设备有限公司（西安市新城区韩森路16号）	本科电器有限公司	本科（BENCO）	6ZB0180101	合格
陶瓷坐便器	2012-03-01	西安创惠商贸有限公司（未央区北三环大明宫建材家居批发市场）	惠达卫浴股份有限公司	惠达（HUIDA）	HDC8159	合格
陶瓷坐便器	2012-03	西安虹杰建材有限公司（大明宫建材家具批发市场）	温州市景岗洁具有限公司	景岗卫浴	T8122	合格
陶瓷坐便器	2012-04	西安市未央区信美洁具商行（未央区大明宫家具城）	美标（中国）有限公司	American Standard	CP-2510	合格
陶瓷坐便器	2011-09-09	安康市汉滨区华盛卫浴经营部（安康市汉滨区香溪路满意建材市场）	福建省南安市华盛建材有限公司	HHHS	H-T21219	合格
陶瓷坐便器	2012-06-04	西安经济技术开发区冬玲卫浴经销部（西安市经开区居然之家）	福建福泉集团有限公司	宏浪	50169	合格
陶瓷坐便器	2012-06	西安市经济技术开发区景国卫浴经销部（西安市经开区居然之家）	佛山市三水百田建材实业有限公司	尚高	SOL801	合格
陶瓷坐便器	2012-02-18	西安天丽洁具有限公司居然店（西安市北二环居然之家）	东陶（中国）有限公司重庆分公司	TOTO	CSW718B	合格

续表

产品名称	生产日期/批号	抽查企业名称及地址	生产企业名称	商标	规格型号	监督抽查结果
陶瓷坐便器	2012-06	西安增鑫建材有限责任公司明光路分公司西安经济技术开发区北二环西段居然之家	上海宝路卫浴陶瓷有限公司	宝路卫浴	BT-1201（洁）	合格
陶瓷坐便器	2012-06	西安经济技术开发区杏涛洁具经销部（西安市经开区居然之家）	汕头市久福纳米瓷业有限公司	久福	C69	合格
陶瓷坐便器	2012-07	牧野卫浴9西安市红星美凯龙盛龙方新店	潮州市牧野陶瓷制造有限公司	牧野卫浴（muye）	MY-2142	合格
陶瓷坐便器	2011-12	西安经济技术开发区唐丽洁具经营部（西安市经开区居然之家）	和乐建材（苏州）有限公司	ST.THOMOS	C-620	合格
陶瓷坐便器	2012-04	浪鲸卫浴（西安市北二环明光路口居然之家）	佛山市家家卫浴有限公司	SSWW	CO-1024	合格
陶瓷坐便器	2012-06	西安经济技术开发区刘悦洁具材料商行（西安市明光路南口居然之家）	科勒（中国）投资有限公司	科勒	K-3614T-C	合格
陶瓷坐便器		居然之家—澳斯曼（西安市经济技术开发区北二环西段居然之家）	开平澳斯曼洁具有限公司	澳斯曼卫浴	AS-1250	合格
陶瓷坐便器	2012-05	伍宏琳（宝鸡市大正国艺家居建材城）	佛山市南海益高卫浴有限公司	EAGO	TB222	合格
陶瓷坐便器	2012-05	陕西银泉工贸有限公司（西安市高新区枫叶广场）	埃美柯集团有限公司	埃美柯	TL-1080	合格
陶瓷坐便器	2012-06	宝鸡市金台区摩尔舒卫浴经销部（宝鸡市冠森大世界建材城）	上海摩尔舒企业发展有限公司	摩尔舒	MB2814	合格
陶瓷坐便器	2012-03	西安伟创建材有限公司（西安经济技术开发区常青一路）	杜拉维特（中国）洁具有限公司	DURAVIT	0113010001	合格

2012年陕西省陶瓷坐便器产品质量监督抽查结果不合格企业名单 **表4-14**

产品名称	生产日期/批号	抽查企业名称及地址	生产企业名称	商标	规格型号	监督抽查结果	主要不合格项目
陶瓷坐便器	2012-01	刘建建（渭南市祥和建材家居城）	潮安县欧蒙斯陶瓷洁具实业有限公司	诺贝尔卫浴	NB-8037	不合格	便器用水量、坐便器水封回复、安全水位技术要求、安装相对位置
陶瓷坐便器	2011-12	西安市未央区雅斯尼装饰材料商行（西安市未央区大明宫建材家居城）	潮安县古巷镇鑫隆陶瓷厂	佳陶（JTO）	JTO-0805	不合格	便器用水量、洗净功能、安全水位技术要求、安装相对位置
陶瓷坐便器	2012-05-12	西安市未央区高露建材商行（西安市未央区大明宫家居城）	澳维丝（厦门）卫浴科技有限公司	澳维丝（OVISE）	1108	不合格	坐便器水封回复
陶瓷坐便器	2012-05-31	西安市未央区祥伟建材经销部（西安市未央区北三环大明宫建材批发市场）	潮安县凤塘镇世冠威陶瓷卫浴洁具厂	水立方（SIF）	K06	不合格	安装相对位置

续表

产品名称	生产日期/批号	抽查企业名称及地址	生产企业名称	商标	规格型号	监督抽查结果	主要不合格项目
陶瓷坐便器	2012-05	利弗顿卫浴（西安市北三环大明宫陶瓷洁具精品区）	福建南安利弗顿卫浴有限公司	利弗顿卫浴（LIFUDUN）	52166	不合格	坐便器水封回复、安全水位技术要求、安装相对位置
陶瓷坐便器	2012-05	安康市满意建材有限公司（安康市香溪大道建材路）	标称：河南蓝健陶瓷有限公司（生产企业证明不是自己厂产品，此为假冒该企业产品）	雅格	Z	不合格	无水箱配件，功能试验无法进行测试
陶瓷坐便器	2012-04	安康市汉滨区美的卫浴经营部（安康市汉滨区香溪大道建材路满意建材市场）	潮安县古巷镇嘉隆陶瓷厂	Meidea	2020	不合格	便器用水量、安全水位技术要求、安装相对位置
陶瓷坐便器	2012-05	尉水英（安康市汉滨区香溪路满意建材市场）	潮安县东煌陶瓷实业有限公司	高智洁	996	不合格	便器用水量、洗净功能、安全水位技术要求、安装相对位置
陶瓷坐便器	2012-05	安康市汉滨区鹰卫浴经营部（安康市汉滨区香溪大道建材路满意建材市场）	潮安县登塘博尚陶瓷厂	Moanisboth	A-8827	不合格	便器用水量、安全水位技术要求、安装相对位置
陶瓷坐便器	2012-06	渭滨联华卫浴镜批发部（新建路建材市场）	广东省潮安县八达陶瓷厂	宝格特陶瓷	9603	不合格	安全水位技术要求、安装相对位置、进水阀CL标记、进水阀密封性
陶瓷坐便器	2012-05	宝鸡市渭滨区宏丰装饰材料经销部（新建路建材批发市场）	无生产单位信息	卡姿尼	9005	不合格	便器用水量、安全水位技术要求、安装相对位置
陶瓷坐便器	2012-05-15	宝鸡市金台区荣波卫浴经销中心（宝鸡市国艺家居建材城）	特陶科技发展有限公司	特陶	86295A	不合格	便器用水量
陶瓷坐便器	2012-03	宝鸡市金台区全友卫浴经销店（宝鸡市冠森大世界现代家居城）	佛山市全友卫浴有限公司	全友	152	不合格	便器用水量、安全水位技术要求、安装相对位置
陶瓷坐便器	2012-05	蔡玉梅（宝鸡市冠森大世界）	福建省南安市爱浪水暖有限公司	爱浪	AL71017	不合格	便器用水量、安全水位技术要求、安装相对位置
陶瓷坐便器	2012-04	蔡子照（西安市未央区新村114号红星美凯龙）	佛山市南海区泰和洁具有限公司	新泰和（NTH）	MY-8065	不合格	便器用水量、安装相对位置

8. 2012年安徽省陶瓷片密封水嘴产品质量监督抽查结果（2012年11月6日发布）

为了加强产品质量的监管，维护消费安全，保护消费者合法权益，安徽省工商局于2012年第三季度依法组织对宿州、亳州、阜阳、淮北等市场上销售的陶瓷片密封水嘴进行了省级质量监测。

本次抽查中暴露出的质量问题突出表现在管螺纹精度、酸性盐雾试验、流量（不带附件）上，具体原因分析如下：

（1）管螺纹精度不合格。管螺纹不合格的主要原因，一是对于非电镀件直接原因是所使用的刀具精度不够或超期使用造成精度达不到要求，对于需要电镀的壳体，有的则是因为电镀层厚度控制不好所致；

二是没有对该工序进行控制，没有对刀具进行必要的检查；三是认识不足，认为螺纹松一些没关系，只要多用些密封带就可以了。管螺纹精度差的水嘴安装困难甚至无法正常安装，造成跑冒滴漏浪费水，甚至安装使用后会出现接头脱落“水漫金山”的现象。生产企业在组织生产时应注意提高生产设备的精度以及加工的工艺水平。

（2）酸性盐雾试验不合格。水嘴表面需要有一定的涂、镀层，起到耐腐蚀和美观的作用，其效果的好坏用酸性盐雾试验来表示。酸性盐雾试验不合格的主要原因是在原材料的选择上，水嘴的阀体、手柄和阀盖选用质量较差的回收铜合金、易生锈的铸铁、不耐腐蚀的锌合金等材质；在生产工艺上，对铸造工序、镀前处理的打磨和抛光工艺控制不严；不能认真执行电镀工艺规范和电镀时间要求。酸性盐雾试验不合格的产品在使用中易发生锈蚀，起不到保护作用，也影响美观和使用。水嘴企业在原材料的选择及生产工艺上应加强质量控制。

（3）流量（不带附件）不合格。流量（不带附件）不合格的原因是企业选用阀芯不当、阀体内水流过径面积过小或缺乏相应的检测设备来检测水嘴流量而忽略了其使用性能。水嘴，特别是浴盆，面盆和洗涤水嘴，在使用中需要保证一定的出水量来提供良好洗刷效果和控制放水时间，这就是流量（不带附件）的指标要求。流量（不带附件）偏小的产品在使用中的洗刷效果较差，放水时间较长。企业在采购或生产阀芯时应加强质量控制。具体抽查结果如下：

2012年安徽省陶瓷片密封水嘴产品质量监督抽查结果合格企业名单　　表4-15

商品名称	被监测人	生产企业	标称商标	规格	生产日期或批号	综合判定
单把单孔脸盆龙头	阜阳市新祥兴装饰材料有限公司	鹤山市亚乔科技产业有限公司	科耐	K6673-059C	/	合格
单柄冷热浴缸龙头	谯城区陈忠泉水暖配件门市部	广东朝阳卫浴有限公司	朝阳	B227	/	合格
快升龙头	谯城区星伟水暖器材店(伟星管业)	浙江伟星新型建材股份有限公司	伟星	WXJP-1210	2009-9-25	合格
洗浴龙头	淮北市简约家装设计中心	南安市百乐水暖设备厂	申雷卡	6110	/	合格
面盆龙头	淮北市友英装潢材料店	唐山惠达陶瓷(集团)股份有限公司	HUIDA	HDA0191M	/	合格
单柄水龙头	淮北市豪鹏洁具店	上海威伦卫浴洁具有限公司	帝富龙	/	/	合格
摇摆单孔龙头	蔡文婷(维斯佳卫浴)(宿州市)	周氏卫浴(泉州发展有限公司)	君迈	/	/	合格
淋浴龙头	宿州市水彦商贸有限公司(嘉熙木桶专卖店)	上海市豪牧水暖洁具有限公司	豪牧	/	/	合格
双把单孔面盆龙头	冯艳华(宿州市)	九牧集团有限公司	JOMOO	2223-238		合格
洗衣机龙头	谯城区董卫水暖器材店	武汉金牛经济发展有限公司	/	JN-1012	/	合格

2012年安徽省陶瓷片密封水嘴产品质量监督抽查结果不合格企业名单　　表4-16

产品名称	被抽查经销企业名称	生产企业名称	商标	规格型号	生产日期（批号）	主要不合格项目
单把龙头	阜阳市金皖机电设备有限公司	波帝卫浴	波帝	吉士多三联	/	流量（不带附件）
龙头	金典装饰工程有限公司	香港九龙洁具国际有限公司	香港九龙	8120	/	管螺纹精度、酸性盐雾试验

续表

产品名称	被抽查经销企业名称	生产企业名称	商标	规格型号	生产日期（批号）	主要不合格项目
单把调温龙头	窦飞(阜阳市)	南安市山全卫浴洁具厂	山全	1606	/	酸性盐雾试验
单把龙头	王桂英(阜阳市)	南安市埃美斯洁具有限公司	昆宇	/	/	酸性盐雾试验
单把菜盆龙头	淮北市北辉建材商店	南安市星丰洁具有限公司	星丰	XF-8018	/	酸性盐雾试验
单把调温龙头	李震(自家的店)(宿州市)	南安市亮池卫浴洁具厂	亮池	/	/	酸性盐雾试验、流量（不带附件）
面盆龙头	华斯顿卫浴	福建南安市金麦克卫浴洁具厂	金麦克	841	/	管螺纹精度、酸性盐雾试验
水嘴	邵春田(亳州市春田五金电料门市部)	上海帅鹏洁具厂	帅鹏	/	/	酸性盐雾试验
单把调温水龙头	淮北市张华太阳能店	福建南安市满山红洁具有限公司	满山红洁具	5020	/	管螺纹精度、酸性盐雾试验

9. 2012 年安徽省陶瓷砖产品监督抽查结果（2012 年 11 月 6 日发布）

为了加强产品质量的监管，维护消费安全，保护消费者合法权益，安徽省工商局于 2012 年第三季度依法组织对宿州、亳州、阜阳、淮北等市场上销售的陶瓷砖进行了省级质量监测。放射性核素限量、吸水率、断裂模数和破坏强度是陶瓷砖产品中受消费者关注的重要项目。

（1）吸水率。在使用过程中，如果产品吸水率过大，吸收过多水分可能引起胚体吸湿膨胀，容易产生裂纹或剥落，甚至脱落伤人。吸水率项目对产品的耐用性和其他物理性能有一定的影响，尤其是对无釉砖的耐污性影响较大。吸水率项目不合格的原因主要是由于烧制温度低，烧结程度不够，或者较多使用廉价原材料导致配方不合理而造成的。

（2）放射性核素限量。影响放射性指标的主要是富含放射性核素的原料，如锆英砂（$ZrSiO_4$），当产品的放射性水平达到或接近临近值时（内照射指数 IRa ＞ 0.9、外照射指数 Iγ ＞ 1.2）时，要求对影响产品放射性水平的主要原料进行筛查，以确定是否还有除锆英砂（$ZrSiO_4$）之外的其他关键原料。对于建筑物装修用的吸水率平均值 E ≤ 0.5% 的瓷质砖放射性国家实行 CCC 认证管理，能够有效控制其产品的关键原材料，进而有效控制产品的放射性限量指标。企业必须明确关键原料（或含关键原料的砖坯及粉料）的种类、来源和关键原料最高使用量，使用前对原料的放射性进行检测，合格后方可采用，采购回来的原料按产地标识清楚，进行有效的控制，另外采用每年至少对放射性水平最高的认证产品进行一次检测监控手段。这种从源头抓起，每年监督的方法值得推广，且能使产品质量的到有效控制。

（3）断裂模数和破坏强度。破坏强度和断裂模数是陶瓷砖产品中重要的技术指标，直接影响到产品的使用寿命和装饰效果，这一指标较低的产品在使用中易造成断裂、破碎或缺角少棱等缺陷。导致这一指标较低的技术因素较多，它受到原料配方、原料处理工艺、成型压力、成型水分、烧结程度的影响，而破坏强度还与产品厚度有一定的关系。严格控制坯料成分、颗粒配比、成型水分、严格保证成型压力和烧成温度是提高破坏强度和断裂模数的有力措施。

存在问题

（1）此次抽查合格率不高。不合格产品的不合格项覆盖了此次检测的四个项目，这说明陶瓷砖这四个项目质量都有待提高。其中放射性核素限量项目不合格组数最多，吸水率项目和断裂模数项目其次，最后是破坏强度项目。

（2）由于陶瓷砖在装修中是主材，在生活中与人们的生活密切相关，一般用于家庭客厅、卫生间、厨房和阳台以及其他公共场所的地面及墙面等的铺设。由于这些场所一般与水接触较多，所以吸水率项目直接决定着砖的铺设效果和装修的使用寿命；在陶瓷砖的成分中，难免会有放射性核素的存在，因此对这些元素量的控制也尤为重要，因为放射性核素的衰变直接影响着人的身体健康。企业就为了节约成本和简化生产程序，获得原材料的检测条件受到限制，经常不会注意到放射性核素这个指标，从而导致放射性核素限量超标。破坏强度和断裂模数项目都是陶瓷砖强度和抗折性能的表征，这两项的好坏，会影响到陶瓷砖的使用寿命和人身安全。

对本次监测中发现的不合格商品，省工商局责成相关地方工商局依法查处，并监督经营者整改。具体抽查结果如下：

2012年安徽省陶瓷砖产品监督抽查结果合格产品及其企业名单 表4-17

产品名称	被抽查经销企业名称	生产企业名称	商标	规格型号	生产日期（批号）
陶瓷砖（骆驼内墙砖）	濉溪县烈山路今朝建材门市部	佛山市骆驼陶瓷有限公司	骆驼	300×600×9.8（mm）	/
陶瓷砖（中源紫砂陶瓷）	濉溪县中源紫砂瓷砖销售门市部	河源万峰陶瓷有限公司	/	300×450×9（mm）	2010.11.27
陶瓷砖（冠珠陶瓷）	濉溪县冠珠陶瓷店	广东新明珠陶瓷集团有限公司	冠珠	300×300（mm）	2011.7.1
陶瓷砖（冠珠陶瓷）	濉溪县冠珠陶瓷店	广东新明珠陶瓷集团有限公司	冠珠	300×450×9.8（mm）	2011.5.16
陶瓷砖（卡米亚陶瓷）	濉溪县卡米亚瓷砖店	广东宏威陶瓷实业有限公司	卡米亚	300×450×9.5（mm）	/
陶瓷砖（中源紫砂陶瓷）	濉溪县中源紫砂瓷砖销售门市部	河源万峰陶瓷有限公司	/	300×300（mm）	2011.06.23
陶瓷砖（帅玉陶瓷）	濉溪县城南广东陶瓷砖经营部	佛山市帅玉陶瓷有限公司	/	300×300×7.8（mm）	/
陶瓷砖（经典名作陶瓷）	宿州市埇桥区光彩城双鹏陶瓷总汇	佛山市美鑫陶瓷有限公司	/	300×450（mm）	2012.06.22
冠珠陶瓷	宿州市光彩城幸福空间陶瓷经营部	广东新明珠陶瓷集团有限公司	冠珠	300×450×9.8（mm）	2011.8.14
陶瓷砖（王者陶瓷）	宿州市光彩城王者陶瓷经营部	佛山市高明王者陶瓷有限公司	王者	300×300×10（mm）	2010.4.12
陶瓷砖（金欧雅陶瓷）	胜杰陶瓷经营部	广东欧雅陶瓷有限公司	金欧雅	300×300×9（mm）	/
陶瓷砖（九洲窑变砖）	宿州市光彩城汇强陶瓷经营部	九洲瓷业有限公司	九洲龙	60×240（mm）	/
陶瓷砖（荣旺瓷砖）	宿州豪地建材有限公司光彩城分公司	佛山市荣旺高陶瓷有限公司	荣旺	300×600（mm）	/
陶瓷砖（五星天豪）	光彩城新明珠陶瓷店（尹春艳）	广东佛山惠尔佳陶瓷有限公司	/	300×300×8.6（mm）	/
陶瓷砖（百特陶瓷）	宿州市光彩城宏辉陶瓷经营部	佛山市高明贝斯特陶瓷有限公司	百特	300×300×10（mm）	2011.2.23
陶瓷砖（靓雅亮陶瓷）	谯城区吴大辉建材门市部	佛山市靓雅亮陶瓷有限公司	/	250×330(mm)	/
陶瓷砖（隆美尔陶瓷）	谯城区吴大辉建材门市部	广东西联陶瓷有限公司	/	300×300（mm）	/
陶瓷砖（荣旺瓷砖）	宿州豪地建材有限公司光彩城分公司	佛山市荣旺高陶瓷有限公司	荣旺	300×600（mm）	/

续表

产品名称	被抽查经销企业名称	生产企业名称	商标	规格型号	生产日期（批号）
陶瓷砖（东鹏瓷砖）	亳州市谯城区精工建材门市部	广东东鹏陶瓷股份有限公司	东鹏	300×300×8.5(mm)	2010.11.13
陶瓷砖（晋成陶瓷）	谯城区红太阳建材门市部	福建省晋江晋成陶瓷有限公司	晋成	12×24（cm）	/
陶瓷砖（腾鹰岩石砖）	亳州市谯城区华辉石材店	福建南安市国龙瓷业有限公司	腾鹰	60×240(mm)	/
陶瓷砖（冠珠陶瓷）	谯城区贵和建材经营部	广东新明珠陶瓷集团有限公司	冠珠	300×300（mm）	2009.8.6
陶瓷砖（冠珠陶瓷）	谯城区贵和建材经营部	广东新明珠陶瓷集团有限公司	冠珠	300×450（mm）	2008.4.3
陶瓷砖（东鹏瓷砖）	亳州市谯城区精工建材门市部	广东东鹏陶瓷股份有限公司	东鹏	300×450×9（mm）	2011.4.28
陶瓷砖（圣罗伦瓷砖）	阜阳市颍东区张永顺装饰材料店	四会市科迪瓷砖有限公司	/	300×300×7.8(mm)	2012.3.25
陶瓷砖（太阳陶瓷）	江广伟（瓷砖店）（阜阳市）	江西太阳陶瓷有限公司	太阳	300×300(mm)	110703
陶瓷砖（康尔居陶瓷）	卢颖（瓷砖店）（阜阳市）	康尔居陶瓷有限公司	/	300×300×7.8(mm)	/
陶瓷砖（赛米特瓷砖）	张利珍（瓷砖店）（阜阳市）	广东佛山赛米特陶瓷有限公司	赛米特	300×450(mm)	2012.06.24
陶瓷砖（凯司令陶瓷）	姜翠芳（瓷砖店）（阜阳市）	东阳陶瓷有限公司	/	300×300(mm)	2011.09.22
陶瓷砖（豪鹏劈开砖）	丁楠（瓷砖店）（阜阳市）	福建省晋江市豪鹏陶瓷有限公司	豪鹏	60×240(mm)	/
陶瓷砖（兴荣通体砖）	韩春峰（阜阳市）	中荣陶瓷有限公司	/	60×200(mm)	/
陶瓷砖（佳得福陶瓷）	张东梅（阜阳市）	佳得福陶瓷有限公司	/	300×450(mm)	/

2012年安徽省陶瓷砖产品监督抽查结果不合格产品及其企业名单 **表4-18**

产品名称	被抽查经销企业名称	生产企业名称	商标	规格型号	生产日期（批号）	主要不合格项目
陶瓷砖（骆驼内墙砖）	濉溪县烈山路今朝建材门市部	佛山市骆驼陶瓷	骆驼	300×300×9.8（mm）	/	放射性核素限量
陶瓷砖（润泰陶瓷）	濉溪县城南广东陶瓷砖经营部	嘉美陶瓷	润泰	300×200（mm）	/	破坏强度断裂模数
鑫泰瓷砖	中标陶瓷批发	佛山盛世建陶	鑫泰	600×600（mm）	/	吸水率断裂模数
陶瓷砖（百特陶瓷）	谯城区金牌陶瓷经营部	佛山市高明贝斯特	百特	300×450×9.5（mm）	2011.2.20	放射性核素限量
陶瓷砖（陶城瓷砖）	亳州市谯城区华辉石材店	佛山市和美陶瓷	陶城	300×300×8.5(mm)	2012.03.11	吸水率放射性核素限量

续表

产品名称	被抽查经销企业名称	生产企业名称	商标	规格型号	生产日期（批号）	主要不合格项目
陶瓷砖（粤安瓷砖）	王付清（瓷砖店）（阜阳市）	佛山市康尔泰陶瓷	粤安	250 × 330(mm)	/	破坏强度和断裂模数
陶瓷砖（加斯加瓷砖）	王艳青（瓷砖店）（阜阳市）	佛山市加斯加陶瓷	加斯加	300 × 300 × 9.0(mm)	2012.05.20	吸水率

10. 2012 年广东省厨房家具产品地方监督抽查结果（2012 年 11 月 20 日发布）

根据《中华人民共和国产品质量法》、《产品质量监督抽查管理办法》和《广东省产品质量监督条例》的规定，广东省质量技术监督局对橡胶及塑料机械、木工机械、金属切削机械、防水涂料、厨房家具、卫浴家具、器具耦合器、输变电设备及产品、铝型材及铝合金型材、人造板等 10 种产品进行了定期监督检验。

本次检验了广州、深圳、佛山、东莞、中山等 5 个地区 32 家企业生产的厨房家具产品共 35 批次，检验不合格 3 批次，不合格产品发现率为 8.6%。

本次检验依据 QB/T 2531-2010《厨房家具》和经备案现行有效的企业产品标准及产品明示质量要求，对厨房家具的天然石材台面、人造石台面、不锈钢台面、其他台面、柜体外观、涂镀件外观、加工要求、耐水蒸气（地柜台面）、耐干热（地柜台面）、耐划痕（地柜台面）、耐污染性能（地柜台面）、耐酸碱性能（地柜台面）、抗冲击性能（地柜台面）、浸渍剥离性（地柜台面）、耐污染性能（其他部位）、耐酸碱性能（其他部位）、静载荷、垂直冲击、持续垂直静载荷、搁板弯曲、拉门强度、翻门强度、抽屉结构强度、抽屉拉篮滑道强度、主体结构和底架的强度试验、通用要求中耐腐蚀能力、甲醛释放量、重金属含量共 28 个项目进行了检验。

检验发现 3 批次产品不合格，涉及到甲醛释放量和耐腐蚀能力项目。具体抽查结果如下：

2012年广东省厨房家具产品监督抽查结果合格产品及其企业名单　　　**表4-19**

生产企业名称(标称)	产品名称	商标	型号规格	生产日期或批号	承检单位
广东欧派家居集团有限公司	橱柜吊柜	欧派	—	2012.07	国家家具产品质量监督检验中心（广东）
广东欧派家居集团有限公司	橱柜地柜	欧派	—	2012.07	国家家具产品质量监督检验中心（广东）
广州市蓝谷家居科技有限公司	橱柜地柜	蓝谷	D40	2012.07	国家家具产品质量监督检验中心（广东）
中山市华帝集成厨房有限公司	吊柜	华帝	400 × 330 × 655(mm)	2012.07	国家家具产品质量监督检验中心（广东）
中山市华帝集成厨房有限公司	地柜	华帝	400 × 550 × 655(mm)	2012.07	国家家具产品质量监督检验中心（广东）
广州市格林美橱柜有限公司	橱柜	泛美橱柜	—	2012.07	国家家具产品质量监督检验中心（广东）
广州康来客家居用品有限公司	厨房吊柜	康耐登	—	2012.08	国家家具产品质量监督检验中心（广东）
广州市晋丰建材有限公司	橱柜	希尔图	—	2012.08	国家家具产品质量监督检验中心（广东）

续表

生产企业名称(标称)	产品名称	商标	型号规格	生产日期或批号	承检单位
广州皮尤特金利橱柜有限公司	吊柜	—	350×650（mm）	2012.07	国家家具产品质量监督检验中心（广东）
广州力奇实木家具有限公司	橱柜地柜	柏林世家	—	2012.07	国家家具产品质量监督检验中心（广东）
广州市逸桦家具有限公司	橱柜吊柜	—	—	2012	国家家具产品质量监督检验中心（广东）
广州公爵厨卫家具有限公司	橱柜吊柜	公爵	—	2012.08	国家家具产品质量监督检验中心（广东）
中山市新山川实业有限公司	橱柜	皮阿诺	400×600×300(mm)	2012	国家家具产品质量监督检验中心（广东）
中山市西威厨房设备制造有限公司	吊柜	威法VIFA	600×315×360(mm)	2012.07	国家家具产品质量监督检验中心（广东）
中山市西威厨房设备制造有限公司	地柜	威法VIFA	400×315×600(mm)	2012.07	国家家具产品质量监督检验中心（广东）
深圳市万家橱柜有限公司生产分厂	橱柜（吊柜）	410×350×900mm 合格品	Wanca	2012.07.20	深圳市计量质量检测研究院
乐宜嘉(中山)家居设备有限公司	吊柜	乐宜嘉NCA	400×600×300(mm)	2012.08	国家家具产品质量监督检验中心（广东）
中山荣事达厨卫电器有限公司	地柜	荣事达Royalstar	300×680×550(mm)	2012.08	国家家具产品质量监督检验中心（广东）
中山市欧德乐建材制品有限公司	吊柜	欧德乐	300×400×300(mm)	2012.07	国家家具产品质量监督检验中心（广东）
中山市尚宝家具制造厂	吊柜	SOBO	903×300×400(mm)	2012.08	国家家具产品质量监督检验中心（广东）
中山市典格家居用品有限公司	吊柜	—	600×550×350(mm)	2012.08	国家家具产品质量监督检验中心（广东）
中山市东区大鹏橱柜厂	吊柜	—	280×380×580(mm)	2012.08	国家家具产品质量监督检验中心（广东）
东莞佳居乐橱柜有限公司	吊柜	佳居乐	453372K#	2012.07	国家家具产品质量监督检验中心（广东）
佛山陆霸橱柜有限公司	厨房家具（吊柜）	LU BA牌	W0930 229mm×762mm×305mm	2012.7	佛山市质量计量监督检测中心
佛山市帝杉家居用品有限公司	厨房家具（吊柜）	deepsung牌	800mm×330mm×500mm	2012.7	佛山市质量计量监督检测中心
佛山市百山家居有限公司	厨房家具（地柜）	品爱牌	300mm×570mm×670mm	2012.7	佛山市质量计量监督检测中心
佛山市左岸家居用品有限公司	厨房家具（地柜）	—	420mm×300mm×300mm	2012.8	佛山市质量计量监督检测中心
佛山市欧典橱柜有限公司	厨房家具（地柜）	oudain欧典牌	670mm×550mm×400mm	2012.8	佛山市质量计量监督检测中心
深圳市得宝实业发展有限公司	橱柜（吊柜）	450×320×660mm 合格品	西克曼	2012.8.13	深圳市计量质量检测研究院

续表

生产企业名称(标称)	产品名称	商标	型号规格	生产日期或批号	承检单位
深圳市中厨橱柜有限公司	吊柜（中橱）	合格品	—	2012.8.10	深圳市计量质量检测研究院
深圳市刘氏百丽橱柜有限公司	厨房吊柜	900×750×330mm 合格品	—	2012.7.5	深圳市计量质量检测研究院
深圳市唐家厨房设备有限公司	橱柜（吊柜）	355×700×380mm	—	2012.8	深圳市计量质量检测研究院

2012年广东省厨房家具产品监督抽查结果不合格产品及其企业名单　　表4-20

生产企业名称（标称）	产品名称	商标	型号规格	生产日期或批号	不合格项目名称	承检单位
深圳市嘉怡橱柜有限公司	橱柜（吊柜）	—	700×695×330mm	2012.8.1	甲醛释放量	深圳市计量质量检测研究院
佛山市韩丽家具制造有限公司	厨房家具（地柜）	韩丽牌	400mm×740mm×570mmB40	2012.7	通用要求中的耐腐蚀能力	佛山市质量计量监督检测中心
广州欧比诺橱柜有限公司	橱柜	OBNA 欧比诺	—	2012.7	配件通用要求	国家家具产品质量监督检验中心（广东）

11. 2012年广东省卫浴家具产品质量监督抽查结果（2012年11月20日发布）

根据《中华人民共和国产品质量法》、《产品质量监督抽查管理办法》和《广东省产品质量监督条例》的规定，广东省质量技术监督局对橡胶及塑料机械、木工机械、金属切削机械、防水涂料、厨房家具、卫浴家具、器具耦合器、输变电设备及产品、铝型材及铝合金型材、人造板等10种产品进行了定期监督检验。

本次检验了广州、深圳、佛山、东莞、江门、顺德等6个地区57家企业生产的卫浴家具产品共66批次，检验不合格5批次，不合格产品发现率为7.6%。

本次检验依据GB 24977-2010《卫浴家具》和经备案现行有效的企业产品标准及产品明示质量要求，对卫浴家具的台盘及台面、木制部件、金属支架及配件、玻璃门、台盆柜台面理化性能、木制部件表面漆膜理化性能、软硬质覆面理化性能、金属电镀层、吸水厚度膨胀率、浸渍剥离、产品耐水性、落地式柜、搁板支承件强度、抽屉结构强度、抽屉和滑道强度、抽屉猛关、拉门强度、拉门猛开、悬挂式柜极限强度、甲醛、重金属、放射性、可接触部件或配件共23个项目进行了检验。

检验发现5批次产品不合格，涉及台盆及台面、木制部件、台面抗冲击强度、木制部件表面漆膜抗冲击性、甲醛释放量项目。具体抽查结果如下：

2012年广东省卫浴家具产品监督抽查结果合格产品及其企业名单　　表4-21

生产企业名称(标称)	产品名称	商标	型号规格	生产日期或批号	承检单位
佛山市恒洁卫浴有限公司	豪华浴室柜（不带盆）	Hegii	HGM5163	2012-7-18	国家陶瓷及水暖卫浴产品质量监督检验中心
佛山市恒洁卫浴有限公司	豪华浴室柜（不带盆）	Hegii	HGM5072	2012-7-9	国家陶瓷及水暖卫浴产品质量监督检验中心

续表

生产企业名称(标称)	产品名称	商标	型号规格	生产日期或批号	承检单位
佛山市南海区泰和洁具制品有限公司	木制浴室柜	新泰和	MY7815	2012-6	国家陶瓷及水暖卫浴产品质量监督检验中心
佛山市南海益高卫浴有限公司	木制浴室柜（不带台盆）	益高EAGO	PC033WG-3	2012-7	国家陶瓷及水暖卫浴产品质量监督检验中心
佛山东鹏洁具股份有限公司	浴室柜（主柜）不带盆	东鹏	JG01207711	2012-6-28	国家陶瓷及水暖卫浴产品质量监督检验中心
佛山东鹏洁具股份有限公司	浴室柜（主柜）不带盆	东鹏	JG01008011	2012-4-25	国家陶瓷及水暖卫浴产品质量监督检验中心
佛山市伽蓝洁具有限公司	浴室柜	心海伽蓝	810285	2012-7-16	国家陶瓷及水暖卫浴产品质量监督检验中心
新乐卫浴（佛山）有限公司	浴室柜（主体柜）	YING	BF-1202.10	2012-6	国家陶瓷及水暖卫浴产品质量监督检验中心
新乐卫浴（佛山）有限公司	浴室柜（主体柜）	YING	BF-1581.10	2012-6	国家陶瓷及水暖卫浴产品质量监督检验中心
佛山市家家卫浴有限公司	浴室柜（带盆）	浪鲸	BF-8903	2012-7-16日	国家陶瓷及水暖卫浴产品质量监督检验中心
佛山市日丰企业有限公司	PVC浴室柜（不带盆）	日丰	GPJ4014	2012-7-19	国家陶瓷及水暖卫浴产品质量监督检验中心
佛山市日丰企业有限公司	浴室柜（不带盆）	日丰	GPJ1022	2012-5-26	国家陶瓷及水暖卫浴产品质量监督检验中心
佛山市美加华陶瓷有限公司	实木浴室柜	美加华	M-4839SW-2	2012	国家陶瓷及水暖卫浴产品质量监督检验中心
广州市欧派卫浴有限公司	浴室柜	欧派	OP11-022-90	2012-7-15	国家陶瓷及水暖卫浴产品质量监督检验中心
广州市欧派卫浴有限公司	浴室柜	欧派	OP-W1124-ⅡX	2012-7-21	国家陶瓷及水暖卫浴产品质量监督检验中心
广州贝泰卫浴用品有限公司	浴室柜	BRAVAT	MA036R-W-02	2012-5-19	国家陶瓷及水暖卫浴产品质量监督检验中心
佛山市南海区蒂高卫浴厂	卫浴家具	蒂高	DG-8322	——	国家陶瓷及水暖卫浴产品质量监督检验中心
佛山市百田建材实业有限公司	浴室柜（不带盆）	SunCoo	东尼150-900	2012-7-14	国家陶瓷及水暖卫浴产品质量监督检验中心
佛山市百田建材实业有限公司	浴室柜（不带盆）	SunCoo	乐活1071	2012-7-1	国家陶瓷及水暖卫浴产品质量监督检验中心
佛山市巴芬卫浴设备有限公司	卫浴家具	巴芬	PF-6013A（795mm×600mm×520mm）	2012-5	国家陶瓷及水暖卫浴产品质量监督检验中心
佛山市三水维可陶陶瓷有限公司	实木浴室柜（主柜）	维可陶	V-442S	2012-6-25	国家陶瓷及水暖卫浴产品质量监督检验中心
江门吉事多卫浴有限公司	浴室柜柜体	吉事多	GE-6427W8	2012-6-26	国家陶瓷及水暖卫浴产品质量监督检验中心
广东朝阳卫浴有限公司	卫浴家具	朝阳	0718-1	2012-5	国家陶瓷及水暖卫浴产品质量监督检验中心
广州市赛莱金属制卫浴水暖器具有限公司	浴室柜	赛莱	SA-007	2012-6-30	国家陶瓷及水暖卫浴产品质量监督检验中心

续表

生产企业名称(标称)	产品名称	商标	型号规格	生产日期或批号	承检单位
广州市野木色浴室家私有限公司	浴室柜	野木色	KB-2052	——	国家陶瓷及水暖卫浴产品质量监督检验中心
阿波罗（中国）有限公司	浴室柜	阿波罗	UV-3908	2012-7-20	国家陶瓷及水暖卫浴产品质量监督检验中心
广州希尔顿卫浴有限公司	浴室柜	希尔顿 HSW	1000mm × 535mm × 500mm	2012-7-24	国家陶瓷及水暖卫浴产品质量监督检验中心
深圳市阪神卫浴制品有限公司	浴室柜	HanShin	GT75 (77 × 46 × 70cm) 合格品	2012-6-25	国家陶瓷及水暖卫浴产品质量监督检验中心
深圳市阪神卫浴制品有限公司	浴室柜	HanShin	GT60 (61 × 49 × 69cm) 合格品	2012-8-09	国家陶瓷及水暖卫浴产品质量监督检验中心
佛山市南海区丹灶浪登洁具厂	不锈钢浴室柜	浪登	1833	2012-7-10	国家陶瓷及水暖卫浴产品质量监督检验中心
佛山市南海区夏恩洁具厂	浴室柜	森力	S-1213 580mm × 450mm	2012-7	国家陶瓷及水暖卫浴产品质量监督检验中心
佛山市南海区红满天家居有限公司	浴室柜	喜连年卫浴	H-1234	2012	国家陶瓷及水暖卫浴产品质量监督检验中心
佛山市睦家卫浴有限公司	浴室柜	睦家	MJ-0607 250mm × 150mm × 800mm	2012-7-16	国家陶瓷及水暖卫浴产品质量监督检验中心
佛山市南海诺威卫浴有限公司	卫浴家具	诺威	NW-B2088	2012-7-13	国家陶瓷及水暖卫浴产品质量监督检验中心
佛山市南海区里水鑫玛卫浴家具厂	卫浴家具	罗米欧	N-630	2012-7-10	国家陶瓷及水暖卫浴产品质量监督检验中心
佛山市南海罗村柯达斯卫浴洁具厂	卫浴家具	柯达斯	KB-820	2012-7	国家陶瓷及水暖卫浴产品质量监督检验中心
佛山市南海罗村圣嘉洁具厂	卫浴家具	圣嘉	AM-801	——	国家陶瓷及水暖卫浴产品质量监督检验中心
佛山市南海区卓翰卫浴厂	卫浴家具	——	ZH9001	2012-7	国家陶瓷及水暖卫浴产品质量监督检验中心
佛山市南海区南茜卫浴有限公司	卫浴家具	南希	NC-P09	2012-7	国家陶瓷及水暖卫浴产品质量监督检验中心
佛山市禅城区中冠浴室设备厂	浴室柜（不带盆）	ivi	G-4376	2012-1-3	国家陶瓷及水暖卫浴产品质量监督检验中心
佛山市南海江南洁具有限公司	压克力浴室柜	JiangNan	570mm × 330mm	2012-7-18	国家陶瓷及水暖卫浴产品质量监督检验中心
佛山市南海桑尼亚卫浴洁具有限公司	浴室柜	桑尼亚	1339	2012-7-19	国家陶瓷及水暖卫浴产品质量监督检验中心
佛山市威麦卫浴科技有限公司	挂墙式侧柜	VAMA	VD-838-P	2012-6	国家陶瓷及水暖卫浴产品质量监督检验中心
佛山市欧威斯洁具制造有限公司	浴室柜（主柜）	理玛	3136	2012-7	国家陶瓷及水暖卫浴产品质量监督检验中心
佛山市古丽多卫浴有限公司	卫浴家具	古丽多	GD-9326 （562mm × 430mm × 430mm）	2012-6	国家陶瓷及水暖卫浴产品质量监督检验中心
佛山市华业不锈钢工程有限公司	卫浴家具	品卫	BG-309 （1000mm × 500mm × 450mm）	2012-6	国家陶瓷及水暖卫浴产品质量监督检验中心

续表

生产企业名称(标称)	产品名称	商标	型号规格	生产日期或批号	承检单位
佛山钻石洁具陶瓷有限公司	浴室柜（主柜艺术盆柜）	钻石	UMS-5002M	2012-7	国家陶瓷及水暖卫浴产品质量监督检验中心
佛山市欧耀厨具有限公司	卫浴家具	——	1203	2012-7	国家陶瓷及水暖卫浴产品质量监督检验中心
佛山市南海伊嘉洁具厂	卫浴家具	伊嘉	Y-07	2012-7	国家陶瓷及水暖卫浴产品质量监督检验中心
佛山市三水区白坭镇利宝成卫浴洁具厂	浴室柜（主柜）	图形商标	I-1004	2012-6-18	国家陶瓷及水暖卫浴产品质量监督检验中心
佛山市银实洁具有限公司	卫浴家具	瑶洁	8738 (400mm × 300mm)	2012-7-16	国家陶瓷及水暖卫浴产品质量监督检验中心
佛山市维克卫浴科技有限公司	卫浴家具	维克	WA537H	2012-6	国家陶瓷及水暖卫浴产品质量监督检验中心
佛山市欧嘉卫浴有限公司	木制浴室柜（不带台盆）	——	Q-310	2012-6	国家陶瓷及水暖卫浴产品质量监督检验中心
佛山市南海区珑庭金属制品厂	卫浴家具	——	G825	2012-8	国家陶瓷及水暖卫浴产品质量监督检验中心
佛山市顺德区北滘镇顺健卫浴厂	浴室柜	HeGLL	HGM5321#	2012-8-8	国家陶瓷及水暖卫浴产品质量监督检验中心
鹤山雅洁卫浴实业有限公司	浴室柜	——	SL-8023	2012-7	国家陶瓷及水暖卫浴产品质量监督检验中心
乔登卫浴（江门）有限公司	浴室家具主柜	JODEN	MG3209WO-P000	2012-6-29	国家陶瓷及水暖卫浴产品质量监督检验中心
乔登卫浴（江门）有限公司	浴室家具主柜	JODEN	MG3129WB-POOO	2012-5-10	国家陶瓷及水暖卫浴产品质量监督检验中心
鹤山市佳德卫浴实业有限公司	卫浴家具	特陶	TC-630 640mm × 340mm × 170mm	2012-7-17	国家陶瓷及水暖卫浴产品质量监督检验中心
鹤山市赛朗卫浴实业有限公司	浴室柜	赛朗	SG9615	2012-7	国家陶瓷及水暖卫浴产品质量监督检验中心
东莞市鼎美家居用品有限公司	浴室柜	——	DOLMEN	2012	国家陶瓷及水暖卫浴产品质量监督检验中心

2012年广东省卫浴家具产品监督抽查结果不合格产品及其企业名单　　表4-22

生产企业名称（标称）	产品名称	商标	型号规格	生产日期或批号	不合格项目名称	承检单位
佛山市欧尔派卫浴有限公司	浴室柜（主柜）	ourpai	OP-121	2012-3	台面抗冲击强度	国家陶瓷及水暖卫浴产品质量监督检验中心
佛山市卫欧卫浴有限公司高明分公司	浴室柜（主柜）	VIRGO	VG-315	2012-5-29	台面抗冲击强度	国家陶瓷及水暖卫浴产品质量监督检验中心
佛山市禅城区中冠浴室设备厂	浴室柜（不带盆）	ivi	G-4350	2012-1-3	木制部件表面漆膜抗冲击性	国家陶瓷及水暖卫浴产品质量监督检验中心
佛山市伊田洁具有限公司	浴室柜（主柜）	Etéo	HP307	2012-7-20	1. 台盆及台面 2. 木制部件	国家陶瓷及水暖卫浴产品质量监督检验中心
东莞市简尚厨卫制品有限公司	浴室柜	简尚	V-3058	2011-7-30	甲醛	国家陶瓷及水暖卫浴产品质量监督检验中心

12. 2012 年广东省卫生陶瓷产品质量监督抽查结果（2012 年 11 月 28 日发布）

根据《中华人民共和国产品质量法》、《产品质量监督抽查管理办法》的规定，广东省质量技术监督局对普通照明用自镇流荧光灯、陶瓷片密封水嘴、卫浴产品、卫生陶瓷等 4 种产品进行了专项监督抽查。

本次监督抽查了佛山、广州、顺德区、中山、江门、东莞、清远、潮州等 8 个地区的 82 家企业生产的 100 批次卫生陶瓷产品，检验不合格 13 批次，不合格产品发现率为 13.0%。

本次抽查依据 GB 6952-2005《卫生陶瓷》、JC 987-2005《便器水箱配件》、JC/T 931-2003《机械式便器冲洗阀》、GB 25502-2010《坐便器用水效率限定值及用水效率等级》，以及经备案现行有效的企业标准及产品明示质量指标和要求，对卫生陶瓷产品的水封深度、水封表面面积、吸水率、用水量、洗净功能、固体物排放功能、污水置换功能、水封回复功能、防溅污性等 22 个项目进行了检验。

检验发现 13 批次产品不合格，涉及吸水率、用水量、洗净功能、固体物排放功能、污水置换、水封回复功能、防贱污性、配套要求、用水量标识、冲洗噪声、防虹吸功能、安全水位技术要求、安装相对位置等项目。

广东省质量技术监督局已责成相关地级以上市质监局（包括深圳市市场监管局、顺德区市场安全管理局）按照有关法律法规，对本次专项监督抽查中发现的不合格产品及其生产企业依法进行处理。具体抽查结果如下：

2012年广东省卫生陶瓷产品监督抽查结果合格产品及其企业名单　　表4-23

生产企业名称(标称)	产品名称	商标	型号规格	生产日期或批号	承检单位
佛山市顺德区乐华陶瓷洁具有限公司	连体坐便器（节水型）	ARROW	AB1276MD	2012-6	国家陶瓷及水暖卫浴产品质量监督检验中心
佛山东鹏洁具股份有限公司	连体坐便器（节水型）	东鹏	W1161	2012-7-30	国家陶瓷及水暖卫浴产品质量监督检验中心
佛山科勒有限公司	陶瓷坐便器（分体）	科勒	8767T-0/8710T-0	2012-7-21	国家陶瓷及水暖卫浴产品质量监督检验中心
乐家（中国）有限公司	分体式坐便器	Roca	342616+341610	2012-7	国家陶瓷及水暖卫浴产品质量监督检验中心
佛山市美加华陶瓷有限公司	陶瓷连体坐便器	MICAWA	MB-1858	2012-5	国家陶瓷及水暖卫浴产品质量监督检验中心
佛山市南海益高卫浴有限公司	陶瓷坐便器（连体）	益高EAGO	TB351	2012-7	国家陶瓷及水暖卫浴产品质量监督检验中心
华美洁具有限公司	迈阿密节水型加长连体坐厕	——	CP-2089.702节水型	2012-5-30	国家陶瓷及水暖卫浴产品质量监督检验中心（潮州）
广东欧美尔工贸实业有限公司	连体坐便器	欧美尔	Z-1187节水型	2012-7-20	国家陶瓷及水暖卫浴产品质量监督检验中心（潮州）
新乐卫浴（佛山）有限公司	分体坐便器	YING	SA-110CD-1104.5L	2012-8-3	国家陶瓷及水暖卫浴产品质量监督检验中心
佛山市法恩洁具有限公司	陶瓷坐便器	法恩莎	FB1632BLSX6L	2012-7	国家陶瓷及水暖卫浴产品质量监督检验中心
佛山市法恩洁具有限公司	陶瓷坐便器	法恩莎	FB1668BL6L	2012-7	国家陶瓷及水暖卫浴产品质量监督检验中心

续表

生产企业名称(标称)	产品名称	商标	型号规格	生产日期或批号	承检单位
广东四通集团股份有限公司	连体坐便器	——	JA0179节水型	2012-7-16	国家陶瓷及水暖卫浴产品质量监督检验中心（潮州）
阿波罗（中国）有限公司	坐便器	阿波罗	ZB-3434	2012-7-20	国家陶瓷及水暖卫浴产品质量监督检验中心
广州贝泰卫浴用品有限公司	坐便器	BRAVAT	CX2164W-3	2012-4-10	国家陶瓷及水暖卫浴产品质量监督检验中心
广州贝泰卫浴用品有限公司	坐便器	BRAVAT	C2194W-3	2012-4-20	国家陶瓷及水暖卫浴产品质量监督检验中心
潮州市澳丽泰陶瓷有限公司	连体坐便器	泰陶TAITAO	TA-8160节水型	2012-7-25	国家陶瓷及水暖卫浴产品质量监督检验中心（潮州）
广东恒洁卫浴有限公司	连体坐便器	HeG Ⅱ	H0129节水型	2012-7-29	国家陶瓷及水暖卫浴产品质量监督检验中心（潮州）
乐家（中国）有限公司	连体式坐便器	Roca	349617	2012-7	国家陶瓷及水暖卫浴产品质量监督检验中心
佛山科勒有限公司	陶瓷连体坐便器	科勒	3323T-S-O	2012-7-21	国家陶瓷及水暖卫浴产品质量监督检验中心
佛山东鹏洁具股份有限公司	连体坐便器（节水型）	东鹏	W1181	2012-7-15	国家陶瓷及水暖卫浴产品质量监督检验中心
佛山市南海益高卫浴有限公司	陶瓷坐便器	益高EAGO	WA101S/SA1010	2012-7	国家陶瓷及水暖卫浴产品质量监督检验中心
佛山市三水维可陶陶瓷有限公司	蹲便器	VICTOR	VSP-502	2011-10-31	国家陶瓷及水暖卫浴产品质量监督检验中心
佛山市三水维可陶陶瓷有限公司	陶瓷坐便器	VICTOR	VOT-128M	2012-7-24	国家陶瓷及水暖卫浴产品质量监督检验中心
佛山市顺德区乐华陶瓷洁具有限公司	连体坐便器（节水型）	ARROW	AB1116	2012-6	国家陶瓷及水暖卫浴产品质量监督检验中心
佛山市美加华陶瓷有限公司	蹲便器	MICAWA	MLD-5802	2012-4	国家陶瓷及水暖卫浴产品质量监督检验中心
佛山市南海区泰和洁具制品有限公司	陶瓷坐便器	新泰和NTH	MY-8049	2012-5	国家陶瓷及水暖卫浴产品质量监督检验中心
佛山市家家卫浴有限公司	连体坐便器（节水型）	浪鲸	CO-1024	2012-8-2	国家陶瓷及水暖卫浴产品质量监督检验中心
佛山市南海区泰和洁具制品有限公司	陶瓷坐便器	新泰和NTH	MY-8063	2012-5	国家陶瓷及水暖卫浴产品质量监督检验中心
佛山市禅城区中冠浴室设备厂	连体坐便器（普通型）	ivi	V-6530	2012-7-1	国家陶瓷及水暖卫浴产品质量监督检验中心
佛山市禅城区中冠浴室设备厂	连体坐便器（普通型）	ivi	V-6210	2012-7-5	国家陶瓷及水暖卫浴产品质量监督检验中心
佛山市日丰企业有限公司	虹吸式连体坐便器（普通型）	日丰	B-1007M	2012-4-7	国家陶瓷及水暖卫浴产品质量监督检验中心

续表

生产企业名称(标称)	产品名称	商标	型号规格	生产日期或批号	承检单位
佛山市日丰企业有限公司	虹吸式连体坐便器（节水型）	日丰	B-1009M6.0L/4.2L	2012-4-11	国家陶瓷及水暖卫浴产品质量监督检验中心
佛山市恒洁卫浴有限公司	连体坐便器（节水型）	Hegii	H01266L	2012-7	国家陶瓷及水暖卫浴产品质量监督检验中心
佛山市恒洁卫浴有限公司	连体坐便器（节水型）	Hegii	H0127	2012-7	国家陶瓷及水暖卫浴产品质量监督检验中心
佛山市高明英皇卫浴有限公司	连体坐便器（普通型）	英皇（CRW）	HTC3628	2012-6-27	国家陶瓷及水暖卫浴产品质量监督检验中心
佛山市高明英皇卫浴有限公司	陶瓷坐便器（普通型）	英皇（CRW）	HB3645	2012-2-13	国家陶瓷及水暖卫浴产品质量监督检验中心
佛山市高明天盛卫浴有限公司	连体坐便器（节水型）	GMERRY	G-3434	2012-7-28	国家陶瓷及水暖卫浴产品质量监督检验中心
佛山钻石洁具陶瓷有限公司	连体坐便器（节水型）	钻石	A-QA13	2012-7-30	国家陶瓷及水暖卫浴产品质量监督检验中心
佛山市高明安华陶瓷洁具有限公司	陶瓷坐便器	安华	aB1367m	2012-7	国家陶瓷及水暖卫浴产品质量监督检验中心
佛山市高明安华陶瓷洁具有限公司	陶瓷坐便器	安华	aB13531（6L）	2012-7	国家陶瓷及水暖卫浴产品质量监督检验中心
佛山市南海圣罗兰卫浴洁具有限公司	坐便器	圣罗兰	SA8291	——	国家陶瓷及水暖卫浴产品质量监督检验中心
佛山伯朗滋洁具有限公司	陶瓷坐便器（节水型）	OXO	CW8010	2012-6	国家陶瓷及水暖卫浴产品质量监督检验中心
佛山市新明珠卫浴有限公司	坐便器	冠珠	G050M	——	国家陶瓷及水暖卫浴产品质量监督检验中心
佛山市新明珠卫浴有限公司	坐便器	冠珠	G052M	——	国家陶瓷及水暖卫浴产品质量监督检验中心
佛山市新明珠卫浴有限公司	坐便器	萨米特	S082M	——	国家陶瓷及水暖卫浴产品质量监督检验中心
广东新中源陶瓷有限公司	坐便器	新中源	NB6949	2012-8	国家陶瓷及水暖卫浴产品质量监督检验中心
佛山市圣德保陶瓷有限公司	坐便器	圣德保	DB6952	2012-8	国家陶瓷及水暖卫浴产品质量监督检验中心
佛山市伊丽卫浴设备有限公司	坐便器（普通型）	ToPelite	R1203	2012-6	国家陶瓷及水暖卫浴产品质量监督检验中心
清远南方建材卫浴有限公司	连体坐便器	——	NB6951节水型	2012-4-18	国家陶瓷及水暖卫浴产品质量监督检验中心（潮州）
清远市尚高洁具有限公司	坐便器	——	SOL876普通型	2012-7-28	国家陶瓷及水暖卫浴产品质量监督检验中心（潮州）
潮安县鹏王陶瓷实业有限公司	卫生陶瓷（坐便器）	法比亚	A080节水型	2012-7-20	国家陶瓷及水暖卫浴产品质量监督检验中心（潮州）

续表

生产企业名称(标称)	产品名称	商标	型号规格	生产日期或批号	承检单位
潮安县民洁卫浴有限公司	连体坐便器	民洁	22节水型	2012-7-1	国家陶瓷及水暖卫浴产品质量监督检验中心（潮州）
广东欧乐佳厨卫有限公司	连体坐便器	尚磁	UD-1337节水型	2012-7-3	国家陶瓷及水暖卫浴产品质量监督检验中心（潮州）
潮安县植如建筑陶瓷有限公司	连体坐便器	COCO	6182节水型	2012-7-25	国家陶瓷及水暖卫浴产品质量监督检验中心（潮州）
潮安县舒曼卫浴陶瓷有限公司	连体坐便器	舒曼	SM177节水型	2012-7-25	国家陶瓷及水暖卫浴产品质量监督检验中心（潮州）
潮安县康纳陶瓷洁具有限公司	卫生陶瓷（坐便器）	康纳	KN2009-3节水型	2012-7-25	国家陶瓷及水暖卫浴产品质量监督检验中心（潮州）
潮安县古巷镇金丽佳陶瓷制作厂	卫生陶瓷（坐便器）	——	3067节水型	2012-8-4	国家陶瓷及水暖卫浴产品质量监督检验中心（潮州）
潮安县欧贝尔陶瓷有限公司	连体坐便器	欧贝尔	5688节水型	2012-8-1	国家陶瓷及水暖卫浴产品质量监督检验中心（潮州）
广东朝阳卫浴有限公司	连体坐便器	朝阳	CY-0137（普通型）	2012-5	国家陶瓷及水暖卫浴产品质量监督检验中心
东莞市龙邦卫浴有限公司	连体坐便器（普通型）	卡蒙	KAM-91026	2012-6	国家陶瓷及水暖卫浴产品质量监督检验中心
潮安县洁厦瓷业有限公司	卫生陶瓷（坐便器）	——	JX-5534普通型	2012-6-28	国家陶瓷及水暖卫浴产品质量监督检验中心（潮州）
潮安县凤塘凡尔赛洁具厂	卫生陶瓷（坐便器）	佳乐斯	1270普通型	2012-6-28	国家陶瓷及水暖卫浴产品质量监督检验中心（潮州）
潮安县凤塘镇建信瓷业制作厂	连体坐便器	——	202普通型	2012-8-1	国家陶瓷及水暖卫浴产品质量监督检验中心（潮州）
潮安县凤塘镇国御洁具厂	连体坐便器	——	2011普通型	2012-7-30	国家陶瓷及水暖卫浴产品质量监督检验中心（潮州）
潮安县粤陶洁具实业有限公司	连体坐便器	——	343普通型	2012-7-30	国家陶瓷及水暖卫浴产品质量监督检验中心（潮州）
潮安县长丰洁具厂	连体坐便器	——	856普通型	2012-7-30	国家陶瓷及水暖卫浴产品质量监督检验中心（潮州）
潮安县凤塘镇狮牌洁具厂	连体坐便器	——	0118普通型	2012-8-4	国家陶瓷及水暖卫浴产品质量监督检验中心（潮州）

续表

生产企业名称(标称)	产品名称	商标	型号规格	生产日期或批号	承检单位
潮安县罗丹纳陶瓷实业有限公司	连体坐便器	——	8803普通型	2012-7-25	国家陶瓷及水暖卫浴产品质量监督检验中心（潮州）
潮州市格林陶瓷实业有限公司	连体坐便器	——	YB-2092普通型	2012-8-1	国家陶瓷及水暖卫浴产品质量监督检验中心（潮州）
潮安县赛虎瓷业有限公司	连体坐便器	——	8825普通型	2012-7-3	国家陶瓷及水暖卫浴产品质量监督检验中心（潮州）
潮州市枫溪区美龙格洁具厂	连体坐便器	——	320普通型	2012-8-1	国家陶瓷及水暖卫浴产品质量监督检验中心（潮州）
潮州市枫溪振达陶瓷制作厂	连体坐便器	——	8055普通型	2012-8-2	国家陶瓷及水暖卫浴产品质量监督检验中心（潮州）
潮安县凤塘镇永泰陶瓷制作厂	卫生陶瓷（坐便器）	——	091普通型	2012-8-4	国家陶瓷及水暖卫浴产品质量监督检验中心（潮州）
潮州市枫溪区美流瓷艺厂	卫生陶瓷（坐便器）	——	028普通型	2012-4-5	国家陶瓷及水暖卫浴产品质量监督检验中心（潮州）
潮安县九好陶瓷实业有限公司	连体坐便器	——	826普通型	2012-8-1	国家陶瓷及水暖卫浴产品质量监督检验中心（潮州）
潮安县明洁陶瓷制作有限公司	卫生陶瓷（坐便器）	——	A852普通型	2012-8-1	国家陶瓷及水暖卫浴产品质量监督检验中心（潮州）
潮州市新春天陶瓷有限公司	连体坐便器	——	3120M普通型	2012-8-1	国家陶瓷及水暖卫浴产品质量监督检验中心（潮州）
潮安县东龙陶瓷有限公司	卫生陶瓷（坐便器）	——	512普通型	2012-8-1	国家陶瓷及水暖卫浴产品质量监督检验中心（潮州）
潮安县古巷镇雄兴陶瓷厂	连体坐便器	——	A893普通型	2012-8-1	国家陶瓷及水暖卫浴产品质量监督检验中心（潮州）
潮安县凯德利陶瓷实业有限公司	连体坐便器	——	2848普通型	2012-8-12	国家陶瓷及水暖卫浴产品质量监督检验中心（潮州）
潮安县古巷镇吉斯里瓷厂	卫生陶瓷（坐便器）	——	A-314普通型	2012-8-4	国家陶瓷及水暖卫浴产品质量监督检验中心（潮州）
潮州市枫溪区丰达利陶瓷厂	连体坐便器	——	840普通型	2012-8-2	国家陶瓷及水暖卫浴产品质量监督检验中心（潮州）
潮安县古巷镇虎仔陶瓷厂	连体坐便器	——	8035普通型	2012-7-30	国家陶瓷及水暖卫浴产品质量监督检验中心（潮州）

续表

生产企业名称(标称)	产品名称	商标	型号规格	生产日期或批号	承检单位
潮安县立成陶瓷有限公司	卫生陶瓷（坐便器）	——	LC-6681普通型	2012-8-1	国家陶瓷及水暖卫浴产品质量监督检验中心（潮州）
潮州市美纳斯陶瓷有限公司	连体坐便器	——	1123普通型	2012-8-13	国家陶瓷及水暖卫浴产品质量监督检验中心（潮州）
潮安县古巷镇沙淇丽陶瓷厂	连体坐便器	——	4069普通型	2012-8-14	国家陶瓷及水暖卫浴产品质量监督检验中心（潮州）
潮安县嘉尔陶瓷有限公司	连体坐便器	——	2850普通型	2012-8-13	国家陶瓷及水暖卫浴产品质量监督检验中心（潮州）

2012年广东省卫生陶瓷产品监督抽查结果不合格产品及其企业名单　　表4-24

生产企业名称（标称）	产品名称	商标	型号规格	生产日期或批号	不合格项目名称	承检单位
潮安县登塘镇高露卫浴洁具厂	卫生陶瓷（坐便器）	——	1108节水型	2012-8-1	用水量、洗净功能、固体物排放功能、污水置换功能、水封回复功能、防溅污性、配套要求、坐便器冲洗噪声、防虹吸功能、排水管道输送特性、安全水位技术要求、安装相对位置、进水流量、进水阀密封性、排水阀密封性、进水阀耐压性	国家陶瓷及水暖卫浴产品质量监督检验中心（潮州）
潮州市亚陶瓷业有限公司	连体坐便器	亚陶	YA-915节水型	2012-8-3	吸水率	国家陶瓷及水暖卫浴产品质量监督检验中心（潮州）
潮安县帝牌陶瓷卫浴有限公司	连体坐便器	帝牌	R038普通型	2012-8-1	吸水率	国家陶瓷及水暖卫浴产品质量监督检验中心（潮州）
潮安县凤塘能厦陶瓷厂	卫生陶瓷（坐便器）	——	8032普通型	2012-8-2	吸水率	国家陶瓷及水暖卫浴产品质量监督检验中心（潮州）
广东地中海卫浴科技有限公司	坐便器	地中海	1072	2012-7	1.便器用水量 2.安全水位技术要求 3.安装相对位置	国家陶瓷及水暖卫浴产品质量监督检验中心
佛山伯朗滋洁具有限公司	陶瓷坐便器	OXO	CW80096L	2012-6	便器用水量	国家陶瓷及水暖卫浴产品质量监督检验中心
广东欧陆卫浴有限公司	卫生陶瓷（坐便器）	——	OL-A879节水型	2012-3-8	用水量	国家陶瓷及水暖卫浴产品质量监督检验中心（潮州）
潮州市名流陶瓷实业有限公司	连体坐便器	——	391节水型	2012-8-10	用水量	国家陶瓷及水暖卫浴产品质量监督检验中心（潮州）
广东荣信卫浴实业有限公司	连体坐便器	——	ST-0828普通型	2012-8-13	1.安全水位技术要求； 2.安装相对位置	国家陶瓷及水暖卫浴产品质量监督检验中心（潮州）

续表

生产企业名称（标称）	产品名称	商标	型号规格	生产日期或批号	不合格项目名称	承检单位
佛山市爱立华卫浴洁具有限公司	连体坐便器	Gemy	G6233	2012-7	1.安全水位技术要求2.用水量标识3.安装相对位置	国家陶瓷及水暖卫浴产品质量监督检验中心
佛山市爱迪雅卫浴实业有限公司	坐便器	爱迪雅	P116	2012-4	1.安全水位技术要求2.用水量标识3.安装相对位置	国家陶瓷及水暖卫浴产品质量监督检验中心
潮安县柏嘉陶瓷有限公司	连体坐便器	——	3121普通型	2012-8-1	洗净功能	国家陶瓷及水暖卫浴产品质量监督检验中心（潮州）
中山市卡莱尔洁具有限公司	卫生陶瓷	carlyle	C1138（普通型）	2012-7	用水量标识	国家陶瓷及水暖卫浴产品质量监督检验中心

13. 2012年广东省陶瓷片密封水嘴产品质量监督抽查结果（2012年11月28日发布）

根据《中华人民共和国产品质量法》、《产品质量监督抽查管理办法》的规定，广东省质量技术监督局对普通照明用自镇流荧光灯、陶瓷片密封水嘴、卫浴产品、卫生陶瓷等4种产品进行了专项监督抽查。

本次监督抽查了佛山、江门、顺德、广州、深圳、东莞、珠海等7个地区的117家企业生产的150批次陶瓷片密封水嘴产品，检验不合格51批次，不合格产品发现率为34.0%。

本次抽查依据GB 18145-2003《陶瓷片密封水嘴》、《2012年广东省水嘴产品质量专项监督抽查检验细则》，以及经备案现行有效的企业标准及产品明示质量指标和要求，对陶瓷片密封水嘴产品的管螺纹精度、冷热水标志、螺纹扭力距试验、盐雾试验、附着力试验、阀体强度、密封性能、流量、冷热疲劳试验等9个项目进行了检验。

检验发现51批次产品不合格，涉及管螺纹精度、冷热水标志、盐雾试验、阀体强度、流量、冷热疲劳试验等项目。

广东省质量技术监督局已责成相关地级以上市质监局（包括深圳市市场监管局、顺德区市场安全管理局）按照有关法律法规，对本次专项监督抽查中发现的不合格产品及其生产企业依法进行处理。具体抽查结果如下：

2012年广东省陶瓷片密封水嘴产品监督抽查结果合格产品及其企业名单　　表4-25

生产企业名称(标称)	产品名称	商标	型号规格	生产日期或批号	承检单位
广州摩恩水暖器材有限公司	陶瓷片密封水嘴	摩恩	85210单把手厨房	2012-6-28	国家陶瓷及水暖卫浴产品质量监督检验中心
广州摩恩水暖器材有限公司	陶瓷片密封水嘴	摩恩	11125单把手面盆	2012-7-31	国家陶瓷及水暖卫浴产品质量监督检验中心
广州市欧派卫浴有限公司	陶瓷片密封水嘴	欧派	OP-F195	2012-6-24	国家陶瓷及水暖卫浴产品质量监督检验中心
得而达水龙头（中国）有限公司	陶瓷片密封水嘴	DELTA	DC23001	2012-7-4	国家陶瓷及水暖卫浴产品质量监督检验中心
东陶机器（广州）有限公司	陶瓷片密封水嘴	TOTO	DL348	2012-7-3	国家陶瓷及水暖卫浴产品质量监督检验中心

续表

生产企业名称(标称)	产品名称	商标	型号规格	生产日期或批号	承检单位
东陶机器（广州）有限公司	陶瓷片密封水嘴	TOTO	DK307A（A）	2012-4-27	国家陶瓷及水暖卫浴产品质量监督检验中心
得而达水龙头（中国）有限公司	陶瓷片密封水嘴	DELTA	DC23025	2012-7-20	国家陶瓷及水暖卫浴产品质量监督检验中心
广州贝泰卫浴用品有限公司	陶瓷片密封水嘴	BRAVAT	F16061C-A	2012-3-31	国家陶瓷及水暖卫浴产品质量监督检验中心
广州海鸥卫浴用品股份有限公司	陶瓷片密封水嘴	——	F11379C	2012-5-29	国家陶瓷及水暖卫浴产品质量监督检验中心
深圳成霖洁具股份有限公司	深圳成霖洁具股份有限公司	单孔厨房龙头	Gobo	GB-1236CP	广东省江门市质量计量监督检测所
珠海科勒厨卫产品有限公司	珠海科勒厨卫产品有限公司	单柄不锈钢厨房龙头	GORLDE	72219T-NA	广东省江门市质量计量监督检测所
佛山市美加华陶瓷有限公司	陶瓷片密封水嘴（厨房龙头）	MICAWA	M-4173C	2012-4	国家陶瓷及水暖卫浴产品质量监督检验中心
佛山市美加华陶瓷有限公司	陶瓷片密封水嘴（面盆龙头）	MICAWA	M-1160C	2012-7	国家陶瓷及水暖卫浴产品质量监督检验中心
佛山市三水维可陶陶瓷有限公司	陶瓷片密封水嘴	VICTOR	V-1118C	2012-5-23	国家陶瓷及水暖卫浴产品质量监督检验中心
佛山市三水维可陶陶瓷有限公司	陶瓷片密封水嘴	VICTOR	V-4103C	2012-5-30	国家陶瓷及水暖卫浴产品质量监督检验中心
佛山东鹏洁具股份有限公司	龙头	东鹏	JJH1211D	2012-6-8	国家陶瓷及水暖卫浴产品质量监督检验中心
佛山东鹏洁具股份有限公司	龙头	东鹏	JJH1250D	2012-6-12	国家陶瓷及水暖卫浴产品质量监督检验中心
佛山市禅城区中冠浴室设备厂	陶瓷片密封水嘴	ivi	S-1770	2012-7-18	国家陶瓷及水暖卫浴产品质量监督检验中心
佛山市南海益高卫浴有限公司	陶瓷片密封水嘴	益高EAGO	PC178B-66E	2012-7	国家陶瓷及水暖卫浴产品质量监督检验中心
佛山市南海益高卫浴有限公司	陶瓷片密封水嘴	益高EAGO	PC172B-66E	2012-7	国家陶瓷及水暖卫浴产品质量监督检验中心
佛山市恒洁卫浴有限公司	陶瓷片密封水嘴（面盆龙头）	HGGII	HL-2500-1	2012-7-7	国家陶瓷及水暖卫浴产品质量监督检验中心
佛山市恒洁卫浴有限公司	陶瓷片密封水嘴（面盆龙头）	Hegii	HL-2500-32	2012-7-1	国家陶瓷及水暖卫浴产品质量监督检验中心
佛山市日丰企业有限公司	双把台式厨房混合龙头	日丰	RF-3401P	2012-2-27	国家陶瓷及水暖卫浴产品质量监督检验中心
佛山市日丰企业有限公司	单把面盆混合龙头	日丰	RF-9120P	2012-7-10	国家陶瓷及水暖卫浴产品质量监督检验中心
佛山市百田建材实业有限公司	陶瓷片密封水嘴（单把面盆龙头）	SunCoo	ST1505C	2012-3-12	国家陶瓷及水暖卫浴产品质量监督检验中心
佛山市百田建材实业有限公司	陶瓷片密封水嘴（单把面盆龙头）	SunCoo	ST1025C	2012-3-12	国家陶瓷及水暖卫浴产品质量监督检验中心

续表

生产企业名称(标称)	产品名称	商标	型号规格	生产日期或批号	承检单位
新乐卫浴（佛山）有限公司	陶瓷片密封水嘴（56系列单把单孔面盆龙头）	YING	EF-561011N	2012-7-14	国家陶瓷及水暖卫浴产品质量监督检验中心
佛山市卫欧卫浴有限公司高明分公司	陶瓷片密封水嘴（水龙头）	VIRGO	VG-5688	2012-7-23	国家陶瓷及水暖卫浴产品质量监督检验中心
佛山市卫欧卫浴有限公司高明分公司	陶瓷片密封水嘴（水龙头）	VIRGO	VG-5988	2012-7-23	国家陶瓷及水暖卫浴产品质量监督检验中心
佛山市法恩洁具有限公司	陶瓷片密封水嘴	法恩莎	F1178C-1	2012-7	国家陶瓷及水暖卫浴产品质量监督检验中心
佛山市法恩洁具有限公司	陶瓷片密封水嘴	法恩莎	F1566C	2012-7	国家陶瓷及水暖卫浴产品质量监督检验中心
佛山市高明安华陶瓷洁具有限公司	陶瓷密封水嘴	安华	an81176C	2012-7	国家陶瓷及水暖卫浴产品质量监督检验中心
佛山市高明安华陶瓷洁具有限公司	陶瓷密封水嘴	安华	an81227C	2012-7	国家陶瓷及水暖卫浴产品质量监督检验中心
佛山市百田建材实业有限公司	陶瓷片密封水嘴	SunCoo	ST1032C	2012-7-31	国家陶瓷及水暖卫浴产品质量监督检验中心
佛山市汇泰龙五金卫浴制造有限公司	陶瓷密封水嘴	Hutlon	HF-95731	——	国家陶瓷及水暖卫浴产品质量监督检验中心
佛山伯朗滋洁具有限公司	陶瓷片密封水嘴	OXO	F7053	2012-7	国家陶瓷及水暖卫浴产品质量监督检验中心
佛山伯朗滋洁具有限公司	陶瓷片密封水嘴	OXO	F7231	2012-7	国家陶瓷及水暖卫浴产品质量监督检验中心
佛山市家家卫浴有限公司	单把面盆龙头	浪鲸	FT0134	2012-7-30	国家陶瓷及水暖卫浴产品质量监督检验中心
佛山市家家卫浴有限公司	单把面盆龙头	浪鲸	FT0158	2012-6	国家陶瓷及水暖卫浴产品质量监督检验中心
佛山市翔久五金制品有限公司	不锈钢龙头	意多德	XJ-A005	2012-8	国家陶瓷及水暖卫浴产品质量监督检验中心
佛山市翔久五金制品有限公司	不锈钢龙头	意多德	XJ-C001	2012-8	国家陶瓷及水暖卫浴产品质量监督检验中心
佛山市新明珠卫浴有限公司	陶瓷片密封水嘴	萨米特	SM1651335mm × 383mm × 200mm	2012-7	国家陶瓷及水暖卫浴产品质量监督检验中心
佛山市新明珠卫浴有限公司	陶瓷片密封水嘴	萨米特	SM539B140mm × 140mm × 50mm	2012-7	国家陶瓷及水暖卫浴产品质量监督检验中心
佛山市新明珠卫浴有限公司	陶瓷片密封水嘴	冠珠	GM7241250mm × 400mm	2012-7	国家陶瓷及水暖卫浴产品质量监督检验中心
佛山市新明珠卫浴有限公司	陶瓷片密封水嘴	冠珠	GM546B170mm × 150mm × 50mm	2012-7	国家陶瓷及水暖卫浴产品质量监督检验中心
广东联塑科技实业有限公司	单柄单孔混合面盆龙头	联塑	W32248	2012-6-2	国家陶瓷及水暖卫浴产品质量监督检验中心
广东联塑科技实业有限公司	单柄单孔混合面盆龙头	联塑	W32236	2012-6-9	国家陶瓷及水暖卫浴产品质量监督检验中心

续表

生产企业名称(标称)	产品名称	商标	型号规格	生产日期或批号	承检单位
佛山市爱立华卫浴洁具有限公司	单孔台盆龙头	Gemy	XGW7301	2012	国家陶瓷及水暖卫浴产品质量监督检验中心
佛山市顺德区乐华陶瓷洁具有限公司	单把双孔面盆龙头	ARROW	A1223TC	2012-7	国家陶瓷及水暖卫浴产品质量监督检验中心
佛山市顺德区乐华陶瓷洁具有限公司	单把单孔厨用龙头	ARROW	A85650C	2012-7	国家陶瓷及水暖卫浴产品质量监督检验中心
佛山市顺德区精艺洁具科技有限公司	陶瓷片密封水嘴	乐意	LY9003	2012-4-3	国家陶瓷及水暖卫浴产品质量监督检验中心
广东朝阳卫浴有限公司	单孔冷热面盆龙头	朝阳		2012-07-23	广东省江门市质量计量监督检测所
广东华艺卫浴实业有限公司	单柄双控面盆水嘴	HuaYi		2012-08-11	广东省江门市质量计量监督检测所
广东希恩卫浴实业有限公司	单柄双控面盆水嘴	CAE		2012-08-13	广东省江门市质量计量监督检测所
乔登卫浴(江门)有限公司	单把单孔加高面盆龙头	JODEN乔登		2012-07	广东省江门市质量计量监督检测所
美标（江门）水暖器材有限公司	新摩登单孔面盆水嘴	AmericanStandard		2012-08-06	广东省江门市质量计量监督检测所
江门市金凯登装饰材料实业有限公司	单孔脸盆水嘴	GOLDIDEN		2012-08	广东省江门市质量计量监督检测所
开平市诺曼卫浴有限公司	单柄双控面盆水嘴	——		2012-08-10	广东省江门市质量计量监督检测所
鹤山市安蒙卫浴科技有限公司	单柄面盆龙头	ABM		2012-08-09	广东省江门市质量计量监督检测所
开平市名浪五金实业有限公司	单柄双控面盆龙头	MALOG		2012-05-13	广东省江门市质量计量监督检测所
鹤山市国美卫浴科技实业有限公司	单柄双控面盆龙头	柯尼卫浴		2012-08-10	广东省江门市质量计量监督检测所
开平市迪恩卫浴实业有限公司	单柄双控面盆水嘴	ECCOVITA		2012-08-13	广东省江门市质量计量监督检测所
开平市上华卫浴实业有限公司	单柄双控面盆水嘴	AOLI		2012-08-10	广东省江门市质量计量监督检测所
开平市水口镇金图感应洁具厂	单柄双控菜盆水嘴	——		2012-04-17	广东省江门市质量计量监督检测所
开平市杜高卫浴有限公司	单柄双控面盆水嘴	dugao		2012-07-20	广东省江门市质量计量监督检测所
鹤山市亿峰卫浴实业有限公司	单柄双控面盆龙头	固比德		2012-07-09	广东省江门市质量计量监督检测所
开平市尼可卫浴有限公司	单柄单控面盆水嘴	——		2012-08-03	广东省江门市质量计量监督检测所
广东粤轻卫浴科技有限公司	单柄双控面盆水嘴	——		2012-06-11	广东省江门市质量计量监督检测所

续表

生产企业名称(标称)	产品名称	商标	型号规格	生产日期或批号	承检单位
开平市恒美卫浴实业有限公司	单柄双控面盆水嘴	恒美		2012-08-13	广东省江门市质量计量监督检测所
开平市预发卫浴有限公司	单柄双控面盆水嘴	——		2012-08-04	广东省江门市质量计量监督检测所
开平东升卫浴实业有限公司	单柄双控菜盆龙头	翠城		2012-08-10	广东省江门市质量计量监督检测所
开平市水口镇伊文斯卫浴厂	单柄双控面盆水嘴	OVEnSi		2012-03-01	广东省江门市质量计量监督检测所
开平市洁士卫浴实业有限公司	单把面盆龙头	CSF		2012-07-07	广东省江门市质量计量监督检测所
广东汉歌卫浴实业有限公司	单柄双控面盆龙头	VrI		2012-08-02	广东省江门市质量计量监督检测所
鹤山市洁丽实业有限公司	单把手单孔面盆龙头	——		2012-08-13	广东省江门市质量计量监督检测所
鹤山市康立源卫浴实业有限公司	单柄双控面盆龙头	康立源		2012-06	广东省江门市质量计量监督检测所
开平市汉诺卫浴有限公司	单柄双控面盆水嘴	hane		2012-02-27	广东省江门市质量计量监督检测所
开平美迪晨卫浴有限公司	单柄双控面盆水嘴	美迪晨		2012-08	广东省江门市质量计量监督检测所
开平市水口镇天龙水暖洁具制品厂	单把面盆(矮)龙头	——		2012-07-15	广东省江门市质量计量监督检测所
鹤山市广亚厨卫实业有限公司	唯美单孔面盆龙头	高斯奥		2012-08	广东省江门市质量计量监督检测所
鹤山市兰华科技发展有限公司	单柄双控面盆龙头	阳光波罗		2012-08-13	广东省江门市质量计量监督检测所
鹤山市科耐卫浴科技有限公司	单把单孔脸盆龙头	科耐		2012-08	广东省江门市质量计量监督检测所
广东彩洲卫浴实业有限公司	单柄双控面盆水嘴	彩洲		2012-05-06	广东省江门市质量计量监督检测所
开平市澳斯曼洁具有限公司	单柄双控面盆水嘴	AOSMAN		2012-08	广东省江门市质量计量监督检测所
鹤山市贝斯尔卫浴实业有限公司	圆头淋浴龙头	贝斯尔		2012-08-09	广东省江门市质量计量监督检测所
开平市国陶卫浴五金制品有限公司	单冷龙头	——		2012-08-12	广东省江门市质量计量监督检测所
开平市朗格思特卫浴有限公司	角阀	——		2012-08-10	广东省江门市质量计量监督检测所
开平科博仕卫浴科技有限公司	角阀	科博仕		2012-05	广东省江门市质量计量监督检测所
广东大林建材五金有限公司	单柄双控面盆水嘴	DAELIM		2012-03-02	广东省江门市质量计量监督检测所

续表

生产企业名称(标称)	产品名称	商标	型号规格	生产日期或批号	承检单位
开平凯信卫浴有限公司	陶瓷片密封水嘴	——		2012-02-15	广东省江门市质量计量监督检测所
开平市华力水暖卫浴有限公司	角阀	——		2012-07-25	广东省江门市质量计量监督检测所
开平威尔格卫浴有限公司	单柄双控水嘴	Viergou		2012-07-08	广东省江门市质量计量监督检测所
鹤山市高摩卫浴有限公司	单冷陶瓷片密封水嘴	高摩		2012-08-11	广东省江门市质量计量监督检测所
开平市水口镇典能水暖器材厂	角阀	典能		2012-08-13	广东省江门市质量计量监督检测所
开平市格雅卫浴有限公司	单柄双控面盆水嘴	——		2012-06-30	广东省江门市质量计量监督检测所
开平建发卫浴实业有限公司	单柄双控面盆水嘴	QENAIS		2012-05-15	广东省江门市质量计量监督检测所
开平市乾龙逸品卫浴有限公司	单柄双控面盆水嘴	——		2012-07-06	广东省江门市质量计量监督检测所
东莞市金利怡卫浴有限公司	陶瓷片密封水嘴（单孔龙头）	金迪莎	KA2011	2012-7	国家陶瓷及水暖卫浴产品质量监督检验中心
东莞市金利怡卫浴有限公司	陶瓷片密封水嘴（单孔龙头）	金迪莎	KA2012	2012-7	国家陶瓷及水暖卫浴产品质量监督检验中心

2012年广东省陶瓷片密封水嘴产品监督抽查结果不合格产品及其企业名单 **表4-26**

生产企业名称（标称）	产品名称	商标	型号规格	生产日期或批号	不合格项目名称	承检单位
佛山市南海区泰和洁具制品有限公司	陶瓷片密封水嘴	新泰和NTH	T-1126	2012-5	1.加工与装配管螺纹精度；2.盐雾试验	国家陶瓷及水暖卫浴产品质量监督检验中心
佛山市南海区泰和洁具制品有限公司	陶瓷片密封水嘴	新泰和NTH	T-1114	2012-3-2	1.加工与装配管螺纹精度；2.盐雾试验	国家陶瓷及水暖卫浴产品质量监督检验中心
佛山市禅城区中冠浴室设备厂	陶瓷片密封水嘴	ivi	S-1710	2012-7-18	流量	国家陶瓷及水暖卫浴产品质量监督检验中心
佛山市金浩博管业有限公司	陶瓷片密封水嘴	金时通	24022	2012-8-23	加工与装配管螺纹精度	国家陶瓷及水暖卫浴产品质量监督检验中心
佛山钻石洁具陶瓷有限公司	陶瓷片密封水嘴（单把单孔单冷面盆水嘴）	钻石	ME1-D853	2012-8-13	1.加工与装配管螺纹精度；2.盐雾试验；3.水嘴流量	国家陶瓷及水暖卫浴产品质量监督检验中心
佛山钻石洁具陶瓷有限公司	陶瓷片密封水嘴（单把单孔面盆调温水嘴）	钻石	ME1-0291	2012-8-4	盐雾试验	国家陶瓷及水暖卫浴产品质量监督检验中心
佛山市汇泰龙五金卫浴制造有限公司	陶瓷密封水嘴	Hutlon	HF-95732	——	加工与装配管螺纹精度	国家陶瓷及水暖卫浴产品质量监督检验中心
佛山市金浩博管业有限公司	陶瓷片密封水嘴	金时通	24023	2012-8-23	1.加工与装配管螺纹精度；2.盐雾试验	国家陶瓷及水暖卫浴产品质量监督检验中心

续表

生产企业名称（标称）	产品名称	商标	型号规格	生产日期或批号	不合格项目名称	承检单位
佛山市顺德区恩斯实业有限公司	陶瓷片密封水嘴	波尔多斯	PU100017	2012-6	盐雾试验	国家陶瓷及水暖卫浴产品质量监督检验中心
佛山市顺德区恩斯实业有限公司	陶瓷片密封水嘴	ENSI	E-01704	2012-7	盐雾试验	国家陶瓷及水暖卫浴产品质量监督检验中心
广东地中海卫浴科技有限公司	陶瓷片密封水嘴	地中海	M-FC1074	2012-7	盐雾试验	国家陶瓷及水暖卫浴产品质量监督检验中心
佛山市爱迪雅卫浴实业有限公司	陶瓷片密封水嘴	adear	32321	2012-7	盐雾试验	国家陶瓷及水暖卫浴产品质量监督检验中心
佛山市爱迪雅卫浴实业有限公司	陶瓷片密封水嘴	adear	32311	2012-7	盐雾试验	国家陶瓷及水暖卫浴产品质量监督检验中心
佛山市顺德区精艺洁具科技有限公司	陶瓷片密封水嘴	乐意	L8042	2012-8-6	盐雾试验	国家陶瓷及水暖卫浴产品质量监督检验中心
佛山市群艺卫浴有限公司	陶瓷片密封水嘴	群艺	QY-117	2012-8	1.加工与装配管螺纹精度；2.盐雾试验	国家陶瓷及水暖卫浴产品质量监督检验中心
佛山市群艺卫浴有限公司	陶瓷片密封水嘴	群艺	5127	2012-8	1.盐雾试验；2.水嘴流量	国家陶瓷及水暖卫浴产品质量监督检验中心
佛山市顺德区邦克厨卫实业有限公司	陶瓷片密封水嘴	邦克	BK-051	2012-7-13	1.加工与装配管螺纹精度；2.水嘴流量	国家陶瓷及水暖卫浴产品质量监督检验中心
佛山市顺德区西普斯水暖器材有限公司	陶瓷片密封水嘴	SPS	A1212	2012-8	盐雾试验	国家陶瓷及水暖卫浴产品质量监督检验中心
佛山市顺德区爱华水暖制造有限公司	洗衣机龙头	wanlong	P203	2012-8	盐雾试验	国家陶瓷及水暖卫浴产品质量监督检验中心
佛山市顺德区辉映卫浴洁具有限公司	陶瓷片密封水嘴	——	A623	2012-8-9	盐雾试验	国家陶瓷及水暖卫浴产品质量监督检验中心
佛山市顺德区杜拉格斯中暖卫浴科技有限公司	陶瓷片密封水嘴	dooa	L1201	2012-8	加工与装配管螺纹精度	国家陶瓷及水暖卫浴产品质量监督检验中心
佛山市顺德区容桂鸿秀水暖器材厂	陶瓷片密封水嘴	西亚斯	1061C2	2012-8-21	盐雾试验	国家陶瓷及水暖卫浴产品质量监督检验中心
开平市水口镇远大水暖五金厂	单柄单控面盆水嘴	BiYa	045	2012-08-13	1.流量（带附件）；2.盐雾试验	广东省江门市质量计量监督检测所
开平市哈霖卫浴有限公司	单把厨用龙头	——	RF-2134	2012-07-26	1.管螺纹精度；2.流量（带附件）	广东省江门市质量计量监督检测所
鹤山市沃泰卫浴有限公司	单柄单控面盆龙头	——	6113A	2012-07	1.流量（带附件）；2.盐雾试验	广东省江门市质量计量监督检测所
广东凯勒斯卫浴实业有限公司	单把双控面盆龙头	凯勒斯	2010145CP	2012-04	1.冷热水标志；2.冷热疲劳试验	广东省江门市质量计量监督检测所
开平市木美卫浴实业有限公司	单柄双控面盆水嘴	——	7034	2012-05-14	阀体强度	广东省江门市质量计量监督检测所
开平市水口镇祥吉五金厂	单柄双控面盆水嘴	——	17602	2012-08-11	流量（带附件）	广东省江门市质量计量监督检测所

续表

生产企业名称（标称）	产品名称	商标	型号规格	生产日期或批号	不合格项目名称	承检单位
开平市优蓝卫浴有限公司	单把面盆龙头	——	H1109	2012-04-19	冷热疲劳试验	广东省江门市质量计量监督检测所
鹤山市世龙卫浴实业有限公司	单把单孔面盆龙头	世龙	SL-1091S47	2012-08-05	冷热疲劳试验	广东省江门市质量计量监督检测所
江门吉事多卫浴有限公司	乐活单孔单把脸盆龙头	吉事多	WLGT642011HA	2012-08-10	冷热疲劳试验	广东省江门市质量计量监督检测所
开平市锦新卫浴实业有限公司	单柄双控面盆水嘴	——	083B	2012-06-15	流量（不带附件）	广东省江门市质量计量监督检测所
鹤山市弘艺卫浴实业有限公司	单柄双控面盆龙头	卡芬	5901C1-99	2012-07-30	流量（不带附件）	广东省江门市质量计量监督检测所
开平市希望卫浴有限公司	单柄双控面盆水嘴	——	SL-2295B	2012-07-08	流量（不带附件）	广东省江门市质量计量监督检测所
开平市水口镇余翔卫浴五金厂	单柄双控淋浴龙头	——	YS1233	2012-04-16	流量（不带附件）	广东省江门市质量计量监督检测所
开平市东鹏卫浴实业有限公司	单柄双控面盆水嘴	东鹏	DP1002	2012-05-07	1.管螺纹精度； 2.盐雾试验	广东省江门市质量计量监督检测所
开平市水口镇顺博卫浴厂	单柄双控面盆水嘴	——	00611	2012-08-01	1.管螺纹精度； 2.盐雾试验	广东省江门市质量计量监督检测所
开平市龙鼎卫浴有限公司	单柄双控面盆水嘴	——	LD-0511	2012-08-13	1.冷热水标志； 2.盐雾试验	广东省江门市质量计量监督检测所
开平市开达五金工具厂	陶瓷芯水龙头	KAD凯尼洛	8081	2012-07-05	盐雾试验	广东省江门市质量计量监督检测所
鹤山市嘉泰卫浴实业有限公司	单柄双控面盆龙头	——	1103201111	2012-08-05	管螺纹精度	广东省江门市质量计量监督检测所
鹤山市佳好家卫浴实业有限公司	单柄面盆龙头	家家乐	G11059-3	2012-05-19	盐雾试验	广东省江门市质量计量监督检测所
开平市永真卫浴实业有限公司	角阀	Eternaltrue	603	2012-03-21	管螺纹精度	广东省江门市质量计量监督检测所
开平市水口镇高内卫浴水暖厂	面盆单孔龙头	——	371-101#	2012-08-09	盐雾试验	广东省江门市质量计量监督检测所
鹤山泰林卫浴实业有限公司	陶瓷片密封普通水嘴	嘉宝罗	5820	2011-12	盐雾试验	广东省江门市质量计量监督检测所
鹤山市址山永强五金厂	陶瓷片密封水嘴（角阀）	三山	8-012	2012-07-25	盐雾试验	广东省江门市质量计量监督检测所
开平市朝升卫浴有限公司	单柄双控面盆水嘴	YOJO	YJ2951	2012-04-27	盐雾试验	广东省江门市质量计量监督检测所
开平市利澳金属制品有限公司	双柄双控面盆水嘴	LEO	LE-92702D	2012-08-08	盐雾试验	广东省江门市质量计量监督检测所
鹤山市帝道卫浴有限公司	单柄双控面盆龙头	帝道	D7019	2012-07-15	盐雾试验	广东省江门市质量计量监督检测所

续表

生产企业名称（标称）	产品名称	商标	型号规格	生产日期或批号	不合格项目名称	承检单位
开平市华乐诗卫浴有限公司	单柄双控厨房龙头	——	WR-500306	2012-06-03	冷热水标志	广东省江门市质量计量监督检测所
东莞市龙邦卫浴有限公司	陶瓷片密封水嘴	Kamon	KAM-41093	2012-4-6	加工与装配管螺纹精度	国家陶瓷及水暖卫浴产品质量监督检验中心
东莞市龙邦卫浴有限公司	陶瓷片密封水嘴	Kamon	KAM-41088	2012-2-21	1.加工与装配管螺纹精度；2.盐雾试验	国家陶瓷及水暖卫浴产品质量监督检验中心

第二节　喷墨印花技术应用

自2009年中国第一台喷墨印花机（Kerajet K-700）在杭州诺贝尔公司用于瓷砖生产以来，中国在随后的3～4年的时间，拥有了多个国产喷墨花机生产企业，陶瓷墨水的研发与生产更是迅速，喷墨技术与设备在中国瓷砖企业开始大量使用。

一、喷墨印刷技术概况

喷墨印刷花技术（Inkejet printing technology），又称为喷墨印刷技术，最早在广告业得到应用，陶瓷砖行业应用该技术大约是在1998年的西班牙。我国陶瓷砖行业从2009年开始使用，比发达国家晚10年左右，喷墨印刷技术及相关内容见图4-1～图4-3所示。

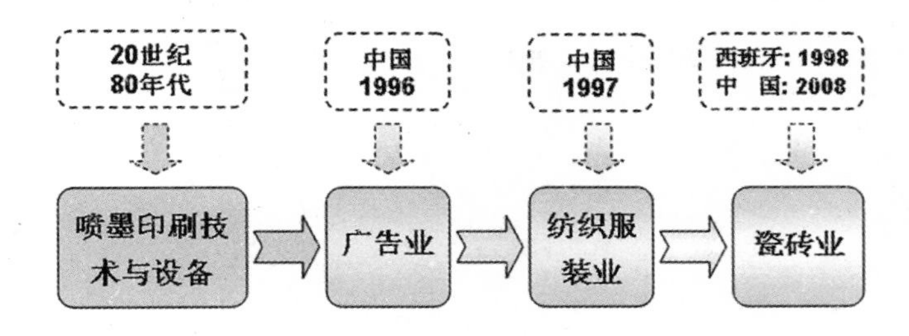

图4-1　喷墨印刷技术及其设备应用进程

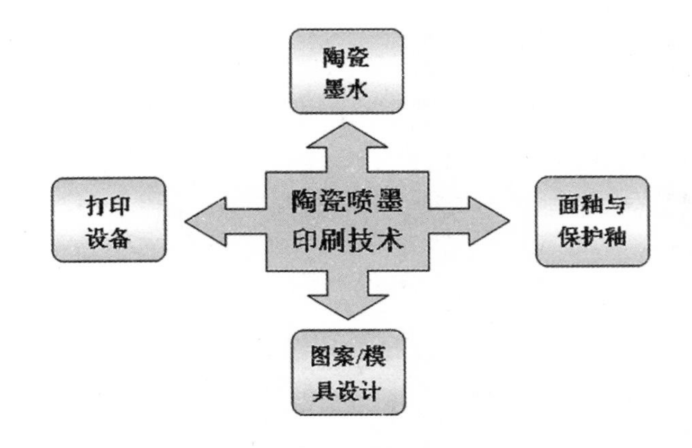

图4-2　陶瓷喷墨印刷技术涉及主要内容

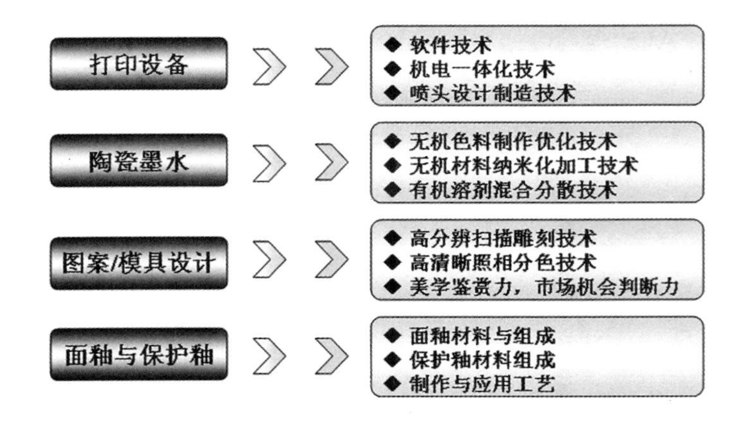

图 4-3　陶瓷喷墨印刷技术涉及相关内容

1. 喷墨打印发展历程

喷墨印刷发展历程表　　表4-27

序号	时间	历程
1	1878年	‘Ink-jet printing’喷墨打印概念提出。
2	1884年	美国人C.H. Richard提出“雾墨印刷”的概念。
3	1951年	德国Siemens“液态墨水转化成墨滴”技术专利，效果欠佳。
4	1960年	Ink-jet printing开始进入试用阶段。
5	1964年	“雏形”喷墨机出现。
6	1967年	Hertz“连续式喷墨打印机”研发成功。(Continuous ink-jet printing)
7	1972年	德国Siemens“压电式按需喷墨打印”。
8	1979年	日本Canon“热驱动的按需喷墨打印”。（气泡喷墨印刷）
9	2000年	西班牙Kerajet“陶瓷装饰用喷墨打印机”。
10	2003～2006年	意大利研发推出陶瓷砖喷墨印刷机。
11	2008年	中国Hope第一台陶瓷喷墨打印机研发成功。
12	2009年	中国Hope第一台陶瓷喷墨打印设备投入正式生产。

2. 国内外主要喷墨印刷机相关情况

据初步统计，国外喷墨印刷设备（陶瓷砖用）主要集中在西班牙和意大利生产，并且西班牙早于意大利。目前，大约有 10 个企业生产陶瓷喷墨印刷机，国内大约有 10 个企业生产，规模最大的是西班牙 Kerajet 公司，国内最大的是希望（hope）公司。具体详见表 4-28 和表 4-29。

国外主要陶瓷喷墨打印机生产企业　　表4-28

序号	国家	公司	机器名称	喷头	备注
1	西班牙	KeraJet.S.P.A	Kerajet	XAAR1001 SEIKO508GS	385台（450台）
2	西班牙	Cretaprint.S.P.A	Cretaprint	XAAR1001 Toshiba CFIL	170台已投入生产

续表

序号	国家	公司	机器名称	喷头	备注
3	意大利	Durst	Gamma	Spectra	-
4	意大利	System	System	XAAR1001	-
5	意大利	SITI	Digital Keramagic	XAAR1001	第二代EVO
6	意大利	T.S.C	Ipix Digital	XAAR1001	-
7	意大利	SMAC	Kera Lab Jettable	XAAR1001	-
8	意大利	SACMI	Color HD	XAAR1001	已有39台
9	意大利	Tecnoexamina	Color Jet	XAAR1001	-
10	意大利	Jettable	Jettable	XAAR1001	-

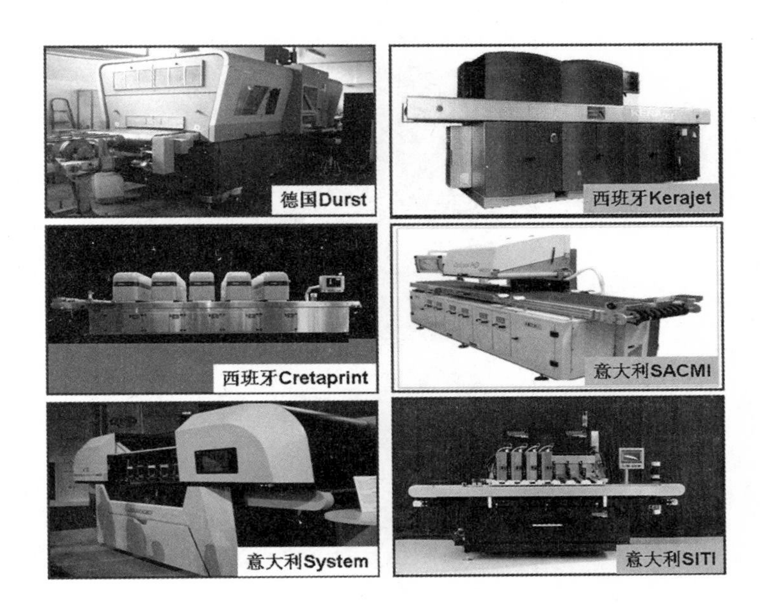

图 4-4　国外主要陶瓷喷墨设备

国内主要陶瓷喷墨打印机生产企业　表4-29

序号	公司	机器	喷头	软件	备注
1	希望(Hope)	Hope	XAAR1001	研发中	生产销量最大
2	泰威(TV)	TV	Spectra	自主	-
3	彩神(Flora)	C-Jet	Spectra	自主	Polaris PQ-512
4	精陶(King-Tau)	D-710	Spectra	自主	精工电子
5	美嘉(MJ)	MJ-	XAAR1001	自主	将快速发展
6	科越(KY)	KM64BZD	-	-	-
7	新景泰(NK)	NK	Fujifilm Dimatix	-	-
8	锐颜	-	-	-	-
9	运安	YunAn	-	-	-
10	工正科技	GongZheng	Polaris512	-	-

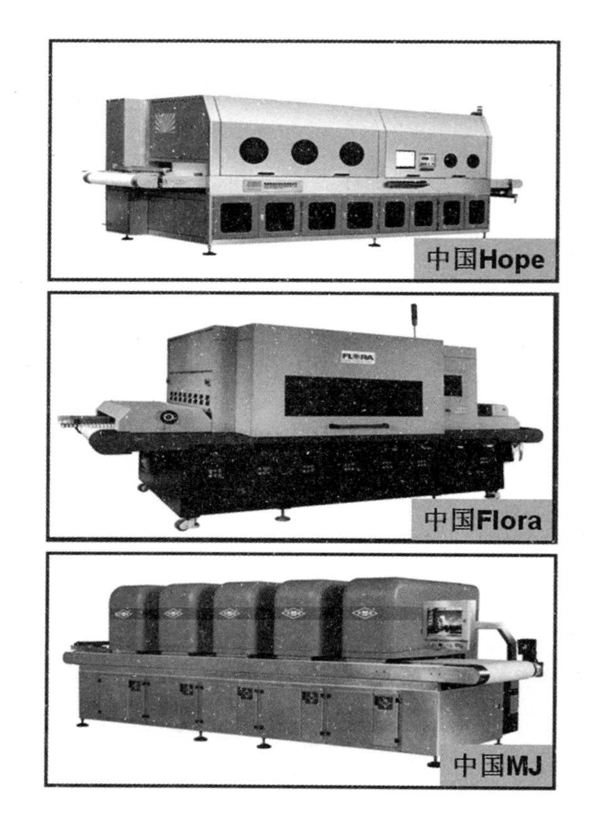

图 4-5　国产主要陶瓷喷墨设备

中国瓷砖生产用的喷墨印刷设备外观学习的目标 Kerajet、Cretaprint 和 Drust，一种是各种喷头集中在一个柜中，另一种是将每一色独立一个柜。国外的设备开始以生产小规格产品为主，为了满足中国市场需求，近几年也研发大规格喷墨机，而中国企业一开始就直接进入大机器生产，此方面起步是相当的。此外，陶瓷砖的喷墨印刷速度也取得了巨大的进步，从 20 ~ 30m/s，发展到 75 ~ 90m/s，这个产量是惊人的！

进口陶瓷喷墨机与国产喷墨机比较　　表4-30

性能参数	进口陶瓷喷墨机					国产陶瓷喷墨机					
喷墨机型号	Kerajet-K1000	Tecnoe-xamina	Sacmi-1400	SITI-EVO70	Cretap-ringter	希望-1050	彩神-1400	泰威-1400	美嘉-1120	正工-TC700	精陶-D1135
外形尺寸（mm）	长3700 宽1470 高1700	长4200 宽3080 高2770	-	长3350 宽1500 高2000	长4950 宽2026	长6410 宽2180 高2450	长4625 宽2600 高2606	长4340 宽2560 高2037	长5530 宽2050 高1900	长5000 宽1500 高2050	长4900 宽2160 高2500
重量（kg）	1200	-	-	-	-	3700	3000	3780	3300	3560	3500
电源	380V 50/60Hz	380V 50Hz	380V 50/60Hz	400V 50Hz	380V 50/60Hz	-	220V 50/60Hz	220V 50/60Hz	380V 50/60Hz	380V 50Hz	380V 50/60Hz
最大功率（kW）	9	6	-	5	6	8	10	4	8	10～12	15
使用温度（℃）	～25	5～30	～25	-		24	20～30	20～29	20～25	20～29	20～40
环境湿度	-	-	-	-	-	-	40～80%	40～80%	-	40～80%	40～70%

续表

性能参数	进口陶瓷喷墨机						国产陶瓷喷墨机				
喷打速度（m/min）	≤90	≤48	≤48	≤48	-	-	≤48	≤34	≤50	≤34	≤56
色彩	4～6	4～6	4～6	4～6	4～6	6	6	4～6	4～6	4～6	3～6
最高分辨率（dpi）	360	360	360	360	360	-	800	400	400	400	1143
最大打印宽度（mm）	1000	1200	700	750	903	1050	1400	1409	1140	700	-

各类陶瓷喷墨打印机主要性能汇总　　表4-31

灰　度	0～8级
打印速度	20-50m/s～75m/s，最大90 m/s
墨滴大小	6、8、12、15、16、24、32、35、40、80、150pl
打印宽度	350～1500mm
打印精度	180、200、360、400、540dpi，最大1018dpi
墨盒数量	3种、4种、5种、6种、7种，最多10种
喷头个数	30～100个/单机

中国与意大利、西班牙陶瓷喷墨印刷技术对照　　表4-32

国家	设备研发起始时间	喷头	软件	墨水	图案设计	整机稳定性
中国	2008年	外购	自主研发	2011年开始应用	中等水平	中等
意大利	2003年	外购	自主研发	已有6年	高水平	高
西班牙	1998年	外购	自主研发	已有10年	高水平	高

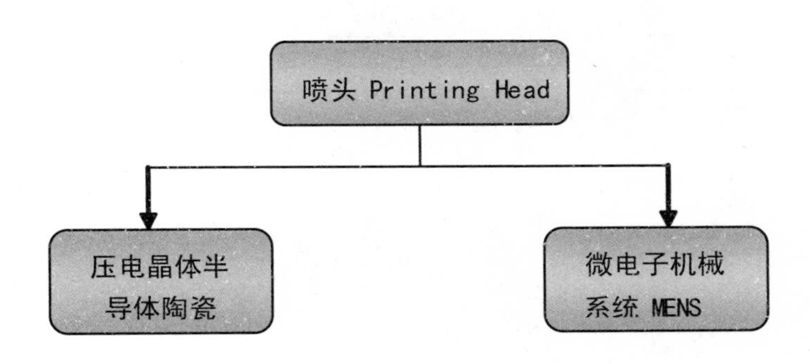

图 4-6　喷头的核心技术构成

陶瓷喷墨打印机喷头主要生产企业 表4-33

序号	喷头型号	国家	使用量
1	XAAR001	英国	大
2	SEIKO510/508GS	日本	大
3	Spectra	美国	中
4	Toshiba CFIL	日本	小

赛尔（XAAR）喷头与北极星（Spectra）喷头比较 表4-34

序号	项目	XAAR1001/GS6	Spctra Polaris-512/85AAA
1	生产国	英国	美国（日本）
2	公司	XAAR	Fuji film Dimatix
3	打印条宽度/mm	70.5	64.897
4	墨滴/pl	6～42	15 /35 /85，(15～150pl)
5	喷嘴密度/dpi	360	200（单色），100（双色）
6	墨滴流速/m/s	6	8（80pl）
7	点火频率/kHz	50	20
8	灰度等级	8级	8级
9	清晰度/dpi	360（横向）	200
10	喷口数量	1001个	512个
11	墨水黏度要求/Pa.s	-	0.8～2.0
12	墨水使用温度	-	60℃（上限）
13	喷头材料	塑料	不锈钢
14	维护保养	要求高	一般
15	使用寿命	2～3年	3～5年
16	价格	高	中等

日本精工510/80pl喷头和508GS灰度级喷头比较 表4-35

制造商	精工电子科技有限公司	
喷头型号	SPT510-80pl	508GS
墨滴大小	80pl	12pl、24pl、36pl三级可调
喷孔数量	510个	508个
喷头精度	180dpi	180dpi
打印精度	一般精细度	极高精细度
喷射频率	4KHz	14KHz
喷头寿命	大于2年	大于2年

续表

制造商	精工电子科技有限公司	
喷嘴宽	71.8mm	71.5mm
喷头成本	较低	较高
打印速度	中等	极快
覆盖能力	非常好	中等
墨水适应	无机墨水	无机墨水
应用图案	需要较高覆盖率的纹理图案	适合高清晰度图案
特性描述	宽喷嘴板结构，无空气安全墨囊，内置温度电压温度曲线	（同左）

各种喷头都有优缺点，不同的机器选用不同的喷头，不同的机器适合不同的产品。对于喷头内外循环系统问题，国内争论了两年，目前对此问题有了更清楚的认识。

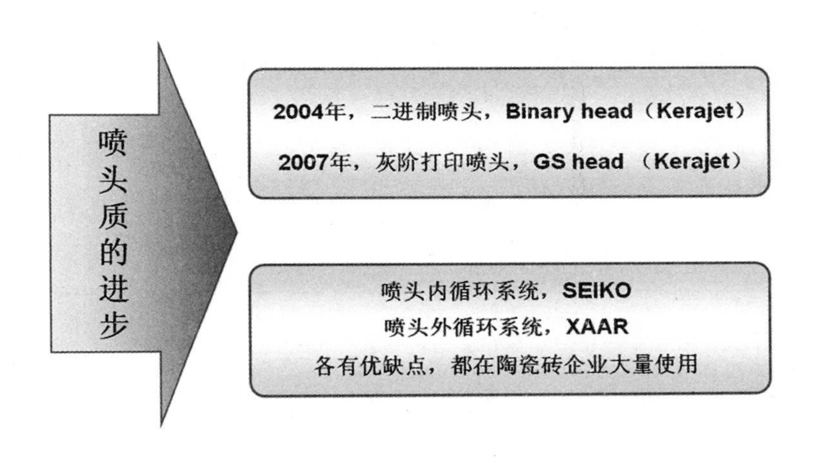

图 4-7　喷头质的进步

中国瓷砖行业喷墨机打印机喷头市场分析　　**表4-36**

时间	喷墨机数量（已用）	喷头个数	喷头价值（元）
2012.4	260～270台	按40～50个/台估计 10400～13500个	按均价3.0万元/个 3.12～4.05亿
2013.4	预计500台	按40～50个/台估计 20000～25000个	6.0～7.5亿
某时间	800台	按50～60个/台估计 40000～48000个	12.0～14.4亿
某时间	1000台	按50～60个/台估计 50000～60000个	15.0～18.05亿

由上表可知，中国瓷砖行业喷头市场非常巨大。

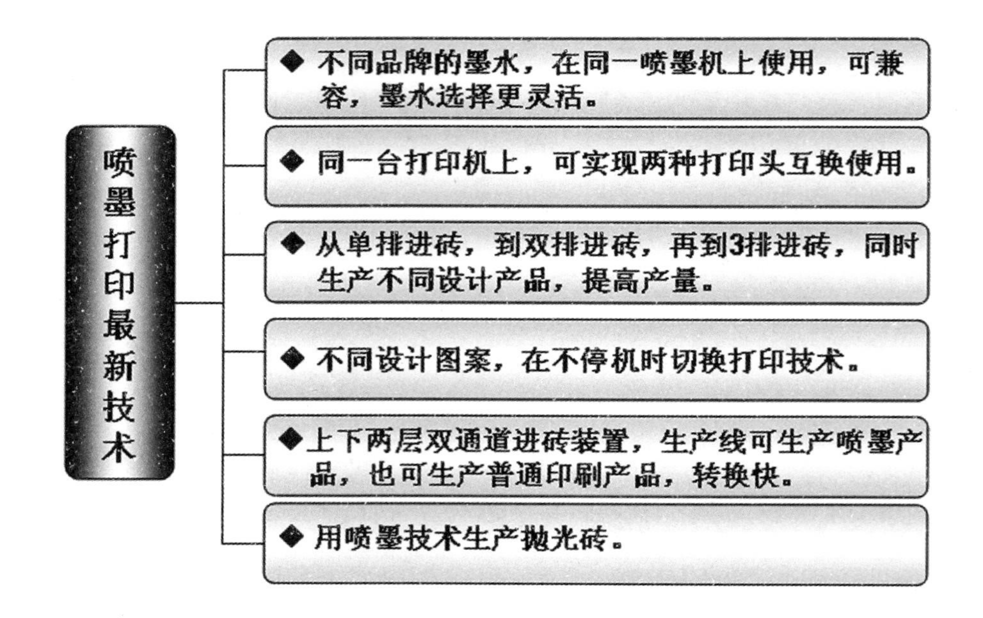

图 4-8 陶瓷喷墨打印最新技术进步

3. 国内外陶瓷墨水现状

国外陶瓷墨水生产厂家 表4-37

序号	制造商	国别	备注	序号	制造商	国别	备注
1	Ferro	西班牙	在中国已有40～50台使用	9	Vetriceramici	意大利	正在中国市场推广
2	Torrecid	西班牙	在中国已有66台使用	10	Smalticeram	意大利	正在中国市场推广
3	Itaca	西班牙	在中国已有137台使用	11	Metco	意大利	-
4	Bonet	西班牙	正推广	12	Sicer	意大利	-
5	Colorobbia	西班牙	正推广	13	Inco	意大利	-
6	Fritta	西班牙	-	14	Zschimmer	德 国	正在中国市场推广
7	Vidres	西班牙	-	15	Xennia	英 国	正在中国市场推广
8	Salquisa	西班牙	-				

国外大约有 14 家公司可供生产用陶瓷墨水（3 ～ 6 个色），已研发品种 13 个左右。

中国目前正在研发生产陶瓷墨水的机构与进展　　表4-38

序号	单位（大学与研究机构）	进展	备注	序号	单位（企业）	进展	备注
1	天津大学	实验室研发	发表论文多篇	1	广东明朝科技	已产业化	已在企业使用
2	陕西科技大学	实验室研发	发表论文多篇	2	广东道氏制釉	已产业化	正在推广
3	南昌航空工业学院	实验室研发	已申请专利，发表论文多篇	3	广东博金科技	已产业化	正在推广
4	中科院上海硅所	实验室研发	已申请专利，发表论文多篇	4	广东万兴色料	已产业化	与意大利Inco合作
5	大连理工大学	实验室研发	发表论文多篇	5	苏州赛斯化学	已产业化	与西班牙墨水公司合作
6	中国地质大学	实验室研发	发表论文多篇	6	广东华山色釉	实验室研发	-
7	西安交通大学	实验室研发	发表论文多篇	7	佛山康立泰	扩大试验	-
8	东华大学	实验室研发	发表论文多篇	8	佛山大色色料	实验室研发	-
9	佛山科技学院	实验室研发	发表论文多篇	9	佛山丰霖釉料	实验室研发	-
10	华南理工大学	实验室研发	已申请专利，与企业合作	10	广东大鸿制釉	工业性实验	计划推广
11	中科院沈阳金属所	实验室研发	-	11	广东金鹰制釉	实验室研发	-
12	中科院化学所	实验室研发	已申请专利	12	广东禾和色料	实验室研发	-
13	广东高明新材料中心	实验室研发	与企业合作	13	广东科信达奥斯博	实验室研发	已申请专利
14	佛山华夏研发中心	实验室研发	计划建实验平台	14	郑州鸿盛数码科技	实验室研发	已申请专利
15	景德镇陶瓷学院	实验室研发	已申请专利	15	广东东鹏陶瓷	实验室研发	已申请专利
-	-	-	-	16	广东鹰牌陶瓷	实验室研发	已发表论文多篇
-	-	-	-	17	广东佛山质检所	标准研究	已发表论文多篇
-	-	-	-	18	珠海莱茵柯	实验室研发	-
-	-	-	-	19	江西赣州辰邦	实验室研发	-
-	-	-	-	20	山东德创科技	实验室研发	-
-	-	-	-	21	佛山欧神诺陶瓷	实验室研发	已申请专利
-	-	-	-	22	佛山远泰制釉	实验室研发	-
-	-	-	-	23	佛山瑭虹制釉	实验室研发	-
-	-	-	-	24	广东金意陶陶瓷	实验室研发	已发表论文多篇

陶瓷墨水主要性能指标 表4-39

项目	墨水性能参数
最大粒径/μm	<1.0，（一般为200～800nm）
密度/g/cm³	1.1～1.2
pH值	6～8
黏度/mPa.s	13～15
表面张力/mN.m⁻¹	10～35

某进口陶瓷墨水与某国产陶瓷墨水主要性能指标比较 表4-40

性能参数	墨水类型	进口墨水	国产墨水
黏度/mPa.s	颜色1	14.2	13.7
	颜色2	15.4	15.1
	颜色3	15.6	15.4
密度/g/cm³	颜色1	1.20	1.22
	颜色2	1.15	1.15
	颜色3	1.11	1.10
表面张力/mN.m⁻¹	颜色1	24.3	22.2
	颜色2	24.7	21.1
	颜色3	23.3	21.2
介电常数/ms.m⁻¹	颜色1	3.5	3.8
	颜色2	3.2	3.4
	颜色3	2.7	3.0

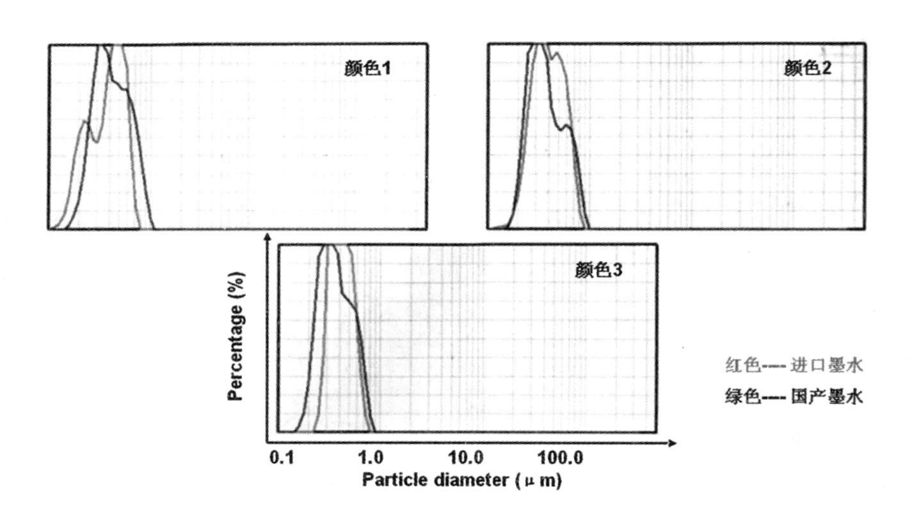

图 4-9 某进口陶瓷墨水与某国产陶瓷墨水粒度分析

陶瓷墨水需求量预测分析表　　表4-41

单位面积墨水用量（g/m^2）	按80亿平方米瓷砖年产量计算，其中喷墨打印方式所占比例		
	10%	20%	30%
5～10	0.4万吨～0.8万吨	0.8万吨～1.6万吨	1.2万吨～2.4万吨
10～15	0.8万吨～1.2万吨	1.6万吨～2.4万吨	2.4万吨～3.6万吨
15～20	1.2万吨～1.6万吨	2.4万吨～3.2万吨	3.6万吨～4.8万吨
>20	>1.6万吨	>3.2万吨	>4.8万吨

按80亿平方米瓷砖的年产量计算，其中30%使用喷墨技术，墨水用量以$20g/m^2$计算，陶瓷墨水使用量约为4.8万吨。如果陶瓷墨水按均价320元/kg估算，国内陶瓷墨水市场销售额可达150亿元～160亿元人民币。因此，陶瓷墨水市场前景广阔，其潜在的经济效益巨大。

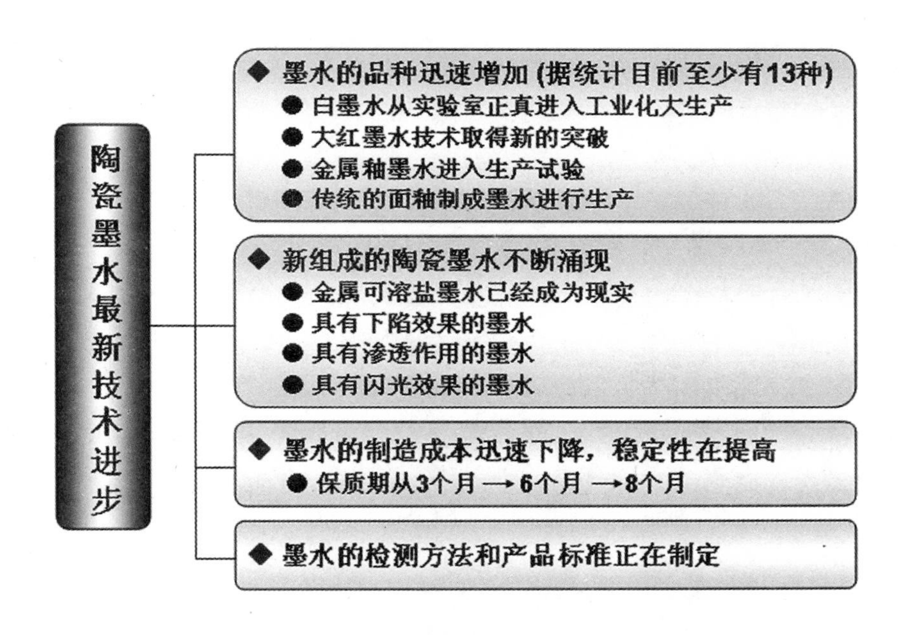

图4-10　陶瓷墨水最新技术进步

4. 喷墨面釉、保护釉及防扩散剂

喷墨墨水对面釉的组成与烧成温度有一定的选择性。在中国，陶瓷釉面内墙砖从一开始就是企业自主生产，但是瓷质有釉砖一些企业则开始使用国外釉料公司供应的面釉。2011～2012年面釉（1200℃）已大部分实现国产业化，国产化后的面釉成本大幅度降低。

由于喷墨生产仿古砖用于地面，所以表面必须施一次保护釉，而内墙砖用于墙面，所以不必施保护釉，2011～2012年国产化的保护釉已成熟，并进入工业化生产。

由于陶瓷墨水有机溶剂成分多，所以在喷完墨水之后，喷一次“亲水—亲油基”溶剂，对防止图案扩散有益，这方面国外釉料公司正在中国市场推广。陶瓷墨水标准化程度相对比较高，所以要求面釉、保护釉稳定性好，这样才能使产品色号相对稳定，所以面釉/保护釉标准化程度要高。

5. 图案、模具设计

中国刚刚上喷墨设备时（2009 ～ 2010 年），图案设计一般从意大利、西班牙购买，或由进口釉料公司提供，一年以后，中国自主设计可以提供企业使用（2011 ～ 2012 年），意大利喷墨设计图案价格高，图案设计技术中国已掌握。许多喷墨产品设计与模具设计相结合，凹凸模具的应用比较多。

随着墨水发色力提高，纯度提升，打印图案，烧成以后，呈色越来越好。佛山现有多个设计和釉料公司可以提供喷墨设计图案，多个大中企业的产品设计室也可能独立完成。图案以石纹、玉石、木纹为主，设计图案大小从 1m × 2m，1m × 4m，1m × 8m 到 1m × 15m……

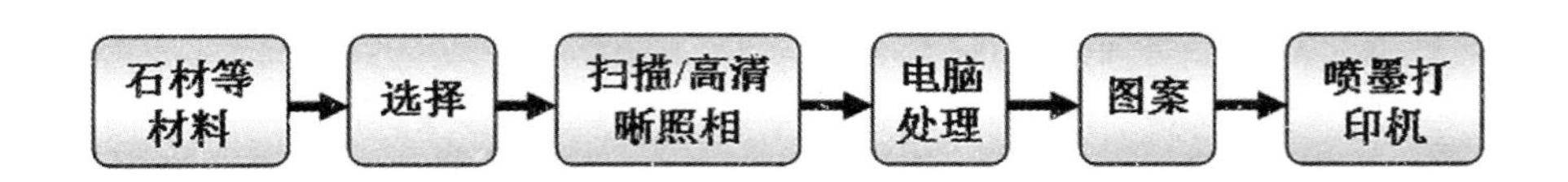

图 4-11　陶瓷喷墨印刷技术在新产品开发中的应用

二、喷墨技术在陶瓷砖生产中应用

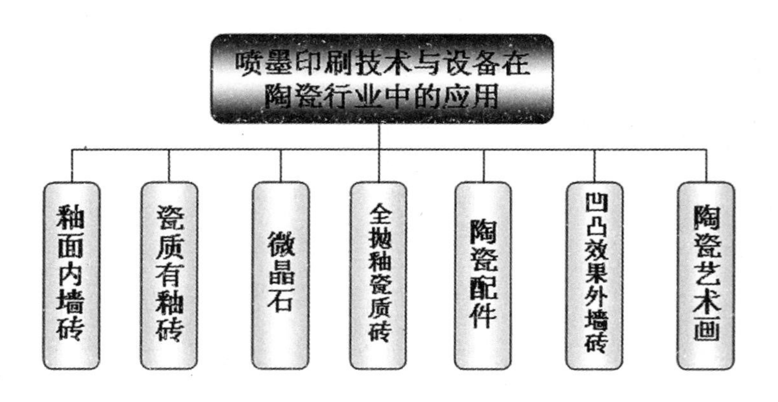

图 4-12　陶瓷喷墨印刷技术在陶瓷砖中的应用领域

1. 陶瓷喷墨印刷技术应用概况

从 2009 年第一台 Kerajet 设备进入中国陶瓷企业后的 3 ～ 4 年间，由于这种技术与设备的优点，所以喷墨技术的普及程度迅速提高，应该来说喷墨技术生产釉面内墙砖、全抛釉瓷质砖、微晶石取得了很大的成功，陶瓷艺术画也取得了快速发展，而生产陶瓷配件由于设备等多方面原因，没能取得良好的效果。

中国瓷砖行业应用喷墨技术与设备进程　　表4-42

时间	企业	设备	墨水	产品
2008年	杭州诺贝尔	进口Kerajet，K-700，3色	Ferro	仿古砖
2009年	广东金牌亚洲	进口Digital Keramagic-350，3色	Itaca	釉面内墙瓷砖

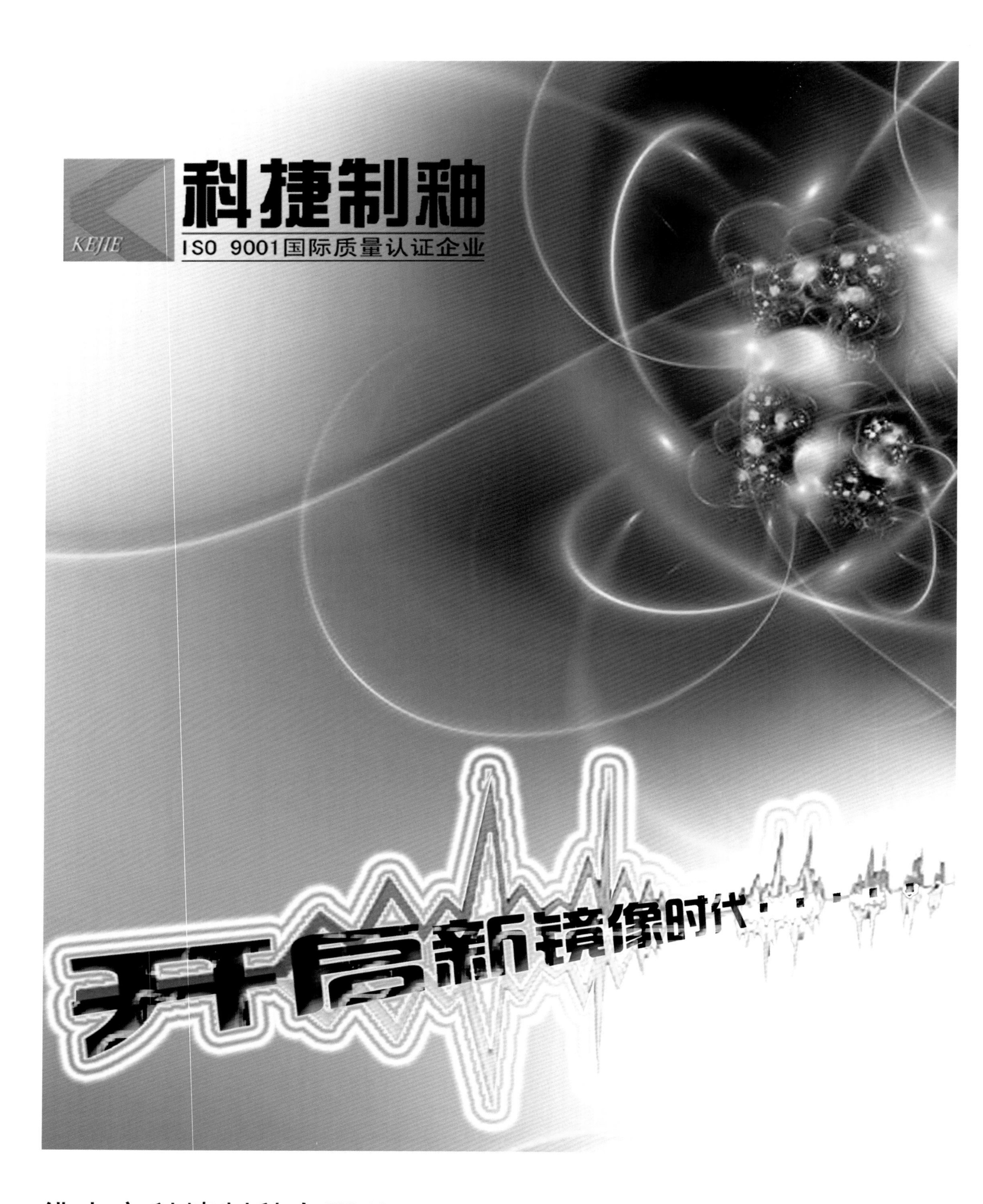

KEJIE
科捷制釉
ISO 9001国际质量认证企业
开启新镜像时代……

MATERIAL
RESEARCH
INNOVATION
SOLUTION
迈瑞思
陶瓷墨水
VIEWS IN
滴色万象COLOR DROPS

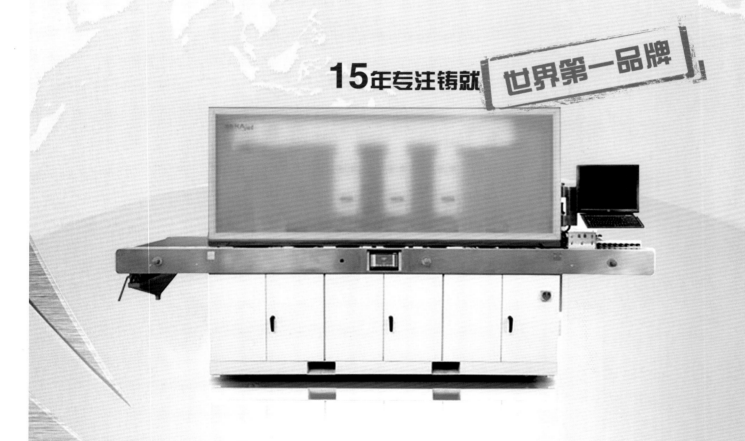

续表

时间	企业	设备	墨水	产品
2010年	广东金意陶	进口Kerajet，K-700GS，3色	Itaca	全抛釉瓷质砖、仿古砖
2011年	广东新中源	国产Hope-910，5色	Torrecid	微晶石
2012年	广东蒙娜丽莎	-	-	900×1800（mm）薄板
2009年7月	杭州诺贝尔	国产Hope-700	Itaca	仿古砖，国产首台设备进入生产
2011～2012年	广东新明珠	-	明朝科技	釉面内墙砖，国产墨水首次进入工业化生产

在中国，喷墨技术与设备在内墙砖生产中，经过2年的实践，其综合成本比胶辊印刷还便宜，印刷效果也好，所以使用量最多。例如，新明珠、金牌亚洲等。

用4～5色喷墨机生产凹凸效果的外墙砖（也可用于内墙）有明显的优势，例如内蒙古某厂。应该来说使用喷墨技术生产木纹砖（凹凸面）在多个企业取得了良好的业绩，例如，广东金意陶。

喷墨技术生产仿古砖多个企业进行了研发，但是未能产生令人兴奋的产品，由于仿古砖色深，用墨量大，成本也上升，而其质感与丝网+胶辊印还有一定的差距，例如，金意陶、马可波罗企业。

喷墨技术生产亚光石纹砖发展良好，结合干粒，结合半抛，这类产品具有良好的发展空间，例如，金意陶企业。

用5～6色喷墨机生产微晶石，图案层次好，变化大，色彩也较好，所以使用喷墨技术生产微晶石色企业将会迅速上升，例如，广东新中源陶瓷。

经过近2～3年的生产实践，我们对喷头、墨水品种的选择有如下结论，见表4-45所示。

瓷砖品种与喷墨打印机选择　　表4-43

品种	喷墨打印机类别
釉面内墙砖	采用XAAR喷头的打印机，打印精度高，用墨少
仿古砖	采用Spectra或SPT-508GS喷头的打印机，用墨大
全抛釉瓷质砖	采用XAAR喷头的打印机，图案清晰
微晶石	采用XAAR喷头的打印机，图案清晰

不同墨水组合产生效果（定性）　　表4-44

墨水组合	色彩效果	备注
蓝-棕-黄	一般，偏蓝（3色）	2009～2010年
蓝-棕-黄-黑	较好（4色）	2011年
蓝-棕-黄-黑-金黄	较丰富（5色）	2012年
蓝-棕-黄-黑-金黄-红	更好（6色）	2012年～

陶瓷墨水在不同产品上耗用量统计（粗略估算） 表4-45

品种	耗墨水量（g/m²）
釉面内墙砖	5～10
全抛釉/微晶石	10～15
亚光仿古砖	10～20
仿古砖（含一些木纹砖）	15～25

从上表我们可以看出，内墙砖生产耗墨水相对较少一些，而仿古砖和一些深色木纹砖的墨水耗量相对高一些。

主要的陶瓷砖企业使用喷墨技术与设备简况表（2012.4） 表4-46

序号	公司	喷墨打印机数量/台	产品
1	诺贝尔	>6	内墙砖、仿古砖、微晶石
2	新明珠	8	内墙砖、仿古砖、全抛、微晶石
3	新中源	>10	内墙砖、微晶石
4	楼兰	>8	木纹砖、仿古砖
5	东鹏	4	内墙砖、仿古砖
6	马可波罗	6	内墙砖、仿古砖、全抛釉
7	金牌	>3	内墙砖、全抛釉、微晶石
8	斯米克	>3	内墙砖、全抛釉
9	冠军	>3	内墙砖、全抛釉
10	蒙娜丽莎	>4	内墙砖、仿古砖、薄板
11	亚细亚	2	内墙砖、全抛釉
12	RAK	2	内墙砖
13	兴辉	4	内墙砖、全抛釉、仿古砖
14	金意陶	4	仿古砖、全抛釉、木纹砖

瓷砖生产喷墨印刷技术应用比例估计 表4-47

国家	使用喷墨技术的比例	备注
中国	小于5%	个别工厂达到30%～50%
意大利	30%左右	个别工厂达50%
西班牙	30%～40%	个别工厂达70%～80%

相比于意大利和西班牙，中国瓷砖行业使用喷墨技术生产瓷砖的比例还是较低的，一是中国瓷砖企业多，产量大；二是中国起步较晚；第三说明中国仍有很大的发展潜力。

中国瓷砖生产用喷墨印刷设备市场容量分析（2011年） **表4-48**

产品类型	生产线	推广10%	推广20%	推广50%
抛光砖	1025条	102台（转产全抛釉）	204台（全抛釉和微晶石）	204台
仿古砖	374条	38台	138台	187台
内墙砖	686条	69台	16台	343台
微晶石	47条	8台	48台	24台
各类地砖	241条	24台	48台	121台
合计	2373条	241台	482台	879台

仿古砖和内墙砖生产线使用喷墨设备的成长空间大，如果这两大类产品每条线都用 1 台喷墨机，则需 1060 台，说明中国喷墨印刷技术与设备在陶瓷砖行业的发展空间巨大。

陶瓷喷墨打印机在中国市场销售统计（2012.4.14） **表4-49**

序号	国外企业		序号	国内企业（交付使用）	
1	Kera Jet	3台	1	希望	160～170台
2	Cretaprint	11台	2	泰威	41台
3	Durst	4台	3	彩神	25台
4	SITI(EVO)	6台	4	精陶	4台
5	System	2台	5	美嘉	2台
			6	运安	1台
总计		26台	总计		230～240台

至 2012 年年底，中国陶瓷砖企业在线应用的喷墨印花设备大约达到 700 ～ 800 台。主要以国产设备为主，国产设备成熟度上升，国外设备由于种种原因，在中国市场上销量增长有限，国内的希望公司（Hope）由于起步较早，有明显的市场优势。

2. 喷墨技术生产陶瓷砖优势

喷墨技术生产陶瓷砖的优势 **表4-50**

序号	项目	优势比较		
		丝网印	胶辊印	喷墨印刷
1	图案清晰度	250目	360目	明显提升，图案品质高（喷墨360dpi）
2	图案变化程度	660×660（mm）	72×1440（mm）	1000×15000～30000（mm），变化大，自然再现

续表

序号	项目	优势比较		
		丝网印	胶辊印	喷墨印刷
3	印刷材料标准化	墨水标准化>胶辊印花釉>丝网印花釉		
4	印刷速度	>0.6万m^2/单机	>0.7万m^2/单机	>1.0万m^2/单机，喷墨高于传统印花
5	凹凸面印刷	高度差0mm	高度差1～2mm	高度差3～5mm，最大可达10mm
6	自动化操作程度	低	中	高
7	印刷材料消费量	高	中	低（5～30g/m^2）
8	人员使用/单机	1色/1人	4～6色/1人	4～6色/1人
9	转产周期	1小时	1小时	1分钟以内
10	新产品试制	慢，2小时	慢，2小时	快，5分钟
11	印刷材料占用空间	大	大	小
12	印刷材料损耗	大	大	小
13	印刷稳定性	低	中	高
14	产品色号稳定性	低	中	高
15	产品附加值	低	中	高
16	为客户单件定制产品	投入中等，周期长	投入大，周期长	方便简单，投入少

尽管喷墨技术比传统胶辊和平板丝网印刷有很多优势，但是在颜色的表现力和质感方面，则喷墨印刷仍不具备优势，所以喷墨技术不可能全部取代胶辊印刷和丝网印刷。

在中国，科技人员、企业家都已形成共识，不断推广喷墨印刷技术在陶瓷砖生产中的应用，喷墨机生产数量与企业使用个数都在不断增长，喷墨印刷所产生的瓷砖比例在不断上升，受到市场与用户的普遍欢迎。

喷墨技术给瓷砖产品增加的附加值分析 **表4-51**

每m^2价格上升	80亿m^2总量使用10%	80亿m^2总量使用20%	80亿m^2总量使用30%	80亿m^2总量使用40%
5元	40亿元	80亿元	120亿元	160亿元
10元	80亿元	160亿元	240亿元	320亿元
15元	120亿元	240亿元	360亿元	480亿元
20元	160亿元	320亿元	480亿元	640亿元

喷墨印刷技术装饰瓷砖增加产品的附加值的原因有以下几方面：一是图案清晰化；二是图案变化自然；三是色彩变化自然；四是在凹凸面（高度差 3 ～ 5mm 或更大）实现装饰，肌理感明显。正是由于上述四点，使瓷砖的美学价值上升，常给人们审美的享受。当然如果喷墨印刷技术的色彩还原性与逼真性进一步提高，则产品的附加值保值程度会上升。

3. 应用过程存在问题与分析

（1）设备问题

1）单机价格高，安装使用复杂，使用环境要求高；

2）一些喷墨机较宽，使用时又是单边，内部喷头不好清洁；

3）较宽的喷墨机喷墨系统在使用过程中，远程压力不足，易造成缺墨；

4）一些喷墨机内存（电脑）有限，载图较少；

5）一些喷墨机由于设计问题，新载图试验时，需较长时间，造成停产；

6）一些喷墨机由于只有单通道进出砖，当不生产喷墨产品时，使喷墨机成为过砖平台；

7）一些喷墨机没有中文操作平台，使用人员不方便；

8）一些喷墨机在生产精细的图案，用墨量大的产品时，易产生“拉线”问题；

9）一些喷墨机喷头清洗时间较长，影响生产；

10）喷头价格昂贵（2 ～ 4 万元 / 个），更换成本高；

11）喷头使用寿命偏短，使用成本高。

喷头使用寿命及价格　　**表4-52**

喷头品种	满负荷使用时间	喷头价格
XAAR	2年左右	3～4万元/个
SEIKO	2～3年	2～3万元/个
Spectra	3～4年	1.5～2万元/个

（2）墨水问题

1）墨水在瓷片（1060 ～ 1120℃）面釉发色较好，在仿古砖（1190 ～ 1210℃）面釉发色减弱；

2）红色墨水对面釉选择性较大，对温度敏感，发色不稳定；

3）一些墨水在使用过程中有沉淀现象；

4）镨黄墨水发色力不够，影响整砖色彩效果；

5）墨水缺少行业或国家标准，企业使用无法检验和验收；

6）仿古砖生产缺少红色墨水，产品缺少传统的“Cotto”砖红色，缺少经典感觉；

7）喷墨印刷生产仿古砖，表面质感欠佳，没有厚重感，必须与其他装饰材料和技术相结合；

8）总体上讲墨水的品种相对传统胶辊印 / 丝网印还太少，表现力不够丰富，偏色；

9）总体上讲墨水价格偏高，特别是进口墨水，订货、交付须较长时间。

陶瓷墨水价格走势　　**表4-53**

时间	2009～2010年	2010～2011年	2011～2012年	2012年～
国产墨水	-	-	200～300元/kg	150～250元/kg
进口墨水	400～600元/kg	300～500元/kg	200～400元/kg	200～300元/kg

总体上墨水的价格呈下降趋势，特别是国产墨水的出现，促使进口墨水不断调低价格。

（3）产品问题

1）易出现“滴墨”、“拉线”等表面缺陷，不明显的可以算优等品，严重的则降级；

2）生产全抛釉产品时，工艺控制不合理时，用墨量多的地方容易产生针孔、溶洞等缺陷；

3）生产仿古砖时，由于喷墨层很薄，所以必须加一道喷保护釉工艺，否则产品耐磨性欠佳；

4）全抛釉、微晶石、熔块的组成在一定程度上会影响墨水的发色，有些增强，有些减弱；

5）生产亚光类产品，如果用墨量过大，会产生墨水与面釉之间剥离的缺陷；

6）有些喷墨图案变化过大时，中国市场接受程度不高；

7）有些喷墨产品定价过高，使市场销量减少。

（4）滴墨、拉线原因分析

目前国内许多工厂使用喷墨打印生产瓷砖，生产过程中经常出现“滴墨”和“拉线”的缺陷，分析其原因是喷头堵塞引起的。

内因：

1）墨水污染，墨水中混有机器零件清洗时残留杂质；

2）墨水沉淀，墨水悬浮性欠佳；

3）过滤器选设计选择不合理，过滤太细，易导致过滤器堵塞，过粗易导致喷头堵塞。

外因：

1）图案过于精细，用墨量大；

2）喷墨机使用环境欠佳，粉尘超标；

3）停机时间过长，未及时通孔；

4）砖坯带入过多的水气，附着喷头；

5）进入喷墨机房的空气除尘过滤不够；

6）喷墨机房出现负压，车间不干净空气进入；

7）过滤器没有定期更换。

实际生产中很难彻底克服“滴墨”、“拉线”，制定合理的分级标准是切实可行的方法。

三、结论与展望

（1）喷墨印刷技术与设备是一种先进的技术，从2008年起至今，意大利、西班牙生产瓷砖用喷墨机的数量大幅度增长，在中国陶瓷企业的使用将会不断增长，过去为广告业生产喷绘机的企业转而为陶瓷厂研发生产喷墨机。国产喷墨设备的产量逐年增加，价格有下降的趋势。

（2）中国陶瓷砖企业对喷墨印刷设备的市场需求量很大，预测到2013年中国瓷砖行业将有1000台喷墨印刷设备投入使用，到2013年估计瓷砖行业将达到1800台喷墨花机。如果喷墨印刷设备出厂价格200万元～500万元/台，2013年喷墨印刷机市场销售额将过20亿元～50亿元。

（3）中国自主研发是生产喷墨印刷设备的水平在不断提升，和意大利、西班牙的设备差距已明显缩小，但是软件技术等还需加强研发，设备稳定性还需提升。

（4）中国自主研发的陶瓷墨水在2011～2012年已进入工业化生产，其品质与国外进口墨水相当，色料的纳米化技术与分散技术仍需改善，稳定性还需提高。墨水的成本与价格在不断下降，研发生产企业在增加，对陶瓷砖企业使用喷墨印刷技术十分有益。如果按年产80亿m^2各类陶瓷砖，30%使用喷墨技术生产，墨水年用量将达2.4万吨～4.8万吨，墨水市场销售价值将达24亿元～48亿元（平均每吨10万元）。国产墨水生产企业在未来两到三年将迅速增加，墨水的价格将会迅速下降。

（5）使用喷墨印刷生产陶瓷砖有许多优点，但不可能完全取代传统的丝网、胶辊印刷，这三种印刷技术与设备会在相当长的时间共存于陶瓷砖企业的生产过程中，但是喷墨设备与技术的使用量将超过传统的丝网和胶辊印刷。

（6）不是所有的陶瓷砖产品生产采用喷墨印刷技术都最好，有一定的选择性，只有当喷墨技术与其他工艺和材料相结合时，才能制造出具有美感好、色感好、质感好的瓷砖。

（7）瓷砖生产企业应该积极创造条件使用国产喷墨设备与墨水，支持民族产业的发展。

（8）尽快建立墨水的检验方法与验收标准，对陶瓷墨水行业的健康发展十分有必要，对瓷砖企业产品质量控制与提升有益。同时，瓷砖企业必须尽快培养设计人才，以适应生产与研发的需要，喷墨印刷设备厂还需加强对瓷砖企业的技术支持服务。

（9）喷墨印刷设备的关键部件是喷头，目前只有少数发达国家才能制造，中国目前全部进口，喷头的使用寿命短，价格高，供货紧，喷头占整机成本60% ~ 70%左右，陶瓷砖企业在3 ~ 4年以后，将大批量更换喷头，使用成本上升，成为瓷砖企业的隐患，因此呼吁政府重视并组织国内相关研发机构、大学/企业结合，迅速研发生产有中国知识产权的喷头。

（10）喷墨印刷技术给瓷砖生产带来了革命性的进步，新产品开发速度加快，可以实现为客户单个订单生产，附加值明显提高，但是制造的速度与仿真度也快速上升，呼吁瓷砖行业减少相互之间的仿制，更多研发差异化的产品，否则市场也将出现混乱。

（11）初步测算，喷墨印刷技术将带给瓷砖产品40亿元~ 640亿元人民币的附加值，使用喷墨技术生产瓷砖的比例在不断增长，这充分说明喷墨印刷技术与设备、陶瓷墨水、喷墨印刷瓷砖产品在中国瓷砖行业发展前景是乐观的。

参考文献

[1] 黄惠宁，柯善军，孟庆娟．喷墨打印用陶瓷墨水的研究现状及其发展趋势Ⅰ [J]. 中国陶瓷，2012，48（1）：1-4
[2] 黄惠宁，柯善军，孟庆娟．喷墨打印用陶瓷墨水的研究现状及其发展趋势Ⅱ [J]. 中国陶瓷，2012，48（2）：4-7
[3] Kerajet、King Tau、SITI、Hope、Flora、美嘉、泰威、正工科技陶瓷喷墨打印机设备产品介绍手册

第三节 喷墨印花用墨水生产制造

1. 佛山市明朝科技开发有限公司

佛山市明朝科技开发有限公司是我国最早生产喷墨印花用墨水的企业。公司多项产品及技术获得国家专利，成果通过权威鉴定，公司承担多项国家、省、市科技计划项目。公司建立有ISO9000国际质量体系，实施全流程全方位的质量管理，确保产品品质的卓越与稳定。

明朝科技陶瓷专用墨水整套系统由8种颜色组成，它们分别是：黄色、橘色、粉色、蓝色、深蓝色、棕色、深棕色、黑色。色彩范围足以完美呈现各类陶瓷产品的色彩装饰需求。明朝科技陶瓷墨水的色彩强度将会使产品亮度更高、色彩更鲜艳，有助于降低墨水的消耗量。即生产同样的设计，明朝墨水的消耗量比其他墨水更少。

在喷墨打印陶瓷产品时，可以在打印设施内安装不同的着色系统。如：

（1）3色打印：蓝色－黄色－棕色；蓝色－橘色－棕色

（2）4色打印：蓝色－粉色－黄色－棕色；蓝色－棕色－黄色－黑色

（3）5色打印：蓝色－棕色－黄色－橘色－黑色

2. 广东道氏技术股份有限公司

广东道氏技术股份有限公司是国家高新技术企业。公司的研发实力、产品应用开发与技术服务能力，

在业内处于领跑地位。公司获批省部产学研重点科研项目 2 个，累计申请注册的专利数量 31 个，其中已获得批准注册的专利数量为 24 个。

道氏墨水项目是在 2010 年广东省部产学研重大专项项目“陶瓷喷墨打印装饰颜料与油墨的关键技术研发与产业化”的支持下，获得研发成功，分别获得授权国家发明专利三项。其产品分别适用于仿古砖和瓷片产品的两套色系陶瓷墨水产品。2011 年，首批道氏墨水开始在试验机上测试，2012 年开始产业化推广。目前已在全国各地瓷砖厂广泛应用。

3. 山东汇龙色釉新材料科技有限公司

山东汇龙色釉新材料科技有限公司的前身是淄博市淄川汇龙陶瓷机械有限公司，是一家集科研、设计、生产、经营、科技推广和服务为一体的高科技企业。始建于 1997 年，自 2011 年 10 月开始进军喷墨墨水研发领域，于 2012 年 11 月喷墨印花用墨水试制成功并投放市场。陶瓷墨水广泛应用于瓷片、全抛釉、微晶石和仿古砖等产品。山东汇龙色釉料公司陶瓷墨水产品有：极性墨水系列产品与非极性墨水系列产品。目前汇龙公司的陶瓷墨水在北方陶瓷产区占据了较大的份额。

4. 佛山市迈瑞思科技有限公司

佛山市迈瑞思科技有限公司成立于 2013 年 2 月，其前身是佛山市博今科技材料有限公司，公司位于广东省佛山市三水区乐平镇范湖工业区，是一家专业生产陶瓷喷墨墨水，为陶瓷生产厂家提供整套标准化材料解决方案的现代化陶瓷墨水生产企业。

佛山市迈瑞思科技有限公司秉承自主创新和追求卓越的传统，已经培养了一支熟悉整套喷墨设备及熟悉整个喷墨打印生产流程、精通墨水各种特性的高素质服务团队，专门给客户提供技术服务、售后服务。墨水产品已经覆盖广东、淄博、临沂、福建、山西、江西、四川等陶瓷产区。迈瑞思陶瓷墨水是将陶瓷色料颗粒分散在有机溶剂载体中形成的一种分散液，是通过砂磨机等机械研磨手段将颗粒较粗的色料粉末和有机溶剂载体、助剂一起研磨得到一定的细度和黏度得到的。迈瑞思陶瓷墨水具有稳定的黏度、合适的颗粒尺寸、较窄的颗粒尺寸分布和适当的表面张力。迈瑞思陶瓷墨水具有非水高沸体系、亚微米分散体系、合适的黏度与表面张力范围、存放稳定性等优点。

5. 佛山市三水区康立泰色釉料有限公司

成立于 1998 年的康立泰釉料以生产色料和釉料为主，其工厂占地面积 47000 平方米，设有现代化的陶瓷墨水及色釉料研发中心，并经批准于 2004 年成立了佛山市三水区康立泰色釉料工程技术研究开发中心。2013 年 1 月获得经佛山市科技局认证的国内目前唯一的市级墨水工程技术研究中心——佛山市数码喷墨陶瓷墨水工程技术研究开发中心。

拥有 15 年色釉料生产经验的康立泰釉料公司，经过多年的研发与半年多的持续上线生产测试，生产的性能优越的伯陶墨水于 2013 年 3 月成功应用于陶瓷生产第一线。目前，伯陶墨水正被越来越多的国内各产区的陶瓷厂家认可。

6. 淄博三锐陶瓷科技有限公司

三锐公司是一家集研发、生产、销售高档陶瓷色釉料、陶瓷墨水及玻璃马赛克的品牌企业。公司成立于 2003 年，位于江北瓷都——淄博最大的建陶工业园。公司引进国际先进的技术和设备用于陶瓷墨水的研发，并设有专业和现代化的色釉料、陶瓷墨水的研发中心，专注于色釉料的开发和墨水的研制。

三陶墨水由三锐公司专业的技术研发团队结合国内外多位技术专家指导，历经两年研发而成，推出适用于地砖和墙砖产品的两套色系陶瓷墨水产品。三陶墨水所采用的陶瓷色料由三锐公司自己研发生产，采用来自欧洲的墨水生产技术，确保了三陶墨水发色稳定鲜艳，防沉性好，且无刺激性气味。三陶墨水生产设备引进德国先进的墨水生产设备与先进的检测设备，确保墨水的各项技术控制在最佳的范围内。

7. 主要国外喷墨印花用墨水

陶丽西公司(Torrecid)最初在2000年至2003年期间尝试用于陶瓷装饰用的可溶性墨水,但是失败了。于是改用陶瓷色料着色制备陶瓷墨水，并在2004年推出Inkcid系列墨水；在2012年推出了Keramcid系列墨水和Metalcid系列墨水；在2013年推出了高清印刷的数码喷釉技术DG-CID、用于大量施釉工艺的数码喷釉技术TM-CID、用于已烧结砖面的陶瓷墨水SMART-CID，以及用于日用陶器表面装饰的墨水DECAL-CID。

Inkcid系列墨水为常规墨水，包括蓝色、钴蓝色（深蓝色）、棕色、米黄色、黄色、金黄色、黑色、粉红色、紫红色（品红色）九种颜色。Keramcid系列墨水能够达到微细节、在亚光釉表面闪光、珠光效果以及亚光—透明效果。Metalcid系列墨水可用于三次烧，能达到黄金的效果、铂金效果和闪光效果。

DG-CID系列墨水可在陶瓷表面形成类似于喷干粉而得到一个个小色片的装饰效果，可以实现透明—闪光、不透明—闪光、亚光—透明、亚光—不透明、半亚光—不透明的装饰效果。DG-CID能应用于瓷质砖、一次烧微晶等现有陶瓷产品,可减少陶瓷表面的釉面厚度,同时提供较高的图像清晰度和品质。TM-CID是专门为实现类似于传统淋釉技术实现的同等厚度釉层而开发的产品，也可用于一次烧微晶、瓷质砖等。SMART-CID用于玻化砖表面装饰的最后一道喷墨工序，可直接在已烧结砖面上喷墨，实现二次装饰效果，该技术可满足特定清晰度要求以及打印深颜色设计，通常被用于三次烧产品。DECAL-CID则改变所装饰的陶瓷产品对象，应用于陶器、西瓦、表面凹凸明显的浮雕脚线等。

意达加公司在2011年推出了三种系列墨水（或釉料）组成的解决方案：DCI是提供更广泛色彩范围的墨水；HCP是增强墨水的发色强度的釉料；DPG是具有特殊各种装饰效果的釉料。其中，DCI除了蓝色、深棕色、棕色、黄色、粉色、橘黄及黑色这七种颜色之外，还有白色及闪光效果的墨水；DPG推出了一种乳白釉（opaque white glaze）和一种透明光泽釉（clear gloss glaze）：乳白釉能加强深色或彩色墨水的特殊装饰效果，可在黑色背景上勾勒出白色的条纹或在彩色背景上描绘出白色的几何图案；透明光泽釉料能在粗糙或光滑的材料上创造出有光泽的区域。

亚微米数字打印材料（DPM submicron）包含纳米级的颗粒,其粒度分布使它具有很好的物理稳定性,可适用于现行的陶瓷喷头。用量小于100 g/m^2。它可以用来实现特殊的装饰效果：起着色或者遮盖作用；透明—反光的效果创造亚光—光泽区域的对比；下陷墨水在基础釉上创造出细微的纹理变化。

微米数字打印材料（DPM micron）适用于大喷墨量的新型陶瓷喷头，材料用量超过100 g/m^2。这些材料为水性材料，颗粒尺寸大于3微米。相对于亚微米数字打印材料（DPM submicron），它的优势是便宜和大喷墨量带来的装饰效果。它能实现有光泽的白色、亚光白色、透明材质、带有绸缎般光滑和结晶的透明材质。它能够在装饰图案的上层或下层实现厚厚一层的装饰效果，能达到丝网、辊筒一样的厚度装饰效果，甚至能达到精细的凹凸模具效果。

福禄公司（Ferro）在最近推出升级产品Keraminks 3.0系列墨水，包括Keraminks系列墨水和Inksnova系列墨水。Keraminks系列墨水包括11种颜色；Inksnova系列墨水将展现独特的装饰效果：亚光、白色、超级白色、下陷效果、珍珠效果和金属墨水。福禄9月初就在其官方上称将在今年博洛尼亚陶瓷卫浴展上展出了水性颜色墨水、水性效果陶瓷墨水，以及新的喷头和机器。

卡罗比亚公司（Colorobbia）在2010年推出了由三个系列组成的解决方案，分别为C-Inks、C-Shine及C-Glaze。C-Inks系列墨水为常规墨水，覆盖蓝色、深蓝色、棕色、米黄色、黄色、黑色、粉红色、绿色八种颜色。C-Shine系列墨水能获得独特的颜色、质地和表面效果，例如金属效果和闪烁效果。C-Glaze系列墨水有创新的亚光墨水，通过与有光泽的部位产生对比，可让陶瓷表面产生原始、独创的装饰效果；白色墨水能提供亮度和黑色的支持，并且在有颜色的底色上获得很好的装饰效果。

卡罗比亚在广州陶瓷工业展上展出了具有下陷效果的陶瓷墨水产品，但尚未在大陆地区推广。卡罗比亚的研究中心CERICOL已经对具有高效杀菌、去污、自洁功能的纳米二氧化钛进行了大量科研，并发表多篇英文专利，很可能在今后推出功能化的陶瓷墨水。陶瓷装饰墨水中着色剂的粒度已经接近纳米尺寸，具有一些常规尺寸材料所不具备的新特性。可以针对家庭、实验室、公共洗手间、医院等特定市场，开发出红外辐射陶瓷砖、抗静电陶瓷砖、自洁陶瓷砖、抗菌陶瓷砖使用的墨水。

第四节　陶瓷喷墨印花机装备

1. EFI-快达平、埃菲贸易（佛山）有限公司

成立于1989年的EFI，其总部坐落于美国加利福尼亚州硅谷的福斯特城，是世界领先的数码打印科技集团，全球各地有29个分公司，具备超过25年的数码打印软硬件开发和服务经验，其技术创新在行业内屡获殊荣。2011年公司营业额达5.91亿美元，其所有喷墨打印设备在全球共安装3000多台，目前在中国已有两家分公司，分别位于香港和上海。成立于1997年的CRETAPRINT（快达平），其总部设在西班牙卡斯特利翁，公司于2008年正式推出陶瓷喷墨打印机，目前共有180多台设备在全球运作。

2012年EFI收购CRETAPRINT之后，EFI把更多的软件技术结合到CRETAPRINT的硬件产品中。由于在喷墨打印领域和软件系统中拥有多项领先技术，EFI与CRETAPRINT共享先进的技术成果，EFI为CRETAPRINT提供所需要的技术支持。EFI CRETAPRINT（EFI-快达平）是EFI的陶瓷喷墨打印机产品，通过在佛山的全资子公司埃菲贸易（佛山）有限公司服务国内广大的陶瓷生产企业。目前是中国陶瓷喷墨印花机市场份额最大的进口装备之一。

2. KERAjet、福建海美斯凯拉捷特贸易有限公司

KERAjet S.A成立于1998年，发明了陶瓷喷墨打印技术，并注册了全世界范围的机器技术专利，15年来，凭借其世界顶级的研发团队和不断创新的研发宗旨，获得了多次世界性的大奖，并取得了包括陶瓷喷墨机及陶瓷用墨水在内的十多项专利技术，自KERAjet® 陶瓷喷墨打印机诞生以来，以其卓越的性能迅速占领了全球范围80%的中高端市场，为全球陶企提供近700台陶瓷喷墨打印机。2009年，KERAjet S.A将第一台陶瓷喷墨打印机带进中国陶企，从此掀起了中国陶瓷工艺数字化的风潮。

2012年，凯拉捷特（西班牙）股份有限公司与海美斯集团合作，以福建海美斯凯拉捷特贸易有限公司的成立，海美斯凯拉捷特是KERAjet S.A大中华区唯一总代理。到目前为止，已为中国陶瓷企业提供近百台的KERAjet® 陶瓷喷墨打印机，并在国内各大陶瓷产区设立辐射全国的服务热点，为中国陶企转型高端产品提供一流的服务，提供及时贴心的本土化服务 。

3. 深圳市润天智数字设备股份有限公司

深圳市润天智数字设备股份有限公司成立于2000年，是国内专业从事数码印刷设备、墨水耗材及喷绘介质研发、生产、销售为一体的自主型知识产权国家级高科技企业；是中国数码喷墨印刷技术的领导者；是中国印刷及设备器材工业协会理事单位和《大幅面喷墨印刷机国家标准》主要起草单位。

公司与世界大喷头制造商美国SPECTRA、英国XAAR、日本KONICA、日本东芝等都建立了长期战略合作伙伴关系。公司研制的釉色一体陶瓷喷印机c8-600-1200，具有墨水/下陷釉/闪光釉喷印、喷色/喷釉多种组合、八级灰度等特点；无缝连线陶瓷喷印机Cjet600m具有无缝联线、个性化服务、小砖薄板、平稳输送等特点。

4. 广州精陶机电有限公司

精陶成立于2010年，是晶绘企业专门成立的陶瓷喷墨技术推广和应用的专业公司，集合陶瓷行业和喷墨打印领域的技术精英、销售工程师，专心专注陶瓷喷墨技术的研发和新技术的推广，用完整的数字化解决方案助力陶瓷行业的技术升级。精陶机电产品覆盖瓷片、地砖、外墙砖、配套装饰瓷砖（三度烧或者多次烧成）等陶瓷产品的喷墨设备。2010年：推出离线式实验陶瓷喷墨印花机；2011年：正式推出在线式陶瓷喷墨印花机；2012年：T5高清陶瓷喷墨印花机面市；2013年：6大系列陶瓷喷墨印花设备全新面市。

企业自主研发的“陶瓷喷墨印花、中央管理系统”是以喷墨设备为核心的数字印刷系统。该系统由数字化免烧看样系统、数字化分色调图软件等配套管理系统的印前、印中、印后三段数字化解决方案组成。将系统解决模具制作速度慢和精度不高、设计稿色彩调试困难、喷墨打印中凹凸纹理和喷墨图案不吻合、色差难控制等生产难题；而且还可以实现模拟生产设备的打印效果，满足设计稿看样和试生产，以及通过普通打印纸和普通墨水的仿真技术，即可展现接近瓷砖烧成效果，大大缩短设计稿的调整时间和节约制作样砖成本的作用。系统的数字化技术在陶瓷企业的运用，将有效地缩短新产品的上市周期，降低新产品的开发成本和风险，优化产品设计、生产线配置和布局，减少了生产线准备和停机时间；提高产品质量，使制造企业发挥更高效率，提高企业收益。不仅如此，该系统还有着强大的数据记录功能，它可以集成生产管理和机器运行的所有数据。通过数字化的管理方式了解当天和过往的产品生产情况和机器运行情况，以此更方便企业实时监控生产的整个过程，并根据数据对生产进行更合理优化，也可以通过机器运行数据，从而对机器的性能和设备现状有着充分的了解，方便机器的维护和保养。

5. 上海泰威技术发展有限公司

2001年成立的上海泰威技术发展股份有限公司是上海市高新技术企业。上海泰威目前的主要产品有：陶瓷喷墨打印机，包括在线陶瓷喷墨打印机和离线陶瓷喷墨打印机、雕刻机、UV机等。公司坚持使用最匹配、性能最稳定的零件，以创新技术和科学规范严格控制生产、工艺流程，以制造出高稳定性，高性价比的一流设备作为泰威技术的生产目标，为此公司将不懈努力。公司目前已获得ISO9001：2008质量管理体系国际认证，而且上海泰威旗下所有面市的产品均通过CE安全认证。

6. 希望陶瓷机械设备有限公司

希望陶瓷机械设备有限公司是一家集科、工、贸为一体的综合性公司。公司已成为国内科技含量高、门类齐全、规格全面的印花机专业制造企业。

2008年希望公司开始研发瓷砖喷墨印花技术，是国产陶瓷“数码喷墨印花机”投放市场应用最早的设备制造商，目前是国内市场最大的瓷砖喷墨印花机生产制造商，其喷墨花机产品在全国各大产区都有广泛的应用。

7. 佛山市美嘉陶瓷设备有限公司

佛山市美嘉陶瓷设备有限公司1992年成立，是陶瓷行业知名的花机釉线设备制造商。在2009年美嘉投入研发陶瓷喷墨机项目，2011年成功推出“数码嘉年华”系列喷墨打印机，分别推出XAAR与Dimatix喷头打印系统，成为全球第一家成功研发出两套独立控制系统的企业，美嘉陶机凭借自身的实力及广泛的瓷砖行业基础，在喷墨印花机方面大有后来者居上的势头。目前美嘉喷墨印花机在我国瓷砖行业拥有较大的市场份额，几乎所有陶瓷产区都可以见到美嘉的喷墨印花机。

8. 更多的喷墨花机制造商

成立于1993年的新景泰陶机设备公司，是一间集产品研发、机械设备生产、安装的陶瓷机械企业，近几年也成功开发了喷墨印花机设备。估计还会有一些陶机设备供应商将加入喷墨印花机的生产制造行列。

目前我国瓷砖行业进口喷墨花机供应商还有：西蒂贝恩特（Siti-B&T）、杜斯特（Durst）、西斯特姆（System）、萨克米（Sacmi）等。

第五节 陶瓷机械装备

一、喷墨打印设备市场高速成长

从2010年开始，经过近3年的爆炸式发展，陶瓷喷墨机以前所未有的速度在国内普及，从去年同期的200台左右迅速增至目前的700多台。中国由此成为全球拥有陶瓷喷墨机数量最多的国家。其中广东和山东两大产区各占了接近200台；福建、江西各占60～70台；四川超50台；辽宁沈阳30多台；河南、河北、湖南、湖北、广西、陕西等产区也各占20多台。

目前，中国的主流陶瓷喷墨机品牌基本上是使用赛尔喷头，如希望、美嘉、新景泰，这一类机器占了约80%的市场份额，其他牌子使用的喷头有北极星、精工等。而陶瓷喷墨机设备90%左右在中国制造。而目前，中国品牌市场占有已基本与欧洲品牌平分秋色。中、欧喷墨机质量接近，而价格及服务方面，中国企业优于欧洲企业。

目前，国内市场大约70%的喷墨机用于瓷片生产线，其主要原因是瓷片使用喷墨机生产比用传统的丝网和辊筒都要有立竿见影的效果。花色丰富了，流程简单了，人力节省了，优等率提高了，且其生产成本跟传统的印花技术差不多。在地砖方面，由于产品花色本来就很丰富，且有些产品光靠喷墨机还不能得到理想的效果，只有全抛砖最接近抛光砖。因此，全抛类的地砖产品是目前喷墨机应用在地砖的主要方向。另一方面，地砖一般花色丰富，墨水用量大，比传统印花的成本高，这也制约了喷墨技术在地砖产品使用的普及速度。

到目前，中国和印度的喷墨机普及率约40%～50%。因为总会有些花色品种适合使用其他的印刷模式。未来两年，陶瓷喷墨机的市场普及率会上升到70%～80%，中国市场喷墨机保有量达将达到2000台以上。

2012中国广州国际陶瓷工业技术与产品展览会（广州工业展）喷墨打印设备成为最大亮点。其中展出的喷墨打印设备包括凯拉捷特、萨克米、希望、新景泰、彩神、美嘉、精陶、广东泰威、温州工正、常州朗捷尔、上海运安、佛山乔拓科技等共12家企业。国内企业除希望、新景泰、美嘉等，大部分喷墨设备制造企业都是从传统喷绘企业转型而来。

此外，广州工业展参展的喷头生产企业主要有英国赛尔、北极星等。陶瓷墨水生产、研发企业则有13家，包括西班牙的意达加、陶丽西、博耐德，意大利企业卡罗比亚、德国司马化工、英国纤亚科技，国内则有明朝科技、大鸿制釉、道氏、万兴无机颜料、康立泰、广东光华科技等。

二、喷墨打印机向专用化与集成化方向发展

在喷墨打印机设备逐步普及之后，要实现新的突破就是必须针对各种陶瓷产品的生产需要进行改进创新。

喷墨打印机因用途逐步细分，生产厂家进行专业化生产已成趋势。应用于瓷片、仿古砖、全抛釉、微晶石、薄板、外墙砖等不同瓷砖及配套产品的专用设备逐渐出现并不断改进。据了解，喷墨打印机还将在腰线、小规格瓷砖的应用上进行突破。

深圳市润天智数字设备股份有限公司推出的（彩神）彩神外墙砖喷墨打印机针对外墙砖表面粗糙、尺寸普遍较少等特点进行了改造创新，克服了瓷砖定位、缝隙处理等相关难题，可以实现双排打印，提高生产效率。

针对三度烧产业对于喷墨技术的需求，2012 年底广州精陶机电设备有限公司（下简称“精陶机电”）经过近一年时间的摸索，终于研发出了针对花片、腰线、抛晶砖等三度烧产品的在线型喷墨印花机——T5 高清喷墨印花机。该设备具有精准定位、高清打印、高效率、与企业生产配合紧密、市场效益高等优点，并且能实现在线不间断生产，满足企业对于产量的需求。目前，该设备已经在个性瓷砖、金明陶腰线等三度烧企业使用。

喷墨机的发展方向之一是将所有功能集中在一台机器上，形成一台多功能集成单机，这样的设计将减少瓷砖加工环节，减少生产成本。

EFI 快达平在 2012 年推出的新款喷墨打印机——C3 多功能数码陶瓷装饰打印机就是在这种理念下设计的。它独特的设计对砖坯及生产环境的容忍度更高，可以根据不同生产的需求在一台机器的八个通道中单独选装不同的打印头，来实现特殊的打印效果求。

三、喷墨打印机软件系统将日趋人性化

喷墨打印机不但要在硬件方面提升性能，还要在软件方面加大研发力度，提高其对机器的控制能力和对色调、计算等方面的处理能力。喷墨打印机的软件系统发展方向是人机界面将会变得更亲和，更容易操作。在生产过程中，能在不影响生产的情况下进行系统调节和改变。软件还应该加强稳定性，减少生产过程中的故障率。另外，还应该丰富机器功能，使软件系统更符合生产需求。

EFI 快达平开发的 Fiery 系统针对陶瓷行业，优化产品开发、试版以及分色的颜色管理系统，为设备提供全面优化的图像处理和分色，有效减少从设计到最终打印的时间，通过纸上数码打印可以轻松核对预期结果。它让用户能在不同生产地点，不同生产环境，包括釉面、墨水组成、分辨率、窑炉温度等不同因素的环境下都产出一致的高品质色彩瓷砖。

Fiery 的陶瓷工作流程还能充当起沟通陶瓷喷墨产品生产和商业管理之间的桥梁的角色，该工作流程能降低损耗、提高产量，通过减少反复尝试的次数，为客户提升利润空间。

这一款全新的瓷片素抛机还同时应用了一款由巴赛尔机电自主研发生产并已经投入使用的干磨轮——“磨天伧”。“磨天伧”主要满足企业生存发展过程中对更高质量的磨具的诉求，减少耗材成本，降低缺陷。

四、从设计到生产的数字工厂解决方案

2011 年 5 月，结合在行业广泛应用的日本精工电子科技集团（SPT）陶瓷专用喷头，广州精陶机电设备有限公司正式推出具有里程碑意义的陶瓷喷印机系列产品。

2012 年，精陶机电通过在陶瓷喷墨印花行业的潜心研发，已经完成了喷墨技术与陶瓷行业的深度融合，以专业的发展视野推动陶瓷喷墨行业从单纯的设备开发向数字化工厂方向发展，研发成功以陶瓷喷墨印花为基础的整套数字化应用系统。

精陶机电的计划是未来产业的发展脚步不会仅仅停留在单纯的喷墨设备制造领域，而是要率先提供数字化工厂的解决方案，最终帮助客户形成设计数字化、装备数字化、过程数字化、管理数字化的企业生产系统，共同分享工厂数字化进程的丰硕成果。

“陶瓷喷墨印花•中央管理系统”是精陶机电以喷墨设备为核心的数字印刷系统，其功能提供印前、印中、印后的三段的数字化解决方案。

该系统的数字化技术在陶瓷企业的运用，将有效地缩短新产品的上市周期，降低新产品的开发成本和风险，优化产品设计、生产线配置和布局，减少了生产线准备和停机时间；提高产品质量，使制造企业发挥更高效率，提高企业收益。

该系统还有着强大的数据记录功能。它可以集成生产管理和机器运行的所有数据。通过数字化的管理方式了解当天和过往的产品生产情况和机器运行情况，以此更方便企业实时监控生产的整个过程，并

根据数据对生产进行更合理优化，也可以通过机器运行数据，从而对机器的性能和设备现状有着充分的了解，方便机器的维护和保养。

五、以陶瓷成品创新带动设备发展

一直以来，窑炉企业都将创新的方向放在了窑炉设备的改进与升级上，陶瓷企业则将创新的方向放在新瓷砖的研发与生产上，而摩德娜则在全窑炉行业向节能减排、提高效率为创新方向的大环境下，结合了窑炉企业与陶瓷生产企业两者之所长，将眼光放到了陶瓷成品的创新上，尤其是在2012年别具一格地在陶瓷和建材成品的创新上迈出了坚实的步伐，同时在坚持传统陶瓷产品所需窑炉不断创新的前提下，以“产品带动设备”的逆向思维方式，向国内外陶瓷企业推出了泡沫陶瓷、薄板、陶土板等产品整厂设备解决方案，让更多有意向生产泡沫陶瓷、薄板、陶土板等产品的陶瓷或建材企业实现了购买设备即拥有了成品创新能力的愿望。

在这一思维模式下，窑炉企业为陶瓷企业提供的不仅仅是单纯的设备销售与服务，而是为陶瓷企业提供最直接的陶瓷成品创新，这种创新不但需要接受陶瓷生产企业的检验，更需要接收终端经销商与消费者的检验，因此对窑炉企业提出了更高的要求。

目前摩德娜的泡沫陶瓷、薄板、陶土板生产窑炉设备已成功在江苏一方科技发展有限公司、福建申鹭达集团、法库伊奈陶瓷成功投产。

六、跨界构建“大陶瓷”装备格局

传统日用陶瓷——白瓷烧成设备在自动化、数控化以及低碳发展方面均滞后于建筑陶瓷。摩德娜近年来也把眼光投向白瓷机械装备这一潜在市场。希望通过创新及节能技术的应用推动白瓷烧成设备向自动化、人性化、低耗能方面发展。

2012年11月份，摩德娜公司先后与深圳永丰源以及四川郎酒集团各签订两组年产1000万件的白瓷生产线。前者在内蒙古鄂尔多斯生产高档餐具，投资方经过长达半年多的考察和论证，最终选定摩德娜和德国Dorst为主要设备供应商。后者用全新辊道窑生产，是迄今国内最先进的酒瓶生产线。这两个项目的建设是摩德娜实施“日用陶瓷建陶化”战略的一个良好的开端，对国内白瓷行业提升产能、提高生产效率具有重要意义。

2012年11月中旬，摩德娜为三英集团承建的山西晋城辊棒工厂第一期12座井式窑开始陆续建成。井式烧成窑是辊棒工厂最核心的设备之一，烧成温度达到1650℃，长达45小时以上的烧成周期，对耐火材料的性能，温度、压力的控制是个巨大的挑战。建陶窑炉企业过去很少涉及这一领域，摩德娜近年来将井式烧成窑也作为新的增长点来培养。

运用玻璃的晶化技术可生产电磁炉发热板、外墙装饰板等新材料。以电辊道窑为核心的玻璃退火及晶化窑炉系列也是摩德娜超越“大陶瓷”范畴，跨界开发的建材装备。将双层窑炉运用在玻璃晶化烧成上是摩德娜全球首创，既节约了大量空间，又降低了能耗。

由于大多数建材产品都会用到窑炉设备，因此，对摩德娜来说，跳出建筑卫生陶瓷乃至“大陶瓷”领域，放眼整个建材行业，跨界发展也是一个重要方向。未来，摩德娜将持续深耕新型建材设备领域，努力实现“世界一流节能环保建材成套装备企业”远景目标。

七、国产陶瓷压机或进入万吨时代

2012年，拥有50多年历史的佛山市恒力泰机械有限公司启动自主研发万吨级压砖机项目，并计划将于2013年投产。恒力泰研发的万吨压机生产规格可达900×1800（mm）的普通厚度瓷砖，生产3.5～6mm厚的瓷砖规格可达1000×2200（mm）。万吨级压机如果面世，不但能让瓷砖生产更加多样化，也极有可能推动行业掀起大而薄规格瓷砖发展的新潮流。

目前恒力泰压机的最大吨位为7500吨，虽然与万吨压机只差2500吨，但前者的技术难度大大加强。万吨压机整体重量超过500吨，要实现产品的运输，就必须将产品进行拆分到公路运输可以承受的范围；其次，万吨压机所需要的产品配件十分特殊，这需要与上游供应商共同来进行研发；此外，产品研发中必须考虑成本控制，产品价格要在陶企可承受范围之内。

八、抛光砖布料系统升级换代

博晖机电是国内抛光砖布料系统开发最具创新力的企业之一。布料系统是实现无釉产品多样化装饰效果的最基本设备，对玻化砖的花色图案装饰效果起到了关键的作用，同时也是开发抛光砖新产品更新换代的重要装备。

2012年博晖机电将推出3款新产品，其中金冠布料系统，主要是针对抛光砖和仿古砖产品，能做出介于釉面砖和仿古砖之间的纹理质感，形成“一石三面”的效果，产品还可免去抛光程序，对于仿石效果的抛光砖、釉面砖产品效果明显。

金影布料系统与欧雅公司合作研发，历时半年取得了成功。该系统用嵌入式格栅，粉料不容易移位，生产出来的图案清晰，色号少。金影系统改变了ALM的结构，把复杂的结构简单化。简化了操作，减少了机器损坏，解决了辊筒沾粉等问题。

此外，博晖机电2012年还重点对“神晖全方位”布料系统进行推广。“神晖全方位”布料系统摆脱了现有反打微粉、普拉提、纳福娜布料效果底纹单调、纹理人为固化呆板的缺陷，采用四工位布料模式，提高了瓷砖的仿石度，并且彻底解决了料车漏粉问题，大大降低现场工人的劳动强度和砖坯的生产成本。

“神晖Ⅱ代综合布料系统”一方面突破了现有的底纹单调、纹理人为固化的难点，使花色纹理更加丰富；另一方面，它在机身上设置了防尘罩，不仅能够实现防尘效果，为一线工人提供健康的工作环境，为环保出一份力，还能解决漏粉问题，对漏出的粉尘密封收集，再回收利用，为企业减少原料浪费、降低生产成本。

九、陶机产品和技术取得新突破

1.“高效大规格陶瓷砖包装线”通过省级论证

2012年12月21日，广东科达机电股份有限公司自主研发的“高效大规格陶瓷砖包装线”通过了广东省经济和信息化委员会委托广东省建筑材料行业协会主持召开的新产品鉴定。

科达机电是国内首家开发研制“高效大规格陶瓷砖包装线”的高新技术企业，该产品以连续或间歇作业方式完成大规格陶瓷砖叠垛、包装及码垛等包装作业；在系统集成，提高包装线的包装速度、生产效率和可靠性、降低能耗等方面采用多项自行研发的新技术，创新性强，具有自主知识产权。科达机电在2012年销售出200多台包装线。

目前市面上的自动包装线和自动捡砖机一般是针对800×800（mm）、600×600（mm）的大规格瓷砖，而科达高效大规格陶瓷砖包装线适用于600×900（mm）、1000×1000（mm）、300×450（mm）、300×600（mm）等各种瓷砖类别和规格的设备。

预计未来1～2年内，设备企业除了进一步提高设备稳定性，还将完善产品结构，针对不同规格、不同类型瓷砖开发不同产品。

2.“连续式蓄热燃烧器关键技术研究及中试”通过验收

2012年11月15日，由广东科达机电股份有限公司、中国科学院广州能源研究联合承担的2009年广东省中国科学院全面战略合作项目“连续式蓄热燃烧器关键技术研究及中试”通过了广东省科技厅组织并主持召开的验收。

该项目研发了新型蓄热材料、空气—烟气切换装置和新型分级燃烧器，通过对烟气进行回收利用，实现了对助燃气体的加热、节能和降低氮氧化物排放的效果，并实现了连续蓄热燃烧技术系列产品在陶瓷行业的工业化应用。开发的CRHC-GIEC系列产品可实现陶瓷炉窑烟气的高效回收利用和节能，并在应用试验的基础上向陶瓷、熔铝等行业推广应用。

3. 两项粤港关键领域重点突破项目通过验收

2012年11月7日，广东科达机电股份有限公司承担的2008年和2009年粤港关键领域重点突破项目（佛山专项）“固体废物的资源化利用新技术与设备研发”和“利用工业废渣生产细炻砖、轻质砖技术与设备研发及示范工程”两个项目通过了佛山市科学技术局主持召开的验收。

“固体废物的资源化利用新技术与设备研发”项目，应用电液比例伺服闭环控制和智能补偿技术，提高了大吨位压机工作精度；采用双汽缸平衡装置，使码垛升降平稳、砖坯震动损伤小，提高了运行速度；采用了微电脑数字化自动切割编组的技术，实现多规格砖的高效率、精细化变速切割；建立了墙体材料整线装备的数字化集成控制与管理平台，实现了生产过程实时监控，促进了我国新型墙材企业的健康发展。

“利用工业废渣生产细炻砖、轻质砖技术与设备研发及示范工程”项目，研发利用陶瓷抛光废料等工业废渣生产细炻和轻质砖的工艺技术，研制了污水处理系统废渣收集、球磨制浆、喷雾干燥制粉、压制成型、坯体干燥、施釉印花、烧成等设备，使工业废渣（特别是抛光废渣）成为生产细炻砖或轻质砖的陶瓷原料，为建陶产业节能减排和清洁生产提供了新途径。

4.“陶瓷辊道窑热风增压助燃技术”通过鉴定

2012年，由佛山市瑞陶达陶瓷机械设备有限公司研究的“陶瓷辊道窑热风增压助燃技术”项目在佛山通过了由佛山市科学技术局组织的科技成果鉴定。专家们一致通过鉴定：该技术实现窑炉综合节能可达20%，该项目已经获得实用新型技术专利2项，达到了国内领先水平。

瑞陶达陶瓷辊道窑热风增压助燃技术项目研进行了三个方面的关键技术攻关：一是助燃热风增压技术。本技术通过自主设计的二级环回增压烧嘴，将窑炉急冷后300℃以上的高温热风作为助燃风使用，改善了煤气与助燃风混合效果，提高燃烧完全程度，减少窑内局部温差，达到余热充分利用，提高产品煅烧质量。二是砖坯余热回收技术。目前辊道窑出砖温度达到250～300℃，该领域的余热利用在行业中仍处空白状态。技术通过自主创新的截面循环搅拌风幕，使空气与砖坯得到进一步的热交换，使产品出窑温度控制在150℃以下，余热得到进一步利用的同时，减少了产品后期变形和改善了窑炉操作的职业环境。三是双自控燃烧技术。目前窑炉只有温度自控，助燃空气的配给仍靠经验手工操作，无法准确控制燃料与空气的合理配比。本技术通过对窑炉气氛在线检测，根据烟气中的CO浓度控制空气配给量，实现温度与气氛同时自动控制，使燃烧完全程度有了显著的提高。

5. 山东万丰两项成果通过省环保厅鉴定

我国石油资源短缺，煤炭资源丰富，煤气发生炉制备煤气是陶瓷、建材、耐火材料、冶金等行业窑炉的主要工业燃气。固定床气化工艺所产生的焦油和含酚废水会对环境造成污染，其煤气净化工艺复杂，污染治理投资较大，因而固定床煤气发生炉的应用受到了很大的限制。山东万丰煤化工设备制造有限公司近年来通过技术攻关，研制开发的“流化床粉煤气化煤气发生炉”和“发生炉煤气湿法脱硫系统”两项成果，于2012年12月8日在淄博通过山东省环保厅技术鉴定。

“流化床粉煤气化煤气发生炉”项目通过提高汽化剂温度，实现了气化过程无焦油和酚类物质产生，无含酚废水排放；采用先进的袋滤器技术，煤气粉尘含量低于30 mg/Nm；开发了新型炉膛结构、布风装置及相应的工艺，研发了高温空气预热和系统余热梯级利用技术，提高了热效率。

“发生炉煤气湿法脱硫系统”项目，脱硫系统采用了先进的燃料煤气湿法脱硫技术，开发了新型脱硫塔布液装置、新型再生塔气液分布器装置、熔硫装置，解决了脱硫堵塞结垢问题；采用新型 TTS 高效脱硫催化剂，提高了燃料煤气中 H2S 的脱除效果。

6.“挤出法一次烧大规格陶瓷薄板成型技术”研发成功

摩德娜公司为了配合国家节能减排政策和陶瓷企业转型升级，投巨资在现有技术中心车间内建设了全自动生产线，研发“挤出法一次烧大规格陶瓷薄板”项目，主要目的是研发生产过程粉尘少、厚度可以做很薄（节能、节约原料、省运输费用）、产品规格可以做很大、装饰方法多样化的挤出薄板全套工艺技术和成套装备，为陶瓷砖薄型化提供新工艺、新技术和新装备。

2012 年广东摩德娜科技股份有限公司自主研发的“挤出法一次烧大规格陶瓷薄板”样品获得成功。该薄板厚度仅为 3 ~ 5mm，规格尺寸达到了 1200×1800（mm），通过多次压延成型，经高温烧成后密度达到了 2550kg/m^3，比同样厚度的干压陶瓷板密度高，表面耐污性更强；厚度为 5mm 时，破坏强度可达到 800N 以上，比现有干压成型薄板强度高。

7. 纳米粉体激光仪面世

在陶瓷行业中纳米粉体激光仪主要用来测定球磨机球磨完成后泥浆的粒度分布。不同种类的陶瓷原料装入球磨机并加水研磨成泥浆后，再进行造粒、压制、烧成等工序，制成产品出售。泥浆的粒度分布是否符合工艺要求，它直接影响了产品的合格率。泥浆粒度过细，我们称之为“过磨”，这样就浪费电能。

传统的粒度检测方式是在球磨机停机后取样，用分样筛对其筛余进行检测，误差大也不准确，甚至会误导问题的判断，多走很多弯路。

纳米粉体激光仪可以准确的测定泥浆的粒度分布，使操作者准确地掌握泥浆中不同粒径的颗粒的多少，使原料既不会“少磨”，也不会“过磨”，对以稳定产品质量、降低能耗起到了至关重要的作用。

该产品由科达机电在 2012 中国广州国际陶瓷工业技术与产品展览会展出。

8. 尺寸及平整度检测仪诞生

尺寸及平整度检测仪是一专为陶瓷生产企业检测砖面尺寸及平整度而研发的检测系统。适用于对陶瓷生产线上的瓷砖进行全面自动在线检测，帮助用户利用科学现代化的手段对产品进行高精度检测、分析，并对生产情况进行统计、总结。

它具有以下优点：第一，100% 在线进行瓷砖尺寸、平整度测量，包括瓷砖的 4 条边，两条对角线以及两条对角线的差值等尺寸，检测瓷砖表面 4 边及对角线的平整度；第二，智能人机界面、操作简单易用；第三，采用德国进口工业相机、进口激光传感器等高进度元器件非接触测量，不损伤瓷砖产品表面；第四，专业工控机建立产品数据库，方便用户查询分析；第五，可与喷码机进行联动喷印检测信息。

该产品由科达机电在 2012 中国广州国际陶瓷工业技术与产品展览会展出。

9. 巴赛尔机电推出“瓷片素抛机”

8 月 31 日，佛山市巴赛尔机电有限公司在佛山举行新品发布会，隆重推出其公司新研发的瓷片素抛机和一款干磨轮“磨天伦”。这一款瓷片素抛机能明显降低生产企业生产成本，并有效避免生产制作过程中的浪费，提高了生产效率。而且对瓷片素坯的上釉面进行磨削抛光的效果好，能有效节约釉料成本，且能提高釉面的亮度和光洁度，减少砖坯的缺陷，提高产品优等率。此外，该新品还有一系列优点，如磨头能实现弹性磨削抛光，拥有自动平水找正功能。金刚轮模块具有自动报警功能，使操作更加人性化等等。

第五章　2012年建筑卫生陶瓷专利

第一节　2012年陶瓷砖专利

名称：一种瓷砖制作方法及设备 申请号：201110167391.2 申请（专利权）人：汤振华 发明（设计）人：汤振华 公开（公告）日：2012.01.04 公开（公告）号：CN102303982A	名称：一种生产陶瓷坯粒的方法 申请号：201110231422.6 申请（专利权）人：河南爱迪德电力设备有限责任公司 发明（设计）人：唐京广 公开（公告）日：2012.01.04 公开（公告）号：CN102303350A
名称：一种金属釉瓷砖的生产方法 申请号：201110191304.7 申请（专利权）人：晋江恒达陶瓷有限公司 发明（设计）人：黄家洞 公开（公告）日：2012.01.04 公开（公告）号：CN102303970A	名称：一种制备高强度多孔碳化硅陶瓷的方法 申请号：201110149191.4 申请（专利权）人：清华大学 发明（设计）人：刘中国；赵宏生；杨晖；李自强；张凯红 公开（公告）日：2012.01.04 公开（公告）号：CN102303978A
名称：低温烧结陶瓷烧结体及多层陶瓷基板 申请号：201080007906.6 申请（专利权）人：株式会社村田制作所 发明（设计）人：胜部毅 公开（公告）日：2012.01.04 公开（公告）号：CN102307825A	名称：一种防水互搭瓷砖 申请号：201120129621.1 申请（专利权）人：王俊荣 发明（设计）人：王俊荣；王培星 公开（公告）日：2012.01.04 公开（公告）号：CN202099963U
名称：激活离子受控掺杂的钇铝石榴石基激光透明陶瓷材料及其制备方法 申请号：201010218981.9 申请（专利权）人：中国科学院上海硅酸盐研究所 发明（设计）人：李江；潘裕柏；刘文斌；张文馨；周军；姜本学；王亮；寇华敏；沈毅强；石云；郭景坤 公开（公告）日：2012.01.11 公开（公告）号：CN102311258A	名称：陶瓷颗粒局部定位增强耐磨复合材料的制造方法 申请号：201110183449.2 申请（专利权）人：广州有色金属研究院 发明（设计）人：王娟；郑开宏；李林；赵散梅；陈亮；周楠；蔡畅；徐静；宋东福；戚文军 公开（公告）日：2012.01.11 公开（公告）号：CN102310596A
名称：一种常温反应成型陶瓷脸盆的制备方法 申请号：201110182694.1 申请（专利权）人：厦门建霖工业有限公司 发明（设计）人：余水；李明仁 公开（公告）日：2012.01.11 公开（公告）号：CN102310455A	名称：一种泡沫陶瓷板材的生产方法及生产设备 申请号：201010223170.8 申请（专利权）人：深圳市方浩实业有限公司 发明（设计）人：陈延东 公开（公告）日：2012.01.11 公开（公告）号：CN102310458A

续表

名称：一种利用陶瓷废渣制造的免烧免蒸建筑砖（瓦）及制造方法 申请号：201010219719.6 申请（专利权）人：刘传斌；刘莹 发明（设计）人：刘传斌；刘莹 公开（公告）日：2012.01.11 公开（公告）号：CN102311247A	名称：一种铌酸钾钠无铅压电陶瓷材料的制备方法 申请号：201110227548.6 申请（专利权）人：同济大学 发明（设计）人：翟继卫；郝继功；沈波 公开（公告）日：2012.01.11 公开（公告）号：CN102311266A
名称：复合相负温度系数热敏陶瓷材料 申请号：201110149036.2 申请（专利权）人：中国科学院新疆理化技术研究所 发明（设计）人：张惠敏；关芳；常爱民；赵鹏君；张博 公开（公告）日：2012.01.11 公开（公告）号：CN102311259A	名称：一种高致密碳化硅陶瓷球及其制备方法 申请号：201110251825.7 申请（专利权）人：河南新大新材料股份有限公司 发明（设计）人：辛玲；宋贺臣；姜维海；郝玉辉；路书芬 公开（公告）日：2012.01.11 公开（公告）号：CN102311268A
名称：一种带有工艺画的薄型花岗石、瓷砖 申请号：201120198735.1 申请（专利权）人：王旭 发明（设计）人：王旭 公开（公告）日：2012.01.11 公开（公告）号：CN202108204U	名称：一种轻质保温蜂窝陶瓷及其制备方法 申请号：201010220410.9 申请（专利权）人：深圳市方浩实业有限公司 发明（设计）人：陈延东 公开（公告）日：2012.01.11 公开（公告）号：CN102311274A
名称：一种SiOC多孔陶瓷的制备方法 申请号：201110218081.9 申请（专利权）人：中国人民解放军国防科学技术大学 发明（设计）人：马青松；田浩；段力群；徐天恒；刘海韬 公开（公告）日：2012.01.11 公开（公告）号：CN102311275A	名称：一种Si-C-O微纳米多孔陶瓷及其制备方法 申请号：201110219908.8 申请（专利权）人：中国科学院化学研究所 发明（设计）人：李永明；王丁；徐彩虹；吴纪全；王秀军；陈丽敏 公开（公告）日：2012.01.11 公开（公告）号：CN102311276A
名称：一种新型瓷砖 申请号：201120128116.5 申请（专利权）人：福建省晋江市联兴建材有限公司 发明（设计）人：吴炳煊 公开（公告）日：2012.01.11 公开（公告）号：CN202108203U	名称：陶瓷电子元件及其制造方法 申请号：201110161080.5 申请（专利权）人：株式会社村田制作所 发明（设计）人：小川诚；元木章博；猿喰真人；岩永俊之；竹内俊介；樱田清恭 公开（公告）日：2012.01.11 公开（公告）号：CN102315017A
名称：以化学沉积镍磷合金层封闭钢铁表面陶瓷喷涂层孔隙的方法 申请号：201110286801.5 申请（专利权）人：武汉材料保护研究所 发明（设计）人：张三平；徐昌盛；李耀玺；刘秀生；伍建华；李秉忠；周学杰 公开（公告）日：2012.01.11 公开（公告）号：CN102312229A	名称：陶瓷闪烁体本体和闪烁装置 申请号：200980152494.2 申请（专利权）人：圣戈本陶瓷及塑料股份有限公司 发明（设计）人：B.C. 拉克色；A.B. 哈德；H. 莱特；Q. 陈；X. 彭；B. 维阿纳；M. 赞迪 公开（公告）日：2012.01.11 公开（公告）号：CN102317409A
名称：一种拼块防脱落瓷砖 申请号：201120176562.3 申请（专利权）人：郑浩 发明（设计）人：郑浩 公开（公告）日：2012.01.11 公开（公告）号：CN202108177U	名称：多层陶瓷基板 申请号：201110199772.9 申请（专利权）人：株式会社村田制作所 发明（设计）人：元家真知子；鹫见高弘 公开（公告）日：2012.01.11 公开（公告）号：CN102316671A

续表

名称：钛酸铝系陶瓷 申请号：201080008085.8 申请（专利权）人：住友化学株式会社 发明（设计）人：岩崎健太郎；根本明欣 公开（公告）日：2012.01.11 公开（公告）号：CN102317232A	名称：一种钎焊陶瓷用活性芯银钎料及其制备方法 申请号：201110224124.4 申请（专利权）人：郑州机械研究所 发明（设计）人：薛行雁；龙伟民；裴夤鉴；于新泉；张雷；潘建军；马力；程亚芳；黄俊兰；赵建昌；齐剑钊 公开（公告）日：2012.01.18 公开（公告）号：CN102319964A
名称：陶瓷原料粉品干造粒生产方法 申请号：201110330767.7 申请（专利权）人：张文墩 发明（设计）人：张文墩 公开（公告）日：2012.01.18 公开（公告）号：CN102320076A	名称：氧化锆陶瓷磨盘及制备方法 申请号：201110168200.4 申请（专利权）人：山东理工大学 发明（设计）人：唐竹兴；张颖 公开（公告）日：2012.01.18 公开（公告）号：CN102320031A
名称：氧化锆陶瓷缸套材料及其制备方法 申请号：201110237836.X 申请（专利权）人：汕头大学；广东东方锆业科技股份有限公司 发明（设计）人：张歆；罗忠义；王新平；尹业高；陈仲丛；陈潮钿；王国营；许小军；黄超华 公开（公告）日：2012.01.18 公开（公告）号：CN102320830A	名称：锌铋基钙钛矿-钛酸铅-铅基弛豫铁电体三元系压电陶瓷及其制备方法 申请号：201110141080.9 申请（专利权）人：合肥工业大学 发明（设计）人：左如忠；刘义；赵万里；齐世顺；左文武；付健 公开（公告）日：2012.01.18 公开（公告）号：CN102320831A
名称：一种印花瓷砖的生产方法 申请号：201110191303.2 申请（专利权）人：晋江恒达陶瓷有限公司 发明（设计）人：黄家洞 公开（公告）日：2012.01.25 公开（公告）号：CN102329153A	名称：一种建筑用陶瓷砖 申请号：201120222440.3 申请（专利权）人：李建立 发明（设计）人：李建立 公开（公告）日：2012.02.08 公开（公告）号：CN202139796U
名称：一种瓷砖钢地板及其加工方法 申请号：201110214150.9 申请（专利权）人：莫新南 发明（设计）人：莫新南 公开（公告）日：2012.02.22 公开（公告）号：CN102359260A	名称：潜热反射仿真瓷砖 申请号：201110229977.7 申请（专利权）人：华仁建设集团有限公司；海拉节能科技盐城有限公司；吴俊杰 发明（设计）人：吴玲琳；许锦锋；吴俊杰；徐佳；黄本亮；冯小平；王纪明；丁新中 公开（公告）日：2012.02.22 公开（公告）号：CN102359236A
名称：一种具有抗菌性能的陶瓷砖 申请号：201120152624.7 申请（专利权）人：江西斯米克陶瓷有限公司；上海斯米克建筑陶瓷股份有限公司 发明（设计）人：李慈雄 公开（公告）日：2012.02.29 公开（公告）号：CN202152320U	名称：一种集成在瓷砖上的一体花瓶 申请号：201110257286.8 申请（专利权）人：苏州苏鼎产品设计有限公司 发明（设计）人：张剑 公开（公告）日：2012.02.29 公开（公告）号：CN102362752A

续表

名称：一种可用磁力粘贴物品的陶瓷砖 申请号：201120099495.X 申请（专利权）人：佛山市中国科学院上海硅酸盐研究所陶瓷研发中心 发明（设计）人：蔡晓峰；于伟东 公开（公告）日：2012.03.07 公开（公告）号：CN202157487U	名称：瓷砖组合橱柜 申请号：201120258467.8 申请（专利权）人：袁玉海 发明（设计）人：袁玉海 公开（公告）日：2012.03.14 公开（公告）号：CN202160957U
名称：飘窗台面L形瓷砖 申请号：201120056566.8 申请（专利权）人：邓宇中 发明（设计）人：不公告发明人 公开（公告）日：2012.03.14 公开（公告）号：CN202164763U	名称：一种印花瓷砖 申请号：201110247986.9 申请（专利权）人：苏州潮盛印花制版实业有限公司 发明（设计）人：钟钊伟；黄锡坚；张硕 公开（公告）日：2012.03.21 公开（公告）号：CN102383554A
名称：一种废玻璃制备透水性陶瓷砖的方法 申请号：201010274192.7 申请（专利权）人：秦继民 发明（设计）人：秦继民 公开（公告）日：2012.03.21 公开（公告）号：CN102381867A	名称：一种利用碳素纤维纸加热的瓷砖 申请号：201120240847.9 申请（专利权）人：安徽博领环境科技有限公司 发明（设计）人：程启进 公开（公告）日：2012.03.21 公开（公告）号：CN202170609U
名称：用于陶瓷砖丝网印花标准数据化操作的工具组合 申请号：201120221629.0 申请（专利权）人：佛山市三水新明珠建陶工业有限公司；广东新明珠陶瓷集团有限公司 发明（设计）人：叶德林；李辉 公开（公告）日：2012.03.21 公开（公告）号：CN202169753U	名称：陶瓷砖丝网印花标准数据化组件 申请号：201120221626.7 申请（专利权）人：佛山市三水新明珠建陶工业有限公司；广东新明珠陶瓷集团有限公司 发明（设计）人：叶德林；李辉 公开（公告）日：2012.03.21 公开（公告）号：CN202169752U
名称：一次烧微晶玻璃陶瓷砖的生产方法 申请号：201110219027.6 申请（专利权）人：佛山石湾鹰牌陶瓷有限公司 发明（设计）人：林伟；陈贤伟；路明忠；姚青山；黄迪 公开（公告）日：2012.03.28 公开（公告）号：CN102390931A	名称：一种超薄玻化瓷砖的生产工艺及设备 申请号：201110220051.1 申请（专利权）人：广东摩德娜科技股份有限公司 发明（设计）人：管火金；毛新 公开（公告）日：2012.03.28 公开（公告）号：CN102390976A
名称：陶瓷砖丝网印花标准测量器 申请号：201120221600.2 申请（专利权）人：佛山市三水新明珠建陶工业有限公司；广东新明珠陶瓷集团有限公司 发明（设计）人：叶德林；李辉 公开（公告）日：2012.03.28 公开（公告）号：CN202174809U	名称：一种能生产纵横交错纹理效果的陶瓷砖布料方法及其装置 申请号：201110329041.1 申请（专利权）人：严苏景 发明（设计）人：严苏景；梁海果；陈伟强；何标成；梁志江 公开（公告）日：2012.04.18 公开（公告）号：CN102416655A
名称：一种防静电瓷砖 申请号：201110304968.X 申请（专利权）人：信益陶瓷（中国）有限公司 发明（设计）人：管蒙蒙；蒋平平；阎崔蓉 公开（公告）日：2012.04.18 公开（公告）号：CN102418407A	名称：一种纳米抗菌按摩保健瓷砖 申请号：201110305725.8 申请（专利权）人：信益陶瓷（中国）有限公司 发明（设计）人：李小平；蒋平平；阎崔蓉 公开（公告）日：2012.04.18 公开（公告）号：CN102418410A

续表

名称：一种新型异形陶瓷砖 申请号：201120241411.1 申请（专利权）人：晋江恒达陶瓷有限公司 发明（设计）人：黄家洞 公开（公告）日：2012.04.18 公开（公告）号：CN202194324U	名称：一种光自洁陶瓷砖 申请号：201120241413.0 申请（专利权）人：晋江恒达陶瓷有限公司 发明（设计）人：黄家洞 公开（公告）日：2012.04.18 公开（公告）号：CN202194331U
名称：一种瓷砖 申请号：201120235816.4 申请（专利权）人：长葛市新大都瓷业有限公司 发明（设计）人：张延伟 公开（公告）日：2012.04.18 公开（公告）号：CN202194343U	名称：一种瓷砖钢地板 申请号：201120271353.7 申请（专利权）人：莫新南 发明（设计）人：莫新南 公开（公告）日：2012.04.18 公开（公告）号：CN202194354U
名称：一种有细条纹的瓷砖 申请号：201120243215.8 申请（专利权）人：广东天弼陶瓷有限公司 发明（设计）人：王正旺 公开（公告）日：2012.04.25 公开（公告）号：CN202202519U	名称：新型圆角瓷砖 申请号：201120335274.8 申请（专利权）人：董文革 发明（设计）人：董文革 公开（公告）日：2012.04.25 公开（公告）号：CN202202550U
名称：一种双层颗粒瓷砖 申请号：201120247423.5 申请（专利权）人：广东天弼陶瓷有限公司 发明（设计）人：王正旺 公开（公告）日：2012.05.02 公开（公告）号：CN202209020U	名称：一种新型镂空瓷砖 申请号：201120243181.2 申请（专利权）人：广东天弼陶瓷有限公司 发明（设计）人：刘凌空 公开（公告）日：2012.05.02 公开（公告）号：CN202209024U
名称：一种用于3D数码喷墨瓷砖的墨水 申请号：201110342760.7 申请（专利权）人：广东新中源陶瓷有限公司 发明（设计）人：王火生 公开（公告）日：2012.05.02 公开（公告）号：CN102433044A	名称：一种有图案的双层瓷砖 申请号：201120247449.X 申请（专利权）人：广东天弼陶瓷有限公司 发明（设计）人：王正旺 公开（公告）日：2012.05.02 公开（公告）号：CN202209021U
名称：海洋生物抗菌瓷砖清洁剂 申请号：201010501622.4 申请（专利权）人：青岛海芬海洋生物科技有限公司 发明（设计）人：李艳妮；王鑫；崔瑛 公开（公告）日：2012.05.09 公开（公告）号：CN102443496A	名称：一种具有金属颗粒的陶瓷砖 申请号：201120336952.2 申请（专利权）人：佛山市明朝科技开发有限公司 发明（设计）人：毛海燕 公开（公告）日：2012.05.09 公开（公告）号：CN202214938U
名称：磁性瓷砖的产生方法 申请号：201010545428.6 申请（专利权）人：陈渝德 发明（设计）人：陈渝德 公开（公告）日：2012.05.23 公开（公告）号：CN102464491A	名称：一种制备很薄瓷砖的方法 申请号：201010557549.2 申请（专利权）人：奥托创建有限责任公司 发明（设计）人：M·博内兹 公开（公告）日：2012.05.30 公开（公告）号：CN102476945A

续表

名称：组装式瓷砖结合体 申请号：201080039852.1 申请（专利权）人：沈贞泽 发明（设计）人：沈贞泽 公开（公告）日：2012.05.30 公开（公告）号：CN102482885A	名称：一种保温隔热幕墙瓷砖 申请号：201120400453.5 申请（专利权）人：李玉波；李星凯 发明（设计）人：李玉波；李星凯 公开（公告）日：2012.05.30 公开（公告）号：CN202248439U
名称：一种具有凹槽的陶瓷砖 申请号：201120349357.2 申请（专利权）人：佛山市明朝科技开发有限公司 发明（设计）人：毛海燕 公开（公告）日：2012.05.30 公开（公告）号：CN202248628U	名称：建筑物外墙防护柔性石材及瓷砖 申请号：201120339319.9 申请（专利权）人：魏增汉 发明（设计）人：魏增汉 公开（公告）日：2012.05.30 公开（公告）号：CN202248656U
名称：一种软磁性陶瓷砖 申请号：201120268903.X 申请（专利权）人：佛山欧神诺陶瓷股份有限公司 发明（设计）人：唐奇；张缇；陈华 公开（公告）日：2012.05.30 公开（公告）号：CN202248678U	名称：一种具有喷墨层的陶瓷砖 申请号：201120349342.6 申请（专利权）人：佛山市明朝科技开发有限公司 发明（设计）人：毛海燕 公开（公告）日：2012.05.30 公开（公告）号：CN202248688U
名称：一种具有纳米色料层的陶瓷砖 申请号：201120349352.X 申请（专利权）人：佛山市明朝科技开发有限公司 发明（设计）人：毛海燕 公开（公告）日：2012.05.30 公开（公告）号：CN202248703U	名称：抗热震性耐压耐酸瓷砖及其制作方法 申请号：201110434913.0 申请（专利权）人：邓宗禹 发明（设计）人：邓宗禹 公开（公告）日：2012.06.06 公开（公告）号：CN102485691A
名称：一种直角三角形瓷砖 申请号：201120408465.2 申请（专利权）人：张虹玥 发明（设计）人：张虹玥 公开（公告）日：2012.06.13 公开（公告）号：CN202273377U	名称：一种3D数码喷墨瓷砖的生产工艺 申请号：201110342768.3 申请（专利权）人：广东新中源陶瓷有限公司 发明（设计）人：王火生 公开（公告）日：2012.06.20 公开（公告）号：CN102503386A
名称：一种超低温快烧玻化陶瓷砖生产方法 申请号：201110286791.5 申请（专利权）人：佛山石湾鹰牌陶瓷有限公司 发明（设计）人：林伟；陈贤伟；路明忠；范国昌；范新晖 公开（公告）日：2012.06.20 公开（公告）号：CN102503436A	名称：香云纱雅光釉瓷砖及其生产方法 申请号：201110292141.1 申请（专利权）人：佛山市三水新明珠建陶工业有限公司；广东新明珠陶瓷集团有限公司 发明（设计）人：叶德林；黄春林；韦前；谢怡伟；关志文；朱庆明；徐雪英；朱光耀 公开（公告）日：2012.06.20 公开（公告）号：CN102503439A
名称：一种保温隔热幕墙瓷砖及其制造方法 申请号：201110319806.3 申请（专利权）人：李玉波；李星凯 发明（设计）人：李玉波；李星凯 公开（公告）日：2012.06.20 公开（公告）号：CN102505785A	名称：一种表面镀黄金的瓷砖及其制造方法 申请号：201110305736.6 申请（专利权）人：信益陶瓷（中国）有限公司 发明（设计）人：李小平；蒋平平；阎崔蓉 公开（公告）日：2012.06.20 公开（公告）号：CN102505822A

续表

<table>
<tr><td>名称：瓷砖
申请号：201120392953.9
申请（专利权）人：俞春丽
发明（设计）人：俞春丽
公开（公告）日：2012.06.20
公开（公告）号：CN202280238U</td><td>名称：安全环保无返碱彩色瓷砖填缝剂
申请号：201110332040.2
申请（专利权）人：北京东方雨虹防水技术股份有限公司
发明（设计）人：韩朝辉；熊卫锋
公开（公告）日：2012.06.20
公开（公告）号：CN102503301A</td></tr>
<tr><td>名称：无接缝卫生角瓷砖
申请号：201120353303.3
申请（专利权）人：李占江
发明（设计）人：李占江
公开（公告）日：2012.06.27
公开（公告）号：CN202284370U</td><td>名称：一种以稀土尾砂制备的陶瓷砖及其制造方法
申请号：201110320941.X
申请（专利权）人：景德镇陶瓷学院
发明（设计）人：周健儿；汪永清；杨柯；肖卓豪；包启富；刘昆
公开（公告）日：2012.06.27
公开（公告）号：CN102515695A</td></tr>
<tr><td>名称：一种金属釉陶瓷砖及其制备方法
申请号：201110410251.3
申请（专利权）人：霍镰泉
发明（设计）人：丘春玲
公开（公告）日：2012.06.27
公开（公告）号：CN102515872A</td><td>名称：超平高晶石瓷砖的生产工艺
申请号：201110430771.0
申请（专利权）人：四川新中源陶瓷有限公司
发明（设计）人：钟伟标
公开（公告）日：2012.06.27
公开（公告）号：CN102515703A</td></tr>
<tr><td>名称：一种幻彩陶瓷砖
申请号：201120242399.6
申请（专利权）人：晋江恒达陶瓷有限公司
发明（设计）人：黄家洞
公开（公告）日：2012.06.27
公开（公告）号：CN202284376U</td><td>名称：砂石粉制钢化墙地瓷砖
申请号：201110422184.7
申请（专利权）人：天长市中能国泰能源技术有限公司；万金林
发明（设计）人：万金林
公开（公告）日：2012.07.04
公开（公告）号：CN102531477A</td></tr>
<tr><td>名称：一种瓷砖
申请号：201120392968.5
申请（专利权）人：俞春丽
发明（设计）人：俞春丽
公开（公告）日：2012.07.04
公开（公告）号：CN202299254U</td><td>名称：一种表面镀黄金的瓷砖
申请号：201120383744.8
申请（专利权）人：信益陶瓷（中国）有限公司
发明（设计）人：李小平；蒋平平；阎崔蓉
公开（公告）日：2012.07.04
公开（公告）号：CN202299247U</td></tr>
<tr><td>名称：一种夜光瓷砖
申请号：201120398732.2
申请（专利权）人：淮北市惠尔普建筑陶瓷有限公司
发明（设计）人：田登峰；李反修；黄亚萍；刘云伟
公开（公告）日：2012.07.04
公开（公告）号：CN202299249U</td><td>名称：一种纳米抗菌按摩保健瓷砖
申请号：201120381745.9
申请（专利权）人：信益陶瓷（中国）有限公司
发明（设计）人：李小平；蒋平平；阎崔蓉
公开（公告）日：2012.07.04
公开（公告）号：CN202299279U</td></tr>
<tr><td>名称：具有光触媒抗菌效果的瓷砖
申请号：201010613480.0
申请（专利权）人：佐贺光触媒环保科技（大连）有限公司
发明（设计）人：韩延昆
公开（公告）日：2012.07.11
公开（公告）号：CN102561627A</td><td>名称：新型节能瓷砖
申请号：201120482260.9
申请（专利权）人：陈建忠
发明（设计）人：陈建忠
公开（公告）日：2012.07.11
公开（公告）号：CN202324449U</td></tr>
</table>

续表

名称：一种新型环保瓷砖 申请号：201120482252.4 申请（专利权）人：陈建忠 发明（设计）人：陈建忠 公开（公告）日：2012.07.11 公开（公告）号：CN202324455U	名称：一种防静电瓷砖 申请号：201120381768.X 申请（专利权）人：信益陶瓷（中国）有限公司 发明（设计）人：管蒙蒙；蒋平平；阎崔蓉 公开（公告）日：2012.07.11 公开（公告）号：CN202324462U
名称：一种加固型外墙隔热瓷砖 申请号：201120482275.5 申请（专利权）人：陈建忠 发明（设计）人：陈建忠 公开（公告）日：2012.07.11 公开（公告）号：CN202324481U	名称：一种生态型防脱落瓷砖 申请号：201120482278.9 申请（专利权）人：陈建忠 发明（设计）人：陈建忠 公开（公告）日：2012.07.11 公开（公告）号：CN202324496U
名称：一种瓷砖 申请号：201120408078.9 申请（专利权）人：成都君晟科技有限公司 发明（设计）人：张欣悦；张永康；杨翠宁 公开（公告）日：2012.07.11 公开（公告）号：CN202324506U	名称：一种防透水双釉面瓷砖 申请号：201120398708.9 申请（专利权）人：淮北市惠尔普建筑陶瓷有限公司 发明（设计）人：田登峰；李反修；黄亚萍；刘云伟 公开（公告）日：2012.07.18 公开（公告）号：CN202338093U
名称：具有按摩功能的环保瓷砖 申请号：201120373039.X 申请（专利权）人：杨政委 发明（设计）人：杨政委 公开（公告）日：2012.07.25 公开（公告）号：CN202347759U	名称：一种三角形瓷砖 申请号：201120408540.5 申请（专利权）人：张虹玥 发明（设计）人：张虹玥 公开（公告）日：2012.07.25 公开（公告）号：CN202347760U
名称：一种易安装陶瓷砖 申请号：201120443718.X 申请（专利权）人：湖南高峰陶瓷制造有限公司 发明（设计）人：陈香；凌明；易奇 公开（公告）日：2012.07.25 公开（公告）号：CN202347761U	名称：一种消声保温陶瓷砖 申请号：201120443723.0 申请（专利权）人：湖南高峰陶瓷制造有限公司 发明（设计）人：陈香；凌明；易奇 公开（公告）日：2012.07.25 公开（公告）号：CN202347771U
名称：一种立体瓷砖的制作方法 申请号：201110030765.6 申请（专利权）人：上海庄信柚木品制造有限公司 发明（设计）人：陈念嘉；陈庄 公开（公告）日：2012.08.01 公开（公告）号：CN102615693A	名称：导水瓷砖 申请号：201120528653.9 申请（专利权）人：冉铧深 发明（设计）人：冉铧深 公开（公告）日：2012.08.01 公开（公告）号：CN202359767U
名称：一种用高瘠性料制备环保型建筑陶瓷砖的方法 申请号：201210095638.9 申请（专利权）人：景德镇陶瓷学院 发明（设计）人：顾幸勇；罗婷；吴少冷；温晓庆；陈云霞 公开（公告）日：2012.08.01 公开（公告）号：CN102617154A	名称：利用抛光废渣制造瓷砖坯体和釉面砖的配方及方法 申请号：201210050321.3 申请（专利权）人：广东宏陶陶瓷有限公司；广东宏威陶瓷实业有限公司 发明（设计）人：梁桐灿；余国明；李少平 公开（公告）日：2012.08.01 公开（公告）号：CN102617123A

续表

名称：一种温度控制变色的建筑瓷砖 申请号：201120554129.9 申请（专利权）人：武汉康桥伟业高新科技有限公司 发明（设计）人：范犇；吴天骄 公开（公告）日：2012.08.08 公开（公告）号：CN202370204U	名称：一种超薄陶瓷砖的制造方法 申请号：201210134954.2 申请（专利权）人：佛山市中国科学院上海硅酸盐研究所陶瓷研发中心 发明（设计）人：于伟东；蔡晓峰 公开（公告）日：2012.08.15 公开（公告）号：CN102633493A
名称：一种墙面、地面通用瓷砖 申请号：201210142533.4 申请（专利权）人：信益陶瓷（中国）有限公司 发明（设计）人：石荣波；李小平 公开（公告）日：2012.08.15 公开（公告）号：CN102635214A	名称：太阳能瓷砖及其组合系统以及大面积利用太阳能的方法 申请号：201210139924.0 申请（专利权）人：山西农业大学 发明（设计）人：周晶；范俊娥；周沛臣 公开（公告）日：2012.08.22 公开（公告）号：CN102644361A
名称：陶瓷砖 申请号：201210043058.5 申请（专利权）人：德米特里·索米切夫 发明（设计）人：德米特里·索米切夫；埃琳娜·波波娃；加利娅·斯科克；阿纳托利·波塔波夫 公开（公告）日：2012.08.29 公开（公告）号：CN102649638A	名称：一种具有立体层次感的抛釉陶瓷砖及其制备方法 申请号：201210112600.8 申请（专利权）人：陈满坚 发明（设计）人：陈满坚 公开（公告）日：2012.09.05 公开（公告）号：CN102653476A
名称：控温瓷砖 申请号：201210024656.8 申请（专利权）人：税林 发明（设计）人：税林 公开（公告）日：2012.09.05 公开（公告）号：CN102653972A	名称：防脱落瓷砖的生产工艺 申请号：201110051343.7 申请（专利权）人：任立蓬 发明（设计）人：任立蓬 公开（公告）日：2012.09.05 公开（公告）号：CN102653976A
名称：CT 触媒瓷砖 申请号：201220019660.0 申请（专利权）人：珠海诺家厨卫有限公司 发明（设计）人：陈星凯 公开（公告）日：2012.09.05 公开（公告）号：CN202416768U	名称：一种新型挤压成型空心瓷砖 申请号：201220060955.2 申请（专利权）人：福建省欧曼陶瓷有限公司 发明（设计）人：吴汉梁 公开（公告）日：2012.09.05 公开（公告）号：CN202416772U
名称：一种太阳能发光瓷砖 申请号：201220004132.8 申请（专利权）人：营口临潼维宁科技有限公司 发明（设计）人：张火军；张龙；杨善权；乔维宁 公开（公告）日：2012.09.12 公开（公告）号：CN202430920U	名称：釉下幻彩裂纹陶瓷砖的生产方法 申请号：201210167219.1 申请（专利权）人：广东蒙娜丽莎新型材料集团有限公司 发明（设计）人：刘一军；潘利敏；汪庆刚；饶培文；赵勇 公开（公告）日：2012.09.19 公开（公告）号：CN102674896A
名称：采暖瓷砖 申请号：201210147491.3 申请（专利权）人：税林 发明（设计）人：税林 公开（公告）日：2012.09.19 公开（公告）号：CN102679439A	名称：一种新型装饰瓷砖的制作方法 申请号：201210173695.4 申请（专利权）人：佛山瑭虹釉料科技有限公司 发明（设计）人：何维恭 公开（公告）日：2012.09.19 公开（公告）号：CN102672790A

续表

名称：一种微晶仿真石瓷砖的制造方法 申请号：201210191794.5 申请（专利权）人：佛山瑭虹釉料科技有限公司 发明（设计）人：何维恭 公开（公告）日：2012.09.26 公开（公告）号：CN102690130A	名称：含铁粉墙体瓷砖 申请号：201210208379.6 申请（专利权）人：四川大学 发明（设计）人：李娟；胡再国 公开（公告）日：2012.09.26 公开（公告）号：CN102690103A
名称：内衬聚晶微粉陶瓷砖的耐磨管道 申请号：201120535712.5 申请（专利权）人：山东博润工业技术股份有限公司 发明（设计）人：陈兵；唐琳琳；王盟 公开（公告）日：2012.09.26 公开（公告）号：CN202451988U	名称：一种瓷砖喷墨前的处理技术 申请号：201210186256.7 申请（专利权）人：沈玉琴 发明（设计）人：沈玉琴 公开（公告）日：2012.10.03 公开（公告）号：CN102700260A
名称：粉煤灰质陶瓷砖及其制备方法 申请号：201210194747.6 申请（专利权）人：淄博新空间陶瓷有限公司 发明（设计）人：李峰芝；胡温钢 公开（公告）日：2012.10.03 公开（公告）号：CN102701716A	名称：一种凹凸模面瓷砖 申请号：201210196988.4 申请（专利权）人：广东新明珠陶瓷集团有限公司 发明（设计）人：叶德林；韦前；黄春林；朱光耀 公开（公告）日：2012.10.03 公开（公告）号：CN102704642A
名称：一种幻彩瓷砖 申请号：201220091811.3 申请（专利权）人：佛山市三水新明珠建陶工业有限公司；广东新明珠陶瓷集团有限公司 发明（设计）人：叶德林；韦前；黄春林；朱光耀 公开（公告）日：2012.10.03 公开（公告）号：CN202467062U	名称：嵌入式墙体瓷砖 申请号：201210218638.3 申请（专利权）人：四川大学 发明（设计）人：胡再国 公开（公告）日：2012.10.10 公开（公告）号：CN102720319A
名称：隔热瓷砖及其制造方法 申请号：201210225172.X 申请（专利权）人：福建省南安市荣达建材有限公司 发明（设计）人：蔡荣法 公开（公告）日：2012.10.17 公开（公告）号：CN102731065A	名称：一种抗菌瓷砖的制造方法 申请号：201210225175.3 申请（专利权）人：福建省南安市荣达建材有限公司 发明（设计）人：蔡荣法 公开（公告）日：2012.11.07 公开（公告）号：CN102765930A
名称：一种具有立体层次感的抛釉陶瓷砖 申请号：201220162648.5 申请（专利权）人：陈满坚 发明（设计）人：陈满坚 公开（公告）日：2012.11.21 公开（公告）号：CN202543089U	名称：一种镀金属抛釉陶瓷砖 申请号：201220162684.1 申请（专利权）人：陈满坚 发明（设计）人：陈满坚 公开（公告）日：2012.11.21 公开（公告）号：CN202543090U
名称：一种建筑用的复合瓷砖 申请号：201220206638.7 申请（专利权）人：厦门三荣陶瓷开发有限公司 发明（设计）人：林再添 公开（公告）日：2012.12.05 公开（公告）号：CN202577835U	名称：建筑用的复合瓷砖 申请号：201220206725.2 申请（专利权）人：厦门三荣陶瓷开发有限公司 发明（设计）人：林再添 公开（公告）日：2012.12.05 公开（公告）号：CN202577836U

续表

名称：一种无锆瓷砖 申请号：201110150432.7 申请（专利权）人：淄博唯能陶瓷有限公司 发明（设计）人：肖凤军 公开（公告）日：2012.12.12 公开（公告）号：CN102815931A	名称：一种金属结晶釉瓷砖的制造方法 申请号：201210279397.3 申请（专利权）人：佛山瑭虹釉料科技有限公司 发明（设计）人：何维恭 公开（公告）日：2012.12.12 公开（公告）号：CN102815972A
名称：免烧人造石保健装饰瓷砖（板） 申请号：201110167986.8 申请（专利权）人：吴振杰 发明（设计）人：吴振杰 公开（公告）日：2012.12.26 公开（公告）号：CN102839798A	

第二节　2012 年卫浴专利

名称：一种固定卫浴洁具盆配套用盆具 申请号：201120165163.7 申请（专利权）人：曾涛 发明（设计）人：曾涛 公开（公告）日：2012.01.04 公开（公告）号：CN202096113U	名称：一种卫浴专用纳米盆 申请号：201120210630.3 申请（专利权）人：段湘华 发明（设计）人：段湘华 公开（公告）日：2012.01.04 公开（公告）号：CN202099210U
名称：多功能卫浴传感器 申请号：201120126874.3 申请（专利权）人：珠海百亚电子科技有限公司 发明（设计）人：卢单 公开（公告）日：2012.01.11 公开（公告）号：CN202109067U	名称：卫浴龙头 申请号：201130138389.3 申请（专利权）人：汉斯格雅股份公司 发明（设计）人：汤姆·舍恩赫尔；埃尔坎·比尔吉奇 公开（公告）日：2012.01.11 公开（公告）号：CN301795915S
名称：一种卫浴感应装置 申请号：201120231355.3 申请（专利权）人：福建省南安市科洁电子感应设备有限公司 发明（设计）人：洪晓云 公开（公告）日：2012.01.18 公开（公告）号：CN202118347U	名称：一种卫浴感应器 申请号：201120231381.6 申请（专利权）人：福建省南安市科洁电子感应设备有限公司 发明（设计）人：洪晓云 公开（公告）日：2012.01.18 公开（公告）号：CN202118356U
名称：一种卫浴组件 申请号：201120179605.3 申请（专利权）人：绮翊实业股份有限公司 发明（设计）人：姚段 公开（公告）日：2012.01.18 公开（公告）号：CN202118334U	名称：水龙头（科耐卫浴 K88706-185C） 申请号：201130320959.0 申请（专利权）人：黄旭萍 发明（设计）人：黄旭萍 公开（公告）日：2012.02.01 公开（公告）号：CN301825028S

续表

名称：一种卫浴触摸装置 申请号：201120231412.8 申请（专利权）人：福建省南安市科洁电子感应设备有限公司 发明（设计）人：洪晓云 公开（公告）日：2012.02.01 公开（公告）号：CN202135108U	名称：卫浴龙头把手 申请号：201130135832.1 申请（专利权）人：汉斯格雅股份公司 发明（设计）人：安东尼奥·奇泰里奥 公开（公告）日：2012.02.08 公开（公告）号：CN301832570S
名称：卫浴盆（洞影） 申请号：201130347964.0 申请（专利权）人：杭州金星铜工程有限总公司 发明（设计）人：杨恒国 公开（公告）日：2012.02.08 公开（公告）号：CN301832719S	名称：卫浴用品架 申请号：201130317949.1 申请（专利权）人：浙江科技学院 发明（设计）人：施越峰 公开（公告）日：2012.02.15 公开（公告）号：CN301836909S
名称：昆仑晶石复合材料卫浴设备及其制备方法 申请号：201110223389.2 申请（专利权）人：上海琥达投资发展有限公司；青海西旺高新材料有限公司 发明（设计）人：池立群 公开（公告）日：2012.02.15 公开（公告）号：CN102351462A	名称：卫浴三件套（方型双层） 申请号：201130109099.6 申请（专利权）人：金永春 发明（设计）人：金永春；姜纪义 公开（公告）日：2012.02.15 公开（公告）号：CN301840878S
名称：一种无上下水条件下使用的装配式卫浴房 申请号：201110305542.6 申请（专利权）人：于华新 发明（设计）人：于华新 公开（公告）日：2012.02.22 公开（公告）号：CN102359287A	名称：一种卫浴行业专用锌合金 申请号：201110405997.5 申请（专利权）人：广东金亿合金制品有限公司 发明（设计）人：宋韶文；邱寿华；骆文龙；谢兆庚；吴有华；朱宏厚；杨廉君 公开（公告）日：2012.03.07 公开（公告）号：CN102367530A
名称：一种卫浴化妆台架 申请号：201120247146.8 申请（专利权）人：俞永丽；霍达；秦石 发明（设计）人：俞永丽；霍达；秦石 公开（公告）日：2012.03.14 公开（公告）号：CN202161234U	名称：新型卫浴散热器 申请号：201120232824.3 申请（专利权）人：天津市温馨达金属制品有限公司 发明（设计）人：张玉龙 公开（公告）日：2012.03.21 公开（公告）号：CN202171404U
名称：用于卫浴设备的具自锁装置的阀 申请号：201120206945.0 申请（专利权）人：厦门市易洁卫浴有限公司 发明（设计）人：林付峰；周林；黄仁渊 公开（公告）日：2012.03.28 公开（公告）号：CN202176812U	名称：卫浴陶瓷坯件的直压成型专用模具 申请号：201110387226.8 申请（专利权）人：重庆四维卫浴（集团）有限公司 发明（设计）人：郑建和；周才友；胡敏渝；詹华春；李建 公开（公告）日：2012.04.04 公开（公告）号：CN102398301A
名称：卫浴挂件的安装底座 申请号：201120310366.0 申请（专利权）人：李子琦 发明（设计）人：李子琦 公开（公告）日：2012.04.04 公开（公告）号：CN202179412U	名称：卫浴铜合金管件高温阶梯式分段增压吹气成型制法 申请号：201010288819.4 申请（专利权）人：深圳成霖洁具股份有限公司 发明（设计）人：汪俊延；罗文麟；游智渊；林俊凯 公开（公告）日：2012.04.11 公开（公告）号：CN102407249A

续表

名称：非接触式卫浴充电装置 申请号：201120152828.0 申请（专利权）人：天瑞企业股份有限公司 发明（设计）人：陈世惠；林进田 公开（公告）日：2012.04.11 公开（公告）号：CN202190111U	名称：卫浴陶瓷坯件直压成型专用压机 申请号：201110387240.8 申请（专利权）人：重庆四维卫浴（集团）有限公司 发明（设计）人：周才友；郑建和；胡敏渝；李建；詹华春 公开（公告）日：2012.04.18 公开（公告）号：CN102416653A
名称：一种便携式卫浴套装 申请号：201120256462.1 申请（专利权）人：何淑惠 发明（设计）人：何淑惠 公开（公告）日：2012.04.18 公开（公告）号：CN202190903U	名称：一种带医学元素和保健元素的卫浴控制系统 申请号：201120196448.7 申请（专利权）人：莫方宇 发明（设计）人：莫方宇 公开（公告）日：2012.04.25 公开（公告）号：CN202205043U
名称：一种以高焓浴宝为升温加湿装置的低热惯性集成卫浴房 申请号：201110255057.2 申请（专利权）人：上海伯涵热能科技有限公司 发明（设计）人：薛世山；李成伟；韦林林；张俊 公开（公告）日：2012.05.02 公开（公告）号：CN102434013A	名称：卫浴挂栏 申请号：201120332876.8 申请（专利权）人：温州市凯勒卫浴洁具有限公司 发明（设计）人：陈晓云 公开（公告）日：2012.05.02 公开（公告）号：CN202207111U
名称：卫浴陶瓷坯件的直压成型工艺 申请号：201110387232.3 申请（专利权）人：重庆四维卫浴（集团）有限公司 发明（设计）人：周才友；郑建和；胡敏渝；詹华春；李建 公开（公告）日：2012.05.09 公开（公告）号：CN102441935A	名称：一种卫浴用下水管结构 申请号：201120242652.8 申请（专利权）人：伍社根 发明（设计）人：伍社根 公开（公告）日：2012.05.16 公开（公告）号：CN202220365U
名称：一种用天然石材加工的卫浴设备 申请号：201120354135.X 申请（专利权）人：南安市贝斯泰石业有限公司 发明（设计）人：郑辉章 公开（公告）日：2012.05.16 公开（公告）号：CN202218833U	名称：卫浴挂架的发光装置 申请号：201120315045.X 申请（专利权）人：楷成企业股份有限公司 发明（设计）人：游太原 公开（公告）日：2012.05.16 公开（公告）号：CN202221031U
名称：一种雨花石卫浴按摩垫 申请号：201010541032.4 申请（专利权）人：杨朝林 发明（设计）人：杨朝林 公开（公告）日：2012.05.23 公开（公告）号：CN102462611A	名称：卫浴化妆盒 申请号：201120330776.1 申请（专利权）人：周蕾；严增新 发明（设计）人：周蕾 公开（公告）日：2012.05.23 公开（公告）号：CN202222666U
名称：一种具有传统漆器工艺特色的卫浴柜 申请号：201120285955.8 申请（专利权）人：福建元谷卫浴有限公司 发明（设计）人：阮志总 公开（公告）日：2012.05.23 公开（公告）号：CN202222771U	名称：一种废水回收再利用的节能环保型卫浴系统 申请号：201120285953.9 申请（专利权）人：福建元谷卫浴有限公司 发明（设计）人：阮志总 公开（公告）日：2012.05.23 公开（公告）号：CN202227400U

续表

名称：一种家庭节水卫浴设备 申请号：201120227790.9 申请（专利权）人：王庆霄 发明（设计）人：王庆霄 公开（公告）日：2012.05.23 公开（公告）号：CN202227430U	名称：用于卫浴设施的节水垫片 申请号：201120352471.0 申请（专利权）人：上海锐浩环保科技有限公司 发明（设计）人：何高高 公开（公告）日：2012.05.23 公开（公告）号：CN202228748U
名称：一种卫浴凳 申请号：201120413623.3 申请（专利权）人：李慧 发明（设计）人：李慧 公开（公告）日：2012.05.30 公开（公告）号：CN202234104U	名称：一种卫浴用组合式托架 申请号：201120301502.X 申请（专利权）人：宁波恩博卫浴有限公司 发明（设计）人：洪征宙 公开（公告）日：2012.05.30 公开（公告）号：CN202235055U
名称：一种可有效防止饰物磨损的嵌物型卫浴制品 申请号：201120285958.1 申请（专利权）人：福建元谷卫浴有限公司 发明（设计）人：阮志总 公开（公告）日：2012.05.30 公开（公告）号：CN202242196U	名称：浴缸与抽水马桶组合的节水卫浴用具 申请号：201120344505.1 申请（专利权）人：浙江理工大学 发明（设计）人：吴群；陈珑；李峰 公开（公告）日：2012.05.30 公开（公告）号：CN202248110U
名称：一种以高焓浴宝为升温加湿装置的低热惯性集成卫浴房 申请号：201120324090.1 申请（专利权）人：上海伯涵热能科技有限公司 发明（设计）人：薛世山；李成伟；韦林林；张俊 公开（公告）日：2012.05.30 公开（公告）号：CN202248973U	名称：一种无上下水条件下使用的装配式卫浴房 申请号：201120383432.7 申请（专利权）人：于华新 发明（设计）人：于华新 公开（公告）日：2012.05.30 公开（公告）号：CN202248978U
名称：一种大螺距传动且恒温便捷调水的卫浴阀门 申请号：201120285962.8 申请（专利权）人：福建元谷卫浴有限公司 发明（设计）人：阮志总 公开（公告）日：2012.05.30 公开（公告）号：CN202252112U	名称：具过热安全保护的卫浴用组件 申请号：201120323195.5 申请（专利权）人：绮翊实业股份有限公司 发明（设计）人：姚段 公开（公告）日：2012.05.30 公开（公告）号：CN202252303U
名称：一种环保实用可方便拆卸的卫浴空间抽气系统 申请号：201120285954.3 申请（专利权）人：福建元谷卫浴有限公司 发明（设计）人：阮志总 公开（公告）日：2012.05.30 公开（公告）号：CN202254092U	名称：卫浴洗漱盘 申请号：201120341501.8 申请（专利权）人：浙江理工大学 发明（设计）人：朱品汇；朱莉莉；邱潇潇 公开（公告）日：2012.06.06 公开（公告）号：CN202265870U
名称：一种易连接的卫浴阀门 申请号：201120347680.6 申请（专利权）人：上海摩帝卫浴有限公司 发明（设计）人：盛盈标 公开（公告）日：2012.06.13 公开（公告）号：CN202274161U	名称：一种整体卫浴间的真空排污装置 申请号：201120370571.6 申请（专利权）人：山东华腾环保科技有限公司 发明（设计）人：费志华；龙超；刘新宇；唐永超；林常源；葛会超；白超民；杨建波 公开（公告）日：2012.06.13 公开（公告）号：CN202273284U

续表

名称：一种卫浴面盆触摸调节龙头 申请号：201120398043.1 申请（专利权）人：中国美术学院 发明（设计）人：范桢；包协超 公开（公告）日：2012.06.13 公开（公告）号：CN202274167U	名称：一种小空间卫浴产品 申请号：201120319543.1 申请（专利权）人：浙江工业大学 发明（设计）人：钱鹏程；吴明 公开（公告）日：2012.06.20 公开（公告）号：CN202280131U
名称：家庭智能卫浴系统 申请号：201120250429.8 申请（专利权）人：上海电机学院 发明（设计）人：高天翼；陆春霞；王婕；袁晨东；何珥琳；汪玮；邬志卿；陶佳丽 公开（公告）日：2012.06.20 公开（公告）号：CN202280116U	名称：一种新型形状记忆喷涂聚氨酯脲弹性体树脂卫浴产品及其制备方法 申请号：201110324619.4 申请（专利权）人：上海摩尔舒企业发展有限公司；华东理工大学 发明（设计）人：方舟；周震宇；周显达；仲建峰；周萌；董擎之 公开（公告）日：2012.06.20 公开（公告）号：CN102504173A
名称：用于陶瓷卫浴的不粘涂料的制备及涂覆方法 申请号：201110388481.4 申请（专利权）人：马河卫 发明（设计）人：马河卫 公开（公告）日：2012.06.27 公开（公告）号：CN102516856A	名称：便于生产的卫浴陶瓷水箱 申请号：201110387223.4 申请（专利权）人：重庆四维卫浴（集团）有限公司 发明（设计）人：郑建和；周才友；胡敏渝；李建；詹华春 公开（公告）日：2012.06.27 公开（公告）号：CN102518191A
名称：一种卫浴组件 申请号：201010610705.7 申请（专利权）人：袁林林 发明（设计）人：袁林林 公开（公告）日：2012.07.04 公开（公告）号：CN102525318A	名称：触摸感应按键以及安装触摸感应按键的卫浴设备 申请号：201010624323.X 申请（专利权）人：上海科勒电子科技有限公司 发明（设计）人：黄洪昌；苑芳生 公开（公告）日：2012.07.04 公开（公告）号：CN102545870A
名称：卫浴用挂架 申请号：201120416107.6 申请（专利权）人：全志超 发明（设计）人：全志超 公开（公告）日：2012.07.04 公开（公告）号：CN202288007U	名称：便携式充气电控卫浴房 申请号：201120461436.2 申请（专利权）人：于华新 发明（设计）人：于华新 公开（公告）日：2012.07.11 公开（公告）号：CN202324699U
名称：一种卫浴挂件和挂件组合 申请号：201120362646.6 申请（专利权）人：深圳市中意集团有限公司 发明（设计）人：陈植培 公开（公告）日：2012.07.11 公开（公告）号：CN202313066U	名称：卫浴陶瓷水箱的标准化生产工艺 申请号：201110387221.5 申请（专利权）人：重庆四维卫浴（集团）有限公司 发明（设计）人：郑建和；周才友；胡敏渝；詹华春；李建 公开（公告）日：2012.07.18 公开（公告）号：CN102584178A
名称：一种可防滑式老年人卫浴座椅 申请号：201120476472.6 申请（专利权）人：中国矿业大学 发明（设计）人：张丁阳；周轩漾；卜思敏 公开（公告）日：2012.07.18 公开（公告）号：CN202335800U	名称：一种明装式卫浴间节水系统 申请号：201120417447.0 申请（专利权）人：倪易达 发明（设计）人：倪易达 公开（公告）日：2012.07.18 公开（公告）号：CN202338003U

续表

名称：一种直观实用的感温变色卫浴容器 申请号：201120285959.6 申请（专利权）人：福建元谷卫浴有限公司 发明（设计）人：阮志总 公开（公告）日：2012.07.25 公开（公告）号：CN202341882U	名称：一种人性化环保型卫浴镜 申请号：201120285957.7 申请（专利权）人：福建元谷卫浴有限公司 发明（设计）人：阮志总 公开（公告）日：2012.07.25 公开（公告）号：CN202341528U
名称：卫生间卫浴器气体分离除臭消毒装置 申请号：201120467228.3 申请（专利权）人：宋洪义 发明（设计）人：宋洪义 公开（公告）日：2012.07.25 公开（公告）号：CN202347605U	名称：夜光卫浴间 申请号：201120326731.7 申请（专利权）人：中科翔（天津）科技有限公司 发明（设计）人：孟雷；孟祥瑞 公开（公告）日：2012.08.01 公开（公告）号：CN202359835U
名称：柔性卡接的卫浴陶瓷水箱 申请号：201120484770.X 申请（专利权）人：重庆四维卫浴（集团）有限公司 发明（设计）人：郑建和；周才友；胡敏渝；詹华春；李建 公开（公告）日：2012.08.15 公开（公告）号：CN202380540U	名称：卫浴陶瓷坯件的直压成型专用模具 申请号：201120484755.5 申请（专利权）人：重庆四维卫浴（集团）有限公司 发明（设计）人：郑建和；周才友；胡敏渝；詹华春；李建 公开（公告）日：2012.08.15 公开（公告）号：CN202378152U
名称：一种多功能组合式儿童卫浴用品 申请号：201120441659.2 申请（专利权）人：嘉婴宝有限公司 发明（设计）人：杨耀辉 公开（公告）日：2012.08.29 公开（公告）号：CN202397347U	名称：卫浴地柜 申请号：201120523887.4 申请（专利权）人：雍建华 发明（设计）人：雍建华 公开（公告）日：2012.08.29 公开（公告）号：CN202396919U
名称：可利用废水的节水卫浴装置 申请号：201120524117.1 申请（专利权）人：孙小亮 发明（设计）人：孙小亮 公开（公告）日：2012.09.05 公开（公告）号：CN202416465U	名称：一种卫浴洁具的感应冲水装置 申请号：201210128739.1 申请（专利权）人：九牧厨卫股份有限公司 发明（设计）人：林孝发；林孝山 公开（公告）日：2012.09.12 公开（公告）号：CN102660987A
名称：一种三档卫浴用水龙头 申请号：201120557542.0 申请（专利权）人：林昌豹 发明（设计）人：林昌豹 公开（公告）日：2012.09.12 公开（公告）号：CN202432026U	名称：一种带水咀的卫浴挂件 申请号：201210155787.X 申请（专利权）人：司徒建辉 发明（设计）人：司徒建辉 公开（公告）日：2012.09.12 公开（公告）号：CN102657491A
名称：一种卫浴板材结构 申请号：201120571590.5 申请（专利权）人：佛山市百田建材实业有限公司 发明（设计）人：黄江虹 公开（公告）日：2012.09.12 公开（公告）号：CN202428497U	名称：卫浴水循环利用装置 申请号：201120536031.0 申请（专利权）人：宁波市江北区众合技术开发有限公司 发明（设计）人：李咏 公开（公告）日：2012.09.12 公开（公告）号：CN202430778U

续表

名称：卫浴装置的控制方法 申请号：201210164291.9 申请（专利权）人：周裕佳 发明（设计）人：周裕佳；刘辉；曾健 公开（公告）日：2012.09.19 公开（公告）号：CN102681455A	名称：多功能卫浴置物架 申请号：201220055035.1 申请（专利权）人：黄万格 发明（设计）人：黄万格 公开（公告）日：2012.09.19 公开（公告）号：CN202436964U
名称：蜂窝结构的卫浴隔断装置 申请号：201220024739.2 申请（专利权）人：北京亿嘉澍科技发展有限公司 发明（设计）人：李宝全 公开（公告）日：2012.09.26 公开（公告）号：CN202450663U	名称：灌注结构卫浴隔断板 申请号：201220024746.2 申请（专利权）人：北京亿嘉澍科技发展有限公司 发明（设计）人：李宝全 公开（公告）日：2012.09.26 公开（公告）号：CN202450943U
名称：卫浴隔断门板的铝合金保护装置 申请号：201220024728.4 申请（专利权）人：北京亿嘉澍科技发展有限公司 发明（设计）人：李宝全 公开（公告）日：2012.09.26 公开（公告）号：CN202450961U	名称：卫浴隔断门板 PVC 保护带 申请号：201220024736.9 申请（专利权）人：北京亿嘉澍科技发展有限公司 发明（设计）人：李宝全 公开（公告）日：2012.09.26 公开（公告）号：CN202450962U
名称：一种用于卫浴的空气注入装置 申请号：201210135490.7 申请（专利权）人：江门市霏尼格斯淋浴制品科技有限公司 发明（设计）人：冯继君 公开（公告）日：2012.10.03 公开（公告）号：CN102698904A	名称：一种自清洁防霉卫浴玻璃制备工艺 申请号：201210146360.3 申请（专利权）人：佛山市高明贝特尔卫浴有限公司 发明（设计）人：方慧英 公开（公告）日：2012.10.03 公开（公告）号：CN102701601A
名称：一种卫浴设备的无线收发装置的配对方法 申请号：201210158047.1 申请（专利权）人：上海科勒电子科技有限公司 发明（设计）人：陆峻；陈忠民；高鹏程 公开（公告）日：2012.10.03 公开（公告）号：CN102710276A	名称：一种卫浴挂件 申请号：201220020180.6 申请（专利权）人：深圳市恒辉达实业有限公司 发明（设计）人：卢恒 公开（公告）日：2012.10.03 公开（公告）号：CN202458068U
名称：一种用注塑机生产部分中空或全部中空卫浴产品的装置 申请号：201120541211.8 申请（专利权）人：印玉秀 发明（设计）人：印玉秀 公开（公告）日：2012.10.03 公开（公告）号：CN202462769U	名称：一种卫浴散热器 申请号：201120557682.8 申请（专利权）人：天津滨海新区大港长江散热器有限公司 发明（设计）人：毕金利 公开（公告）日：2012.10.03 公开（公告）号：CN202470817U
名称：卫浴陶瓷坯件直压成型专用压机 申请号：201120484765.9 申请（专利权）人：重庆四维卫浴（集团）有限公司 发明（设计）人：周才友；郑建和；胡敏渝；李建；詹华春 公开（公告）日：2012.10.10 公开（公告）号：CN202480210U	名称：一种卫浴节水系统 申请号：201220017380.6 申请（专利权）人：于浩洋 发明（设计）人：于浩洋 公开（公告）日：2012.10.10 公开（公告）号：CN202482942U

续表

名称：一种卫浴专用的控制器 申请号：201220157644.8 申请（专利权）人：傅焱明 发明（设计）人：傅焱明 公开（公告）日：2012.10.17 公开（公告）号：CN202496161U	名称：一种休闲卫浴用蒸汽发生器 申请号：201220054400.7 申请（专利权）人：佛山市浪鲸洁具有限公司 发明（设计）人：霍成基 公开（公告）日：2012.10.31 公开（公告）号：CN202511261U
名称：一种多功能卫浴瓶 申请号：201220168483.2 申请（专利权）人：赵荃 发明（设计）人：赵荃 公开（公告）日：2012.11.14 公开（公告）号：CN202529216U	名称：卫浴龙头快速装夹试气机 申请号：201220181630.X 申请（专利权）人：福建省上水明珠发展有限公司 发明（设计）人：蔡学宇 公开（公告）日：2012.11.28 公开（公告）号：CN202562712U
名称：卫浴座椅 申请号：201110140641.3 申请（专利权）人：王壮；王一丹 发明（设计）人：不公告发明人 公开（公告）日：2012.12.05 公开（公告）号：CN102805585A	名称：一种防水卫浴门 申请号：201220206813.2 申请（专利权）人：殷逢宝 发明（设计）人：殷逢宝 公开（公告）日：2012.12.05 公开（公告）号：CN202578354U
名称：一种卫浴洗漱柜 申请号：201220046382.8 申请（专利权）人：杭州市萧山区党山新世纪装饰卫浴研发中心 发明（设计）人：宋利明；施国林；陈翔 公开（公告）日：2012.12.05 公开（公告）号：CN202567089U	名称：一种用于卫浴间的吹风机 申请号：201220255098.1 申请（专利权）人：韩超 发明（设计）人：韩超 公开（公告）日：2012.12.12 公开（公告）号：CN202588686U
名称：全自动卫浴节水装置 申请号：201210329852.6 申请（专利权）人：张行彪 发明（设计）人：张行彪；张素芳 公开（公告）日：2012.12.19 公开（公告）号：CN102828546A	名称：卫浴 LED 镜灯 申请号：201220323161.0 申请（专利权）人：浙江豪庭灯饰有限公司 发明（设计）人：慎国胜；朱加飞；归少杰；金泽勇；顾晶晶 公开（公告）日：2012.12.19 公开（公告）号：CN202613252U
名称：卫浴设施钢化瓷配方及其制作方法 申请号：201210345456.2 申请（专利权）人：周裕佳 发明（设计）人：刘辉；周裕佳 公开（公告）日：2012.12.19 公开（公告）号：CN102827466A	名称：一种卫浴架 申请号：201220095988.0 申请（专利权）人：王金涛 发明（设计）人：王金涛 公开（公告）日：2012.12.19 公开（公告）号：CN202604470U
名称：一种低碳环保节能的智能家庭卫浴组合系统 申请号：201220208434.7 申请（专利权）人：东莞丰卓机电设备有限公司 发明（设计）人：周国栋；周思远；陈文霞 公开（公告）日：2012.12.19 公开（公告）号：CN202610888U	名称：新型微型卫浴门锁 申请号：201120576673.3 申请（专利权）人：温州华意利五金装饰有限公司 发明（设计）人：汪德波 公开（公告）日：2012.12.19 公开（公告）号：CN202611401U

续表

名称：具有水钻装饰图案的卫浴用品的制造方法 申请号：201110172381.8 申请（专利权）人：蔡瑞安 发明（设计）人：蔡瑞安 公开（公告）日：2012.12.26 公开（公告）号：CN102837541A	名称：一种新型陶瓷卫浴镜边框 申请号：201220293142.8 申请（专利权）人：陈仲礼 发明（设计）人：陈仲礼 公开（公告）日：2012.12.26 公开（公告）号：CN202619093U

第三节　2012 年陶瓷机械装备窑炉专利

名称：一种用于玻璃纤维窑炉的纯氧燃烧器新型排布结构 申请号：201120192813.7 申请（专利权）人：山东玻纤复合材料有限公司 发明（设计）人：牛爱君；杜纪山；葛安华；崔宝山 公开（公告）日：2012.01.04 公开（公告）号：CN202099178U	名称：一种用于玻纤窑炉的漏板电极夹 申请号：201120206338.4 申请（专利权）人：清远忠信世纪玻纤有限公司 发明（设计）人：刘奇华；覃方略 公开（公告）日：2012.01.04 公开（公告）号：CN202099196U
名称：一种工业窑炉用的燃油喷嘴 申请号：201110198325.1 申请（专利权）人：姜伟 发明（设计）人：姜伟 公开（公告）日：2012.01.11 公开（公告）号：CN102313286A	名称：一种窑炉喷枪安装架 申请号：201120212763.4 申请（专利权）人：大冶市华兴玻璃有限公司 发明（设计）人：李智校 公开（公告）日：2012.01.11 公开（公告）号：CN202107613U
名称：窑炉专用砖 申请号：201120183288.2 申请（专利权）人：江苏君耀耐磨耐火材料有限公司 发明（设计）人：俞益君；俞占明；徐志坚；王才军；吴兵华 公开（公告）日：2012.01.11 公开（公告）号：CN202109759U	名称：脱硝催化剂窑炉废气处理装置 申请号：201110253009.X 申请（专利权）人：江苏峰业电力环保集团有限公司 发明（设计）人：许德富；索平；王亦亲；李守信；于光喜；华攀龙；华桂宏；巫福明；颜少云；颜立新 公开（公告）日：2012.01.18 公开（公告）号：CN102319535A
名称：窑炉及其废气除尘装置 申请号：201120153278.4 申请（专利权）人：湖南阳东磁性材料有限公司 发明（设计）人：刘伏初；李蔚霞；刘元月 公开（公告）日：2012.01.18 公开（公告）号：CN202113729U	名称：带尾气循环利用的氟化铝反应窑炉 申请号：201120237754.0 申请（专利权）人：山东博丰利众化工有限公司 发明（设计）人：李胜良；王国斌；李秉桐；马学健 公开（公告）日：2012.01.18 公开（公告）号：CN202116330U
名称：一种节能拱顶窑炉 申请号：201120143712.0 申请（专利权）人：周亭芩 发明（设计）人：周亭芩 公开（公告）日：2012.01.18 公开（公告）号：CN202119257U	名称：立式工业窑炉用内置热交换器 申请号：201120205044.X 申请（专利权）人：四平维克斯换热设备有限公司 发明（设计）人：李涛；王冬冬；程立；马文；李梅 公开（公告）日：2012.01.18 公开（公告）号：CN202119274U

续表

<table>
<tr><td>名称：工业窑炉高效环保安全粉体燃烧系统
申请号：201110204255.6
申请（专利权）人：洋浦联田能源科技发展有限公司
发明（设计）人：刘桂林；朱颉榕
公开（公告）日：2012.01.25
公开（公告）号：CN102330972A</td><td>名称：一种利于玻璃窑炉蓄热室气流均布的方法
申请号：201110197218.7
申请（专利权）人：中国中轻国际工程有限公司
发明（设计）人：刘进成；梁德海；黄建刚
公开（公告）日：2012.02.01
公开（公告）号：CN102336511A</td></tr>
<tr><td>名称：利用秸秆粉使回转窑炉预热的装置
申请号：201120275863.1
申请（专利权）人：李玉梅
发明（设计）人：李玉梅
公开（公告）日：2012.02.08
公开（公告）号：CN202141322U</td><td>名称：电瓷焙烧窑炉用烧嘴砖
申请号：201120258128.X
申请（专利权）人：中机工程（西安）启源工程有限公司；宜兴市鑫生耐火材料有限公司
发明（设计）人：姜来勋；黄新生
公开（公告）日：2012.02.08
公开（公告）号：CN202141336U</td></tr>
<tr><td>名称：一种节能建筑瓷窑炉
申请号：201120131335.9
申请（专利权）人：佛山市中瓷万丰陶瓷设备有限公司
发明（设计）人：丁国友
公开（公告）日：2012.02.08
公开（公告）号：CN202141330U</td><td>名称：电子窑炉上料机构
申请号：201110281740.3
申请（专利权）人：苏州汇科机电设备有限公司
发明（设计）人：杨国栋
公开（公告）日：2012.02.15
公开（公告）号：CN102353266A</td></tr>
<tr><td>名称：一种玻璃窑炉的助燃方法
申请号：201110201216.0
申请（专利权）人：彩虹集团公司
发明（设计）人：陈伟
公开（公告）日：2012.02.15
公开（公告）号：CN102351402A</td><td>名称：隧道窑炉
申请号：201110329139.7
申请（专利权）人：宁国市志诚机械制造有限公司
发明（设计）人：姜庆志；梅玉宝
公开（公告）日：2012.02.15
公开（公告）号：CN102353256A</td></tr>
<tr><td>名称：工业级微波高温辊道连接烧结窑炉的微波源排布方法
申请号：201110242866.X
申请（专利权）人：湖南航天工业总公司
发明（设计）人：孙友元；彭锦波；周飞；曹二斌；张刚；谢平春；张波；万绍平
公开（公告）日：2012.02.15
公开（公告）号：CN102353258A</td><td>名称：一种高温窑炉的燃烧控制系统
申请号：201120238256.8
申请（专利权）人：湖北华夏窑炉工业（集团）有限公司
发明（设计）人：张国斌；王旺林；徐世雄；钟怀新；徐秋能
公开（公告）日：2012.02.22
公开（公告）号：CN202149504U</td></tr>
<tr><td>名称：一种可缩小横截面温差的窑炉缓冷区结构
申请号：201110325378.5
申请（专利权）人：广东摩德娜科技股份有限公司
发明（设计）人：吴俊良；荆海山；陶志坚
公开（公告）日：2012.03.14
公开（公告）号：CN102374788A</td><td>名称：窑炉尾气热能利用装置
申请号：201120237727.3
申请（专利权）人：清远忠信世纪玻纤有限公司
发明（设计）人：于学文；曾庆选
公开（公告）日：2012.03.14
公开（公告）号：CN202166335U</td></tr>
<tr><td>名称：一种燃天然气炉窑炉温自动控制装置
申请号：201010274289.8
申请（专利权）人：江苏腾达环境工程有限公司
发明（设计）人：葛乃道；张乃鹏
公开（公告）日：2012.03.21
公开（公告）号：CN102384665A</td><td>名称：一种窑炉炉门与烧嘴火焰控制装置
申请号：201010274659.8
申请（专利权）人：江苏腾达环境工程有限公司
发明（设计）人：葛乃道；张乃鹏
公开（公告）日：2012.03.21
公开（公告）号：CN102384666A</td></tr>
</table>

续表

名称：一种窑炉烟道闸板自动提降装置 申请号：201010274656.4 申请（专利权）人：江苏腾达环境工程有限公司 发明（设计）人：葛乃道；张乃鹏 公开（公告）日：2012.03.21 公开（公告）号：CN102384480A	名称：用于高温窑炉的蓄热式燃烧装置 申请号：201120206152.9 申请（专利权）人：中能兴科（北京）节能科技股份有限公司 发明（设计）人：窦松筠 公开（公告）日：2012.03.21 公开（公告）号：CN202171249U
名称：新型窑炉余热回收系统 申请号：201120221641.1 申请（专利权）人：广东格莱斯陶瓷有限公司；广东新明珠陶瓷集团有限公司 发明（设计）人：叶德林；简润桐；陈永锋 公开（公告）日：2012.03.28 公开（公告）号：CN202177315U	名称：基于DSP的富氧陶瓷窑炉温度控制器 申请号：201120231633.5 申请（专利权）人：武汉理工大学 发明（设计）人：陈静；罗爱军；袁佑新；肖纯；吴雪；谭思云；肖义平；常雨芳 公开（公告）日：2012.03.28 公开（公告）号：CN202177837U
名称：一种具有共用余热利用系统的窑炉组 申请号：201110362821.6 申请（专利权）人：张秋玲 发明（设计）人：张秋玲 公开（公告）日：2012.04.04 公开（公告）号：CN102401368A	名称：一种环保型窑炉与导热油炉的节能集成系统 申请号：201110362751.4 申请（专利权）人：张秋玲 发明（设计）人：张秋玲 公开（公告）日：2012.04.04 公开（公告）号：CN102401575A
名称：一种窑炉与导热油炉的节能集成系统 申请号：201110362759.0 申请（专利权）人：张秋玲 发明（设计）人：张秋玲 公开（公告）日：2012.04.04 公开（公告）号：CN102401576A	名称：一种窑炉余热利用系统 申请号：201110362825.4 申请（专利权）人：张秋玲 发明（设计）人：张秋玲 公开（公告）日：2012.04.04 公开（公告）号：CN102401578A
名称：一种具有包含烟尘分离装置的余热利用系统的窑炉 申请号：201110362764.1 申请（专利权）人：张秋玲 发明（设计）人：张秋玲 公开（公告）日：2012.04.04 公开（公告）号：CN102401577A	名称：铁氧体烧结窑炉烧结气氛无损耗排障装置 申请号：201120259660.3 申请（专利权）人：常熟皮爱尔奇磁性科技有限公司 发明（设计）人：杨志明 公开（公告）日：2012.04.04 公开（公告）号：CN202182616U
名称：清障时保护气体无损耗的电子产品烧结窑炉 申请号：201120259662.2 申请（专利权）人：常熟皮爱尔奇磁性科技有限公司 发明（设计）人：杨志明 公开（公告）日：2012.04.04 公开（公告）号：CN202182617U	名称：一种间隔式电热辊道窑炉 申请号：201110409305.4 申请（专利权）人：福州市陶瓷行业技术创新中心 发明（设计）人：龚世代；许翊从；黄玉芳；刘小燕；陈平 公开（公告）日：2012.04.11 公开（公告）号：CN102410730A
名称：一种具有烟尘分离装置的窑炉与导热油炉的节能集成系统 申请号：201110362732.1 申请（专利权）人：张秋玲 发明（设计）人：张秋玲 公开（公告）日：2012.04.11 公开（公告）号：CN102410741A	名称：工业窑炉反射复合式隔热炉壁 申请号：201110426998.8 申请（专利权）人：江苏省苏中建设集团股份有限公司沈阳分公司 发明（设计）人：周斌；鲁永明 公开（公告）日：2012.04.11 公开（公告）号：CN102410735A

续表

名称：一种环保型窑炉余热利用系统 申请号：201110362819.9 申请（专利权）人：张秋玲 发明（设计）人：张秋玲 公开（公告）日：2012.04.11 公开（公告）号：CN102410743A	名称：一种具有烟尘分离装置的窑炉余热利用系统 申请号：201110362757.1 申请（专利权）人：张秋玲 发明（设计）人：张秋玲 公开（公告）日：2012.04.11 公开（公告）号：CN102410742A
名称：一种具有环保型余热利用系统的窑炉 申请号：201110362823.5 申请（专利权）人：张秋玲 发明（设计）人：张秋玲 公开（公告）日：2012.04.11 公开（公告）号：CN102410520A	名称：节能马赛克窑炉 申请号：201120245985.6 申请（专利权）人：宜兴市兴强炉业有限公司 发明（设计）人：张大强 公开（公告）日：2012.04.11 公开（公告）号：CN202188769U
名称：一种工业窑炉用耐高温复合过滤材料 申请号：201120306400.7 申请（专利权）人：张延青 发明（设计）人：张延青 公开（公告）日：2012.04.18 公开（公告）号：CN202191787U	名称：窑炉的蓄热室结构 申请号：201110424774.3 申请（专利权）人：辽宁天和科技股份有限公司 发明（设计）人：陈云天 公开（公告）日：2012.04.18 公开（公告）号：CN102419111A
名称：一种用于解决玻璃窑炉煤气换向冒黑烟的控制系统 申请号：201120127086.6 申请（专利权）人：重庆莱弗窑炉工程有限公司 发明（设计）人：陈兴孝；代晓桥；毛成利 公开（公告）日：2012.04.18 公开（公告）号：CN202193710U	名称：一种全电熔玻璃窑炉烤窑用石墨棒 申请号：201120325656.2 申请（专利权）人：四季沐歌（洛阳）太阳能有限公司 发明（设计）人：王绍斌；蔡家云 公开（公告）日：2012.04.18 公开（公告）号：CN202193712U
名称：环保节能石灰窑炉自动上料装置 申请号：201120342513.2 申请（专利权）人：张金永 发明（设计）人：张金永；张团；亓娜；顾宗斌 公开（公告）日：2012.04.18 公开（公告）号：CN202193733U	名称：一种转窑炉体及一种回转窑 申请号：201120268375.8 申请（专利权）人：北新集团建材股份有限公司 发明（设计）人：陈凌；鲍国明 公开（公告）日：2012.04.18 公开（公告）号：CN202195687U
名称：一种马蹄焰窑炉煤气交换装置的控制开关 申请号：201120256794.X 申请（专利权）人：江西大华玻纤集团有限公司 发明（设计）人：王国良 公开（公告）日：2012.04.18 公开（公告）号：CN202195709U	名称：一种工业窑炉用测温装置 申请号：201120304137.8 申请（专利权）人：河南中色赛尔工业炉有限公司 发明（设计）人：李雷；张东亚；李少辉 公开（公告）日：2012.04.18 公开（公告）号：CN202195712U
名称：一种具有氧气助燃的窑炉燃烧结构 申请号：201110424797.4 申请（专利权）人：辽宁天和科技股份有限公司 发明（设计）人：陈云天 公开（公告）日：2012.04.18 公开（公告）号：CN102418935A	名称：节能超白玻璃窑炉 申请号：201110250877.2 申请（专利权）人：陈永林 发明（设计）人：陈永林 公开（公告）日：2012.04.18 公开（公告）号：CN102417289A

续表

名称：一种全电熔玻璃窑炉钼电极自动装配装置 申请号：201120302447.6 申请（专利权）人：四季沐歌（洛阳）太阳能有限公司 发明（设计）人：王绍斌；蔡家云 公开（公告）日：2012.04.18 公开（公告）号：CN202193708U	名称：应用于陶瓷窑炉的助燃空气和天然气线性比例控制系统 申请号：201110339112.6 申请（专利权）人：德化县兰星自动化工程有限公司 发明（设计）人：程振中 公开（公告）日：2012.04.18 公开（公告）号：CN102418937A
名称：一种工业窑炉用的燃油喷嘴 申请号：201120248457.6 申请（专利权）人：姜伟 发明（设计）人：姜伟 公开（公告）日：2012.04.25 公开（公告）号：CN202203940U	名称：一种工业窑炉的修补设备 申请号：201120231085.6 申请（专利权）人：芜湖新兴铸管有限责任公司 发明（设计）人：张永明；董小平 公开（公告）日：2012.04.25 公开（公告）号：CN202204309U
名称：节能陶瓷窑炉 申请号：201120252403.7 申请（专利权）人：湖南顺通能源科技有限公司 发明（设计）人：刘明春；刘天健；陈静；张声联；曾日伦；刘思年 公开（公告）日：2012.04.25 公开（公告）号：CN202204301U	名称：一种工业级微波高温烧结窑炉的微波电源组 申请号：201120309315.6 申请（专利权）人：湖南航天工业总公司 发明（设计）人：孙友元；彭锦波；邓思滨；周飞；曹二斌；张刚；万绍平 公开（公告）日：2012.04.25 公开（公告）号：CN202206584U
名称：一种冶金炉窑炉墙冷却装置 申请号：201120293207.4 申请（专利权）人：北京矿冶研究总院；灵宝市华宝产业有限责任公司 发明（设计）人：王成彦；陈治华；尹飞；郜伟；宋元张；郑晓斌；岳青山 公开（公告）日：2012.04.25 公开（公告）号：CN202204321U	名称：窑炉余热回收系统 申请号：201120252379.7 申请（专利权）人：湖南顺通能源科技有限公司 发明（设计）人：刘明春；刘天健；陈静；张声联；曾日伦；刘思年 公开（公告）日：2012.05.02 公开（公告）号：CN202209889U
名称：陶瓷窑炉节能系统 申请号：201120252405.6 申请（专利权）人：湖南顺通能源科技有限公司 发明（设计）人：刘明春；刘天健；陈静；张声联；曾日伦；刘思年 公开（公告）日：2012.05.02 公开（公告）号：CN202209890U	名称：工业窑炉的窑容调节方法及装置 申请号：201110287202.5 申请（专利权）人：宋君成 发明（设计）人：宋君成；穆永鸿；李翀；国兴龙；孙国臣；周建文；梁志艳；孙孟雄；许飞 公开（公告）日：2012.05.02 公开（公告）号：CN102432204A
名称：一种高温烧结窑炉 申请号：201110361257.6 申请（专利权）人：湖南阳东微波科技有限公司 发明（设计）人：刘伏初；李蔚霞；刘元月；李启刚 公开（公告）日：2012.05.02 公开（公告）号：CN102435066A	名称：一种连续式动态烧结窑炉 申请号：201010507108.1 申请（专利权）人：喻睿 发明（设计）人：喻睿 公开（公告）日：2012.05.09 公开（公告）号：CN102445072A
名称：玻璃窑炉余热回收利用系统 申请号：201120318416.X 申请（专利权）人：梅之军 发明（设计）人：梅之军；姜晏斌；庞小艳；周爱军 公开（公告）日：2012.05.09 公开（公告）号：CN202214283U	名称：一种窑炉温度监测系统 申请号：201120335352.4 申请（专利权）人：华侨大学 发明（设计）人：方千山 公开（公告）日：2012.05.09 公开（公告）号：CN202216764U

续表

名称：新型辊道烧成窑炉排烟结构 申请号：201120277280.2 申请（专利权）人：广东萨米特陶瓷有限公司；广东新明珠陶瓷集团有限公司 发明（设计）人：叶德林；简润桐；温千鸿 公开（公告）日：2012.05.09 公开（公告）号：CN202216561U	名称：工业级微波高温辊道连接烧结窑炉 申请号：201120308400.0 申请（专利权）人：湖南航天工业总公司 发明（设计）人：孙友元；彭锦波；张刚；周飞；曹二斌；谢平春；张波；万绍平 公开（公告）日：2012.05.09 公开（公告）号：CN202216520U
名称：一种炭化窑炉烟尘处理装置 申请号：201010525006.2 申请（专利权）人：湖州新孚炭业有限公司 发明（设计）人：杨立新 公开（公告）日：2012.05.16 公开（公告）号：CN102451593A	名称：炭化窑炉烟尘处理装置 申请号：201010525007.7 申请（专利权）人：湖州新孚炭业有限公司 发明（设计）人：杨立新 公开（公告）日：2012.05.16 公开（公告）号：CN102451594A
名称：一种新型节能窑炉 申请号：201120321507.9 申请（专利权）人：湖南海纳新材料有限公司 发明（设计）人：谢超；张青青；黄娟；孙海超；钟子坊；郭力 公开（公告）日：2012.05.16 公开（公告）号：CN202221231U	名称：电子窑炉上料机构 申请号：201120355199.1 申请（专利权）人：苏州汇科机电设备有限公司 发明（设计）人：杨国栋 公开（公告）日：2012.05.16 公开（公告）号：CN202221241U
名称：一种星型接法的工业级微波高温烧结窑炉微波电源组 申请号：201120376107.8 申请（专利权）人：湖南航天工业总公司 发明（设计）人：孙友元；姚宗超；张刚；曾小平；邓思滨；彭锦波；曹二斌；周飞；万绍平 公开（公告）日：2012.05.16 公开（公告）号：CN202222057U	名称：一种三角形接法的工业级微波高温烧结窑炉微波电源组 申请号：201120376466.3 申请（专利权）人：湖南航天工业总公司 发明（设计）人：孙友元；姚宗超；张刚；曾小平；邓思滨；彭锦波；周飞；曹二斌；万绍平 公开（公告）日：2012.05.16 公开（公告）号：CN202222058U
名称：玻璃窑炉 申请号：201120312175.8 申请（专利权）人：濮阳市华翔光源材料有限公司 发明（设计）人：蒋厚龙；冯仕贵 公开（公告）日：2012.05.23 公开（公告）号：CN202226763U	名称：节能超白玻璃窑炉 申请号：201120318905.5 申请（专利权）人：陈永林 发明（设计）人：陈永林 公开（公告）日：2012.05.23 公开（公告）号：CN202226765U
名称：新型玻璃窑炉熔化池 申请号：201120312174.3 申请（专利权）人：濮阳市华翔光源材料有限公司 发明（设计）人：蒋厚龙；冯仕贵 公开（公告）日：2012.05.23 公开（公告）号：CN202226766U	名称：一种玻璃纤维用深池结构单元窑炉 申请号：201120385105.5 申请（专利权）人：内江华原电子材料有限公司 发明（设计）人：刘钢；刘术明；何斌；陈锐 公开（公告）日：2012.05.23 公开（公告）号：CN202226767U
名称：工业窑炉的窑容调节装置 申请号：201120361675.0 申请（专利权）人：宋君成 发明（设计）人：宋君成；穆永鸿；李翀；国兴龙；孙国臣；周建文；梁志艳；孙孟雄；许飞 公开（公告）日：2012.05.23 公开（公告）号：CN202226785U	名称：辊道烧成窑炉快速进入烧结温度的机构 申请号：201120277306.3 申请（专利权）人：广东萨米特陶瓷有限公司；广东新明珠陶瓷集团有限公司 发明（设计）人：叶德林；简润桐；温千鸿 公开（公告）日：2012.05.23 公开（公告）号：CN202229570U

续表

名称：用于工业级微波高温烧结窑炉的可调节式金属轴承辊道 申请号：201120376136.4 申请（专利权）人：湖南航天工业总公司 发明（设计）人：彭锦波；张刚；周飞；曹二斌；谢平春；韩保家；张波；万绍平 公开（公告）日：2012.05.23 公开（公告）号：CN202229573U	名称：可连续调节工业级微波高温烧结窑炉输出功率的控制系统 申请号：201120376389.1 申请（专利权）人：湖南航天工业总公司 发明（设计）人：孙友元；姚宗超；张刚；曾小平；邓思滨；彭锦波；周飞；万绍平 公开（公告）日：2012.05.23 公开（公告）号：CN202231623U
名称：用于气密式窑炉的进料仓 申请号：201120365759.1 申请（专利权）人：威泰能源（苏州）有限公司 发明（设计）人：邹启凡；高玉忠 公开（公告）日：2012.05.23 公开（公告）号：CN202229591U	名称：高温窑炉用空心棚板 申请号：201120386285.9 申请（专利权）人：郑州格瑞特高温材料有限公司 发明（设计）人：张青选；张娟；张一 公开（公告）日：2012.05.23 公开（公告）号：CN202229599U
名称：一种高温气体辐射加热窑炉 申请号：201120360200.X 申请（专利权）人：重庆智得热工工业有限公司 发明（设计）人：刘汉周；刘全西；彭俊 公开（公告）日：2012.05.23 公开（公告）号：CN202229579U	名称：新型玻璃窑炉 申请号：201120312177.7 申请（专利权）人：濮阳市华翔光源材料有限公司 发明（设计）人：蒋厚龙；冯仕贵 公开（公告）日：2012.05.30 公开（公告）号：CN202246378U
名称：一种玻璃窑炉 申请号：201120313979.X 申请（专利权）人：濮阳市华翔光源材料有限公司 发明（设计）人：蒋厚龙；冯仕贵 公开（公告）日：2012.05.30 公开（公告）号：CN202246379U	名称：一种石灰窑炉顶密封装置 申请号：201120313538.X 申请（专利权）人：宫承凤 发明（设计）人：宫承凤 公开（公告）日：2012.05.30 公开（公告）号：CN202246443U
名称：工业窑炉用煤粉、燃气两用烧嘴 申请号：201120361674.6 申请（专利权）人：宋君成 发明（设计）人：宋君成；金鹏；张雪亮 公开（公告）日：2012.05.30 公开（公告）号：CN202253661U	名称：一种污泥干化焚烧循环处理窑炉 申请号：201120045049.0 申请（专利权）人：袁安之 发明（设计）人：袁安之 公开（公告）日：2012.05.30 公开（公告）号：CN202253673U
名称：一种双向流气体辐射加热窑炉 申请号：201120360237.2 申请（专利权）人：重庆智得热工工业有限公司 发明（设计）人：刘汉周；刘全西；彭俊；黄冬 公开（公告）日：2012.05.30 公开（公告）号：CN202254761U	名称：连续工作的高温烧结推板窑炉 申请号：201120181488.4 申请（专利权）人：湖南阳东磁性材料有限公司 发明（设计）人：刘伏初；李蔚霞；刘元月；李启刚 公开（公告）日：2012.05.30 公开（公告）号：CN202254775U
名称：一种工业级微波高温烧结辊道窑炉的专用推板 申请号：201120376461.0 申请（专利权）人：湖南航天工业总公司 发明（设计）人：彭锦波；曹二斌；周飞；谢平春；韩保家；张波；刘世超；张刚；万绍平 公开（公告）日：2012.05.30 公开（公告）号：CN202254785U	名称：高效节能窑炉 申请号：201120424862.9 申请（专利权）人：淄博裕民耐火材料科技股份有限公司 发明（设计）人：王立平；李功文；王峰；隋秀芬；陈建文 公开（公告）日：2012.05.30 公开（公告）号：CN202254901U

续表

名称：节能型多功能烧烤窑炉 申请号：201120279698.7 申请（专利权）人：张天文 发明（设计）人：张天文 公开（公告）日：2012.05.30 公开（公告）号：CN202254802U	名称：扣式连接砖防变形窑炉墙体 申请号：201120303717.5 申请（专利权）人：黄石市建材节能设备总厂 发明（设计）人：李应锐；王士洪 公开（公告）日：2012.05.30 公开（公告）号：CN202254827U
名称：环形套筒对烧窑炉窑内操作空间的排风装置 申请号：201120361673.1 申请（专利权）人：宋君成 发明（设计）人：宋君成；穆永鸿；李翀；国兴龙；孙国臣；周建文；梁志艳；孙孟雄；许飞 公开（公告）日：2012.05.30 公开（公告）号：CN202254791U	名称：一种窑炉用工业电视的水冷设备 申请号：201120375044.4 申请（专利权）人：宜兴市金运通微晶科技有限公司 发明（设计）人：石玉辰；杨玉全；李国良 公开（公告）日：2012.05.30 公开（公告）号：CN202254862U
名称：微波窑炉及炉衬 申请号：201120213803.7 申请（专利权）人：湖南阳东磁性材料有限公司 发明（设计）人：刘伏初；李蔚霞；刘元月；李启刚 公开（公告）日：2012.05.30 公开（公告）号：CN202254832U	名称：石灰窑炉料位探测器 申请号：201120342480.1 申请（专利权）人：张金永 发明（设计）人：张金永；张团；亓娜；顾宗斌 公开（公告）日：2012.05.30 公开（公告）号：CN202255534U
名称：一种工业窑炉用准高速燃气烧嘴 申请号：201010554224.9 申请（专利权）人：福建泉州顺美集团有限责任公司 发明（设计）人：陈昆明 公开（公告）日：2012.05.30 公开（公告）号：CN102478238A	名称：节能环保型窑炉及烘干设施 申请号：201010555150.0 申请（专利权）人：大连创达技术交易市场有限公司 发明（设计）人：杜冲 公开（公告）日：2012.05.30 公开（公告）号：CN102478352A
名称：窑炉余热利用系统 申请号：201010569891.4 申请（专利权）人：枝江市玖源包装制品有限公司 发明（设计）人：刘凤春；胡延林；赵晓春；王金华 公开（公告）日：2012.06.06 公开（公告）号：CN102486352A	名称：把窑炉余热用到民用的设备 申请号：201120357894.1 申请（专利权）人：淄博新空间陶瓷有限公司 发明（设计）人：李峰芝 公开（公告）日：2012.06.06 公开（公告）号：CN202267373U
名称：一种可缩小横截面温差的窑炉缓冷区结构 申请号：201120407716.5 申请（专利权）人：广东摩德娜科技股份有限公司 发明（设计）人：吴俊良；荆海山；陶志坚 公开（公告）日：2012.06.06 公开（公告）号：CN202267372U	名称：一种窑炉尾冷区直接冷却的管路结构 申请号：201120407700.4 申请（专利权）人：广东摩德娜科技股份有限公司 发明（设计）人：管火金；荆海山；陈军 公开（公告）日：2012.06.06 公开（公告）号：CN202267371U
名称：改进结构的窑炉排烟装置 申请号：201120384462.X 申请（专利权）人：佛山市金佰利机电有限公司 发明（设计）人：丁国友 公开（公告）日：2012.06.06 公开（公告）号：CN202267374U	名称：一种安全牢固的窑炉碹顶结构 申请号：201110424789.X 申请（专利权）人：辽宁天和科技股份有限公司 发明（设计）人：陈云天 公开（公告）日：2012.06.13 公开（公告）号：CN102494537A

续表

名称：一种可同时混烧多种燃料的新型浮法玻璃窑炉 申请号：201120399686.8 申请（专利权）人：中国建材国际工程集团有限公司 发明（设计）人：茅力佐；周德洪；王四清；陈晓红；施凌毓 公开（公告）日：2012.06.13 公开（公告）号：CN202272816U	名称：用于熔化高碱铝硅酸盐玻璃的窑炉 申请号：201110339045.8 申请（专利权）人：河南国控宇飞电子玻璃有限公司 发明（设计）人：张希亮；王建斌；敬正跃；郜卫生；陈磊 公开（公告）日：2012.06.20 公开（公告）号：CN102503076A
名称：一种用于气密式窑炉的进料仓 申请号：201110290271.1 申请（专利权）人：威泰能源（苏州）有限公司 发明（设计）人：邹启凡；高玉忠 公开（公告）日：2012.06.20 公开（公告）号：CN102506580A	名称：多级旋转节能环保窑炉 申请号：201110288674.2 申请（专利权）人：李金才 发明（设计）人：李金才 公开（公告）日：2012.06.20 公开（公告）号：CN102506416A
名称：烟道上加热助燃风玻璃窑炉 申请号：201120262175.1 申请（专利权）人：梁立新 发明（设计）人：不公告发明人 公开（公告）日：2012.06.20 公开（公告）号：CN202279768U	名称：一种辊棒间距较小的窑炉用的单孔轴承座 申请号：201120337653.0 申请（专利权）人：广东中窑窑业股份有限公司 发明（设计）人：范志勇；柳丹 公开（公告）日：2012.06.20 公开（公告）号：CN202280743U
名称：旋转窑炉测温装置 申请号：201210000126.X 申请（专利权）人：洛阳绿之海环保工程有限公司 发明（设计）人：李贵洲；刘仲国；周松泉；张斌 公开（公告）日：2012.06.27 公开（公告）号：CN102519270A	名称：窑炉的窑池熔化部结构 申请号：201110424340.3 申请（专利权）人：辽宁天和科技股份有限公司 发明（设计）人：陈云天 公开（公告）日：2012.06.27 公开（公告）号：CN102519251A
名称：玻璃窑炉用硅砖 申请号：201110429329.6 申请（专利权）人：浙江照山硅质耐火材料有限公司 发明（设计）人：陈作夫；陆宝根；吴天鸣；童丽萍 公开（公告）日：2012.06.27 公开（公告）号：CN102515801A	名称：一种利用窑炉余热快速干燥电瓷的方法及其装置 申请号：201110456728.1 申请（专利权）人：殷杨合 发明（设计）人：许浪力；殷杨合 公开（公告）日：2012.06.27 公开（公告）号：CN102519237A
名称：一种具有析碳功能的窑炉燃烧结构 申请号：201110424730.0 申请（专利权）人：辽宁天和科技股份有限公司 发明（设计）人：陈云天 公开（公告）日：2012.06.27 公开（公告）号：CN102519252A	名称：一种竖式窑炉及其煅烧工艺方法 申请号：201110421988.5 申请（专利权）人：黄波 发明（设计）人：黄波；赵元昊；黄建荣 公开（公告）日：2012.06.27 公开（公告）号：CN102519242A
名称：一种窑炉专用立式离心风机 申请号：201120425598.0 申请（专利权）人：南方风机股份有限公司 发明（设计）人：田连辉；黄鼎陵；杨日辉；陈可英 公开（公告）日：2012.06.27 公开（公告）号：CN202284563U	名称：窑炉的燃烧结构 申请号：201110424110.7 申请（专利权）人：辽宁天和科技股份有限公司 发明（设计）人：陈云天 公开（公告）日：2012.06.27 公开（公告）号：CN102519040A

续表

名称：一种水泥窑炉烟气脱硝工艺及脱硝装置 申请号：201110402436.X 申请（专利权）人：浙江天蓝环保技术股份有限公司 发明（设计）人：李世远；王岳军；莫建松；吴忠标 公开（公告）日：2012.06.27 公开（公告）号：CN102512925A	名称：全电熔玻璃窑炉全自动加料机 申请号：201110423170.7 申请（专利权）人：四季沐歌（洛阳）太阳能有限公司 发明（设计）人：王绍斌；王万忠 公开（公告）日：2012.07.04 公开（公告）号：CN102531330A
名称：一种玻璃窑炉熔化的电极结构 申请号：201110455372.X 申请（专利权）人：彩虹集团公司 发明（设计）人：陈伟 公开（公告）日：2012.07.04 公开（公告）号：CN102531332A	名称：一种玻璃窑炉燃气用量的分配方法 申请号：201110452155.5 申请（专利权）人：彩虹集团公司 发明（设计）人：陈伟 公开（公告）日：2012.07.04 公开（公告）号：CN102531334A
名称：一种工业微波窑炉生产还原钛铁矿的工艺方法 申请号：201210044108.1 申请（专利权）人：湖南阳东微波科技有限公司 发明（设计）人：刘伏初；李蔚霞；陶立平 公开（公告）日：2012.07.04 公开（公告）号：CN102534264A	名称：多隧道窑炉余热利用发电系统 申请号：201210038264.7 申请（专利权）人：林世鸿 发明（设计）人：林世鸿；林扬；颜红；杨帆；罗德林；林芝；林拓 公开（公告）日：2012.07.04 公开（公告）号：CN102538495A
名称：窑炉断辊位置检测装置 申请号：201210032631.2 申请（专利权）人：佛山中鹏机械有限公司 发明（设计）人：万鹏 公开（公告）日：2012.07.04 公开（公告）号：CN102538498A	名称：玻璃窑炉池壁砖侵蚀检测系统 申请号：201110438611.0 申请（专利权）人：泰山玻璃纤维有限公司 发明（设计）人：杨浩；张铁柱；邵胜利 公开（公告）日：2012.07.04 公开（公告）号：CN102538734A
名称：一种燃烧器头及应用该燃烧器头的陶瓷隧道窑炉燃烧器 申请号：201120387594.8 申请（专利权）人：上海伊德科技有限公司 发明（设计）人：张子羿；鄢让 公开（公告）日：2012.07.04 公开（公告）号：CN202303381U	名称：蓄热式燃煤马蹄焰玻璃窑炉烟气余热综合回收利用装置 申请号：201120440644.4 申请（专利权）人：山东省郓城县正达玻璃有限公司 发明（设计）人：徐青山；李强 公开（公告）日：2012.07.04 公开（公告）号：CN202297349U
名称：用于窑炉的煤炭分配机 申请号：201120396526.8 申请（专利权）人：谢庆昱 发明（设计）人：谢庆昱 公开（公告）日：2012.07.04 公开（公告）号：CN202303427U	名称：一种窑炉及其能量利用系统 申请号：201120377077.2 申请（专利权）人：天长市昭田磁电科技有限公司 发明（设计）人：徐杰；张宗仁；王立忠 公开（公告）日：2012.07.04 公开（公告）号：CN202304410U
名称：一种用于陶瓷窑炉的排烟结构 申请号：201120337657.9 申请（专利权）人：广东中窑窑业股份有限公司 发明（设计）人：丁文辉；柳丹 公开（公告）日：2012.07.04 公开（公告）号：CN202304450U	名称：电助熔窑炉热电偶抗干扰装置 申请号：201120434241.9 申请（专利权）人：陕西彩虹电子玻璃有限公司 发明（设计）人：高琪琪 公开（公告）日：2012.07.04 公开（公告）号：CN202305045U

续表

名称：陶瓷窑炉湿法尾气处理装置 申请号：201120480174.4 申请（专利权）人：咸阳陶瓷研究设计院 发明（设计）人：李缨；刘纯；成智文；王晓兰 公开（公告）日：2012.07.11 公开（公告）号：CN202315686U	名称：用于锅炉、窑炉的节能煤粉研磨输送设备 申请号：201120465459.0 申请（专利权）人：闵公发 发明（设计）人：闵公发；闵慧 公开（公告）日：2012.07.11 公开（公告）号：CN202316015U
名称：工业窑炉废气净化回收工艺及设备 申请号：201210071630.9 申请（专利权）人：淄博汇久自动化技术有限公司 发明（设计）人：孙永华；陈家仪；张慧海；郑库；张慧；张庆花；蔡庆庆 公开（公告）日：2012.07.11 公开（公告）号：CN102564149A	名称：一种环保石灰窑炉自动混配料装置 申请号：201120490852.5 申请（专利权）人：潍坊三诺机电设备制造有限公司 发明（设计）人：王磊；王平 公开（公告）日：2012.07.11 公开（公告）号：CN202315820U
名称：玻璃窑炉环保清理装置 申请号：201120458813.7 申请（专利权）人：山东省药用玻璃股份有限公司 发明（设计）人：张军；张永梅；王学安；王永举 公开（公告）日：2012.07.11 公开（公告）号：CN202322595U	名称：环保节能自动化石灰窑炉 申请号：201120489675.9 申请（专利权）人：潍坊三诺机电设备制造有限公司 发明（设计）人：王磊；王平 公开（公告）日：2012.07.11 公开（公告）号：CN202322647U
名称：窑炉的窑池池壁结构 申请号：201120523167.8 申请（专利权）人：辽宁天和科技股份有限公司 发明（设计）人：陈云天 公开（公告）日：2012.07.11 公开（公告）号：CN202322597U	名称：窑炉的窑池胸墙结构 申请号：201120523170.X 申请（专利权）人：辽宁天和科技股份有限公司 发明（设计）人：陈云天 公开（公告）日：2012.07.11 公开（公告）号：CN202322598U
名称：一种旋流式工业窑炉专用燃烧器 申请号：201120468551.2 申请（专利权）人：广东清华中邦热能科技有限公司 发明（设计）人：林卓晖 公开（公告）日：2012.07.11 公开（公告）号：CN202328212U	名称：陶瓷窑炉多重混合燃烧器 申请号：201120450973.7 申请（专利权）人：德化县兰星自动化工程有限公司 发明（设计）人：程振中 公开（公告）日：2012.07.11 公开（公告）号：CN202328240U
名称：一种双排气道窑炉 申请号：201120489540.2 申请（专利权）人：日照市福泰环保科技有限公司 发明（设计）人：郭洪平 公开（公告）日：2012.07.11 公开（公告）号：CN202328276U	名称：窑炉余热利用节能工艺及装置 申请号：201210083955.9 申请（专利权）人：淄博汇久自动化技术有限公司 发明（设计）人：孙永华；陈家仪；张惠海；郑库；张慧；张庆花；蔡庆庆 公开（公告）日：2012.07.18 公开（公告）号：CN102589309A
名称：一种微波窑炉预烧软磁锰锌高导率粉料的方法和软磁锰锌高导率粉料的制备方法 申请号：201210044335.4 申请（专利权）人：湖南阳东微波科技有限公司 发明（设计）人：刘伏初；李蔚霞；陶立平 公开（公告）日：2012.07.18 公开（公告）号：CN102584198A	名称：一种用工业微波辊道窑炉烧结锶永磁铁氧体的方法和锶永磁铁氧体的制备方法 申请号：201210044333.5 申请（专利权）人：湖南阳东微波科技有限公司 发明（设计）人：刘伏初；李蔚霞；陶立平 公开（公告）日：2012.07.18 公开（公告）号：CN102584197A

续表

名称：一种用工业微波窑炉生产氧化锰矿粉的工艺方法 申请号：201210051035.9 申请（专利权）人：湖南阳东微波科技有限公司 发明（设计）人：刘伏初；李蔚霞；陶立平 公开（公告）日：2012.07.25 公开（公告）号：CN102605175A	名称：蓄热式高温空气燃烧节能环保型梭式窑炉 申请号：201210073968.8 申请（专利权）人：朱海生 发明（设计）人：朱海生 公开（公告）日：2012.07.25 公开（公告）号：CN102607267A
名称：玻璃窑炉炉门 申请号：201210061189.6 申请（专利权）人：中山公用燃气有限公司 发明（设计）人：陈晓东；冯辉文 公开（公告）日：2012.07.25 公开（公告）号：CN102603154A	名称：一种锅炉及窑炉用醇基燃烧机 申请号：201210082574.9 申请（专利权）人：湖南三瑞能源科技有限公司 发明（设计）人：刘德远 公开（公告）日：2012.07.25 公开（公告）号：CN102607023A
名称：一种新型坑道式折叠轨道连续烧成窑炉及其烧制方法 申请号：201110462653.8 申请（专利权）人：刘俊如 发明（设计）人：刘俊如；郭立；熊元宵 公开（公告）日：2012.08.01 公开（公告）号：CN102620559A	名称：石墨烘干窑炉 申请号：201120357105.4 申请（专利权）人：黑龙江省牡丹江农垦奥宇石墨深加工有限公司 发明（设计）人：韩玉凤；赵振宇 公开（公告）日：2012.08.15 公开（公告）号：CN202382530U
名称：一种具有共用余热利用系统的窑炉组 申请号：201120454891.X 申请（专利权）人：张秋玲 发明（设计）人：张秋玲 公开（公告）日：2012.08.15 公开（公告）号：CN202382219U	名称：一种具有余热利用系统的窑炉 申请号：201120454757.X 申请（专利权）人：张秋玲 发明（设计）人：张秋玲 公开（公告）日：2012.08.15 公开（公告）号：CN202382587U
名称：环保窑炉 申请号：201120555029.8 申请（专利权）人：江西金锦窑炉技术开发有限公司 发明（设计）人：黄雪勇 公开（公告）日：2012.08.15 公开（公告）号：CN202382595U	名称：一种具有包含烟尘分离装置的余热利用系统的窑炉 申请号：201120455020.X 申请（专利权）人：张秋玲 发明（设计）人：张秋玲 公开（公告）日：2012.08.15 公开（公告）号：CN202382590U
名称：一种日用陶瓷燃气隧道窑炉 申请号：201120481533.8 申请（专利权）人：焦作市张庄瓷厂 发明（设计）人：林允庆；林允锋；朱江根 公开（公告）日：2012.08.22 公开（公告）号：CN202393203U	名称：热风循环石灰窑炉 申请号：201120486848.1 申请（专利权）人：付全德；付金华 发明（设计）人：付全德；付金华 公开（公告）日：2012.08.22 公开（公告）号：CN202390322U
名称：一种PTC烧结窑炉 申请号：201120490628.6 申请（专利权）人：上海市电力公司 发明（设计）人：吴奕峰；鲁志豪；王征；胡洁；朱惠文；浦枢 公开（公告）日：2012.08.22 公开（公告）号：CN202393198U	名称：一种间隔式电热辊道窑炉 申请号：201120513223.X 申请（专利权）人：福州市陶瓷行业技术创新中心 发明（设计）人：龚世代；许翊从；黄玉芳；刘小燕；陈平 公开（公告）日：2012.08.22 公开（公告）号：CN202393205U

续表

<table>
<tr><td>名称：一种直接还原铁的还原窑炉设备和方法
申请号：201210111484.8
申请（专利权）人：沈阳博联特熔融还原科技有限公司
发明（设计）人：唐竹胜；陶立群
公开（公告）日：2012.08.22
公开（公告）号：CN102643942A</td><td>名称：一种新型坑道式折叠轨道连续烧成窑炉
申请号：201120579467.8
申请（专利权）人：刘俊如
发明（设计）人：刘俊如；郭立；熊元宵
公开（公告）日：2012.08.22
公开（公告）号：CN202393206U</td></tr>
<tr><td>名称：一种日用陶瓷窑炉
申请号：201120474938.9
申请（专利权）人：焦作市张庄瓷厂
发明（设计）人：林允庆；林允锋；朱江根
公开（公告）日：2012.08.22
公开（公告）号：CN202393208U</td><td>名称：一种适应热膨胀的窑炉墙体安全结构
申请号：201120523518.5
申请（专利权）人：辽宁天和科技股份有限公司
发明（设计）人：陈云天
公开（公告）日：2012.08.29
公开（公告）号：CN202403534U</td></tr>
<tr><td>名称：一种水泥窑炉脱硝、余热利用及除尘系统及方法
申请号：201210173452.0
申请（专利权）人：河南中材环保有限公司
发明（设计）人：郭相生；申泰炫；刘振彪；侯广超；苗鹰育
公开（公告）日：2012.09.12
公开（公告）号：CN102661667A</td><td>名称：一种含硅工业废料的窑炉保温板及其制备工艺
申请号：201210171560.4
申请（专利权）人：南京工业大学
发明（设计）人：张华；金江；练国峰；黄达斐
公开（公告）日：2012.09.12
公开（公告）号：CN102659437A</td></tr>
<tr><td>名称：循环焙烧窑炉
申请号：201220028016.X
申请（专利权）人：潘毅
发明（设计）人：潘毅
公开（公告）日：2012.09.12
公开（公告）号：CN202432850U</td><td>名称：一种轻烧氧化镁窑炉的连续生产方法
申请号：201210149838.8
申请（专利权）人：海城市华圣耐火材料有限公司
发明（设计）人：陈恩开；吕忠广；王树江
公开（公告）日：2012.09.19
公开（公告）号：CN102674408A</td></tr>
<tr><td>名称：节能型辊底连续式窑炉余热锅炉
申请号：201210130524.3
申请（专利权）人：衡阳市丁点儿工业炉节能有限公司
发明（设计）人：丁永健；丁帅
公开（公告）日：2012.09.19
公开（公告）号：CN102679301A</td><td>名称：节能型辊底连续式窑炉余热回收锅炉
申请号：201210130538.5
申请（专利权）人：衡阳市丁点儿工业炉节能有限公司
发明（设计）人：丁永健；丁帅
公开（公告）日：2012.09.26
公开（公告）号：CN102692007A</td></tr>
<tr><td>名称：窑炉热量尾气造粒循环利用装置
申请号：201120567829.1
申请（专利权）人：南阳金牛电气有限公司；黄洋
发明（设计）人：黄洋；尚少静；耿扬；靳国青；侯永利；蔡向阳；赵旭
公开（公告）日：2012.09.26
公开（公告）号：CN202452848U</td><td>名称：压敏电阻片烧结窑炉热量循环利用装置
申请号：201120567889.3
申请（专利权）人：南阳金牛电气有限公司；黄洋
发明（设计）人：黄洋；尚少静；耿扬；靳国青；侯永利；蔡向阳；赵旭
公开（公告）日：2012.09.26
公开（公告）号：CN202452849U</td></tr>
<tr><td>名称：氧化锌电阻片专用煤气加热窑炉
申请号：201120567729.9
申请（专利权）人：南阳金牛电气有限公司；黄洋
发明（设计）人：黄洋；尚少静；耿扬；靳国青；侯永利；蔡向阳；赵旭
公开（公告）日：2012.09.26
公开（公告）号：CN202454368U</td><td>名称：窑炉用生物质颗粒气化工艺方法
申请号：201210220046.5
申请（专利权）人：柳州新绿能源科技有限公司
发明（设计）人：韦科华；韦泉
公开（公告）日：2012.10.03
公开（公告）号：CN102703123A</td></tr>
</table>

续表

<table>
<tr><td>名称：一种辊道窑炉热风助燃结构
申请号：201210165919.7
申请（专利权）人：广东新明珠陶瓷集团有限公司
发明（设计）人：叶德林；温千鸿；简润桐
公开（公告）日：2012.10.03
公开（公告）号：CN102706143A</td><td>名称：陶瓷窑炉节能改造系统
申请号：201210217244.6
申请（专利权）人：广东工业大学
发明（设计）人：刘效洲
公开（公告）日：2012.10.10
公开（公告）号：CN102721276A</td></tr>
<tr><td>名称：无烟煤窑炉等离子点火烘窑装置
申请号：201210237764.3
申请（专利权）人：曲大伟
发明（设计）人：曲大伟；黄晓曲
公开（公告）日：2012.10.10
公开（公告）号：CN102721050A</td><td>名称：高效节能陶瓷窑炉燃烧器
申请号：201210241196.4
申请（专利权）人：穆瑞力
发明（设计）人：穆瑞力
公开（公告）日：2012.10.10
公开（公告）号：CN102721060A</td></tr>
<tr><td>名称：铸石窑炉
申请号：201210246869.5
申请（专利权）人：四川省川东铸石有限责任公司
发明（设计）人：李春江；朱承斌；雷清明；冉龙文；李芳；张国芳；邢雪莲
公开（公告）日：2012.10.10
公开（公告）号：CN102721279A</td><td>名称：一种氧化气氛窑炉处理铜冶炼渣生产铁铜合金微粉的方法
申请号：201210210957.X
申请（专利权）人：北京科技大学
发明（设计）人：倪文；陈锦安；王红玉；许冬；占寿罡；徐光泽；申其新；张玉燕；李克庆
公开（公告）日：2012.10.10
公开（公告）号：CN102719677A</td></tr>
<tr><td>名称：陶瓷窑炉上可实现热量循环利用的射流喷枪装置
申请号：201210227488.2
申请（专利权）人：梁嘉键
发明（设计）人：梁嘉键
公开（公告）日：2012.10.17
公开（公告）号：CN102734798A</td><td>名称：辊道窑炉热风助燃智能控制系统
申请号：201210216123.X
申请（专利权）人：广东新明珠陶瓷集团有限公司
发明（设计）人：叶德林；温千鸿；简润桐
公开（公告）日：2012.10.17
公开（公告）号：CN102735069A</td></tr>
<tr><td>名称：一种全氧燃烧窑炉喷枪布局优化方法
申请号：201210195723.2
申请（专利权）人：济南大学
发明（设计）人：刘宗明；段广彬；李良；王锟；刘强
公开（公告）日：2012.10.17
公开（公告）号：CN102730938A</td><td>名称：立式石灰窑炉
申请号：201210261858.4
申请（专利权）人：张金永
发明（设计）人：张金永；佴云华
公开（公告）日：2012.10.24
公开（公告）号：CN102745916A</td></tr>
<tr><td>名称：从工业窑炉烟气中收集二氧化碳的方法
申请号：201210231064.3
申请（专利权）人：葫芦岛辉宏有色金属有限公司
发明（设计）人：王秀梅；陈香友；陈宏宇
公开（公告）日：2012.11.07
公开（公告）号：CN102764577A</td><td>名称：电子窑炉用的送料铺料机构
申请号：201210256178.3
申请（专利权）人：苏州汇科机电设备有限公司
发明（设计）人：包瑜；周晓坚
公开（公告）日：2012.11.07
公开（公告）号：CN102767961A</td></tr>
<tr><td>名称：窑炉余热回收利用装置
申请号：201210261211.1
申请（专利权）人：天通（六安）电子材料科技有限公司
发明（设计）人：马云峰；孙蒋平
公开（公告）日：2012.11.14
公开（公告）号：CN102778135A</td><td>名称：一种带真空室的静态磷酸铁锂气氛保护自动烧结窑炉
申请号：201210301851.0
申请（专利权）人：曹景池
发明（设计）人：曹景池
公开（公告）日：2012.11.28
公开（公告）号：CN102795612A</td></tr>
</table>

续表

名称：一种高温回转干馏窑炉密封装置 申请号：201210283410.2 申请（专利权）人：江苏鹏飞集团股份有限公司；江苏中鹏能源技术开发有限公司 发明（设计）人：李刚；赍道春；王复光 公开（公告）日：2012.12.05 公开（公告）号：CN102807878A	名称：废锌料二次蒸馏生产氧化锌的方法及其专用窑炉 申请号：201210285841.2 申请（专利权）人：河北科技大学 发明（设计）人：刘群山 公开（公告）日：2012.12.12 公开（公告）号：CN102816937A
名称：工业窑炉隔热层低导热轻质耐火砖的制造方法 申请号：201210310541.5 申请（专利权）人：东台市港泰耐火材料有限公司 发明（设计）人：孟铭新；盈生才；樊秋官；陈宏观；袁爱俊 公开（公告）日：2012.12.12 公开（公告）号：CN102815962A	名称：一种工业窑炉热效率在线监测方法 申请号：201210283493.5 申请（专利权）人：南京南瑞继保电气有限公司；南京南瑞继保工程技术有限公司 发明（设计）人：李兵；郝勇生；李九虎；殷捷；彭兴；郝飞；孟宪宇；耿欣 公开（公告）日：2012.12.26 公开（公告）号：CN102841983A

第四节　2012 年陶瓷色釉料专利

名称：釉料喷涂装置 申请号：201110240325.3 申请（专利权）人：王文庭 发明（设计）人：王文庭 公开（公告）日：2012.01.11 公开（公告）号：CN102311278A	名称：一种环保陶瓷釉料 申请号：201110179336.5 申请（专利权）人：大连林桥科技有限公司 发明（设计）人：盖丽；龚启云 公开（公告）日：2012.03.14 公开（公告）号：CN102372501A
名称：一种高温红外辐射釉料及其制备方法 申请号：201110227142.8 申请（专利权）人：武汉钢铁（集团）公司 发明（设计）人：朱小平；蒋扬虎；欧阳德刚；陈建康；吴杰；丁翠娇 公开（公告）日：2012.03.28 公开（公告）号：CN102391017A	名称：一种金属光泽釉釉料及其上釉工艺 申请号：201110248827.0 申请（专利权）人：广东道氏技术股份有限公司 发明（设计）人：余水林；高平；曾青蓉 公开（公告）日：2012.04.11 公开（公告）号：CN102408253A
名称：一种添加助熔剂的釉料 申请号：201110275311.5 申请（专利权）人：唐山华丽陶瓷有限公司 发明（设计）人：冯荣光；穆长久；田海武；穆建民；徐鹏俊 公开（公告）日：2012.04.25 公开（公告）号：CN102424608A	名称：一种添加增白剂的釉料 申请号：201110275312.X 申请（专利权）人：唐山华丽陶瓷有限公司 发明（设计）人：冯荣光；穆长久；田海武；穆建民；徐鹏俊 公开（公告）日：2012.04.25 公开（公告）号：CN102424609A
名称：釉料喷涂装置 申请号：201120304922.3 申请（专利权）人：王文庭 发明（设计）人：王文庭 公开（公告）日：2012.04.25 公开（公告）号：CN202201836U	名称：一种复古釉料及其制备和使用方法 申请号：201110308078.6 申请（专利权）人：上海高诚艺术包装有限公司 发明（设计）人：吴青莲；蔡世山 公开（公告）日：2012.05.02 公开（公告）号：CN102432343A

续表

名称：一种铜红窑变釉料及其制备和使用方法 申请号：201110308087.5 申请（专利权）人：上海高诚艺术包装有限公司 发明（设计）人：林海啸；蔡世山 公开（公告）日：2012.05.02 公开（公告）号：CN102432344A	名称：一种具有圈圈效果的窑变釉料及其制备和使用方法 申请号：201110308076.7 申请（专利权）人：上海高诚艺术包装有限公司 发明（设计）人：吴青莲；蔡世山 公开（公告）日：2012.05.09 公开（公告）号：CN102442839A
名称：一种雪花釉料及其制备和使用方法 申请号：201110308077.1 申请（专利权）人：上海高诚艺术包装有限公司 发明（设计）人：林海啸；蔡世山 公开（公告）日：2012.05.09 公开（公告）号：CN102442840A	名称：一种豹纹釉料及其制备和使用方法 申请号：201110308079.0 申请（专利权）人：上海高诚艺术包装有限公司 发明（设计）人：吴青莲；蔡世山 公开（公告）日：2012.05.09 公开（公告）号：CN102442841A
名称：一种珠点釉料及其制备和使用方法 申请号：201110308102.6 申请（专利权）人：上海高诚艺术包装有限公司 发明（设计）人：林海啸；蔡世山 公开（公告）日：2012.05.09 公开（公告）号：CN102442842A	名称：具有抗微生物性质的陶瓷釉料组合物 申请号：201080028481.7 申请（专利权）人：密克罗伴产品公司 发明（设计）人：阿尔文·拉玛·小坎贝尔 公开（公告）日：2012.05.16 公开（公告）号：CN102459129A
名称：一种质感细腻的仿古哑光釉釉料及其使用方法 申请号：201110380349.9 申请（专利权）人：广东道氏技术股份有限公司 发明（设计）人：陈奕；陈宵；方贵喜；黎朱强 公开（公告）日：2012.06.13 公开（公告）号：CN102491791A	名称：一种陶瓷用黄色高光釉料及其制备方法 申请号：201110409836.3 申请（专利权）人：潮州市庆发陶瓷有限公司 发明（设计）人：蔡金元 公开（公告）日：2012.06.13 公开（公告）号：CN102491793A
名称：一种陶瓷用大红釉料及其制备方法 申请号：201110409839.7 申请（专利权）人：潮州市庆发陶瓷有限公司 发明（设计）人：蔡金元 公开（公告）日：2012.06.13 公开（公告）号：CN102491794A	名称：一种电工陶瓷用等静压釉料及其制备方法 申请号：201110287860.4 申请（专利权）人：中国西电电气股份有限公司 发明（设计）人：沈骏，马志成；李红宝；刘宏烈 公开（公告）日：2012.06.20 公开（公告）号：CN102503564A
名称：一种仿金属釉料及其制备和使用方法 申请号：201110308080.3 申请（专利权）人：上海高诚艺术包装有限公司 发明（设计）人：吴青莲；蔡世山 公开（公告）日：2012.06.20 公开（公告）号：CN102503566A	名称：一种木纹釉料及其制备和使用方法 申请号：201110308081.8 申请（专利权）人：上海高诚艺术包装有限公司 发明（设计）人：吴青莲；蔡世山 公开（公告）日：2012.06.20 公开（公告）号：CN102503567A
名称：一种泡泡釉料及其制备和使用方法 申请号：201110308082.2 申请（专利权）人：上海高诚艺术包装有限公司 发明（设计）人：林海啸；蔡世山 公开（公告）日：2012.06.20 公开（公告）号：CN102503568A	名称：一种透明釉料及其制备和使用方法 申请号：201110308089.4 申请（专利权）人：上海高诚艺术包装有限公司 发明（设计）人：林海啸；蔡世山 公开（公告）日：2012.06.20 公开（公告）号：CN102503569A

续表

名称：一种陶瓷釉料改性添加剂及其制备方法和用途 申请号：201110320892.X 申请（专利权）人：景德镇陶瓷学院 发明（设计）人：周健儿；包启富 公开（公告）日：2012.06.20 公开（公告）号：CN102503571A	名称：一种卫生陶瓷釉料配方 申请号：201110416537.2 申请（专利权）人：广东四通集团股份有限公司 发明（设计）人：蔡镇城 公开（公告）日：2012.06.27 公开（公告）号：CN102515859A
名称：一种结晶釉釉料配方 申请号：201110416600.2 申请（专利权）人：广东松发陶瓷股份有限公司 发明（设计）人：林道藩 公开（公告）日：2012.06.27 公开（公告）号：CN102515861A	名称：一种金晶釉面日用陶瓷釉料 申请号：201110417331.1 申请（专利权）人：广东四通集团股份有限公司 发明（设计）人：蔡镇城 公开（公告）日：2012.06.27 公开（公告）号：CN102515864A
名称：一种耐高温日用陶瓷釉料 申请号：201110414702.0 申请（专利权）人：广东东宝集团有限公司 发明（设计）人：刘荣海 公开（公告）日：2012.07.04 公开（公告）号：CN102531682A	名称：一种高质量骨质瓷釉料 申请号：201110417820.7 申请（专利权）人：陈新基 发明（设计）人：陈新基 公开（公告）日：2012.07.04 公开（公告）号：CN102531702A
名称：一种骨质瓷用高纯度釉料 申请号：201110417832.X 申请（专利权）人：陈新基 发明（设计）人：陈新基 公开（公告）日：2012.07.04 公开（公告）号：CN102531704A	名称：一种瓷砖全抛釉专用印刷釉料 申请号：201210014584.9 申请（专利权）人：卡罗比亚釉料（昆山）有限公司 发明（设计）人：赵白弟 公开（公告）日：2012.07.04 公开（公告）号：CN102531706A
名称：一种陶瓷金属抛釉专用印刷釉料 申请号：201210014585.3 申请（专利权）人：卡罗比亚釉料（昆山）有限公司 发明（设计）人：赵白弟 公开（公告）日：2012.07.04 公开（公告）号：CN102531707A	名称：一种瓷砖喷墨专用白色釉料 申请号：201210014596.1 申请（专利权）人：卡罗比亚釉料（昆山）有限公司 发明（设计）人：赵白弟 公开（公告）日：2012.07.04 公开（公告）号：CN102531708A
名称：发热珐琅釉料及涂布它的发热容器 申请号：201080014933.6 申请（专利权）人：你和我技术有限公司 发明（设计）人：李英九；尹锡宪；朴元铉；申铉圭；孙荣珉 公开（公告）日：2012.07.04 公开（公告）号：CN102548920A	名称：一种搪瓷卷板用搪瓷釉料及其制备方法及采用该釉料制备搪瓷卷板的方法 申请号：201110349871.0 申请（专利权）人：武汉中冶斯瑞普科技有限公司 发明（设计）人：余庚；罗东岳；路兴浩 公开（公告）日：2012.07.11 公开（公告）号：CN102557446A
名称：以水源地的淤泥制备釉料的方法及由该釉料制备的陶瓷品 申请号：201110291568.X 申请（专利权）人：吕琪昌 发明（设计）人：吕琪昌 公开（公告）日：2012.07.11 公开（公告）号：CN102557732A	名称：一种发光釉料 申请号：201110417776.X 申请（专利权）人：陈新基 发明（设计）人：陈新基 公开（公告）日：2012.07.11 公开（公告）号：CN102557752A

续表

名称：一种骨质瓷用釉料 申请号：201110417818.X 申请（专利权）人：陈新基 发明（设计）人：陈新基 公开（公告）日：2012.07.11 公开（公告）号：CN102557753A	名称：一种仿瓷砖外墙砂壁质感涂料及其制备方法 申请号：201210066616.X 申请（专利权）人：沈阳顺风新城建筑材料有限公司 发明（设计）人：刘春峰；吕会勇；沙世强；于海舒；陈栋；杜晓宁；王杨松；于浩；葛晶 公开（公告）日：2012.07.18 公开（公告）号：CN102584114A
名称：一种与仿瓷砖外墙涂料相配套的黑砂底漆制备方法 申请号：201210066614.0 申请（专利权）人：沈阳顺风新城建筑材料有限公司 发明（设计）人：刘春峰；吕会勇；沙世强；于海舒；陈栋；杜晓宁；王杨松；于浩；葛晶 公开（公告）日：2012.07.25 公开（公告）号：CN102604492A	名称：一种超耐磨高硬度全抛釉料的原料配方及制备方法 申请号：201210059168.0 申请（专利权）人：广东宏威陶瓷实业有限公司；广东宏陶陶瓷有限公司 发明（设计）人：梁桐灿；陈建忠；文杰；陈华强；欧家瑞；王勇；黄广金；刘海光；蔡三良 公开（公告）日：2012.07.25 公开（公告）号：CN102603364A
名称：一种低温金属色釉料及其使用方法 申请号：201210107230.9 申请（专利权）人：东莞市高诚陶瓷制品有限公司 发明（设计）人：蔡世山 公开（公告）日：2012.08.01 公开（公告）号：CN102617191A	名称：一种蓝色结晶釉料及其使用方法 申请号：201210107155.6 申请（专利权）人：东莞市高诚陶瓷制品有限公司 发明（设计）人：蔡世山 公开（公告）日：2012.08.08 公开（公告）号：CN102627476A
名称：电瓷干法成型工艺中灰釉产品的釉料 申请号：201210151079.9 申请（专利权）人：中材高新材料股份有限公司；山东工业陶瓷研究设计院有限公司 发明(设计)人：桑建华；宫云霞；张旭昌；欧阳胜林；侯立红；张桂花；韩春俭 公开（公告）日：2012.09.19 公开（公告）号：CN102674895A	名称：一种沙漠沙烧结制品装饰釉料及其制备方法和施釉方法 申请号：201210267046.0 申请（专利权）人：西安市宏峰实业有限公司 发明（设计）人：孔国峰；段伟；许健群 公开（公告）日：2012.10.24 公开（公告）号：CN102746030A
名称：一种用于锆铁红色釉料的电熔氧化锆的生产方法 申请号：201210264839.7 申请（专利权）人：焦作市科力达科技有限公司 发明（设计）人：王敬文；张清河；梁国庆 公开（公告）日：2012.10.24 公开（公告）号：CN102745745A	名称：一种球磨釉料装置 申请号：201220022569.4 申请（专利权）人：卡罗比亚釉料（昆山）有限公司 发明（设计）人：赵白弟 公开（公告）日：2012.10.31 公开（公告）号：CN202506442U
名称：一种色釉料混合机 申请号：201220021808.4 申请（专利权）人：卡罗比亚釉料（昆山）有限公司 发明（设计）人：赵白弟 公开（公告）日：2012.10.31 公开（公告）号：CN202506342U	名称：一种彩陶釉料组合物及含有该组合物的彩陶制备工艺 申请号：201210239363.1 申请（专利权）人：卢群山 发明（设计）人：卢群山；卢涛；张茜文 公开（公告）日：2012.11.07 公开（公告）号：CN102765967A
名称：一种釉料干燥设备 申请号：201220021806.5 申请（专利权）人：卡罗比亚釉料（昆山）有限公司 发明（设计）人：赵白弟 公开（公告）日：2012.10.31 公开（公告）号：CN202508992U	

第六章　建筑陶瓷产品

第一节　主要产品

一、抛光砖

从21世纪初以来，陶瓷行业先后出现仿古砖、全抛釉（大理石瓷砖）及微晶石热潮，这三大类产品因其表面效果丰富，装饰性强，令越来越多的企业追捧，一些抛光砖优势企业也逐渐忽视了对抛光砖材料、生产工艺和空间应用的深度创新、开发。

事实上，虽然全抛釉（大理石瓷砖）、微晶石等产品依靠喷墨技术与设备，能够便捷地进行花色创新，其产品的利润也较高。但考虑到耐磨、维护、平整、防滑等性能要求，目前公共空间地面首选的陶瓷建材依然是抛光砖。

抛光砖目前在国内依然占据重要市场份额，参与经营生产的企业超过半数，行业主流企业东鹏、诺贝尔、新明珠、新中源、宏宇、欧神诺、汇亚、特地、鹰牌、金舵、兴辉等企业，均是以抛光砖为主打产品，高品质抛光砖是最重要的工程型产品，并与其他品类互为补充，齐头并进。

2012年，抛光砖企业对自身优势产品的关注普遍提升。佛山地区的汇亚、欧美、博华、金朝阳、加西亚、澳翔、宏宇，华东地区的冠军以及江西的新高峰、瑞雪、恒辉、中瑞、金环、瑞明、华硕等企业，都相继推出了抛光砖换代升级新品。

宏宇集团的"陶瓷砖减薄技术研究及薄型微粉抛光砖产品开发"项目，顺利通过了广东省经济和信息化委员会新技术新产品鉴定。"薄型微粉抛光砖"在节能降耗、绿色环保，使用性能等方面所获得的效益显著提高：第一，新产品能在现有设备上生产，无需大量投入，还可延伸到渗花砖、仿古砖、釉面砖等其他类型瓷砖的生产；第二，节能降耗，绿色环保，还较少运输、人力等方面的生产成本，使企业收益显著增加；第三，"薄型微粉抛光砖"使用性能佳，它薄而大，硬度、强度高，可进行切割加工铺贴使用，产品性能指标优于普通陶瓷砖和大规格薄板精美耐用，在铺贴上可用传统方法，不需要新的工艺，便于推广、经济实用，容易被市场和客户接受。

2012年欧美陶瓷推出"原石"系列。欧美陶瓷为解决抛光砖纹理不清晰的难题，专门成立技术攻关小组，独家引进了意大利威瓷公司"3D蜃影"布料系统，历经一年多的试验，成功推出行业首款超耐磨、强抗污并媲美大理石纹理的类喷墨抛光砖——"原石"系列。该系列产品还原地壳蠕动挤压、熔岩烧结的运动过程，再造天然大理石生成的高温高压环境，面料流动自然。

抛光砖仿石材纹理是不变的原则，随着微晶石的兴起，抛光砖企业也将仿玉纹理作为产品突破的方向。目前行业中仿石材抛光砖领域内的最高工艺与产品就是仿玉石的"微晶级抛光砖"，2012年国内也仅有特地、恒福等少数企业推出了表面纹路与视觉效果接近微晶石的抛光砖产品。

特地陶瓷"玉麒麟"系列通体抛光砖，首次将"辊筒打印"布料技术引入抛光砖，在基料中融入了60%配比的名贵玉质晶体，在造石的模拟环境中，运用立体悬浮触控技术将玉质晶体神奇的悬浮在砖体的表面，呈现出一种呼之欲出的立体效果，同时与随机分布的纹理布料形成"溪水流珠"的自然效果。

2012年10月恒福陶瓷推出了微晶级玻化砖"领玉"是公认的仿玉抛光砖的代表作之一。这种微晶级玻化砖，在生产过程中通过独创多维叠影技术、多重顺联式对冲技术、高光抗磨加厚技术等技术的运用，超越了市面普通抛光砖平面呆板的纹理。产品通过叠加立体成像，充分表现出晶莹圆润的玉质纹理，可媲美高清喷墨打印的效果。

“领玉”依靠60%超透料保证产品既有微晶石丰富色彩和质感，又兼具玻化砖耐磨质地，打破了只有微晶石才能实现玉石效果的垄断，开启玻化砖全新的领域。

一般行业中的仿石材抛光砖的生产成本较普通抛光砖要高出70%～80%，该产品的出厂价也较普通抛光砖要高出70%～80%，而在终端该产品的零售价则要高出普通抛光砖一倍左右。

因此，对致力于研发仿石材抛光砖的企业来说，在产品研发与推广初期的“曲高和寡”是企业在市场中面临的最大难题之一，毕竟一款产品的风靡要想依靠一两家企业的推广是很难实现的。所以，站在产品推广的角度来说，只有不断地有企业投入到“微晶级抛光砖”的研发生产中来，该产品才有可能获得大规模流行。

二、瓷片

瓷片（釉面砖）近年来发展的一个显著特征是规格不断增大。2007年瓷片市场的主流规格还是250×330（mm）。高峰时期这种规格的瓷片可以占到瓷片总产能的七八成。而300×450（mm）的瓷片才刚出来不久。

但几年之后，300×450（mm）和300×600（mm）规格的瓷片便展现出惊人的爆发力。目前300×600（mm）规格的至少要占到四成。一些主流企业300×600mm规格瓷片占48%,300×450（mm）规格占27%。

最近两年，喷墨印花技术取代了滚筒印花技术后，瓷片规格继续增大，300x450（mm）的规格基本淡出人们视线，400×800（mm）、600×900（mm）、450×1000（mm）等大规格成为瓷片领域的新宠。

从花色纹理来看，借助喷墨印花技术，各类仿玉石、仿石纹、仿皮纹、仿木纹等的瓷片产品层出不穷。但随着喷墨印花技术的日渐普及，抄袭、仿冒变得更加容易，导致产品在规格、花色、纹理方面的同质化更加迅速，尤其是在一些新兴产区，喷墨技术令企业一夜之间站在同一起跑线，行业整体制造水平是大大提高了，但企业在创新之路上将会付出越来越高的代价。

喷墨打印设备图像解析度高达360dpi，因此喷墨瓷片清晰度是普通瓷片的6倍以上，画质更莹润且层次分明。高清喷墨瓷片和普通瓷片，就像高清电视机与普通电视机之间的区别。

但是，将传统辊筒印花等技术进行改造，同样能使瓷片印刷高清化。2010年宏宇集团在生产过程中通过多维立体控制程序，利用超软辊筒，特制添加剂及印油精制出超越喷墨打印瓷片的高清三维立体瓷片。正式宣布了家居生活进入“高清立体”时代。

2011年宏宇推出幻影瓷片，宏宇集团倾力打造的隐形光学浮雕陶瓷装饰技术及光学浮雕幻影釉面砖新技术新产品鉴定会在瓷海国际会议室举行。隐形浮雕陶瓷装饰技术是指在一定的角度观看，产品表面是一种装饰图案，正面看上去与普通瓷片没什么区别，但只要光线强度有所改变，或从侧面一看就能清晰地看到瓷砖表面生动的图案。但用手触摸瓷砖表面却没有明显的凹凸感，从而达到浮雕幻影的特殊装饰效果。

2012年12月11日，由佛山市科学技术局在佛山市组织并主持召开了佛山市科捷制釉有限公司的“瓷片全抛釉技术开发”科技成果鉴定会。鉴定委员会鉴定意见如下：该项目自主研发了超低膨胀系数熔块，通过合理设计釉料配方，能够制备出适应不同厂家的全抛釉，在不改变厂家原有坯体、底釉、面釉配方和烧成制度的基础上，可使坯体、底釉、面釉、抛釉四者之间的热膨胀系数得到合理匹配，改善了釉面砖的热稳定性。

此外，鉴定委员会还指出：该项目将全抛工艺技术应用到内墙釉面砖等领域，生产出的全抛釉产品釉面透明度和光泽度高、发色好、抛后无针孔、耐污性好，提高了产品档次和附加值。项目已申请发明专利2件，该项技术达到国内领先水平。

抛釉瓷片不仅拥有抛光砖般的亮光镜面和仿古砖的花色纹理，更从工艺上解决了全抛釉砖平整度不稳定的技术难题。2012年，广东协进已推出数十款抛釉瓷片，包括300×600（mm）、450×1000（mm）两种规格。

此外，2012年下半年，淄博格伦凯陶瓷率先在山东地区推出微晶镜面瓷片。改产品主要采用超洁亮技术，解决陶瓷防污和光洁度提升的两大难题。产品光洁度达到90%以上，表面亮度达97%～98%，接近镜面效果。

三、仿古砖

近两年，在大行其道的微晶石、全抛釉面前，仿古砖的光芒稍显黯淡，不少企业对仿古砖的产品研发明显放缓。一些原本专业的仿古砖品牌，比如广东新明珠陶瓷集团的路易摩登将产品线拓宽，涉足玻化砖、瓷片等领域。

但是，在企业一窝蜂涌向微晶石、全抛釉之时，也有一些品牌始终专注于小规格仿古砖，并在行业低谷的时候仍然活得有声有色，比如芒果瓷砖从2008年成立之初，就立足于欧洲田园风格，并坚持在这一领域精耕细作。目前芒果瓷砖让欧洲田园风格成为一种瓷砖消费潮流。

田园风格包括英国乡村风格、法国乡村风格、地中海风格、美式田园风格、中式田园风格、南亚田园风格等。芒果瓷砖的成功，促使行业出现更多小规格仿古砖专业品牌。仿古砖从欧洲传到中国的时候就是小规格，现在欧洲仿古砖依然小规格。国内仿古砖企业最早都是做小规格，2005年左右开始流行大规格，如今又回到了小规格仿古砖。2012年秋季陶博会上，小规格仿古砖就是最抢眼的特色产品之一。在小规格田园风格流行风潮的影响下，一些近年来试图走产品多元化路线的仿古砖专业品牌如金意陶提出“重塑仿古砖新高度”的目标，并推出多款仿古砖新品，主要规格为165×165（mm）、330×330（mm）、500×500（mm）。

小规格仿古砖在铺贴设计中变化多样，有利于发挥设计师的设计水平，使装修效果更加个性，这迎合了时下个性化需求的潮流。预计未来这类产品的市场份额会一直稳步提升。但随着走乡村田园风格仿古砖企业越来越多，未来地中海风格、美式田园风格产品的市场会逐渐增加，个别品牌如雅智·美杜莎提出“田园地中海混搭”的理念。

为了适应主力消费群体转向80后乃至90后的现象，除了传统仿古砖，偏向现代化的仿古砖也越来越多，产品色彩、形态与搭配方式更为丰富，米白、米黄、浅蓝、大红等色彩都不鲜见。小规格仿古砖的特色正在于其运用范围及铺贴方式的多样性，如今出现与其他类型瓷砖或者材质混搭应用的趋势。

例如，雅智·美杜莎小规格木纹砖，与原有的产品混搭。而金意陶已有不少小规格仿古砖与木纹砖混贴的展示空间，并为仿古砖新品设计色调与质感迥异的花片实现特色搭配。此前，马可波罗也早在仿古砖产品中加入了“青石板”、“梅花”等元素，并且还运用“实木＋碎石”、“砂岩石＋软木”等组合方式。

仿古砖的工艺及表现手法是陶瓷砖中最为丰富的，发展至今尤其如此。金意陶仿古砖新品就为提升釉面工艺及表面触感，增加了跳印、幻彩等多种工艺。对于雅智·美杜莎而言，最大的变化莫过于将采用喷墨技术生产小规格仿古砖。喷墨技术用于小规格仿古砖生产在欧洲已经是十分常见的现象，但在国内仍相对较少。喷墨技术应用之后，可实现更加丰富的花色，且同款花色并不需要太大产量。但是，由于设备、墨水色彩等限制，目前喷墨技术对于小规格仿古砖而言尚有一定缺陷，因此部分企业虽然已经拥有喷墨设备，但几乎不用于这类产品的生产。

2012年10月18日，位于陶瓷总部中央商厦1楼国际精品馆的意大利奇尔陶瓷旗舰店隆重开业，奇尔陶瓷携在意大利CERSAIE引起全世界轰动的COTTO VOGUE系列和手工砖品牌的TRANSPRENZE MARINE系列在佛山闪亮登场。奇尔在仿古砖的设计风格一直在业界中领导潮流，在本届陶博会重拳推出两大系列产品，表面效果处理精致，颜色搭配方式多样，意大利原创设计，打破传统小规格瓷砖以田园仿古为主的设计理念，转向时尚华丽的风格设计，势必将引领小规格瓷砖潮流。

四、大理石瓷砖

天然大理石是装饰材料中的高档消费品，是天然稀缺的矿产资源，因其自然、豪华、高贵的特质，被广泛地应用于酒店、商厦、别墅等高档场所的装饰，并得到全世界消费者的认可。

但是，正因为天然大理石是天然资源，所以也存在一些不可避免的缺陷，比如：资源枯竭、护理麻烦，有些因有放射性而使其使用空间得到了局限、成本高等不尽人意之处。作为工业产品的建筑陶瓷则刚好克服了这些缺陷，但瓷砖却又很难达到天然石材的机理、色彩和装饰效果。

所以，几十年来，建筑陶瓷的开发工程师们利用各种科技手段来模仿天然石材的效果，也不断有一些较为类似某一天然石的陶瓷产品出现，但总体来说，瓷砖仍然是“死”的，色彩单调、图案呆板、立体感欠缺，总体效果与天然大理石相差很远，于是在装饰过程中，自然就形成了高档场所用天然大理石，中低档场所使用瓷砖这样一个格局。

2009年推出的简一大理石瓷砖采用了几十种创新工艺和技术，与世界最强的设计公司和材料公司合作，经过长期深入摸索，终于成功开发出了简一大理石系列，实现了瓷砖行业长期以来追求达到天然石材纹理清晰、色彩丰富自然等效果的梦想，产品与天然石材几乎一模一样，更为重要的是其技术平台基本上能涵盖所有的天然大理石品种，也就是说任何一款天然大理石都可能在简一大理石瓷砖系列中出现，从技术层面讲，这是行业技术的革命性突破。

自简一陶瓷首创大理石瓷砖以来，随着工艺技术的不断进步，生产技术逐渐透明，越来越多的企业涉入到大理石瓷砖的领域中。而到了2012年，大理石瓷砖在行业出现了井喷现象。马可波罗大理石瓷砖产品占到了整个产品系列的60%以上。而且每年新开发的产品中，大理石瓷砖产品占到了新开发产品的60%，共计30余款。此外，澳翔、宏润、安华、金璞陶等诸多企业，都将大理石瓷砖列为企业重点推广的产品，并且还涌现出如新贵族、通利、虹霖等大理石瓷砖新品牌。

2009年简一大理石瓷砖面世后，行业内众企业纷纷跟进，但在产品命名上，大多数企业都根据产品的工艺特征，叫该产品为全抛釉。从偶尔会有人将其归入仿古砖类。由于消费者事实上对生产工艺并不感兴趣，也搞不清楚。但瓷砖的功能消费者是基本了解的。每一品类产品的装饰特性是消费者最感兴趣的，因为这是产品能提供给他们的价值所在。简一陶瓷正是从产品的特性上来命名大理石瓷砖的。由于这一命名更贴近市场，所以，最终被全行业所接受。

一般认为，大理石瓷砖是指具有大理石表面特征的陶瓷墙地砖。大理石瓷砖首先要拥有天然大理石逼真效果的瓷砖。从这个角度来看，不一定抛釉的就能叫大理石瓷砖，也不一定非抛釉不能叫大理石瓷砖，最起码是仿石纹理的，最起码看起来像大理石。大理石瓷砖的标准就是要拥有天然大理石的逼真效果。如果按抛光砖（玻化砖）、瓷片、仿古砖、微晶石、抛晶砖、外墙砖等品类划分，大理石瓷砖是独立于它们之外的全新品类。

可见，所有花色纹路类似于天然大理石花色纹路的瓷砖，不管是墙砖、还是地砖，也不管是亮光还是哑光，不管是全抛还是半抛，不管生产工艺、理化指标如何，都可称为大理石瓷砖。

大理石瓷砖从概念上讲，它是和木纹砖、布纹砖、羊皮砖、砂岩石等瓷砖并列的。木纹砖市场份额早已引人注目，而大理石瓷砖近两年则奋起直追，其市场份额目前已经赶超木纹砖。

大理石瓷砖完全可以和天然的大理石媲美。在色差方面，天然的大理石有色差和瑕疵，瓷砖没有。在强度方面，天然的大理石的强度低、易断裂、单位面积重，而瓷砖强度高，不易断裂，干挂优势明显。在密度方面，天然的大理石的密度小、易渗污、需护理，而瓷砖密度大、不渗污、无需护理。在资源分析，天然的大理石的资源稀缺，而瓷砖大规模生产，无须担心供货。在价格方面，天然的大理石的价格昂贵及不可控，而瓷砖性价比高，价格稳定。对健康方面，天然的大理石有辐射，而瓷砖无辐射。

所以，从市场层面来看，大理石瓷砖具有无限的发展空间，因为这一产品具备了瓷砖的所有特质，同时又吸纳了天然大理石的所有优点，而且克服了其天然不足，所以它可以应用于高档场所的装饰，但同时又具备了瓷砖的护理简单、绝对环保、物美价廉等优点。大理石瓷砖开劈出了一个介于高档天然石材装饰和中低档瓷砖装饰之间的独立的市场空间。

正因为大理石瓷砖有着诸多的优点，目前越来越多的住宅、商业地产项目、市政工程以及酒店等项目开始大面积使用大理石瓷砖，这也使得诸多陶企更加重视大理石瓷砖，并逐渐加强了大理石瓷砖的生产与销售。

据统计，天然石材一年的总产量是3.2亿平方米，有2600个亿。建筑陶瓷一年的总产量是90亿平方米，有4000个亿。大理石瓷砖实际上是在抢占天然大理石的巨大市场，其发展具有促进建材行业低碳发展的重要意义。

五、木纹砖

木纹砖是一种表面呈现木纹装饰图案的高档陶瓷彩釉砖新产品，纹路逼真、自然朴实、没有木褪色、不耐磨等缺点，易保养的亚光釉面砖。它以线条明快，图案清晰为特色。

传统的木纹砖分为釉面砖和劈开砖两种。前者通过丝网印刷工艺或贴陶瓷花纸的方法来使产品表面获得木纹图案，而后者是采用两种或两种以上烧后呈不同颜色的坯料经真空螺旋挤出机将它们螺旋混合后，通过剖切出口形成酷似木材的纹理。

作为细分领域的瓷砖类型，木纹砖相比实木地板或者中高端复合地板，最直观就是具有价格优势，其次是具有明显的环保优势，木材资源在不断消耗，尤其是名贵木种的资源越来越稀缺，木纹砖已可以实现仿造橡木、柚木、花梨木、紫檀木、楠木、胡桃木、杉木、胡桃木等名贵木种的效果。

2012年3月份爆出的木地板大厂安信甲醛超标事件也助推了木纹砖的销量一把。再者，木纹砖由于是瓷砖，比起木地板具有易打理、防水、防腐蚀及阻燃的优势。

早在1996年广东佛陶集团石湾美术陶瓷厂有限公司就申请了一种陶瓷木纹砖的成型方法专利。而且木纹砖在过去也热销过，但后来却成落伍的代名词，落伍的原因是由于产品质量及款式一直得不到市场的认可。从2008年终起正方形木纹砖开始回潮，到2009已呈火爆之势，懋隆、金意陶、康拓、冠珠、荣高、欧文莱、路易摩登、欧古、新中源、L&D、ICC、东鹏、典美、罗马利奥、格里菲斯、红河谷、考古专家等仿古砖企业都有生产木纹砖。2012年8月份，金意陶宣布将旗下的田园木歌木纹砖正式升级和更名为森活木，并启动在全国建森活木的独立展厅。

2009年后出现的新型木纹砖摒弃了过去的瓷砖正方形的特性，而采用向木地板一样的长方形，规格上有112mm×500mm、150mm×600mm、150mm×900mm、200mm×900mm、200mm×1000mm、250mm×1200mm等多个规格。主要生产企业有楼兰、懋隆、康拓等。

2010年之后随着国内喷墨设备与技术的日益推广，喷墨技术使木纹砖质感、纹理的表现更为丰富，产品层次感更强，是目前为止使木纹砖最接近实木地板的行业技术。

同时，喷墨技术的运用使得仿木纹瓷砖个性化定制得以实现，可以高度还原原木的色彩及纹理，产品生产的数量不再受到限制，为木纹砖走高端化路线提供了可能。

2012年博洛尼亚展，以喷墨技术为支撑的木纹砖继续成为主要亮点，老旧、经典、优雅等风格的仿木纹陶瓷砖都有出现，在木纹砖的产品规格上，以往900×200（mm）规格的木纹砖受欢迎，1200×200（mm）等规格更大的产品也有流行迹象。

而在国内市场，木纹砖尺寸一方面往更长、更纤细的方向发展，如54×900（mm）、110×900（mm）、300×1200（mm）、15×1200（mm）等细长规格。另一方面往小的、经典小砖的规格发展，如80×300（mm）、150×500（mm）等规格。

2012年木纹砖在应用上像仿古砖一样开始走整体搭配应用路线，市场出现腰线、门套以及其他配饰，还有很多拼花，产品花色、规格也更加丰富，色彩流行做旧。

另一方面，木纹砖使用范围更加广泛，更多上墙，或者在公共空间使用。在国外，木纹砖的使用较为广泛，包括入户花园、别墅外墙、酒店外墙等场所都使用。在中国消费者的传统消费观念中，卧室是最适宜铺贴木纹砖的空间。木纹砖企业未来要引导消费者先立足卧室，再通过卧室延伸到客厅、阳台，甚至是卫生间、厨房等场所。

2012 年，ICC 瓷砖“蓝山瓷木”系列已经在一些风格简约与优雅的别墅区使用。过去只在室内铺贴的产品被延伸到室外，匹配其独有的入户花园。大量应用木纹砖的别墅区更加与自然融为一体，远看像一座座的大型森林豪宅。

未来木纹砖在设计上首先还是不断对真实木种进行逼真还原。如 ICC 瓷砖所设计研发出来的木纹砖蓝山瓷木系列，从正面、侧面、凹凸面等多个侧面，直角、斜角等 360 度视角探寻，皆与自然森林空间如出一辙。一些有实力的品牌已经采用“微模雕刻”技术，以达到从色彩到纹理的真实还原，连原木上的裂纹、虫蛀坑、节疤都可以逼真还原，惟妙惟肖。

但与此同时，由不同纹理和质面组合的系列也会更多地出现，例如一个系列内包含不同木种、纹理的设计面，同样纹理会有不同质面，如半抛、柔抛，这样木纹砖的搭配能力、应用范畴会更加强大；另一方面，设计走出大自然的范畴，从不同物质中取得灵感、兼具艺术创作、设计意味、更时尚、更个性的木纹砖将会成为未来的产品设计趋势。

众所周知，木地板与地暖一直是一对“冤家”，有着一个难以调和的矛盾。地暖对地板的要求很高，普通的木地板在地暖条件下容易变形，而地暖专用的木地板则会出现热度不理想等问题。虽然强化地板和实木复合地板（地暖专用地板）通过特殊处理，能够尽量得避免变形概率，但仍旧不能从根本上解决问题。且地暖专用地板价格让消费者望而却步。

木纹砖是经过 1200℃高温烧制而成的瓷质产品，吸水率低，膨胀系数基本为 0，所以在地热环境下也能轻松应对，不会出现爆裂、起翘等问题。况且，传统地热是弧形散热，在导热的过程中损失了很多热能，而木地板是垂直散热，热效更高。同比热能木纹砖比木地板所产生的热量要高出 5 度，节能、高效、最重要的是节省了热气费，节约了开支。所以，木纹砖被地暖专家誉为“地热绝配”。

因为数码喷墨技术的普及，木纹砖已经达到能够与高端木地板媲美的程度，也使得越来越多的北方家庭在选购主材时，逐步偏向木纹砖。在 2012 年的秋冬北方市场上，木纹砖正成为人们选购建材主材的一个首选之一。

但有专家也表示，近年北方地暖上铺瓷砖也出现过变形事件，原因是远红外电热管会出现局部受热温度过高，这对于处于上升期的木纹砖来说也是一个考验。

典美陶瓷是目前广东省仅有的两家生产木纹砖的厂家之一。2012 年典美陶瓷首次推出模具木纹砖，得到了业内高度评价。典美陶瓷是继楼兰陶瓷之后，第二家推出模具木纹砖的陶瓷企业。典美陶瓷本次共推出 4 套模具，共十几款花色产品。采用模具生产木纹砖有一个突出的优势，即产品纹路更加明显逼真，触感更似木板。

而由于采用模具生产的木纹砖凹凸更加明显，对印刷技术的要求也相对较高，所以为了使木纹印刷更加清晰，典美陶瓷采用了超软辊印刷技术。而在本次推出的新产品中，增加 20mm × 116mm 以及 15mm × 90mm 两个规格，使产品规格更加丰富。

7 月 3 日，意达利陶瓷设计有限公司自主研发的最新力作“德国时尚木纹砖设计”及样品展示，得到了他们的高度认可和一致好评。这些限量版的 111 款“德国时尚木纹砖设计”不但赢得行业走大众化路线品牌的青睐，更加得到了国内某知名企业的大力支持，并率先与意达利签订了年度合作。

作为意达利的明星产品——德国时尚木纹砖设计系列，其设计定位属于国际最高端的木纹砖设计，限量版 111 款。设计灵感来源于德国“埃洛伟”木地板品牌，产品的名称、编号均与埃洛伟品牌同步进行。目前国内品牌或生产企业只有最重视设计的几家新品有类似的设计风格，如：东鹏的 REX、楼兰的新品、ICC 等几个国内最高端品牌。

2012 年 11 月，景德镇市鹏飞建陶有限责任公司召开“浮雕凹凸木纹砖”省级产品鉴定会。此次鉴定会由江西省工信委组织，鉴定委员会所有成员一致认为“浮雕凹凸木纹砖”这项新产品技术已达到国家领先水平，符合省级产品技术标准，一致通过了对此款新技术产品的鉴定。此款“浮雕凹凸木纹砖”规格为 700×700（mm），当年已经推出了 6 中不同型号不同花色的款式。

六、微晶石

微晶石的研发工作始自 20 世纪 80 年代，到目前已经历了 20 多年的发展历程。目前，微晶石无论在生产工艺、花色设计还是销售推广上均渐入佳境。微晶陶瓷复合板发轫于 21 世纪初的嘉俊陶瓷和博德陶瓷，经历了 2011、2012 年的市场爆发期，现已经与抛光砖、仿古砖形成了墙地砖三足鼎立之势。

微晶石的可持续发展最终将体现在技术上的突破，由于越来越多的陶瓷企业抢滩微晶石市场，同质化、低价格竞争现象泛滥。就目前微晶石企业运作情况来看，定位高端且市场不错的仍然是原本就一直走高端路线的品牌企业，而新兴的品牌则大多以抢占市场份额为主，不仅价格亲民且布局也逐步向三、四级市场推进。

部分有前瞻性的企业率先开发一次烧微晶石，在生产工艺上寻求突破，希望在能耗上成本更低、更环保。2011 年底鹰牌推出一次烧产品“晶聚合”，成为最早采用一次烧工艺的微晶石生产企业。

一次烧不仅符合节能减排的大趋势，也符合企业降低成本的需求，尽管刚开始由于不稳定造成了一些损失，但其在能源以及原材料成本上的节约是毋庸置疑的，这势必成为微晶石生产的趋势。

随着微晶石从二次烧到一次烧的发展转变，在熔块技术的提升可谓是关键的。微晶石生产的主要技术壁垒在于微晶熔块、坯体与熔块之间的膨胀系数匹配、烧成工艺这三个方面。其中的核心技术在于熔块研发，其决定了产品的最终质量，因为熔块是整个微晶石生产流程的最后一道工序，是施铺在经施釉与印花的瓷砖坯体上的玻璃化学原料，经过高温烧成与瓷砖融合后，使得产品具有高光泽度、通透度、低吸水率与丰富鲜艳的花色。2012 年行业一次烧成微晶熔块突破了以往所采用提高熔块始熔温度传统工艺原理，采用特殊微晶玻璃配方，让熔块在一定的温度条件之下析晶，最终成品几乎能与传统二次烧成产品相媲美。

据不完全统计，在 2012 年下半年，全国研制一次烧微晶熔块的企业不超 10 家，但 2013 年已达到 15 家左右。与此同时，据业内人士介绍，随着微晶石市场的成熟与扩张，明年将有一个集中爆发期。在佛山目前从事微晶熔块研发生产的企业就有远泰制釉、伟邦微晶、兴开元釉料等近 10 家。尤其是远泰制釉“一次快烧抛晶玉”，拥有发色好、稳定性高、清透度高、优等率高等特点，烧成时间只需 60 ~ 70 分钟，坯体铬含量只在 19.5% 左右。

一般来说，一次烧微晶石的烧成温度约 1200 ~ 1220℃，二次烧微晶石的烧成温度约 1080 ~ 1120℃。由于二次烧微晶石的素烧时间约 70 ~ 110 分钟，釉烧时间约 120 ~ 150 分钟，总时长超过 3 小时。相比之下，一次烧微晶石的烧成时间只需 100 分钟左右，总体烧成时间比二次烧微晶石缩短了一半。

但二次烧微晶石的生产难度比一次烧要低，企业不需要投入高昂的熔块研发成本。因此，尽管一次烧微晶石在节能、耐磨度、抗压强度、抗污强度等方面具有较大优势，目前微晶石仍是以二次烧技术为主。

2012 年下半年，微晶石主要生产企业新中源开始研发一种叫薄微晶的产品。薄微晶是微晶石的延伸产品，是在微晶石的基础上将微晶熔块层厚度减薄，所以其产品展示效果遗传了微晶石的雍容华贵、明亮大方，契合当代主流消费者的审美需求。

市场上已经推出薄微晶的品牌有新中源集团旗下品牌新中源、圣德保、新南悦、新粤、朗宝、欧洲之星等。此外，金舵、兴辉、大将军、佛罗伦萨、敦煌明珠、安基等也推出了薄微晶。

一次烧薄型化则基于两方面，一是在薄板产品上应用一次烧微晶技术，丰富薄板产品的工艺以及花色；另一方面，则是釉层减薄。使用微晶熔块的量将减少，成本下降，适合大规模生产。

目前市场上的薄微晶分一次烧和二次烧，薄微晶的整砖厚度通常在 1.1 ~ 1.2cm，表层微晶熔块厚度在 0.3 ～ 0.8mm。虽然薄微晶的厚度低了，但是其在物理性能方面却有了提升。

因为薄微晶和以前的普通微晶玻璃使用的材料不同，薄微晶表层加入 30% 的耐磨材料，70% 的微晶熔块，通透性略微下降，但是耐磨度和硬度得到显著提高。

薄微晶耐磨度高于微晶石、全抛釉，略次于抛光砖，其抗热震、抗龟裂的性能则大大优于微晶石。另外，薄微晶的通透度接近微晶玻璃，平整度略低于微晶石，而比全抛釉要高，解决了全抛釉水波纹的问题。

薄微晶自推出以来，受到欢迎的一个因素就是，性价比高：一，薄微晶相较之前的厚微晶产品，大大减低了运输成本；二，微晶石减薄后，熔块层减薄，熔块用量减少，1m^2 薄微晶的熔块同等面积普通微晶石来说，减少了 1.5kg 左右，它的生产成本可以说是在全抛釉和普通微晶石之间；三，薄微晶相对于之前的，变形度大大降低。因此，推出薄微晶产品的企业一般都调整了价格，将薄微晶定位在中档消费人群都买得起的“奢侈品”。

薄微晶虽然优点很多，但并不意味着它可以马上取代厚微晶产品。厚微晶是陶瓷市场上最高端的产品。薄微晶更多的是满足中高端消费群体，而对于价格并不敏感的高端人群，他们更多地注重产品的装饰效果，可能还会选择厚微晶。

但薄微晶抢夺全抛釉市场份额是必然的。据悉，微晶石和全抛釉都称为釉下彩，即在色釉上面再覆盖一层透明的釉料，让其产生折射，晶莹透亮，纹理更清晰。微晶石（微晶玻璃）和全抛釉不同点在于：微晶石（微晶玻璃）表面的印刷釉是粉状的玻璃熔块，玻璃层很厚，而全抛釉表面是一层湿印釉或者淋釉。薄微晶由于成本降低，价格与全抛釉相差不多，消费者在选择产品的时候，薄微晶将成为全抛釉的有力竞争者。

七、抛晶砖

抛晶砖源于传统的腰线，主要是用于建筑墙面上点缀式的装饰，起到画龙点睛式的美化作用。但是，抛晶砖先进的工艺技术、丰富的花色品种、艺术空间应用效果等是传统腰线无法相提并论的。

虽然在市场上流行的时间虽然不及抛光砖和仿古砖，但是，抛晶砖以其独有的华贵亮丽及强烈的立体感，丰富的花色及完善的产品配套，空间应用设计可塑性强，并集合了抛光砖及釉面砖的诸多优点，广泛地应用于星级酒店，娱乐中心、洗浴中心，高档社区，以及家庭装修的玄关、厅堂、走廊、背景墙等领域。

抛晶砖和仿古转有很多共同的特性，两者都主张打造一种充满艺术和人文气息的家居空间。抛晶砖甚至在打造灵性空间上更具优势。过去行业一直把抛晶砖当作一种配套产品，抛晶砖企业也将自己定位成一种帮大企业做配套的小角色。但近年随着高端化、个性化市场需求的增加，抛晶砖也异军突起，受到众多企业的追捧，成为继抛光砖、仿古砖、全抛釉、微晶石之后的又一高附加值的新品类。

抛晶砖作为三度烧产品，过去一直是采用丝网印刷技术。2012 年多家抛晶砖企业尝试将喷墨技术应用于抛晶砖领域并取得成功。采用喷墨技术之后，抛晶砖可以避免之前一直困扰产品的色差问题，提高了产品的成品率，保证了抛晶砖的整体装饰效果。

在花色图案方面，由于使用喷墨技术，图案大小可以按照电脑操作收放自如，图案的纹理效果更清晰、更逼真。就单片产品的展示而言，会比之前的产品更自然，空间装饰效果更佳。

抛晶砖运用喷墨技术虽然可以极大提高产品的质量和装饰效果，但会影响产品后续工序，这是由于抛晶砖生产过程的工艺程序较多，在产品喷墨后会对其镀金等工序产生一定影响，在一定程度上增加了后续工序的难度。

抛晶砖为了迎合市场的多样化需求，在规格方面有较多的大规格产品面世。另外，有一部分抛晶砖的花色有向深色、夸张方向的发展趋势，而用多片、大规格组合成为背景墙也是一些企业未来的重要设计方向。

作为一种个性化、高附加值产品，抛晶砖利润丰厚，回报较高，而随着进入这一领域的企业不断增多，市场竞争愈来愈激烈。一些后进入的企业为了抢夺市场份额，不惜走低端路线，让抛晶砖企业陷入价格战泥沼。

但尽管如此，恶性竞争对高端定位的抛晶砖品牌影响不大。因为抛晶砖一向以家装、中小工程渠道为主，极其讲究设计和搭配。所以，缺乏配套产品、设计能力的中低端定位抛晶砖企业通常在高端消费者的选择之外。因此，金丝玉玛、施琅等抛晶砖代表品牌依然表示高端奢华的定位不会改变。

2012年金丝玉玛K金砖坚持高端化、小众化路线，坚持时尚、奢华风格。9月28日，金丝玉玛“银河之星系列K金瓷砖”项目在佛山通过了由广东省经济和信息化委员会组织召开的省级新产品鉴定会。该新产品采用自主研发的釉下特殊闪光材料，表面使用独特的沟槽设计，结合真空镀金和柔抛工艺生产，釉下呈现多变的银光效果，表面金光闪烁、晶莹剔透、立体感强，耐污性好，是一种高档的建筑装饰材料。鉴定委员会一致同意通过鉴定意见，银河之星系列K金瓷砖生产工艺达到国内领先水平。

银河之星系列K金瓷砖项目于2011年元月开始立项，经过1年多时间的技术研发和攻关，克服了原材料的选配、闪光粉釉料的制作、印花过程的控制、烧成过程和抛光过程的控制等技术难题，经历多次试验后，最终成功研制出含闪光粉的K金瓷砖。

2012年，金丝玉玛在抛晶砖品牌建设和推广策略上，继续大刀阔斧。先是登陆央视黄金强档，获取白云机场黄金广告位资源，后又与香港实力演员佘诗曼、内地人气女星柳岩、国际著名设计师梁景华携手举办大型推广活动。而下半年，金丝玉玛大胆创新，为“银河之星”系列独立建造展馆。12月30日，金丝玉玛顶级奢侈系列“银河之星”展厅在佛山瓷海国际开业，成为抛晶砖行业首家将单系列产品进行独立展示的展厅。

金丝玉玛“玉石之王”是金丝玉玛2012年底推出的全抛釉新品，其采用全透析釉下彩技术并经过高精度多道印花，独特的颗粒配方，通过抛光、增光、磨边等严谨工序，造就产品表面通透细腻的玉石质感。但“玉石之王”在行业中的领先性在于，每一款产品都辅以K金类地边线和上墙花片，并增加了可大面积应用、自由拼接的地拼花，极大地体现了品位空间的价值。

八、薄型陶瓷砖

近年来，一些地方出于安全考虑，对外墙陶瓷砖单位平方米重量进行了限制；有的企业出于节约制造与运输成本考虑，主动研发薄型陶瓷砖；一些行业领先企业从消费需求出发，运用技术与制造优势开发推出了规格较大、经过抛光处理的内墙装饰用薄型陶瓷砖。以上因素导致目前市场上已经有相当数量的薄型陶瓷砖出现。

瓷砖减薄后其部分物理性能，主要表现在破坏强度上，会变小。按照GB/T4100-2006《陶瓷砖》标准，破坏强度按厚度以7.5mm为分界线，大于7.5mm和小于等于7.5mm的瓷砖，在破坏强度要求上具有明显的区别，但是由于薄型陶瓷砖厚度远小于7.5mm，所以相当一部分产品的破坏强度并不能满足现行国家标准的要求。而薄型陶瓷砖在使用上主要应用于外墙和其他荷载较小的场所，其破坏强度具有特殊性。所以从促进生产与规范市场的角度考虑，业内外有关人士认为有必要尽快制定薄型陶瓷砖行业标准。

2012年10月18日，全国建筑卫生陶瓷标准化技术委员会在湖南长沙举行标准审定会，《薄型陶瓷砖》行业标准获得通过，经修改后将上报工业和信息化部审定批准并颁布施行。

长沙标准审定会原则通过了以厚度不大于5.5mm作为薄型陶瓷砖的定义尺度，并就薄型陶瓷砖的分类、技术要求、实验方法、抽样和接收条件、标志和说明、包装运输及贮存等方面的规范指标进行了审议。

2012年，国内市场大部分主流企业都在瓷砖减薄方面采取具体行动。据媒体报道，已有16家企业自己生产或在外贴牌建筑陶瓷薄板产品，相关生产线24条，日产量达14万平方米。这些薄板生产企业包括日本TOTO江苏工厂、阿联酋RAK广东高要工厂，以及亚细亚、诺贝尔、蒙娜丽莎、箭牌、BOBO、新中源、东鹏、金海达、汇亚、欧神诺、马可波罗、楼兰、金意陶、箭牌、山东城东等。

蒙娜丽莎于2007年在国内最早开始生产薄板；2011年上半年新中源推出薄板产品，目前生产线达6条，成为薄板产能最大的企业；楼兰薄板于2011年底投产；马可波罗、金意陶三家是均为2012年初开始生产薄板。

2012年3月，日本一个著名的陶瓷展上，来自意大利、西班牙、中国台湾等国家和地区的大规格陶瓷薄板成为主角，最大规格已达3000×2000（mm）。而一年一度的博洛尼亚陶瓷展上，国内观众也惊奇地发现，大规格陶瓷薄板展出越来越多，其发展速度远超过预期。

2012年6月，媒体报道申鹭达集团投资10亿建12条陶瓷薄板生产线，首条薄板生产线预计于2013年春节后点火。2012年11月初，BOBO陶瓷薄板中国广西北流生产基地第一期工程宣布全面竣工，规划最大生产尺寸达到1.2m×3.6m×3mm，整个基地可形成年产2000万平方米的薄型化陶瓷生产规模。11月18日金海达瓷业在湖北咸宁首条薄板生产线成功点火。

在众多生产薄板的企业种，常规产品中厚度最薄的为湖北金海达生产的薄板，仅有3mm。除箭牌、城东两家产品厚度为6mm外，其余企业产品厚度均低于5.5mm。

2009年3月9日，国标委发布公告[2009年第2号(总第142号)]，批准了《陶瓷板》标准，并于2009年11月5日开始实施。按照《陶瓷板》国家标准(GB/T23266—2009，实为行业推荐性标准)规定，厚度不大于6mm、上表面面积不小于1.62m^2(即900mm×1800mm规格)的陶瓷制品才能称为"陶瓷板"。

上述《陶瓷板》国家标准与即将出台的《薄型陶瓷砖》行业标准的相关数据要求显然不统一。《陶瓷板》对薄板上表面面积要求不小于1.62m^2，而厚度是不大于6mm。《薄型陶瓷砖》对薄砖厚度要求是不大于5.5mm，对上表面积则没有强制性规定。因此，从这个意义上可以说陶瓷板(薄板)与薄型陶瓷砖(薄砖)是两个概念。

但薄板和薄型陶瓷砖在成型技术上基本相同。目前大概分五类：一类是以意大利LAMINA企业为代表的辊压技术。三种成熟规格即1.5×4(m)使用3万吨压机、1.2×3.6(m)规格使用26000吨压机、1×3(m)规格使用15000吨压机。这类技术的产量不高，三种规格的产量分别是6000m^2/天、5400m^2/天、4500m^2/天；第二类技术是传统干法成型技术，这类技术从行业生产陶瓷砖的传统技术演变而来，较为成熟稳定产量大，一天最大的产能能达到9000m^2；第三类则是介于干粉成型与意大利滚压技术之间的陶瓷薄板生产技术，这类技术的产量也不高，大约为5000m^2/天；第四类是挤压成型技术，有的也叫湿法成型，这个技术的成品吸水率大于10%，与前三种都不同，整个系统配套与传统陶瓷都完全不同；第五类是以台湾的几家企业为代表，制成方法比较特殊，接近于第四种。

金海达目前使用的干法成型技术。从当前的发展趋势看，干法成型技术的应用更加普遍。最主要原因是：与传统陶瓷的制成法相同，从生产线整线配套到工人到技术都容易进行转型。其次是产量上比其他方法的大。可见使用干粉成型技术有利于引导整个行业的瓷砖减薄工作。

广东蒙娜丽莎集团采用的半干粉压制成型的大规格陶瓷薄板制成技术。2007年蒙娜丽莎投资兴建了大规格建筑陶瓷薄板——PP板生产线，生产出长1800mm，宽900mm，厚度3.5或5.5mm的陶瓷薄板，成为全球首家实现大规格建筑陶瓷薄板产业化的企业，在此基础上，蒙娜丽莎还研发创新了无机轻质多孔板——QQ板，利用抛光废渣40%以上。

2009年，蒙娜丽莎联合相关科研院所主编的国家标准——《陶瓷板》，以及行业标准——《建筑陶瓷薄板应用技术规程》相继发布，为中国建陶的薄型化发展奠定了基础。但这部规程明确规定了湿贴薄板幕墙只能应用于不超过24m高的建筑物之上。2010年，蒙娜丽莎代表中国参加起草世界陶瓷板标准，使得中国陶瓷行业第一次在世界标准上有了话语权。

2009年下半年，蒙娜丽莎召集清华大学以及多家建筑设计院所、高校讨论陶瓷薄板幕墙工程的应用问题。2011年3月启动对《建筑陶瓷薄板应用技术规程》的修订。2012年8月1日，JGJ/T172-2012的《建筑陶瓷薄板应用技术规程》正式实施，新规程增加了陶瓷薄板应用于幕墙干挂的相关内容，且不受高度限制。

2012 年 11 月 18 日，国内建筑设计界 30 多位权威专家齐聚杭州，来到矗立在钱塘江边的杭州生物医药创业基地，共同见证蒙娜丽莎陶瓷薄板作为新材料在一座绿色节能建筑 130m 幕墙的应用工程。

蒙娜丽莎陶瓷薄板以幕墙的方式重返高层建筑，成为玻璃、石材、金属幕墙材料最具实力的竞争者和替代品，此举极大地拓宽了陶瓷薄板这款革命性新产品的应用领域，具有历史性意义。

陶瓷板（薄板）与薄型陶瓷砖（薄砖）早期只能做纯色，包括了超白、象牙白、橙色、米黄、浅灰、深灰、咖啡、桃红、超黑等颜色。纯色砖适用于外墙、室内装饰等，现代感比较强，后期加工也方便，很多色彩可直接取代铝塑板。

其后是与仿古砖接轨的仿石材、木纹、墙纸等系列。可取代木纹、墙纸等。这类产品在北方使用地暖的地区更具价值。因为薄板、薄砖比传统厚砖的导热性能更好。

再次是薄板、薄砖与喷墨技术的相结合。2012 年蒙娜丽莎两款重点新产品法国木纹石（深、浅两款）与卡布奇诺石两款新品采用意大利进口釉料，利用喷墨技术，完美地把石材的天然纹理还原到薄瓷板上。

薄板、薄砖在花色设计上的自由呈现，大大拓展了其应用的空间。目前蒙娜丽莎薄板主要使用于建筑幕墙，或经过艺术加工后成为背景墙等对强度、硬度要求不高的墙面装饰，甚至于代替一些其他板材类产品用于台面或柜体门。而地面则成为薄板目前始终无法突破的界限。

从 2008 年诞生至今，薄板终端市场推广已经走过了整整 5 年。但虽然已经有众多企业的产于，薄板、薄砖市场目前依然还在培育期。目前市场推广难度较大主要原因在于：第一是传统消费观念的制约。传统观念认为薄板薄砖没有厚的好，认为薄就是偷工减料；第二个是薄砖的施工问题。薄砖施工跟原来传统手法有差异。在薄板施工上，标准的制定滞后于产品的发展，成了一个没有依据的东西，所以很多施工单位不愿意去做；第三是价格问题。薄砖、薄板目前价格偏高。消费者按一般逻辑推测薄型产品在生产上省工、省料，运输成本也下降了，故价格应该更加便宜。但事实上，在初期高昂的研发费用以及规模效益缺失的压力下，薄砖、薄板的价格不可能很快下来。

第二节　艺术瓷砖

艺术瓷砖包括艺术背景墙、瓷板画、手工砖砖等。其中，手工砖也是艺术背景墙的元素之一。而瓷板画延伸放大，就构成陶瓷艺术壁画。

经济和社会的繁荣必然催生出细分市场。细分市场则倒逼上游专业分工，制造、销售企业和终端消费者的互动最终使得过去很不起眼的配套产品艺术瓷砖迎来第二春。

特别是近年来随着瓷砖生产及印刷技术的不断优化，喷墨、薄板等多种新型技术应用到艺术瓷砖的生产中，加上设计的灵活运用，使得艺术瓷砖表现形式有了飞跃的提升。

像抛晶砖这种当年只能做小配角的产品如今登堂入室成为空间主角，而瓷砖彩雕艺术背景墙、马赛克等产品也以照片、彩印、山水画等形式越来越多出现在家居环境中。

在大家逐渐相信“小领域，大作为”这一说法的当下，以瓷砖为主要元素的艺术背景墙因其艺术较高的艺术品位得到了高端消费者的认可，超高的利润空间吸引了越来越多的厂家、经销商进入该领域。除运营已久的海意艺术建材和甲骨文艺术建材等专业背景墙企业和品牌之外，从 2010 年开始，M-BOX、好意、上达、润华庭等专业背景墙品牌相继问世。它们或以“用无声的语言传承文化和艺术”为使命进行产品开发设计；或坚持体现渲染欢享喜悦的家居文化；或偏向展示欧式浪漫情怀，尽显瓷砖艺术之美。

依托各类主题进行设计，此乃“多元化”发展趋势的体现之一。多数背景墙品牌或企业特别关注的，除了“专业性”，即“艺术”和“文化”的展示。其中，主题性产品因其深厚的文化底蕴更加受到青睐。因此各企业在产品设计中也纷纷融合古今各类文化要素，如素有四君子之称的莲花、朱子家训等中国古典文化；或西方经典形象如温莎玫瑰等等。

作为业内最早创立的专业背景墙企业，海意艺术建材在产品规划中，已经确定了以“古典之美”、“现代之美”、“世界之美”、“混搭之美”四大主题，在紧紧围绕着“中正平和、恬淡素雅、简约质朴”的设计理念的同时，综合利用多种素材对其新产品进行设计和开发。

融合多种材料提升质感，是背景墙产品“多元化”的集中体现。佛山自然道建材有限公司产品则突破集中于材料，将在瓷砖中融入包括玻璃、玉石等多种材料，使产品更有质感；M-BOX 除了“添加”各类材料进入原有产品设计中之外，在材料选择上会更加高端化，比如用真的金箔、玉石创作素材，产品造价或可高达几十万；海意艺术建材设计将贝壳、岩石以及一些鲜艳的石材等也已列入了素材库；而坚持做“复合型材料背景墙”的好意文化展厅，则出现从义乌定制过来的珠宝小饰品和银质配饰；作为“新生代”的佛山市独角兽建材有限公司选择专门为客户定制生产平面彩印、幻彩精雕、立体微雕、艺术花雕等技术的陶瓷彩雕艺术背景墙。

多种生产工艺搭配使用也是艺术背景墙的发展趋势之一。当下背景墙的生产工艺包括雕刻、水刀、手绘、镶嵌、3D 喷墨打印等，但是根据实际定位，各企业掌握的工艺技术不尽相同，或以水刀切割闻名，或擅长雕刻，或在 3D 喷墨打印上。但从市场的角度看，采用多种生产工艺配合使用的艺术背景墙更具竞争力。

艺术背景墙的应用场所近年来已经延伸至商业、工程项目。最早的瓷砖艺术背景墙就是电视背景墙。不过，近年来这一观念得到了突破，包括好意文化、润华庭、M-BOX 在内的多家企业和品牌已经开始涉足商业场所和工程项目。

2012 年 12 月，润华庭承接了山东邹县中医院大厅壁画和鄂尔多斯陶瓷工业园总部大厦接待厅两幅大型壁画工程定制工程项目；M-BOX 承接杭州地铁、桂林园林博览会、汶川地震博物馆等项目。

2013 年工程、商用产品的开发已经成了多家艺术瓷砖企业重点开发方向之一。而在好意文化 2013 年新产品开发方案中，针对家庭和工程使用分别开发的新产品的比例为 6:4。

蒙娜丽莎陶瓷艺术壁画可谓艺术背景墙中的一朵奇葩。它以“瓷艺双馨，妙造自然”为产品开发理念，在陶瓷薄板的基础上，借助现代陶瓷工艺技术，融合当代美学情趣与艺术元素，使艺术、文化、创意与建筑空间和历史文化有机融汇，赋予建筑以独特的灵魂与特色。

近年来，蒙娜丽莎陶瓷艺术壁画应用的范围越来越广，西安大明宫国家遗址公园、钓鱼台方正圆别墅、南昌前湖迎宾馆、南昌机场贵宾室、鄂尔多斯市乌兰木伦河河堤等。这些别具特色的建筑，因为有了陶瓷艺术壁画而增色不少。

机场、地铁站等公共场所也是蒙娜丽莎陶瓷艺术壁画应用大舞台。深圳地铁厦北站、大剧院站等分别采用陶瓷艺术壁画，在商业氛围浓厚的公共空间增添了艺术氛围，带给旅客高品位的文化艺术享受。

天宁禅寺庙是江苏常州现存规模最大、保存最完整的千年古刹，采用超薄陶瓷艺术产品进行铺设，搭配特色灯光效果，使该项目焕发出浓厚的历史文化色彩与宗教特色。是全国第一家采用陶瓷艺术壁画干挂吊顶装饰的寺庙，是现代陶艺融入民族宗教的里程碑。

最近两年的佛山陶博会，个性化瓷砖亮点频出。这其中离不开专门艺术瓷砖卖场——佛山瓷海国际陶瓷交易中心的努力。两年前，瓷海国际看中了艺术瓷砖的发展潜力，目前已打造成全国知名的艺术瓷砖品牌集散地。2010 年，瓷海国际艺术瓷砖企业仅有 40 家左右，到如今进驻的艺术瓷砖企业已达 170 多家，显示出佛山艺术瓷砖已渐成一个庞大的产业集群。

在建材行业里面，普通瓷砖比例占到百分八十到九十以上，而艺术瓷砖占估计不足百分之十。它的生产工艺及使用范围注定了它不可能成为一个大众商品与抛光砖抗衡，但其规模较少投资成本较低，产品的附加值却很高，所以注定了它有自己的生存空间。

喷墨技术的升级及广泛应用使得瓷砖上一切图案都成可能，80、90 后消费人群渐成主流，他们更多喜爱独特的，小众的东西，在瓷砖上也持同样的消费观，这也使得这些小众的艺术瓷砖产品会越来越多地受到大众的关注。

第三节　马赛克

作为瓷砖的配角，马赛克多年来在国内建材市场中一直处于一种尴尬的地位。近几年，国内的马赛克行业终于扬眉吐气，展现出蓬勃的生机，为国内外建材市场增添了一道崭新而亮丽的“风景线”。

马赛克的定义，广义而言，任何材料都可以成为马赛克的原料。马赛克产品从20多年前的玻璃马赛克，发展到10多年前走红的石材马赛克、金属马赛克，再到近6年前兴起的贝壳、椰子壳、树皮、文化石马赛克等。如今，各种材质混搭的马赛克作品层出不穷，分外妖娆。

马赛克过去主要是做出口，到2008年开始，国内的高端建筑、夜总会、别墅，包括北京奥运水立方、鸟巢的大力运用马赛克，由此也拉动了这几年马赛克家居市场的成倍增长。保守估计，到现在为止，国内的马赛克企业超过3000家，产值超500亿元。

从马赛克产区看，目前广东佛山的玻璃马赛克和陶瓷马赛克、云浮和福建水头的石材马赛克、四川成都浙江江苏的玻璃马赛克、山东淄博江西景德镇的陶瓷马赛克、海南的贝壳马赛克和椰子壳马赛克等各展所长。但各类马赛克产量最大、最集中的还是佛山。

未来马赛克行业的发展趋势：

一是向规模化、品牌化发展。目前，全国已有3000余家大大小小的马赛克企业，以“夫妻店”的小作坊居多，真正形成品牌、走规模化经营的企业屈指可数。随着JNJ、玫瑰、歌莉娅、孔雀鱼等企业的崛起，许多马赛克企业的管理模式趋于规范，越来越多的企业意识到了规模化、品牌化经营的必要性。

二是外销转内销。出口是马赛克企业利润的一个重要来源，因为国外对马赛克的认知度高、采购量大，有些企业甚至完全依赖出口。随着国内市场的不断发展，一些有先见之明的国内品牌企业，开始逐步加大内销的比例，同时开始着手打造品牌，开拓渠道和市场。

马赛克行业在国内一直缺乏一个专业展览会平台。将于2014年3月31日～4月3日举行的上海建筑陶卫展将特设马赛克艺术展示区，为马赛克企业和设计师、商业空间业主搭建面对面沟通的桥梁。

三是不断拓宽应用空间。马赛克真正要进入寻常百姓家，还有一段路要走，要突破两个方面的瓶颈。一是解决铺贴麻烦的问题，在铺贴中，由于单位面积很小，要求工人有精湛的铺贴技术；二是要整体化解决空间设计问题，以马赛克艺术价值及文化氛围引导设计师介入，设计师的理念可将马赛克的使用范围扩大，并形成整体空间一体化搭配解决方案。

四是发展电子商务。马赛克色彩艳丽、花色丰富、对比度大，通过图片拍摄，基本上能够真实地表现出马赛克产品的特性和装饰效果。另外，马赛克重量轻，走物流很方便快捷，单位能耗少。这一切都决定马赛克是一种适合电子商务模式的产品。随着佛山孔雀鱼等品牌在网络销售上的成功，越来越多的马赛克品牌将意识到：网络不仅仅是企业销售平台，同样也是提高消费者对产品关注度乃至品牌的平台。

第四节　陶瓷幕墙

近年来整个幕墙行业的幕墙年均使用量约为7000万m^2，而且国家“十二五”发展规划纲要指出，2015年建筑幕墙行业产值要达到4000亿元，年平均增长率为21.3%左右，幕墙行业的发展已经进入到快速发展阶段。

当前，在幕墙行业的产品结构中，玻璃幕墙占到了50%的市场份额，约为3500万m^2；石材幕墙拥有30%的市场份额，约为2200万m^2，占据着幕墙行业的绝大市场份额。尽管如此，玻璃幕墙自爆问题频出、城市光污染严重一直都为人所诟病，并且随着石材资源日益稀缺，石材幕墙造价愈来愈高。因此，幕墙领域亟需用更质优价廉的新产品来解决玻璃幕墙和石材幕墙所存在的问题。

幕墙分玻璃幕墙和板材幕墙，陶板、瓷板、薄板、石材、金属板以及无机混凝土再造挂板属于板材幕墙。陶瓷类的幕墙产品有陶板、瓷板和薄板。

一、瓷板幕墙

瓷板幕墙干挂技术兴起于 20 世纪 90 年代。国内瓷板幕墙干挂应用最早是在 1996 年，佛山国土局的外墙使用了瓷板幕墙干挂技术。1998 年东鹏开始进入瓷板幕墙干挂领域，成立了专门的研究中心。2001 年德国开发出了背栓式幕墙干挂系统，使瓷板幕墙逐渐在市场上兴起。2005 年背槽式瓷板干挂技术进入市场。2006 年保温瓷板幕墙开发成功。2007 年 JG/T217-2007《建筑幕墙陶瓷用瓷板》行业标准正式发布实施，瓷板幕墙开始迅速发展。

尽管当前瓷板幕墙在幕墙产品中仅占到 4% 的市场份额，约 300 万 m^2。但因其具有节能环保、保温隔热、装饰性能强、安全性能高等优势，因此市场份额正在逐年提高。

东鹏陶瓷 15 年来通过对瓷板在幕墙干挂中的技术、设计、质量、应用、保养等方面的深入研究，至今其瓷板幕墙已经形成了安全可靠、实用美观、技术先进和经济合理等特点，成为现代建筑幕墙干挂的理想材料。

专家认为，瓷板幕墙产品具有“新材料、新技术、新工艺”的三新特征，并且具有强度高、吸水率低以及高耐候性等优异性能，能极大地满足各类建筑幕墙的设计要求。

在建筑中，建设投资只占建设周期的 2%，98% 的投资都是用于后期的维护。瓷板幕墙能在很大程度上减少后期的维护费用，并且瓷板幕墙也符合未来建筑对于环保、保温、节能的要求。另外，瓷板幕墙还具有其他材料所没有的文化元素。

与天然石材相比，瓷板幕墙也有自己的独特优点。比如天然洞石在幕墙干挂中的应用就有很大局限性。天然洞石吸水率高、强度低、质地疏松、抗冻融性能和耐磨性较差，在幕墙干挂的应用中有着成本高、不适宜高层建筑等缺陷。但是，由于有着质感细腻、颜色圆润自然等特点，在强度、色泽持久度、外观效果上具有着明显的优势，因此，东鹏洞石等瓷板幕墙将成为越来越多的设计师首选的外墙干挂产品。

2012 年，东鹏的瓷板幕墙使用量已经达到 115 万 m^2，目标是在使用量上每年增长 100 万 m^2。目前，东鹏陶瓷总部还组建了独立的瓷板幕墙事业部，与全国的幕墙专业公司、设计公司、工程商合作，将全国 15 个城市作为主要的推广区域。东鹏全国的 360 多个代理商，都将建立幕墙干挂事业部，推动瓷板幕墙在全国遍地开花。

二、陶板墙

陶板又称陶土板，是以天然陶土为主要原料，添加少量石英、浮石、长石及色料等其他成分，与水混炼成近似于雕塑用的陶泥状，用高吨位真空挤压机挤压，通过设计好的模具出口挤出想要的产品泥胚，再经过类似自然风干的干燥设备蒸发水分，最后经过 1200℃的高温窑炉烧制而成。

陶板一般指厚度不超过 30mm 的所有平板式产品，包括异形陶板、定制加工特殊产品、陶土百叶等，而应用陶土产品的干挂幕墙系统叫陶板幕墙。陶板幕墙以其艺术可塑性、生态环保性在国外得到认可，并有广泛的工程应用。

陶板的天然颜色通常有红色、黄色、灰色三个色系，随着生产工艺的提高，陶企生产出了釉面的陶板，颜色非常丰富，能够满足建筑设计师和业主对建筑外墙颜色的选择要求。

陶板还有多种可选的表面形式：自然面的、施釉的、拉毛的、凹槽的、印花的、喷砂的、波纹的、渐变的等等。按照结构，陶土幕墙产品可分为单层陶板与双层中空式陶板以及陶土百叶，双层陶板的中空设计不仅减轻了陶板的自重，还提高了陶板的透气、隔声和保温性能。

陶板具有材料环保、自洁能力强、性能卓越、安装方便、兼容性好、配套成本低等优点。

陶板幕墙最初起源于自20世纪70年代德国。中国的陶板市场供应有很长一段时间完全依赖从海外进口，代价是运输成本高，供货周期长，且安装技术服务难以及时到位，制约了陶板在中国的推广使用。

2002年，德国陶瓷集团进入中国设立贸易公司，向中国推销陶板。2003年江苏新嘉里陶瓷有限公司在江苏宜兴建起国内首家整套采用世界领先的进口陶板生产线。从2006年开始，中国人开始自行研发、生产陶板。浙江、福建的一些陶瓷企业相继从外墙砖、仿古砖领域向陶板领域转型。

截止到2012年底，全国建筑陶板生产线已超过30条，年产能高达5000万m^2以上。而反观建筑市场，国内使用陶板幕墙的项目虽有所增加，但是消费量并没有取得突破性的发展。

而随着近两年经济形势的回落，使得陶板幕墙的主要领域的公共建筑和高端商业建筑的投资又有所减缓。这使得国内多数企业普遍面临着，库存高企、产能闲置的窘迫处境。

陶板遭遇的发展困境与其错误的市场定位不无关系。许多陶板企业将目标市场定位于替代普通外墙瓷砖。但是，建筑陶板恰恰是一种为高端建筑提供更多想象力的产品。它的主要竞争对象应该是日益稀缺、施工工艺更为复杂的石材，而非低端墙砖。

目标市场的错位，直接导致了低端市场不能接受陶板幕墙远比外墙砖高达数十倍的造价。而没有表现力的陶板产品，又无法进入追求更佳设计感建筑师的视野。

陶板企业经验不足也是导致市场境况不佳的一大原因。目前，国内进入陶板行业企业有两类：一类原先从事瓷砖生产；另一类则是完全没有建材行业经验的新兴资本。

但是，即便之前从事的是瓷砖生产，建筑幕墙行业对这些企业来说也是一个更为专业化的领域。它与相对简单的瓷砖行业存具有明显差异性。由此导致其产品的推广渠道和销售方式也完全不同。

比如，陶板幕墙概括来说，其实是一种专业的系统工程。很多时候，销售企业不光要为客户提供各种表面效果的陶板，还要为其提供如何安装、如何体现设计效果之类的系统性解决方案。这就给企业提出了更多专业化的要求。陶板企业不光是要有更多表面装饰的面板品种供客户选择，还要有完成各种苛刻需求的安装系统。

在西方国家30多年发展历史里，建筑陶板的制造工艺和安装系统已经变得相当完善。与许多先进制造业一样，那些知名的建筑陶板企业，都拥有自己独特的产品生产工艺和满足各种需求安装系统，以使自己的最终产品能获得各种客户认可。

而在国内，相关企业往往缺乏这方面的技术和积累（即使引进先进的生产设备）。由此，也导致了许多重要的建筑，出于种种顾虑，不敢轻易尝试国内产品。

不仅如此，外来品牌的冲击也不容忽视。NBK、伊奈等等外资老牌陶板企业近年来正加紧在中国的本土化布局。一旦这些品牌在国中国实现商业化生产，那么，国内企业目前所保有的成本优势将不可避免地被大大削弱。

三、薄板幕墙

薄板，即建筑陶瓷薄板，简称陶瓷板，是一种由高岭土、黏土和其他无机非金属材料经过挤压成形、由1200℃高温煅烧等生产工艺制成的板状陶瓷制品。

与铝板相比，薄板幕墙硬度更高，且具有一定程度的自洁能力。相对于石材幕墙，薄板不仅质量更轻、安装便捷，大大提高了施工效率，而且在材料成本上也有着明显的优势。

薄板最大的优势是低碳环保，薄板在保证产品使用功能的情况下，最大限度实现产品的薄形化，产品厚度小于5.5mm；与同类产品相比，单位面积建筑陶瓷材料用量降低一倍以上，节约60%以上的原料资源，降低综合能耗50%以上，无论从原材料使用量、到生产过程中的能源消耗，都很好地实现“节材、节能”的低碳目标。

薄板幕墙作为一种新型幕墙产品，已经引起了国内建筑专家的密切关注。目前，该系统已被应用于多个重点工程项目，比如130m的杭州生物科技大楼，该建筑三栋楼的非透明部分全部采用薄板。还有佛山海八路金融隧道内侧壁装饰工程全部采用蒙娜丽莎薄板幕墙，其装饰效果和施工效率得到设计、施工、监理和建设单位的高度认可，被上海建筑设计院称赞为“近年来国内隧道最优质的内饰项目”。

在《陶瓷板》标准正式颁行之前，住建部2009年发布第240号公告，颁布《建筑陶瓷薄板应用技术规程》(JGJ/T 172-2009)(以下简称“技术规程”)作为陶瓷板的应用标准。该应用标准于2009年7月1日正式生效。

在蒙娜丽莎集团等的推动下，2009版“技术规程”标准很快就进入修订程序。到2012年8月1日，2012版“技术规程”就正式实施。蒙娜丽莎集团就是《建筑陶瓷薄板应用技术规程》(JGJ/T 172-2012)主编单位之一。

修订后的2012版“技术规程”最大的突破是将陶瓷薄版正式列入建筑幕墙材料序列，填补了陶瓷薄板在建筑幕墙工程应用与验收中相关参考标准依据的空白，对陶瓷薄板在建筑幕墙领域的推广应用起到了“护身符”的作用。

本次修订主要内容有：适用范围增加了非抗震设计和抗震设防烈度为6、7、8度抗震设计的民用建筑上的陶瓷薄板幕墙工程的设计、加工制作、安装施工、工程验收以及保养和维修；增加了陶瓷薄板幕墙设计、加工制作及保养和维修三章，安装施工和工程验收两章中也增加了陶瓷薄板幕墙的相关内容。尤其是“安装施工和工程验收”中增加陶瓷薄板幕墙的相关内容，意味着其他不符合国标的“薄板”(比如单片面积做不到≥ $1.62m^2$)将无法进入陶瓷薄板幕墙系统。

过去，关于陶瓷薄板一直存在几个误区：其一是应用误区。总认为它太薄，抗冲击力不够，不能挂外墙。这其实是一种误读。2012年蒙娜丽莎陶瓷薄板最新的应用案例是130m的杭州生物科技大楼。该建筑三栋楼非透明部分全采用陶瓷薄板，目前施工已超过一半，今年刚经历12级以上的台风。实践证明，陶瓷薄板完全可以大规模应用到建筑幕墙系统。抗弯强度是幕墙材料最主要的指标，陶瓷薄板的韧性、抗弯强度是传统薄砖的两倍以上。

另外，建筑幕墙不仅仅是一个材料问题，最重要的是结构问题。陶瓷薄板幕墙系统是由铝型材边框结合硅酮结构胶与陶瓷薄板复合，中间增加加强筋组成，形成单元幕墙构件，再运到建筑工地，通过角码以机械连接的方式与建筑龙骨形成非承重幕墙体系统。建筑设计师会根据一个地区的通用风压(根据官方公开发布的通用风压值)以及建筑的结构和高度来决定幕墙系统的构造。陶瓷薄板只是幕墙系统的面材，而最终决定其抗冲击能力的是整个幕墙系统。

其二是营销定位误区。有观点认为，陶瓷薄板作为一种新产品，目前在宣传推广上做得还不够。持这种观点的人实际上还是在拿陶瓷薄板与传统的瓷砖进行比较。因为传统瓷砖新品的推广主要针对经销商，少数品牌企业近年开始面向大众做推广。

与传统瓷砖不同，陶瓷薄板的推广需要走招标流程，因而是一种技术型营销。陶瓷薄板在营销过程中更多的是需要跟建筑设计师、采购方直接接触。面对新的跨领域的竞争，陶瓷薄板在营销上无疑应坚持产“技术制胜”、“产品制胜”的战略。

事实上，从8月1日2012版“技术规程”颁行开始，蒙娜丽莎陶瓷薄板已经发展成为一种跨行业竞争的新型幕墙材料，其渠道与传统瓷砖乃至薄砖相比已经发生了根本的变化。未来蒙娜丽莎的一个重要使命将是带领整个建筑陶瓷行业跨入全新的建筑幕墙市场领域，跟玻璃、石材、铝材、金属等材料正面作战。

从施工工艺上讲，陶瓷类幕墙产品通常有铺贴与干挂两种方式。抗震设防烈度不大于8度、粘贴高度不大于24m的室外墙面等饰面使用的是墙面湿挂铺贴，可广泛应用于各类公共建筑、居住建筑。湿挂铺贴用的是专门的胶粘剂，由专门的施工队伍进行铺贴。而超过24m的各类公共建筑、居住建筑以及高层、超高层建筑物的幕墙则使用干挂技术。陶瓷类幕墙干挂发展到现在有插销式、开槽式、背栓式、保温装饰一体化四种。插销式由于安全性能差已被淘汰。开槽式分为通槽与背槽两种方式，需要安装龙骨，加大了建筑物承重。背栓式则分为背栓龙骨干挂、背栓无龙骨干挂和背栓无龙骨挂贴三种，是比较广泛使用的一种干挂技术。

保温装饰一体化幕墙是薄板幕墙的最新技术，采用已加工好的保温装饰一体化成品板，通过专用配件和专用粘接砂浆直接将成品板固定在基层墙体上，在全球厉行建筑节能的今天，这种安装方式的幕墙是大势所趋。

作为薄板幕墙的领航者，蒙娜丽莎推出了薄法施工系统、建筑陶瓷薄板建筑幕墙系统、建筑陶瓷薄板保温装饰一体化施工系统、建筑陶瓷薄板铝蜂窝复合系统和建筑陶瓷轻质板幕墙式干挂系统等五大薄板幕墙系统，为市场提供了十分齐全的薄板幕墙体系服务。

第七章　卫生洁具产品

第一节　洁具

一、坐便器（马桶）

坐便器是指在使用时以人体取坐式为特点的用于承纳并冲走人体排泄物的有釉瓷质卫生器具。陶瓷坐便器按类型分为连体坐便器、分体坐便器等；按结构分为冲落式、虹吸式、喷射虹吸式、旋涡虹吸式等；按材质分为陶质和瓷质。

卫生陶瓷是用作卫生设施的有釉陶瓷制品，包括各种便器、水箱、洗面器、净身器、洗涤槽等。坐便器（俗称马桶）是卫生陶瓷的主要种类，是必须与水箱配件或冲洗阀等专用冲水装置配套安装后才能使用的产品。

1993 年起我国卫生陶瓷产量已名列世界第一，2011 年产量已突破 1.7 亿件。其中便器类产品约占卫生陶瓷总产量的 50%，坐便器产量约占便器类产品的 80% 左右。

目前我国卫生陶瓷企业近 1000 家，其中陶瓷坐便器生产企业约有 600 家，其中以中小型企业为主，主要集中在广东、河南、河北等地。

按照国家质检总局《关于开展节水产品质量提升行动的通知》的统一部署及要求，由国家排灌及节水设备产品质量监督检验中心，国家建筑卫生陶瓷质量监督检验中心、国家建筑装修材料质量监督检验中心及国家陶瓷及水暖卫浴产品质量监督检验中心共同承担了 2012 年第 2 季度陶瓷坐便器产品质量国家监督抽查工作。

本次共抽查了北京、天津、河北、上海、江苏、福建、江西、山东、河南、湖北、广东、重庆、四川 13 个省、直辖市 160 家企业生产的 160 种陶瓷坐便器产品。

抽查发现有 12 种产品不符合标准的规定，涉及到吸水率、便器用水量、洗净功能、密封性能、安全水位技术要求、安装相对位置项目。

从历次不合格项目来看，通过连续多次对陶瓷坐便器的国家监督抽查结果表明，陶瓷坐便器主要质量问题仍然集中在吸水率、便器用水量、安全水位技术要求和安装相对位置等检验项目；封深度、坐便器水封回复、便器配套要求、进水阀 CL 线标记、进水阀密封性、进水阀防虹吸等检验项目在近两年国抽中未出现不合格项；瓷坐便器产品的抽查合格率呈逐年上升趋势，不合格项目和项次呈波动下降趋势，产品质量水平稳步提升。

随着社会的进步，人们节水意识的增强以及水价的上调，节水，成为马桶一个重要话题。不少企业从中看到商机，纷纷以节水为研发的重点，不断推陈出新，生产出一批又一批所谓的节水标准产品。

从 6 升、4.8 升到 4.5 升乃至 3 升。企业打出的马桶用水量越来越低，但实际上，这当中玩“节水”概念，欺骗消费者的企业不在少数。对于节水产品，不少企业态度谨慎，并不盲目随从，有些企业甚至表现出对节水产品排斥的现象，不再注重对节水产品的研发。

对于这种情况，全国建筑卫生陶瓷标准委员会透露，目前正在组织调研，准备制定新的节水标准。新的标准或比现有的大档 6 升的标准要低，预计是在 4.8 升左右。而在降低马桶单次用水量的同时，会对某些单次用水量过低的马桶增加对这些马桶其他硬件、性能的要求，比如在重量上和检测上增加要求。

也有长期关注中国节水事业的学者认为，节水标准不应轻易降低。目前国内不少企业走进了一个误区，在强调节水的同时牺牲了其他功能，在可靠性上得不到保证。马桶最重要的是其功能性，不能为了实现节水而牺牲了马桶原有的功能。为了节水而在马桶上使用过多机械部件。有些部件坏了，会造成需要冲多次冲洗的情况，那就适得其反了。

二、浴缸

从最初的木桶，到钢板、铸铁浴缸，直到目前流行的亚克力浴缸，浴缸作为洗浴的主要用具发展了数千年。而我国现代浴缸行业的真正发展史只有短短的二十多年。但在这段不太长的时间内，浴缸在生产技术和设计方面都取得了飞速的发展，浴缸在为人们提供舒适惬意生活享受的同时，也见证了国家社会经济的高速成长。

近年来，浴缸的主要流行趋势是：

更人性化的软体浴缸。柔软浴缸采用新型高科技材料制成，外观跟普通陶瓷浴缸没什么差别，但质地却比普通浴缸要柔软得多。

柔软浴缸由四层材料做成，不仅舒适度更高，且无论冷热都不易变形开裂，不起泡，不易发黄，比普通亚克力浴缸更耐用，造型设计也更加贴近人体曲线，浴缸的人性化与实用性进一步提高。不过价格也比普通浴缸贵很多。

打破单调白色的彩色浴缸。过去的浴缸由白色一统天下，如今的浴缸世界，色彩或青翠鲜嫩，或姹紫嫣红，或热情浓烈，或古朴厚重。犹如一股清新、绚丽的时尚之风，彩色浴缸令单色的卫浴世界变得更加多姿多彩。

打破传统功能的“牛奶浴”。除了款式色彩上的变化，浴缸配件及沐浴功能的多元化，也是当下浴缸变化的特点之一。据了解，除了传统的冲浪浴、按摩浴，新推出的牛奶浴更是将沐浴功能推向新的高度。

新型的纳米牛奶浴缸能在 2 分钟内将一缸透明清水变成乳白色的“牛奶”。它质地虽然跟真牛奶略有差别，但也同样可以软化水质，增加水中的负离子，保健和养颜等效果。

但浴缸这几年在发展中还是碰到一些障碍。比如，洗浴间建筑规格无标准就是其中之一。浴缸是洗浴间内占用空间最大的洗浴产品，消费者在家里是否安装浴缸，跟住房的最初设计房型时浴室大小有着直接的关系。目前，新建楼盘对洗浴间的大小比例缺乏一个统一的指导标准，格局不一也使得企业在生产浴缸时需要设计出更多规格、款式的浴缸，难以形成规模生产。

三、洗面器

洗面器即面盆，是面部与水亲近的小场所，是卫浴间的小配件。面盆按材质可分为不锈钢洗脸盆，陶瓷洗脸盆，玻璃洗脸盆，人造石洗脸盆等。常用的主要是不锈钢洗脸盆、陶瓷洗脸盆和玻璃洗脸盆。

面盆的种类、款式、造型非常丰富。一般可分为台盆、挂盆和柱盆。而台盆又可分为台上盆、台下盆和半嵌盆。

注重收纳的柜式面盆。卫浴间越来越讲究空间的整体感，这让当初面盆与柜子一体的大胆设计被广泛推崇，柜子方便整理收纳，让浴室不再杂乱无章，如墙面材料与柜体风格色调搭配得当，其美感更是不言而喻。

柜式面盆嵌入整体柜式组合之中，注重整体外观感觉。柜式面盆适合使用在开间比较大的卫生间，下方柜子的设计，可以巧妙地收纳四处摆放的各种卫浴用品，让空间看上去整洁有序。

突出设计的挂式面盆。时尚的精华在于取悦和吸引，适度的距离感带给人追逐的渴望。越来越吸引人眼球的面盆设计已经成了大家关注的焦点，现在的它已经不仅仅是浴室里的一件道具，而已经成为体现主人品位的一道风景。

挂式面盆形式简洁，适合布局紧凑的卫生间，不同材质与不同设计的面盆会给整个空间带来精巧别致的感觉。

彰显个性的柱式面盆。柱式面盆是最早进入我们生活的卫浴产品，延续至今，在满足功能的前提下，其外观设计也越来越注重视觉美感。所以我们看到的柱式盆其线条美感或刚劲或柔美都是那么地恰到好处。

柱式盆设计紧凑合理，适用于面积较小的卫浴间，轻松满足日常的洗漱要求。台盆和柱身一体化的设计也便于清洗打理。

第二节　水嘴（水龙头）及花洒

一、水嘴（水龙头）

水龙头看似一种比较简单的卫浴产品，很容易被忽视，而实际上水龙头的质量不仅关乎着使用的方便性、持久性，还关系着健康问题。2012 年，随着苏泊尔等品牌企业跨界进入卫浴行业，并以打造不锈钢卫浴水龙头为卖点，有关铜质水龙头的安全性问题再次引起业界争论。

因为水龙头的铅析出量是否超标对于饮用水安全非常重要。当前无论是建材市场还是网络销售的水龙头类型非常多，因此一定要选购具备品质保证的安全性水龙头，如此才能够让全家人都享受安全的饮用水。

有一种意见认为，水龙头行业发展至今，经历了铸铁龙头，铜质水龙，铜质电镀水龙头三个阶段，但始终没有找到降低铅含量的办法。通常普通水龙头中，铸件中铅含量比例在 3% ～ 8% 之间，水龙头若长久使用，里面的铅等金属物质就可能释放到水里面。饮用含铅过高的水会引起铅损伤，不但会影响饮用者的智力增长，还会严重影响身体健康，对儿童的影响会更大。

所以，持上述意见者特别推崇不锈钢材质制造水龙头。认为不锈钢是一种国际公认的健康材质，不含铅，且耐酸耐碱耐腐蚀不释放有害物质，因此使用不锈钢龙头能确保人体健康卫生。

但问题是，力挺不锈钢水龙头者忽视了一个重要的事实：我国拥有世界上最大的低铅铜生产制造基地，同时也是世界上最大的水龙头出口基地，在低铅铜的研究和生产加工方面都走在世界前列。

专家认为：目前，无论是欧美还是我们国家，市场上销售的绝大多数都是铜质水龙头。铜质水龙头的主要材质是铜和锌，俗称黄铜，在生产水龙头的过程中为便于机械加工需要加入少量的铅，以改善黄铜的切削性能。如果水龙头制作中完全不加入铅，目前国际上也没有成熟的技术解决削切困难、锻造性能差等问题。

所以，铜质水龙头离不开铅。但与此同时，欧美发达国家主流水龙头企业现在都还在用黄铜制造产品。其中最主要的原因是铜的抑菌性。美国 EPA（环保署）等多家世界权威机构的科学证明，抑菌铜在两小时内杀死超过 99.9% 的细菌，成为全球最有效的接触面材料，任何其他材料都无法与之相比媲美。同材料作为饮酒容器等材料已有数千年的历史，迄今为止还没有证据显示使用铜质器具对人体安全有危害，随着低铅铜（铅含量小于 0.25%）批量化生产，抗菌性能的提升，铜材料在未来仍然是水龙头制造的最佳材料。

但争议也许并不是坏事。争议引发了行业对国家标准重新关注、反思。目前，我国水嘴（水龙头）产品执行的产品标准主要是强制性国标《陶瓷片密封水嘴》(GB18145-2003)。该标准对水嘴的外观质量、使用性能等都做出了规定，但对铅等有害物质的限量并未作出规定。

另外，在直接相关的强制性行标《水嘴通用技术条件》(QB 1334-2004) 中，也未对铅的限量提出要求。而与水嘴间接相关的推荐性国标《生活饮用水输配水设备及防护材料的安全性评价标准》(GB/T 17219-

1998) 中，要求铅的限量 0.005mg/L(毫克每升)。但该标准主要适用于与饮用水以及饮用水处理剂直接接触的物质和产品。

2007 年，我国颁布实施建材推荐性行标《水嘴铅析出限量》(JC/T 1043-2007)，该标准规定的铅析出浓度不高于 0.011mg/L。但由于该标准是推荐性标准，所以执行得并不好。目前，国际上对于水龙头铅含量都是在标准中提出限量指标，一般都会强制性执行。

全国建筑卫生陶瓷标准化技术委员会 (SAC/TC249) 透露，2013 年我国将完成对强制性国标《陶瓷片密封水嘴》的修订工作，新标准有望在年底或明年出台。新国标的最大的变化就是把水龙头和水嘴的重金属含量列入了强制执行的范围。新国标对铅、铬等危害物质提出了严格的限量要求。经过反复讨论和修改，最终新国标中采用的限量指标与美国标准一致，为不高于每升 5 微克。

为此，中国建筑卫生陶瓷协会等将大力推进各项工作，推动新国标尽快出台。同时，协会也将加大新标准的宣传力度，并协助企业进行技术提升和改进工作。

当然，无论是欧美还是我国，水龙头低铅化是一种必然趋势，同时也都需要一个过程，行业内外都应该理性看待水龙头含铅问题。目前，我国低铅铜技术已经逐步走向成熟，未来会有更多的消费者能够享用到更环保的低铅龙头。

二、花洒

随着人们对沐浴质量的逐渐重视，淋浴喷头已经告别简单的喷水功能，不论在造型还是性能上均获极大完善，并被赋予一个好听的名字——花洒。紧贴墙壁的设计，让它毫不占据空间。花洒面积不大，只要对出水孔大小进行科学设计，就能提供给人更多的沐浴享受。

一流的卫浴洁具品牌把设计重心放在花洒的出水方式上。对于额外的使用功能，像按摩、洗头等都有不同的水流和水量控制，从而使每次洗浴都舒适到位。按摩式水流出水强劲，可以刺激身体的每个穴道，起到舒筋活血的作用；涡轮式水流出水集中，使皮肤有微麻微痒的感觉，多用于清醒头脑，使全身充满活力；强束式的水流出水强劲，通过水流之间的碰撞产生雾状效果。这些水流模式的转换通过手柄能够迅速得到实现。

花洒的多段式功能主要就是通过不同的出水孔来进行出水的调节，新型的水淋式花洒可以将水分割成千万个细小如雨点的水珠。单股式的花洒最突出的节水方式则是充分浓缩的水柱，虽冲洗有力，但每个喷头都会自动减少水量。

花洒产品的另一设计趋势是固定花洒和手持花洒的组合配置，也就是同时分别安装固定和手持花洒，目前花洒类产品大多仍以塑料材质为主，较为高档的采用硅胶。虽然花洒的功能性在增加，但单一出水功能的花洒最耐用。花洒除了出水方式外，还具有节能、自洁、恒定水温等多样化功能。

节水功能是人们选择花洒时的考虑重点。有些品牌采用钢球阀芯并配有调节热水控制器，用来调节热水进入混水槽的流入量，从而使热水可以迅速准确地流出，既能节水又节约热能。

花洒设计的艺术性也在不断强化。如，电子龙头，手柄有 6 种迷人色彩。一款“飞雨”淋浴花洒，运用了先进的空气动力切割技术，通过调节花洒使空气将水流切割成不同的形状，来模拟雨水、瀑布等感觉，还能够将空气糅合进水流。

增强清洁功能，自动清除水垢也是花洒设计一项重要的进步。花洒在使用一段时间后如果出现水流减小，甚至出现热水器熄火的现象，很可能是由于花洒出水口堵塞造成的。这时你可以轻轻拧下筛网罩来清除堆积的杂质。为了避免因水质不良而造成出水口的堵塞，许多花洒设置了自动清除水垢的功能，使花洒始终处于良好的出水状态。

第三节　淋浴房

淋浴房虽然诞生时间晚，发育不成熟，但随着市场竞争的加剧以及在大企业整合产品线的背景下，越来越多的企业看到这个品牌的市场潜力，越来越多的企业也开始参与到淋浴房的生产，淋浴房已悄然成为企业新的市场蓝海开拓的重点。

淋浴房企业普遍是单品起家，专注生产淋浴房单一品类的产品。而目前单一生产淋浴房的企业做出规模和品牌知名度的企业也只不过是雅立洁具、德立淋浴房等几个为数不多的品牌，多数企业的生产规模都较小。

淋浴房的技术门槛本身就低，加上近年来淋浴房产品发展逐渐向精简化和个性化方向发展，导致产品技术水平上升的空间有限，进入门槛难以抬高。其结果是小微企业大量涌入，产能泛滥失控，经营利润率降低，使企业的健康发展受到了严重影响。

由于国内卫生间的不标准化，消费者的喜好也是千差万别的，导致属于工业化生产的淋浴房产品，只能朝个性化组装方向发展，形不成批量生产，企业普遍没有规模，小企业多，大企业少。

一、终端专卖店是软肋

中小淋浴房企业因为各方面的原因在渠道为王的市场环境下没有优势可言。这些中小企业在终端建设方面，一方面，不可能像大品牌一样终端专卖店遍地开花；另一方面，即便能建立终端专卖店，但店面的租金、人员工资等费用并不是经销商能随便承受的。此外，终端建设对安装、售后服务团体的要求较高，必须经过专业化训练的团队才能胜任此项工作。针对于此，大部分淋浴房企业会选择在终端建立专卖区，节省不必要的成本。

淋浴房终端发展速度缓慢与它目前还没有成为消费者的必需品有很大关系。大众消费者对淋浴房的认知是商务酒店开始，但还有很大一部分消费者对淋浴房的认知还是空白的，特别是二线城市和广大农村市场。在高速发展的信息时代，淋浴房的价格已经趋于透明化，利润点也是透明化的。

但如何使淋浴房成为家居生活的必需不是单一品类的企业所能实现的，是需要行业共同行动起来，让淋浴房从原来的附带品转换成家居生活的必需品。

随着住宅产业化的快速发展，房地产行业在建精装房或者毛坯房时已逐步将淋浴房作为一个必要的设计融入到地产中。这意味着，在建房初期，地产商已经考虑到用户未来使用淋浴房的需求。

目前国内在精装修房中设计淋浴房的还是一些较发达、经济总量靠前的城市，随着城市经济的发展，未来二三线城市淋浴房还是有很大的市场空间。

创新设计让价值回归

由于淋浴房结构的特殊性，其形状多为扇形、一字形、圆弧形等，也就决定了其在形式上的变化和图片不大，而淋浴房产品因为形状的定调导致了产品的创新在很大程度上依靠原材料材质的应用，主要涉及到玻璃、底盘质地、铝合金、不锈钢等行业，这些行业工艺加工艺术直接影响了淋浴房生产水平的发展。

目前行业内自己生产原配件的企业并不多，大部分企业采用的是定制采购的方法，即自己开发设计，找质量有保证的供应商供货。因此，对淋浴房企业而言，设计及整合生产能力直接决定其创新能力。

二、智能化是未来趋势

随着市场的成熟，从消费者的使用需求出发，淋浴房将会向精简化和个性化方向发展，风格趋于简约。此外，随着智能家居和智能卫浴的快速发展和普及，淋浴房也将融入电器、智能等元素，结合自动清洁功能、理疗功能以及视听设备等。不过，智能淋浴房的消费人群不是一般家庭所能消费的，其消费人群定位在高端市场，因此智能淋浴房是小众化产品，并不是主流产品。

三、坚持走专业化路线

淋浴房企业普遍是单品起家，只专注于生产淋浴房这一个品类的产品，但随着整体卫浴的风行，坚持走专业化生产路线还是走多元化的发展路线是企业不得不面对的问题。

以陶瓷件和五金件为主的企业逐步向整体卫浴发展，看到淋浴房的市场前景，都纷纷上马和完善淋浴房生产线。其原因一方面是由于淋浴房的转入门槛低，另一方面也是因为淋浴房的市场空间体量大，容易进入，见效快。

因为目前成熟的市场有限，大型五金卫浴、陶瓷企业强势进入淋浴房领域，必然会挤压专注生产淋浴房的企业的发展空间。但即便如此，淋浴房企业还是会在产品多元化经营上保持谨慎。

比如，海洋卫浴前身为沃森卫浴，以出口为主，出口的产品有淋浴房、蒸汽房、五金龙头、马桶等，但由于没有专业的团队，导致什么产品都有生产，但什么产品都不精，没有形成企业的核心竞争力。后来根据企业自身的情况最终放弃了其他品类产品的生产，而专注生产淋浴房。对淋浴房企业来说，专注才能做到专业，专业才能做到极致。而产品能做到极致表明企业已经建立核心竞争力。

坐便器、浴室柜、淋浴房是卫生间的三个支撑。所谓整体卫浴都离不开这三个支点。淋浴房企业是要专业化还是多元化这本身就是个伪命题。因为，终端市场一站式采购，是整体卫浴的理由，整体卫浴的全产品线也是支撑终端专卖店的基础。事实上，企业不是要不要多元化的问题，而是何时多元化的问题。在发展到一定阶段，企业应根据市场的需求适时的地完善产品线，从而增加企业在市场的竞争力。比如丹枫白鹭目前除了经营一家淋浴房厂外，同时还经营一家浴室柜厂。

四、“自爆”问题制约行业发展

从淋浴房产业长期发展来看，“安全”问题也是一大制约因素。当前影响淋浴房最大安全问题就是“自爆”。而玻璃的性能则直接关系到淋浴房产品是否自爆。

淋浴房自爆事件近年来频频见诸报端，这让消费者原本脆弱的神经一次次绷紧，同时对淋浴房的产品质量产生了忧虑。

对于淋浴房的产品质量标准，目前国家还没有出台相关的国家标准。企业生产很多都是依据淋浴房的行业标准 QB2584-2007《淋浴房》、GB/T.13095 整体浴室的相关标准以及 QB2563-2002 淋浴屏通用技术条件来制造和检验相关产品。但这些仅是参照标准，与淋浴房的实际生产、操作不太相适应。

虽然行业标准里允许有千分之三的自爆率，但对这个千分之三的自爆率很多消费者并不了解，因而也不理解。因此，在淋浴房的设计、生产、安装、维护过程中，如何减少自爆概率，这是行业可持续发展必须直面的一个问题。

一般认为是温度变化引起钢化玻璃自爆，但钢化玻璃是经过 700 摄氏度的高温烧制的，在常温下并不容易因为温度引起爆裂。事实上，淋浴房自爆有很多原因。比如安装的问题。尤其是安装弯玻很容易出现变形。如果玻璃出现一点点变形，很多安装工都不愿意再次拿回去工厂返工，就强行地扭曲地装进去，时间长了就很容易出现问题了。其次是配件的问题。因为材料经常跟水接触，不是所有的厂家都是用不锈钢的，也有的是用合成钢的，这些材料用久了会出现锈蚀，影响正常使用。还有设计问题。比如淋浴房玻璃开孔、大小尺寸存在的问题。完全按照玻璃上的钻孔大小的参数配上合适的轮子。在设计过程中没有充分考虑玻璃跟轮子的磨合。一些玻璃厂的玻璃弯度存在质量问题，只能做成扇形弯度的玻璃硬被做成了直角弯。另外，有时候消费者看到轮子卡住，依然使劲地推拉，也会造成玻璃破裂。

虽然，造成淋浴房“自爆”原因很多，但依然有 80% 的消费者都会认为是玻璃自爆而不是使用不当。有鉴于此，厂家应对这一问题时首先要提升产品的质量，培养专业的安装队伍。同时，在设计上不要留技术死角，买原材料要找优质的供应商。

至于如何预防淋浴房的自爆，一个要加强售前服务，尽量引导消费者买安全系数高的淋浴房产品，规避风险。同时也可以在售前引导保险公司的介入。

目前，预防淋浴房自爆的措施还有倒角、贴防爆膜，使用夹胶等。在材料上目前行业中在推广的是均质化玻璃。均质玻璃本身不会自爆，除了使用不当。所谓均质玻璃就是二次钢化，由玻璃厂提供产品，成本比一般的钢化玻璃要高。使用均质玻璃淋浴房，再采用铝包边等工艺，可大大降低玻璃四边的自爆率。

第四节　浴室柜

一、差异化个性化发展

浴室柜市场竞争激烈，导致众企业不断寻求差异化、个性化发展路径。卫浴间也可以充满色彩，也可以给人艺术的视觉享受。现代人追求时尚、个性、品位，愿意大胆地运用不同色彩的浴室柜为浴室作点缀。

东鹏洁具“布拉德系列浴室柜”那一抹深蓝，仿佛海水最深处的颜色。不锈钢亮光拉手搭配仿 LV 皮纹的纹路勾勒出别样的浪漫典雅。蓝色的浴室柜、白色的压克力浴缸加上深色格调的背景墙面，布置出简洁大气的感觉，构成一个静谧舒适的卫浴空间。

港电卫浴将多媒体电器功能引入卫浴产品内，比如浴室柜的镜子和浴缸上都装有液晶电视。该浴室柜所采用的 LED 液晶屏为苹果电脑专用屏，屏幕厚度仅为 0.5mm，13W，可视角度达 170°，12 伏安全电压，完全防水。

多媒体浴室柜产品的技术难度就在于防水，浴室是与水接触最多的地方，且浴室内的很多物品都怕水，而独特的防水功能正是这一产品的核心技术所在。

2012 年开春，萨米特卫浴推出全新组合浴室柜系列。全新一代组合浴室柜系列不受空间大小限制，全面升级家居生活，有效提升空间利用率。发挥创意组合方式，它既适合小空间搭配，成为收纳专家首选，同时也可以借助多样组合方式，展现大空间的宽敞大气。

二、产地主要分布在粤川浙地区

从产区分布来看，浴室柜企业主要分布在佛山、成都、萧山和北京周边地区，佛山最为密集，企业数量众多难以统计，有人说一两百家，也有人预计有上千家，各种类型众多，规模大小有别，虽众口不一，但数百家肯定是有的。佛山的浴室柜产业具有企业多、品类全、规模大的特点，从企业规模和品牌知名度来看，最大的非心海伽蓝莫属，月产量可达一万余套，仿古浴室柜领域富兰克卫浴可拔头筹，每月生产仿古浴室柜近三千套，不锈钢浴室柜领域以品卫洁具为旗帜，其工艺水平一直以来都是行业标杆，而邦妮拓美卫浴由于起步早发展快，在不锈钢浴室柜领域属规模最大的品牌。此外还有高第卫浴在仿古浴室柜领域内最高端，威麦卫浴在产品工艺和风格设计方面较为出色，还有尚高、理玛、雷丁等一大批品牌企业在浴室柜领域都有较高的知名度和市场占有率。

佛山品牌普遍重品质、打品牌、做渠道，有较好的市场操作认知和人才基础，再加上完善的上游采购链优势，在所有产区中最具优势。四川成都的浴室柜企业分布也比较密集，据不完全统计有三百多家企业生产浴室柜产品，知名的有金顿、欧兰特等，品牌知名度较佛山稍差。浙江萧山的浴室柜以低档为主，较少企业会走品牌化路线，大量产品都走低端市场和出口。

其他地方如北京周边分布着一些浴室柜企业，近几年稍有规模，有圣托马斯、尼斯等品牌，广东潮州和河南长葛依托产业集群也有不少浴室柜企业开始起步，此外还有杭州贝加尔卫浴、江苏无锡的郎邦卫浴、广东惠州的怡心居卫浴、广东深圳的 VOV 卫浴、福建南安的欧丽雅卫浴等在业内也有一定的知名度。

三、产品材质风格多样

浴室柜按材质来分浴室柜不仅融合了木料、五金配件、龙头和排水配件、石材或陶瓷台盆、玻璃镜子等原料，甚至还有电子元件和多媒体设备的加入，木材又分为中纤板、多层实木板、实木等，实木还要分为橡木、红橡、花梨木、柚木等不同国家的不同种类。

行业内一般来说把浴室柜按材质和风格综合分成现代风格浴室柜、仿古浴室柜和不锈钢浴室柜，也是市场上主流的三类主打产品。现代风格浴室柜主要以简约、时尚为主要特点，也要分为简欧风格、北欧简约风格和一般现代风格等，仿古浴室柜分为欧式古典、新古典、中式等，不锈钢浴室柜因其材质特点主要以一般的现代风格为主，但有的产品也会加入体现风格的花纹和结构工艺元素。

四、非标定制模式限制产能

产品本身风格材质多种多样，卫生间大小不尽相同，消费者的个人喜好更是千差万别，所以就导致浴室柜产品零售大多需要个性定制。经销商几乎无法备货，订制产品先由消费者找到经销商，经销商派人去消费者家里实地测量尺寸，然后反馈到企业工厂，再排期生产，生产出来再通过物流发货，一般从预订到安装整个流程至少需要十五到二十天。

浴室柜的定制也不像橱柜产品定制那样大部分标准化加小部分定制，而是大小、尺寸、图案等多方面定制，过程复杂、周期长、服务多是浴室柜销售的普遍特点，企业也在寻求通过有效方法提高定制效率和缩短销售流程，目前心海伽蓝卫浴通过 ERP 生产管理系统、为产品贴上条码标签和芯片身份证来提高订单的反应速度和过程管理，丹拿卫浴则运用新型烤漆板材来减少生产环节，提高生产效率，总而言之，非标定制严重制约着浴室柜企业的产能规模，浴室柜产品要想真正实现浴室家私化，还有很长的道路等待我们去探索。

五、从玻璃到实木的材质变革

20 世纪末，浴室柜作为舶来品，逐步有企业开始生产浴室柜。玻璃台面、金属支架、艺术台盆看似简单的搭配，却引领着当时的潮流。但玻璃本身就有缺陷，钢化程度不好的情况下容易在冷热不均的环境里破裂。尽管如此，外观漂亮、艺术化且低成本的玻璃盆柜，还是引起了不少企业的跟风，引发了价格战。

于是，企业开始寻找可替代的新材质。随后 PVC 材质的出现，因其可以依据木板材加工工艺制作柜体，防水性能好且烤漆的颜色光泽艳丽而逐步取代玻璃材质的浴室柜。但每件事物或者每种产品都不是那么完美，有优点也会有缺点。而 PVC 材质的浴室柜缺点在于承受重压时易变形，且会产生一些对人体有害的物质，对人或环境产生影响或者污染。

在此期间，刨花板、中纤板、防潮板等人造材料也混迹于市场，但这些材料极容易出现开裂现象，影响防水效果，最终悄然隐退。

而随着消费者对人居生活的追求，国内的卫生间设计开始实现干湿分离，也造就了实木浴室柜登堂入室。以实木材质打造的浴室柜，无论用于古典风格的设计，还是现代前卫风格的设计，都可以获得非常不错的表现效果。

提到实木，大家对其的认知是厚重、大气、沉稳，其实实木浴室柜是可以玩个性、潮流的。实木是传统的材料，但却可以通过与设计和工艺的结合如通过肌理的反差形成强烈的视觉冲击，从而体现不同的风格如现代简约、小欧式、后现代等，打破消费者对实木的传统认知。

实木的风格虽然也是可以多变的，但并不是每个家庭都能有足够的卫浴空间做到干湿分离。如果不能做到干、湿完全隔离，实木浴室柜变形、掉漆、发霉等，是不可避免的，实用性大打折扣，后期保养维护很麻烦。

随着时间的推移，木质浴室柜受潮变形等缺陷不断出现。而不锈钢材质的浴室柜不但能解决 PVC 材质“裂”的问题，也能很好的解决防水、防潮等问题，实用性较强，风格偏现代简约，适合大众消费者。

但目前市面上所能见到的不锈钢浴室柜，几乎清一色都是很简单的款式造型，也无法表现时下非常流行的古典及新古典装修风格。现在市面上，就没有一种浴室柜，能够很好地将防水实用性与美观高雅的款式造型很好结合。市场急切呼唤新型浴室柜的诞生。

维克卫浴率先突破了浴室柜单一的木质或不锈钢材质，创造性地引入了航空镁铝合金、天然石材、艺术玻璃及高分子材料等众多防水环保材料，使浴柜进入艺术、品位与防水、实用完美融合的年代。

六、浴室柜进入高速成长期

20 世纪末，浴室柜在国内诞生。玻璃材质的洗手盆，因其色彩艳丽和时尚，成为市场的主流产品。

2003 年前后，浴室柜在国内开始崭露头角。而当时流行的风潮是 PVC 浴室柜，材质以吸塑面板为主。后因 PVC 材质易变性、发黄，企业开始寻找可以替代的新材质。

2005 年，浴室柜在开始受到业内关注。以实木浴室柜为主的企业如富兰克、心海伽蓝等品牌在浴室柜领域里大放异彩。

2009 年浴室柜市场出现井喷。不仅有实木浴室柜企业以实木为基材，推出新古典、小欧式、中式等不同风格的浴室柜产品，而且不锈钢、大理石材质的浴室柜亦开始争抢实木浴室柜的市场份额。

2012 年，众多一线卫浴品牌上马浴室柜生产线。许多过去以陶瓷件产品为主的卫浴厂商开始纷纷上马浴室柜生产线或者扩大生产规模以完善自己的整体配套实力，并以“整体卫浴”的市场战略打入市场。此外，现阶段还有大批品牌利用母公司优势向蓬勃发展的浴室柜市场推广自己。东鹏洁具、华艺卫浴、IVI 卫浴、澳斯曼卫浴等都是于 2012 年年底或年初上马浴室柜生产线。市场的需求以及企业的定位，使浴室柜呈蓬勃发展之势，宣告了浴室柜的“第二次春天”正式到来。

七、浴室柜“蓝海”引发投资热

金融危机后的 2009 年，国内的经济在四万亿提振计划的刺激下迅速复苏，厂家、商家利用大好的经济形式进行投资，而浴室柜是典型的低成本、低门槛、市场处于相对空白且高回报的项目。因此，浴室柜成为扩张者的首选。

近两年，东鹏洁具、IVI 卫浴、澳斯曼卫浴、华艺卫浴等纷纷上马浴室柜生产线或者是扩大生产规模，以完善企业整体的配套实力。而此前，早已涌现出了众多品牌影响力的企业，如心海伽蓝、富兰克、木立方、威麦卫浴等以实木浴室柜为主打的品牌。

供求的增多是推动浴室柜在卫浴行业快速发展的关键因素。传统的家居装修中，浴室和厨房的地位一样尴尬，消费者在装修房子多数希望有一个舒适的卧室、亮堂的客厅，但对浴室除了使用功能类别所求。而随着卫生间的干湿分区设计的变化，也就造就了木质的、不锈钢材质的浴室柜“登堂入室”。

八、智能化是未来发展方向之一

随着消费者对卫浴空间的要求的逐步提高，智能化也将成为浴室柜的发展趋势。智能化在卫浴行业的兴起，不仅给卫浴行业带来一次技术的变革，也推动了浴室柜向更加人性化的方向发展，但智能化的推广及应用需要一定的时间与周期，更有需要改进的地方。

新技术确实能给行业的发展带来革命性的进步，但目前卫浴行业所说的‘智能’并不是卫浴行业的强项，是拿来主义。但卫浴企业可以将智能电子行业成熟的技术引进卫浴行业，使产品向更加多元化的方向发展。

九、浴室家私化及整木家居风潮

虽然浴室柜起步较晚，但从目前市场竞争还是非常激烈。由于准入门槛低，一些中小浴室柜企业进入市场后选择以低价吸引客户，不但加剧了市场的竞争，也扰乱了浴室柜市场的秩序。在这种情况下，单一浴室柜品牌不得不寻找新的增长点及利润空间。

比如理玛卫浴，以实木为主线向浴室家私化方向发展，再与家具配套相结合，逐步延伸到定制装修如楼梯、木橱等范畴。而就技术而言，家私技术比浴室柜家私技术要简单，因为不涉及到防水、防潮、防霉等问题。

浴室家私、整木家居与实木浴室柜产品一样具有定制特性，因此以实木为主的浴室柜品牌可以与整木做到“无缝对接”，这种得天独厚的优势，能让浴室柜企业占尽先机。

在大部分企业在浴室柜的红海里搏杀时，而部分有实力、前瞻性的浴室柜企业，正在努力实现转型升级，寻找下一个蓝海：由单一行业逐渐向集浴室柜、木门、橱柜、衣柜等于一体的整木家装领域跨越。比如，木立方卫浴也涉猎其他行业如木质茶具。木立方卫浴成立的茶具品牌茶立方，不久也将在家博城正式对外营业。心海伽蓝也计划在2013年整木家居事业部，逐渐向整木定制化方向发展。也就是以实木作为主线，整合木门、衣柜、家具、橱柜等产品，通过整体设计、加工、安装，构建起强大的整木家装。

显然，整木家装这种业态形式已经在影响着浴室柜企业的未来方向和战略选择。但无论是浴室家私化还是整木家装模式的建立都非一日之功。这当中不仅要求企业有完善的生产线，强大的研发团队，而且对客户也有更高的要求，需要有一定经济实力的高端消费者。这也就限制了整木家装产品的销量。

此外，除浴室柜企业外木门、橱柜等企业时下都由单一木作产品延伸到了的整木家装业，导致这一领域不久的将来也将变成红海。因此，浴室家私化还是整木家装模式是否会成为浴室柜行业发展的主流，还需拭目以待。

第五节　五金挂件

卫浴五金挂件，一般是指安装在卫生间、浴室墙壁上，用于放置或挂晾清洁用品、毛巾衣物的产品，一般为五金制品，包括：衣钩、单层毛巾杆、双层毛巾杆、单杯架、双杯架、皂碟、皂网、毛巾环、毛巾架、化妆台夹、马桶刷、浴巾架、双层置物架等。

卫浴五金挂件作为老百姓生活中必需品的，产品使用频繁、更新快，消耗量大。作为耐用消费品，五金挂件的使用长达十几年甚至更久，并且与人的健康息息相关。从原材料选购、设计合理性、配件的适配性、外层抛光工艺及镀层厚度等，每个环节都有可能出现问题。近年来，卫浴行业最多的投诉就是五金配件，而企业缺乏足够的重视也是历年来卫浴五金配件抽检合格率不高的主要原因之一。

五金配件作为卫浴系列的细节重点，“麻雀虽小，五脏俱全”，集材质、工艺、功能、审美、服务于一体。尽管我国已经是世界五金业的制造基地，生产份额占到了世界五金制造的约一半，但过去生产卫浴五金挂件的基本上都是小企业，产品质量和审美水平均受到限制。因此，未来需要更多有实力、有经验的卫浴品牌企业参与研发、制造。

从材质分，目前市场上的卫浴五金配件以钛合金、纯铜镀铬、不锈钢镀铬三种材料为主。钛合金的五金件优雅高贵，但价格最为昂贵，价格在几百乃至上千元；纯铜镀铬的产品可有效地防止氧化，质量有保证，是目前市场销售的主流产品，价格约在百元左右；不锈钢镀铬价格最低，多在一百元以内，但使用寿命也最短。在色泽上，新一代的卫浴五金配件产品大多摆脱了原有生硬冰冷的不锈钢色，银白色和黄铜色取而代之成为了消费者的新宠。

一般估计，国内卫浴挂件一年的市场容量应该超过200亿，在家装总额中占的份额差不多在

1.5% ～ 3%。但包括美标、科勒这样的品牌卫浴企业在内，五金挂件所产生的销售额还不到 5 亿，剩下的 195 亿被市场上其他各类良莠不齐的产品所包揽。

随着国内经济和社会的发展，消费者对卫浴五金配件的安全性和美观性越来越重视。而五金挂件作为卫浴配件的主体部分，也成为业界关注、提升的焦点。

过去品牌在终端的展示上都以陶瓷洁具为主，五金挂件等为辅，各产品品类销量也不平衡，陶瓷洁具产品销量明显高于其他品类。因为店长一般不会给客户主动推荐五金挂件等产品。

为了提升卫浴整体销量，也为了更好地实现让消费者一站购物，实现整体卫浴空间。箭牌卫浴将设计系统、生产系统、终端营销系统划分为陶瓷和卫浴两部分运营，其中，陶瓷业务包括坐便器、面盆、浴室柜等，卫浴业务包括浴缸、花洒、五金件等。公司对这两部分业务进行单独考核，也鼓励经销商在面积有限的情况下，在专业品类的区域拿店展示陶瓷洁具外的产品。从实践结果来看，此举大大拉动了卫浴五金系列产品的销量。

近年来网络销售的兴起，也给一些企业调整渠道，拓宽销路以机会。比如，在大型电子商务平台在网上开店就是举措之一。

目前，阿里巴巴、淘宝、中国五金商城等网站均开有网上店铺。卫浴五金配件是网店主打销售产品。五金配件精美小巧，相比起坐便器、洗脸台等卫浴洁具，在包装、物流运输方面要更省力。而且客户群体开始以 80 后年轻人为主，这些人喜欢网络购物。

而打通网络销售渠道的商家，即使实体店铺客流量不多，自己也可以通过网络把网上生意做得风生水起。实体店与网络店铺齐头并进，销售额会更加理想。

第六节　休闲卫浴

“休闲卫浴”是相对宽泛的概念，任何宣称推广这一概念的卫浴品牌都可以给出自己的解释。定义虽因产品线的宽泛而相当模糊，其代表的生活方式却并不难以想象：“通过洗浴按摩穴位”，“在卫浴空间中整合进多媒体功能”，“桑拿浴”、“温泉浴”等。总体来说，任何可以促进人们享受品质生活的卫浴产品都可列入“休闲卫浴”范畴之下。

就产品功用来讲，休闲卫浴可以是强调身体保健的、愉悦感官的，甚至可以是突破洗浴层面而强调信息化操控的。如果说卫浴产品智能化趋势为产品设计拓展了想象空间，休闲卫浴则昭示了生活方式的多元化。

一、简约消费风尚导致休闲卫浴受冷淡

休闲卫浴从 2002 年前后开始发展，2005 年至 2007 年是进入发展高潮期，之后就逐渐回落。2007 年前休闲卫浴之所以能够兴起，主要是迎合了当时首先富裕起来一批私营企业经营者。当时的高端群体主流消费意识刚刚朦胧，攀比心理，享乐主义占主导。休闲卫浴主打的“享受”功能恰好符合这时代“穷奢极欲”的需求。

2008 年金融危机爆发后，宏观经济基本面被根本改变。店面租金成本上涨、人工成本高企，企业经营遭遇空前困难，社会消费时尚有铺张、奢靡变为简约、素雅、实用，导致各城市休闲卫浴如按摩浴缸、蒸汽房等销量下滑严重。而相反简约风格的淋浴房作为卫浴四大件，销量却逐步上升。

国内休闲卫浴的主要产地有广东佛山、广州、开平、潮州，浙江萧山、嘉兴、温州、台州、宁波，福建南安、厦门、福州等地。休闲卫浴领域具有实力生产厂家主要集中在珠三角、长三角地区，品牌包括阿波罗、格雷仕、地中海、浪鲸、英皇、欧路莎、益高等。

休闲卫浴近年来销售下滑还有以下原因：一是前几年大量销售的休闲卫浴产品在经过几年使用后，

出现各种售后问题，但这些问题得不到厂家的解决和服务，消费者由此产生了对休闲卫浴产品口碑很差的结果；二是浴室面积偏小，功能不完善。目前卫浴面积普遍在3～4平方米之间，而使用者的期望面积为6～8平方米，与预期相差一倍之多。现有空间局促，只能满足最基本的卫浴需要；三是高价位令消费者望而却步。目前市面上的按摩浴缸档次可分为三个层次，低档次价位在三、四千元左右；中档价位在六到八千元之间；高档价位普遍在一万元以上，有的品牌甚至会超过3万元，达到10万左右；四是市场流于小众化。休闲卫浴是具有较高科技含量的大件产品。不仅在研发阶段遭遇诸多技术性难题，也面临着渠道销售等方面的挑战。因为体量较大，所以需要终端更大的展示空间，在当前店面成本高昂的情况下，传统渠道很难支撑休闲卫浴的销售。休闲卫浴从制造成本上已经决定其一种局限于满足高端消费者个性化需求的产品，市场相对小众化，离普罗大众主要以生活必需品为主的消费现实还相差太远；五是出口市场需求减弱。受去年金融危机的影响，一部分主要以出口为主的厂家订单也下滑明显。尤其是佛山地区，定位高端市场的休闲卫浴企业基本都以出口欧美市场为主，近年欧美市场需求减缓，导致国内高端休闲卫浴产品总产量急剧下降；六是不同地区的消费习惯影响卫浴市场需求。休闲卫浴在华南地区销售情况不佳。因为南方城市气温普遍偏高，蒸汽房使用舒适性不够。此外，一些地区桑拿、保健行业非常发达，这也分流了一部分有能力的消费者。

二、多样化功能华而不实

多样化的功能诉求是“休闲卫浴”这一概念的最大特点。现代都市生活节奏加快，工作压力亟需缓解一定程度上催化了这一概念的诞生，因此，休闲卫浴首先是强调缓解压力、放松身心的。无论“桑拿浴”、“温泉浴”或者按摩浴缸，其功能诉求无不围绕一种享乐式的生活方式而展开。

休闲卫浴所面临的另一致命性挑战即是其附加功能不被消费者认可，这也令“休闲卫浴”这一概念本身受到质疑。在进行深层次的产品体验之后，消费者发现所谓休闲卫浴并没有满足自己原以为能够得到的享受，产品功能华而不实，这直接影响了产品更进一步的推广，而之前在产品设计研发层面投入的巨大成本也付诸东流。

休闲卫浴今后发展方向：

最近两年销售比较理想的休闲卫浴厂家都在根据市场反馈调整自己的产品路线。根据这些企业的经验，未来可能采取两条腿走路的方式发展休闲卫浴：一是产品会向大型的、材料高端、科技性更强的方向转变，这方面主要是满足专业洗浴中心、休闲会所等经营场所的需要；二是更加注重实用功能，走平价路线，把纯粹的洗浴功能做到最完美，减少那些花哨、没有意义的附加功能，这方面主要是针对普通消费者；三是不断改进休闲卫浴产品已经暴露的种种缺陷。比如阿波罗新推出的气泡浴缸，就受到好评；四是发现新的消费群体。地中海卫浴高度重视社会的老龄化问题，近年来在休闲卫浴、整体卫浴研发方向上做了相应的调整，特别注重老年人的健康，注重老年人使用卫浴产品的安全性和便利性。

第七节　智能卫浴

一、主流品牌强势介入

目前，智能与节能已日渐成为了卫浴行业的共识。2012年，行业代表性品牌科勒、华艺、浪鲸、安蒙、益高、冠珠等卫都将智能卫浴与节能卫浴作为了自身产品发展的主体。2012年5月23日召开的上海厨卫展智能化也成为最大的亮点之一。

所谓智能卫浴除了智能马桶，还包括以往智能浴缸、智能龙头、智能花洒等。如“外线的光波浴房”、“按摩浴缸”、“红外线自动开闭式水龙头”及具有“恒温技术的花洒”等具有高科技含量的卫浴产品。但由于智能马桶技术含量最高，结构最复杂，所以，一般意义上的智能卫浴都是指智能马桶。

智能卫浴是目前建材终端市场上最流行的产品，且销量在逐步增长。但由于市场消费观念的不成熟，相关售后配套服务跟不上以及无明确的行业标准，智能卫浴产品在中国市场占有率受到比较大的影响。据悉，与技术领先的韩国和最先诞生智能产品概念的日本相比，中国智能产品使用率不足 1%。

2012 年，上海厨卫展上 TOTO 推出了领先行业的新款诺锐斯特智能坐便器以及卫洗丽产品，采用电解水除菌技术和双效动力冲洗系统，为消费者带来了前所未有的体验。而国内品牌如九牧、中宇等也高举“智能卫浴”大旗，并将更先进、更复杂的科技运用到卫浴产品中，而智能马桶设计也向系列化、模块化、时尚化方向发展。甚至而且部分卫浴品牌开始把智能马桶与其他产品类别进行配套组合，形成科技感很强的卫浴产品组合。

此外，上海厨卫展还出现了整体卫浴产品智能化雏形，浴柜方面除了传统带夜灯功能外，还出现了智能电子按钮控制浴柜抽屉的开关功能。淋浴产品也出现了很多高科技智能产品。所以，今后整体卫浴智能化是未来卫浴产品的一种发展趋势。

在智能坐便器方面，未来的趋势是无水箱或者隐藏水箱，由此，无水箱、矮水箱或隐藏水箱会成为未来坐便器外观设计的一种趋势，这将会给传统的坐便器带来一场革命，会衍生出相关的行业标准问题。

从这几年的发展来看，智能坐便器生产基础比较好的主要企业有维卫、星星、便洁宝、特洁尔、澳帝、威斯达、杜马、西马等。但随着福建南安等主流品牌的介入，未来智能坐便器将三分天下，高端产品出自厦门、佛山，中端产品出自浙江宁波、台州、温州、杭州，以及广东的潮州、开平等地。

但是，随着电子信息技术的高速发展，尤其是受手机终端智能化浪潮的影响，智能卫浴现在已经被越来越多的普通消费者所接收。而且，消费群体逐步年轻化，80 后、90 后成为市场的消费主体，他们在选择家居产品时更看重智能化、个性化。而未来这个庞大的消费群体将构成智能卫浴的利基市场。

而根据上述趋势，智能卫浴产品研发、生产：一是会逐步与智能手机、平板电脑等电子设备进行整合，利用智能手机控制龙头、马桶和浴缸等智能卫浴产品；二是在设计上满足年轻一代时尚个性、注重生活品质的诉求。

二、售后服务和设计标准制约发展

但智能卫浴发展还有以下一系列问题需要逐步解决：

一是售后服务问题。售后服务是直接影响消费者的购买信心和经销商的服务信誉的关键因素。目前行业在智能卫浴领域的售后服务质量明显不足。主要原因：因为销售量小，利润薄，经销商提供售后服务的积极性比较低。另外，智能坐便器是电子和陶瓷结合体，两种工艺的技术有天壤之别，懂家电的维修人员并不了解马桶陶瓷底座的技术所在，维修坐便器底座的人员却无法操作家电产品的维修。

还有，一些厂家是一站式全部配件都自己设计生产或委托加工，比如，坐便器陶瓷底座部分每个生产厂家都有自己不一样的工艺，这导致产品配件没有通用性，第三方很难介入售后服务环节 .

三是行业标准化问题。消费者对卫浴产品比较注重的是产品的设计、功能、价格和售后服务。设计标准化问题是制约行业最本质的问题。智能坐便器通用性不强，其实就是设计不标准，所以要解决通用性问题，首先是要制定一个设计标准，让每个企业都能按照这个标准去生产。

事实上，智能坐便器产品不少配件是可以通用的，企业可以考虑将部分配件生产标准化，这样就可以实现一个通用性的使用，例如座圈、底座。这样，第三方服务平台才得以建立、运行。

三、定价机制亟待调整

有一种观念认为，智能卫浴销售瓶颈打不开，是因为厂家把智能技术作为漫天要价的砝码。价格形成的因素有很多，比如产品的技术门槛、功能、外观设计、售后服务等。当前智能坐便器价格远离大多数消费群体的购买水平。所以考虑到现阶段的市场的消费能力，生产厂家不应该在款式方面大做文章，过多的款式反而是增加产品开发和售后服务。

其实，从逻辑上讲，将智能坐便器的价格相对调高，才能将质量做好。智能坐便器产品开发时间长，人员、资金投入成本大，厂家投入和产出不成比例，而在现今不成熟的市场条件下，既要做出价格低廉、品质优良的产品是很困难的。其实配件通用的前提之一也是合理的价格，只要价格上有空间，配件可以采用进口，质量也会大大提高，售后服务次数减少，还可组建第三方服务平台进行联动服务。

智能坐便器在行业一直推广不开的原因，首先是安全性，因为智能坐便器是一种电器，需要导电。其次，制定一套详细的规范方案解决坐便器插座问题。质量是成本做出来的，我们现在没有规模优势，为了降低成本，不少厂家选用一些低质伪劣、稳定性不够的配件进行组装。智能坐便器应该作为一项高端产品进行销售，生产厂家应该提高产品的销售价格。这样厂家在配件和质量等方面精工细作，故障率肯定会降低，售后服务也会在一定程度下减少压力。

随着诸多电器行业跨界经营厨卫产品，智能产品的技术难度正在逐渐降低，继续讲智能技术作为竞价砝码，显然是不能作为长久之计的。

四、战略定位的“虚”与“实”

最后，智能卫浴目前存在的问题中还要一个致命的问题，即战略问题。智能卫浴这几年虽然终端市场受到前所未有的关注，与行业的行业内的“虚火”有关。

纵观行业发展历程，技术和质量等问题一直困扰着企业的发展。在这种背景下，很多企业都是被动发展的智能卫浴，因为考虑到智能坐便器等是一块未来份额很大大的蛋糕，别的企业都生产了，所以我也跟着生产。能不能取得效益不要紧，关键概念要做起来，否则品牌形象会受损。

所以，对很多厂家与其说是在做智能卫浴这款产品，不如说是想借此展示自己的科技实力。因为作为品牌的企业最终不得不在研发实力上见功夫。对于终端消费者而言，智能产品似乎正是研发实力最好的凭证。

所以，真实的情景往往是，包括大多数主流卫浴品牌在内，智能坐便器在其展厅通常只是一个摆设，厂家也没有兴趣做更多的市场推广。而国外品牌，例如TOTO，产品价格将近万元，销售量依旧大，就连在比较边远地区的促销活动，销量依旧惊人。

所以，国内卫浴企业投资做智能卫浴如果不回到做产品，做市场需要的产品这个原点，而是一味地从维护、塑造企业的形象这个层面出发考虑问题，那行业智能卫浴要取得市场的普遍认可，就还有很长的路要走。

中国卫浴企业智能卫浴发展战略的核心应该是，通过长期不懈的努力，建立自己的核心技术，从而使生产出来的产品能对消费者作出质量承诺和保证。而当前，最主要的是集中力量解决好智能马桶上半部分电器零件和下半部分陶瓷马桶的结合问题，即解决企业产品质量问题。

第八章 营销与卖场

第一节 传统营销

2012年陶瓷卫浴整体营销形势是消费低迷、渠道阻滞、成本剧增，促销频繁、团购活跃、工程主导、网络试水。总体特征是：在低迷市场环境下，依统的店面营销、工程营销、小区推广已经不再是核心竞争力。工程渠道进化为与房地产商的结盟，同时也进一步考验企业的综合能力。通过促销活动从中间拦截客户的能力成为新的竞争力。各种形式的团购成为拉升销量最有效的途径。而网购成为企业突破营销闷局的利剑之一，被更多企业所关注，尤其是五金卫浴企业，组织网购能力将成为企业未来最核心的竞争力之一。

一、终端市场“强者恒强”趋势形成

经过改革开放30多年的发展，陶瓷卫浴行到2012年进入真正的拐点期。从2011年下半年开始，为对冲金融危机负面影响，提振内需而投放市场的四万亿效应基本消耗殆尽，市场露出本来面目，受房地产调控影响，国内需求低迷，终端市场人气暗淡，陶瓷企业纷纷下调全年销售目标，以求安全、平稳“过冬”。

但越是行情不景气，对大企业、品牌企业可能越有机会。2012年再次证明这一点。少数行业一线品牌企业如马可波罗、诺贝尔、东鹏、新明珠、顺成、宏宇、蒙娜丽莎等销售继续保持两位数增长，增幅在15%～40%。相反，中低端定位企业销售普遍陷入困境。江西高安、四川夹江、辽宁法库等新兴产区大面积停窑，大批企业库存积压严重，全年销售增幅大大下降，甚至不少企业出现罕见的负增长。

从市场销售的角度看，2012年可以说是大企业与中小企业长期在市场角力的分水岭。市场真正开始出现强者恒强，弱者恒弱的局面。大企业与中小型企业，品牌企业和非品牌企业力量此长彼削，竞争格局被历史性改写。

过去一般认为陶瓷行业不太可能出现所谓的寡头，这个行业个性化发展的特性决定它不可能进入寡头竞争阶段。但2012年的竞争态势表明，酝酿已久的行业洗牌已经开始，市场的集中度正在进一步加强，而且未来的这一趋势已经得到初步的确立。

在2012这场洗牌中，也真正凸显了行业期待已久的发展态势：优胜劣汰，优势企业显示出支持可持续发展的雄厚的综合实力，这些企业拥有多年积淀下来的品牌，获得超级经销商追随，超级代理商与优势企业联合，充分发挥区域性市场的渠道优势，开始上演“大鱼吃小鱼，小鱼吃虾米”竞争格局。2012年大牌子增长的份额无疑就是吃下了小牌子的份额，进而形成了由少数几个品牌主导的主流市场。

2012年市场终于出现良币驱逐劣币的良好局面，原因一方面在于无论经销商还是消费者，对品牌的认知已经越来越理性，对于品牌的关注已经超过以往任何时候；另一方面，一线品牌企业近年来通过大规模的渠道下沉，已经构筑了一张覆盖全国的销售网络，同时凭借强大的综合实力，进行产业链整合。比如箭牌已经开发了从卫浴、瓷砖到橱柜、鞋柜等资源。未来的竞争不是单纯产品之间的竞争和单纯企业之间的竞争，而是一种综合实力的较量，也是一种体系——产品体系、生产体系、营销体系、管理体系、企业文化体系的竞争。有雄厚实力，具备可持续发展产业链整合的优势企业才有可能成为未来市场的主宰者。

二、厨卫跨界渐成气候

消费者对于在一地进行卫浴、厨房甚至家具产品一站式购物的便利需求，迫使卫厨企业改变单一品种生产模式，扩大产品线。卫浴与厨房是家装的两个重要部分，有部分产品共通，消费者几乎是在同一时间选购卫厨产品。

近年来，在一站式购物浪潮的裹挟下，企业纷纷向整体家居、整体厨卫目标靠拢。于是横向扩张、跨界投资就成为一道连绵不绝的风景。一方面是福建南安五金卫浴企业如九牧、辉煌、中宇、申鹭达等大手笔投资陶瓷卫浴、浴室家居。另一方面2010年开始，箭牌、惠达、九牧、路达工业等开始高调进军厨卫行业，打造“整体厨卫”空间。2009年路达与台湾和成卫浴合作，成立优达（中国），迈入整体卫浴的行列。在2010年，路达又在珠海设立橱柜厂。2010年初惠达开始生产橱柜、木门。2011年，箭牌卫浴将正式涉足橱柜行业，在全国建50个橱柜专卖店。

2011年5月18日，由佛山市乐华陶瓷洁具有限公司（箭牌）投资的应城华中（应城）厨卫家居产业园项目举行签约仪式。2012年九牧也适时由“九牧卫浴”更名为“九牧厨卫”。6月15日，九牧华中工业园入驻武汉吴家山经济技术开发区签约仪式在武汉东西湖区举行。9月20日，九牧厨卫智能橱柜项目新闻发布会在安徽滁州市南谯区政府举行。

与此同时，外来行业企业进军卫浴领域成为一道独特的风景。2009年，管道行业的巨头佛山日丰企业开始正式进军卫浴市场，推出了日丰卫浴。2012年10月，以不锈钢压力锅为主要产业的苏泊尔开始进军卫浴行业，投资30亿元，在辽宁法库创办卫浴产业园，生产不锈钢洁具等。2011年2月，以地板闻名的圣象集团继推出“圣象美诗”整体衣柜，再次推出“圣象卫浴”品牌。

跨界经营让更多的业外企业涉足卫浴行业，得到了资源的互补和资源的整合。也让越来越多的卫浴企业不断扩大自己的产品类别，从而实现延伸产业链条、扩大品牌外延、跨越业态经营的战略目标。

三、设计师渠道趋于理性

设计师渠道是家居行业至关重要的销售通路之一，特别是那些主攻高端市场的产品和品牌，比如近年来的简一大理石瓷砖、芒果瓷砖、大唐合盛陶瓷、罗浮宫陶瓷、米洛西石砖、ivi卫浴等。

设计师渠道的概念。顾名思义，设计师渠道就是通过设计师对品牌的传播和推荐等一系列动作，促成消费者购买该品牌，设计师的推荐成为重要的成交因素，因而将这一特定的销售通路定义为设计师渠道。通常来说，设计师渠道的主要对象是家装及工装设计师，因为这部分群体具有独特的专业背景和权威性，所以，他们对品牌的影响力巨大。对陶瓷卫浴品牌的销售来说，其重要性不言而喻。

经过2001年到2007年设计师渠道的混乱期，2008年金融危机爆发后，家装行业发展慢慢趋于理性。消费者对设计和装修的自主观念不断加强，设计师渠道的影响力依然强大，但对设计师的已经不在迷信。

目前，陶瓷卫浴主流品牌间的竞争异常激烈，大型促销接二连三，促销的手段多样化、力度及频率持续增大。加上消费者对品牌的认知度越来越高，因此大型品牌选择走设计师渠道逐步减少。另一方面，随着市场的细分，近年来出现了一批专业定位的陶瓷卫浴品牌企业，这些企业定位高端，以满足细分个性化市场需求为己任。而设计师队伍中也逐步形成一个更加注重自己的专业技能，对材料的使用更加艺术、科学的群体。于是，专业化高端品牌选择这一设计师渠道进行材料推广就曾为必然。

但是，由于设计师是一个极具个性和自我意识比较强的群体，这决定了陶瓷卫浴等材料企业走设计师路线并非一日之功而，需求长期坚持，尤其是在产品个性化定位上的坚决和品牌推广上的持续投入。

还有一个问题是，并非所有的品牌都适合做设计师渠道。一个成功的设计师渠道必须是消费者、设计师和品牌商家的结合，这三者的匹配程度通常决定了设计师渠道是否能操作成功。

四、“两极化”趋势将更加凸显

未来卫浴产品消费领域“两极化”趋势将越来越明显：一部分是提倡个性化、差异化、定制化、智能化的高端市场，一部分是高性价比的大众化市场。

“个性化”产品主要满足部分追求个性化的终端消费者及一些追求特色装修风格的酒店、会所等相关高端客户需求，也是满足设计师个性、独特、创意的空间设计。这类产品在外观设计、色彩、功能、材质甚至产品渲染出的文化内涵都需要有独特的创新，并追求人性、人文、价值集于一体。目前这部分市场基本由海外品牌占据，中国本土企业要进入还需一段时间。

而大多数的普通消费者对品质稳定、耐用性强、价格合理的“大众化”的卫浴产品情有独钟。大众化产品，能够解决卫浴产品使用的基本需求、符合一般性的审美需求，耐用并便于安装和维护，同时性价比高。这样的产品在中国具有最广泛的市场需求。

五、渠道更加扁平化

传统营销方式，是相对于近几年才出现的电子商务、公关营销等新型营销方式而言的，其最大特征是以线下活动为主，通过店面促销活动、展厅情景模拟展示等方式实现的对产品的展示销售等目的。

在陶瓷卫浴发展初期阶段，主要存在的是批发为主的省直合作的营销形式，当时的企业在每个省份会设定一个省级代理商，在这个省级代理商下面在分为市级的二级分销商和县级的三级分销商，更有甚者，会有乡镇一级的分销商。

但是，随着市场竞争的加剧，原有的省级代理商模式因为需要层层分销，其运输物流、储存等费用无形中增加了商家的开支，在市场竞争下，利润空间被压缩，省直代理模式难以继续经营下去。

对于市县等二三级的分销商而言，长期的分销代理品牌产品，让他们不管是在对行业的认知度、经验、资金等方面都有了一定的积累，羽翼渐丰的他们不愿继续待在省直代理商的旗下，希望直接与企业对接的诉求越来越强烈。

基于以上原因，企业纷纷作出渠道的扁平化调整，不再延用省级代理制，而是企业直接和经销商对接，减少了中间阶层带来的物流等额外费用的支出。

六、营销更加系统化

过去，企业的营销依靠某一方面得优势，或产品或价格或与经销商的人脉就可以做好。现在要求企业在产品研发、营销设计等方面加强配合，形成系统化营销优势。

以前的总部展厅，就是一个营销老总带一群业务员，而现在，增加了市场部、策划部、设计部等各种部门，职能细化了，企业的团队建设得到加强，不断往专业化发展，企业品牌管理上也逐步完善。

不只是企业需要系统化的营销，经销商也一样，在企业的帮助下经销商也开始培养创建自己的销售、策划、售后等各方面团队。过去，经销商只需要靠某一方面的优势，比如在当地有一定影响力、有个比较好的店面等硬件都可以运营得很好，但在市场需求增长明显放缓的今天，经销商必须提供立体化的综合服务才能吸引新的消费者、留住老顾客。

尤其是，经销商必须由传统的“坐商”转型为“行商”，具具备主动走出店面对客户实行终端拦截的能力。而要具备这种功能，就必须依靠团队作战，需要各个部门工作的协同推进。当前，营销系统化的一大表现是组织策划终端的促销活动。企业要做好一项终端活动，必须要有一个优秀的活动策划部门和执行部门。

七、公关营销逐渐成熟

公关营销，包括运用良好的关系环境，营造有利于企业产品营销的和谐氛围；通过有效的公关活动，获得消费者的注意和青睐；与客户建立正常融洽的双向沟通联系，吸引并稳定其广泛博大的产品消费群体。在陶瓷卫浴行业里面，公关营销主要凸显于请明星代言和做公益活动这两方面。

2012年，益高卫浴携手中国国家游泳中心举办的夏季游泳训练营活动，通过在全国范围内抽取幸运消费者的形式，既实现了终端销售上的目标，同时达到了和消费者直接接触沟通的效果，品牌在终端消费群体里面也得到了很好的传播。

公共营销，作为一种更为注重与消费者互动和感受的营销方式，在80、90后群体成为消费主力的时候，因其契合这一群体的心理需求，更容易打动他们消费心理的优势让企业不断加大对公共营销的投入。

八、渠道多元化 促销常态化

过去陶瓷卫浴产品销售的主要渠道无非是零售、家装、工程、设计师、分销商等。近年来，受房地产市场调控的影响，零售市场增长几乎到了极限。由于零售渠道的萎缩，在厂家的督促、辅导下，经销商普遍加大促销力度，对有限的零售客户资源实行中间拦截策略。主要方法是参与异业联盟团购，开展直达工厂团购，或开展明星促销活动，加入团购网站组织的团购，等等。

比较而言，2012年开始，与大型卖场、经销商、门店等传统渠道相比，团购、工程、网上销售等新型渠道正处在高速发展之中。尤其是工厂团购如火如荼，如法恩莎洁具、科勒卫浴、九牧洁具、箭牌卫浴等纷纷开展工厂团购活动，市场反响良好。工程渠道除了传统的投标做工程，开始大量出现厂家直接和大型房地产企业，如万科集团、雅居乐等签署直接供货协议销售形式。网络渠道主要是利用淘宝、天猫、京东等平台，通过网店的形式进行销售。

不过，新兴的团购、工程、网络渠道缺陷也逐步暴露出来。比如，随着团购活动的频繁开展，并越来越常态化，经销商的投入越来越大，组织活动的能力也要求越来越高，团队建设由此成为一个问题。而在激烈的竞争中团购、明星促销等活动的边际效应在逐步递减。与房地产商直接供货的形式，利润微薄，资金回笼周期长，风险也越来越大。网店销售目前则还不成熟，面临物流及售后服务等诸多问题的制约。

九、精装房比例增大引发家装变局

"精装房"也叫"成品房"，是相对于"毛坯房"而言的，也称"全装修住宅"。是指在房屋交付前，所有功能空间的固定已经全部铺装和粉刷完成，厨房和卫生间的基本设备全部安装完毕，已具备基本使用功能的住房。"精装房"可以提包入住，更重要的是，装修款还可以直接打包进按揭。

2008年住建部再度发文要求各地制定出台相关政策，逐步取得毛坯房直接向消费者提供全装修成品房，上海市住房保障和房屋管理局出台了《关于加强本市住宅全装修建设管理的通知》，江苏省住建厅出台了《成品房装修技术标准》。

目前，在政府部门的大力倡导和支持下，精装房在各地日渐成为房地产开发主流。据统计，短短数年时间，精装房已占全国住房比例20%，北京、上海、广州、成都等城市的精装修房比例达到四成以上，而且增长趋势有增无减。其他一二线城市精装修房比例也大幅度上升。在精装房高速发展趋势下，要想在有限的份额中抢夺更大的份额，只有加强对工程渠道的运作。

为此，厂家总部纷纷设立独立的工程部，加大和楼盘的工程合作。工程部的主要工作是帮工程客户处理一些事情；第二是找一些全国连锁的装修工公司，与他们合作；第三就是与大型房产公司合作，包括许多精装房和安置房。

成套住宅成发展方向，家装业必然面临变局。首先是一手楼盘装修市场将来会逐渐萎缩。装修企业、家居卖场于是提前开始将目光放到二次装修领域。需要二次装修的主要是在乎自己个性化需求的群体。他们希望对新房进行二次装修，来增添色彩和个性元素。

还有高端市场也将继续是不受成套住宅影响的家装重要阵地。因为精装房对于别墅、豪宅等高档市场影响不大，因此，做好做强高端家居市场，同样也是迎合未来市场发展变化的方法。

而对家居厂家来说，把耐用品变成消费品，让家居卖场变得更时尚，也是应对办法之一。厂家应该主动开发需求、诱导需求，把建材家具这种传统意识里的耐用品变成两三年一换的消费品，也是应对未来房地产市场精装化的方法之一。

因此，大量精装房带来的一个结果是，家具软装市场或越做越大。精装房与毛坯房相比，客户对于软装饰品的选择更加个性化，消费者对于整体家居颜色款式更加讲究，对于空间的利用和布局更加注重。

在精装房趋势下，装饰公司、家居卖场全面向着高端、个性、时尚等市场热点靠拢，而作为最为基础的建材商家，也将迎合这一趋势。

《住宅室内装饰装修工程验收规范》将于今年(2012年)年底出台，将填补我国在住宅室内装饰、装修工程质量验收方面标准规范的空白。这一规范的出台，将有利促进成品房市场快速发展。

十、工程渠道高增长中显隐忧

2012年第一季度，总体市场情况并不乐观，但是工程的市场份额有所增加，那些做工程渠道比较成熟的大品牌甚至出现产品供不应求的情况。2012年，在工程方面，箭牌卫浴保持着30%的增长

按照目前精装修房份额越来越大的趋势，未来工程渠道的蛋糕还会继续增大。工程渠道市场增大对于企业来讲一方面是有利的，因为工程对于同一产品的用量很大，容易排产，对产品类别的要求有所降低，有利于企业在生产和成本上的控制。

但另一方当然，做工程渠道利润空间遭到压缩也是必然的。在工程渠道的开头中，陶瓷企业与大型房地产公司关系是微妙的。和大房地产企业相比，陶瓷企业作为供应商，规模上不对等；房地产企业是整合资源的，陶瓷企业是被整合的。大型房企面对建材行业几十家、上百家的生产企业，具有非常强势的话语权。

大型房地产公司的需求很大，但是他们对厂家价格的打压也非常厉害，把价格压得非常低。有些经销商做精装房市场的品牌利润非常低，甚至是没有利润的，只图完成销量能在工厂获得一定的返点。所谓上有政策，下有对策，这种恶劣的生存空间下一些厂家商家就按捺不住，不按牌理出牌，最近行业也传出不少关于工程渠道的负面新闻。

目前，依靠单个家庭装修的传统零售市场份额正在下降，陶瓷企业和经销商进而将营销重心向保障房、精装房市场转移，有人称这种模式为“双赢模式”或“共生模式”，但这种模式换一个角度也可称之为“附庸模式”或“寄生模式”。

工程渠道所向披靡的背后，反映的是地方政府、大型企业严格把控、有效支撑形成的巨大蛋糕。陶瓷行业盈利空间进一步受到挤压，陶瓷企业为大型房企打工，有沦为廉价劳动力的趋势。事实上，目前陶瓷企业已经自觉或不自觉地被捆绑在利益集团的战车上。如果工程渠道比重持续上升，最终只会剩下份额不多的高端市场和低端市场，建材消费形成“M”型结构，并最终改写行业格局。工程渠道，是很多企业求生的契机，但也是一条高风险的路径，这不是某个企业所面临的问题，而是整个行业所面临的严峻考验。

十一、定制营销萌芽

近两年，随着喷墨打印技术的出现和营销思路的转变，个性化定制开始在建陶行业崭露头角。

时代在变化，人们消费心理不断成熟，消费者不再盲目地追赶潮流，而是开始追求自己独特的时尚品位。在这种消费个性化需求已经形成的时代，满足消费者生理需求的消费模式已跟不上潮流，以满足心理需求为主的个性化定制营销应运而生。

“定制”一词，首先出现在服装行业，源于法国高级定制时装。随着时代发展，个性化定制开始为越来越多的行业所采用，除了服装、礼品、家具等有形商品都开始定制。

专家认为，在陶瓷行业里，日用陶瓷开始做个性化定制要早一些，很多酒店或者餐馆都有自己定制的一些东西。墙地砖行业大概是 2011 年开始做个性化定制，主要是与大的地产商合作。

调查显示，在建陶行业做个性化定制，主要是以销售公司为主，陶瓷企业很少走这一步，因为这会与企业自身产生矛盾。这种矛盾包括两个方面。第一个是生产方面的矛盾，现在陶瓷企业的生产线都是有限的，并且转产也不容易，大批量的生产对企业更有利，而个性化定制需要的是小批量个性化，所以难以实现；第二个方面是销售环节的矛盾，个性化定制减少中间环节，也能让消费者得到更多实惠，但对处于中间环节的经销商却是一个打击，会产生利益冲突。

可见，定制营销要实现，前提是企业必须实现适合于个性化生产的模块化设计和模块化制造，生产线也必须是柔性的以适合于个性化生产。

在这种情况下，拥有自己工厂的企业能够提供的产品种类毕竟有限，倒是那些没有自己工厂的销售公司去做的可能性更大。这些销售公司有完善的设计和服务体系，并且掌握了资源，能够与大的地产商对接，与地产商的设计部门对接，满足地产商的设计需求；同时又能够与各种类型的陶瓷企业对接，让企业代为生产一定量的产品。

2003 年，欧派卫浴正式进军国内市场，开创浴室柜个性化定制生产的先河。2004 年，被授予“建设部《住宅整体卫浴间》编制单位”。

依托欧派集团强大的生产实力与品牌影响力，迄今，欧派卫浴已有 500 余家卫浴专营商场服务全国，并以年均逾 50% 的增幅快速成长。欧派卫浴正逐步实现与欧派橱柜、欧派衣柜三驾齐驱，共同领跑家居制造行业。

专门针对国人使用习惯与需求特点，基于协调人与卫浴系统之间的关系、达成人们的生活品质要求以及实现个性化体现等因素，欧派围绕“和合法则”、“深度定制法则”及“柔性生产法则”系统构建的浴室定制理论，全方位地为顾客解决浴室个性定制问题，最大限度地满足客户个性化浴室家居生活需求。欧派由此开创“定制浴室家居”全新理念，开辟了定制卫浴产品领域，迅速占领中高端卫浴市场，领潮业界。

浴房专注于非标定制，而非标定制的精髓就在于服务。为了能为消费者量身打造一套属于自己的独有风格的淋浴房，德立为消费者提供了完善的售前、售中、售后服务。售前，德立淋浴房会通过上门测量了解顾客卫生间的布局和其个人的喜好，通过与顾客的深入沟通，以 3D 模拟图等形式为顾客提供多款设计以供客户选择。

客户下单后，可以随时通过所在门店及时了解自己所订淋浴房的生产和流通进程。德立淋浴房承诺 8 个工作日交货，其时间之短，在标准化非标定制领域无疑创造了一个小小的奇迹，极大地算短了顾客等待的时间。

十二、设计让营销回归产品

2012 年，国内市场产品同质化现象严重、宣传噱头大于品牌积淀等已成为卫浴行业普遍的弊端。在企业开始从宣传回归产品，加大产品研发投入、提升创新设计能力。例如，九牧在 2012 年推出的自动烘干毛巾杆、触控瀑布式浴缸、触屏电视浴室镜即是其产品智能化的成果。辉煌水暖在 2012 新品发布会共计推出 5 大系列共 150 余款新品，也是其增强产品配套设施、为研发提供大力支持的结果。

在各大协会的推动及各卫浴企业的积极配合下，“金勾奖”工业设计创新大赛、“W3 世界卫浴设计大奖赛”等设计大赛也在今年顺利召开。这表明，随着卫浴企业对产品质量、产品健康安全的关注，人性化、个性化产品设计也渐渐崭露头角，并迅速成为各大企业创新产品设计的方向或者趋势，各大卫浴企业注重产品设计的趋势也越来越明显。

以辉煌水暖为例，12 月 19 日，其以 7 款产品囊括 7 项红星奖，对中国卫浴产品创新设计有着里程碑式的意义。与此同时，借助产品的创新提升，很多卫浴企业实现了销售业绩的增长及品牌跨越性发展，并间接促使品牌形象大幅提升。如辉煌的智能花洒“雨莲”就对其企业所获利润上涨助力明显。欧乐佳尚磁卫浴凭借高品质节水产品和领先的节水技术，成为首个荣获“节水金奖”的卫浴品牌，成就了其节水环保、健康节能的品牌形象。

显然，逐渐回归产品、注重产品创新设计并以此获得良好效果的卫浴企业，正逐渐将产品设计融入品牌发展中，朝着将产品设计提升至战略高度的趋势发展。无疑，这势必将推动卫浴行业朝设计营销时代迈进。

十三、绿色营销进入起步期

2012 年 6 月，厦门杏林发生淋浴房突然爆裂割断男孩韧带事件；8 月，上海东宝兴路发生淋浴房玻璃门突然爆裂致洗澡女子手腕肌腱断裂事件；10 月，上海松江区淋浴房玻璃门深夜爆裂吓坏女主人。淋浴房自爆事件频发，引起公众广泛疑虑。对于卫浴企业“千分之三自爆率”及“已过保修期”的解释也很难让消费者满意。除此，马桶爆炸事件、辐射超标、甲醛门、水龙头铅含量超标、毒地板等健康安全问题屡见不鲜，同样让消费者感到极度的震惊和愤怒。可见，消费者日益关注健康安全与卫浴企业频繁出现健康安全事件的矛盾已然激化到一定程度。

与一些卫浴企业罔顾健康安全相反，大部分卫浴企业对健康安全的重视达到了极高的程度。一方面，他们积极引导消费者关注健康安全，并且不遗余力地倡导低碳环保、健康、绿色生活的理念。如九牧卫浴 3 月启动健康体验车全国巡回展，向广大消费者传播健康家居生活理念；安华卫浴主题为“关注卫浴健康就是关爱自己”的卫浴文化节 7 月召开，倡导健康卫浴生活理念。另一方面，他们通过提升质量、研发新品等措施，从根本上杜绝产品危害健康安全的发生、从实际上践行绿色生活的理念。

可以预计，未来越来越多的企业将加入绿色营销的行列，以缓解因健康安全事件而激发的矛盾。用绿色产品引导消费者体验健康、绿色的卫浴生活，必将是行业发展的主旋律之一。

十四、危机管理水平有待提升

2012 年，国家及各省市对卫浴产品数次抽检，发现质量不合格产品频率之多，比重之大为近年所罕见。此外，本年度还有不少因质量问题而产生的纠纷事件屡见报端。有些企业甚至多次名列质量黑榜、多次被媒体曝光，给行业造成了极其严重的负面影响。

4 月，陕西省质量技术监督局于 2012 年第 1 季度对陶瓷片密封水嘴产品质量进行了监督抽查，样品批次合格率仅为 58.2%。7 月，上海市质量技术监督局对本市生产和销售的水嘴产品质量进行专项监督抽查，抽查产品 74 批次，其中 26 批次不合格。央视新闻播出《水龙头比较测试近四成不合格》新闻报道称，北京市消费者协会发布了市场上部分水龙头质量比较试验结果显示，34% 水龙头不符合国家标准。9 月，国家质检总局公布 2012 年 3 类节水产品质量国家监督抽查结果，32 种陶瓷片密封水嘴产品不合格，12 批次陶瓷坐便器不合格。11 月，央视《每周质量报告》根据国家质检总局 9 月份公布的抽查结果，曝光国内部分节水产品存在质量不合格问题。

对相关数据的分析显示，2012 年卫浴产品不合格事件涉及知名品牌的案例越来越多，有些企业甚至多次上质量黑榜。再次，不合格事件涉及产品范围越来越广，几乎囊括卫浴产品所有品类。还有，不合格事件还掀起了对行业标准不一、质量报告失实等的争议，一定程度上反映了卫浴产品质量问题还不仅仅是少数企业的问题，而是整个行业的问题。

面对严重的质量问题，2012 年卫浴企业开始更加重视危机公关，引导有利舆论。相关机构和主流企业积极调研，为修订行业标准、制定新行业标准、统一行业标准作详细的准备。如，广东省标准化研究院即针对目前卫浴五金产品陶瓷片密封水嘴质量检测标准与市场销售产品存在差异的现状，正在酝酿出台卫浴五金新标准。

十五、“健康”、“安全”理念先行

中国卫浴产业发展到现在，已经解决了基本功能性的问题（包括梳洗、方便、淋浴），在满足这些基本功能之后，卫浴产品的节水、节能成为重要的发展方向，这主要体现在座便器和水龙头及花洒产品中。目前国内坐便器和水龙头等产品基本都能够达到或超过国家节水标准。在此基础上，卫浴企业开始注重产品带来的“健康”生活理念，消费者也开始意识到卫浴产品的“健康”与自己密切相关，并会逐步把这一意识当成选购产品的一个标准。

打造一件健康的产品，是一件系统的工作，而不只是一句口号：从产品的原材料甄选，材质必须是环保和无害的；生产加工过程必须符合一定的标准；在整个产品的消费者使用过程中，对消费者身体的健康关怀也必须纳入考量。

因此一件健康的产品必须满足产品本身品质符合健康、安全标准，在功能体验上又能为消费者带来身心健康体验。

十六、微博营销潜力需发掘

2009 年新浪成为门户网站中第一家提供微博服务的网站，微博正式进入中文上网主流人群视野。微博用户包括明星、名人、各类媒体及媒体人、企业家、IT 精英、学生、各种职业的上班族等。

2012 年开始，许多企业也在新浪、腾讯、搜房、搜狐、网易等门户网站都开通了自己的官方微博，欲在此打造自己的营销新阵地。于是，在营销学上出现了一个新的名词——微博营销。

微博营销就是通过微博媒介在企业和消费者之间建立互动交流的平台，在这个平台上企业通过一系列营销活动吸引微博用户的关注，进而向关注它的人介绍、宣传自己的产品和品牌。同时微博用户也可以将自己的意见通过企业微博反馈给企业，使得企业与消费者之间互动交流更加频繁及时。

具体来说官方微博的功用主要有以下几点：提升品牌知名度：通过发布用户感兴趣的内容，让用户主动传播；推广新产品和服务：如有奖转发活动；低成本的网络营销；舆情监测及时、通过微博解决危机公关；跟踪和整合品牌传播活动：有利于结合线上与线下；客户服务：反馈服务信息，及时消除顾客的抱怨。

微博的最大特点是成本低、传播快。不过，想要被关注与转发，其前提是发布内容有价值或者是热点话题、新闻，这样才能真正提升你的用户关注度。

企业想要通过微博提高人气或者知名度，最好的体现便是在转发量以及微博留言量，但对于一些微博开通不久或者品牌影响力本身不足的企业，一时间聚拢不了那么多的人气，于是就可能通过购买“僵尸粉”来提高企业的粉丝量。而这导致了某些陶瓷卫浴企业微博的虚假“繁荣”。

实际上，陶瓷卫浴产品是一种耐消品，其阶段性需求的特征也决定了陶瓷卫浴企业微博不会像服饰、化妆品那样，能够随时随地得到消费者的关注与热捧，从 2012 年 2 月份开始不少陶瓷卫浴企业陆续试水了微博营销，开通官方微博以积攒人气。然而，在开博近一年来，整体人气却依旧比较冷淡，转发、评论都不多。只有极个别的商家曾经通过微博私信直接与买家进行交易。

陶瓷卫浴企业官方微博目前大部分都是发布产品展示、企业活动等宣传介绍，缺少通过主题策划引导线上乡下互动。部分企业官方微博名存实亡，单条微博转发量最多只有可怜十几人，通常只有两三人。

十七、渠道下沉及换装市场

未来一二线城市的市场将集中在成品房等工程集中采购市场及二次装修的换装市场。根据房子一般 8-10 年会进行重新装修，酒店一般 4-6 年会进行局部换修，未来的 10 年间将是中国前几年大面积开发的房子进行二次装修的最集中时期，因此换修市场将是今后一二线零售市场的重点。

而三、四线城市及农村市场将是新的传统零售市场的乐土：三四线市场在执行成品房政策会有滞后性；国家正在大力鼓励的农村城镇化建设，将带来更加广泛的市场机遇。

当前，我国工业化、城镇化快速发展，社会处于转型期。国家统计局数据显示，到 2011 年底，生活在城镇的人口数量增至 6.9079 亿，城镇化率达到 51.27%，未来一二十年，城镇化注定将成为中国经济发展的重要推动力。未来的城镇化率将进一步提升，发达国家是 70%-80% 以上，因此中国的城镇化进程还将继续。在城镇化过程中，中小城市和核心乡镇的消费力将为卫浴企业带来巨大的商机。

十八、出口市场持续变化

高端的卫浴产品和自主品牌将逐步占领主要出口份额。原来主要的出口市场，如欧美将进一步饱和，同时一些新兴市场，如东南亚、南美、非洲、俄罗斯、中亚等市场将成为企业新开拓的重点市场。

出口市场部分，需特别关注非洲市场。近 10 年来，中非经贸与投资飞速发展。商务部最新统计显示，今年 1~7 月份中非贸易额达到 1158 亿美元，同比增长 24%。中国对非投资 1~7 月份 11 亿美元，同比增长 19%。按照这样的增长率，中非贸易额今年会超过 2000 亿美元，中国在非洲企业超过了 2000 家，呈现出贸易投资方式灵活多样，合作领域不断扩大的态势。

随着中国国力逐步增强，政府将会加大力度对外援助建设项目。下一阶段中国政府的援建项目及部分民企的海外投资项目将会逐步涉及到房产、商场、酒店等民生项目。这将会给卫浴企业随着中国建筑公司走出国门打造自己品牌创造新机遇。

十九、外资加速布局中国

为了增强在中国市场的仓储及物流能力，德国卫浴老大汉斯格雅斥资过亿元人民币在上海打造的二期工厂即将投用，年产能将达到 130 万个水龙头。二期工厂建筑面积共计 8000 平方米，它的投产使用将使汉斯格雅中国产能提升一倍。

汉斯格雅集团中国市场的销售额自 2009 年起连续 4 年保持两位数增长，中国已成为继德国之后，汉斯格雅在全球的第二大销售市场。2012 年，汉斯格雅在全球市场的总收益超过 8.05 亿欧元。目前汉斯格雅在中国有 400 多家经销商店，未来还将在一二线城市继续扩张，并深入三四线城市扩充渠道。并计划在一到两年内中国的销售额超过 1 亿欧元。

由于汉斯格雅定位在中高端，且目标市场为公装市场，因此受中国房地产调控的影响不大。但为了适应中国本土市场环境，汉斯格雅会在中国推出价格更低一些的产品。

另一家同样是做水龙头和花洒的德国品牌高仪，总体定价略低于汉斯格雅，也在受益于中国市场，进入中国以后，每年以 50% 的速度在中国市场增长。

目前，在中国占有最大份额的还要算美国品牌摩恩，摩恩 1994 年进入中国市场，并在上海外高桥保税区建立了第一个销售公司。随后，在上海、北京、广州和重庆建立了办事处，其销售网络已经覆盖了中国 180 多个城市。据称，摩恩（中国）还将扩大与工程市场的合作，深入三四线城市。

对外来品牌的挤压，国内水龙头企业正在面临如何保住国内市场份额和拓展国际市场的双重难题。

第二节　电子商务

一、电商潮锐不可当

截至 2012 年，中国电子商务经济体规模为 8.2 万亿元。据预测，到 2020 年，这一经济体量将达 50 万亿元。在这股电子商务快速发展的洪流中，信息要素成为推动商业发展的关键；信息基础设施逐渐取代传统基础设施成为商业进程的主要推动力；消费者因为信息能力的大幅提升拥有经济主导权，颠覆以企业为中心的原有商业模式。

电子商务是指通过网络来完成销售过程的电子商务网上直销模式。以消费者为中心的C2B模式，将是未来商业模式的主要代表，将引领电子商务经济体走向未来。相对于传统的B2C模式，所有的环节都由厂家驱动，C2B的不同在于由消费者驱动，以消费者的需求为起点，在商业链条上进行波浪式、倒逼式传导，最终形成新的商业模式。

中国家居市场的年交易额已近1万亿人民币，但其中通过电子商务平台达成的交易却仅占总量的1%，市场空间非常大。

实际上，家居企业涉足电子商务并不是新闻，已经有一套相对成熟的运作模式。在国外，以欧美国家为例，在法、德等欧洲国家，电子商务所产生的营业额已占商务总额的1/4以上，在美国则已高达1/3以上，而欧美国家电子商务的开展也不过才十几年的时间。

无论是C2C的淘宝，B2C的天猫，还是垂直线的B2C的东京商场、当当网以及家具建材行业垂直平台如新浪乐居、家居就、齐家网等都如火如荼地发展着。天猫公布的最新消息显示，2011年淘宝网上共有600个卫浴品牌在经营网络市场，包括国际知名品牌TOTO、科勒、美标、汉斯格雅、高仪、乐家、和成等，国内知名品牌法恩莎卫浴、箭牌卫浴、东鹏洁具、惠达卫浴、恒洁卫浴等也在天猫网落脚抢占电子商务。

二、卫浴行业分享“双十一”盛宴

“双十一”俗称光棍节。作为一年一度的电商盛会——网购狂欢节，这一天一次又一次地创造网络销售奇迹。当天参与“双十一”的商家数达到1万家，是2011年的5倍。整个阿里巴巴集团“双十一”促销的支付宝总销售额达到191亿元，同比增260%，其中天猫为132亿，淘宝为59亿。而2012年的这一天，奇迹也在卫浴行业发生。

根据天猫淘宝“双十一”提供的数据，活动当日卫浴用品成交总金额达419316508元，成交笔数达564356笔，客单价743元。其中，卫浴龙头、淋浴花洒龙头、坐便器分别以47.9%、38.2%、13.53%成交占比，名列卫浴用品子行业排行前三。从成交环比增幅来看，卫浴五金套件、淋浴花洒龙头、卫浴龙头这三个卫浴用品子行业增幅最大，分别增长2917.60%、2235.68%、1572.24%。

天猫数据显示，卫浴品牌开始专卖店达到200个以上，科勒、箭牌、美标、东鹏、九牧、中宇、汉斯格雅、法恩莎、恒洁、金牌等国内外知名品牌都名列其中。而据不完全统计，今年参加双十一促销的品牌数量即有50家以上。

而九牧是这场新商业模式和传统商业模式的最大赢家。2011年“双十一”九牧以300万元的销量排名卫浴行业第一。2012年九牧以3000万元的销量位居建材家居馆全网第一。

为促进网络销售，除了传统的零售终端产品，九牧还不断丰富电子商务产品线，专门针对电商渠道研发生产五金龙头类、花洒类、陶瓷类、智能盖板等网络专供产品。本次双十一大促销中，九牧开展了史上力度最大、品类最全的活动，原价1285元的高端全功能花洒，仅需499元，19款家装必备产品作为“双十一”当天的聚划算产品，低至3.5折，其他产品在“双十一”当天均全场五折封顶包邮。

三、五金卫浴类产品电商渠道成型

目前销售相对较好的是水龙头、花洒、地漏等小件卫浴产品，以及马赛克、背景墙、艺术瓷砖等，而坐便器、淋浴房、按摩浴缸、蒸汽房等较大宗卫浴产品和大件瓷砖销量很少。

对选取的10个品牌淘宝销售数据进行统计。数据显示，在10个品牌热销前10名的产品中，68%为五金类；而对这10个品牌前十名热销产品销售量进行统计时，五金类的销量（以件计）更是高达97%！销量最好的几个品牌分别为科勒、中宇、九牧、科恩，他们共同的特点是，热销产品基本为五金类，而九牧几乎只卖五金类。

在所有热销产品中，30.6%销售产品低于200元单价；63.7%售价介于200-1000元；只有5.7%售价在1000元以上。

休闲卫浴产品不同于五金产品，物流和安装以及售后都是休闲卫浴试水电子商务的障碍。蒸汽房、按摩浴缸、桑拿房等均为比较“笨重”的产品，它的使用过程中会产生各种各样的问题，如蒸汽房排气扇不转、收音系统无反应等问题。网上销售的蒸汽房、按摩浴缸等一旦出现问题，要求退货或者返厂维修都十分麻烦。此外，大件蒸汽房、按摩浴缸等容易造成损坏给物流造成了运输不便。

但是，通过对品牌的对比发现，几乎所有触电的大品牌都是卫浴类，陶瓷类的很少。显然，体量大且重的瓷砖在利用电商上，遇到的物流、安装和售后服务障碍比卫浴要多很多。

四、陶卫企业两类电商模式

目前陶瓷行业的电子商务模式有以下几种：一类是在各大网上商城建立网上商店，如在淘宝、天猫、京东等平台开店。目的有两个：试水电子商务，销量不重要，弄清楚电商模式重要；利用大平台对品牌进行推广。

天猫是陶瓷卫浴企业选择最多的电商平台。包括科勒、TOTO、摩恩、九牧、中宇、安华、法恩莎、恒洁、金牌卫浴、东鹏洁具、金意陶等，几乎无一例外的选择了在天猫，只有部分品牌选择和门户类网站合作，如家天下等。

另一类是自己建立公司直属的网上商城，如唯一商城、亚洲陶瓷网上商城等，依靠自建平台的优势，不断推出产品，扩大传播力度，整合更多的资源，同时提升品牌的知名度。然而，这一类网上商店与前者比缺乏强大的客户流量的支持。

很多消费者之所以热衷于网上购物，除了挑选货物方便、可以送货上门以外，最重要的是价格便宜，这也是网购最大的优势。建陶卫浴行业的营销模式所采用的是传统的经销商制度，而电子商城模式跟传统的经销商模式是冲突的。

五、家居卖场电商模式三足鼎立

企业和卖场涉足电子商务是两回事。卖场搭建电商平台，企业还是进入电商平台开店。目前市场上已经或正在酝酿的模式包括：家居卖场打造电商平台、O2O专业网购平台、以线下为主的团购平台。

定名为“居然在线”的全新线上平台，以中高端为经营定位，以O2O模式为切入点，坚持同一经营主体、同一品牌、同一价格、同一服务的“四同”原则，打造的是家居建材行业B2B2C平台垂直类网上商城。

红星美凯龙星易家旗下的O2O团购活动在红星美凯龙所属的近百个商场全面展开。同时，星易家的其他业务板块，如B2B2C平台、B2C自营店以及以家装设计为主要发展内容的资讯板块迅速发展。

传统家居卖场进军电商领域，有其明显的优势，比如供应商、客户群等，但同时可能也会存在劣势。即在产品体系、价格体系和服务体系上，能否做到同步值得商榷。

一旦同步，那么原有卖场租金是否会减少，因为只有减少租金，产品价格才有可能下降，达到与网上价格相同的目的。换个角度，即使网上与实体做到价格同步，如果没有价格优势，消费者也可能会用“脚”投票。

对红星美凯龙、居然之家来说，电商和实体店结合是大势所趋，但如何平衡两者之间的关系，是一道需要突破的门槛。

目前来看，家居电商O2O专业网购平台具有一定的优势。身为中国领先的集装修、建材、家居于一体的O2O网站，美乐乐具有价格优势、服务优势的美乐乐，目前在市场上具有一定的影响力和知名度。

以线下团购起家的齐家网对家居卖场的冲击不可小觑。但齐家网和美乐乐的区别在于，后者不举办线下团购活动，而是通过发展实体店，把价格降到最低，从而吸引大量消费者。

美乐乐、居然在线、齐家网，以这三种模式为代表的家居电商正在展开新一轮的角逐，谁能成为新的领军者还不得而知。但捕获消费者芳心的除了价格、质量、设计以外，未来家居行业比较的将是服务。

六、电商与传统模式冲突待解

电子商务是以后发展的趋势，但它的一大特点是价格便宜。对部分网上商城家装产品价格的比较显示，许多产品网上的价格比实体店的市场价格便宜20%以上，一些甚至达到50%。这就直接冲击家居行业原有的实体店销售渠道，导致商家与企业之间形成利益冲突。

另外，传统销售模式中整个市场的价格体系也是不统一的，而网上直销必须统一报价，网上公布价格必然影响部分经销商的利益，经销商会疯狂的“投诉”，与厂家交涉这个报价问题。

另外，在传统模式中，企业要保证经销商在某区域有一个独家代理权，以保证他们的利益。而一旦网上商城开通，作为一个独立且同一的渠道去卖产品，这样肯定会侵犯到线下经销商们的区域垄断利益。

为了不打破企业与经销商之间的平衡体系。而行业内解决这一问题的常规做法，一是开发线上专卖产品，把线上与线下的产品区别开来；二是专门打造一个网购品牌，只在线上卖，不走线下的渠道。

但是随之而来的问题是客户体验、物流以及售后服务。唯一卫浴的网上商城的解决方案，即总部+合作商+加盟商，三方合作，终端的销售利润进行三方分成，产品全国统一价格。

总之，传统渠道经销商与企业已经基本建立起相对稳固的价格和利润体系，电子商务的兴起最终要打破这种利益平衡。因此，传统和现代的较量是必然的，而且现在看来还是漫长的。另外，即便最终形成妥协，在发展模式上，是经销商各自发展电商平台，还是统一规划运营电商也还是待解的课题。

七、网销品牌需要专业推广和维护团队

制约陶瓷卫浴大件产品电商业务发展的不只是产品属性。网店维护和推广都是难题。

首先是企业普遍缺乏电商实操方面的精英团队。在建材行业里，要想在电子商务上有所发展还是必须具备一支精通电子商务的团队，因为电子商务中网站的维护、产品咨询服务、洽谈、预定等细节都需要专业人才操作。在前期在销量没有起来之前，厂家必须有耐性支付这些人力成本。

在互联网时代，投资线上市场，利用网络的快速信息搜索及信息共享，使品牌的传播更迅速、更广泛，确实是当前企业的必由之路。但是在淘宝上搜索“瓷砖”两个字，弹出的一个页面上有40家店铺，而这样的页面总共有100个，算起来总共有4000个网店产品的页面。这样庞大的数量，消费者很难进行筛选出。这样，企业利用网店传播品牌的希望也就会落空。

由于部分消费者对于网购渠道货物的保真性尚存疑虑，因此保证良好的品牌信誉度是陶瓷“触网”需要解决的重要问题。目前，部分陶瓷企业已经开始采取措施。例如，有的企业找来保险公司做担保，采用第三方担保的形式保证品质；有的企业则在配送上“保真”，给每一片瓷砖都贴上防伪码，收到商品时可以在线即时查询产品的真假，如消费者发现产品无法在线即时查询可拒绝签收。通过这些方式，陶瓷电商正在慢慢建立起信誉。

八、物流和售后服务制约电商发展

对企业而言，线上销售的优点很明显，能够通过有效降低经营成本而降低售价。比如减少组织和管理成本、免去卖场等中间渠道减轻负担、减少仓储提高空间的使用效率等。然而网购家居产品虽方便快捷，但异地购买后的物流问题也日渐显露，网上订购产品，送货成了最大的瓶颈，路途的遥远使得运输成本加大，消费者不愿意支付，而且浴缸、马桶这些是易碎品，大而重，长途运输恐怕会对产品造成损坏。同时，网购后的产品，如果发现尺寸不对、色彩不搭，退换过程也非常麻烦。而且售后的服务上，对企业而言也是很大的挑战，因为企业不可能每个城市、地区都安排相应的专业维修人员。

一般陶瓷卫浴企业无能力整合电商发展所需要的物流、支付结算、仓储等资源进行电商平台开发。

国内目前也无适合的建材大宗交易的电子商务平台。总之，目前已有电子商务平台则没有解决陶瓷企业的产品配送、设计、安装、维修等售后服务，导致企业产品难以通过电子商务直达终端。

因此，专家指出：如果有一家这样的既有线上的销售平台，又有线下的展品展示，更有线下的服务站进行导购以及售后服务的专业平台，就完全可以协助陶瓷企业实现电子商务梦想。

九、艺术背景墙等适合做电商

马赛克，早期叫"锦砖"，一种装饰艺术材料。佛山是全国最大的马赛克产地。全世界产量最集中、款式最丰富就是在中国佛山。但大部分企业以出口为主，内销比例只有 30% 左右。

面对电商大潮，佛山陶瓷企业堪称佛山传统产业中最消极的代表。有电商研究机构称，佛山瓷砖企业涉水电商的比例还不足 1%，但"利润高、品牌小"的马赛克陶瓷产品则相对积极，而孔雀鱼则堪称佛山马赛克行业"触电"的肇事者之一。

2009 年"孔雀鱼"马赛克品牌进入淘宝，在基本没有竞争对手的情况下，第一年就成为淘宝销量冠军，并蝉联至今。其后，在最高峰时期，其淘宝销售量是第二名到第十名的总和。

孔雀鱼的快速崛起引起了同行模仿。到目前为止，在淘宝等平台的销量榜排名靠前得还有珊瑚海、欧纳饰、莱纳斯等网络品牌。

出于保证供应链的稳定考虑，2011 年孔雀鱼悄然入股佛山一家马赛克企业，其业务范围也从进货、营销，扩展到产品策划、品质监督。

分析孔雀鱼等少数企业的成功，除原产地优势外，实体市场上的马赛克缺乏知名度品牌，也是重要因素。与佛山瓷砖企业相比，马赛克厂规模普遍较小，极少有市民能提出一个马赛克品牌的名字。这正给了孔雀鱼通过买家评价打造网络品牌、并超越实体厂家品牌的机会。

除了马赛克，艺术背景墙等产品也适合在网上销售。如蒙娜丽莎瓷艺画天猫旗舰店，主要面向广大的家装消费市场，因此，在店面装修中，根据不同消费者的需求，推出了中式风格、欧式风格、田园风格、现代风格的不同壁画、电视背景墙和挂画等产品。同时，新店开张，全场商品特价销售。

以通过"网购平台"+"实体体验店"+"客服支持中心"三大系统共同支持，实现盈利能力的极大提高，解决了电子商务在地板行业的粘贴性问题。同时在全国各大城市布设以展示为主的加盟店，让消费者对企业产品"看得见、摸得着"，为他们提供心理上的交易保障，也为习惯于实物交易的消费者提供了传统的交易方式。

第三节　卖场

一、租赁式卖场

1. 卖场销售额出租率下降

中国建材流通协会发布的数据显示，2012 年全国家居卖场数量或突破 3000 家。12 月份全国建材家居景气指数 (BHI) 为 106.48，环比下降 3.32%，同比上升 0.72%。全国规模以上建材家居卖场 12 月销售额为 1006 亿元，环比下降 5.92%。全年销售额为 12467 亿元，同比下降 2.46%。

2012 年对家居建材行业来说，是不平凡的一年。前几年"跑马圈地"成了建材家居大卖场发展的常态。从 2011 年下半年开始由于房地产行业增速减缓和行业恶性竞争加剧，很多建材家居卖场出现出租率下降、招商困难和租金难收等问题。

家居卖场过度扩张，恶性竞争，是造成其当下经营困境的原因之一。有数据显示，目前国内家具规模以上卖场总面积已经超过了5000万平方米，50%的卖场面积属于过剩。

2012年，新的家居业态模式，正以不可逆转的潮流分食、瓦解着传统家居卖场。其中集采模式、电商模式是家居卖场最大的“敌人”之一。

2. 家居卖场进入转型期

2012年家居卖场的总体发展态势是：老牌卖场无可避免地没落，新兴卖场撤店潮迭起，部分卖场倒闭，新模式出路不明。

老牌卖场无可避免地没落。比如，2012年初传出部分被拆。广州市天河区员村山顶喜龙建材商业广场建于1998年，已落户14个年头，多年来已经形成了固定的消费群体，在广州建材零售行业也具有重量级地位，也在2012年2月结束营业。

新兴卖场撤店潮迭起。2011年末开始，深圳布吉红星美凯龙整个卖场已有近30家商户撤场，空租率超过10%。2012年1月，听闻大卖场的租金将继续上涨的消息，红星美凯龙重庆江北店内箭牌、法恩莎等12家卫浴品牌代理商选择了集体“出逃”。

部分卖场倒闭。比如，2011年7月，开业不过8个月的居然之家杭州新店夭折。周年庆却变成了闭店日。2011年12月6日，居然之家大东店发出闭店公告，并于12月18日正式闭店。成为继喜来居、百安居、家得宝、欧亚达百利后第五家在沈阳关门的家居大卖场。

新模式出路不明：比如，欧华尚美从2011年7月宣布建立直销家居广场，业界便一片哗然。在争议和质疑中，“天天平价轻松置家”的承诺遭到了莫大的考验。再比如，两大新兴卖场都进入电子商务，但红美商城、居然在线上线后能走多远，电商模式如何与实体店模式线上线下配合，这些都有待观察。

总体而言，当前摆在传统家居卖场面前的只有一种路径，即颠覆旧模式，用创新重新激活市场。

然后，不管卖场风云如何变幻，旺盛的刚性需求和保障房的天量供应，以及房地产行业的基础性地位等因素，决定了2012经济调整对家居产品消费的影响将更多的表现在消费结构调整和短期局部性变动。因此，作为家居行业最主流渠道的家居卖场，在2012年发展稳中有升的大格局还是没有改变。

3. 借助商业地产支撑家居主业

尽管卖场经营不景气，但大型家居商场作为商业地产载体的发挥在那模式依然为投资者所追捧。从地产商投资家居商场到家居连锁企业投资商业地产，家居卖场作为商业地产的一种形式，依然保持愈演愈烈的态势。

近两年来，家居连锁大鳄争相染指商业地产的步伐加快。2009年底，宜家家居正式在北京大兴和江苏无锡投资商业地产，2010年12月，宜家北京大兴商场奠基，标志着包含宜家家居在内的英特宜家购物中心正式启动。

而此前，红星·美凯龙也早已试水商业地产：与国内其他家居卖场大多采用租赁物业模式不同的是，在红星·美凯龙已经开设80多家门店中，半数为自建物业的商场。几年前不断上涨的地产行情，让红星·美凯龙商场所在地块累计升值了20～40倍，单是土地升值就100多亿元。

凭借手中不断升值的地产，红星·美凯龙可以轻松地从银行以抵押的形式获得巨额贷款和融资，缓解企业的现金流压力，使得卖场扩张和稳定经营得到强大的资金保障。

由华耐家居集团联合唯美集团、乐华集团投资成立的华美立家控股公司正在全力开拓家居建材总部基地，打造低成本高品质的优质商业平台。据统计，现已投入运营、已在建项目达13个，分布在河北、天津、江西、四川、广西、江苏、黑龙江7个省12个城市，总建筑和营业面积超过360万平米，计划2016年扩展到30个城市，再建建筑和经营面积再扩大1000万平米。

家居连锁卖场企业买地自建商场，不仅利于企业成本控制，节省巨大支出；还能更方便地对商场进行个性化建造和改造，满足不断变化的消费需求。商场地产是家居连锁企业在扩张过程中资金积累和品牌扩张的必经之路。

4. 家居卖场形态演进以人为本

在家居卖场与商业地产的融合进程中，广州高德美居又尝试了家居主题购物 MALL 的形式：其母公司高德置地集团，与世界最著名的 SOM、KCA 等建筑设计公司、迪拜帆船酒店管理公司 JUMEIRAH GROUP 建立了合作关系，成功运作了一批优质的商业产品。随着天河城百货折扣店、小 Q 儿童世界的陆续开业，以家居为主题，涵盖百货、儿童、餐饮、影视、运动、娱乐、文化等八大板块的高德美居购物 MALL 项目日渐成型。

高德美居家居主题购物中心与其他商业地产项目的本质区别是：高德美居始终以家居行业为出发点，在这个定位上，"家居"始终是这个几十万方米商业地产的主体，其他零售与娱乐业态的进驻只是"家居"主体的补充，完善家居主题购物中心的概念。

总之，相对于其他综合性 SHOPPING MALL，高德美居是以家居购物为主体的卖场；相对其他家居、建材专业卖场，高德美居具有 SHOPPING MALL 的休闲、购物、饮食、娱乐等功能，是多业态的整合。

具体到家居卖场本身的设计，打造"空间艺术博物馆"成为共同的追求。各大家居商场从展厅高度、情景设置、迂回通道、超长扶梯等形式来博取消费者眼球和提供更好消费空间。宜家家居几十间情景样板房、上海红星·美凯龙商场长达 50 米的"太空云梯"、广州高德美居购物中心珠江新城店 9.8 米高的展厅都给消费者带来了新鲜体验。

而广州高德美居则在商场展示空间高度方面进行了三次尝试和突破。从美居中心时代的 5.5 米单层展厅到家居空间艺术博物馆时期的 6.8 米复式展厅再到珠江新城店的 9.8 米跃式展厅，10 年间，三度升级的美居中心为商户提供了越来越具有立体感和高端感的展示空间。通过高达三层的专卖店让高德美居成为美学、设计、体验、品味生活的策源地。

此外，高德美居为营造更好的购物赢商环境，创新采用优雅前卫的空间设计风格，透光天顶棚、艺术玻璃屋、休闲水吧、室内植栽、鸟语花香、微型景观等，设计更加人性化。

5. 家居卖场整体试水电子商务

家居实体卖场已呈过剩状态，进军电商，进行线上线下"两条腿走路"的模式成为一种趋势。

目前，国内知名家居卖场家得宝、美克美家、红星美凯龙、居然之家等都宣布入驻天猫试水电商，家装业零售卖场可谓大面积触网。

家居流通业龙头企业红星美凯龙正在低调进军电子商务市场，旗下电商平台红美商城已经于 2012 年 7 月上线。红星美凯龙电商平台几经更改后，相中了 mmall.com 这个域名。6 月 12 日，红星美凯龙的电商网站一度内测亮相。

红美商城将以"装修设计"、"装修材料"、"精品家具"、"家纺家饰"、"居家生活"5 个板块为主，集独立 B2C 商城与家居 SNS 社区于一体的综合购物分享平台。其业务线分为三大体系：包括以家居建材产品为主的在线 B2C 平台业务、以家纺家饰及小件家居用品的线上闪购业务和家居用品的团购业务。

红星美凯龙的合作商户和品牌会有一部分资源导入，在红美商城开店并进行展示。同时，红星美凯龙还将扩充线上 SKU 比重，与密切合作的电商服务商联手招商，以及将天猫家居馆中畅销的品类和排名前 100 位的品牌商引导到红美商城等。

2012 年初，红星美凯龙与新浪家居达成战略合作，在重庆联手打造家居电商线下体验馆，就是采用线下卖场 + 线上网络平台的模式。

与此同时，正在向百家实体店目标迈进的居然之家，2012 年正式开始涉足电子商务领域——定名为"居然在线"线上平台。居然在线以中高端为经营定位，以 O2O 模式为切入点，坚持同一经营主体、同一品牌、同一价格、同一服务的"四同"原则，打造家居建材行业 B2B2C 平台垂直类网上商城。

不过，传统家居进军电子商务市场，除了优势在于线下成熟的市场以及成品体系，但也面临着运营经验不足、专业人才欠缺等问题。物流成本及品质监控也是短板。

6. 家居卖场发展方向

租赁式家居卖场除上述转型、发展方向外，还有以下几个值得关注趋势：

渠道持续向次级城市渗透。一二线城市调控影响楼市成交量萎缩，三四线城市销售面积占比继续上升。这类地区商品房装修需求成为2012年最值得关注的增长点。大多数三四线城市缺乏大型成熟的一站式家居卖场，这将给主要布局在大中型城市的大型连锁家居卖场企业新的增长机会。

轻资产模式继续占主导地位。部分资金雄厚的家居卖场企业，以红星美凯龙和金盛国际家居为例，倾向于自建或持有物业所有权。目前，多数家居卖场企业，例如居然之家，以租赁物业为主，一方面减轻资金压力，另一方面节约工程时间，提高扩张速度。在2012年整个家居卖场行业增速下降的情况下，多数企业都将暂缓或减少物业购置，取而代之利用租赁、合营等方式控制现金支出。

卖场运营综合化。作为与家居产品消费共生互补的家用产品，越来越多的家电品牌开始被家居卖场视作潜在入驻商户。事实上，厨房电器类产品早已经进驻家居卖场多年，而部分冰箱、洗衣机等白色家电品牌也成功入驻一些优质卖场。2012年，更多的家居卖场以此为契机，进行产品多样化升级。另一方面，一些领先的家居卖场吸引餐饮、娱乐等功能型商户入驻，变身为综合性一站式家居购物体验中心。

卖场品牌差异化、特色化。家居行业技术设备、营销管理、服务方式的同质化决定了产品、营销、渠道、市场等高度同质化的竞争。同质化必然引来价格战，价格战最终导致卖场赢利能力下降，难以为继。家居行业要摆脱当前的困境必须以消除同质化，建立差异化、特色化品牌销售模式为的突破口。与此同时，差异化发展模式也包括卖场本省的重新定位，主要是服务群体的定位乃至卖场内不同区域的定位。

二、超市

1. 洋超市模式严峻局面依旧

2012年1月，曾经号称是“中国最大家居建材超市”的东方家园在国内的多家门店停业，并传出破产传闻。9月，家得宝正式关闭在中国内地市场仅余的7家大型家居建材零售商店，全线退出中国内地市场。

中国经济的快速扩张，在欧美已发展成熟的大型仓储式建材连锁超市很快在中国市场生根，通过集约化采购、统一管理、明码标价和售后保障为许多消费者所喜爱，但近年来却伴随着楼市发展的起伏，连锁超市的发展模式也在争议中不断陷入经营困境。

在建材超市频频受挫的同时，红星美凯龙、居然之家、同福易家丽等租赁式建材市场在国内的规模则有所扩张。

在中国，建材超市目前难以拼过租赁式建材市场的一个关键因素，还是商品价格高于后者。租赁式建材商城通过租赁摊位给商户，在价格上更为灵活，给了消费者议价的空间。对于商户来说，也会减少一定的税收并能缩短销售额结算时间。

此外，于租赁式建材商场的经营者而言，其运营成本低于建材超市，而且依靠租金而非商品经营所获取的收益相对稳定，受市场波动情况影响较小。

专家指出，在传统卖场严重过剩，洋超市水土不服的背景下，发展电商模式是家居卖场的出路之一。2012年，家得宝宣布关闭在中国所有建材零售商店后，宣布公司业务重点将转向专业零售店和网上销售。此前，家得宝还与国内京东商城等多家电商平台接触，但目前电商模式仍处于研发和拓展阶段。

此外，洋超市的转型之路还有发展绿色建材，对进入超市的产品进行质量检测，取得消费者的信任；再就是加强设计服务，比如局部改造设计，做好购物引导。

2. 建材超市转型“超市 + 市场”

国楼市持续低迷，让部分建材超市开始谋划转型，国内首家国有大型建材连锁超市——好美家即是先行者之一。

2012 年 4 月 8 日，好美家曹安店更名为曹安建材家居中心，并重新开业。该店成为好美家转型计划下，第一家试点租赁式建材商城的门店。

百联集团旗下的好美家，是国内首家国有大型建材连锁超市，经营建材连锁超市已有 15 年历史。由于国内房地产市场低迷，近两年整体建材家居行业开始走下坡路。从去年上半年开始，好美家对整个市场进行专门调研，最后决定转型为“超市与市场”并存的经营模式，从而克服目前建材连锁超市所面临的市场困境。

好美家试水建材商城的第一步，是将部分面积较大的连锁门店转变为引进租赁商户的建材市场。按好美家的计划，除 2012 年曹安店转型为建材商城，原共江店也将开始改造，明年继续推出 2 家建材商城。未来 3 年，计划通过将较大体态的老门店转型或选址新开两种方式，将租赁式建材商城的规模扩大到 5 家。

此外，2012 年宜家也在试水卖场加超市的模式，以期在市场转型形势下保持特色和适应市场的均衡。

3. 洋超市中国生存难题仍待解

前几年房地产火爆，建材市场大好，建材企业不论发展模式如何，都好经营，于是泥沙俱下。但现在一些管理不善、坐地收金的卖场已经被淘汰，一些模式也正在经受考验。

有一种意见认为，以前建材超市在中国玩不转，是因为当时中国的住房几乎都是毛坯房，百姓选择装修队进行施工，讨价还价购买建材，但现在的超市是不能讨价还价的。随着保障房的深入建设和城镇化的进一步发展，全装修住房增多，精装修房也将越来越多，业主入住后，更多进行的是局部装修和选择性采购，后者将催生更多建材超市。

调查发现，目前一二线城市尚未出现变化，但三四线城市在这方面已有所动作，有些建材超市开始启动，而且发展良好。建材超市在小城市发展，有利于超市管理者点对点了解客户需求，进行针对性的建材采购。

专家指出，超市模式几年前就开始接受考验，现在是最困难的时候，如果再过两三年，也许超市模式会慢慢恢复，从中小城市过渡到大城市。家得宝虽然退出了，但相信有一天它还会回来的。

百安居应把当地的消费形态和房地产建设情况研究透彻，找出适合当地发展的业态，进行差异化经营，也许三四线城市更适用超市模式。

4. 本土超市模式难以复制

东莞市华美乐建材超市有限公司，是广东省品牌影响力强大的本土大型家居装饰建材企业。现拥有东莞南城、常平 2 家大型直营建材超市。

华美乐建材超市主要经营瓷砖地板、卫浴洁具、橱柜电器、门窗灯饰、窗帘园艺、油漆五金、电工电料等十大类 58000 种装饰建材商品，完全满足家居及工程装饰的材料需求，成为珠三角具有品牌影响力的家居装饰建材流通企业。

华美乐独创的“超市 + 总代理 + 多极营销渠道”模式曾经获得了东莞“十大商贸企业创新案例奖”。所谓“超市”是指产品主要通过卖场销售，在总体的销量中所占的比例为 60% ～ 70%。“总代理”是指从厂家直接进货，成为厂家的区域总代理商，降低采购成本。“多极营销渠道”则是“一个都不能少”，将区域内有可能利用的营销渠道都利用起来，比如，散客；工程渠道；小工地，包括小店铺之类的装修；小区渠道，通过在居民小区做活动争取拿下一部分订单；外部家装渠道，也被称为设计师渠道，由社会上的家装设计师介绍客户，向客户让利，给予一定的折扣。通过构建“超市 + 总代理 + 多极营销渠道”

营销体系，华美乐可以全方位覆盖整个区域市场。

更为独特的是，华美乐成立了自己的装饰公司。这些装饰公司并不是为了盈利，只是作为华美乐的延伸品牌，从经营上说，是我们的建材超市为消费者提供一条龙服务而设置的，主要目的是帮助我们的建材超市卖材料。家装饰公司的销售额占到了华美乐销售额的30%以上。

华美乐一直是本土建材超市的标杆，但它从商业模式上看，早就成为了一个四不像的多元化经营体。既有超市一站式购物的特点，又扮演着总代理的角色，还成立家装公司——这又是另外一个销售渠道。

当前，超市发展正在困难时期，生存是首位，转型是方向。但华美乐这种不中不西的超市发展模式能否复制，还有待进一步观察。

第九章　建筑陶瓷产区

第一节　广东

一、佛山

1. 五年转型发展提升“佛山陶瓷”价值

佛山市 2007 年列入调整、提升的 298 家陶瓷企业，到 2010 年底已经转移、转产 220 家，全市仅剩 62 家。

2012 年，经过五年的“陶瓷新政”，佛山陶瓷的变化不仅仅是本土产能急剧下降，更重要的是产业也在转移中得到提升。向外扩张的佛山陶瓷企业在技术上也实现突破。

佛山陶瓷在外新投资企业生产线普遍采用超长设计，长度达到三四百米，是过去的两三倍，由此大大节省了单位产品的能耗，不少企业还采用双层宽体窑，既增产又节能。此外，新投资企业普遍增加环保投入，严格按国家和地方标准建设，清洁生产水平整体大幅提高。

虽然本土产能一直在下降，但佛山陶瓷区域品牌的影响力伴随着产业扩张也一直在提升。五年来佛山陶瓷在周边及外省签约投资金额超过 250 亿元，建厂圈地约 4 万亩。佛山陶瓷在外投资企业采用“佛山制式”生产，按佛山的营销模式做市场，这些企业生产出的产品，可归属于“泛佛山陶瓷”范畴。如果将“泛佛山陶瓷”和符合“原产地”概念的“佛山陶瓷”算在一起，五年来“佛山陶瓷”不仅产量要翻几番，而且影响力也倍增。

五年的转型升级使佛山陶瓷企业进一步强筋健骨，大大增强了抵抗市场风险的能力。在 2012 年宏观经济低迷，楼市调控持续的情势下，佛山陶瓷企业在与外省新兴产区的较量中，彰显综合实力和品牌价值，保持整体平稳发展的势头。尤其是东鹏、新明珠、宏宇、蒙娜丽莎、嘉俊、博德、简一等一线品牌，均保持两位数的增长，呈现出强者恒强的发展态势。

2. 打造中国陶瓷中央商务区

7 月 13 日佛山是禅城区南庄镇政府重点项目，佛山市、禅城区政府“产城融合”重点扶持项目——中国陶瓷中央商务区项目启动仪式暨华夏中央广场奠基仪式的举行。华夏中央广场项目总建筑面积 40 多万平方米，致力打造全球陶瓷高端商贸办公服务平台。项目分二期开发，一期甲级写字楼（国际创意设计中心）、国际行政公馆、白领精英住宅，以及配套底商街铺 2014 年底前完工；二期现代陶瓷商城、超甲级写字楼、五星级国际酒店、国际商务公馆等 2017 年完工。

中国陶瓷中央商务区是南庄镇政府重点项目、佛山市、禅城区政府“产城融合”重点扶持项目。以华夏陶瓷博览城为基础，扩大至佛山一环以西、樵乐路以北、南庄二马路以南、龙津东路以东共 2000 多亩的区域。分为“陶瓷产业展贸片区”和“陶瓷现代商务及生活居住片区”两大主题功能区，以陶瓷产业和自然生态、城市文明完美交融，构筑一个充满现代气息、生态气息和人文气息的世界级陶瓷中央商务区，是南庄产城融合、城市现代化的象征与标志。

3. 季华西路“陶瓷走廊”基本形成

2012年随着中国陶瓷产业总部基地的全面建成，起于中国陶瓷城，串联瓷海国际，终于总部基地的季华西路“陶瓷走廊”基本建成。南庄得以在陶瓷制造业“空心化”之后，成功实现向陶瓷商贸平台的华丽转身。

而作为昔日的“陶瓷走廊”——南庄大道则在东段上元村“三旧改造”城市综合体项目与西段新中心城区建设遥相呼应下，再次变身为“商业走廊”。

2012年7月13日，“产业南庄，城市绿岛——南庄镇‘强产业、强中心’十二项重点项目启动仪式”在季华西路瓷海国际对面，绿岛湖旁举行。十二大项目包括中国陶瓷中央商务区、东鹏陶瓷总部、法恩洁具总部、新明珠智能卫浴数控产业园、佛山国际水暖城、东承汇机电设备等。其中，东鹏陶瓷总部项目建筑面积约56000m^2。

2012年更能激发人们想象力的是，起于南庄二桥北引桥，终于季华西路，全长约2.5公里的南庄二桥北延线已经列入南庄镇重点在建项目。两年后它将散落的华夏陶瓷博览城、总部基地、瓷海国际等串联起来，在地理上完成南庄区域内陶瓷商贸平台的统一。

当石湾和南庄分割的陶瓷商贸平台通过南庄大道、季华路、南庄二桥北延线最终实现无缝链接后，这个全国乃至世界最大的陶瓷商贸平台开始需要一个具有辐射能力的中心。中国陶瓷中央商务区的规划正是在这种背景下应运而生。

4. 陶瓷卫浴电子商务有新探索

2012年，佛山陶瓷电子商务继续处于探索发展阶段。禅城区进一步加大政策扶持力度，新型都市型产业园区如1506创意城等将电子商务企业作为重要的招商对象。这些产业园为电商企业提供载体、配套，并营造氛围等。

在很多行业透过电子商务平台可以帮助企业实现销售渠道的升级，但目前陶瓷卫浴行业因自己的产业特性，电子商务模式却没能解决陶瓷行业的配送、设计、安装及维修等售后问题，也没有解决与传统渠道的冲突问题，这延后了佛山陶瓷电商化的进程。

2012年，佛山瓷砖企业试水电子商务的占比还不到1%。主流陶瓷企业基本都已经在淘宝、天猫等电子商务平台开店。但销量与传统渠道相比几乎可以忽略不计。目前，陶瓷企业在淘宝、天猫等网店主要是担当网上品牌推广的窗口功能，在相关的障碍没有解决之前，企业并不急于利用网店产生实际销量。

经过多年的探索，陶瓷行业特别期待一家既有线上的销售平台，又有线下产品展示，更有线下的服务网点进行导购、设计、安装及售后服务的专业电商平台的出现。由亚洲陶瓷控股有限公司投资的亚洲陶瓷商城就接近上述模式。亚洲陶瓷控股旗下已拥有路易华伦天奴等内销品牌，但亚洲陶瓷商城独立发展线下线上独立经销商队伍，推出“不限地区包物流”、“超值保障”、“45天超长退换货”、“零风险购物无忧计划”等多项专业服务。

对于如何解决传统渠道与电商渠道的冲突，专家建议陶瓷企业可视情况将品牌做区分，单独做互联网品牌，单独规划产品线。并把固有线下渠道变成服务体系，网上成交，网下服务，渠道商靠服务费盈利。

由于瓷砖体量大，分量重，网上零售难以依托快递，走大物流则成本高，这严重制约了瓷砖电子商务平台的发展。与瓷砖相比，小件的马赛克则比较适合在网上销售。比如，最近几年一直在探索网络销售的孔雀鱼，单月在天猫旗舰店销量最高超过两千单。2012年平均每月销售达两三百万元。孔雀鱼已经成为天猫上同类产品的第一品牌。

5.“佛山陶瓷”在全市经济中的比重减轻

2007年，佛山规模以上陶瓷工业总产值614.45亿元，占到全市工业总产值7%。5年后，佛山陶瓷工业产值为 800 多亿元，同期，全市工业总产值已增长一倍多，于 2011 年已迈入 1.7 万亿元门槛，相比 2007 年增长一倍多。

2007 年佛山实施“陶瓷新政”以来，生产基地纷纷转移到周边地区和内陆省份，“总部经济”、“中央商务”等陶瓷第三产业项目落地，从而助力南庄向陶瓷商贸平台华丽转身。

2011 年下半年开始，受经济增速放缓和楼市调控的影响，各级政府重提回归制造业，做强实体经济。佛山则提出建设“广东最大先进制造基地”的目标，在这种背景下，佛山陶瓷在 2008 年金融危机之后数年间的“去制造化”运动被重新检讨。

6. 行业资源整合提速

2012 年，广东省政府发布的《关于促进企业兼并重组的实施意见》，指出要加快推进企业兼并重组，淘汰落后产能，提高产业集中度，推动产业转型升级，打造一批具有国际竞争力的大企业集团。到 2015 年，培育 12 家以上年主营业务收入超千亿元企业。

2012 年 2 月中旬，由佛山市南海区西樵先特实业股份有限公司投资的清远市新陶星陶瓷有限公司老板被指负债 3.2 亿跑路，随后当地政府介入处理。新陶星陶瓷以生产砖坯为主，厂区面积超过 260 亩，生产线 8 条和压砖机 16 台。8 月 31 日，新陶星公司被广州中级人民法院于以 8851 万余元的起拍价进行公开拍卖。最终，广东宏宇陶瓷集团成功收购了新陶星。

10 月 26 日，继宏宇集团收购新陶星后，广东鹰牌陶瓷集团有限公司与河源市东源县好爰多陶瓷有限公司就收购事宜正式签署协议。好爰多陶瓷是于 2010 年 8 月建成投产的砖坯企业，拥有 450 亩的厂区和 600 亩的空置土地，有生产线 4 条。

此外，从 2012 年 6 月起，科达机电先后并购了佛山市恒力泰机械有限公司、芜湖新明丰机械装备有限公司、长沙埃尔压缩机有限责任公司、安徽久福新型墙体材料有限公司。另外，还与上海泰威技术发展股份有限公司合作，共同设立广东泰威数码陶瓷打印有限公司，开辟陶瓷喷墨打印设备市场。

7. 陶瓷薄板应用取得新突破

由于 2009 年 7 月 1 日正式生效《建筑陶瓷薄板应用技术规程》(JGJ/T172-2009)(以下简称“技术规程”) 到 2012 年就有了新版。修订后的 2012 版“技术规程”最大的突破是将陶瓷薄版正式列入建筑幕墙材料序列，填补了陶瓷薄板在建筑幕墙工程应用与验收中相关参考标准依据的空白，对陶瓷薄板在建筑幕墙领域的推广应用起到了“护身符”的作用。

陶瓷薄板面世之后，有一种意见是认为它太薄，抗冲击力不够，不能挂外墙。在 2012 版“技术规程”的支持下，蒙娜丽莎陶瓷薄板当年最新的应用案例是 130 米的杭州生物科技大楼。该建筑三栋楼非透明部分全采用陶瓷薄板。该项目在施工过程中，就经历 12 级以上的台风。实践证明，陶瓷薄板完全可以大规模应用到建筑幕墙系统。抗弯强度是幕墙材料最主要的指标，陶瓷薄板的韧性、抗弯强度是传统薄砖的两倍以上。

8. 佛山陶瓷出口欧盟降幅明显

2012 年佛山陶瓷出口贸易总值为 28.6 亿美元，同比增长 4.9%，仅次于空调，位居第二。但是陶瓷产品出口到欧盟的贸易总值同比下降了 31.9%，降幅明显。因此，有部分企业，特别是外贸型企业早已把目光转向如南美、非洲等一些新兴市场，这些市场的贸易得到了快速的增长。

但是，佛山陶瓷出口在新兴市场国家增长较快的同时，也存在被反倾销的风险。2012 年，佛山陶瓷对巴西、印度尼西亚、墨西哥 3 国的出口量跻身所有出口目的国的前 5 位，且增长较快。除印度尼西亚、墨西哥曾对我国日用陶瓷实施反倾销调查外，巴西对我国陶瓷砖实施许可证制度和加征临时关税，鉴于目前的增长速度，如果上述 3 国正式实施对我国陶瓷砖的反倾销调查，将对佛山陶瓷出口将造成较大影响。

此外，由于新兴市场国家对高端产品的消费量有限，造成佛山陶瓷产品卖不起高价。而且大部分中小企业利用价格优势大力开拓非洲、南美洲等新兴市场，还造成出口量增加但单价降低的现象。

针对上述问题，未来佛山陶瓷拟采用有针对性的开发国外市场的出口战略。高度重视对容易产生贸易摩擦的国家政策的研判，引导企业有针对性地开发如非洲、中亚等非陶瓷生产国的市场，避免因出口增长过快而引起输入国或地区出台关税措施或技术性措施。同时，注意出口创新，目前国际市场对节能、安全、卫生、环保等功能陶瓷需求较大，企业应加大产品研发投入。

同时，佛山陶瓷主要贸易平台如总部基地、中国陶瓷城拟不断增加进口陶瓷窗口，通过扩大陶瓷进口，提升佛山陶瓷的影响力，把佛山打造成名副其实的全球陶瓷采购中心。

二、恩平

恩平陶瓷产业开始于20世纪80年代初，由外商在恩城投资办起南方墙地砖厂和港华陶瓷厂，其出产的墙地砖一度风靡市场。随着民营经济大潮的到来，市场竞争日益激烈，这两家企业在20世纪90年代中期逐渐沉寂。

2003年，佛山商人投资数千万元，建起了华昌陶瓷厂，再次让沙湖镇尝到了财税增收的甜头。2007年起，借广东省“双转移”的东风，恩平市沿325国道、开阳高速公路边规划建设沙湖新型建材工业城。6年来，陶瓷产业在不断的转型升级中，获得了快速发展。

目前，沙湖新型建材工业城（基地）已引进15家大型陶瓷企业，计划总投资达100亿元，至今已投入74亿元，开发面积6500多亩，建成投产的陶瓷生产线68条，提供就业岗位17000多个，已初步形成规模化、集聚化的陶瓷生产格局。

作为国家高新技术企业、广东省现代产业500强和广东省优势传统产业转型升级示范企业，广东嘉俊陶瓷有限公司在佛山原厂址因受场地限制于2009年转移到恩平。新厂占地面积800亩，计划总投资10亿元，分阶段建设12条大型现代化陶瓷生产线。2012年该公司已投入4条生产线，年产值达4.5元，年产税利达2000万元。12条生产线全部建功成后，预计年产量可达到3600万平方米，年总产值达30亿元，提供就业岗位达3500人。

陶瓷产业的集聚效应，给沙湖镇带来了明显的效益：一是促进市、镇两级财政税收，2011年园区贡献的总税收超1亿元，2012年上半年园区贡献的总税收是7204万元，镇级一般财政收入3793万元，其中园区占90%；二是促进了运输业、饮食业、租赁业等第三产业的发展；三是促进农民增收，现在沙湖园区有员工17000多人（其中本地人4000人），按每人每月2000元计算，本地农民每年增收达8000多万元；四是促进了慈善事业发展，至2012年3月止，工业城陶瓷企业共捐款2900多万元为当地政府和群众办好事实事。

2012年，沙湖镇对湖新型建材工业城实施“三个升级”：产品升级、环保升保和蓝图升级：在产品方面已逐步转向仿古砖、瓷片、陶板等高附加值产品；在环保方面，由广东省建材行业协会指导企业进行清洁生产，并聘请该协会与省陶瓷行业协会编写《恩平市沙湖镇陶瓷产业发展战略报告》和《陶瓷产业整治升级方案》。

目前，有14家陶瓷企业已完成环评报告，共投入2.13亿元加装脱硫除尘技术设施，投入达1.48亿元进行技术改造，全面开展废气和粉尘治理，实施废气、废水、粉尘排放符合国家法律规定的排放标准，其中工业用水已实现零排放。

恩平市也高度重视沙湖新型建材工业基地的基础设施建设，筹资3300多万元铺设了5.6公里的园区工业大道，投入600多万元在大道两边种植树木，并配洒水车和扫路车，每天清洁。

2012年3月6日，恩平市委副书记、市长薛卫东来到广东嘉俊陶瓷有限公司进行工作调研。在生产车间，薛卫东市长对嘉俊陶瓷在推进清洁生产过程中取得的成绩表示祝贺，希望嘉俊继续坚持走品牌路线，不断超越自我，带动恩平陶瓷产业的全面提升。

7月20日上午，恩平市委书记李灼冰、市长薛卫东率队到沙湖新型建材工业基地现场办公，要求继续下大力气完善环保整治，做好规划，该拆的要拆，该搬的要搬，该清理的要清理。

8月28日，恩平市政协组织党外人士到沙湖陶瓷工业园开展调研。恩平市政协主席卢国壮，副主席许就才、梁水长、颜裕昌，恩平民盟市委会委员、农工党市委会委员、工商联和无党派人参观了园区内嘉俊陶瓷生产线和全圣陶瓷展厅，了解先进的生产流程和环保设备。

三、清远

1. 清远市陶瓷行业商会成功换届

6月28日，清远市陶瓷行业商会在清远国际酒店召开第二届会员大会。会议投票选举产生了第二届理事会成员、监事会成员、理事会会长、副会长、秘书长。广东家美陶瓷有限公司董事长谢悦增当选第二届理事会会长。作为佛山陶瓷产业转移的承接地区，清远从2002年就开始了陶瓷行业招商引资和陶瓷企业的建设，最早进驻的企业有新中源、欧雅等，二批则有蒙娜丽莎、天弼等，再后来则是东鹏、宏威和家美。

2. 2015年3月前全面完成“煤改气”工作

日前，建筑陶瓷产业转型升级对策研究——市场需求和产业发展目标研讨会举行，清远市副市长陈建华出席了会议。源潭陶瓷企业代表、专家和相关政府人员针对陶企转型升级这一问题，展开一场头脑风暴，为源潭陶瓷行业转型升级之路出谋献策。清远市科技局副局长张佰根在会上表示，在燃料形成新标准之后，不达标的企业都关掉。

随后，清城区召开推进陶瓷企业“煤改气”工作会议，出台《清远市推进陶瓷企业“煤改气”工作实施方案》。根据《“煤改气”实施方案》，全市的“煤改气”工作分三期进行，第一步，启动“煤改气”试点，选取清城区源潭陶瓷工业城的8家企业开展试点，目前已确定南方建材、蒙娜丽莎陶瓷、家美陶瓷、东鹏陶瓷等9家作为试点企业。2013年3月31日前这批试点企业必须完成技改并通气生产；第二步全面推动“煤改气”工作，源潭陶瓷工业城全部陶瓷企业都要有生产线采用“煤改气”生产，到2014年3月31日前，现有生产线少于或等于5条的至少要有1条生产线改用天然气，现有生产线多于5条的至少要有2条生产线改用天然气；第三步，在2015年3月31日前，

源潭陶瓷工业城、清新云龙工业园全面完成“煤改气”工作。

3.“煤改气”输气管道正加紧铺设

清远中石油昆仑燃气有限公司负责对源潭陶瓷企业供气及部分地区民用供气，推动陶瓷企业“煤改气”工作，其气源为西气东输天然气。6月13日，广东省清远市常务副市长曾贤林对清远中石油昆仑燃气有限公司天然气利用工程进行督查，并现场要求企业要排除万难，争取早日铺好管道，将天然气通到陶瓷园区内。

陶瓷企业“煤改气”的天然气管网铺设分外网和内网两部分，由昆仑公司的天然气门站到陶瓷企业门口的管网铺设称外网，陶瓷企业厂内管网铺设称内网。年底，西气东输二线广南支干线清远分输站的外网管道已经建设完工，随时可以为清远提供天然气。负责源潭陶瓷工业城企业供气的源潭分输站10月24日在金星村奠基，分输站到源潭陶瓷工业城新清佛路约6.2公里，新清佛路约15公里，以上管网的征地工作正在进行中，预计2013年2月底管道的铺设将全部完工。

4.“煤改气”企业最高补贴达130万元

为了鼓励陶瓷企业加快燃料路线的改造，用天然气替代煤炭作为燃料，政府部门将根据陶瓷企业“煤

改气”的时间，对陶瓷企业进行不同程度的补贴。在明年3月31日前完成技改使用天然气生产的企业，每一条生产线一次性补贴130万。在2013年4月至2014年3月31日完成技改并投入使用天然气的生产线，每一条生产线给予一次性补贴100万元；2014年4月1日至2015年3月31日完成技改并投入使用天然气的生产线，每一条生产线一次性补贴70万元。2015年4月1日后完成技改使用天然气的生产线，财政不再给予补贴。

此外，若企业符合税法相关优惠政策的规定条件，实行“煤改气”的陶瓷企业将依法享有亏损弥补、税收抵免、加速折旧等税收优惠政策。

5.“煤改气”加速陶企洗牌

清洁的天然气虽好，但使用的成本却很高。对一条生产线进行使用天然气改造需要600多万元费用，清远市经信局一名工作人员表示，剔除改造后企业不用支付的环保成本，如排污费、污水回收处理支出等，一条生产线改造成本大概在400万左右。

使用天然气会在短期内削弱清远陶瓷的成本竞争优势，将进一步加快市场洗牌，淘汰污染严重和不适应市场发展的陶瓷企业。窑炉转用天然气后，燃料成本将猛增30%以上，生产每平方米瓷砖要多出三四元成本。如果按一家每年生产1000万平方米的陶企计算，使用天然气成本每年增加近4000万。

天然气在节能降耗和环保治理方面具有绝对的优势，改为烧气窑炉排放的是二氧化碳跟水，基本就没有了污染，车间也会干净很多，这更有利于长久发展。此外，使用天然气能缩减劳动力和提高产品质量。现在煤气站一条线大概有20人，“煤改气”之后，这部分劳动力就可以减免。同时使用天然气之后，产品的质量也能提高1个百分点。

6. 重奖转型升级成绩突出企业

清远市府办公室印发《清远市推动陶瓷产业转型升级实施办法》（下称《办法》），《办法》鼓励企业加大节能减排投入、开展环境管理体系认证及科技创新等，并给予资金奖励。《办法》规定，鼓励陶瓷企业加大环保投入提前达标，对2013年7月1日前，氮氧化物的排放浓度达到《陶瓷工业污染物排放标准》，市级财政给予每家企业50万元的奖励，对获得ISO14001环境管理体系认证的陶瓷企业，市级财政给予每家企业10万元的奖励。此外，企业安装污染源在线监控设备并通过专家验收的，每套设备按10万元给予支持，每家企业最高不超过20万元。按照能源管理中心建设标准安装能源在线监测设备并通过专家验收的，在争取国家、省有关奖励资金的同时，市级财政给予投资总额20%，最高不超过20万元的支持。

在支持企业技术创新上，《办法》指出，对在清远市上报，获得国家专利奖的项目，一次性奖励项目单位30万元；获得省专利奖的项目，一次性奖励项目单位10万元；获得市专利金奖、专利优秀奖的项目亦给予相关奖励。此外，对年度内认定的国家高新技术企业、广东省创新型企业，一次性奖励企业10万元；被认定为国家“工程技术研究开发中心”、“国家级企业技术中心”的，一次性奖励企业100万元；企业当年引进建立国家重点实验室或国家级工程技术研究开发中心分支机构的，一次性奖励企业50万元。

7.“新技术创造新未来-宽体窑技术论坛”举行

8月22日，由广东摩德娜科技股份有限公司主办的“新技术创造新未来-宽体窑技术论坛——”活动在广东清远恒大酒店举行。广东陶瓷协会秘书长陈振广、佛山市陶瓷行业协会副会长黄希然、佛山市陶瓷行业协会秘书长尹虹博士、佛山陶瓷协会理事长冯斌、佛山陶瓷学会高级顾问李沃、华南理工大学教授曾令可、广东摩德娜科技股份有限公司总经理管火金及各企业代表、媒体记者近200人共同出席了此次活动。

8. 国土环保部门卷入瓷土场违规事件

因为不具备安全生产条件，影响市区饮用水安全，银盏林场梅仔窿瓷土场 2012 年 3 至 10 月被清远市领导 7 次批示要求关闭。但明确牵头负责这一工作的清远市国土资源局、清远市环境保护局、清城区水务局违规审批相关证件，贻误了工作。 4 月 5 日，清远市国土资源局给予与梅仔窿瓷土场最近距离只有 10 米的禾塘窿瓷土场发放《采矿许可证》，违反了国务院安委会办公室有关工作实施意见的规定。

鉴于梅仔窿瓷土场靠近迎咀水库，清远市环保局去年 4、5 月先后向清远市政府和市国土资源局建议依法关闭或取缔该场。此后，市国土资源局将梅仔窿瓷土场划分为“手续不全的矿山，先予停产，限期整改”的类型，在征求市环保局意见时，该局却改变了之前建议依法关闭或取缔梅仔窿瓷土场的观点。为此，清远市环境保护局局长、清远市环境保护局环境监察分局副局长陈某某被诫勉谈话，环境管理科聘员阮某某被调离工作岗位处理。清远市环境保护局向清远市政府作出深刻书面检查。

9. 欠债 3.2 亿元陶瓷厂老板逃跑海外

正值广东众多陶瓷企业龙年开工点火之后进入紧张而忙碌的正常运行状态。然而，与众多陶瓷企业机器轰鸣、红红火火等令人振奋的生产情景不同的是，位于广东省清远市清城区源潭镇清远建材陶瓷工业城的清远市新陶星陶瓷有限公司内却是一片冷清，机器停止运转，偌大的厂区内几乎很难看到一名工人，展厅、办公大楼也人去楼空。而这些均源于该企业老板张旋惠因负债多达3.2亿元，无力继续经营企业，于 2 月 7 日举家到加拿大。

10.“黄沙堵门事件”引发质疑清远模式

2012 年清远“两会”期间，市长江凌在政府工作报告中提出，一律不再新批建筑陶瓷用地。源潭多家陶企几成事实的征地扩建项目流产，清远政府对陶瓷产业亮出“陶瓷新政”，倒逼陶企就地转型升级，原有以量扩张模式在清远已经水土不服。源潭欧雅陶瓷厂“黄沙堵门事件”就是一个案例。

6 月 1 日，一名读者向南方日报等媒体报料，称源潭欧雅陶瓷厂向其供货，现在陶瓷厂仓库门口的路被人用黄沙堵住了，他们一个礼拜前订的货现在都出不了，十分着急。事件发生原因是该厂扩建项目因“新政”搁浅，预交土地款未能及时退回而出现资金紧张，因此被人使出“黄沙堵门”的索债方式。虽然事件最后得到了和解，这一事件的发生折射出清远陶企当前所处内忧外患的困境。该事件也引发了媒体的对清远陶瓷企业现状的调查和思考。

四、河源

河源东源县将资源优势转化为经济优势，2009 年以来，依托当地丰富的瓷土矿资源，在 205 国道沿线的灯塔、骆湖等镇规划了陶瓷产业园，并成功引进了罗曼缔克、好爱多等陶瓷企业。2010 年位于河源市东源县灯塔镇的罗曼缔克陶瓷厂和骆湖镇的好爱多陶瓷厂投产。

罗曼缔克陶瓷厂位于灯塔镇，计划投资 2 亿元，拟建四条年产量 900 万平方米高档抛光砖的生产线，主要生产并销售罗曼缔克品牌的陶瓷，全部投产后企业产值将达到 5 亿元。罗曼缔克陶瓷在佛山以小规格特色砖为主，在河源灯塔基地以 600 × 600（mm）、800 × 800（mm）纯色渗花抛光砖、金属釉仿古砖、超白砖、全抛釉仿大理石产品为主。

好爱多陶瓷厂位于骆湖镇，总投资 7.6 亿元，建设 6 条生产线。目前，一期工程已完成投资 1.5 亿元，建成两条生产线。两家陶瓷企业使用的燃料是焦炭，比用煤炭可减少 95% 的排放量。

在上述两家陶瓷企业的基础上，东源县趁势打造新型环保建材基地，打造支柱工业经济。该基地按照全县“三大经济功能区”的划分，就选址在交通便利、瓷土等陶瓷原材料丰富，且属于资源经济区的骆湖镇与灯塔镇，规划面积 10 平方公里。基地的目标是建成集工业陶瓷、工艺陶瓷、民用陶瓷、实用陶瓷于一体的综合陶瓷城，最终打造成广东省新型环保建材产业基地。

2012年道格拉斯（河源）建筑陶瓷生产项目的建设，为东源县加快新型环保建材基地建设，打造广东省新型环保建设生产基地注入了强劲动力。

道格拉斯（河源）建筑陶瓷生产项目规划占地约2000亩，总投资约28.82亿元，规划建设具有世界先进水平的现代化瓷质釉面砖生产线24条，全部建成后年产能达7200万平米。

项目计划分三期建设，其中第一期建设8条生产线，年产能2400万平方米，年产值12亿元至15亿元。该项目第一期首批2条生产线计划在2013年9月建成投产，第一期8条生产线计划在2015年全部建成投产，24条生产线计划在2020年前全部建成投产。项目全部建成投产后，预计年产高档陶瓷墙地砖7200万平方米，年产值超过40亿元，年上缴利税约2.5亿元，可解决4000人就业。

2012年8月8日，道格拉斯（河源）建筑陶瓷生产项目在东源县骆湖镇新型环保建材基地举行奠基开工庆典仪式。针对老百姓非常关注的陶瓷产业入驻是否会对当地环境造成污染问题，道格拉斯（中国）董事长邓柱标先生表示，道格拉斯用意大利环保理念和管理理念来进行经营生产，坚持使用最好的原材料，拒绝使用污染环境的原材料进行生产，保障生产每个环节符合环保要求。

10月26日上午，广东鹰牌陶瓷集团有限公司收购河源市东源县好爱多陶瓷有限公司的签约仪式在佛山隆重进行。自石湾镇政府2010年收购新加坡上市公司鹰牌控股以来，鹰牌集团的提升发展非常明显。东源新厂区的正式运营将为鹰牌集团的产能提供有力支持。

在东源县发展陶瓷产业效应的示范下，和平县委、县政府也决定在当地建设一个陶瓷生产基地。通过实地勘察和专家们的反复论证，和平县委、县政府最终决定把陶瓷生产基地选在该县瓷土资源最丰富且有陶瓷生产历史的大坝镇。基地具体位于大坝镇高发村和上正村的交界处，此处原属和平县陶瓷厂旧址，距粤赣高速公路和平出口8公里。

第二节　山东

一、淄博

淄博市淄川区是全国建筑陶瓷重要产区，年销售收入300多亿元。淄川陶瓷产业集群入选山东省级产业集群名单，成为淄博市唯一入选的产业集群。

截至目前，淄川区共拥有各类陶瓷生产企业200余家，生产线400余条，从业人员近10万人。拥有2个中国名牌产品，2个中国驰名商标，10个山东省名牌，7个山东省著名商标。

近年来，山东省淄博市淄川区以科技创新为突破口，以品牌建设为着力点，努力提高产业竞争优势，实现了建陶业的全面提质增效。2012年，全区建陶产业实现销售收入283.14亿元，增长14.85%，利润26.35亿元，增长20.58%，利税39.79亿元，增长16.07%。

针对建陶企业存在的“广东经营品牌，淄博加工生产”的状况，淄川区出台有关扶持政策，积极引导全区建陶骨干企业、重点企业、高新技术企业加快产品商标注册，着力创建自主品牌，带动了建陶业品牌建设的良好发展。

截至目前，全区建陶企业注册的商标数量达到207个。其中，在本地注册商标171个，在外地注册商标36个，分别比2007年增加134个、104个、30个。

淄川区不断加大商标品牌建设和整合力度，鼓励企业争创中国驰名商标、山东省著名商标和中国名牌、山东名牌，对获得国家级品牌的奖励30万元，省级品牌的奖励1万元。通过政策性引导支持、企业对品牌意识的重视、产品质量的提高及捆绑宣传，建立陶瓷产业联盟，全力打造在全国、全省叫得响的淄川品牌。目前，全区建陶企业拥有中国驰名商标3个，山东省著名商标5个，山东省名牌产品6个。

近年来，淄川区着力培养企业创新研发能力，通过鼓励支持企业自建、共建研发中心，开展与高等院校技术合作等方式，建陶企业新产品技术研发能力持续增强。

目前，全区建陶产业拥有各级工程技术研究中心4家，技术研发中心5家，各类国家专利100多项。统一陶瓷的“电盾”牌防静电陶瓷砖填补了国家防静电技术空白，并进入国家载人航天工程。此外，统一陶瓷投资建设的科技孵化器项目以及依托亚细亚陶瓷组建的集设备、原材料供应、仓储、物流、研发等于一体的中国北方建陶科技园正在建设。

淄川区还致力于建设总部经济完善服务体系，积极吸纳国内外陶瓷行业研发机构和拥有驰名商标品牌的陶瓷企业总部进驻区内，使总部企业成为淄川区经济增长的重要拉动力。

经中国建筑卫生陶瓷协会批准，由广东东鹏控股投资的中国（淄博）陶瓷产业总部基地将在淄川区动工建设。该项目位于淄川区双杨镇，占地620亩，总投资30亿元。截至目前，项目规划已经完成，2012年前期工作推进顺利，预计在2013年9月开工建设。

中国（淄博）陶瓷产业总部基地集研发、设计、销售、物流于一体，立足淄博，辐射中国北方地区，核心功能定位于建设陶瓷产业都市化功能集聚区。

淄博市张店过去的建陶企业都靠贴牌生存，大部分利润让贴牌商或经销商赚取了，生产企业只能得到较小的利润。现在大部分建陶企业已经认识到了这点，逐步开始重视和发展自主品牌。张店区建陶企业已经逐步走出了购买—引入—模仿—自主研发的模式。

近年来，张店区不断出台政策鼓励企业开展自主品牌建设，建陶企业的自主研发能力也得到了很大提高，前瞻性、独创性、时尚性的产品层出不穷。

现在全区建陶企业平均每周有5—10个新花色、新品种问世，并且自主品牌逐步增多。如淄博华瑞诺陶瓷有限公司的“瑞诺”牌、“亿家陶”、“盛工坊”；淄博天创陶瓷有限公司的“A陶”、“保罗运动”、“爱登堡”、“美墅1858”，淄博中北陶瓷有限公司的“雅格布”牌；淄博城东建陶有限公司的“博斯美”、“福惠”牌、“旭东”牌等，淄博东岳实业总公司拥有“斯格米”、“嵩岳”、“锦岳”等品牌，自主品牌产品的销售额已经占到全部销售额的30%以上。2012年，张店区建陶企业实现销售收入32.5亿元、利润1.95亿元。

产品质量的提升得益于装备水平逐渐领先。目前，张店区建陶企业主要的装备有窑炉、煤气发生炉、干燥塔、球磨机、喷墨印刷机、布料机等，煤气发生炉均采用常压、两段风冷式；窑炉都进行了节能环保改造；所有企业都安装了二氧化硫在线监控和安全在线监控，整体装备水平处于全国上游水平，总体装备与广东佛山没有太大差别。

特别是近几年兴起的3D喷墨技术在淄川区已经得到了广泛的应用，该区38家企业共有喷墨印刷机57台，平均每条线1台喷墨印刷机，喷墨机的装备水平处于全国一流水平。

淄博市淄川区着重培养企业创新研发能力，通过鼓励支持企业自建、共建研发中心，开展与高等院校技术合作等方式，建陶企业新产品技术研发能力持续增强。目前，全区建陶产业拥有各级工程技术研究中心4家，技术研发中心5家，各类国家专利100多项。

随着各地新兴陶瓷产区如雨后春笋涌向，近几年来，作为老产区的淄博建筑陶瓷产业形势一度非常严峻：一方面是市场大环境的冷清使得许多中小陶瓷企业被迫转让或者关停；另一方面，面对周边新兴产区的冲击，淄博陶瓷的价格优势也越来越弱化，

2012年年初，建筑陶瓷市场不景气，淄博政府重拳出击，一下强制关停了淄博市大外环内的20多家陶瓷企业。同时要求：两三年内狮王大道以北、南外环路内的陶瓷企业不管大小都将全部关停，狮王大道以南的则选择性的保留。

但留下来的企业也面临转移还是就地提升的问题。在这种情况下，淄博从2012年开始大势上马喷墨机，通过更新设备，调整生产线，并与设计公司和营销管理公司合作，同时加大企业品牌宣传力度，努力寻求佛山企业前来贴牌生产，并逐步加强了在国外市场的开拓。

自2011年淄博产区引入第一台喷墨印花机以来，喷墨技术在陶瓷生产企业被迅速推广。尤其是2012年下半年以来，呈爆炸式增长态势。至2012年10月份，喷墨印花机保有量快速增至130台，应用范围覆盖内墙砖、全抛釉、仿古砖以及微晶石产品。其中，喷墨内墙砖与全抛釉产品，市场销售非常强势，占据着非常庞大的市场份额。

喷墨产品的热销让淄博企业陡添发展信心，加上河南、河北等新兴产区抛光砖产能大增，于是，2012年淄博企业纷纷将抛光砖生产线改产，向全抛釉、内墙砖两大产品集结。

到2012年底，已经有淄博90%以上的内墙砖企业都在使用喷墨印刷机实现生产，并不断推出300×600（mm）、400×800（mm）、600×900（mm）等大规格产品，以此拉大与周边产区的产品差异化，缔造新的竞争优势。

在喷墨领域的上游，淄博产区也有收获。2012年有2家色釉料企业墨水研发成功并将批量生产，除此之外，仍有数家色釉料企业紧锣密鼓地处于研发试验阶段。

不过，在良好的提升发展势头面前，也有部分淄博陶瓷企业则选择转移生产线，如泰山瓷业、耿瓷集团、城东集团、大唐瓷业等，纷纷走出淄博转移到一些新兴陶瓷产区；有的则选择转化企业的发展方向，向别的行业拓展。比如，统一陶瓷注册了电盾科技公司，专心开发防静电产品；一些本地规模陶企，在周边地区筹备做房地产。

二、临沂

1. 临沂建陶产业分水岭

2012年罗庄建陶企业已经从2009年的82家缩减到64家，以罗庄、付庄两街道为核心，多年积累发展起的完整建陶产业链不仅在‘寒流’中生存下来，而且实现了由主攻‘轻量级’低端市场，到改打‘重量级’中高端市场的蜕变。

2011年，宏观经济下行，导致市场收缩，加上行业无序扩张，临沂建陶行业几乎被逼上了绝境。主打产品800毫米抛光砖，一片出厂价仅卖接近盈亏平衡点19.5元仍打不开销路，要知道18元每片已是盈亏平衡点。严峻的形势倒逼企业自我升级，自我“救赎”。

2012年连顺建陶担当起升级战役“先锋”，投巨资引进了喷墨机，并对原有四条生产线进行了‘大换血’，将抛光砖升级为抛釉砖，结果价格立即提升五成。连顺建陶也是临沂首家微晶石砖生产商。经历了五十多次实验失败，微晶石最终被研发出来了，产品价格暴涨了300%。不仅利润空间拓宽了，产品也开始供不应求。

于是，2011年连顺建陶被蚕食的江苏、河南、安徽等市场，被重新夺回，而且连顺建陶还带领临沂企业一举杀入了大西南、大西北市场。

特别是在内蒙古市场，临沂建陶喷墨产品质量已经可以跟广东砖抗衡，但价格却能有两到三成的优惠，迎合了当地的消费水平，市场前景非常广阔。

由此，2012年可以说是临沂建陶产业的分水岭，年度关键词可以用喷墨打印机、微晶石和内墙砖来概括。

这两年临沂建陶总产量在降，但产值却在升高，利润、税收更是明显增长。这一切都有赖于企业及时抓住喷墨打印这一机会大刀阔斧转型升级。

单台综合投资在400万元的喷墨打印机，罗庄建陶企业就新上了80余台，仅此一项就将此前与佛山先进地区四到五年的差距，缩短至不足一年；而微晶石地砖的投产，更是给“临沂造”贴上了国际最高端的标签。

经历产业升级、实现脱胎换骨的临沂建陶，如今坐稳了内墙砖全国老大的宝座。全国内墙砖看罗庄，已成为业内共识。曾经困扰临沂建陶的‘有盘子无牌子、有销量无地位’症结，眼下已得到初步改观。

目前罗庄区建陶品牌中已有4个山东省驰名商标（名牌），并有3个品牌正在积极申报“国字号”。

2. 重点监管煤气发生炉安全

2012年11月16日，全区建陶行业环保安全暨煤气发生炉企业整治工作会议召开。会议传达了《关于进一步加强全区煤气发生炉使用企业安全管理的通知》等文件。会议指出，关于煤气发生炉整治，各街镇要严格落实“属地管理”责任，把煤气发生炉企业作为监管重点，督促未检测的及时报检，安监局、街镇安监办要监督企业主要负责人、煤气站长、操作人员取得安全资格证书，做好全员教育培训、现场管理等。

3. 开展建陶执法专项监测

为切实改善临沂城区环境空气质量，根据市政府环保专项攻坚整治指挥部要求，经周密计划、部署，市环保局监测站、支队及攻坚办公室人员于10月16日-29日对兰山区、罗庄区、高新区内建陶、焦化等企业进行一次专项监测监察。

从分析得出的数据可以看出，按照现行最新标准，多数建陶企业外排烟（粉）尘超标，个别企业严重超标。通过监测分析，颗粒物超标原因有以下几方面：一是个别企业存在除尘治理设施不启用现象。二是部分企业虽然建有处理设施，但是使用维护不及时，处理效率达不到要求。三是部分企业的袋式除尘器多为投产以后新建，受场地所限，设计、工艺及建设上与原有喷浆干燥塔不匹配，虽然起到了一定除尘效果，但国家及地方排放标准提高后，仍不能满足现有标准要求。

4. 五家企业入“黑名单”

10月16日至11月1日，市环保专项攻坚整治指挥部城区空气质量改善组开展了执法监测检查。经查，有5家不合格企业被责令停产和处罚。其中，临沂万方圆建陶工贸有限公司、临沂泰和瓷业有限公司、临沂今朝建陶有限公司违反了环保法律法规，由所在政府依法责令停产整治并予处罚。而临沂万祥源建陶有限公司和临沂中玻蓝星有限公司超标排污，由环保部门依法予以处罚。

截至9月末，临沂城区普查陶瓷企业94家，其中停产关停企业20家。

5. 建陶交易会采用“大巴预约模式”

2012年5月、11月，金奥传媒先后举办了两届厨卫建陶交易会，并在行业内独创了“大巴预约模式”，通过20余辆豪华大巴车免费迎接15个省市的专业经销商参会，使专业买家与企业零距离对接，创造了巨大的经济效益。

本届展会有来自广东佛山、潮州、水口，浙江温州以及河北唐山、山东淄博、临沂等地区的生产企业、经销商强势参展，高质量的产品，专业的商家团队，共同营造北方卫浴陶瓷行业的专业盛会，让全国的陶瓷卫浴生产企业、经销商家都能从中感受到真正的益处。

6. 五家企业产品抽查不合格

山东省质量技术监督局日前通报2012年第二季度陶瓷砖产品质量省监督抽查结果，有5家企业的5批次产品不符合相关标准的要求。涉及临沂嘉禾建筑陶瓷有限公司、临沂市忠信建陶有限公司、临沂东泰建筑陶瓷有限公司、临沂泰和瓷业有限公司、淄博金翰陶瓷有限公司等企业，不合格项目主要是尺寸偏差、吸水率等。

第三节　福建

一、晋江

2012年，陶瓷行业在全国范围内遭遇市场遇冷，受产能过剩、需求减弱、成本上升等困扰，到10月份，晋江产区内已经有部分企业放缓步伐，关闭部分生产线以求自保。

也有部分外墙砖企业偏向于借助喷墨陶瓷砖提升盈利能力，然而由于大部分企业都迅速跟从，在喷墨产品还真正没有真正创造差异化价值之前，全产区企业已经站在同一起跑线上。

另一方面，一些前几年已经启动转型的企业则表示会坚持企业既定的发展路线，继续把重点放在产品升级换代上。祥达、三发、远方等一批外墙砖知名品牌，开发出属于自己特色的外墙砖产品，在市场上保持良好的发展势头；华泰集团力推绿色产品——TOB　薄板，引领着行业节能、低碳的发展方向；晋江腾达、恒达、协进等品牌企业与大型房地产战略合作关系更为紧密，销量普遍增长。

1. 海西建材家居装饰交易中心立项建设

中国民营经济最为活跃的福建晋江民营企业家，携手投资30亿元人民币，建设"福建海西建材家居装饰交易中心"，为侨乡晋江增添新的经济增长极。

近年来，随着中央支持以福建为主体的海峡西岸经济区发展的政策出台，改革开放以来率先走出晋江、到中国各地成功创业的晋江民营企业家，纷纷把他们的经验、技术、资金、资源带回晋江，推动海西发展。其中闻名于世的"晋江磁灶万人供销大军"，也加入了返乡投资的行列。

在晋江磁灶商会的倡导下，北京、上海、郑州、昆明、合肥的磁灶商会会长共同发起，磁灶商会会员自愿加入，成立了"福建磁商投资发展有限公司"，公司全部股权在一天内全部认购完毕，由全体认购股东出资自有资金30亿元，决定在晋江打造中国一流的"福建海西建材家居装饰交易中心"。

该项目总用地面积1000亩，投资总额30亿元。将分两期开发建设，其中首期面积约640亩，投资约为20亿元，建设年限2年，将建成约70万平方米一站式建材家居城及配套酒店、写字楼，并与台湾的上市公司特立集团合作建设100亩大型购物商场（建材家居类）。二期用地300亩，投资额约10亿元，建设年限1年，建设面积约30万平方米的物流仓储园。该项目完全建成后，交易中心将吸引6000-8000家企业入驻，年交易额将达50亿元，同时还将解决20000人以上的就业问题。

目前，福建磁商投资发展有限公司已经工商注册登记成立，项目前期规划设计已聘请厦门海道设计院进行规划设计。据了解，不少旅居海外尤其是东南亚的泉州乡亲对该项目也表示浓厚兴趣，希望加入家乡建设行列。

5月5—7日，中国建筑卫生陶瓷协会常务会长、秘书长缪斌在建筑琉璃制品分会秘书长的陪同下对晋江、南安、漳州十多家陶企进行走访、考察、学习、调研，受到了当地政府等各有关方面的欢迎。

2. 2013年前完成深化整治提升任务

根据"十二五"减排任务和《晋江市陶瓷行业污染深化整治工作方案》，晋江的陶瓷行业要在2013年前，引导陶瓷企业分期分批使用天然气，并淘汰煤气发生炉，全面完成陶瓷行业深化整治提升任务。

晋江市政府据晋政文(2011)141号文件规定，首批的73家陶瓷企业（集中在磁灶镇）必须于2011年底全部淘汰煤气发生炉，使用天然气作为燃料；第二批76家陶瓷企业，期限为2012年底前；第三批23家陶瓷企业，须在2013年底前执行。

2012年6月28日，晋江市陶瓷行业清洁能源替代及环保"三同时"制度执行情况协调座谈会在磁灶镇政府召开。晋江市副市长王茂泉出席会议。

会议强调，节能减排、清洁生产是今后整个陶瓷行业转型的发展的主旋律，而使用天然气取代水煤气成为陶瓷行业继续生产下去的唯一出路。晋江的陶瓷行业一定要做到符合节能减排、环保“三同时”，各镇、商会也要积极引导、主动参与，让陶瓷行业把环保上的“欠账”还清。

截至2012年底，晋江市首批73家陶瓷企业，除14家改造拆迁、自动停产外，59家已经全部使用天然气，完成替代工作。2013年，晋江市还将完成29家陶瓷企业的清洁能源替代。

3.彩神抢占喷墨设备三分之一份额

自从2010年喷墨机来到中国后，陶瓷施釉工艺被简化，施釉线上的人工大幅减少；除模具面外单一花色产品生产数量不受限制，这也意味着陶瓷行业定制化时代即将来临。

2012年喷墨技术装备大规模走进福建晋江产区，为陶瓷企业带来新的希望。Efi Cretaprint、KERAjet、希望、美嘉、彩神、泰威等国内外知名喷墨机械厂家纷纷在晋江地区设立办事处。据2012年10月份统计数据显示，福建地区共有43台喷墨打印机生产使用(其中彩神占1/3的份额)。

到年底，福建地区在线生产的喷墨机预计达60多台。这些设备使用范围涉及外墙砖、地板砖、内墙砖以及瓷片等各类产品。

目前晋江喷墨设备在线生产的代表企业有:全抛喷墨砖的丹豪，仿古砖的有舒适、华泰、彩霸、豪劲、宏华等，外墙砖有三发、协进、铭盛、鹏程、隆达、诺维斯、宏利、金庄、别克、九洲、小虎、仙梅等，木纹砖有豪华陶瓷，瓷片有顺发、新峰、东升、碧盛等，以上厂家均已拥有一台或多台彩神的喷墨机。

4.喷墨技术迅速普及导致新“同质化”

2012年，喷墨技术在晋江地区已在瓷片、内墙砖上全面普及，外墙砖也正在推广之中，在一定程度助推企业的发展。尤其是正值政府强制性使用天然气，喷墨机的到来无疑给陶瓷企业带来了新的希望。

2011年6月，丹豪陶瓷最早引进喷墨印刷生产线，仿古砖产品利润比之前提高了50%以上。11月推出超平全抛釉喷墨仿古砖，2012新年伊始，独具风格的仿古砖展厅投入使用，赢得了领导、客户的好评。

2012年9月11日，福建首条外墙砖喷墨生产线在晋江市三发陶瓷有限公司正式投产，从此又撬开了外墙砖应用喷墨技术的大市场。该产品一推出价格达到30多元/平方米，与之前产品利润对比，涨了好几倍。三发陶瓷成功投产喷墨产品后不久，位于南安官桥镇的协进陶瓷、瑞成陶瓷等外墙砖生产企业也纷纷推出喷墨产品。

还有，华鸿仿古砖将在产品结构上进行完善，引进先进的3D喷墨设备，利用3D喷墨技术开发出一些高端的新产品；致力于为客户打造舒适空间的舒适企业，率先在陶板上采用喷墨技术，推出的诗洛克陶板以其独特的工艺，兼顾湿贴、干挂的优点，大大扩大陶板应用渠道范围；豪华企业旗下的威圣堡，2012年新上喷墨打印，依靠喷墨原装边木纹砖获得全国经销商、OEM厂家的一致认可。外墙砖内唯一获国家工商总局认证的“中国驰名商标”的祥达瓷砖，也已把喷墨技术运用在外墙砖列入发展的规划之中。此外，协进的喷墨小砖等也获得市场上的好评。

晋江瑞成陶瓷有限公司，原本是一家普通外墙砖生产企业，改用天然气半年来企业面临巨大压力。自从喷墨外墙砖上市，产品从原来13～15元/平方上升到30多元/平方，这样的利润空间，天然气增加2～3元/平方的生产成本也显得微不足道。产品有了可观的利润，瑞成企业接着购买了多台喷墨机，实现了全面生产喷墨产品。

福建外墙砖企业购买喷墨机原本是个减少产品同质化，通过个性化、差异化经营增加盈利。但这个美好的愿景很快破灭。由于喷墨设备虽然普及，但产品设计还是以模仿居多，导致市场上产品同质化以更快速度到来。外墙砖喷墨产品一开始有35元左右/平方的价格，随着后面上喷墨生产线企业的增加，价格开始一路下滑，目前价格已出现了25元/平方。

因此，从目前晋江的实践来看，虽然喷墨机使生产工艺、人工减少了，但对设计开发团队的要求也更高了。

5. 大理石瓷砖成为新的热点

前几年，福建晋江产区外墙砖企业为跳出外墙砖红海，毅然进入仿古砖、陶土板领域，产品品类日益多元化。2012 年，随着全抛釉大理石瓷砖的红火，又逐渐显现出产品专业化趋势，如华泰企业旗下品牌"华鸿"、丹豪企业旗下品牌"布拉达"、舒适企业旗下品牌"诗洛克"等均为专业生产大理石瓷砖的品牌。尤其是丹豪推出大规格全抛釉大理石、华鸿推出新品类"柔光大理石"后,引起了业界很大反响。

从生产工艺来看，目前福建陶企生产的大理石瓷砖主要以仿古为主。其中，华鸿品牌自主开发的软质釉工艺可以生产出具有凹凸面的大理石瓷砖，该工艺在业界属于领先水平；舒适企业率先将大理石纹理应用于陶板；丹豪大规格高仿真大理石瓷砖等产品，在天然大理石领域极具竞争优势。

目前，福建产区的仿古砖企业都有涉及大理石瓷砖的研发与生产，大理石瓷砖在各个企业所占的比重在 30% ~ 80% 不等。随着喷墨技术的应用更为普及,大理石瓷砖的比重还将提高,市场也会愈来愈好。

在涉及大理石瓷砖生产和销售的企业中，丹豪属于专业生产大理石瓷砖的企业，大理石瓷砖占到了所有产品的 90%；舒适是福建早期生产并且始终坚持生产大理石瓷砖的企业，大理石瓷砖占企业总销量的 90% 以上；华鸿柔光大理石在华鸿的产品系列以及销售比中均超过 50%。除了专业生产大理石瓷砖的企业，以全抛釉工艺为主的企业，在生产中也倾向于做仿大理石的产品。

6. 自主创新成果百花齐放

福建是中国陶瓷行业外墙砖的主要产区，不过，随着产业的发展，近年来产品多元化趋势也越来越明显，表现尤为突出的是仿古砖和陶板产品，不少企业也开始尝试生产薄板产品。在丰富产品品类、挖掘销售优势的同时，福建陶企产品研发创新也逐渐走在了行业的前列。

福建外墙砖领军企业南安协进建材有限公司以创新闻名行业，该企业首创小规格喷墨仿石外墙砖，将石材装饰效果的外墙砖搬上高层建筑，因此获得新锐榜的最佳新锐产品奖。协进经过工艺、配方改进，产品厚度减少，表面采用喷墨技术，还原出天然石材的纹理，产品背纹采用了"鱼网格"沟槽，安全性能大幅提高。喷墨外墙砖不仅具有瓷砖的功能，还具有石材自然、典雅、大气的装饰效果，同时也为节约石材资源作出了贡献。

华鸿仿古砖华夫人系列首创"羊脂釉"在本届新锐榜的评比中荣获最佳新锐产品奖。软质"羊脂釉"产品具有柔光质感、更柔嫩触感,产品釉面犹如少女肌肤圆润,视觉效果高贵典雅,产品上市广受消费者青睐。

晋江丹豪陶瓷有限公司攻克大规格仿古砖平整度难题，实现 1000×1000(mm)、600×1000(mm) 大规格全抛喷墨仿古砖的大量生产，产品品质优异，赢得新锐产品大奖。

晋江舒适陶瓷有限公司首创陶板湿贴、混烧技术，在本届新锐榜中荣获新锐产品奖。舒适陶瓷采用的陶板湿法挂贴工艺，使用成本大幅降低，助力陶板进入寻常百姓家。并且，该企业率先推出喷墨陶板新概念，各种花岗岩、大理石、木纹等图案均在陶板表面还原，让设计师有更多选择。舒适陶瓷首创陶板与地板混烧技术，真正现实陶板量身定做、小批量生产，让产品更具个性化。

福建建陶行业首家上市企业——万利（中国）太阳能科技有限公司，该企业不仅在规模、硬件上让业界人士震撼，在创新方面更令业界赞叹，首创垫板烧彩玛砖、马赛克产品自动化贴纸，整个炉后贴纸包装只用 5 名员工。该企业因率先推出喷墨陶板，本届新锐榜获得新锐产品奖。

7. 华泰集团成为"晋江市工业旅游示范点"

2012 年，在晋江市旅游局召开全市旅游工作会议上，福建华泰集团被确定为"晋江市工业旅游示范点"，华泰集团也因此成为福建省建筑陶瓷行业首个工业旅游示范点。

福建华泰集团是福建省建陶行业的龙头企业，是晋江市重点上市后备企业。自1994年6月创建以来，以位于磁灶洋尾工业区的华泰产业园为依托，推出了以整洁美化的绿色厂区、亮丽宽敞的生产环境，世界先进水平的陶板生产线，具有深厚的企业文化内涵的“陶板、陶瓷展示厅”、“陶瓷博物馆”为资源的工业旅游项目，让参观者在熟悉陶瓷行业的专业导游的全程讲解下，通过听、问、看来了解陶瓷的历史和生产过程。

目前，华泰集团产业园已成为晋江市重要的旅游参观点，接待了许多行业专家学者、商务考察、建筑师、设计师、媒体记者等来自全国各地的参观者，取得了良好的社会效益和品牌效应。

二、闽清

闽清是一个传统的产瓷区，日用瓷历史悠久，20世纪50年代开始有电瓷厂，70年代开始有建陶厂，陶瓷企业一度总数达到500多家。

闽清是一个山区县，陶瓷产业布局比较分散，没有集中的工业园区，发展陶瓷产业的条件不如其他产区，这导致闽清陶瓷长期以来“小而散”，在中低档徘徊。

闽清的陶瓷企业都不大，年产值多在七八千万元到两亿元之间，能源以煤炭为主，产品百分之六七出口。在国内市场，产品的附加值不高，在国外，近年受反倾销因素影响，销量逐渐萎缩。

近年来以壮士断腕的决心，实施“瘦身强体”战略。按照“淘汰劣质、限制一般、鼓励优质”的原则，闽清大力推动陶瓷企业整合，上千家“小而散”企业被整合成428家，其中规上企业64家。

在闽清陶瓷发展壮大过程中，始终面临环境污染的压力。针对烧煤产生的污染，闽清积极引导、支持企业改用天然气。从2009年开始，闽清县对使用天然气的陶瓷企业实行燃料补助，每立方米补助0.05元，2012年县里为此补贴了360万元。此外，当地还规定从2010年开始，新上项目必须使用天然气。目前，闽清县已有近50家建陶及电瓷企业使用天然气作为燃料。未来两三年内，随着海西天然气管网二期福州—闽清段的建成，预计到2014年底，闽清陶瓷企业就可以获得完全充足的气源。

最近十几年，由于本地山多地少，土地成本高，加上燃料、运输成本节节攀升，导致闽清建陶企业大量走出去，到离市场中心近的地方投资。在北边的法库（辽宁）、南边的易门（云南）、西边的米泉（新疆），以及湖北的当阳，闽清陶瓷几乎都是主力军，还在河南、贵州及广东肇庆等地大量建设建陶厂。截至目前，闽清已有20余家陶瓷企业出走全国各地投资设厂。

闽清建陶资本外流，导致生产增值税在外地实现，进而影响到随增值税附征的城建税、地方教育附加费等税源，同时也导致企业用地规模减少，影响土地使用税和房产税税源。而伴随着企业外迁，企业高管、外籍人员和中高级人才也随之流失，使得这部分高收入群体的个人所得税外流，直接影响个税税源。

为了帮助闽清陶瓷业走出困境，当地政府正大力引导企业走科技创新之路，大力发展高科技磁性材料、新型绝缘体材料，拓展特种陶瓷、五金陶瓷等不同开发领域。目前有大业、盛利达等3家新型建材项目已建成投产，16家建陶企业实施技改扩产。

同时，当地政府部门正积极引导企业树立品牌意识，帮助企业参与名牌争创，税务部门则配合县政府，研究出台了与税收贡献紧密结合的品牌奖励政策。

2012年闽清豪业陶瓷有限公司的“精艺瓷”和闽清聚福工艺品有限公司“Bigfotune +图案”等2件商标被国家工商总局认定为中国驰名商标，实现了闽清县中国驰名商标零的突破。两家企业分贝受到闽清县政府表彰，分别获得100万元奖金。

为进一步做强做大陶瓷产业，闽清县近年已规划用地面积约10平方公里的白金工业新城，引导陶瓷企业集聚发展。白金工业新城打破行政区划的制约，在闽清县中南部，涵盖5个乡镇的工业集中区，目前正成为山区县闽清陶瓷工业发展的重要载体。

该园区由闽清白中、金沙、白樟、坂东、池园5个工业基础较好的乡镇构成。园区距福银高速公路金沙互通口2公里，125县道和202省道贯穿园区，交通十分便捷。

2012 年闽清按照“抓龙头、铸链条、进园区”的思路，闽清不断加快新型工业化建设步伐，积极扶持龙头企业发展。通过鼓励技改创新，不断提升产业的核心竞争力，大力引进一些陶瓷高端技术和产品，推动陶瓷产业往高端化发展。目前，闽清建陶已经装备有 10 多台进口、国产的喷墨花机。

2012 年，闽清县实施陶瓷技改项目 19 个，增加产值 3 亿元。本月底，联兴陶瓷公司将投产一条国内最长的生产线，可生产 30 多种产品，年产值可达 3 亿元。

2012 年，闽清县完成规模以上工业产值 118.9 亿元，其中陶瓷产业 63 亿元，占据半壁江山，再加上带动的包装、物流、运输等产业，陶瓷产业可谓名副其实的“第一产业”。而在整个陶瓷产业中，闽清建筑陶瓷年产量 4.2 亿平方米，约占全国总产量的 1/20，电瓷产量约占全国总产量的 1/6。

第四节　江西

高安

1. 从“高安速度”到“高安模式”

江西省建筑陶瓷产业基地位于江西省高安市东南部素有高安“金三角”之称的八景、新街、独城三镇交界处，是省发改委、省经贸委批准的全省唯一的建筑陶瓷产业专业基地。

2007 年到 2012 年，短短五年时间高安陶瓷从小到大，从弱到强，从默默无闻到行业地位显赫，其发展速度史上罕见。

近几年来，高安的建筑卫生陶瓷迅猛发展，从引进、消化，到自我创新，技术输出，已经成为我国建筑卫生陶瓷主产区，占整个江西省建筑卫生陶瓷产能的 80% 以上。

高安产区在全国所有陶瓷产区所拥有的影响力不容小觑。根据中国建筑卫生陶瓷协会发布的数据，以高安为主的江西建筑陶瓷产能当年排名全国第四，产区影响力已经不逊于福建、山东等地。

截至 2012 年年底，高安建成陶瓷生产线 184 条，主营收入突破 200 亿，年产达 7 亿平方米。其中建陶基地已有 78 家投产 (46 家陶瓷企业、32 家配套企业)，108 条生产线投产。

经过五年的发展，朝气蓬勃的高安产区探索出以下几个代表性的经营模式：一、以江西新明珠、江西正大陶瓷为代表的企业把营销总部迁往佛山，在佛山继续自己的品牌化经营；二是如江西太阳陶瓷、华硕陶瓷、神州陶瓷、金牛陶瓷、国员陶瓷、罗斯福陶瓷、恒达利陶瓷、莱特陶瓷等企业选择做好展示，本土化实施品牌经营；三是以精诚陶瓷为代表的企业深耕国际市场；四是大部分企业延续了原有的竞争模式，继续在性价比上下功夫，同时也逐步开始重视产品展示，不断提升产品和品牌形象。

但几乎与产能飞速增长同步的是，产能过剩及产品同质化引发的价格战愈演愈烈，品牌与渠道建设不足的渐行渐远以及环境问题的不断凸显。这些是摆在高安政府部门和陶瓷企业眼前最为现实的问题。

2. 重拳整治陶瓷环境污染

高安陶瓷产能五年来的高速扩张，使得当地的环境容量远超负荷。于是，建筑陶瓷业的环境治理问题就成为高安环保治理的重中之重。

2010 年 1 月，政府一纸批文要求高安新报建的陶瓷生产线必须使用天然气，并且计划逐步将现有的水煤气全部改为天然气，要求 2015 年底前，现有以燃煤、燃油为主的陶瓷及配套企业必须改用天然气，以减少污染排放。

但政策出台的初始，并没有得到大力度的实施，因而“煤改气”在当时来说只是一个被人忽视的冷门话题。然而随着政策方向的变化，2012 年“煤改气”政策再次被提上政府工作的重要日程。政府拟通过“一票否决”，全力推进建陶企业用天然气替代水煤气。到年底，高安产区已有 14 家企业开始或即将使用天然气，日供气量近 20 万方。

7 月 20 日，在高安中国建筑陶瓷产业基地实训中心会议室举行了主题为“建陶基地环境保护专项整治活动动员大会”。高安市政府出台了一系列的环保整治措施，将利用 3 个月的时间对基地企业进行环保整治，对整治不达标的企业将采取一定的处罚政策。

为进一步淘汰落后产能，高安在建陶企业中全面开展窑炉尾气脱硫设施建设，全市将分三期改造 134 条生产线，首期 24 条生产线改造正在进行中，将于 2013 年 8 月投入使用。改造后的窑炉排出的有害物质将减少 85%，将明显地改善区域环境质量。

高安市还引进爱和陶陶瓷、强顺新型墙体材料公司等企业，利用陶瓷废品料开发生产固体混凝土、免烧型广场砖和道路砖等，仅瑞新陶瓷废料环保再利用有限公司日均处理陶瓷废料就达 3 千吨。对于企业不能处理的污水，该市采取集中处理的办法，日处理 2 万吨的污水处理厂将于 2013 年底投入使用。

3. 驰名商标实现零的突破

6 月 18 日，高安市举行实施商标战略新闻发布会，会上宣布高安市太阳、德美等四个商标被国家工商总局认定为“中国驰名商标”，实现了高安市中国驰名商标“零”的突破。同日，江西宜春市实施商标战略推进会暨驰名商标授牌仪式，徐云辉宣读了国家工商总局驰名商标认定文件，并为获得驰名商标的企业授牌。聂智胜就高安市实施商标战略工作作了典型发言。

江西太阳陶瓷集团“太阳牌”仿古砖、内墙、外墙等 10 多个品种的产品畅销全国，并出口到美国欧洲、东南亚等国家和地区。目前集团有 6 个分厂、年总产值 10 亿元。

“德美”是江西新明珠设立最早的品牌。江西新明珠自 2007 年落户中国（高安）建陶基地以来，一直遵循“一线一品种、一规格、一花色”的专业生产原则，确保产品品质，提升服务质量。2011 年、2012 年虽然高安整体市场行情偏淡，但“德美”品牌依然实现了逆势飘红。

江西太阳陶瓷有限公司和江西新明珠建材有限公司此次获得中国驰名商标后，大大激发了高安建陶企业的申报信心，目前建陶行业中，江西新中英陶瓷有限公司和江西富利高陶瓷有限公司 2 家企业正在准备相关的资料，准备迎接下一轮中国驰名商标的申报。

目前，高安全市建陶品牌达 136 件，其中著名商标 25 件，知名商标 22 件。

4. 区域品牌建设提上日程

尽管前不久江西太阳陶瓷的“太阳”商标与江西新明珠的“德美”商标荣膺“中国驰名商标”。但这在拥有庞大产能及企业数量的高安陶瓷产区目前仅仅只是个例。对于绝大部分企业而言，打造品牌仍然只是几句有名无实的口号。

在高安产区通常的情况是，企业在高安生产却打着佛山陶瓷品牌的旗号，且不愿说出自己是本土品牌。这是高安陶瓷品牌建设的现状。所以，在政府看来，高安产区目前面临的最大问题之一也包括品牌建设。

作为国内发展最为迅速的新兴陶瓷产区，虽然在生产设备、生产环境等硬件设施以及产品品质与质量几乎与广东产区相差无几，但在品牌影响力与产品附加值上却远不及广东产区。绝大部分企业在品牌建设与渠道拓展上缺乏足够的经验及品牌沉淀。甚至在定位稍高端一点的建材市场里面难觅江西砖的踪迹。

高安本土企业投资陶瓷没有长远的规划，普遍存在捞一笔的“机会主义”心理。高安当前在某种意义上仅仅只是陶瓷生产制造基地，品牌运作上还存在较大困难。目前，高安陶瓷企业的注册地 99% 都是在广东佛山，虽然挂着佛山陶瓷的招牌，但在品牌建设上难以像佛山企业那样的大笔投入。

高安市委、市政府认识到品牌效应的重要性，充分发挥商标企业的影响力，通过叫响“高安品牌”，引领带动高安经济发展。十二五期间，高安市力争完成“高安陶瓷”集体商标注册工作，实现陶瓷行业中国驰名商标 4 件，打响中国建陶“高安制造”品牌。

另外，政府还准备起草政策，规定全市所有陶瓷企业生产的陶瓷产品，今后生产地址一律只标识“中国建筑陶瓷产业基地·江西高安”，并使用高安陶瓷的统一“logo”标志。同时在中央电视台、江西电视台等媒体全面宣传“高安陶瓷”区域品牌。

5. 瓷都国际搭建陶瓷商贸大平台

“北有山东淄博财富城，南有广东佛山陶瓷总部，中有江西高安瓷都国际。”这句话，彰显了高安市政府打造陶瓷总部经济——江西陶瓷博览中心的雄心。

2011 年，作为国家级产业基地唯一的配套项目，瓷都国际定位高端、着眼长远，根据佛山陶瓷的发展经验，成功将“佛山模式”引入新兴产区高安，为“泛高安”及其周边陶瓷产区企业的展、销、储、商、运等产业升级需要提供了便利和支持，被形象地誉为华中建陶产业升级、企业品牌化运作的引擎。

2012 年，瓷都国际进入收获期，江西新明珠五福品牌、江西宜丰瑞明陶瓷、江西太阳企业神州陶瓷、江西忠朋陶瓷等纷纷进驻。其中江西瑞明陶瓷斥巨购买整栋楼做品牌营销中心，神州陶瓷展厅面积五千平方米。

此外，瓷都国际还吸引了周边省份的陶瓷企业前来加盟。湖南醴陵陶瓷有限公司斥资在瓷都国际拿下两千平方米展厅，这是湖南首家陶瓷企业落户该博览中心。

年底，瓷都国际会展中心主体已基本完工，并于十一月中旬左右陆续投入使用。此外，该会展中心建有可以容纳三百余人的高档音响的现代化会议大厅及高档餐厅，同时拟筹建超四星级宾馆，将可以提供会展、会务、餐饮、住宿等各项服务。

瓷都国际这一区域性总部经济不仅引领了以高安为代表的产区发展，也促进了当地商贸、休闲、旅游业的发展，高安政府拟以此为契机，打造一个高安八景、新街、独城三镇交界的“金三角”的核心商业圈，助推着高安的城镇化建设。

6. 佳宇陶瓷收购泓兴源艺术陶瓷

2012 年 8 月 27 日，江西佳宇陶瓷收购江西泓兴源艺术陶瓷。这是继 2009 年江西太阳陶瓷收购江西新瑞景陶瓷、2011 年江西新红梅陶瓷收购江西金阳陶瓷后，近年来高安产区的第三起收购。

江西泓兴源艺术陶瓷有限公司是一家由福建投资者在高安建陶产业基地兴建的企业，占地面积 72 亩，已建成一条 100 多米长的艺术陶瓷砖生产线，采用天然气生产，主要产品是 300×300mm 规格的微晶釉地砖。

佳宇陶瓷选择收购泓兴源艺术陶瓷的原因是：根据当前产区以及行业的形势，企业必须做有品牌影响力、有文化的产品，通过产品差异化道路，生产高附加值产品才能在产区、在市场立足。同时，公司通过此次收购泓兴源艺术陶瓷也是佳宇陶瓷向差异化产品转型迈出的重要一步。

佳宇陶瓷于 2009 年落户高安，总投资 2.2 亿元，占地面积 220 亩，规划建设 4 条大型连锁瓦生产线。在短短不到 2 年的时间里，已建成 2 条超大型西瓦生产线，单线日产量 20 万片，是目前江西产区日产量最大的西瓦生产企业。2012 年开春，佳宇陶瓷就连续投产两条西式连锁瓦生产线和配套配件生产线。

7. 四通八达物流网络基本形成

高安被称作是汽运大县，拥有各类营运车辆 1 万多辆，载重 5 万吨以上的长途汽车达 1 万多辆，总运力突破 5 万吨位，运力辐射除台湾以外的全国各地，甚至走出了国门，将触角延伸至越南、缅甸等周边国家。有关统计数据显示，高安目前拥有物流企业超过 300 家。

随着高安建陶产业的发展成熟，高安的物流方式不断增多，物流网络也在不断完善。除了最主要的汽运以外，2012 年 1 月，“江西省建筑陶瓷产业基地铁路专用线暨樟树、新干盐化工产业基地铁路专用线”正式开通。至此，建陶线和新干线建设圆满画上句号，并正式投入运营。两条铁路专运线的顺利开通，不仅改写了一直以汽运为主的高安运输业历史，还将大大缓解建陶基地内陶瓷生产企业原材料及产品运输瓶颈，极大限度降低运输成本。

2012 年 5 月，南昌铁路局正式开通江西建筑陶瓷产业基地铁路专用线高安陶瓷站——团结村（重庆）客运化集装箱班列。该班列车实行隔日开行，49 小时一站式到达。为江西建陶产业基地搭建“一站式”铁路货运平台，开通“西南向”的物流通道，为高安陶瓷产品走进西南地区提供了便捷的物流条件。

其次，海运也随着产区的兴起开始繁荣。尤其是南昌码头的开放，大大降低了企业出口的物流成本。这意味着泛高安地区出口产品可以直接通过南昌码头上集装箱，避免绕行佛山或者其他港口。此外，今后企业也可以借助南昌码头扩大天津、华北、东北地区的市场网络。

如此大的产能仅仅依靠现有的传统市场是很难消化的，企业只能再次陷入无休止的价格大战。而且，现在湖南、湖北产区企业的兴起，也切断了江西产区很多的市场网络，分食了可观的市场份额。因此，企业只能拓展新的销售网点，800 公里外的国内市场以及出口市场是目前江西产区的空白区域。

然而，目前，产区出口配套成本较高、专业出口人才的缺失，让企业很难在短期之内打通国外市场渠道，那么就只剩下外围市场的开拓能解燃眉之急。而就目前外围市场的销售情况来说，西南、西北已经成为外围市场中的重要区域。

8. 拓展国内市场销售渠道

过去高安陶瓷的销售范围最远在周边 500 公里左右。随着区域产能的高速膨胀，500 公里半径的市场网络的承载能力明显不足，这也是引发企业价格战的重要原因之一。

高安陶瓷企业要生存，自身首先必须完善产品结构、提升产品附加值，进而有能力不断开发新的市场，编织更广阔的市场网络。而随着产品质量和品牌附加值的提升，加上高安产区北八道、铁路专用线等铁路运输的开通，不少企业开始发力西北和西南市场。

从 2012 年开始，江西产区的一部分企业已经开始把目光锁定西北市场，包括西藏、新疆、甘肃、青海等地。华硕陶瓷、恒辉陶瓷等企业的抛光砖在这些区域市场已取得了不俗业绩。西南市场在高安（八景）重庆（团结村）货运班列开通等利好因素的带动下，高安产区的瓷砖已经遍布贵州、云南等地。此外，太阳陶瓷、神州陶瓷等在山东、福建等地也开始布局。

9. 国际市场开拓进展缓慢

随着产能不断扩大，江西建陶企业纷纷把出口作为分化产能、支撑企业长远发展的重要举措。

从目前高安陶瓷产品销售的区域来看，高安陶瓷的出口量还不到 1%，因此从宏观角度分析，未来高安陶瓷的出口空间会有很大的提升。

高安陶瓷目前主要出口东南亚、中东、非洲、南美等国家和地区，其中，抛光砖、瓷片的出口量高于仿古砖。

江西精诚陶瓷卫浴有限公司作为江西乃至华中最大的陶瓷出口企业之一，历经四年多的沉淀和专注，出口业绩逐步攀升，成为大华中陶瓷产区陶瓷出口的佼佼者。该公司旗下品牌“梦幻玫瑰”也成为近年来最受欢迎的华中建陶品牌之一。

此外，江西太阳陶瓷、江西国员陶瓷、景德镇莱特陶瓷、江西正大陶瓷等都在佛山设立了出口窗口，业务稳步增长。2011 年江西太阳陶瓷卫浴重组了出口团队，2012 年出口量也逐步增长。

高安陶瓷目前主要出口东南亚、中东、非洲、南美等国家和地区。从目前高安陶瓷卫浴出口的产品结构来看，抛光砖、瓷片的出口量高于仿古砖，但目前仿古砖也在慢慢被接受。江西太阳陶瓷、精诚陶瓷以及新景象陶瓷的仿古砖几乎每个月都有出口订单。其中亚光类仿古砖出口比较多。而下半年开始出口的喷墨类产品利润则更高。

尽管越来越多的陶瓷企业关注到出口，但是专业外贸人才短缺、配套设施还不完善、附加成本高成为高安产区产品走出国门的重要阻碍。

目前高安产区陶瓷企业鲜少拥有自己的出口部，只有少数企业成立了出口部门，如新明珠、恒达利等外籍企业。而且即便已经拥有出口部的企业，大部分还是依托专业的外贸公司进行出口。

高安产品在产品价格方面占绝对优势，但在实际操作出口的过程中存在很多问题：首先是最基本的专业出口配套公司缺乏，如打木托、做热塑膜等，这些虽然在江西也买得到，但是价格可能就要比佛山翻一倍；其次，企业在国内市场主要以批发为主，客户本身具有一定的不稳定性，而且国内市场淡旺季非常明显，旺季没货卖，企业短期之内很难有精力去拓展。

目前高安的汽运物流非常方便，一般打包柜运到福建泉州港、上海港、宁波港等地，可直接报关出口。不过相比佛山来说物流成本还是大些，而且通关不方便，但相比前期高安出口已经有很大的便利，如果政府把铁海联运以及一站式通关服务做好，今后高安陶瓷出口会更加的便捷。

10.“喷墨年”产品附加值提升

2012 年被公认为高安产区的喷墨年。多家陶企利用喷墨技术迅速完成了其产品的升级换代。7 月，江西罗斯福陶瓷推出本土企业第一款喷墨系列瓷片。到年底，高安产区已使用的喷墨机数量达 55 台，其中高安 41 台，上高 13 台，宜丰 1 台。这其中，绝大部分喷墨打印机用于瓷片的生产。

除了使用了最为先进的喷墨技术外，高安瓷片的规格也从普通的 300×450（mm）和 600×600（mm）迅速增加了 400×800（mm）、240×660（mm）、240×600（mm）等特殊规格。产品的价值提升，产品的单价也陡然增高，400×800（mm）规格的瓷片能到 37.5 元 / 平米，而 240×660（mm）规格的瓷片折合价格达到了 27.5 元 / 平米，价格比佛山的中档品牌还高。

与此同时，泛高安产区的多家仿古砖生产企业也开始上马喷墨设备。2012 年 11 月底，太阳陶瓷的喷墨仿古砖生产线已经安装完毕。太阳陶瓷的喷墨全抛釉样品年底面世。而专业生产仿古砖的江西景陶陶瓷有限公司的喷墨设备也于年底进行试产。

2012 年，江西恒达利陶瓷有限公司也已斥巨资订购了 4 台喷墨打印机，目前该公司拥有 2 条外墙砖生产线和 3 条仿古砖生产线。4 台喷墨打印机将有 2 台用于生产喷墨全抛釉产品。江西恒达利的仿古砖产品在 2013 年将会有一个全面的升级，并且会有两个新的高端品牌诞生。

11. 高安产区未来发展方向

为应对当前现状，立足现有基础，高安市委市政府提出了“531”构想：“五”即五大升级——规模总量升级、品牌升级、延伸配套升级，节能环保水平升级，综合效益升级；“三”就是要坚持三个坚定不移——坚定不移做强做大建陶产业，坚定不移推进建陶产业升级，坚定不移把高安建陶基地打造成最具影响力的产区；“一”就是要充分整合三镇一基地资源，努力实现建陶基地整体建设水平和基地整体品牌的升级，将建陶基地打造成高安重要的城市副中心。

第五节　四川

夹江

1. 库存爆满迫使陶企提前停窑

2012 年新年伊始，随着辽宁法库、山东淄博、湖北当阳等陶瓷产区陆续停产，夹江新场、甘霖、甘江、马村等园区也一片寂静，四川新中源、新万兴、建辉为主要代表的陶瓷企业都已经陆续停止，整个产区80%的企业都已经进入"休假期"。10%左右的企业则在2月15日左右停产，只有10%左右的少数企业持续生产。

具体而言，夹江产区仿古砖、金属釉和抛光砖等系列的生产线大部分在2011年12月份已经停产，相比往年有所提前。而外墙砖、西瓦等生产线相对较晚停产。抛光砖、仿古生产线提前停线的主要原因，一是企业库存爆满、市场销售不畅。由于2011下半年开始市场形势十分的严峻，以抛光砖、仿古砖为主的产品在市场上的销售严重受阻；二是来自生产成本的压力。生产抛光、仿古砖所需要的原材料和色釉料的价格相对较高，而企业的流动资金有限，生产得越多对企业的压力越大。三是竞争压力大。以抛光砖为例，夹江产区生产800×800（mm）的抛光砖每一片的价格在21—25块，而从广州佛山运到四川各大城市的出售价格均在22块左右，相比之下夹江陶瓷企业生产抛光砖无优势可言。

2012年是整个陶瓷行业"多灾多难"的一年，市场销售淡季的提前而至，让不少陶瓷生产企业措手不及，从而导致今年6月出现第二波停窑高峰，如四川新中源、新万兴、米兰诺、建辉等产区龙头企业停线率均超过60%～70%，而新万兴却在日前的暴雨袭击中全部停产。这种低迷的局面一直延续到9月才略有所好转，然而市场的销售旺季没有持续多长时间，进入11月销售又出现低迷。

相较而言，丹棱陶企停线停产情况稍好，位于丹棱建筑陶瓷产业园内的新高峰、天际、索菲亚、联发等大规模大产量的生产线一直保持稳定的生产，但是也有部分企业停线比较严重，甚至全面停产，如华洋、华盛、华益、亿佛等小型生产企业。而洪雅、沙湾地区由于陶企相对较少，停线企业并不十分明显。

2012年与抛光砖、瓷片相比，以外墙、西瓦为主的一批生产线停产要晚很多，主要原因在于：一是市场需求大、库存少。以外墙和西瓦是今年整个夹江产区销售最旺的两款产品；二是走量为主，竞争压力小。生产外墙和西瓦主要针对的是广大的农村市场，而且技术难度小，产品质量与广东佛山的差别不大，在市场上的竞争优势明显；三是性价比高。之所以能在淡季旺销其主要原因表现在产品的性价比上，据有关数据统计，西瓦在整个西南的市场占有率达到80%以上。由此可见，2012年生产外墙和西瓦将是企业走低档路线的主力军。

2. 化工原料销售同比减产近两成

自2011年下半年至今，整个陶瓷行业就一直处于低迷状态，市场销售冷淡、原材料价格飙升、生产成本增加等一系列不利因素影响，给企业生产带来了巨大的压力。这导致与上年同期相比，2012年夹江陶瓷化工生产减产近20%。

整个夹江产区大约有50余家陶瓷化工原料供应企业，最鼎盛时期曾达到80几家，且主要是来自佛山、山东、江西等地区。在去年行业低迷的情况下，不少企业已经退出或撤掉了在夹江产区的办事处，还有部分企业正在观望等待发展形势好转。

近年来夹江陶瓷化工企业的减少，尤其是2012年企业生产不稳定是导致陶瓷化工原料减产最根本的原因。据某化工稀释剂供应商透露，企业生产相对稳定时，我们每个月能销售500～600吨稀释剂，而如今行业处于低迷时期，企业生产压力巨大，以至于每个月的销量勉强达到250～350吨，销量减少了将近一半左右。

3. 抛光砖生产线不断缩减

受生产成本和私抛厂冲击的影响，2012年夹江抛光砖生产线开始不断缩减。

夹江有抛光砖生产线30几条，主要集中在四川新中源、新万兴、米兰诺、建辉、科达等陶瓷生产企业。然而，近年来广东佛山私抛厂利用低价格和高质量的产品优势不断冲击夹江抛光砖生产企业，使夹江抛光砖生产企业压力剧增。为此，四川新中源在年初就开始对企业旗下4条抛光砖生产线进行整改，以生产微晶石为主；新万兴则把夹江产区内的抛光砖生产线迁移到湖北宜昌陶瓷分厂；此外，产区内还有一家企业把 2 条抛光砖生产线整改成目前市场效益较好的瓷片生产线。经初步统计，此次整改和搬迁使夹江产区内抛光砖生产线缩减到 20 条左右。

夹江抛光砖生产线不断缩减有以下原因：首先，来自广东佛山私抛厂的冲击。夹江抛光砖生产企业在生产成本和性价比等方面均无优势可言，只有通过降低销售价格来维持市场份额。据夹江某抛光砖经销商透露，从佛山发货到夹江的产品价格比夹江抛光砖生产企业的出厂价还要低。此外，私抛厂生产的产品的平整度、胚体的白度、气孔的明显程度、表面光泽等方面明显要优于夹江砖。

其次，原材料（黑泥）资源匮乏。夹江抛光砖生产所需要的黑泥资源都必须从广东地区外运，造成生产成本居高不下，丧失了有利的性价比优势。而私抛厂主要集中在广东佛山地区能够就近取材，降低生产成本，使其在抛光砖领域一枝独秀。

最后，微晶石的崛起给夹江抛光砖企业转型一个契机。抛光砖生产线通过简单的整改可以生产微晶石和全抛釉。在高附加值的微晶石生产与低附加值的抛光砖生产的取舍中，大部分企业都会选择前者，因为它更符合企业追求利益最大化的要求。

4. 外墙砖销量第四季度开始下滑

目前夹江产区约有 20 几条外墙砖生产线，且主要集中在方正、建中、新万兴、英伦、朗玛等陶瓷企业。在今年行业形势低迷的情况下，外墙砖曾一度成为支撑起整个企业正常运营的支柱，一直持续了近三个季度，而到第四季度各企业外墙砖的销售也开始出现下滑。

外墙砖销售范围主要集中在三、四级市场和广大的农村市场，而省会城市和地级市用量较小，甚至还有部分一线省会城市对外墙砖的使用要求和标准具有严格的规定，从而阻碍了它在一线城市的推广，使其市场空间进一步被压缩。

与此同时，错误的市场引导和战略决策，也是导致当前外墙砖销售下滑的重要原因。由于今年年初外墙砖销售异常火爆还一度出现供不应求的现象，不少陶瓷企业在没有认清市场发展形势的情况下盲目的跟风上线，从而造成当前外墙砖的销量急剧下滑。

5.“微晶石”热搅动低迷市场

夹江作为中国西部瓷都，夹江近年来致力于打造建陶百亿产业集群。目前全县规模陶瓷企业达 69 家、生产线 218 条，年产能 5.5 亿平方米，销售收入达到 111 亿元，吸纳就业 6 万多人，全县工业化率达 52%。

2012 年夹江不少企业在产品结构提升等方面取得了显著成效。产品方面，推出喷墨产品的企业就有十余家，且产品从瓷片到微晶石、全抛釉、仿古砖实现全面覆盖，其中喷墨瓷片的生产技术已经达到了行业先进水平，产品规格也是丰富多样。

夹江及周边产区 2012 年拥有喷墨技术并投入生产的企业分别是：四川新中源 (4 台)、金陶 (1 台)、新万兴 (1 台)、米兰诺 (1 台)、建辉 (1 台)、东方 (1 台)、广乐 (1 台)。此外，建翔、新高峰、科威、新乐雅等企业也积极准备引进喷墨技术。

2012 年以“微晶石”为代表的高档产品在低迷的市场环境下依旧能保持良好的销售。为了迎合市场的需求，夹江多家陶企掀起一股“微晶石”热潮。金陶、新中源、建辉、新万兴等纷纷加重了对微晶石产品的生产、研发和推广力度。

6. 主流企业掀起技术改造高潮

6 月 19 日上午，乐山市市委常委、秘书长宁坚，市政协副主席罗勇，企业代表共计 500 人一起见证该县第二季度总投资 6.95 亿元的 10 大项目集体开工仪式。此次集中开工的十个项包括四川新中源和建辉的两个技改项目。

自2011年7月以来，四川新中源投入4200万元对12条生产线进行全面升级改造。目前公司产品主要以微晶石、高晶玉、喷墨瓷片和第三代仿古砖等中高档产品为主。为了进一步提升企业产品的核心竞争力，企业又投入3800万用于品牌建设和新型熔块窑建设。其中800万用于新建高端品牌“晶粉世家”展厅打造。此外，投入3000万元新建一条250米长的第三代微晶石堆熔窑，另新建2做年产2万吨的新型熔块窑，预计在8月底建成投产。

与此同时，四川建辉陶瓷企业欲投资2000万元技改一条年产200万平方米的高档微晶石生产线。该项目预计技改周期在9个月左右，总投资2000万元，其中流动资金500万元，技术配方投入150万元、生产线改造投入1350万元，技改长135米、宽2.5米的素烧窑，长200米、宽2.5米的釉烧窑以及137米的施釉线各一条。同时，还将淘汰老式链条印花机，并购进7台新增电脑控制平板快速印花机、新增高级滚筒印花系统、微晶布料器，以及集声、光、电一体化中央总控系统集成技术各一套。

四川境内外墙砖生产技术大部分采用直辊窑生产，产品规格、大小、厚度、平整度等多个方面都不符合目前高端市场的需求，销售量也受到极大限制。而技改后的生产线，日产量可达15000平方米，产能提高了近200%。垫板窑技术采用干压正打技术，墙砖吸水率低至0.34%~0.4%，具有很高的防水效果，即使在恶劣环境下也不会脱落，延长了墙砖使用寿命，同时还能大大节约能源消耗，降低生产成本。

2012年新万兴推进的技改项目是引进了垫板窑技术——生产高档外墙砖的一种生产技术。按计划该技改项目一期工程总投资4000万。

7. 主流媒体及著名建材企业联袂夹江行

2月16至17日，全国主流媒体、全国著名建筑建材企业联袂夹江行大型招商宣传活动在夹江盛大举行。

此活动取得了丰硕的成果：夹江县与斯里兰卡驻成都领事馆签订了《关于建立经贸文化旅游友好合作的协议》；夹江县与中俄亚历山大经济文化教育交流有限公司签订贸易战略合作协议；夹江县陶瓷协会与中国房地产工程采购联盟西南分部签订营销合作协议；夹江县陶瓷协会与咸阳陶瓷研究设计院签订战略合作协议；金房集团、荣新集团、明宇实业集团等公司与夹江企业签订产品购销协议17个，总额28亿元；四川省西部物流中心、金福源投资集团等企业与夹江签订投资项目10个，总额30.2亿；在外，四川新中源、米兰诺、新万兴、建辉、威尼等陶瓷企业，分别与北京瑞德嘉华、金房集团、明宇集团、荣新集团、成都置信、成都交大房产等房企签约合作，协议金额近30亿元。

8. 夹江瓷都万象城赴高安产区招商考察

11月6日，夹江瓷都万象城负责人龚翔赴高安产区招商考察，收到江西省建筑陶瓷产业基地管委会廖树生副主任的接见。廖树生表示江西陶企进军西部市场是最明智的的选择，也是未来江西陶企转型和发展的必由之路，瓷都万象城的开发和修建为江西陶企挺进西部市场提供了最佳的平台和最优的契机。

龚翔也向廖树生介绍了夹江瓷都万象城的基本情况。瓷都万象城地处西部瓷都生产、贸易最集中地——黄土陶瓷开发区中心地带，占地33000平方米，建筑面积8万平方米；涵盖陶瓷、洁具、灯饰、地板以及相关配套产品，是西部瓷都最大也是唯一专业性陶瓷招商、推广、运营于一体的综合建材市场。

9. 120亩西部物流园项目启动

夹江县政府为了配合瓷都万象城的发展，促进夹江县区域经济的发展，特别在瓷都万象城对面开发了一个占地120亩的现代化物流园区——西部物流园。西部物流园是集仓储、物流、配送为一体的综合性物流园区。完善的配套服务，提升了瓷都万象城的吸引力和竞争力，也为将来入驻的企业解决了物流难题。

夹江西部物流园区位于夹江S305线两侧，首批项目主要包括雅安西部网信汽车城、中国西部瓷都建材商贸城及家居物流中心项目建设及配套设施建设。其中，中国西部瓷都建材商贸城项目，占地200亩；新建陶瓷等建筑材料大型市场及物流配送体系，总投资3亿元。2012年计划投资1亿元；家居物流中心项目，占地100亩；新建家居物流市场，总投资1.6亿元，2012年计划投资1亿元。目前，首批项目建设所需近400亩用地拆迁工作已接近尾声。

西部物流园由四川元瑞投资实业有限公司、四川旅游产业投资基金管理有限公司和中铁物流集团等共同投资。项目定位于“行业聚集总部、瓷业博览首府、城市发展坐标、区域商业引擎”。

10月29日，夹江总投资12.2亿元的6个项目在县焉城镇新华村陶瓷物流中心项目现场举行集中开工仪式。项目中与陶瓷相关的西部瓷都陶瓷物流中心和夹江广博居然家居购物中心两个项目，涵盖了陶瓷物流、品牌展示、商城等领域。

此外，继瓷都·万象城之后，由四川广博房地产开发有限公司投资新建的夹江广博居然家居购物中心，该项目占地约80亩，建筑面积10万余平米，投资总额2亿元以上。项目定位于“产品市场化、品牌捆绑化、家居一体化”，将吸引8个以上国内知名家居品牌入驻，打造成集家居、建材、家电等产品为一体的第四代家居商业综合体，为夹江陶瓷对外展示提供一个窗口。

10. 中国西部瓷都金秋陶瓷贸易大会举行

11月15日，中国西部瓷都金秋陶瓷贸易大会暨承接成都产业转移投资招商说明会在夹江峨眉山月花园饭店举行。此次活动主要通过冠名第五届“中国西部旅游形象小姐大赛”，借助“中国西部旅游形象小姐大赛”决赛暨颁奖晚会在夹江举办的契机，宣传推广夹江建陶和文化产业。

此次会上进行了贸易协议集中签约仪式，产区内40多家陶瓷企业和来自川、渝、贵、云等多省份的70家经销商共签订85.8亿元陶瓷贸易销售协议。另外，家具制造工业园、物流产业园配套综合体、中药材生产基地等7个投资协议也在当天签约，投资总额逾50亿元。

11. 推出《西部瓷都产业转型升级保障行动计划》

经历2011年的陶瓷产业危机，夹江市委市政府充分认识到“不进则退，慢进也是退”，必须在困境中谋求出路，加快陶瓷产业转型发展。为此，政府推出《西部瓷都产业转型升级保障行动计划之一：加快陶瓷产业发展的意见》，县财政将拿出1000万元支持陶瓷产业转型升级。要着力抓好计划的落实，重点实施三大工程——创新工程、品牌工程、成长工程。

其次是大力培育新兴产业，加快新型材料、机械制造产业集聚发展。加快制定出台《西部瓷都产业转型升级保障行动计划之二：加快新兴产业发展的意见》，加强对新兴产业发展的引导和支持，通过龙头项目培育龙头企业，带动产业链发展，形成规模、形成竞争力，力争非陶产业产值占工业产值的40%以上。

再就是推动产业向园区化、集群化发展转变。出台《西部瓷都产业转型升级保障行动计划之三：加快经济开发区建设的意见》，加快编制完成开发区总体规划、产业规划、十二五规划，完善区域环评、园区发展规划，完成并取得园区扩区调整核准批复，推进园区定位升级、面积扩大、产业升级。

2012年，夹江政府还制定《西部瓷都产业转型升级保障行动计划之四：加快要素资源保障的意见》、《西部瓷都产业转型升级保障行动计划之五：深化对外开放的意见》、《西部瓷都产业转型升级保障行动计划之六：加快中小企业发展的意见》、《西部瓷都产业转型升级保障行动计划之七：实施“净空”工程的意见》、《西部瓷都产业转型升级保障行动计划之八：加快文旅经济发展的意见》等一系列政策性文件。

12. 设备陈旧制约企业转型升级

夹江陶瓷产业的转型升级不单单是产品和品牌的升级，还需要生产设备的更新升级。近年来，陶瓷行业发生了翻天覆地的变化，主要表现在压机的吨位从原来的4000吨发展到如今的7500吨；窑炉从原来的100多米发展到现在的400多米宽体窑；印花技术从滚筒到丝网，再到现在行业最流行的喷墨印刷技术。尤其是喷墨印刷技术使夹江产区在产品设计上首次与佛山等先进产区站在同一个起跑点。2012年夹江整个产区内有喷墨打印机20几台，涵盖瓷片、微晶石、全抛釉、仿古砖等所有领域。

虽然陶机设备在不断地更新换代，但是夹江陶瓷企业在引进新设备、新技术方面还需要进一步加强。目前夹江陶瓷生产企业中有50%以上的生产线依然是十几年前建线时候的设备，现在均已陈旧老化，在生产过程中容易出现故障，影响企业正常生产，同时也严重制约了整个夹江陶瓷产区的转型升级。

13. 加快红坯砖的研发和推广

当前，瓷砖市场依然是白坯瓷主导的时代，终端市场消费潮流是坯体越白越高档。但是随着白坯资源的不断减少，在保护生态环境综合利用矿产资源政策要求下，瓷砖产品跳出“白坯”禁锢，拓展原材料使用范围，发展红坯、灰坯瓷砖是大势所趋。

夹江产区最早一批陶瓷企业都是以生产红坯砖为主。依靠红坯砖进行发展的夹江陶瓷产业一度得以迅速发展壮大。这一切都离不开夹江周围丰富的页岩资源（生产红坯砖的一种主要原材料）的支撑，但是由于市场上消费者对白坯砖的喜爱，致使红坯砖生产规模不断减少，现今夹江产区内只有十几家红坯砖生产企业。

加快红坯砖的研发和推广对于推进夹江陶瓷产业转型升级具有重要意义。为此，在《西部瓷都陶瓷产业保障计划》中政府明确表示：要鼓励、支持企业充分利用当地的页岩资源，大力发展红坯砖。这需要行业内全方位的协作与配合，需要企业、政府和行业协会共同引导，从标准制订、政策宣导和市场营销方面进行广泛宣传，尤其是各企业的销售队伍，作为瓷砖文化的传播者，应从正面传播和宣导非白坯、红坯瓷砖产品。同时，企业要做好坯体层和表面装饰层的产品设计，逐步提升非白坯产品的档次，逐步转变消费者的白坯情结。

14. 全方位完善夹江陶瓷运输交通网

在与全国新兴产区的较量中，交通运输不便一直是夹江陶瓷企业的短板之一。

每年的陶瓷销售旺季，拉原材料和成品瓷砖的大型车辆会成倍地增加，从而导致夹江产区内103国道经常出现交通拥堵。由于夹江地处四川中部，不靠河也不靠海，对外运输唯有依靠汽车和火车，这也是夹江瓷砖成本居高不下的一个重要原因。

此外，从广东发色釉料到夹江所需时间大约在一个星期左右，每一吨的运费在700元/吨左右。从山东发货到夹江运费也要300元/吨，而这些高昂的运输费都会归到瓷砖的生产成本之中。

为此，夹江业内人士纷纷呼吁，希望在完善夹江产区内交通设施的同时，开拓多条通往云南、贵州、陕西、新疆、西藏等地区的高速公路和铁路运输线。形成从内外串联的全方位交通网，这将有力地促进夹江陶瓷产业转型升级。

15.“彭山事件”给夹江陶瓷品质敲警钟

2012年，夹江某陶瓷企业生产的内墙砖在安装后出现了严重的色差和裂痕遭承建商投诉，经彭山工商局抽样检测发现该陶瓷企业生产的内墙砖有10多个指标达不到国家标准，判定为不合格产品。此次事件被媒体称为“彭山事件”，给夹江陶瓷生产企业狠狠敲响了一记品质的警钟。

在规模化经营思路的引导下，夹江陶瓷企业争上超长生产线。其中包括日产能2万多平方米，最高的可达2.9万平方米的瓷片生产线。这些产能巨大的生产线，一般只配备了2～3台压机。一台压机每天至少要压1万多平米的砖，这种高强度的运作中生产出来的瓷砖品质在行业内备受质疑。

16. 大力发展新型材料产业

近年来，“中国西部瓷都”夹江县一批陶瓷企业在政府支持下，坚持以陶瓷产业为主导，发展多元化产业。

新万兴陶瓷公司成立1988年，占地面积1200余亩，现有员工4500余人，拥有十几条先进生产线，年可生产陶瓷墙地砖、西式瓦4000多万平方米。公司经过多年的发展成为夹江陶瓷行业领军企业之一。近年公司又与时俱进，走多元化的发展道路，进军新材料领域，新建村中国西部最大的碳纤维预浸料生产线，该项目全部建成后，将形成年产1000万平方米高性能碳纤维预浸料和年产500吨碳纤维复合材料制品的生产能力。该项目的正式投产，对夹江新兴战略产业发展起到了示范带动作用。夹江将计划依托这个企业，把这个产业链做强做大，形成夹江百亿新材料产业。

17. 威尼陶瓷等进军酒店旅游业

成立于2000年的四川威尼陶瓷有限公司，占地面积10万平方米，拥有5条意大利进口和承建的现代化生产线，年生产能力700万平方米。公司2009投资2亿元，进军酒店旅游业，修建威尼酒店。该项目占地72亩，总建筑面积5万平方米，历经两年时间完成。威尼酒店成为威尼陶瓷二次创业和成功转型的标志。

在威尼陶瓷的带领下，美惠陶瓷、黄土陶瓷、金辉陶瓷等一批陶瓷企业也进军酒店旅游业。峨眉山月花园饭店、夹江宾馆、金辉商务酒店等酒店的开业大大促进夹江第三产业的发展。

18. 米兰诺成为夹江房地产业领军企业

米兰诺陶瓷有限公司成立于1997年，通过十余年的发展，主营业务陶瓷板块企业占地500多亩，拥有5个分厂，8条自动化生产线，资产规模5亿多元，年销售收入约4亿元，销售网络辐射全国各个省、市、自治区。公司为了增强企业市场竞争力，提高抗风险能力，开阔思路，2009年起开始走多元化的发展道路，先后成立了夹江新地房地产开发公司和新地园林绿化公司，成功开发了夹江滨海国际高档住宅小区。总投资3.2亿建筑面积15万平方米的“滨海国际”商住小区已经成为夹江县房地产行业标志性工程。

与此同时，由新万兴陶瓷投建“圣地欧城”商住小区已经完工90%，该项目总投资4600万元，建筑面积2.3平方米，是夹江高档小区的代表。

第六节　辽宁

一、法库

1. 十年成就东北亚最大陶瓷生产基地

从2002年6月第一家陶瓷企业“沈龙瓷业”落户法库经济开发区，到2012年被中国商业联合会授予“中国陶瓷谷”牌匾，法库陶瓷产业用10年的时间成就东北亚地区最大的陶瓷生产、研发、销售基地。

如今，法库县陶瓷产业集群建成区20平方公里，形成了以建筑瓷为主，囊括日用瓷、艺术瓷、电瓷、卫生洁具等12大类27个品种的现代陶瓷生产体系，市场覆盖中国东北及俄、蒙、韩等国家，成为东北亚地区最大的领军型陶瓷生产、研发、销售基地。

目前，法库经济开发区内入驻陶瓷企业171户，陶瓷贸易企业508家，建设426条生产线，竣工投产252条生产，安置就业6.5万人。1-9月，园区固定资产投入37.7亿元，实现产值285亿元，同比增长 10.4%；财政贡献 7.5 亿元，同比增长 36.36%。

2012 年，陶瓷开发区内就引进重点项目 19 个，总投资额 45 亿元。2012 年，陶瓷工业产值突破 400 亿元，是 2007 年的 6.3 倍。

2012 年，法库陶瓷工业直接安排就业近 7 万人，其中农民工就业人数占据绝大多数，不但解决了农村闲置劳动力就业，还极大拉动了城市餐饮、商贸、楼宇经济等发展，有效提升了法库城镇化发展速度。

2. 法库获颁“中国陶瓷谷”牌匾

9 月 27 日，2012 沈阳法库国际陶瓷博览交易会圆满闭幕。法库陶博会以“打造千亿产值集群、争创中国陶瓷之都”为主题，举办了陶瓷产业营销论坛、市民观陶博看展会、大会开幕式、主题招商推介会、歌舞晚会等一系列活动。

本届陶博会展区面积达 10 万平方米，吸引了来自广东、福建、江西、山东、中国台湾、日本、西班牙等国内外陶瓷生产、配套企业 80 余家，参展陶瓷达 13 大系列、27 个品种。来自 20 多个地区的 300 多名陶瓷采购商、经销商前来采购和洽谈合作，现场交易额和销售意向额达 25 亿元。

法库陶博会共邀请 100 多家国内外企业前来实地考察，研究合作。展会期间，法库共签约项目 7 个，并与北海实业集团、德化富东陶瓷、德化恒忆陶瓷、河北唐山新恒艺陶瓷等企业达成合作意向项目 15 个，意向投资总额预计达 24 亿元。

展会期间，中国商业联合会秘书长骆毓龙向法库颁发了“中国陶瓷谷”牌匾。“谷”标志着陶瓷产业升级换代、市场广阔、产业链条完善。

3. 陶瓷技术创新取得新进步

法库陶瓷研发中心已研发出“应用于飞机黑匣子的高性能纳米隔热材料”、“氮化硅陶瓷轴承”、“利用地产原料替代广东黑泥”等 20 个项目，已申请国家发明专利 37 项。

其中利用陶瓷废渣生产出新型绿色保温建筑材料，广泛应用于建筑行业，极大的促进了法库陶瓷产业循环经济的发展；

西卡陶瓷研发的碳化硅产品具有强度高，精密度高的特点，技术国内领先；军华陶瓷生产的热电偶，应用在工业传感器上，具有抗高温的特点；

新中源企业针对法库气候、原料特点，实现微晶石本地化生产；骊住建材生产的陶板质量居于世界领先水平；科达燃气在生产工艺上不外排废气、废水、废渣，大幅提高了煤气转化率。

高科技新产品的不断推出，不但让法库陶瓷产品引领国内外陶瓷产业发展方向，也为陶瓷产业发展开拓出更为宽广的天地，谱写了产品零库存的销售奇迹，同时也吸引了更多知名企业入驻法库，1-9 月份，陶瓷产业园区内就引进重点项目 26 个，总投资额 53 亿元。

4. 2013 年内成为完全清洁能源县

在大力招商引资，发展陶瓷产业的同时，法库坚定不移地走绿色低碳发展之路。

1 月 12 日，全国最大的清洁煤制气生产厂——沈阳法库科达洁能燃气公司一期工程正式投产，可日产煤气 500 万标准化立方米，全部达产后，年产量可达 60 亿标准化立方米，能够满足法库陶瓷开发区企业的生产需求。

2012 年法库完成了金地阳、王者等 30 家陶瓷企业技术改造，年底彻底取缔煤气发生炉，实现清洁生产、安全生产，法库县由此成为全国第一个完全清洁能源县。

近年来，随着陶瓷产业要素的日臻完备，陶瓷产业集群进一步壮大，法库的采矿、运输、建筑、能源、商贸物流及服务业等相关产业被迅速带动起来，形成了巨大的产业链条，环境危害也随之加大。

为减少工业生产对环境造成的危害，法库县特别重视发展循环经济。早在几年前，法库县就投资 4.7

亿元，在陶瓷开发区建起了沈阳奥德燃气有限公司储配站法库门站，总供气量达40万立方米，用清洁能源煤层气替代了传统燃煤。同时，投资500万元建设了生态污水处理厂，日处理生活污水7000吨。

法库陶瓷经济开发区已建成252条生产线，每年产生的陶瓷碎片、陶瓷白泥浆、陶瓷碎片角磨废粉等固体垃圾达20余万吨。法库县现有的陶瓷企业最头疼的问题就是如何处理这些陶瓷废料。因为陶瓷废料无法降解，企业只能进行掩埋处理，不算排放费用，光是人工和运费的成本就已令企业难以承受。

为合理“消化”20余万吨垃圾，法库县引进了专“吞”垃圾的辽浙新型建材有限公司、沈阳亿胜达陶瓷建材有限公司。前者以陶瓷生产中产生的煤灰、陶瓷废泥、陶瓷产品中的破碎残次品，以及煤矸石等废料为原料，生产建筑用空心砖，可年处理12万吨的固体陶瓷垃圾和16万吨的煤矸石，年产值超亿元。后者利用陶瓷废料制成符合国家标准的免烧砖，一年“吃掉”15万吨陶瓷废料。

2012年，法库陶瓷开发区内90%的陶瓷企业通过了清洁生产审核。预计到2013年将全部达到清洁生产审核标准。目前，法库经济开发区是辽宁省唯一的国家级“循环化改造示范园区”。全国20家园区中，法库是唯一一个省级开发区，排在第5位，其余19家全是国家级开发区。

5. 规划五个陶瓷特色产业园

2012年法库县荣获中国商业联合会颁发的“中国陶瓷谷”称号后，进一步规划打造千亿产业集群目标，努力推进现代建材、卫生洁具、陶瓷市场、艺术陶瓷和科技成果转化5个特色产业园建设。

根据陶瓷产业发展规划，法库县在现有产业基础上，规划建设5个特色产业园，包括占地3平方公里的现代建材产业园、占地2平方公里的卫生洁具园、占地2平方公里的商业仓储基地、占地1平方公里的艺术陶瓷园、占地1平方公里的陶瓷科技成果转化园。

这5个特色产业园区的建设，目标是将法库开发区打造成东北亚新型建材产业基地、会展与采购中心、高新技术产业创业园，以及集科技研发、市场销售、会展交流、物流集散等功能于一区的循环经济示范园区。

6. 四月起改用“中水”生产陶瓷

人们平时所饮用的自来水为“上水”,生活污水和工业废水被称为“下水”。“中水”介于上下水之间，指“下水”经过处理后达到一定水质标准后的水。

中水因用途不同有三种处理方式：一种是将其处理到饮用水的标准而直接回用到日常生活中，即实现水资源直接循环利用；另一种是将其处理到非饮用水的标准，主要用于不与人体直接接触的用水，如便器的冲洗，地面、汽车清洗，绿化浇洒，消防，工业普通用水等；第三种是工业上可以利用中水回用技术将达到外排标准的工业污水进行再处理，一般会加上混床等设备使其达到软化水水平，可以进行工业循环再利用，达到节约资本，保护环境的目的。

法库县在实施技术改造和提升产品质量的同时，积极推进中水传输、中水回用等工程。该工程由沈阳水务集团负责，项目2012年4月份竣工，届时，污水处理厂将县城里的生产和生活污水处理后，把符合国家一级A类排放标准的中水直接供给陶瓷城。

近几年，法库陶瓷城已落户陶瓷及相关配套企业近150家，生产大部分使用自备井水。超量开采地下水，可能会引起水位的下降，产生区域性的地面沉降，更可能会引起水质的变化。沈阳水务集团决定变“废”为“宝”，投资5300万元，在污水处理厂院里新建贮水池、泵房及直接通到陶瓷城的2公里长的输水管线。目前，该项目已经进入收尾阶段，只剩电器部分没有安装，预计4月份将正式运行。

目前，法库县城每天产生的生产和生活污水为8000吨至1万吨左右。初期，污水处理厂每天可提供1万吨左右的中水，供给陶瓷城内的柯达燃气公司和部分陶瓷生产企业，作为冷却用水和生产用水。届时，这些企业将停止开采地下水。

7. 五月份用上管道天然气

3 月 8 日，首次通往法库、康平县的沈阳—法库—康平高压燃气管线工程正式进入开沟槽、铺钢管阶段。

沈阳燃气集团有限公司铺设的沈阳—法库—康平燃气管线，是沈阳燃气基础设施建设的首次北上，工程竣工后，将历史性的实现燃气管网在沈阳行政区域所有区县（市）的全覆盖，结束康平、法库县无管道天然气的历史。

沈阳—法库—康平燃气管线全长 116 公里，一期工程为沈阳—法库段，长 66 公里，管径达 1 米，压力为高压 40 公斤，南起沈北新区的财落乡，北至法库陶瓷工业园，日供气能力为 500 万立方米。另外，沈阳—法库高压燃气管线还将为北部通用航空产业园和辽河经济开发区预留出口。工程分为 6 个标段，2012 年春耕前工程全部竣工，5 月可实现向法库输送优质天然气。法库—康平高压燃气管线将于下半年开工。

天然气进入法库，有利于当地经济发展尤其是陶瓷产业的升级与转型。天然气进入法库还将为城镇居民生活提供便捷。沙河流域小区，是政府棚户区改造回迁小区，1000 余户居民预计在下半年率先用上管道天然气。

8. 大东北陶瓷城开启招商项目

2012 年法库县大东北陶瓷城首次到佛山开启招商项目。目前，东北市场的陶瓷产品很多来自山东、河北、浙江、福建和广东等陶瓷产区，但由于运距较远，运费较高，造成其产品在东北陶瓷市场的价格居高不下，而且产品库存不足，不能满足客户的需求，因此在与本地产品竞争的时候缺少价格优势与服务优势。

大东北陶瓷城不仅可以为进驻企业提供产品展厅，还可以为客户提供足够大的仓库，为客户储备大量库存。而且通过海运，运费将大大降低，进驻企业的产品就能在东北市场形成价格优势，进一步开拓市场。

大东北陶瓷城规划建设面积达 1000 亩，目前已经建成 40 万平方米，而 2012 年当地政府又批准多增加 1 平方公里的土地建设面积。

浩松集团已经对大东北陶瓷城的建设进行了多年的精心规划，在法库以近累计投入资金超过 8.5 亿。

大东北陶瓷城市场的基础上，2012 年法库还在建设、规划 300 万平方米的中国陶瓷谷大市场。该市场集陶瓷建材产品贸易批发、零售、仓储、展示、配送等功能于一身，涵盖博览、会议、办公、餐饮、娱乐、电子商务等配套综合服务功能，为东北地区最大集群式、现代化专业陶瓷市场。

中国陶瓷谷大市场目前已陆续投入使用建筑面积的 135 万平方米，建有店面 1580 个、库房近 1500 个，商铺 715 家。

二、建平

辽宁省建平县新型建材（陶瓷）产业集群，以建平县陶瓷工业园区为依托，大力发展新型建材。该园区成立于 2003 年 6 月，总规划面积 6.784 平方公里，已开发面积 3.5 平方公里。

2011 年，建平县新型建材（陶瓷）产业集群发展形势良好。主要表现在：首先，红山玉一期工程年产 18 万平方米高档微晶装饰板材质量稳定，各项生产正常，到 2011 年末生产装饰板材 20 万平方米，生产工艺品 2 万套，实现产值 10 亿元，创利税 2.5 亿元；其次，园区陶瓷生产企业的 20 条生产线基本达到满负荷生产，日生产陶瓷内墙砖、外墙砖、地板砖等 40 多万平方米。金正陶瓷、龙　陶瓷、大世界陶瓷、联合利华等陶瓷企业的产品出口到韩国。2011 年产业集群各陶瓷企业实现产量 1.5 亿平方米，实现产值 17.6 亿元，利税 1.5 亿元。

2011年，园区管委会还把招商引资工作作为园区工作的头等大事去抓，明确提出了“走出去、大招商、招大商”的新思路。按照产业布局的总体要求，园区管委会把招商引资从传统陶瓷行业转移到新型建材和机械加工、装配制造业上，坚持高起点招商，实现了由招商引资到招商选资的转变，最终引进了一批高科技、无污染、环保节能、具有一定拉动力的项目入驻园区。园区管委会先后盘活了已停建的金华陶瓷公司和原法拉利陶瓷公司，还引进辽宁金润天然气有限公司，将秦沈天然气管道支线从锦州经朝阳引至建平，为红山玉等企业提供燃气保障。

2012年红山玉二期工程继续顺利推进，建成年产30万平方米彩板生产线和100万平方米的2条装饰板生产线。进入建平的天然气主管道建设工程2012年5月份竣工通气，达产后年供气能力5亿立方米，年实现销售收入15亿元，实现利税1.5亿元。

2012年以来，园区内各陶瓷企业积极加大投入力度，进行设备技术改造和产品的研发力度，金正陶瓷公司成功研发出300mm×600mm的大规格高档内墙砖，并投入生产，填补了不能生产大规格内墙砖的空白。

目前，园区内不同品种规格的内墙砖、外墙砖、地板砖及釉料产品等已达到五大类，共计50多个品种。金正陶瓷、大世界陶瓷、联合利华陶瓷生产的高档内墙砖有近10几个品种出口到韩国。

2012年园区完成招商引资3.5亿元，完成固定资产投资7000万元；实现工业总产值67亿元，新上高档陶瓷生产线2条，新增陶瓷生产能力1100万平方米，新增瓷砖产量2200万平方米、红山玉装饰板材100万平方米，实现税收7500万元。

2012年，建平县加强科技研发和申报争创工作，推进园区提档升级。重点是以陶瓷检测实验中心为平台，依托清华大学先进研发技术，重点开发系列装饰板材、泡沫陶瓷、泡沫保温饰品等新型建筑材料；此外，同时以红山玉高档装饰板材和丽诺高档抛光地板砖为重点，培育2个以上省级著名商标。

第七节　湖北

一、当阳

2012年湖北陶瓷产区呈稳步发展态势，目前已形成了当阳、宜都、蕲春、黄梅、襄阳5个主要陶瓷产业园区。以黄冈市浠水县、咸宁市为代表的新兴产区发展势头迅猛，仍有数家陶瓷、窑炉、矿产、包装等陶瓷及相关配套企业入驻。

2008年以来，当阳先后引进了新中源集团、帝豪陶瓷、九峰陶瓷、锦汇陶瓷等多家知名企业落户，陶瓷产业由原来的2家发展到45家，产能由原来的2000多万平方米发展到2.3亿平方米，陶瓷产业产值达到50多亿元，连续4年跻身湖北省重点扶持产业集群。

目前，当阳陶瓷行业的就业职工有16392人。2012年上半年实现产值34亿元，占该市规模以上企业总产值的17%，上缴税金0.54亿元，已经成为该市工业经济的重要支柱产业。

7月24日，湖北首家陶瓷行业工会联合会——当阳市陶瓷行业工会联合会成立。大会现场，在当阳市总工会的见证下，当阳市陶瓷行业工会联合会主席黄天唤代表全市45家陶瓷及其配套企业，与企业主代表刘春华签订了工资集体协议。

协议协定，职工月工资不低于950元；职工月工资与企业效益挂钩，企业盈利年增长10%，职工工资不得低于6%；职工生活、电话、交通以及夜班、高温等津补贴，按照国家有关规定执行到位。

10月25日，全国重点陶瓷产区政协工作联谊会第一次会议在当阳市召开。来自广东、广西、河南、四川、辽宁、吉林、陕西、河北等9省区10个县市区的政协领导和企业家代表100多人齐聚当阳，共商陶瓷产业发展大计。

当阳市举行了湖北省首家陶瓷研发中心的项目签约仪式，该陶瓷研发中心是由湖北鑫来利陶瓷公司投资500万元与武汉理工大学合作建设，将重点从事以湖北本地特色原料为主的标准化陶瓷原料和坯料研究，区域特色建筑陶瓷新产品的设计和开发，高附加值的功能性建筑陶瓷新产品的开发研究。

当阳的帝豪陶瓷、天冠陶瓷等多家当地的老牌陶企，在2012年因经营乏力不得不面临企业重组、生产线出租等问题，生产线常年或改造或闲置。

另一方面，湖北凯旋陶瓷、湖北蝴蝶泉陶瓷等新兴陶企的逆势扩张。由于天冠、帝豪等老牌抛光砖生产企业的停窑减产，2012年当阳的外墙砖产能首超抛光砖产能跃居该地区首位。

按既定规划，2013年当阳凯旋陶瓷的七线、蝴蝶泉陶瓷的四线，九峰陶瓷的三线以及锦汇陶瓷的二线将建成投产。

湖北建陶企业主要聚集地在泛当阳（含当阳市、远安县、枝江市），产品种类虽然已经较为齐全，涵盖了抛光、仿古、瓷片、外墙、西瓦等几大类。但每一类产品的生产规模、产品定位、市场区域都相差无几，尤其是瓷片生产企业数量庞大，以当阳为中心的50公里范围内汇集了八成的产能，导致价格战已经成为常态。

喷墨打印机引进也是泛当阳地区2012年的热点。位于当阳市的宝加利陶瓷、九峰陶瓷、凯旋陶瓷，位于枝江市的亚泰陶瓷，位于远安县的楚林陶瓷以及位于通城县的杭瑞陶瓷共引进9台喷墨机，加之湖北安广陶瓷于2011年引进的一台，至此湖北拥有喷墨机的企业数量达到7家，共计10台。此外，专注仿古砖生产的湖北九峰陶瓷与湖北杭瑞陶瓷在2012年均推出了全抛釉新品。

二、蕲春

受国内建材行业大环境整体不景气因素影响，蕲春县的陶瓷产业发展步伐亦因此而缓步前行。不过2012年所有陶瓷企业都开足了生产线，产品销售亦能实现产销平衡。其中西瓦产品的销售形势最为理想。

国家房地产调控政策在很大程度上压缩了墙地砖产品的销售市场，但蕲春的西瓦产品销售主要面向鄂湘赣皖四省广博的农村市场，因此受国家宏观政策影响极小，在产品销售上能够实现供不应求的特殊局面。

蕲春县赤东陶瓷工业园始建于2006年12月，2007年被湖北省经委列为重点产业集群基地，2008年10月入选“中国县域经济产业集群竞争力100强”，园区内现有中瓷万达、新万兴、中陶、恒新、新天地、奥龙、华顺7家陶瓷企业，10余条高档陶瓷生产线，主要生产抛光砖、内外墙砖、仿古砖、琉璃瓦、装饰砖等系列建陶产品。此外，工业园还有模具企业3家，包装企业3家，釉料企业1家。

2012年上半年该园区实现产值8.7亿元，解决就业近4200人。2012年园区计划投入资金4亿元，新增4条生产线，实现产值16亿元。

三、浠水

浠水发展陶瓷产业具备天时、地利、人和的优势。该县是全国知名的“窑炉之乡”，窑炉建筑安装、机械制造占据行业市场份额的半壁江山，聚集了全国75%以上的窑炉专业人才。此外，浠水陶瓷原料丰富，且品位极高、埋藏较浅、极易开采。

2010年，浠水县立足本地区位优势、交通优势和资源优势，出台了一系列优惠政策和激励措施，与佛山的知名建筑陶瓷企业——新中陶集团“联姻”，在鄂东港口重镇建设陶瓷产业园，引进东部陶瓷企业来浠发展。

2012年，浠水县根据形势发展，及时提出了园区二期工程规划：利用五至十年的时间，投资200多亿元，占地18000亩，建设60条陶瓷生产线，以集群式专业发展陶瓷产业，链条式发展交通物流、机械制造以及商务休闲等相关产业。

目前，兰溪陶瓷产业园一期工程已有湖北雄陶、湖北澳晟、湖北汇星、上海新安储、南山包装等5家陶瓷生产及配套企业落户，其中，雄陶公司、澳晟公司的第一条生产线于9月上中旬正式产出瓷砖，其余生产线正在加紧建设。

2月12日，湖北京华陶瓷科技有限公司二期工程暨佛山科美窑炉机械有限公司落户开工仪式在浠水县洪山工业园举行。京华陶瓷公司由佛山科美公司2007年底在浠水创办，是湖北省第一家取得日用瓷国家品质认证及通过美国食品药品检验检疫局认证的现代化陶瓷生产企业。

2012年，浠水县成为湖北唯一仍在大力进行陶瓷招商的产区，该县计划投资60亿元，用6年时间建成一个占地6000亩、拥有60条现代化生产线、年产值达到60亿元，安排就业2到3万人的陶瓷产业园。

第八节　河南

一、内黄

内黄陶瓷产业2009年开始起步，当年就吸引一大批陶瓷企业集聚建设，成为陶瓷行业的“黑马”。近年来，内黄每年都有一批陶瓷企业建成投产，产业规模不断壮大，赶超鹤壁、汝阳、息县、内乡等其他产区，成为河南陶瓷产业发展的“领头雁”。

三年来，内黄县累计引进投资近百亿元的陶瓷项目，建成投产35条生产线，全省唯一一家省级陶瓷产品质量监督检验中心在内黄挂牌开检，陶瓷产业园区被命名为省级陶瓷产业园区、河南省承接陶瓷产业转移示范基地、2010年度河南省“十快”产业集聚区。2012年11月6日，内黄县被中国建筑卫生陶瓷协会授予“中原陶瓷产业基地”称号。

截止到2012年底，日日升、福惠、新南亚、中福、嘉德、欧米兰、东成等一批大型陶瓷企业陆续落户内黄。总计入园陶瓷企业及配套企业20多家，计划建设50条生产线，其中20条生产线建成投产，30条生产线正在规划建设，“中原瓷都”的巨大的集聚效应已经初步显现。

2012年国内陶瓷行业深陷谷底，在各主产新兴区产区企业产品严重积压，工厂大面积停产的情况下，内黄县陶瓷产业始终保持产销平衡，不但没有一家停产，并且实现了30%的增长。在陶瓷产业带动下，1月至8月，内黄县产业集聚区实现工业总产值76.6亿元，规模以上工业企业总产值68.9亿元，利税7.8亿元，主导产业占产业集聚区工业总产值的80%以上。其中，陶瓷产业增加值完成6.1亿元，同比增长30.1%，拉动规模以上工业增长7.2个百分点。

在巩固扩大建筑陶瓷规模的同时，内黄县近年来围绕陶瓷产业优化升级，着力引进占地面积小、科技含量高、市场前景好的卫浴、工艺陶瓷、日用陶瓷、抛晶砖、马赛克等高档陶瓷项目，推进陶瓷产业由单一的建筑陶瓷逐步向生活、电器、医疗、工艺、餐具、五金等各类陶瓷产品转变，进一步丰富了陶瓷产品结构，推进了产业优化升级。

同时，内黄县规划建设了集产品研发、展示交易、物流配送、质量检测、管理服务于一体的中原陶瓷城，推进内黄陶瓷产业尽快由工业生产向集生产、研发、销售、展览、集散于一体的陶瓷商业市场转型，全力打造中部地区最大的陶瓷生产基地。

预计，2013年安阳将掀起新一轮的生产线扩建高潮，增建生产线总数达到8条。其中包括新明珠二期工程，以及新南亚陶瓷、日日升陶瓷、嘉德陶瓷、东成陶瓷、新喜润陶瓷等一批项目。

而且，企业扩建的生产线不仅仅是产能的扩大，更是一次技术上的提升。新明珠陶瓷新建成的生产线窑炉宽4.2米，是国内目前最宽的陶瓷烧制窑炉，日产能3万平方米，不但降低了生产成本和能耗，也增强了抵御市场风险的能力。

内黄产区技术上提升还表现在，2013 年扩建的生产线主要集中在喷墨、微晶等新型产品方面。比如河南省首家使用喷墨技术的新南亚陶瓷，包括 2013 年扩建生产线在内，上线的喷墨打印机总数已达 8 台，成为河南拥有喷墨打印机最多的陶瓷企业。

另外，2013 年，成功转产全抛釉产品的福惠陶瓷，以及新落地的新顺成陶瓷都将建微晶石生产线。全年内黄建成或在建的生产线中，喷墨、微晶生产线达 10 条。

2013 年开始，内黄县陶瓷产业将进一步“扩大规模、提升档次、推动转型”。计划用 5 年时间，建设 100 条国内一流的生产线，内黄将成为中原地区最大的新型陶瓷生产基地。

扩大产业规模。现已引进了总投资 100 多亿元的陶瓷项目，建成投产 35 条建筑陶瓷生产线，占河南建筑陶瓷的近三分之一，成为全省最大的新型陶瓷生产基地。2013 年，内黄将进一步加大陶瓷招商力度，吸引更多的陶瓷项目落户内黄，同时，强力推进现有陶瓷企业二期工程及在建项目建设，着力打造立足河南、辐射中西部地区的“中原瓷都”。

提升产品档次。去年以来，内黄围绕陶瓷产业优化升级，研发生产了全抛釉、喷墨砖等行业新品，在陶瓷产业优化升级上走在了行业前列，接下来成为河南陶瓷产业发展引领者。下步将进一步加大国内大型陶瓷企业和知名品牌的引进力度，鼓励支持现有企业改造升级，组建陶瓷研发中心，积极发展产品更加环保、生产更加节能、市场更加广阔的陶瓷薄板、微晶陶瓷等新型产品，叫响“内黄陶瓷”区域品牌。

推动产业转型。在扩大建筑陶瓷规模的同时，致力于引进产品更加环保、科技含量更高、市场前景更好的卫生陶瓷、日用陶瓷、艺术陶瓷，上市公司广东长城集团、香港唯一集团、天津宏辉、黄源艺术黑陶等一批行业龙头落地建设，成为全省唯一一个涵盖建筑陶瓷、卫生陶瓷、艺术陶瓷、日用陶瓷的综合性陶瓷生产基地。下步将瞄准国际国内陶瓷产业发展趋势，加大“高、精、尖”陶瓷项目的引进力度，进一步丰富陶瓷产品种类，优化产业结构，推动产业转型。

完善配套体系。加快圣泉制釉、黑泥加工、北京浩驰等项目建设，强力推进顾家·欧亚达国际建材商贸城项目，打造北方规模最大、档次最高、功能最齐全、辐射力最强的陶瓷集散商贸中心，形成涵盖原料加工、机械配件、化工釉料、包装装饰、产品研发、质量检测、展示交易、物流配送完善的产业体系和产业链条。

二、鹤壁

1. 中部陶瓷基地框架基本形成

2012 年以来，鹤壁市不断加大陶瓷招商力度，先后组团参加了鹤壁泉州经济合作交流会、鹤壁与闽商经贸合作项目洽谈会、百名闽商进鹤壁（2012）项目洽谈会。同时，还积极与世界闽商联合会、深圳福建商会、广东福建商会等商会组织广泛接触，邀请客商到区实地考察。通过各种招商推介平台和载体，先后与福建豪山建材、晋成陶瓷、富盛达建材等 40 余家闽籍企业建立了联系，并从中筛选了一批投资意向明确的企业进行重点跟踪。

截止到 2012 年底，鹤壁市山城区石林陶瓷产业园区已进驻瑞兴堡、富得、御盛、金鸡山、华邦等一批陶瓷企业。园区内总签约、落户陶瓷企业 11 家，相关配套企业 10 余家，签约陶瓷生产线 59 条，签约总金额 61.08 亿元，已投产 13 条，在建 7 条，“中国中部陶瓷基地”的框架和基础初步稳固。

2. 集聚区基础设施日趋完善

随着陶瓷产业的快速发展，鹤壁市山城区石林工业集聚区面积将在原 12.6 平方公里的基础上再扩展 5 平方公里。同时，进一步加大了基础设施的建设力度，为陶瓷产业发展搭建良好平台。

2012 年总投资 1.5 亿元的集聚区工用天然气及配套建设工程已经建成通气，可大大减少陶瓷生产过程中的用煤量，减少污染；总长4.4公里的新中源大道和陶苑大道已竣工，二期工程启动。

与此同时，山城区针对近年来大量陶瓷企业入驻，用电需求不断增长，加快110千伏瑞祥变电站建设，扩建一台50兆伏安变压器、一个110千伏出线间隔。通过这些电力项目的实施，进一步改善电网结构、优化电网运行方式，有效提高对石林陶瓷产业园区的供电能力。

3. 总投资16亿元富盛达陶瓷项目签约

8月11日，河南省鹤壁市福建商会成立大会在鹤壁迎宾馆举行。全国政协委员、香港福建社团联会名誉会长、香港繁荣集团董事长陈玉书，世界闽商联合会创会会长黄毅龙等500余名闽商和嘉宾出席会议。

会议期间举行了签约仪式，河南鹤壁市淇滨区政府与鹤壁市福建商会就闽商大厦项目签约，淇滨区政府与中国闽南国际投资集团有限公司就中国闽商国际建材城项目签约，鹤壁市山城区政府与福建富盛达陶瓷公司就新型陶瓷生产线项目签约。

其中，河南富盛陶瓷有限公司项目由福建富盛达建材有限公司投资建设，项目占地600余亩，总投资16亿元，主要产品为抛光砖、仿古砖、高档内墙砖等。项目建成后年产值可达9.1亿元，利税1.35亿元。

此外，在郑州市举行的2012年第七届中国河南国际投资贸易洽谈会上，鹤壁市成功签约引进2家陶瓷项目，分别是江苏欧泊尚家陶瓷有限公司总投资2300万美元的新建2条陶瓷生产线项目，广东金顺捷陶瓷有限公司总投资5亿元的新建4条辟开砖生产线项目。

4. 瑞腾建材劈开砖项目一期工程启动

2012年，位于鹤壁市山城区石林工业集聚区河南省唯一的劈开砖生产线项目——瑞腾建材有限公司一期2条陶瓷生产线抓紧建设，计划2013年7月初产品正式下线。

瑞腾建材劈开砖项目总投资3.3亿元，项目分两期建设，一期投资1.2亿元，建设2条生产线，年产劈开砖120万平方米；二期投资2.1亿元，建设年产300万平方米中高档陶瓷墙砖生产线。项目全部建成后，可年产陶瓷墙砖420万平方米。

劈开砖是外墙砖的一种，采用隧道窑高温烧成。传统的陶瓷行业都使用煤制气做能源，而瑞腾项目则使用天然气。

5. 陶瓷配套产业加快发展

陶瓷产业发展能够充分带动配套产业发展，配套产业发展也是进一步提升陶瓷产业竞争力的基础和关键。为此，鹤壁市2012年把陶瓷配套产业纳入招商引资范围，重点引进发展储运物流、货用物流以及机械制造等配套产业。

2月28日，鹤壁山城区三个陶瓷及配套项目，包括宏腾建材有限公司年产420万平方米陶瓷生产线、瑞福特通用机械有限公司年产1000台振动机械输送机及配套设施及天伦新能源有限公司石林工业集聚区集中供气，集中开工仪式在石林工业园区举行。

宏腾建材项目由鹤壁市宏腾建材有限公司建设，总投资3.3亿元，占地200亩，年产420万平方米外墙砖，建设周期为2012年2月到2013年8月，2012年计划投资1.6亿元，建成1条外墙砖生产线；年产1000台振动机械输送机械项目由鹤壁市瑞福特通用机械有限公司承包建设，总投资2000万元，建设周期为2012年2月到2012年12月；石林园区集中供气项目由鹤壁市天伦新能源有限公司建设，总投资1.5亿元，建设周期为2012年3月到2013年5月，项目建成后年可为石林工业集聚区供天然气1800万立方米，2012年计划投资4000万元，建成一期工程，实现集聚区通气目标。

第九节 湖南

一、岳阳

湖南省岳阳县新墙工业园内，主要引进了天欣、华雄、金城、亚泰、宏康、百森等陶瓷企业。截至2012年，建材园共建成陶瓷生产线18条，年产值22亿元，完成税收4000万元。按这样的发展趋势，预计3年内园区税收可突破1个亿。

但是随着产业的发展，陶瓷企业产生的二氧化硫、工业用水、粉尘、煤焦油、噪声等污染物已经严重污染周边地区的环境。岳阳县政府按照“四化两型”要求，严格执行国家节能减排政策，鼓励企业引进和研发节能新工艺，确保达标排放。

华雄陶瓷采用喷雾干燥制粉先进工艺，以煤气作燃料，用3200吨全液压自动压机成型，配备煤气燃料的辊道窑一次烧成，每万平方米能耗折合指标煤由57.84吨降至44.16吨。百森陶瓷装置脱硫塔后，排放废气中的SO_2含量减少了60%，处于国内同行业先进水平。

2007年在岳阳县新墙农业工业化园创办的湖南天欣科技股份有限公司主要生产高、中档仿古艺术砖。2012年10月第四条生产线投产，单线设计产能日产10000m^2。与此同时，王五星在岳阳楼区、君山区、云溪区成立3家混凝土及管业公司等配套工程项目。2012年10月17日，第三期工程的第五线成功点火，第六条生产线的基础工作全部完工，年底点火。

天欣科技拥有五个注册商标，瓷砖年产能达到3000万平方米，旗下同时经营“同喜”、“金达雅”、“同乐”、“鸿双喜”、“塞纳尔”、“欣鸿源”、“嘉利雅”、“佛诺伦莎”等8大品牌仿古砖陶瓷。产品占到整个中西部地区陶瓷总量的28%以上。

天欣科技近年来与意大利卡罗比亚公司共同开展陶瓷仿金属技术应用研究方面，得到了意大利国际技术的资助，并互派科研人员进行培训和交流。公司研发的“金属仿刺绣玫瑰花仿古砖”获得国家科技部授予的“国家实用新型专利”和“新型外观设计专利”等。

2011年天欣科技率先引进喷墨机后，金城陶瓷、华雄陶瓷、亚泰陶瓷、兆邦陶瓷等企业都陆续引进。拥有两条抛光线和三条瓷片线的湖南亚泰陶瓷有限公司投入巨资，一次性购买了四台喷墨机。

二、茶陵

然而，喷墨机的广泛使用也加剧了企业之间的价格竞争。喷墨机的出现，使陶瓷印花技术更加简单，也让模仿变得更易操作，这反而导致一些企业失去了产品创新的动力。

10月7日，华盛建筑陶瓷有限公司第一条生产线正式点火，这也茶陵县首条建筑陶瓷生产线投入生产。

从2010年开始，茶陵县依据资源优势，积极承接珠三角建筑陶瓷产业梯级转移，计划用5年时间，把建筑陶瓷工业园建成总投资40亿元、有15家年产值亿元以上企业、全省最大的建筑陶瓷生产基地。目前已成功引进华盛、光华等多家陶瓷企业落户。

华盛建筑陶瓷有限公司总投资5亿元，占地面积430亩，是一家主要生产高附加值的环保型抛光砖产品的企业。公司计划在两年内建成六条抛光砖生产线，投产后年产值可达10亿元。

茶陵县还充分利用交通区位优势进行招商引资，成功引进了投资6亿元的湘赣物流园项目。首期300亩建设项目将于今年启动。项目建成后，年运输量可达1000万吨以上，将大幅提升茶陵的物流配套功能，并辐射带动湘赣两省13个县市的经济发展。

三、常德

2011年4月7日，由东鹏陶瓷签约，总投资达50亿元的常德国际陶瓷交易中心项目有序推进中。

常德国际陶瓷交易中心位于常德大道与芙蓉路的交汇处，项目规划用地420亩，建筑面积50万平方米。开发定位为以专业市场为价值引擎的城市商业综合体，建成后将涵盖家居采购、产品展示、仓储物流、商务办公、休闲娱乐、高尚住宅六大功能板块，总建设周期为5到6年，项目计划2013年9月正式动工。

第十节　广西

藤县

2009年，为抢抓承接东部地区陶瓷产业转移良机，广西梧州市藤县规划“梧州市陶瓷产业园藤县中和集中区”，并派出多支招商队伍，赴广东、福建吸引陶瓷企业抱团入驻。目前，中和集中区累计已完成场地平整5008亩，以及总长3.2公里的道路硬化绿化亮化工程，并完成了陶瓷文化公园主体建设。

到2012年12月底，已有14家陶瓷企业入驻中和集中区，建成陶瓷生产线87条，其中8家企业建成投产，产品种类有抛光砖、瓷片、仿古砖、耐磨砖等。固定资产投资完成36.2亿元，占年计划的104.2%；实现工业产值85.9亿元，同比增长15.1%；完成税收3779万元，同比增长387.4%。

随着当地工业企业的不断增多、园区的不断扩大，原来的基础设施满足不了需要，为此，广西藤县计划投资2.53亿元，用于完善园区道路、供水、排水、排污、绿化等设施，以及水厂、商业街、物流园等配套设施。

2012年，藤县以现有的新中陶、瑞远、新舵、宇豪等重点骨干企业为依托，引进泰和丰、德龙、碳歌、佳和利等上下游配套项目，拉长陶瓷产业链，促进产业集群发展。其中，泰和丰与德龙两家企业主要为企业提供生产陶瓷的原材料。

值得一提的是，5月8日。藤县与广西碳歌环保新材料股份有限公司举行签约仪式，引进陶瓷轻质环保保温新材料生产项目。该项目一期占地约220亩，投资2.5亿元，利用陶瓷生产的固体废料专业生产各型号陶瓷轻质保温新型材料，主要用于20米以上建筑及公共场所的保温防火。项目计划在两年内建设5条生产线。预计2013年8月份将进行试产。

2010年，一些进入藤县的工业企业及相当一部分建设项目因土地指标问题不得不缓建，发展遇到了前所未有的瓶颈。

2011年起，藤县县委、县政府积极向上级争取低丘缓坡的开发利用。据了解，该县山地坡度多在10度到40度之间，相对高度30米左右的低丘缓坡土地约占全县面积的40%，宜建山坡地空间极大。

2012年，藤县争取到“低丘缓坡土地综合开发利用”试点县项目，使经济发展困局得到了破解，耕地得到了更好的保护，并把面积较大的优质耕地划为基本农田，实行永久保护。

落户藤县陶瓷产业园的广西新中陶陶瓷有限公司申报注册的“北江瓷砖”等8个商标顺利获批。2012年藤县加大对陶瓷企业商标管理的力度。针对企业商标使用和外包装方面存在偷换概念等问题，藤县工商局已下发行政建议书9份，通过规范与引导，产业园区企业已于6月底之前全部整改结束，并于今年10月1日起统一使用规范的产品包装。

2012年11月1日，BOBO陶瓷薄板中国广西北流生产基地第一期工程宣布全面竣工。全新落成的广西北流薄板生产基地，采用国际先进的低碳环保生产工艺，以及自有专利生产设备，整体规划6条薄型化陶瓷的生产线，计划分期投入生产不同规格类型的陶瓷薄型化产品，规划最大生产尺寸达到1.2米×3.6米×3毫米，整个基地可形成年产2000万平方米的薄型化陶瓷生产规模。该生产基地也成为国内除佛山外的首个陶瓷薄板生产基地。

近年来，广西桂平市倾力打造龙门陶瓷产业园。园区陶瓷产业基地规划用地面积5000亩，项目总投资50亿元以上，建设50条以上生产线，项目建成后，可实现年产值100亿元以上，解决就业人员20000人。

2011年，桂平市首家陶瓷企业——广西中联陶瓷有限公司首期投资1.8亿元的陶瓷生产线投产。2012年，继广西中联陶瓷有限公司、广西灵海陶瓷有限公司、广西新权业陶瓷有限公司在广西桂平龙门陶瓷产业园顺利投产后，广西桂平市大成陶瓷有限公司的首条仿古砖生产线正式投产，目前运行稳定，日产量达15000平方米。该项目由广东省南海万成纸箱包装有限公司投资建设。大成陶瓷从2011年4月开始筹建，今年计划投资2000万元，目前已完成投资1900万元。该项目与灵海陶瓷第二条生产线续建项目共列入工业区的2012年“三年目标任务行动计划”项目。

截至到目前，龙门陶瓷产业园已进驻企业13家，其中陶瓷生产企业6家，配套企业7家，已有3家陶瓷企业8条生产线建成生产。2012年1-8月，园区实现工业总产值6.32亿元，销售收入6.01亿元。

12月20日，广西来宾迁华陶瓷产业园暨力拓陶瓷隆重奠基。力拓陶瓷项目总投资2亿元，建设年总产量1000万平方米建筑陶瓷生产线，预计2011年12月竣工投产。

新中陶企业集团是国内首家集陶瓷原料开采加工、瓷砖生产、陶瓷产业园运营于一体的陶瓷企业。公司在广西藤县和广东佛山拥有瓷砖生产基地，并在广西藤县、湖北浠水拥有陶瓷原料矿业公司。

近年来，新中陶企业集团依托自有矿业资源，开创了行业内矿厂一体化的发展新模式，投资开发和成功运营了规划面积达21000亩的广西藤县陶瓷产业园和规划面积达18000亩的湖北浠水陶瓷产业园。其发展经验被专家总结为“新中陶模式”。

第十一节 河北

高邑

改革开放初期的80年代，高邑第一家联户办陶瓷厂诞生，其后跟进的集体、个体企业如雨后春笋争相而上。发展到2000年末，高邑建陶产业实现销售收入达到20多个亿，占全县工业税收的35%，产品远销“三北”（华北、西北、东北）地区十几个省，并出口到俄罗斯和非洲地区。

近年来，高邑县下大力解决制约建陶产业发展的瓶颈问题，淘汰落后产能，推进清洁生产。到2012年，全县拥有建陶生产企业已由原来的50多家减少到现在的22家，生产线由60多条减至38条。但随着产品逐渐升级换代，产量却有增无减。而且，2012—2013年，高邑县还有17条陶瓷生产线在建，这些生产线不仅投资大、产能高，并且采用了国内最先进的设备和工艺，单位产品能耗、电耗较以往降低20%以上。

高邑县陶瓷产品包括内墙、外墙、地板三大类别，微粉、抛光、通体、釉面等100多个花色品种，畅销东北、华北、西北等十几个省区市。力马陶瓷、圣泽瓷业、福隆陶瓷、汇德陶瓷等建陶骨干企业销售额均达亿元以上。其中，力马建陶公司高档微粉抛光地板砖生产线创下了窑炉长度、单窑产量、节能降耗三个亚洲第一的纪录。

目前，高邑县是“中国北方重要建陶基地”，市场份额占到全国的5%以上。该县计划到2015年底，全县建陶产业年生产能力实现翻番，产值实现翻两番，达到200亿元以上。

2012年总投资11.2亿元的高邑县亿博建材城一期工程完成后，截至目前，已有50余家建材企业进驻建材城营业。亿博建材城项目由亿博基业集团有限公司投资建设，占地326亩，总建筑面积229800平方米，分两期建设，到2013年全部建成投用。其中一期工程占地138亩，建筑面积92000平方米，拥有经营面积100平方米至300平方米的商铺200余套。

第十章　卫生洁具产区

第一节　佛山

一、英皇卫浴两项科技成果被鉴定为国内领先

2012 年 9 月，佛山市科技局在佛山市高明区主持召开了由佛山市高明英皇卫浴有限公司研发完成的“高效自动清理卫浴产品滞留水技术的研究与应用”和“镶嵌式触摸感应蒸汽淋浴房制备技术的研究”两项目科技成果鉴定会议。

鉴定委员会听取了两项技术研究的报告，审查了相关文件资料，并在英皇卫浴工程技术人员的陪同下到产品现场观看了产品演示，鉴定委员会和佛山市科技局领导对产品样机给予了高度评价。鉴定委员会经过质询和讨论，认为英皇卫浴两项科技研发技术均达到国内领先水平，鉴定委员会一致通过科技成果鉴定。

本次进行鉴定的 2 项目，其中一技术已获国家发明专利授权 1 项，合计产生经济效益超过 2000 万元。

二、新明珠集团与维卫集团强强联手

2012 年上半年，新明珠陶瓷集团与维卫国际集团强强联手合作，共同筹建智能卫浴生产基地。

维卫国际集团位于浙江东南部台州市，是一家专业从事高科技智能马桶开发和生产的大型企业。1995 年维卫国际集团开发国内第一个智能便盖，2003 年开发国内第一个多功能一体化智能马桶“VIVI”。目前，维卫国际集团已发展成为国内最大的电子智能马桶研发和制造基地。2008 年维卫国际集团推出了智能卫浴行业的高端品牌“洁身宝”，实行多品牌路线。

虽然智能卫浴行业发展前景很大，但也面临着一个被消费者逐渐认识和接受的过程。维卫国际集团因此希望有一个强大的主流企业介入智能卫浴行业，以共同解决一些制约行业发展的问题。

维卫国际集团与新明珠集团的合作是典型的‘技术 + 资本’的合作。新明珠集团认为，智能卫浴健康理念逐步升温得到人们持续关注，智能家居是一个朝阳行业，将得到广泛的认同。不仅马桶实现智能化，包括淋浴、水龙头、浴室柜等都可以实现智能化。新明珠 2012 年集团公司已完成了智能卫浴的准备提升工作，并确定了打造智能卫浴行业最大规模企业的发展目标。

新明珠集团主动与智维卫国际集团强强联手，特别是智能卫浴陶瓷生产与智能装配两大生产基地的相继落成，显示了新明珠卫浴蓬勃发展的巨大活力。新明珠陶瓷卫浴项目也成为行业为数不多实现了智能技术和陶瓷同步研发、智能生产线与陶瓷生产线综合优势的大型项目。

2012 年第十七届中国国际厨卫设施展览会，5 月 23 至 26 日在上海新国际博览中心举行。智能化与节能化是这次展会最大的亮点之一。佛山卫浴主流企业安华、恒洁、浪鲸、安蒙、益高、澳斯曼、金牌、法恩莎等都在力推智能产品，尤其是安华智能马桶“好卫尔”受到参观者热捧。

三、佛山卫浴出口北美可直接“领证”

从 2012 年起，佛山企业出口水暖卫浴到北美在家门口就可审核认证了。原因是佛山检验检疫局技术中心出具的检验报告已经被“美国国际规范委员会评估服务”认可。这样，企业在佛山就可直接进行

工厂审核，并获颁相关证书，通过检测和取得认证的时间和费用比以往要节省很多。

美国国际规范委员会是全球最大的从事建筑安全规范和标准制定的非营利性组织，在水暖五金卫浴产品领域，获得其认可证书的产品，其认证可以覆盖整个美国和加拿大。该证书涉及的水暖五金卫浴产品包括:坐便器、浴缸、淋浴、水龙头、水槽等以及配件，止回阀、阀门、下水管及配件，漩涡按摩浴缸、游泳池、上水管道及配件等。

四、佛山检验检疫局搭建陶瓷卫浴出口技术服务平台

2012年佛山卫生陶瓷出口726批次，总货值1332.44万美元，同比下降7.69%。其中，出口美国总货值同比下降了9.79%，出口欧盟更是同比大幅下降42.75%。

不过，佛山卫生陶瓷卫浴企业及时大力开拓新兴市场，增长最快的菲律宾、坦桑尼亚、沙特阿拉伯和印度尼西亚，同比增长分别达到318.25%、64.30%、55.93%、50.72%。

为协助佛山的陶瓷卫浴生产企业突破国外的技术壁垒，取得输往这些国家和地区的通行证，佛山检验检疫局依托“国家建筑卫生陶瓷卫浴检测重点实验室”和“国家金属与金属材料检测重点实验室”建立了“广东出口陶瓷卫浴与建筑材料公共技术服务平台”，为进出口企业提供信息咨询、技术评价、技术培训、检测认证等服务，为出口企业在了解目标市场的相关标准法规要求方面提供便利的技术咨询服务，以确保产品能顺利通过相关检验和认证。

佛山检验检疫局同时呼吁企业，利用公共技术平台了解市场信息，服务企业出口。2012年，该局已开展了马来西亚、菲律宾、沙特阿拉伯等国家的认证及检测，进出口企业可通过“广东出口陶瓷卫浴与建筑材料公共技术服务平台”的官方微博了解最新的国内外陶瓷卫浴及建筑材料技术资讯。

五、东鹏洁具浴室柜厂竣工

2012年12月25日，佛山东鹏洁具股份有限公司浴室柜厂——佛山市高明稳畅家具有限公司在这天正式投产。东鹏洁具浴室柜厂的建成投产，是继东鹏洁具五金龙头厂投产之后的又一重要的发展战略，标志着东鹏洁具向整体卫浴实现完全自主化生产迈出重要一步。

东鹏洁具浴室柜厂一期工程，占地15000多平方，投入超千万。二期工程规划用地35000平方，投资规模将超5000万元，增加古典浴室柜产品的生产，还将引进UV生产线以及其他自动化生产设备。

六、东鹏洁具澄清“躺着也中枪”事件

2012年11月29日，新快报发布了一则《省质监局公布卫浴品牌抽检结果　蒙娜丽莎阿波罗上黑榜》的报道，其中提及到“东鹏”属于不合格陶瓷片密封水嘴产品。佛山东鹏洁具股份有限公司知晓此事后非常重视，迅速展开危机公关。

11月30日，也即事发后的第二天，佛山东鹏洁具在佛山东鹏洁具大夏二楼会议室召开新闻发布会，对此次卫浴不合格产品检测予以全面而详细的说明。佛山东鹏洁具总经理杨立鑫、品牌总监王瑞标、市场总监刘新民，以及媒体代表近50多人到会。

经广东省质量技术监督局官网查证，报道中提及到属于不合格陶瓷片密封水嘴产品的“东鹏”是指“开平市东鹏卫浴实业有限公司”，而非“佛山东鹏洁具股份有限公司”。

东鹏洁具方面表示，东鹏洁具2012年广东省陶瓷片密封水嘴产品质量专项监督抽查的，均通过了检验，属于合格产品及生产企业。

七、科勒·中国工业艺术展到佛山

继9月6日科勒•艺术中国艺术家作品展开幕式在深圳华侨城举行之后。9月20日—29日，科勒·中国工业艺术展（佛山站）在佛山岭南天地·简氏别墅开展。艺术品的作者是三位百里挑一的艺术奇葩，

15件艺术品都源用科勒原材料所设计的。

科勒·中国工业艺术展是科勒卫浴在中国24个城市巡回展览的系列艺术展，是科勒厨卫集团为中国消费者特别呈上的艺术盛宴。该展览展出的所有作品均是来自中国本土最具代表性的三位艺术家。数月来，三位艺术家在科勒工厂内，利用科勒最先进的装备和技术，选用科勒产品的原材料，以科勒品牌优雅的艺术理念为灵感源头，展开大胆而细腻的构思和创作。

为确保参展作品的绝对质量，科勒还特别邀请专业艺术顾问在这些作品中展开深层次的筛选，让参加本次科勒中国工业艺术展所展出的15件作品成为艺术家们本次创作的精华集锦。

八、体育营销再次吸引眼球

体育营销仍然有卫浴企业热衷，比如益高卫浴展开一系列围绕国家游泳队的体育营销活动，举行“世界游泳冠军全民竞猜”及“世界冠军游泳夏令营”活动，法恩莎举行“法恩莎杯”2012年世界女排大奖赛等，都是行业里值得一提的营销事件。

2011年12月29日，益高卫浴携手中国国家游泳队战略合作新闻发布会在佛山举行。会上，益高卫浴与中国国家游泳队签约三年战略合作关系。

2012年4月，益高卫浴开展了“世界游泳冠军全民竞猜”及“世界冠军游泳夏令营”活动，开行业体育营销活动先河，并乘胜携手国家游泳队五名运动员季丽萍、唐奕、庞佳颖、陆滢、施杨拍摄了系列益高卫浴品牌形象平面广告，推广全新的品牌形象宣传。

2012年5月28日，“法恩莎杯”2012年世界女排大奖赛（佛山站）新闻发布会在佛山举行。“法恩莎杯”2012年世界女排大奖赛是佛山有史以来举办的最高水平的女排赛事，引起了更多市民的关注和热盼。在“法恩莎杯”世界女排大奖赛开赛前，女排健儿们到法恩莎卫浴公司总部中心进行参观，对各式智能马桶和卫浴新产品有了更多的认识。

九、唯一卫浴大胆探索网络营销模式

2010年，位于佛山中国陶瓷总部基地的唯一卫浴开始线上与线下相结合销售模式，建立了中国首家基于线下SERVE与线上B2C营销模式。2011年又提出B2C新营销模式，筹建唯一商城。

2012年4月12日，唯一卫浴在总部营销中心召开“行业首创.领军电商”为主题的“唯一商城”上线启动仪式，从而完成了整个卫浴行业史无前例的一项创新举措。

唯一卫浴的创新营销模式是一种基于线下体验中心与线上销售的B2C营销新模式，通过“网购平台”+“实体体验店”+“客服支持中心”三大系统结合，实现了厂家、加盟商、合作商，三家共同盈利的愿景。

随后，伴随着音乐和掌声，与会领导共同启动水晶球，标志着卫浴行业首个自建电子商务平台的正式上线。

虽然公司开发了“360度产品实物展示”、“3D实景空间DIY”等技术，但是电商运营人才缺乏是难题。

在线下零售环节，唯一卫浴做的功课也明显不足。从广告到会议等多途径招商效果看，也是十分有限的。苏丹晓似乎用一种互联网思维来重构卫浴业，选择轻资产运作模式。模式无所谓好坏，关键是不同的模式对企业的能力要求是不同的。

但是，按照唯一卫浴的模式，虽然解决了电子商务在卫浴行业的平台，但还需要解决关键的物流和终端售后服务的短板，需要整合一支有别于传统的经销商队伍，同时需要针对80后、90后目标消费者教育，此外还要对供应链有足够掌控力，这些都需要强有力的整合能力和资源。但显然，这些资源与条件对于年轻的唯一卫浴来说显然还是需要积累的。

十、明星大腕上海厨卫展力挺唯一卫浴

2012上海厨卫展期间，5月23日唯一卫浴邀请经济学家郎咸平举行“解读两会经济热点、挖掘财富商机”经济论坛轰动展会后，唯一卫浴于24日携代言人国际巨星王力宏亮相本届上海厨卫展，二次热点引爆会展现场，致使会展人满为患，人们口耳相传间都是“唯一”的信息，现场场面火爆甚至数度失控，四条通道被围的水泄不通，场道拥挤异常以至于人满为患，不到半个小时的活动让卫浴展现场火热爆棚。

据了解，唯一卫浴此次上海展的招商成绩特别突出，在展会期间签约客户就多达到68家，唯一卫浴也因此成为上海卫浴展签约数量最多的企业之一。

无论是邀请王力宏代言，还是邀请郎咸平先生参会演讲，包括创建唯一商城、线上DIY、线下旗舰店等，都是唯一卫浴坚持品牌化发展的表现。将2012作为品牌提升年的唯一卫浴，此次借明星之势扬帆上海厨卫展，无疑拉开了唯一卫浴品牌提升年的序幕。

十一、高奏“节水大战”主旋律

从2011年开始，大量卫浴品牌向节水吹响了集结号；2012年中，这种热潮丝毫未减，尤其在座便器方面，相当多的卫浴企业都推出了效能更高的节水产品。

节水坐便器从从前的5.2L，逐步发展到3.5L，以及现在的3L、2.8L等，甚至有的宣称能达到2.5L。不过真正能达到的节水效能，还是需要权威专业的测评才行。包括安华卫浴、恒洁、澳斯曼、金牌等，均加入了节水大战，安华旗下的几款节水马桶成为市场亮点。

2012年9月12日，国家水利部、广东省水利厅、国家陶瓷及水暖卫浴监督检验中心、广东省建筑卫生陶瓷标准化委员会的领导、专家悉数来到广东佛山三水恒洁卫浴的制造基地，鉴定并见证恒洁卫浴“超旋风”的诞生。鉴定活动的结论：3.5升。恒洁超旋风对超级节水坐便器定义成功改写。这意味着，恒洁卫浴结合十年研发经验，自主成功研发并全新推出运用国家专利技术“超旋风”节水坐便器，首创性地解决了节水与冲水效果兼顾难题。

十二、佛山淋浴房产业价值被再发现

9月20日，佛山淋浴房协会筹备委员会成立大会在佛山陶瓷研究所召开，共有21家与会单位参与了本次筹备会。 会上选举产生了协会第一届组织结构。其中佛山淋浴房协会会长由佛山市歌纳洁具制品有限公司董事长朱云锋担任，佛山三水海洋卫浴有限公司总经理蔡达锋与佛山市登宇洁具有限公司总经理王建平共同担任常务副会长，副会长由佛山市南海歌顿卫浴有限公司总经理刘高坡等13位成员组成，佛山市龙旺建材有限公司总经理刘文贵出任秘书长。

国内淋浴房产业主要在“三山”地区——佛山、中山、萧山。近年来，随着中山淋浴房行业协会的成立，以及中山淋浴房展览会的成功举办，“中山淋浴房”区域品牌开始叫响。而事实上，佛山淋浴房在规模和定位上都不输佛山。

佛山上规模的淋浴房企业的销售重心主要在出口外贸上，其生产的产品有60%～70%是销往国外的，这也导致了佛山企业在国内市场知名度不及中山。实际上，出口外贸的产品在质量各方面把控要求更加严格，尤其是出口欧美等国家的产品。

目前佛山地区主要的淋浴房品牌有：理想、丹顿、歌纳、伊米特、沃尔曼、奥尔氏、海洋、丹枫白鹭、贝特、卡玛瑞、登宇、富美莱、美心、费尔登、格林斯顿、威斯敦、伊丽莎白、斯品高格蕾斯、盛世天云、德弗尼、奥登、银河、浴之源等。其中，大规模外销的有理想、海洋、沃尔曼、海洋、歌纳、登宇、格雷斯、德弗尼、银河、爽健等十几家，而且这当中有五家以上企业每个月的产量在1万套以上。

在佛山淋浴房产业价值被重新挖掘的同时，石湾镇开始启动建设中国淋浴房城。10月22日，“浴

见大未来——中国首届淋浴产业融合发展研讨会”在佛山创意产业园洋人街波兰餐厅贵族盛宴隆重举行。

会议认为，目前尽管中国淋浴房产业最大的三个产区——佛山、中山、萧山，生产了中国90%的淋浴房产品，但中国淋浴产业始终缺乏一个强势的、专业细分市场。受种种原因影响，淋浴产业始终难以占据卫浴市场的高地。在佛山，尽管陶瓷总部经济发展已初具规模，但在水暖卫浴领域中，一直欠缺一个强有力的整合中心——淋浴房行业。

会议透露，石湾镇将建中国淋浴房城，打造专业的细分市场。中国淋浴房城启动建设，该项目位于禅城区季华路与凤凰路交界地块。

十三、佛山浴室柜企业抱团成立联盟

10月9日，广东佛山浴室柜联盟成立仪式在中国陶瓷城5楼会议室成功举行。佛山浴室柜联盟由浴室柜企业自主发起，友好成立。会议通过现场投票，选举伽蓝洁具总经理张爱民为佛山浴室柜联盟会长，选举邦妮拓美总经理杨万军、品卫洁具董事长庞联斌、富兰克卫浴董事长丁卫、南希卫浴总经理蔡勇以及阿洛尼卫浴总经理涂克增等5人为理事副会长，选举中洁网副总经理李天燕为联盟秘书长。本次会议颁布了《佛山浴室柜联盟活动的章程》。

佛山是国内浴室柜产能最大、定位最高的产区，主要浴室柜企业有：伽蓝洁具、邦妮拓美洁具、品卫洁具、富兰克卫浴、南茜卫浴、阿洛尼卫浴、东鹏洁具、欧凯莎卫浴、米洛斯卫浴、麦鼎卫浴、雷丁卫浴、威珀卫浴、科奥卫浴、威麦卫浴、加芙卫浴、浪登卫浴、吉美卫浴、伯格尼尼卫浴、百分百卫浴、美可欣卫浴、菲尔普卫浴、凯美乐卫浴、蒂高卫浴、木之韵、尚品等。

十四、箭牌橱衣柜工业园落户湖北应城

2011-2012年度，市场萧条、品牌竞争白热化等现象并没有阻止箭牌多元化的步伐，反而激发了其向大家居时代进军的雄心。而橱柜就是箭牌卫浴跨界构建整体家居空间的桥头堡之一。

2011年4月18日，箭牌和应城市举行华中（应城）厨卫家居产业园项目签约仪式。华中厨卫家居产业园项目是由佛山市乐华陶瓷洁具有限公司投资，项目固定资产总投资14.5亿元，分三期完成，其中第一期投资5.5亿元；第二期投资2.5亿元；第三期投资6.5亿元。

项目选址于开发区工业园横四路以南，横五路以北，连接线以东，纵一路以西，项目规划用地1000亩，首期用地600亩，其中工业用地450亩，五星级会展酒店用地50亩，生活配套商住用地100亩，计划16个月完成第一期投资，三年内完成项目投资建设。

箭牌在佛山高明有一个橱柜衣柜生产基地，湖北孝感应城基地之后，2012年箭牌还计划在陕西西安筹备组建第三个工业基地。未来三大生产基地的投产将完全覆盖国内的二三线市场，确保箭牌橱柜衣柜的规模竞争力。

十五、佛山四款浴室柜上黑榜引发争议

日前，广东省质监局公布对家具产品的抽检结果，全省卫浴家具产品的整体合格率约为92.4%，有5批次产品被检出不合格，其中有4批次产自佛山的卫浴企业，分别是：欧尔派卫浴有限公司，卫欧卫浴有限公司高明分公司，禅城区中冠浴室设备厂，伊田洁具有限公司。

据悉，本次抽检了广州、佛山、深圳等6个地区57家企业生产的卫浴家具产品共66批次，主要对卫浴家具的台盘及台面、木质部件、金属支架及配件、玻璃门等23个项目进行了检验。5批次不合格产品均为浴室柜，多为台面抗冲击强度不合格。

此次抽检结果在媒体发布后，引发了较大的争议。专家认为：浴室柜与一般家具产品相比，有着比较明显的独特性，由于行业标准目前不够完善，质监局抽检时一般仍是采用普通家具的衡量标准。这对于浴室柜产品来讲显然不够细化。因此，必须通过行业力量尽快完善测定标准，维护浴室柜企业的合法

权益。而本次抽检结果的披露，无疑会使上榜品牌的名誉度受损。

而相关企业也呼吁，行业、媒体以及相关协会部门能够制定出相关的行业标注，让企业对自己有更高的要求，从而促进整个行业的发展。

第二节　潮州

一、申报广东省国际陶瓷采购中心

2012 年，广东省推出广东商品国际采购中心认定工作。根据省政府的相关建设和管理规定，本次广东将在 12 个重点行业中，每一行业限定仅设一个采购中心，集中组建产业特征明显、集聚程度高、交易功能强、具有强大国际辐射能力的龙头型现代交易平台。

潮州市积极参加了首个“广东省国际陶瓷采购中心”的认定工作。并经过了初选、现场答辩和现场考察三个评审阶段，最终结果在 12 月公布。最后，因产业特征和市场规模的原因，潮州陶瓷市场集群拟列为“广东日用工艺陶瓷国际采购中心”重点培育对象。佛山则被成功认定为广东省建筑卫生陶瓷国际采购中心。

二、潮州国际陶瓷交易中心开工

5 月 15 日下午，位于潮州市火车站区的潮州国际陶瓷交易中心之“中国瓷都总部经济创业城项目”举行了隆重的开工庆典仪式。

潮州国际陶瓷交易中心是广东省现代产业 500 强项目，总占地面积 350 亩，计划总投资 22 亿元，目前已投入 8.3 亿元，约占总投资的 38%。今年该项目计划投资 4 亿元，已投资 1.3 亿元，完成年度计划的 33%。其中：一期“创业城”已完成工程进度的 95%；二期工程“中国瓷都会展中心”的征地拆迁工作也在有序进行中。

2013 年 10 月，中国瓷都·潮州国际陶瓷交易会将在潮州国际陶瓷交易中心举办，枫溪区希望通过加快交易中心及其周边基础设施建设，完善枫溪陶瓷商贸流通体系，构建良好的商贸发展环境。

三、国内市场开拓步伐放缓

2012 年，潮州卫浴企业的销量普遍出现了不同程度的下滑，只有少数企业的销量有所上升。潮州卫浴在经历多年打拼后，在质量、技术、设备、品牌等方面都已经有很大的提升，但面对增长明显趋缓的市场环境，潮州卫浴开始重新审视自己的市场定位，对过去的发展模式进行调整、变革。

2008 金融危机之后，潮州卫浴企业普遍加大了国内市场的开拓力度。但 2012 年终端新客户开发普遍困难，老客户销售遇冷，特别是在渠道建设上战线拉得太长的企业，有限的人力难以给客户提供完善的服务，虽然客户增加了，但产品的销量并没有增加，甚至导致了客户流动的情况。经过这一年的考验，企业懂得了在渠道扩张过程中“量体裁衣”的硬道理，不少企业表示 2013 年市场开拓将以区域市场为主，逐步推进，步步为营。

潮州的卫浴企业大部分都是小企业，即使是规模稍大的企业，实力也有限，目前只适合做区域市场，因为做全国品牌要同时具备丰富的产品品类、稳定的产品质量、完善的人员配备和充实的资金等条件。此前，不少潮州卫浴企业在渠道布局上遍地开花，前期招商的时候有一定的效果，但由于企业实力跟不上，后期越走越吃力。

四、集中资源做好区域市场

经过了2012年的调整、反思，潮州卫浴企业清新地认识到，目前内销还在探索和调整阶段，区域化发展有利于企业摸索出合适的发展模式。专注区域市场，企业能够将有限的实力全心投入，集中发力，做到最好。

2012年潮州卫浴在西南、江浙和东北一带市场开拓顺利。尤其是西南地区，潮州卫浴如安彼卫浴、罗芬卫浴等已经占据一席之地。

潮州卫浴企业要操作全国市场，首先要对企业架构进行改革，比如说建立市场部，完善的培训，举办促销活动等。

但要顺利实现管理架构改革，首先面临的最大问题就是人力资源问题，缺乏合适的团队将会使营销管理架构和体制改革沦为空谈。

潮州单个卫浴企业的产量都不大，所以应该集中精力把江苏、浙江和山东等几个省做透，如果能做到这一点，产量供应已经是问题，潮州卫浴企业在目前做品牌的时候，应该以区域为主，对区域市场实现各个击破的策略。

五、加大工程渠道的投入

在过去，潮州卫浴的销售以批发和零售为主，随着市场竞争加剧和消费者购买方式的变化，批发和零售的发展模式越来越吃力，一些企业近年来明显加强了在工程、家装等其他销售渠道的投入。

特别是工程销售，不但订单量大，而且有利于提升企业的品牌知名度。在零售市场不乐观的情况下，工程销售将是企业发展的突破口。

不仅是企业要调整销售模式，经销商更要调整销售模式，因为经销商直接面对终端销售，在消费者的购买方式发生变化后，经销商要及时调整。前两年年，团购火爆的时候我们跟当地的团购网站合作，参与他们组织的团购活动，至于工程渠道和小区销售等这些销售方式，我们一直都在做，特别是工程销售，近年来占据我们销售的比例越来越大。

六、试水新兴电子商务

早在2010年以前一些企业便已经开始尝试，只是当时投入比较保守，而2012年福建部分卫浴企业在电子商务方面的上佳表现，让更多的卫浴企业跃跃欲试，尤其一些规模不大，渠道建设不完善的小企业，更是将电商看作了打通终端最好的方式之一。

2012年淘宝双十一促销过后，更多的卫浴企业坚定了发展电子商务的决心。目前在潮州，已经有多个卫浴企业进驻淘宝商城，尝试发展电子商务，如泰旗卫浴、宾克斯卫浴、欧贝尔卫浴、亚陶卫浴和希尔曼卫浴等，并且都有一定的销量。

七、努力开拓新兴市场

2012年潮州卫浴的内销之路虽然受阻，但是外贸的发展势头有所起色，一些同时发展内销和外贸的企业纷纷加大了对外贸市场的开发力度，甚至内销企业也在寻找机会切入外销市场。

2013年也不例外，多个企业反映今年的外贸订单增多，特别是新兴外贸市场的订单增加明显，今年四月的广交会，潮州参展卫浴企业数量接近三十家，是近几年之最。

2012年虽然来自欧洲和美国的订单明显减少，自巴西、印度和南非这些新兴国外市场的订单在增加。为了寻找新的订单，部分出口企业逐渐将重心从欧美转移到开拓中东、南亚和南非等地区的市场，特别是南非建材市场潜力大，而且能够辐射整个非洲市场。

为了开拓南非的业务，古巷陶瓷协会2012年组织古巷卫浴企业到南非参展，来自古巷的梦佳卫浴、欧美尔卫浴、欧乐家卫浴、欧陆卫浴和尼尔斯卫浴等6家卫浴企业参加了展会，而报名随团去南非参观考察的人数有30多人。

国内市场的不景气与国外市场的需求增加，除了卫浴企业将重心转向出口外，连生产卫浴配件的企业也开始加速开发国外市场，如DTO盖板、贝斯特卫浴和樱井卫浴等，这些卫浴行业上游的配件企业，都纷纷加大了对开拓国外市场的投入。贝斯特卫浴甚至远赴欧洲参加了今年的法兰克福卫浴展，对俄罗斯等地举办的展会也积极前往考察，寻求开发外贸业务。

八、与国内产区展开互利合作

过去，潮州卫浴配件企业的主要的客户群在潮州，现在也在逐渐加大对其他产区的开拓力度，例如福建、唐山、佛山和长葛等这些卫浴产区。尤其是正处在高速成长期的长葛，过去产业链不完善，配套企业很少。随着该产区的转型升级，实施品牌战略，整个产区对配件的需求大幅增长，这对潮州卫浴配件企业是一个绝好的机会。贝斯特卫浴目前已经跟长葛一些卫生陶瓷生产企业在合作。

九、广州建博会潮安卫浴唱主角

7月8日-11日，第十四届中国（广州）国际建筑装饰博览会在中国进出口商品交易会琶洲展馆举行，潮州市经贸局组织欧美尔卫浴、欧乐佳尚磁、欧贝尔、梦佳、牧野、佳陶等22家潮州卫浴企业集体参展，设立了占据半个展馆的“潮安卫浴专区”。

广州建博会上，一直以来其他地区的卫生陶瓷参展企业不多，潮安卫浴成了独挑大梁的角色，吸引了各路看家驻足问询。

本次展会也是潮州市经贸局第三次组织潮安县卫浴企业集体参加。潮安代表团一共拿了280个摊位，古巷镇占了200个，凤塘镇占了80个，效果明显比去年好，达到了宣传潮州卫浴，宣传古巷镇“中国卫生陶瓷第一镇”的作用。

十、潮州卫企组团参加约翰内斯堡商品展

11月28日到30日在南非约翰内斯堡加拉格尔会展中心举办的“广东（约翰内斯堡）商品展览会”，来自古巷的梦佳卫浴、欧美尔卫浴、欧乐家卫浴、欧陆卫浴和尼尔斯卫浴等6家卫浴企业参展，而报名随团去南非参观考察的人数有30多人。

广东（约翰内斯堡）商品展览会是广东省对外贸易经济合作厅为帮助省内企业开拓南非市场，在环球资源（南非）采购交易会期间举办的展览会。虽然下半年潮州卫浴出口形势有所好转，但是与往年相比，今年仍然处于下滑状态，尤其是企业出口到美国、欧洲这些地区的订单减少了。为了寻求出路，部分出口企业逐渐将重心转移到开拓中东和东盟等地区的市场，虽然这些地区对产品的价格控制很严，要求很低的价格，利润空间不大，但至少能在一定程度上保证企业的生存。

南非建材市场潜力大，而且能够辐射非洲市场，对于潮州卫浴出口企业来说，很有可能是下一个销售的增长点。

十一、积极参加行业标准制定工作

9月18日，水利部、国家质检总局和全国节约用水办公室联合在京召开节水产品质量提升与推广普及工作会议，潮安县古巷陶瓷协会应邀参加了会议。

国家质检总局副局长魏传忠在会上指出：广东潮州地区通过质监部门区域专项整治实施质量监督帮扶等措施以及企业落实主体责任，节水产品合格率由2005年的10%提升到今年的95%，这一数据的变化反映出对产品质量抓与不抓、重视与不重视，效果大不一样。

潮州陶协近年来专门设立了一个叫“技术标准化部”的机构，对产区、企业的标准化进行策划和引

导，包括引导企业怎么做好内部的质量控制，教会企业怎么去理解标准，组织企业积极参加国家标委会组织的活动，参与标准的制定。

过去潮州企业都没有参与制定行业标准的意识，但现在则非常踊跃。最近三年时间内，据不完全统计，潮州有几十家企业参与了40项国家标准、地方标准、行业标准的制定。

十二、古巷镇组团参加水效标准宣贯会

11月25-27日，由全国工业节水标准化技术委员会用水产品和器具用水效率分技术委员会秘书处主办的水效分委会一届四次年会暨系列水效标准宣贯和蹲便器水效标准审查会在合肥举行。此次会议由广东梦佳陶瓷实业有限公司和广东欧陆卫浴有限公司承办，潮安县古巷陶瓷协会协办，来自北京、广东、福建、江苏、上海和河南等地区的标委会委员、专家、观察员和生产企业代表近100人参加了会议。

潮安县古巷镇党委书记庄安平带领梦佳、非凡、牧野、欧美尔、欧贝尔、安彼、欧陆和康纳等古巷卫浴企业代表30多人参加了会议。会议期间，潮安县古巷镇书记庄安平、古巷镇陶瓷协会秘书长陈定鹏带领古巷卫浴企业代表一行20多人到安徽省产品质量监督检验研究院参观考察。

第三节　江门

一、转型国内市场取得阶段性成果

中国水暖卫浴生产基地——广东省开平市水口镇，目前有500多家卫浴生产企业，年销售额达40多亿元。水口地区的大部分企业出口强，内销弱，许多企业出口与内销之比达到7:3甚至更高。但是，2008年经济危机的爆发后，欧美经济增长持续放缓，使许多水口卫浴企业的销售策略发生变化。华艺、希恩、彩洲、杜高、康立源等龙头企业在稳固外销业务的情况下，积极主动地打开内销渠道，内销与外销兼顾，两条道路共同发展，已取得不错的成绩。

比如，到2012年，彩洲卫浴的国内营销网点已经上百个，覆盖了广东、华东各地，并向重庆、湖南等地延伸。下一步重点主攻广东、华东市场，发展500个以上的经销商。

目前，江门水口地区企业内外销比例已逐渐发生变化，由前几年的7:3转为6:4，有些企业的出口与内销之比已变为4:6。

但是，不少企业在由外销转道内销的过程中，也犯了急躁冒进的毛病，导致渠道管理失控，国内市场投入大，收益小。精力分散导致出口业务也受影响。

2012年越来越多的企业认识到，在建设国内市场营销渠道时，应根据企业自身的实力、发展战略，以及市场需求的地区差异、分布特点，恰当地进行市场营销网络的布局。转型国内市场的初期可以采取以点代面的区域操作策略，先找重点市场做试点，树立标杆经销商。

企业如果急于求成，不顾自身的实力，全国拉网式布局销售网点，最后往往会因资源、队伍的不匹配而导致力量分散，难以作出成绩和示范效应。

二、开平卫浴企业品牌活动进入爆发期

开平卫浴企业在经历了从2008年开始的四年时间的调整后，2012年迎来了品牌建设的爆发期。

从2008年华艺卫浴着力开发国内市场开始，经过近四年的发展，目前已经在国内一、二线城市建立完善的营销网络，其品牌影响力和经销商实力在不断加强。

2012年，华艺卫浴与CCTV建立战略伙伴关系，借助央视平台打造精工卫浴第一品牌；在今年6月，华艺卫浴2万平方浴室柜厂将正式投产，并计划建立陶瓷生产基地，华艺整体卫浴战略布局正

在稳步推进。

9月8日，华艺卫浴成都富森旗舰店开业，华这个占地面积250m² 店面成为华艺卫浴在西南地区规模最大的旗舰店。9月23号，华艺卫浴将携手当红明星陆毅空降郑州，亲临签送活动现场，并庆祝华艺卫浴郑州红星旗舰店开业两周年。

开平的另一家企业杜高卫浴，年初提出整体卫浴“百城千店”战略规划后，紧接着3月份创建4大事业部，并配套先进的生产线；4月佛山中国陶瓷城杜高展厅开业，并在中国陶瓷总部基地签下营销中心；在5月上海厨卫展正式向全国打响整体卫浴号角，紧接着在佛山建立2000多平米物流配送中心；随后又转战7月份的中山淋浴房展，在展会上杜高以独有的整体卫浴形象和过硬的产品质量受到了各经销商及中山市民的青睐；8月份杜高卫浴又强势入驻佛山家博览城。这一系列的动作，为杜高卫浴迅速占领国内市场、提高品牌知名度提供了保障。

三、抱团参加中山淋浴房展

7月7日至9日在中山博览中心举行的第二届中国（中山）淋浴房展会，江门地区有杜高卫浴、康立源卫浴、尚亚卫浴、美可思卫浴等20多家卫浴企业参展。

康立源整体卫浴展示最近开发研制的节能龙头与智能马桶、仿古实木浴室柜，不仅签约数名代理经销商客户，还成功与一家房地产公司签约并拿到首期180套房整体卫浴的订单，当场收定金20万元。

展会期间，帝霖卫浴、诺嘉卫浴因其产品有特色，展位参观客户接连不断，均达成意向客户8家以上。

杜高卫浴则获得双丰收：一是收获50万元的现场零售回款，二是签订600万的经销商合作合同。

中山淋浴房展会与国内一些大型建材博览会相比，虽然规模要小，但因其专业，参观商都是带着寻求合作伙伴的目的而来，洽谈成功率高。许多参展企业感慨：参加这个展会投入小，收获大。

四、建设广东水暖卫浴产品检验站（江门）

2012年广东省首个升级水暖卫浴产品检验站（江门）抓紧建设中。该站实验室面积4000多平方米，具备了水暖卫浴产品检测必备的实验场地和环境条件，配备了水嘴综合性能试验机、水嘴寿命试验机、直读光谱仪等60多台（套）水暖卫浴产品相关专业领域的高、精、尖仪器设备；取得实验室资质认定的产品49个，项目（参数）407项，检验能力覆盖其名称对应产品涉及全部项目的86%，覆盖其名称对应的重要产品和关键项目（参数）100%。

该站定于2013年上半年建成，届时企业可以在生产的过程，例如打样时就可以送到省站来检验。

五、水暖五金卫浴产业集群发展迅猛

水暖卫浴五金行业是江门的一个支柱产业。目前江门除以开平水口镇为核心的水暖卫浴基地外，新会、鹤山、台山等卫浴产业集群也不断地兴起。江门水暖五金卫浴行业主要生产基地有蓬江区杜阮镇五金卫浴产业基地、新会区不锈钢制品生产基地、开平水口镇水龙头基地和鹤山址山镇水暖卫浴五金产业基地和出口基地。

址山镇是江门水暖卫浴五金产业集群发展最完善的基地。址山镇已经拥有330多家水暖卫浴企业，上下游产业链条完整，其中原材料供应占了江门的70%以上。

址山镇位于珠三角边缘鹤山南端，与开平水口镇、新会司前镇、台山公益镇、月山镇等接壤，广湛公路与佛开高速从镇区穿过，亚洲厨卫商城选址于这里，辐射范围可以涵盖江门所有重要的水暖卫浴五金产业集群。

江门水暖卫浴五金产业集群中市场部分主要有中邦国际装饰城、江门厨具市场以及水口镇的中国卫浴城等为主。但这些专业市场因为定位模糊，配套不完善，导致长期人气缺乏，发展缓慢，行业影响力有限。江门现阶段迫切需要一个大型、高档次的专业水暖卫浴五金市场，服务于全球采购商、经

销商和消费者。

六、开平市另觅新址建广东水暖卫浴商贸城

2012年8月，广东省经济和信息化委员会组织专家组到开平市，对广东省水暖卫浴国际采购中心培育对象开展调研。

目前水口镇主要对外的展示和交易平台是中国卫浴城（原中国水口水暖卫浴设备展贸中心）和商贸一条街（延伸至址山卫浴商贸街，长约8公里），由于管理体系比较混乱，随着发展的需求，现有的形象展示和交易平台已跟不上形势。开平市政府于是决定另觅新址建设广东水暖卫浴商贸城。

广东水暖卫浴商贸城项目规划占地660亩，计划投资20亿，建筑面积达20万平方米，旨在打造一个在全省乃至全国一流的集三大系统（交易、服务、管理）八大功能（电子商务、物流配送、金融服务、商品检测、研发设计、营销推广、国际贸易、综合服务）于一体的"水暖卫浴国际采购中心"。

广东省政府去年8月印发了《关于加快建设广东商品国际采购中心的实施意见》。《意见》提出，到今年，认定5家广东商品国际采购中心和一批培育对象；到2015年，建成并认定20家广东商品国际采购中心。开平市水口水暖卫浴以市场集群的形式，于今年2月被省确认为广东水暖卫浴国际采购中心重点培育对象，成为全省唯一的水暖卫浴国际采购中心培育对象。

七、华艺卫浴智能淋浴房斩获金勾奖

2012年10月，由中国五金制品协会主办的2012年中国卫浴五金（水龙头、花洒类）"金勾奖"工业设计创新大赛获奖名单揭晓。华艺卫浴包揽多项大奖，满载而归。其中，华艺卫浴智能淋浴系统获得金勾奖优秀奖，是金勾奖实物作品类中唯一的智能系列产品；华艺卫浴面盆龙头"巧夺天工""方圆人生""白天鹅"这三个系列产品获得实物作品入围奖。

广东希恩卫浴实业有限公司研发设计的面盆龙头——南极风光获得了金勾至尊奖。此外广东华艺卫浴实业有限公司、开平市雅致卫浴有限公司获得金勾奖优秀奖。

华艺卫浴首创的智能大淋浴突破了中国五金智能产品中单一龙头的壁垒，真正实现了五金智能整体配套解决方案。不仅把淋浴产品带入智能化时代，更丰富了智能化产品的种类。该款挂墙式智能大淋浴集顶喷、手持、按摩功能沐浴享受于一体，满足不同需求人群的沐浴享受。

第四节　中山

2012年7月7日—9日，由中山市人民政府和中国五金制品协会共同主办的第二届中国（中山）淋浴房展览会暨首届国际沐浴文化节在广东省中山市博览中心开幕。本次展览会以简易、整体、蒸汽淋浴房及淋浴房配件为主要展品。在展会期间，组委会还举办了首届中国淋浴房经销商大会暨首届中国（中山）淋浴房产业高峰论坛。

广东中山市是我国四大淋浴房企业聚集地之一，该市的阜沙镇是全国唯一获得"中国淋浴房产业制造基地"称号的城镇。目前中山市拥有一定规模的淋浴房生产企业达130多家，约占全国市场的三分之一。产品份额更是占了全国的70%。

2008年中国五金制品协会授予中山市"中国淋浴房产业制造基地"称号，同年中山市委、市政府同意阜沙镇为基地共建单位，并以阜沙为基地建设主体；2009年中国淋浴房产业制造基地在中山市阜沙镇挂牌。

中山淋浴房产业基地2011年开始调整定位，逐步从"做生产"向"做市场"、"做服务"转变，打造全国乃至国际有影响力的淋浴房产品产供销一体化集散地。基地分二期规划建设：第一期500亩用地

已全部开发完毕，第二期1600亩已完成征地，正在办理国有土地使用证，另规划120亩土地用于建设淋浴房采购交易中心。建成后计划在未来5年内，淋浴房行业达到100亿元的销售收入。

2011年中山全市淋浴房生产企业达200多家，年产淋浴房产品450万套，年总产值68亿元，销售收入达64亿元。其中，出口产品6.8亿美元，占全国总数的三分之一，以上无论是企业数量，还是产值和销售额都以每年30%以上的速度增长。

2011年以来，受到房地产政策以及原材料、人工成本上涨等因素影响，建筑陶瓷行业普遍低迷，但中山淋浴房企业经营并未受到太大影响，大部分继续保持两位数以上的增长，预计2013年也将保持一定的增幅。主要原因是，淋浴房产品大部分属于"非标"需求，即属于定制化需求，不管企业大小，只要产品有特色就有市场空间，不像家电产品容易形成规模，所以对于新进入的企业仍然有市场空间。

不过，经过10多年的发展，目前中山淋浴房产业也开始步入恶性竞争阶段。因为太多企业的涌入已经导致产品同质化比较严重，所以，今后在产品上创新求变是必然趋势。

第五节　唐山

一、陶瓷出口对美依赖减弱

唐山是河北以及中国重要的陶瓷产品出口基地，但过去对美国市场依赖严重，今年以来，通过出口多元化策略，唐山陶瓷走进了更多的海外市场。

过去多年来，在唐山陶瓷海外出口市场中，美国占到35%的比重，一些厂商甚至全部依赖美国市场。不过今年以来，对美国的依赖有所下降。前三季度，唐山陶瓷出口市场从110个增加到130个，而美国的比重从35%下降到了28%。

除了美国之外，唐山陶瓷第二大出口市场为欧盟，另外对韩国的出口今年增长明显。

二、贺祥机电在上海股权交易中心挂牌

贺祥机电股份有限公司在上海股权托管交易中心成功挂牌，成为河北省首家登录上海股权托管交易中心的企业。公司挂牌首日开盘价8元，总市值达2.8亿元。

贺祥机电成立于1999年，注册资本3500万元，坐落于丰南区大新庄镇，是中国卫生陶瓷机械装备细分市场的方案提供商和制造商。经过多年的发展，该企业已成长为国内陶瓷行业知名的陶瓷装备设计与制造领军企业，卫生陶瓷设备国内市场占有率达到95%以上，产品畅销全国二十多个省、市、自治区，并远销澳大利亚、越南等15个国家和地区，业内享有"南科达、北贺祥"之称。

贺祥机电2012年3月29日完成了股份制改造，4月17日向上海股权托管交易中心递交了股权托管和挂牌转让资料，6月28日成功挂牌，实现首期融资2000万元。挂牌后计划第二期融资8000万元，2013年转至创业板实现再融资3亿元，累计融资可达到4亿元。

三、丰南区积极推动陶瓷行业技术改造

2012年唐山市丰南区这区积极推动陶瓷行业技术改造，全面提升陶瓷企业的装备水平和生产工艺，借此不断提高产品档次和生产效率，提升行业竞争力。其中，惠达陶瓷集团投资10亿元加快推进老厂区技改、国际家居园、浴缸厂改扩建、整体卫浴、墙地砖厂改建，力争到"十二五"末实现销售收入50亿元。梦牌瓷业有限公司投资7500万元实施的高压注浆替代微压注浆及机械手施釉工艺优化技术改造项目，整个工艺过程由PIC程序控制实现自动化生产，项目建成后将实现年增加利润5000万元，税金1500万元。

四、以自主品牌开拓国际市场

唐山卫生陶瓷年产量达到 2800 万件，其中陶瓷出口 165 个国家和地区，卫生陶瓷出口在全国名列第一位。唐山卫生陶瓷出口占到总产量的 85%。唐山主要产区丰南区卫生陶瓷年生产能力达 2250 万件，是全国最大的卫生陶瓷生产和出口基地之一。

2012 年前十个月，唐山出入境检验检疫局共检验出口卫生陶瓷货值 2.78 亿美元，同比增长 27.85%。其中，输美国 1.14 亿美元，同比增长 58.36%；输加拿大 0.34 亿美元，同比增长 46.42%。北美市场历来是唐山卫生陶瓷出口的主打市场，2012 年随着美、加等国经济的缓慢复苏，房地产建设和居民消费对卫生陶瓷产品的需求小幅反弹，刺激了出口增长。

然而，集中度过高的出口市场模式较易受制于进口国的贸易政策和反倾销措施。唐山检验检疫局建议企业深入调研国际陶瓷市场的需求变化、市场空间和产品发展趋势等，适时调整海外市场拓展战略，在市场目标定位上应以与中国建立自由贸易区关系的国家为重点，全面构建多元化市场结构，大力开发东欧、中东、非洲、南美市场。

另外，应该看到，出口虽然是唐山瓷业的核心竞争优势。但是，长期以来品牌缺失的后遗症正在逐步发酵，让企业严重底气不足。几家较大规模企业的出口量也都达到 70% 或更多，但企业沿袭多年来的贴牌出口模式，利润率极低。自有品牌的缺失，低价位同质化竞争，让唐山绝大部分卫生陶瓷企业勉强维持生计。

唐山陶瓷目前产能产量仍在不断增长，材料成本在上升，产品价格不见涨。从这个角度说，破解当前唐山陶瓷困局，必须加快自有品牌培育，如此才能赢得自救之路。

唐山卫浴企业目前积极进行境外商标注册，开拓自主品牌国际市场的还是少数。目前只有有 4 家陶瓷企业分别在 97 个国家和地区注册了 16 个境外商标。其中，惠达陶瓷集团已经在美国、加拿大、澳大利亚等 80 个国家和地区申请了“惠达”商标注册，取得知识产权保护，梦牌陶瓷也在 9 个国家和地区有商标注册。

五、推动产学研提高自主创新能力

2012 年，唐山卫浴企业把科技创新作为促进陶瓷产业发展的中心环节，不断加大研发投入，推动产学研结合，提升核心竞争力。积极建设研发平台，引导有条件的企业建立博士后工作站，鼓励引导企业与高校、科研院所加强联系，加大“产学研”合作力度。

同时，这区还大力引进培养高端和急需紧缺人才，打造高素质的人才队伍，为陶瓷企业发展提供有力支撑。其中，惠达卫浴建有河北省卫生陶瓷行业工程技术中心，拥有纳米自洁釉国家专利技术及智能座便技术、管道密封技术、抗菌釉水道挂釉技术、机械手施釉、高压注浆、自动化装车设备等一批卫浴产品先进生产技术，为全区陶瓷产业发展提供了技术支持。

贺祥集团积极打造专业化、年轻化的人才团队，目前，该企业硕士以上学历的高端管理及技术人才占员工总数的 18.1%，大学本科以上学历的专业技术及业务人才占员工总数的 38.6%，具有高级职称的专业技术人才占员工总数的 23.2%。贺祥集团研发的卫生瓷循环施釉线填补了国内相关技术空白，其循环施釉线釉料回收装置还获得国家实用新型专利。

2012 年 12 月 25 日，唐山贺祥机电股份有限公司与河北联合大学、景德镇陶瓷学院举行校企合作签约暨揭牌仪式。仪式上，贺祥机电分别与河北联合大学签署了“产学研教学实习基地”，与景德镇陶瓷学院签署了“产学研合作示范基地”。

六、惠达卫浴拟 A 股上市

2012 年惠达卫浴股份有限公司也在谋求 A 股上市付诸行动。3 月 20 日，唐山惠达陶瓷（集团）股份有限公司经国家工商行政管理总局核准，正式更名为惠达卫浴股份有限公司。

8月30日，河北省环保部门网站公布的《惠达卫浴股份有限公司首次上市环境保护核查技术报告》（以下简称“报告”）显示，惠达卫浴本次上市拟募集资金约4.88亿元，用于扩大生产规模，优化产品结构，增强自主创新能力，提升核心竞争力，进一步提高盈利能力，但报告并未提及惠达卫浴具体发行股数及每股价格。

根据报告，惠达卫浴募集资金将被具体用于公司及其全资子公司的三个项目，分别是惠达卫浴的研发设计中心建设项目以及年产280万件卫生陶瓷生产线项目；唐山惠达陶瓷（集团）惠群有限公司的年产450万平方米内墙砖项目。

七、惠达向大型综合生活家居集团转型

2011年4月，惠达投资6.5亿元打造的亚太地区最大的卫浴家居生产基地——惠达国际家居园正式投产运营。自此，惠达的产品线从卫浴陶瓷、瓷砖扩大到浴室柜、木门、橱柜、高档五金件、智能卫浴等全线卫浴家居产品。开启了惠达由国内最大的陶瓷卫浴生产商向国际化大型综合生活家居集团转型，并以成为中国最大的综合性卫浴家居企业为发展目标。

与此同时，惠达陆续在全国建立一站式家居购物的惠达家居馆，计划于2012年底，在全国开设100家惠达家居馆，加上与电子商务的有效配合，进而打造覆盖全国的家居销售网络。

8月18日，“惠达集团创立三十周年庆典暨国家住宅产业化基地授牌仪式”在唐山惠达国际家居园隆重举行。建立国家住宅产业化基地是推进住宅产业现代化的重要措施，目前已在全国先后批准建立了27个。而惠达卫浴股份有限公司被列入国家住宅产业化基地，不仅填补了河北省、唐山市国家住宅产业化基地的空白，也填补了陶瓷、卫浴家居行业的空白。

八、惠达卫浴网上商城正式运营

惠达集团的未来发展规划中，电子商务占了极其重要的位置——把电子商务提升到企业未来发展的战略层面。2011年12月初，惠达网络商城正式上线。

惠达集团正在强力打造具有颠覆意义的新营销模式，即通过“网购平台＋实体体验店＋客服支持中心”三大系统共同支持，可实现盈利能力的极大提升。“网购平台＋实体体验店＋客服支持中心”三大系统立体发挥作用，可以成功解决电子商务在卫浴行业的粘贴性问题。

针对体验的问题，惠达集团正在全国各大城市开设优品家居体验馆，计划到2012年底将有100家体验馆为用户提供家居体验。这些体验馆将实现消费者对产品“看得见、摸得着”，能提供心理上的交易保障，也为习惯于实物交易的消费者提供了传统的交易方式。这些体验馆同时还负责所在区域所有产品（线上＋线下）的售后服务，可有效解决电子商务平台售后服务无法保障的“瓶颈”。

早在2008年，惠达就在淘宝商务平台开设网店，目前惠达电子商务除了以惠达网络商城为主，还和淘宝网、当当网、搜房网、京东商城、亚马逊、1号商城等平台都有合作。

九、意中陶打造国内“精工卫浴”价值体系

成立于1994年的唐山中陶实业有限公司，是中国卫浴行业最早“走出去”的卫浴企业，目前已发展为一家国际化集团公司。集团下设1个国际贸易公司、3个洁具产品生产基地、两个营销中心与两个外派常驻机构。

中陶实业卫生洁具产品年产200万件，畅销世界130多个国家和地区，年出口创汇6000万美元。中陶实业从2011年起以意中陶IMEX商标正式进军国内市场。在短短不到两年的时间就快速登陆了上海、天津、西安、郑州、合肥等几十个重点市场，初步完成了国内市场网络前期的构建工作。

回归国内市场的意中陶IMEX坚持一贯的务实风格，认为卫浴产品的属性就是洁具，先清洁，再康

体，最后再谈舒适和“提升灵魂”。好洁具则首先必定是精工之作，意中陶卫浴遍布全世界132个国家，靠的不是“奢侈”，而是精工态度和精工品质。过度的渲染“奢侈”，不利于中国民族卫浴行业的健康发展，意中陶将不为“奢侈”所动，继续不惜重金投资产品研发和技术进步，据按照自身既定的“精工卫浴”的理念去开发制造，在“精工卫浴”的价值体系里把这份事业做好。

2009年国际金融危机发生后，中陶实业的出口业绩一度大幅下滑。“一条腿走路”，过度依赖国外市场，缺少品牌支撑，使企业陷入了窘境。中陶实业由此痛定思痛，认识到只有国际国内两个市场一起开拓，两条腿走路，企业发展才能更稳健，才能打造出世界级品牌。

第六节　长葛

一、确立全国第二大卫生陶瓷产区地位

2006年，长葛市委、市政府开始着手对传统产业的提升，卫生陶瓷是产业提升中的重点。2007年市政府成立由科技局牵头的卫浴产业“提升办”，制定了中长期发展规划，市财政每年支出100万元专项资金扶持行业发展。

经过5年的发展，长葛卫浴产区规模由原来的44家规模企业发展到如今的97家，年产量2600万件到现在的5000万件，约占全国总量的35%，成为“全国第二大卫生瓷生产区”和“中国中部卫浴产业基地”。而且产品的质量也有了大幅提高，产品合格率由原来的不足30%，到现在的超过86.7%，达到国家要求的地区合格率。

2012年4月，河南金惠达卫浴有限公司被授予“中国驰名商标”。12月在中国建筑卫生陶瓷行业协会年会上，来自河南的蓝健、贝路佳、浪迪、贝浪、美迪雅等品牌荣获了“行业知名品牌”。在第九届中国陶瓷行业新锐榜的评选中，浪迪卫浴lz09032型号坐便器喜获中国陶瓷行业新锐榜新锐产品荣誉，这也是浪迪卫浴品牌产品第二次获此殊荣。

二、建设卫生陶瓷专业示范园区

为了更好地促进当地卫浴产业的健康发展，政府规划了卫生陶瓷专业示范园区，以引进国内一线品牌企业进驻，作为龙头示范，带动整个产区的发展。目前，已有一家专业的原料供应公司进驻示范园区，项目投产后将为产区企业提供稳定、优质的陶瓷生产原料及釉料，为“小而全”特色的中部卫浴企业解决原料分析难、配方掌控难等技术问题，确保化工原料的质量。目前示范区的招商正有序推进之中。

三、从单一产品到整体卫浴

2012年，浴室柜、花洒、龙头、淋浴房等配套产品在长葛快速发展。配套产品种类的丰富，完善了整个长葛卫浴的产业链条，整体卫浴的发展趋势正在产区蔓延。

产业链的延伸也在推动着中部卫浴产区的发展。目前，长葛市后河镇、石固镇的主干道两旁，玻璃盆类、龙头、毛巾架、淋浴房、浴室柜等产品的批发零售业务已经初具规模。潮州、厦门、浙江等地专业模具、水件、配件企业先后进驻长葛，为产区企业提供可定制、优质的配套产品。截止到2012年，长葛浴室柜企业增加到了近百家。

嘉陶卫浴一直以生产卫浴类产品为主，为了提升品牌形象，在专卖店销售中的卫浴空间内实现了品牌统一化，即相关的龙头、花洒、浴室柜等产品都为“嘉陶”品牌产品，竭诚为客户提供一个完整的空间设计。

四、实现化工原料多元化供应

长葛卫浴产区原料的供应逐步实现了渠道多元化。此前一家原料、釉料供应的垄断现象逐步被佛山、潮州、安徽等多地区原料、釉料供应所打破，卫浴企业在试用、购买产品配方时有了更多的选择性，从而导致在产品价格、品质定位方面有了更多的选择权。化工原料供应渠道多元化开放格局的形成，为产品品质的整体提升打下了基础。

五、开展了清洁化生产审核验收和环境认证

长葛政府设立鼓励资金，支持陶瓷技术改造和设施建设。长葛市还明文规定：凡技术改造性投入，被发改委立项备案的，除按上级最高额补贴外，市财政追加 33% 的奖补：凡获得省级以上“高新技术产品”的，分别给予 10 万元及 5 万元奖励。这些措施极大地调动了企业节电、节气和污水、废气减控的积极性。

按照政府部门的要求，长葛市卫生陶瓷企业全面开展了清洁化生产审核验收和环境认证。目前，全市陶瓷企业共取得节水认证 5 家，取得节水型坐便器专利认证 27 件，2 家企业通过省级清洁化生产审核，7 家企业通过 ISO14000 环境认证。

卫生陶瓷在生产中一般都会有 3% 至 5% 不等的废品，而这些废品即工业垃圾因其不腐化等特点，所以不能做垃圾深埋处理。金惠达公司的科研人员经过研究、试验，研制出了“引入废瓷 4.8% 的泥浆配方”。此项技术不仅消化了本公司废品，杜绝了废品垃圾，还从长葛其他工厂“低价购买废品”，变其他工厂的“废品为宝”。

为加大环保治理和节能减排的力度，长葛市还规定规模以上老牌企业和新上项目，都要严格按照环保标准，更新改造设备，完善环保设施。2006 年以来，全市新增投资约 12 亿元，全部用于节能环保设备的购进和基础条件的改善。

六、打造中档卫浴品牌集群

2011 年，中部卫浴首次提出打造大众消费者信得过、买得起的中档卫浴品牌，精准定位服务于中档消费群体，以高性价比占领内销市场。2012 年，长葛地区卫生陶瓷保持产销两旺，在快速发展的集群中，配件、包装、售后等品牌软实力也在逐步提高。在产品由工程、批发向家装、零售的转型中，长葛尚典、席尔美、浪迪、贝路佳、白特、贝浪、高帝等品牌脱颖而出，品牌在市场的影响力和美誉度大大提升。高性价比真正开始成为这个拥有便捷交通、富足劳动力的新兴卫浴产区立足国内市场的后发优势。

七、与咸阳院签订产品质量服务中心合作协议

2012 年，长葛市与咸阳陶瓷研究院签订产品质量服务中心合作协议，通过政府提供办公场地、购置检测设备，咸阳陶瓷研究院提供人才培训和技术服务等支持，在卫生企业密集的长葛市建立一个专业化的卫生陶瓷产品质量监督检验中心。

长葛检测中心运营后，将服务整个中部地区卫浴企业，定期对当地卫生陶瓷企业产品质量进行抽检。检验不合格的企业将受到政府有关部门的处罚或关停。另外检测中心也将对企业提供全面的产品检测，包括新产品的各项性能指标检测等。

八、加强品质管控提升品牌价值

2012 年初，贝浪卫浴新研发出一款超强冲水的坐便器，该款产品受到专家们的一致好评，但受制于区域品牌影响力不足，产品从设计到品质可与国内中高档产品媲美，并为国际品牌完成一笔订单，即便产品的质量和信誉如此，但销售价格却难以打破区域品牌的桎梏，这正体现了整个中部卫浴品牌化发展的困境。

长葛市政府进一步加强对品质的管理和疏导，区域内企业也积极跟进对品质的管控，产品质量的提高带动品牌价值的提升。9 月 27 日，组织全市二十余家企业家、生产高管等七十余人对长葛地区排名前十位的企业进行细致、深入的参观交流，通过区域内企业的相互比较、学习，共同探讨区域企业品牌发展、附加值提升的思路、方向、手段。

蓝鲸卫浴在 2012 年提出了升级品牌的战略，第一步即是对当前生产工艺的提高和改进，对产品质量进行全线跟踪检验，从关注产量转为注重质量，从降低每个环节的风险，以提高产品合格率。第九届新锐榜评选中，蓝鲸卫浴获得年度新锐品牌以及年度社会责任奖项。

2012 年蓝鲸卫浴旗下新品牌席尔美面市，以高品质、高品位、搞服务的品牌形象进入市场，随即受到了市场的热议。蓝鲸卫浴公司旗下新品牌——席尔美卫浴在产品、配套、整体卫浴及品牌文化过去的品牌。比如在全国席尔美卫浴店面用半剖产品展示品牌的内在品质。

不仅是产品对配套进行了升级，席尔美卫浴的包装也进行了重新设计，而且在产品的内部管道也都采用了先进的管道施釉技术，内壁光滑、无附着。

九、深化银行和卫浴企业之间交流合作

2012 年是中部卫浴企业整体面临原料上涨、工资增加、税收提高、行业品牌渠道下沉等多种不利因素影响最为集中的一年。而此时银行业也在观望当地陶瓷产业的发展，对陶瓷企业的信贷有些犹豫。为此，9 月 26 日长葛市政府召开了银企座谈会，通过深化银行与陶瓷企业之间的交流，打消银行业对卫生陶瓷企业的融资顾虑。

十、中原陶瓷港项目营销中心正式开放

2012 年 11 月 23 日，中原陶瓷港项目营销中心正式开放。市政府党组副书记张玉斌、副县级领导干部魏银安出席开放仪式并剪彩。

中原陶瓷卫浴港项目由长葛市政府主导，珠海名门水务投资有限公司联合河南开疆投资有限公司投资。该项目位于魏武大道以西、双岳路以南，颍川大道以北，总规划用地 300 亩，总投资 6 亿元，建筑面积 35 万平方米。

中原陶瓷港项目正式奠基于 2011 年 11 月 26 日。该项目主要功能之一是为中部卫浴产业提供一个专业化的形象展示、交易中心，提升整个产区的影响力。

十一、推动企业拓展国际市场

长葛卫浴在产业提升中，借鉴潮州经验，通过鼓励企业出口，将产品走出去，进而带动企业对品质和品牌形象的双提高。长葛卫浴企业基本上都是内销，而一般情况下企业外销在 20% ~ 30%，内销 70% ~ 80%，是良性发展的销售比例，而中部卫浴企业的外销率还不足 10%。销售以内销市场为主，在中低档市场上仍以价格取胜，虽有一部分企业能够做出优质的产品，却难以与市场同价，这在很大程度上又阻碍了企业品牌化发展。长葛卫浴目前部分产品已出口到韩国、俄罗斯、埃及、中东等多个国家和地区。

十二、组织开展节水产品质量认证

2012 年长葛政府“提升办”组织召开节水产品质量提升研讨会，企业对节水产品有了初步的印象，我们已经有十余家企业都在积极准备节水产品质量认证。

尚典卫浴的产品试水车间，卫生陶瓷成品出厂前必须经过严格的检验。特别是冲水试验，每件产品都经过测试合格后，才送至下一个工序。在水件的选用上，也都使用的是通过国家检验合格的产品，确保进入市场以后的产品质量。

十三、通过“代工”快速提升品质和管理水平

浪迪卫浴是长葛第一家与国内一线品牌开展 OEM 合作的企业，在经历了品质提升、用工稳定的阵痛期后，企业在产品品质、销售上都有大幅提升，成为当地发展较快的卫浴企业之一。

浪迪卫浴是一家一直埋头做品质的企业，虽然只有两年的建厂经验，却开启了中部卫浴贴牌合作的先例，持续稳定地为国内一线品牌企业开展代工合作，通过代工培养了一大批专业技术过硬的骨干，目前已有企业指定邀请该企业洽谈代工合作。

地处中部卫浴企业，想要短时间内在市场上做到一枝独秀，很难，通过为行业品牌企业代工合作，大大提高了企业的生产、管理水平，为持续做好产品品质打下了坚实的基础。

第七节　南安

一、自主创新设计取得新突破

南安卫浴产区近年来，在自主创新上不断加大研发资金投入，积极引进先进设备，聘请专业精英组成专业技术研发团队，研发团队每年都奔赴国内外卫浴盛会，不断关注全球设计潮流，汲取先进理念，使南安卫浴产品在德国 iF、红点奖、红棉奖、红星奖、金勾奖等众多奖项都榜上有名。

2012 年 12 月 19 日，2012 年中国创新设计红星奖在北京举行颁奖仪式，本年度共有 5348 项设计参评，200 多项设计获奖。卫浴行业有 25 项产品得奖。福建南安卫浴产区共获 10 项，其中辉煌水暖集团获 7 项，中宇集团、九牧集团和申鹭达股份有限公司各获 1 项。

辉煌水暖集团的“谦影”面盆、“霞姿月韵”浴缸、“尊尚”连体坐便器、“金樽玉宴”触碰面盆龙头、“轻色”面盆龙头、Ideas 创想面盆龙头、“清源”单柄双控面盆龙头共 7 款产品一举夺得中国创新设计红星奖。

二、二线卫浴品牌遭遇尴尬

2011 年下半年开始国内陶瓷卫浴市场需求持续低迷，2012 年中小卫浴企业增长普遍乏力。尤其是二线品牌，定位不高不低，实力不上不下，在强势品牌的挤压下经营波动最大。

虽然市场风声鹤唳，但南安以“四大家族”为主的一线卫浴品牌依然南征北战，众横捭阖，战绩不俗。但与一线品牌相比，南安卫浴二线品牌就显得很尴尬。一方面，二线品牌实力比一般中小企业要强得多，因此，虽然同样面临巨大的竞争力压力，但其生存、发展还算稳定；另一方面，他们的实力又比南安卫浴一线品牌弱得多，在几个一线品牌纷纷扩充生产项目时，他们面临扩张乏力的尴尬境地。 南安卫浴产区也因此形成中小企业为生存挣扎、二线品牌不温不火、一线品牌扩充产能的不同风景。

具体表现为：一线强势品牌活动频繁，促销力度大，致使其他品牌十分难做。二线品牌被整体实力、管理架构、企业战略等因素限制，在一线品牌对强有力的活动促销，招架困难。三线低端小品牌在市场又充当“搅局者”的身份，为了生存乱打价格战，互相拆台，整个形势非常严峻。

三、辉煌水暖集团科技创新成果显著

8 月 19 日，南安市召开创新转型暨金融改革工作推进会，对南安新一轮的创业创新转型、金融改革等工作进行全面部署。泉州市市长郑新聪，南安市委书记黄南康等有关领导参加会议。会上，为表彰先进，树立典型，南安市委、市政府表彰了一批创新功勋集体和功勋个人。辉煌水暖集团因科技创新成果显著被授予“科技创新功勋集体奖”，辉煌董事长王建业因管理卓越被授予“管理创新功臣个人奖”，这也是此次会上南安市唯一一家同时荣膺两项殊荣的企业。

四、九牧成为首家启动 O2O 项目卫浴企业

2011 年 5 月，九牧淘宝商城官方旗舰店开始运营，一年后又启动 O2O，即 Online To Offline，将线下商务的机会与互联网结合在一起，让互联网成为线下交易的前台。九牧由此成为行业内第一家启动 O2O 项目的企业，实现了总部对商品、库存、订单数据、顾客信息等整体资源的把控，同时把网店与实体店完美对接。

九牧成为进军电商平台的急先锋，也是最大赢家。2012 年 11 月 11 日，“九牧双十一网购狂欢节”大型网络促销活动在短短 24 小时内，以 19 万多件的成交商品数、名列家装主材品类热销品牌第一位，当天的交易额高达 2918 万多元，占卫浴行业总交易额七成以上。

在电商产品上，九牧从最初的以五金类为主，到马桶、浴室柜等大件不断延伸。2012 年九牧研发生产五金龙头类、花洒类、陶瓷类等电子商务专属产品，特别是单独生产网络专供的智能盖板，与终端零售产品形成区隔。

为大力发展电商业务，九牧提出了服务商的概念，强化线下服务中心，打造服务型品牌。2012 年九牧实行了“管家式服务”，在行业内首次倡导“电子商务全国联保服务”，保障了售后服务。

九牧的 O2O 项目发展至今，已经招募有数百家网商，近 5 万个密集销售点，实现了线上购买线下服务，免去了消费者的后顾之忧。九牧还鼓励核心代理商组建自己的电子商务部，进一步布局电商。

五、南安的水暖厨卫企业纷纷“触网”

2012 年南安水暖卫浴企业进军电商领域是一大亮点。乐谷卫浴早在 2010 年就启动电子商务项目，经过一年多努力，2011 年正式上线。乐谷卫浴在厦门软件园二期成立了电子商务公司——厦门市道新信息技术有限公司，下设站内运营部、站外运营部、推广部、代运营部、企划部及物流部六个部门，并邀请有多年电商行业经验经理人操盘。

继九牧 2011 年 5 月进驻淘宝之后，当年 10 月，中宇卫浴也在淘宝等网络平台开拓电商业务。11 月，乐谷卫浴进驻淘宝商城。2012 年 5 月，华盛·汉舍卫浴淘宝店火热上线。其后，申鹭达卫浴官方旗舰店、宏浪官方旗舰店陆续加盟天猫。

传统企业跨出原有的营销方式尝试电商，解决线上和传统渠道的冲突、完善物流配套、做好售后服务是当务之急。申鹭达针对线上消费者的购买需求，开发出相应系列产品，专门供应网络销售。同时，考虑和全国几千个销售网点联动，将第三方物流和经销商物流相结合，更好地为消费者提供售后安装和维修服务。

六、卫生陶瓷产能急剧扩大

从 2009 年开始，南安水暖卫浴企业纷纷上马陶瓷项目，使产能急速扩大。卫生陶瓷将促进福建水暖卫浴产业链进一步完善，从而推动整个水暖卫浴产业向厨卫一体化方向转型升级。

2012 年 6 月 30 日，国内首家百万产能智能陶瓷生产线点火仪式在九牧厨卫工业园举行，九牧因此成为国内首家拥有突破百万产能、全自动化智能陶瓷生产线的企业。

2012 年 7 月 17 日，申鹭达水暖卫浴总投资高达 10 亿元人民币、年产能力达 300 万件以上的陶瓷项目点火仪式在南安举行，将建设成 5 条卫生陶瓷生产线。

2012 年 7 月 29 日，航标控股有限公司旗下福建万荣水暖卫浴有限公司生产线如期点火，新生产线总长度 110 米、宽 3.2 米，年生产能力可达 100 万件。

截至 2012 年 12 月，福建产区投产和拟建设的陶瓷卫浴生产线已然突破 28 条，年饱和产能将超过 2500 万件。南安卫浴基本完成了从水暖五金制造到卫浴陶瓷、淋浴房等集成卫浴产品的全套生产基地建设，同时启动了橱柜、浴柜和厨卫电器项目建设，实现了从厨房到卫生间整体配套产品的自主研发和生产。

七、"九牧卫浴"向"九牧厨卫"转型

在经济低迷的2012年，九牧仍以快速发展引领行业，继续跨界扩张。

6月15日上午，九牧华中工业园入驻武汉吴家山经济技术开发区签约仪式在武汉东西湖区举行。九牧华中工业园暨九牧高新厨卫生产基地占地230亩，重点研发橱柜、浴室柜等厨卫相关配套产品，年产量将达100万套以上。

从1990年创立以来，九牧在20余年的时间，完成了由"九牧卫浴"更名为"九牧厨卫"，即从卫浴五金到厨卫及配套产品生产的转型。九牧已经成为了一家横跨卫生陶瓷、智能厨卫、整体卫浴、厨卫家具、五金龙头、厨卫五金等业务的大型厨卫企业。

2012年，九牧厨卫展开全球性战略布局，相继建立了华东工业园、厨卫文化博览园、陶瓷科技产业园等。

第八节　厦门

一、首届中国卫浴产业地方协会友好联盟成立

10月10日，首届中国卫浴产业地方协会友好联盟成立大会10日在厦举行，福建省水暖卫浴阀门行业协会、广东佛山市陶瓷协会、潮州市陶瓷行业协会、台湾省彰化水五金产业发展协会、浙江省水暖阀门行业协会、厦门市卫厨行业协会等协会领导，签署了友好联盟公约。

中国卫浴产业地方协会友好联盟由福建省水暖卫浴阀门行业协会、厦门市卫厨行业协会共同发起倡议，旨在加强各地方兄弟协会之间的交流互动，推动各产区之间的合作及行业良性竞争发展。

二、台资企业带领本土企业发展

厦门有全球卫浴产业"隐形冠军"的荣誉。从2009年开始厦门的卫浴配件销售产值已达全国第一，最突出的是水箱配件，全世界有百分之七八十品牌选用的配件都是厦门制造。

在厦门卫浴配件"隐形冠军"的成长之路上，台企扮演了极其重要的角色。厦门卫浴台企最大的优势是科技创新，有的企业一天就有三个专利，有的企业平均每天有三个新产品，有的企业的研发队伍多达800多人。路达工业已经成为一家年收入超过50亿元、员工超过7000人大型企业。台企的成功也带动了本土企业的发展，威迪亚的年销售额也已达六七亿元，2012年招收了13个博士生搞研发。

早在20世纪80年代末90年代初，台企开始投资厦门。在台商来厦门之前，厦门卫浴发展基本是空白。台商把技术带进来后，慢慢培养出一批人才，台企的骨干再出来办厂，通过这种"细胞分裂"的方式，厦门卫浴行业完成了健全产业链的整个进程。如今，厦门卫厨协会共有120家会员企业，五金、塑料、陶瓷等配件的生产商一应俱全。

三、出口欧美渠道遇阻

欧美是厦门卫浴企业出口的主战场，占比近七成。由于欧美经济不景气，对卫浴产品的需求量出现大幅下滑，2012年以来卫浴产品的出口订单更是下滑近三成。为了能安全度过这场"寒冬"，厦门卫浴企业有的选择与知名外企合资，而更多企业则将目光瞄准了东南亚、南亚、中东等新兴市场。

四、厦门和南安互补发展共同做大福建产区

与厦门紧邻的南安卫浴行业近年来发展势头如火如荼，但两地并不是竞争的关系，反而具有极强的互补性。厦门主攻外销，南安主攻内销；厦门走代工之路，南安经营品牌。南安卫浴企业都是从一个小

小的五金店发展而来，主攻内销市场。所以，在品牌建设、渠道管理方面为厦门过去专注外销市场的卫浴企业提供很好的经验。而厦门卫浴因为沿袭台湾经验，在技术、管理上属于领先地位，也为南安卫浴的发展提供了很好的榜样。

五、卫厨一体化发展再加速

厦门卫浴企业要由零组件生产商转成系统供应商，从系统供应商转型成为品牌通路商是必然的发展趋势。此外，卫厨一体化也是许多主流企业正在奋斗的目标。

在单品竞争已经进入白热化的背景下，厨卫一体化已经成为卫浴行业的共识。从2012年第四季度，厦门路达工业携手全球最大的泛家居品牌MASCO集团成立美睿（中国）家居有限公司，负责MASCO集团旗下的Merillat美睿橱柜品牌在华产品的研发、生产、销售和服务。

作为亚洲最大的卫浴五金生产企业，路达工业一直是业界公认的代工龙头，而通过与MASCO集团的合作，路达工业也成为福建卫浴行业中第一家真正实现厨卫一体化的企业。

第九节　浙江地区

一、党山

浙江杭州市萧山区党山镇“肩扛”五块国字号金字招牌:“中国化纤织造名镇”、“中国制镜之乡”、“中国卫浴配件基地”、“中国门业之乡”、“中国浴柜之乡”。

党山镇是萧山区重要的中小卫浴企业聚集区，产品以浴室柜为主。党山浴室柜产业兴起于20世纪90年代后期。当时，镇属企业杭州金迪家私装饰有限公司开展了对PVC板材和中密度板材为浴室柜基材的研究与开发。1999年起，党山镇的浴室柜企业如雨后春笋般的涌现。

至2011年年底，党山镇共有浴室柜及配套企业319家，年产各类浴室柜530万套以上，年生产销售额达45亿元。整个浴室柜产量占党山经济总量比重已接近20%。

目前,党山已经拥有注册商标321件,浴柜品牌近80只。其中不乏优势品牌,如和合科技集团的“和合”商标、浙江金迪控股集团的“金迪”商标、杭州桑莱特公司的“桑莱特”商标、康利达的“康利达”商标先后成功认定为中国驰名商标；“和合”、“金迪”还荣获“浙江省著名商标”、“浙江省知名商号”。党山镇还是“浙江省实施商标品牌十大示范乡镇”、“省装饰卫浴产业商标品牌基地”和省级装饰卫浴出口基地。

科技创新使得党山浴柜企业赚得“盆盈钵满”。党山浴柜企业十分注重产品研发与设计，仅产品实用新型、外观专利申报一项，2011年就达150余项。镇工业园投资开发有限公司与行业企业共同组建杭州市级的行业研发中心，即杭州市萧山区党山新世纪装饰卫浴研发中心，通过开展行业共性技术的研发，推广应用新工艺、新材料，向行业企业提供公共技术服务，成功申报通过国家创新基金项目。

党山浴室柜的大部分企业都贯标生产，一些龙头企业积极参与国家、行业标准制定，如和合集团积极参与民用装饰镜的国家标准制定工作，目前全国民用镜国家标准委员会秘书处落户和合科技集团；金迪集团开展了木塑行业的行业标准制定工作，并在2009年实现了国家标准的制定。

截至2011年底，党山装饰卫浴行业采用国家标准、行业标准或制定企业标准共347只，其中，执行国家标准36只、执行行业标准201只、制定企业标准110只。

生产标准化已经成为党山浴室柜提升发展的必由之路。由35家规模企业共同发起并由浙江省家具与五金研究所制定的党山卫浴企业浴柜联盟标准，有效促进了产品质量提升与企业的转型升级。

党山浴室柜产业最具鲜明特点的是产品品种较为齐全，产业配套较为完备。通过产品开发和产业链的延伸，党山浴室柜产品发展有了PVC浴室柜、橡木浴室柜、不锈钢浴室柜等多品种、多规格和多款式的系列产品。

2008年以来，杭州市政府、萧山区政府以及党山镇政府相继出台了《关于加快块状经济向现代化产业集群转型升级的实施意见》(杭政办[2011]7号)等一系列扶持政策，从外贸优惠、转型升级、自主创新、做大做强等方面给予企业鼓励和扶持。

目前党山已初步形成党山新世纪装饰卫浴行业研发中心、杭州市特色城镇工业功能区行业技术研究开发中心、党山镇品牌建设指导站、公共服务平台等四大平台，为党山装饰卫浴行业的发展、转型升级提供有力支撑。

为进一步做大做强卫浴行业，党山镇以点带面，构筑“大卫浴”产业格局。从起初的文具盒、美容镜，到卫浴、制镜，再延伸到美容柜、淋浴房、美容镜、制镜玻璃等综合类民用卫生洁具用品，党山镇逐渐形成了镜艺加工、卫生洁具、装饰门业、休闲用品、玻璃生产相结合的综合产业链。

当然，在经济低迷的形势下，稳中求进的党山卫浴也有短板，比如产业链掌控能力不强、高端产品开发能力较弱等。

党山装饰卫浴行业产业链掌控不足首先体现在对上游原材料的掌控方面，党山的行业企业生产工艺大部分以组装为主，原材料和配件基本靠外购；其次，产业链掌控能力不强表现在：具有互补及配套关系的企业合作不足，企业在研发、信息等方面紧密合作性不强；在产业链的终端，掌控力不足体现在对下游客户的控制力上，散户过多。

党山装饰卫浴行业另一个明显短板是高端产品开发能力较弱。党山装饰卫浴企业虽然有上百件创新专利申请，但这些大部分是实用新型及外观专利，发明专利较少，由于缺少对产品深层次的开发，具有高附加值的高端产品开发能力较弱，国内高端卫浴市场，几乎难见党山装饰卫浴企业。

二、平湖

谈国内淋浴房行业离不开“三山一湖”，而浙江省嘉兴平湖就是这其中的一湖，中国的淋浴房产业四足鼎立，平湖就是其中一股不容忽视的力量。2007年，洁具行业协会所在地新埭镇被全国工商联授予“中国卫浴名镇”称号。

近年来，平湖市卫浴洁具行业发展迅猛，对知识产权也日益重视。目前，全市卫浴洁具行业共拥有注册商标150余件，境外商标100余件，中国驰名商标(司法认定)2个、省级著名商标2个、市级著名商标9个，确立了“平湖洁具”的行业地位。2012年，浙江省卫浴洁具专业商标品牌基地落户平湖。

另外，平湖市卫浴洁具行业为使企业明晰世界卫浴洁具产品专利的动态、避免重复开发与资金浪费，已建成行业专利数据库，市知识产权管理部门每年开展知识产权培训，提高知识产权创造能力。

到2011年底平湖市卫浴洁具行业已获专利授权845件，其中发明2件，实用新型320件，拥有各级专利示范企业8家，其中省级2家。

浙江省嘉兴平湖新埭镇是“中国卫浴名镇”，当地不仅有大大小小近百家卫浴生产企业。而且，政府为提升平湖洁具产业形象建有一座洁具科技工业城，为当地洁具产业发展筑下了“引凤”之“巢”。

截至目前，平湖洁具科技工业城由开始的一两家企业发展到三四十家企业，洁具城的规模已经基本形成。

一直以来，平湖淋浴房企业80%以出口为主，随着近年来国际金融危机的持续蔓延，平湖洁具企业也逐渐感受到了外销市场的“寒冷”。

2011年跟全国所有出口企业一样，当地多家企业订单相较以前有了较大幅度的下滑，到2011年年底，已经出现有个别企业难以为继的局面。

在这种情况下，从2012年开始，平湖洁具企业在当地政府和平湖洁具协会的组织和引导下，积极参加国际国内行业相关展会，以期望从多个方向寻找突破。

2012 年 4 月平湖多家洁具企业报名参加了在广州举行的春季交易会，此次展会由于欧美各国经济的低迷，对中东和非洲的出口成为此次展会的亮点。

2012 年 5 月上海将举行第 17 届厨卫展，此前一直低调的多家平湖洁具企业也已经预订了超出往年面积的展位，希望从国内市场寻找到发展机会。

2012 年 7 月第二届中国中山淋浴房展将在有着“中国淋浴房生产基地”之称的中山市举行，此次展会由中国五金制品协会和中山市人民政府主办。平湖淋浴房企业再次抱团参加。

第十一章　2012年世界陶瓷砖生产消费发展报告

尽管与2011年明显的两位数增长相比，2012年全国陶瓷砖的生产、消费以及进出口数据出现了明显的下滑，但是整体依然是全面增长的。全球陶瓷砖产量增长5.4%，消费增长4.6%；而进出口增长较为明显，达8.4%。

与以往每年的情况类似，在某些情况下，贸易协会所提供的资源、信息促使我们检查和纠正往年的数据。它综合了陶瓷砖生产大国、私人陶瓷砖企业的相关情况以及一些研究者的调研数据。

第一节　世界陶瓷砖生产制造

2012年全球陶瓷砖产量超过了110亿平方米，高达111.66亿平方米[注1]，与2011年105.96亿平方米相比，2012年全球陶瓷砖产量增长了5.4%。除了意大利、越南、叙利亚和葡萄牙这四个陶瓷砖生产国，其他陶瓷砖生产国陶瓷砖产量都是有所增长的。

世界各地区陶瓷砖生产制造状况　　**表11-1**

地区	2012年（亿平方米）	占世界总量（%）	相对%（12/11）
欧盟（27国）	11.68	10.5	-0.8
欧洲其他区域（含土耳其）	5.32	4.8	+8.6
北美（含墨西哥）	3.00	2.7	+4.2
中南美洲地区	11.38	10.2	+3.6
亚洲	76.74	68.7	+6.4
非洲	3.49	3.1	+7.1
大洋洲	0.05	0.0	0.0
总量	111.66	100.0	+5.4

2012年全球陶瓷砖产量中，亚洲生产了76.74亿平方米，较2011年增长4.62亿平方米，增长6.4%[注2]，占全球产量的68.7%。欧洲的陶瓷砖产量也小有增长，从16.67亿平方米增长到17亿平方米，增长2%，占全球总额的15.3%。更具体地说，欧盟27国产量稳定在11.68亿平方米，较2011年略微下降0.8%。欧盟以外的欧洲地区的陶瓷砖产量从4.9亿平方米增长到5.32亿平方米，增长8.6%。美洲大陆的陶瓷砖总产量达到14.38亿平方米，占全球产量的12.9%，中南美洲地区，陶瓷砖产量从10.98亿平方米增长到11.38亿平方米，增长3.6%。而北美地区，总产量达到3亿平方米的水平，较2011年增长4.2%。非洲地区的陶瓷砖产量继2011年的下降后，2012年有所增长，从3.26亿平方米增长到3.49亿平方米，增长了7.1%。

［注1］：这是认为2012年中国陶瓷砖的产量只有52亿平方米的结果，事实上中国建筑卫生陶瓷协会的统计数据是2012年89.93亿平方米，2011年87.01亿平方米，增长3.35%。

［注2］：原文如此，显然与中国的实际情况不符，而且已经连续多年作者都是用每年增长2亿平方米，作者认为2010年中国增长6亿平方米，2011年也是增长6亿平方米，2012年增长4亿平方米。

2008-2012年世界陶瓷砖生产制造国（地区）前30强　单位：百万平方米　表11-2

国家（地区）	2008年	2009年	2010年	2011年	2012年	占世界总量%	相对%（12/11）
1. 中国[注3]	3400	3600	4200	4800	5200	46.6	8.3
2. 巴西	713	715	753	844	866	7.8	2.6
3. 印度	390	490	550	617	691	6.2	12.0
4. 伊朗	320	350	400	475	500	4.5	5.3
5. 西班牙	495	324	366	392	404	3.6	3.1
6. 意大利	513	368	387	400	367	3.3	-8.3
7. 印尼	275	278	287	317	330	3.0	4.1
8. 越南	270	295	375	380	298	2.7	-21.6
9. 土耳其	225	205	245	260	280	2.5	7.7
10. 墨西哥	223	204	210	219	229	2.1	4.6
11. 埃及	160	200	220	175	200	1.8	14.3
12. 泰国	130	128	132	149	170	1.5	14.1
13. 俄罗斯	147	117	126	136	154	1.4	13.2
14. 波兰	118	112	112	121	131	1.2	8.3
15. 阿联酋	77	77	90	90	92	0.8	2.2
16. 马来西亚	85	90	90	82	88	0.8	7.3
17. 沙特	40	55	56	78	85	0.8	9.0
18. 阿根廷	60	56	65	70	75	0.7	7.1
19. 哥伦比亚	50	50	60	65	72	0.6	10.8
20. 美国	59	53	60	67	69	0.6	3.0
21. 乌克兰	39	44	52	60	62	0.6	3.3
22. 摩洛哥	51	54	56	60	60	0.5	0.0
23. 德国	59	51	50	55	56	0.5	1.8
24. 葡萄牙	74	70	65	57	54	0.5	-5.3
25. 秘鲁	37	38	49	47	52	0.5	10.6
26. 韩国	39	42	40	42	41	0.4	-2.4
27. 孟加拉	20	25	30	35	40	0.4	14.3
28. 台湾地区	40	32	34	34	39	0.3	14.7
29. 阿尔及利亚	28	29	30	33	33	0.3	10.0
30. 南非	38	32	32	33	31	0.3	-6.1
总量	8177	8185	9223	10193	10769	96.4	5.7
世界总量	8594	8582	9619	10596	11166	100.0	5.4

[注3]：表中统计数据出自于Paola Giacomini，World Production and Consumption of Ceramic Tiles，Ceramic World Review，2013，(8-10)，42-60. 表中关于中国的数据与中国实际情况差别很大，此处将中国建筑卫生陶瓷协会的统计数据与原文的数据对比列出如下：

国家	2008年	2009年	2010年	2011年	2012年
中国（建筑卫生陶瓷协会）	5755	6427	7576	8701	8993
中国（Paola Giacomini）	3400	3600	4200	4800	5200

第二节 世界陶瓷砖消费

世界各地区陶瓷砖消费状况 **表11-3**

地区	2012年（亿平方米）	占世界总量（%）	相对%（12/11）
欧盟（27国）	8.74	8.0	–5.9
欧洲其他区域（含土耳其）	5.28	4.8	1.5（原文10.7）
北美（含墨西哥）	4.26	3.9	5.7
中南美洲地区	12.21	11.2	5.3
亚洲	72.14	66.1	4.4
非洲	6.09	5.6	18.7
大洋洲	0.40	0.4	–4.8
总量	109.12	100.0	+4.6

2012 年世界陶瓷砖消费从 2011 年的 104.32 亿平方米上升到 109.12 亿平方米，增长 4.6%。唯一陶瓷砖消费持续下降的是欧盟地区，由 9.29 亿平方米下降到 8.74 亿平方米，下降 5.9%。在波兰，消费的复苏不足以填补几乎整个欧盟的需求下降。欧盟以外的欧洲地区的陶瓷砖消费从 4.77 亿平方米增长到 5.28 亿平方米，增长了 10.7%。这主要是由俄罗斯和土耳其两国的消费带动的。非洲陶瓷砖消费增长率最大，从 5.13 亿平方米增长到 6.09 亿平方米，增长了 18.7%。全球陶瓷砖消费都所有增长，而 2012 年利比亚的陶瓷砖消费增长最为显著，在 2011 年因为战争的缘故，利比亚陶瓷砖消费几乎是零消费。亚洲地区陶瓷砖消费增长率不及产量增长率高，其从 69.09 亿平方米增长到 72.14 亿平方米，增长了 4.4%。亚洲地区陶瓷砖消费增长，占全球陶瓷砖消费的 66%。其中中国、印度、印尼、沙特阿拉伯、泰国和伊拉克等国为这一增长贡献了较大的份额。中南美洲作为陶瓷砖最大消费市场增长了 5.3%，从 11.59 亿平方米增长到 12.21 亿平方米。而北美洲陶瓷砖消费也增长 5.7%，达 4.26 亿平方米。

2008-2012年世界陶瓷砖消费国前30强　单位：百万平方米 **表11--4**

国家	2008年	2009年	2010年	2011年	2012年	占世界总量%	相对%（12/11）
1. 中国[注4]	2830	3030	3500	4000	4250	38.9	6.3
2. 巴西	605	645	700	775	803	7.4	3.6
3. 印度	403	494	557	625	681	6.2	9.0
4. 伊朗	265	295	335	395	375	3.4	-5.1
5. 印尼	262	297	277	312	340	3.1	9.0
6. 越南	220	240	330	360	247	2.3	-31.4
7. 沙特	136	166	182	203	230	2.1	13.3
8. 俄罗斯	191	139	158	181	213	2.0	17.7
9. 美国	211	173	186	194	204	1.9	5.2
10. 墨西哥	177	163	168	177	187	1.7	5.6
11. 土耳其	129	138	155	169	184	1.7	8.9

续表

国家	2008年	2009年	2010年	2011年	2012年	占世界总量%	相对%（12/11）
12. 埃及	128	162	184	152	161	1.5	5.9
13. 泰国	120	117	130	134	155	1.4	15.7
14. 法国	128	113	118	126	123	1.1	-2.4
15. 德国	112	106	105	118	116	1.1	-1.7
16. 西班牙	240	156	145	129	109	1.0	-15.5
17. 意大利	176	146	145	133	107	1.0	-19.5
18. 波兰	103	93	90	96	103	0.9	7.3
19. 韩国	99	99	101	105	101	0.9	-3.8
20. 阿联酋	96	77	100	102	98	0.9	-3.9
21. 伊拉克	23	40	60	79	98	0.9	24.1
22. 马来西亚	50	69	80	79	83	0.8	5.1
23. 哥伦比亚	54	53	70	72	81	0.7	12.5
24. 摩洛哥	60	66	67	72	75	0.7	4.2
25. 阿根廷	62	56	62	72	72	0.7	0.0
26. 菲律宾	38	40	50	59	66	0.6	11.9
27. 尼日利亚	30	29	30	44	60	0.5	36.4
28. 阿尔及利亚	37	40	48	55	59	0.5	7.3
29. 乌克兰	59	48	53	57	55	0.5	-3.5
30. 委内瑞拉	40	38	36	44	54	0.5	22.7
总量	7083	7327	8220	9119	9490	87.0	4.1
世界总量	8373	8525	9468	10432	10912	100.0	4.6

[注 4]：表中统计数据出自于 Paola Giacomini，World Production and Consumption of Ceramic Tiles，Ceramic World Review，2013，(8-10)，42-60. 表中关于中国的数据与中国实际情况差别很大，此处将中国建筑卫生陶瓷协会的统计数据与原文的数据对比列出如下：

国家	2008年	2009年	2010年	2011年	2012年
中国（建筑卫生陶瓷协会）	5084	5504	6708	7686	
中国（Paola Giacomini）	2830	3030	3500	4000	4250

各地区陶瓷砖消费的差异状况与其相应的生产状况极其相似，比较过去数年世界各大洲陶瓷砖生产制造与消费的数据，不难发现生产与消费的数据彼此越来越接近，无疑表明生产越来越靠近消费区域，就是说市场区域化的趋势越来越明显。亚洲陶瓷砖产量占全世界的 68.7%，陶瓷砖消费占世界的 66.1%，欧洲（欧盟 + 非欧盟）这两个数据分别为 15.3% 与 12.8%，美洲是 12.9% 与 15.1%，非洲是 3.1% 与 5.6%。

第三节 世界陶瓷砖出口

2012 年世界陶瓷砖出口相对 2011 年增长 8.4%，出口量从 21.75 亿平方米增长到 23.58 亿平方米。陶瓷砖进出口量占全球陶瓷砖消费的比例上升到 21.6%，持续三年增长率维持在 20.5%。各地区陶瓷出口量都有所增加。亚洲地区出口量为 12.21 亿平方米，较 2011 年 11.02 亿平方米增长了 10.8%，相当于全球出口份额的一半。出口量第二大地区是欧盟，占全球出口份额的 31.6%，出口 7.45 亿平方米，增长 4.9%，主要原因就是西班牙产业的进一步复苏；欧盟以外的欧洲地区出口从 1.38 亿平方米增加到 1.47 亿平方米，增长 6.5%；中南美洲地区出口从 1.18 亿平方米下降到了 1.15 亿平方米，下降了 2.5%；而北美地区出口上升到 0.72 亿平方米，增长 7.5%。经过 2011 年的下滑，非洲出口量恢复至 2010 年的水平，出口 0.58 亿平方米，增长了 45%。陶瓷砖三大出口国（中国、西班牙和意大利）占全球出口份额的 63.7%，而出口前 20 国占据了 94% 的全球出口份额。

世界各地区陶瓷砖出口状况 **表11-5**

地区	2012年（亿平方米）	占世界总量（%）	相对%（12/11）
欧盟（27国）	7.45	6.98	4.9
欧洲其他区域（含土耳其）	1.47	1.3	6.5
北美（含墨西哥）	0.72	0.6	7.5
中南美洲地区	1.15	1.1	-2.5
亚洲	12.21	11.2	10.8
非洲	0.58	0.5	45.0
大洋洲	0.01	0.0	—
总量	23.58	21.6	+8.4

2008-2012年世界陶瓷砖出口国前20强 单位：百万平方米 **表11-6**

国家	2008年	2009年	2010年	2011年	2012年	占国内产量%	占世界出口总量%	相对%（11/10）
1. 中国[注5]	570	584	715	830	915	17.6	38.8	10.2
2. 西班牙	306	235	248	263	296	73.3	12.6	12.5
3. 意大利	355	281	289	298	289	78.7	12.3	3.1
4. 伊朗	27	40	54	65	65	13.7	3.1	20.4
5. 土耳其	92	67	84	87	87	33.5	4.1	4.0
6. 墨西哥	62	52	57	63	63	28.8	3.0	10.5
7. 巴西	81	61	57	60	60	7.1	2.8	5.1
8. 阿联酋	34	31	32	36	36	40.0	1.7	10.9
9. 埃及	21	19	20	19	19	6.0	0.9	−5.0
10. 波兰	34	35	32	36	36	30.3	1.7	12.5
11. 越南	25	28	28	42	42	11.1	2.0	50.0
12. 印度	21	19	20	19	19	6.0	0.9	−5.0
13. 葡萄牙	37	32	31	32	32	56.1	1.5	4.5

续表

国家	2008年	2009年	2010年	2011年	2012年	占国内产量%	占世界出口总量%	相对%（11/10）
14. 泰国	25	36	32	29	29	19.5	1.4	-8.1
15. 马来西亚	21	19	20	19	19	6.0	0.9	-5.0
16. 德国	28	23	25	27	27	49.1	1.3	8.0
17. 乌克兰	7	6	11	20	20	33.3	0.9	90.5
18. 印尼	21	19	20	19	19	6.0	0.9	-5.0
19. 秘鲁	21	19	20	19	19	6.0	0.9	-5.0
20. 捷克	21	19	20	19	19	6.0	0.9	-5.0
总量	1704	1531	1714	1908	1908	18.4	89.6	11.3
世界总量	1919	1750	1960	2130	2130	20.5	100.0	8.7

[注5]：表中统计数据出自于 Paola Giacomini，World Production and Consumption of Ceramic Tiles，Ceramic World Review，2013，(8-10)，42-60. 表中关于中国的数据与中国实际情况差别很大，此处将中国建筑卫生陶瓷协会的统计数据与原文的数据对比列出如下：

国家	2008年	2009年	2010年	2011年	2012年
中国（建筑卫生陶瓷协会）	671	685	867	1015	1086
中国（Paola Giacomini）	570	584	715	830	915

第四节　世界生产消费出口陶瓷砖的主要国家

一、中国

中国是世界最大的陶瓷砖生产制造国、消费国及出口国。15年以来中国陶瓷砖产量规模给全球陶瓷砖生产、消费、出口注入了巨大的活力。由于不同途径来源的数据差别很大，准确的中国陶瓷砖产量总是一个问题，根据中国1400家陶瓷生产企业装备的产量估计，中国的陶瓷砖产能在90亿平方米每年。

但是根据估计，2012年中国陶瓷砖生产为52亿平方米，相当于全球产量的46.6%，同比2011年增长8.3%，增幅略低于前两年。中国陶瓷砖消费估计为42.5亿平方米，占全球陶瓷砖消费量的38.9%，其国内消费增长率较往年小了，为6.3%。

尽管中国陶瓷砖出口量从2011年的8.3亿平方米增长到2012年的9.15亿平方米，相当于世界总出口量的38.8%，但出口增长率相比2011年有所下降，从16%降到10.2%。有分析表明，近两年中国陶瓷砖的主要出口市场出现了变化，相比2011年，一方面亚洲仍然是中国出口的主要市场，占中国出口市场份额的55.5%，南美11.5%，北美7%，大洋洲2.3%。另一方面，2012年非洲市场呈现稳定增长，出现了历年来最大的增长，增幅达24%，其占中国陶瓷砖出口市场份额从16.6%上升到18.7%，抵消了中国瓷砖在欧洲销售下降的影响。

由于受2011年反倾销政策的影响，中国向欧洲出口的陶瓷砖由2010年的0.65亿平方米下降到2011年的0.45亿平方米，到2012年下降到0.31亿平方米，年均下降30%。而2012年欧洲市场占中国陶瓷砖出口总量不足3%，销往欧洲的其他非欧盟欧国家的陶瓷砖量也有所下降，从2011年占总出口量的1.9%降到2012年的1.2%。去年中国陶瓷砖出口量最大的前两个国家是沙特阿拉伯（出口量从0.77亿平方米上升到0.87亿平方米）和尼日利亚（出口量从0.356亿平方米上升到0.486亿平方米）。

中国陶瓷砖出口市场排名　单位：百万平方米　　表11-7

国家/地区	2011年	2012年
1. 沙特	77.5	87.4
2. 尼日利亚	35.6	48.6
3. 新加坡	43.8	42.7
4. 美国	40.0	41.2
5. 韩国	40.2	41.0
6. 泰国	36.6	40.6
7. 巴西	37.2	36.2
8. 阿联酋	34.1	36.1
9. 印尼	20.1	35.0
10. 菲律宾	27.9	34.2
11. 南非	21.9	25.7
12. 印度	35.5	25.2
13. 越南	24.6	23.8
14. 马来西亚	20.0	21.5
15. 加纳	19.4	21.1
16. 澳大利亚	19.7	19.6
17. 墨西哥	16.9	19.5
18. 科威特	20.0	19.2
19. 香港	20.4	17.5
20. 哥伦比亚	13.8	15.5
21. 智利	10.2	14.6
22. 伊拉克	15.0	13.3
23. 日本	10.8	13.0
24. 坦桑尼亚	10.2	12.8
25. 委内瑞拉	7.8	12.8

二、巴西

巴西2012年继续保持着世界第二大陶瓷砖生产国、第二大陶瓷砖消费国。巴西的陶瓷砖生产制造保持连续20多年的稳定增长，2012年的陶瓷砖产量达到8.66亿平方米，增幅为2.6%，低于2011年12%的增幅。国内消费从7.75亿平方米增长到8.03亿平方米，增长了3.6%，而前一年的增长数据是10.7%。

巴西的陶瓷砖出口绝大部分销往拉美市场，出口量是0.59亿平方米，出现轻微的下降。而进口量则保持稳定在0.41亿平方米，进口来源大部分来自中国。巴西瓷砖制造厂商协会预测2013年巴西的陶瓷砖进出口增长率在3%到4%之间，产量有可能到达9亿平方米，国内消费达到8.39亿平方米。2012年巴西陶瓷砖的安装生产能力已达到10亿平方米的水平，达到10.34亿平方米。

巴西陶瓷砖出口市场排名（百万平方米） 表11-8

国家/地区	2010年	2011年	2012年
1. 巴拉圭	9.4	10.7	9.8
2. 美国	8.3	8.1	6.3
3. 多米尼加	4.5	4.9	5.2
4. 乌拉圭	3.0	3.7	3.7
5. 委内瑞拉	0.4	1.1	2.9
6. 哥伦比亚	1.6	2.8	2.6
7. 阿根廷	3.9	4.4	2.5
8. 秘鲁	1.0	0.9	2.2
9. 特立尼达	1.9	2.0	2.1
10. 海地	0.3	1.4	1.9

三、印度

印度目前继续保持着世界第三大陶瓷砖生产制造国与消费国的地位。2012 年印度陶瓷砖产量达 6.91 亿平方米，和过去两年一样增长率是 12%；国内陶瓷砖消费是 6.81 亿平方米，增长 9%。尽管各项数据均有所增长，但印度的出口仍显得无关紧要，只有 0.32 亿平方米，从中国的进口则由 0.35 亿平方米下降到 0.25 亿平方米。

四、意大利

2012年意大利、西班牙对各地区的陶瓷砖出口比例 表11-9

	欧洲	美洲	亚洲	非洲	大洋洲	总数
意大利						
出口额	69.6%	16.0%	10.3%	2.4%	1.7%	100%（=36.623亿欧元，增长2.6%）
出口量	69.5%	14.5%	10.0%	4.6%	1.4%	100%（=2.890亿平方米，增长-3.1%）
西班牙						
出口额	49.4%	10.3%	25.8%	13.9%	0.6%	100%（=20.82亿欧元，增长10.0%）
出口量	37.8%	8.8%	33.6%	19.4%	0.4%	100% （=2.956亿平方米，增长12.3%）

2012 年意大利陶瓷砖产量为 3.672 亿平方米，较 2011 年下降了 8.3%。全年总销售额达 3.822 亿平方米，较 2011 年下降了 7.5%。国内本土销售量下跌 18.9%，从 1.15 亿平方米降至 0.93 亿平方米；对应的销售额下跌 19.8%，至 0.919 亿欧元。出口量有 3% 的小幅度下跌，从 2.98 亿平方米降至 2.89 亿平方米。出口平均单价达到每平方米 12.7 欧元，增长了 5.9%；出口值达到 36.6 亿欧元，增长 2.6%。总共的营业额达到 45.8 亿欧元，下跌了 2.8%。

除欧盟外，在出口方面各个地区都有增长。欧盟地区的出口量是 1.562 亿平方米，较 2011 年下跌了 7.3%；出口额为 20.64 亿欧元，下跌了 2.9%。欧洲非欧盟地区的总出口量下跌了 2.6% 但出口额上升了 7.8%。美洲表现较好，出口量增长了 5.9%，为 0.42 亿平方米；出口额增长了 16.9%，这归因于平均单价有10%的增长，达到了每平方米13.95欧元。亚洲的出口量保持稳定，为0.29亿平方米，但出口额有所下降。非洲的出口量达到了0.13亿平方米，增长了15.8%，但是平均单价低于7欧元每平方米。在所有的瓷砖出口国中，意大利的出口份额最高，达到了产量的79%。但是，意大利的出口十分专注欧洲市场，在出口量和出口额上都占到了69.5%，其次是北美地区，出口量是14.5%，出口额是16%。

意大利保持着生产制造国际化的最高水平，在美国、俄罗斯、西班牙、法国、德国、波兰与葡萄牙等地有20家由意大利集团控制管理的全资或合资公司。这些公司在2012年的生产效益出色，总生产量为1.396亿平方米，较2011年增长了14.7%；总销量为1.415亿平方米，增长了11.1%；销售额为1.195亿欧元，增长了14.3%。这20家国际公司82%的产品都在生产地所在国销售，出口的仅有18%。

意大利陶瓷砖出口市场排名（百万平方米）　　　　表11-10

国家/地区	2011年	2012年
1. 法国	53.2	48.5
2. 德国	42.3	42.2
3. 美国	27.0	29.1
4. 奥地利	10.5	11.3
5. 比利时	9.6	9.5
6. 瑞士	8.0	7.7
7. 加拿大	7.1	7.2
8. 英国	6.7	6.3
9. 俄罗斯	4.7	5.8
10. 沙特	5.0	5.4
11. 希腊	7.8	5.1
12. 克罗地亚	4.5	4.6
13. 罗马尼亚	4.1	4.5
14. 荷兰	5.1	4.4
15. 瑞典	4.6	4.0
16. 以色列	4.2	3.9
17. 匈牙利	4.6	3.7
18. 波兰	3.5	3.3
19. 中国香港	2.0	3.3
20. 丹麦	3.3	2.9
21. 捷克	3.2	2.7
22. 斯拉维尼亚	3.1	2.7
23. 尼日利亚	1.5	2.6
24. 芬兰	2.9	2.4
25. 澳大利亚	2.3	2.4

五、西班牙

由于2012年西班牙的陶瓷砖出口量增长了12.5%，达到2.956亿平方米，西班牙成为仅次于中国的第二大陶瓷砖出口国。2012年西班牙陶瓷砖最大的出口市场是沙特阿拉伯，出口量由0.26亿平方米增长到0.32亿平方米；其第二大出口市场法国则基本保持稳定，出口量是0.266亿平方米左右。西班牙陶瓷砖在其他主要出口市场上同样保持了增长，依次为以色列（增长7%），阿尔及利亚（增长25.9%），俄罗斯（增长25%），约旦（增长76.5%）。而西班牙陶瓷砖在黎巴嫩市场的表现相当突出，经历2011年骤然下跌到几乎为零后，2012年销售达830万平方米。

2012年西班牙的陶瓷砖出口总值为20.815亿欧元，增长了10%，其出口单价平均为每平方米7欧元。西班牙的陶瓷砖在欧洲市场的出口份额出现持续下降，2012年其欧洲出口量是1.119亿平方米，占全国出口总量的37.8%，下降了3.3%；欧洲出口值是10.29亿欧元，占全国出口总值的49.4%，下降了1.3%。其在美国市场的出口量份额稳定保持在8.8%；出口量为0.26亿平方米，增长了13.4%；出口值份额为10.3%，出口值为2.13亿欧元，增长了14.2%。

与此同时，西班牙的陶瓷砖在亚洲市场的出口份额保持了增长，其亚洲出口量是0.992亿平方米，占全国出口总量的33.6%，增长了18.7%；出口值是5.37亿欧元，占全国出口总值的25.8%，增长了18.1%。在非洲的出口量0.573亿平方米，占全国出口份额的19.4%；出口值2.89亿欧元，占全国出口份额的14%。总体来说，其在非洲市场中43.7%的出口量增长和其在资金中46.7%的出口值增长基本相一致。

2012年西班牙陶瓷砖出口的积极表现抵消了其国内需求下降所引起的不良影响，西班牙瓷砖的国内消费从1.29亿平方米下降到1.09亿平方米，下降了15.5%，这导致了部分陶瓷企业停产，同年西班牙瓷砖的销售总量是3.99亿平方米，增长了4.5%；销售总值为26.57亿欧元，增长了2.3%。

2012年西班牙的陶瓷砖生产总量保持了稳定增长，达4.04亿平方米，增长了3.1%，这使西班牙成为世界第五大瓷砖生产国家。

西班牙陶瓷砖出口市场排名（百万平方米） **表11-11**

国家/地区	2011年	2012年
1. 沙特	26.2	32.3
2. 法国	26.6	26.6
3. 以色列	15.7	16.8
4. 阿尔及利亚	11.2	14.1
5. 俄罗斯	10.4	13.0
6. 约旦	6.8	12.0
7. 英国	10.8	10.9
8. 摩洛哥	6.3	9.0
9. 利比亚	0.6	8.3
10. 美国	7.1	8.0
11. 尼日利亚	5.9	7.5
12. 德国	6.7	7.1
13. 伊拉克	5.4	6.5
14. 阿联酋	5.6	6.3

续表

国家/地区	2011年	2012年
15. 意大利	6.8	5.8
16. 黎巴嫩	3.6	4.9
17. 葡萄牙	6.2	4.7
18. 阿尔巴尼亚	5.7	4.7
19. 科威特	4.9	4.4
20. 波兰	3.2	3.3
21. 乌克兰	3.3	3.3
22. 希腊	4.4	3.0
23. 罗马尼亚	3.7	2.9
24. 墨西哥	2.7	2.6
25. 多米尼加	2.4	2.6

六、土耳其

2012年土耳其在产量和内销方面都创造了新的纪录，产量达2.8亿平方米，较2011年上升了7.7%；内销量达到了1.8亿平方米，较2011年上升了9.1%，几乎与国内需求持平。出口量连续第三年增长，达到了0.917亿平方米，上升了5%。出口额的增长更高，创纪录地达到了5.86亿美元，上升了10.4%。出口额最高的国家是德国，达到0.66亿美元，下降了11.9%；其次是伊拉克，出口额为0.607亿美元，增长了57.8%；然后是以色列，出口额为0.58亿美元；接着是英国，出口额为0.54亿美元，增长了14.8%。在出口量方面，伊拉克成为了最大的出口国，出口量为0.108亿平方米，增长了55.7%；排在第二位的是出口量保持稳定的以色列，为0.107亿平方米。

土耳其出口市场排名　（百万平方米）　　**表11-12**

国家/地区	2010年	2011年	2012年
1. 伊拉克	3.7	7.0	10.8
2. 以色列	11.7	10.7	10.7
3. 英国	8.2	8.6	9.1
4. 德国	8.6	8.6	8.4
5. 阿塞拜疆	4.8	6.2	7.5
6. 加拿大	6.6	4.3	5.7
7. 格鲁吉亚	4.2	4.7	4.7
8. 法国	4.2	4.1	4.4
9. 利比亚	1.8	0.2	3.8
10. 美国	2.2	2.4	3.6

七、伊朗

2012 年伊朗的产量为 5 亿平方米，增长了 5.3%；国内销量为 3.75 亿平方米，较 2011 年下跌了 5%。在 2012 年，伊朗继续保持着第四大生产制造国、第四大消费国并超过土耳其成为第四大出口国。出口量达到 0.93 亿平方米，增长了 43%，其中 78.5% 销往伊拉克，14.4% 销往阿富汗。

第五节　世界陶瓷砖进口与消费

一、世界陶瓷砖进口

2008-2012年世界陶瓷砖进口国前20强　单位：百万平方米　表11-13

国家	2008年	2009年	2010年	2011年	2012年	占国内总消费%	占世界进口总量%	相对%(12/11)
1. 沙特	99	116	117	129	150	65.2	6.4	16.3
2. 美国	157	124	130	131	139	68.1	5.9	6.1
3. 法国	112	101	103	107	105	85.4	4.5	-1.9
4. 伊拉克	23	40	60	79	98	100.0	4.2	24.1
5. 德国	80	78	80	90	87	75.0	3.7	-3.3
6. 俄罗斯	54	30	41	56	70	32.8	3.0	25.1
7. 韩国	59	55	58	63	61	60.4	2.6	-3.2
8. 尼日利亚	30	29	30	44	60	100.0	2.5	36.4
9. 阿联酋	55	45	48	48	51	52.0	2.2	6.3
10. 英国	58	43	43	44	46	90.2	2.0	4.5
11. 泰国	25	28	30	42	44	28.4	1.9	4.8
12. 以色列	30	30	39	41	42	93.3	1.8	2.4
13. 巴西	11	12	23	41	41	5.1	1.7	0.0
14. 利比亚	14	21	25	4	40	97.6	1.7	900.3
15. 智利	25	22	35	33	40	83.3	1.7	21.2
16. 菲律宾	16	21	26	31	36	54.5	1.5	16.1
17. 印尼	11	7	10	20	34	10.0	1.4	70.0
18. 澳大利亚	31	34	36	35	33	89.2	1.4	-5.7
19. 加拿大	30	27	33	30	33	94.3	1.4	10.0
20. 科威特	23	25	20	26	28	100.0	1.2	7.7
总量	941	882	990	1094	1238	11.3	52.5	13.1
世界总量	1936	1764	1971	2175	2358	21.6	100.0	8.4

2012 年世界陶瓷砖进口 20 强的陶瓷砖进口总量是 12.38 亿平方米，占世界陶瓷砖进出口总量的 52.5%，占世界陶瓷砖总消费的 11.3%。在表 13 中已经显示了进口国 20 强中每一个国家的进口与消费份额。除俄罗斯、泰国、巴西、印度尼西亚之外，其他 16 个国家的陶瓷砖进口都在国内陶瓷砖总消费的一半之上，伊拉克、尼日利亚、科威特、以色列、加拿大以及利比亚六国陶瓷砖进口量超过 93%，几乎就是其国内陶瓷砖消费的全部。

二、美国陶瓷砖消费与进口

2012年美国陶瓷砖消费与进口（百万平方米）　　表11-14

总消费：		203.9百万平方米	
国内产品：		65.3百万平方米	
进口产品：		138.6百万平方米	
主要进口国/地区	2010年	2011年	2012年
1. 墨西哥	36.0	39.2	43.7
2. 中国	31.9	36.4	38.3
3. 意大利	23.2	22.3	23.7
4. 西班牙	6.9	6.9	7.7
5. 巴西	8.3	8.1	6.8
6. 土耳其	2.8	2.9	4.4
7. 秘鲁	3.4	3.8	3.6
8. 哥伦比亚	5.6	3.6	2.8
9. 泰国	5.4	2.2	1.8
10. 中国香港	0.8	1.4	1.1

2012年美国陶瓷砖市场消费进一步增长，由1.94亿平方米增长到2.04亿平方米，增长了5.2%。国内陶瓷砖生产有微量增长，从0.63亿平方米增加到0.65亿平方米，其中大部分产量增长都由意大利陶瓷集团所掌控。另一方面，陶瓷砖进口从1.31亿平方米增长到1.386亿平方米，主要来自于墨西哥（增长11%）、中国（增长5%）、意大利（增长6%）、西班牙（增长12%）四大进口国。从进口值方面来看，四大进口国的CIF值分别为：意大利4.96亿美元，增长了9%；中国3.38亿美元，增长了13%；墨西哥2.66亿美元，增长了12%；西班牙1.2亿美元，增长了13%。来自土耳其的进口量和进口额均增长了51%，而来自巴西、秘鲁、哥伦比亚和泰国的进口则在下降。

三、沙特陶瓷砖消费与进口

2012年沙特陶瓷砖消费与进口（百万平方米）　　表11-15

总消费：		230.0百万平方米	
国内产品：		80.0百万平方米	
进口产品：		150.0百万平方米	
主要进口国	2010年	2011年	2012年
1. 中国	62.0	77.5	87.4
2. 西班牙	22.3	26.2	32.3
3. 埃及	5.5	4.3	5.5
4. 意大利	6.4	5.0	5.4
5. 印度	1.2	3.0	5.1
6. 土耳其	0.6	1.0	1.5

进口量达到1.5亿平方米，比2011年增长了16.3%，沙特取代了美国成为世界上第一大陶瓷砖进口国。沙特的陶瓷砖进口主要来自于中国（0.874亿平方米）与西班牙（0.323亿平方米）。进口的快速增长主要是因为自2005年以来一直在持续上涨的国内需求，在2012年达到了2.3亿平方米，增长了13.3%，另外还得益于蓬勃发展的建筑业的带动。在2012—2015年间，仅仅在住宅方面就将会有150万套的住房需要建设。沙特国内的陶瓷砖生产也在快速增长，达到了0.85亿平方米，较2011年增长了9%，其中沙特陶瓷生产了0.51亿平方米。

四、法国、德国陶瓷砖消费与进口

2012年法国陶瓷砖消费与进口（百万平方米） 表11-16

总消费：		123.0百万平方米	
国内产品：		18.0百万平方米	
进口产品：		105.0百万平方米	
主要进口国家/地区	2010年	2011年	2012年
1. 意大利	50.3	53.2	48.5
2. 西班牙	25.2	26.6	26.6
3. 葡萄牙	11.5	12.2	11.3
4. 英国	0.4	1.3	4.6
5. 土耳其	4.3	4.1	4.4
6. 德国	2.6	2.4	2.4

2012年德国陶瓷砖消费与进口（百万平方米） 表11-17

总消费：		116.0百万平方米	
国内产品：		28.5百万平方米	
进口产品：		87.5百万平方米	
主要进口国	2010年	2011年	2012年
1. 意大利	39.7	42.3	42.2
2. 中国	10.7	9.7	7.9
3. 土耳其	7.0	8.3	7.7
4. 西班牙	6.2	6.7	7.1
5. 捷克	7.0	7.4	6.9
6. 波兰	3.3	4.1	4.5
7. 阿联酋	3.1	3.6	3.5
8. 法国	3.4	3.0	2.6
9. 葡萄牙	—	1.6	1.5
10. 奥地利	—	0.7	0.6

作为两个最大的陶瓷砖进口和消费国家之一，法国和德国在 2012 年拥有十分类似的内需与进口下降的趋势。其中内需方面法国为 1.23 亿平方米，下降了 2.4%；德国为 1.16 亿平方米，下降了 1.7%。进口方面法国为 1.05 亿平方米，下降了 1.9%；德国为 0.875 亿平方米，下降了 3.3%。意大利是两个国家最大的陶瓷砖进口国，占法国陶瓷砖进口总量的 39.4%，德国为 36.4%。

五、俄罗斯、乌克兰陶瓷砖消费与进口

在主要的陶瓷砖生产与消费大国中，俄罗斯在 2012 年的一些指标中有着最高的增长率。生产量由 0.18 亿平方米增长到 1.54 亿平方米，增长了 13.2%；内销则为 1.42 亿平方米，增长了 14.3%。这还不足以满足国内消费的需求，国内消费需求从 1.81 亿平方米增长到 2.13 亿平方米，增长了 17.7%。进口量增长了 25%，达到 0.7 亿平方米，其中乌克兰占 0.17 亿平方米，西班牙占 0.13 亿平方米，白俄罗斯占 0.12 亿平方米，中国占 0.11 亿平方米，意大利占 0.06 亿平方米。

[注]：全文根据 Paola Giacomini，World Production and Consumption of Ceramic Tiles，Ceramic World Review，2013，(8-10)，42-60. 一文编译而成，文中的标题由译者根据内容而编排。文中关于中国的数据与中国的相关统计出入太大，必要处作了相关说明，由于上下文的数据计算问题，文章保持了原作者关于中国的数据。

第十二章　2012 年全国各地终端卖场报告

第一节　东北地区

一、沈阳：个性化产品与微晶石仍处于起步上升阶段

作为东北地区省会城市，沈阳市场在瓷砖消费与流行趋势上与南方存在着一定的滞后期。目前，沈阳微晶石、全抛釉、个性化产品等在南方已经全面推广开来的高端产品在本地才刚刚开始推广的步伐，随着第十二届全运会落户沈阳，沈阳上马了一批工程建设项目，为国家地产调控及整体经济低迷的环境下的沈阳经济注入了一支强心剂，也直接带动了以瓷砖为代表的建材行业的发展。2012 年，在瓷砖行业零售受阻的形势下，沈阳陶瓷市场工程渠道保持住了稳定的销售势头。

【市场概述篇】

在东北地区，由于地理、气候等的原因，瓷砖消费与南方一线城市相比，存在着 1~3 年的滞后期。2011 年初，佛山多数企业开始了微晶石的推广之路，摆脱了佛山微晶石“老三家”的模式，也开启了国内微晶石产品风靡的风潮。但是沈阳市场真正意义上的微晶石的推广，源于 2012 年初博德与欧神诺的大店建设。由于以微晶石为代表的高端品牌的顶级产品处于起步阶段，沈阳市场在高端产品领域少了一份南方市场那般的市场厮杀，一切趋于白热化的竞争大部分还停留在抛光砖、瓷片等传统产品上。

【产品流通篇】

抛光砖由于同质化较严重，即使大品牌的产品，其在沈阳市场销售都较为艰难，瓷片由于喷墨技术的运用，销售有所好转。在工程领域，抛光砖与瓷片始终是主打产品，而决定工程竞标成功的因素永远是产品的品质、花色与性价比，尤其是在产品供应及花色、品质上需要具有一定的延续性。

沈阳的仿古砖市场呈现出的是马可波罗、金意陶、罗马利奥三足鼎立的局面，这三大品牌在沈阳经营时间较长，在各渠道建设上都取得了一定的成效。目前这三大仿古砖品牌经销商在沈阳市场主要以家装渠道为主，消费群体主要以高端人群为主。

总体而言，仿古砖目前在沈阳市场销售形势不是很理想，在高端仿古砖价位偏高不被瓷砖消费主流认可的同时，山东等地的低端仿古砖给消费者带来了诸多负面影响。仿古砖在工程渠道的运用主要集中在咖啡厅、会所等高档产所，大面积铺贴很少运用到仿古砖，沈阳市场仿古砖销量至占瓷砖全部销量的一成左右。

微晶石产品在沈阳市场还处于起步阶段，即使是佛山的微晶石高端品牌在本地陶瓷消费总量中的市场份额也很低，目前该产品在沈阳市场主要以设计师渠道为主，零售、工程等渠道销量极少。

中国陶瓷南北市场之间存在着一定的差距，一般而言，大多数新产品与流行趋势都是从南方开始蔓延开来的。所以，今年微晶石与全抛釉产品，随着产品的不断成熟及越来越多企业的加入，该两款产品的价格也日趋合理，消费需求也正处于上升趋势。与南方地区个性化与木纹砖流行趋势形成鲜明对比的是，在沈阳市场上，由于长期以来气候、消费观念的原因，东北地区始终保持着客厅铺瓷砖、卧室铺地板、厨房卫生间铺瓷片的传统，木纹砖在本地始终无法推广开来。木纹砖等个性化产品更多地被运用在工装领域的墙体，其在家装渠道并不太受欢迎。外墙砖产品在沈阳市大部分市场份额被福建企业占据，由于

地处东北地区，冬季气温较低，外墙砖容易冻裂脱落，沈阳市已明令禁止高层建筑使用外墙砖，因此沈阳市的外墙砖更多地被使用在别墅等低层建筑上，该产品在沈阳瓷砖消费中的份额极低。

【城市前瞻】

根据《沈阳市城市总体规划纲要（2011-2020年）》，沈阳将推进东北金融中心、综合性枢纽城市建设，提升城市实力，把沈阳建设成为立足东北、服务全国、面向东北亚的国家中心城市。根据辽宁省及沈阳市规划，沈阳将建成国家中心城市、国家先进制造业基地、国家历史文化名城，以期进一步提升沈阳在国家城市中的地位。到2020年，沈阳市常住人口将达到1000万，城镇化水平达到87%；到2030年，常住人口达到1200万，城镇化水平达到90%，同时全面实现建设国家中心城市和国际竞争力优势明显的东北亚重要城市的目标。

在城镇空间布局与结构上，沈阳将以辽河以北以生态保护为主，辽河以南以城镇发展为主。强化中心城区、新城及复合交通走廊的支撑和拉动作用，形成“一城、六轴”的城镇空间布局结构。“一城”指中心城区。“六轴”指沈山、沈大、沈抚、沈本、沈阜和沈铁康法六条城镇发展轴。规划形成中心城区、新城、新市镇、一般镇四个等级的城镇体系结构。

在中心城区规划上，重点强化国家中心城市核心职能规划人口735万人，建设用地730平方公里。在新城规划上规划8个新城，总人口187万。沈抚新城是沈阳经济区同城化发展的先导突破区和示范区是以文化创意、休闲度假、商务物流及高新技术产业为主导的滨水生态新城。规划用地规模45平方公里，人口40万；沈北新城是以新型建材、精细化工、通航等新兴产业为主导的综合型新城，规划用地规模12平方公里，人口10万；佟沟新城是城市南部临空产业、会议展览和旅游休闲新城。规划用地规模12平方公里，人口10万；胡台新城是以包装印刷等新兴产业为主导的综合型新城，规划用地规模12平方公里，人口10万；辽中（近海）新城是区域性保税物流中心、国家级环保产业基地和生态宜居新城，规划用地规模33平方公里，人口30万；新民新城是沈阳西部以医药、食品、石化及纸业为主导的现代工业新城，规划用地规模33平方公里，人口30万；法库新城，是沈阳北部的新兴产业基地、区域中心市场和现代田园城市，规划用地规模33平方公里，人口30万；康平新城是沈阳北部滨湖生态新城重要的新能源、新材料基地。规划用地规模30平方公里，人口27万。

二、大连：市场在低谷中徘徊商家困境中谋发展

大连北依营口市，辽宁省、吉林省、黑龙江省和内蒙古自治区是大连的广大腹地，南与山东半岛隔海相望，是东北、华北、华东以及世界各地的海上门户，是重要的港口、贸易、工业、旅游城市。优越的地理环境以及独特的城市优势，让大连成为一座备受瞩目的新兴城市。随着大连经济的快速发展，大连房地产行业发展迅速，房价也一路奋进。目前大连地区普通住宅每平方米价格在10000元左右，繁华地段最高接近50000元。迅速攀升的房价并未带到建材生意持续红火，在受到房地产调控政策影响以后，大连建材产品销售一直在低谷徘徊，许多建材经销商生意一落千丈，销量下滑幅度达50%。

【市场概述篇】

目前大连市有后盐建材市场、幸福家居世界、华南家居大世界、大世界家居广场、红星美凯龙、居然之家、金三角装饰材料市场、金州陶瓷城等近十家建材市场。大连地区在房地产行业发展鼎盛时期，建材市场扩张速度惊人，最多时拥有近二十家规模不一的建材市场。自国家出台房地产调控政策以后，大连房地产行业受其影响非常明显，仅半年时间，限购政策影响波及到建材行业。

幸福家居世界主要经营瓷砖、洁具、散热器、浴房、地板、橱柜、家具、壁纸、室内装饰品等，可满足消费者一站式购物需求。后盐陶瓷建材批发市场建筑面积20万平方米，仓储面积18万平方米，是大连地区集产品销售与仓储于一体的大型综合建材销售基地，主要经营陶瓷、卫浴、板材、地板、白钢、

机电产品、水暖、五金配件、厨具等装饰材料。华南家居大世界是集家居、建材、化工、五金、家装、设计、样板展示、家居展览、家居文化等多功能于一体的“一站式”家居用品博览和购物中心。以“装修置家、一站式购物”的经营理念、全新的管理理念和经营方式精心运作，实现了由大众化、中低端市场向差异化、中高端市场的跨越。红星美凯龙直营旗舰店，共同组建总建筑面积 30 万平方米，大连地区最大的家居建材购物广场。

据了解，大连地区除几家高端卖场生意较红火外，其他中低端建材市场生意普遍低迷。2012 年大连地区的房地产市场是“有价无市”，楼房成交量非常少，不及往年。这必然导致瓷砖零售量大减，市场中的多数经销商销量同比下滑幅度大，不及以往的 50%。

【品牌观察篇】

在大连几大高端卖场调查时发现，东鹏、博德、罗马里奥、萨米特、金意陶、诺贝尔、新中源、红蜘蛛、金牌亚洲、冠珠、欧神诺、大将军、荣高、鹰牌、强辉、马可波罗、楼兰、蒙娜丽莎、法恩莎、箭牌、科勒、九牧、惠达、恒洁等国内陶瓷卫浴一线品牌均已入驻。

由于大连是一个品牌消费意识比较强的城市，从产品销售层次来看，广东厂家品牌占据高端市场，山东与法库产品占据中低端市场，法库产品主要以销往大连工地为主。

【城市前瞻】

大连市为适应城市发展新要求，落实国家建设东北亚国际航运中心、东北亚国际物流中心和区域性金融中心的战略目标，强化大连市在辽宁沿海经济带的核心地位和龙头作用，依据《中华人民共和国城乡规划法》，编制《大连市城市总体规划（2009 － 2020)》。

据了解，《大连市城市总体规划（2009~2020)》主要以贯彻国家东北振兴和辽宁沿海经济带发展战略；促进区域协调和城乡统筹发展；加强生态环境保护，转变发展方式；改善民生、以人为本。规划期限分为三部分：近期：2009 年－ 2015 年；远期：2016 年－ 2020 年；远景：2020 年以后。其中，城市规划区划定包括大连市区；瓦房店市的长兴岛经济技术开发区、复州湾镇、炮台镇；普兰店市城区；庄河市的花园口经济区；普兰店市和庄河市北部的城市水源保护区；长山群岛旅游避暑度假区。总面积约 5558 平方公里。

规划中提到，截至 2020 年，市域总人口达到 950 万人以上。规划期内，城市人口规模年均增长 2.79%。中心城区城市建设用地规模计划为 2015 年，人均城市建设用地面积 105 平方米，城市建设用地面积 430.5 平方公里；2020 年，人均城市建设用地面积 99.2 平方米，城市建设用地面积 496.0 平方公里。规划居住用地 13353 公顷，占城市建设用地的 26.9%，人均用地 26.7 平方米。采用集中新建与分散改造相结合的方式，促进居住与就业平衡，在地铁和主要公交线路沿线适度提高住房开发密度，对不同城区的居住用地采取差异化的发展政策。在 4 个城区范围内规划 17 个居住片区。

目前，大连火车北站正在建设中；大连金州湾国际机场在建，一期工程预计将于 2013 年至 2015 年完工并启用。启用后，目前的大连周水子国际机场将规划成为货运机场。同时，大连周水子国际机场周围还将建起航空物流园区、快件中心等设施。金州湾国际机场建成后将能够满足 2050 年的需要和门户枢纽机场的需要。

第二节　华北地区

一、北京

中国的政治、经济、文化中心，北京每年都吸引了成千上万来自全国乃至全球的追梦者，巨大的人口基础，给这座城市带来了大量建材消费空间。作为传统的中国北方城市，北京在瓷砖消费上，也存在着“重墙砖、轻地砖”的传统，虽然大多数消费者在进行家庭装修时会选择用瓷砖来铺地，但在卧室甚至地面全部选用实木地板的人也不在少数。北京市场上的瓷片被广运用在了厨房、卫生间场所，不管经济能力如何的消费者，都会选择与自己经济条件相符价位的瓷片产品。

【产品流通篇】

抛光砖始终是北京市场地面装饰材料的主流，在北京市场抛光砖的销售中，工程渠道占据了绝对的主流，价格因素也成为了该产品在工程渠道的重要竞争手段。不管其他种类的地砖如何发展，其在销量上的主导地位始终无法撼动。但是北京市场的瓷砖消费在销售量上，抛光砖要低于瓷片。

北京市场对小规格的仿古砖较为青睐，600×600（mm）等大规格的产品市场份额正在萎缩，在渠道上，仿古砖主要运用在家装、别墅，由于仿古砖讲究设计感与整体搭配，因此消费群体以中高端人群为主，其销售量约占到北京市瓷砖总销售量的 2 成左右。当前，仿古砖产品仍是北京中高端市场上的主流产品，其主要以家装、设计师渠道推广为主。今年北京市场各大仿古砖巨头由于专业化程度高、渠道推广深入，这些品牌都有了不同程度的销售增长。

随着越来越多品牌涉足仿古砖领域，大量企业与品牌对该产品的推广，也培养了消费者对仿古砖认识的提升，而随着消费者对该产品认识的不断深入，其走向零售、让更多的消费者主动选择也将是发展趋势。未来，仿古砖将成为北京市场的一大流行趋势，而专业化程度低、产品还停留在初级阶段的仿古砖品牌将逐渐被淘汰，会沦为低端产品，以价格为竞争手段。

2010 年，全抛釉产品开始了在北京市场的推广，作为传统的中高端产品，在渠道上，全抛釉产品主要以家装及零售渠道为主。但随着该产品的发展，目前，北京市场的全抛釉产品已经呈现出了泛滥的趋势，高中低档次的品牌都有全抛釉产品，这使得该产品在价格上呈现出了巨大的差异，一定程度上给消费者带来了误导。因此，全抛釉产品在被认知程度上，还远未达到被认可的地步，其销量不足北京市瓷砖总销售量的 1 成。

微晶石目前产品已经基本成熟，大量山东及佛山中小企业也加入了北京微晶石市场的争夺中，大量涉足微晶石产品品牌的入驻，这在一定程度上拉低了北京市场高端微晶石品牌的价格，但从根本上来说，高端品牌与中低端品牌在品牌定位与目标人群上存在着一定的差异，小品牌微晶石产品的入市，无法对高端微晶石产品造成冲击。越是高端的产品，越需要品牌的底蕴来支持，由于微晶石产品在瓷砖产品中最讲究整体设计与搭配的产品之一，小品牌与实力较弱的经销商不具备此种能力，因此在未来小品牌的微晶石将会被市场所淘汰，或者停留在低端市场以低价格赢得受众认可。总体而言，微晶石产品在北京市场反响较为平淡，该产品在价格上难以被大众所接受，加之其在设计、切割、物理性能上的弊端，导致了其在销量上不足瓷砖总销量的 1 成。

瓷片产品作为北方地区使用率最高的瓷砖产品，其在北京市场的销量也是所有瓷砖品类中最大的，该产品主要运用在厨房与卫生间，在渠道上零售、工程、家装三大渠道几乎占据了瓷片的全部销售。作为北京市场销量最高的瓷砖产品，瓷片被广泛运用于高中低档次的消费者之中，不同经济能力的消费者都会选择与其经济条件相符的瓷片产品，由于北京市场大量的消费者在地砖的选择上可能会选择实木地板，而在卫生间、厨房墙壁的装修上几乎都会选择瓷片，因此瓷片产品的销量占到了北京瓷砖总销量的 1/3 以上。

零售渠道始终是卫浴行业的主流渠道，近年来北京卫浴市场的电子商务不断兴起，越来越多的消费者愿意以电子商务的形式选购五金、龙头等小件类卫浴产品。卫浴产品相对而言，渠道较为狭窄，其主流渠道仍是零售。

目前，北京市场上各大卫浴品牌都有智能卫浴产品，但总体而言国内品牌很少有在智能卫浴产品上完全成熟的，这也使得智能卫浴产品无法实现批量化生产，市场上现有的产品价格昂贵，无法被推广与普及。

在整体卫浴领域，即使北京贵为中国首都，经济发展程度较高，但在讲究整体设计、施工的整体卫浴产品上，仍是大多数卫浴品牌的噱头，短期内很难在市场上推广开来。不可否认的是，目前国内越来越多的卫浴品牌提供给消费者的“一站式”选购的产品已经越来越多了。智能卫浴与整体卫浴在北京市场是一种大趋势，未来将被普及开来。

【城市前瞻篇】

根据《北京城市总体规划（2004 年 – 2020 年）》精神，北京将引导人口的合理分布，通过疏散中心城的产业和人口，大力推进城市化进程，促进人口向新城和小城镇集聚。2020 年，中心城人口规划控制在 850 万人以内，新城人口约 570 万人，小城镇及城镇组团人口约 180 万人。同时北京还将严格控制中心城人口规模，进一步疏解旧城人口，合理调整中心城的人口分布。中心城中心地区人口约 540 万人（其中旧城人口约 110 万人），边缘集团人口约 270 万人，绿化隔离地区及外围地区人口约 40 万人。

北京市场新开盘房地产项目主要以五环外郊县为主，有数据统计显示，2012 年北京市新开盘楼盘 120 余个，约有 5 成以上都位于郊县；同时有数据显示，2012 年北京在建商品房、取得预售资格商品房、机关内部房等约有 15 万套，而具备交易资格的老房有 800 万套。这些对瓷砖经销商而言，意味着品牌的服务成本将会越来越高，同时也表示瓷砖品牌未来的销售空间将会在二次装修上。

二、天津：工程渠道发展迅速，滨海新区建设成建材行业发展新契机

天津，是国家中心城市，面积为 11,917.3 平方公里，全市常住人口 1354.58 万人（2011 年末）。其位于环渤海经济圈的中心，对内辐射华北、东北、西北，对外面向东北亚，是中国北方最大的沿海开放城市，下辖的滨海新区被誉为“中国经济第三增长极引擎”。天津市现在大力发展中心城区和滨海新区核心区，基础设施和房地产等工程项目明显增多，给建材行业带来广阔的发展空间。

【市场概述篇】

河西区在解放南路和黑牛城道一带聚集了环渤海集美家居、居然之家在天津的第二家分店珠江友谊店、红星美凯龙河西店、环渤海建材市场等高端建材卖场，这些卖场形成了天津市最大的高端建材商圈。究其原因，河西区是天津市的中心城区，交通发达，辐射范围广，这个区域汇聚了天津大部分的高端消费人群，他们的需求刺激了高端建材市场快速发展。红星美凯龙、居然之家很强势，占中高端市场份额达 8 成。由于居然之家在天津的第一家店东丽店位置不理想，造成相当一部分的客源流失，此消彼长之下红星美凯龙成为天津占据市场份额最多的建材卖场。

据调查了解，滨海新区及其辐射、带动的地区发展迅猛，基础设施工程因发展需求不断增加，开发商对该区前景看好以致新楼盘林立，各类建材需求量大增。另外，滨海新区居住人口也迅速增加，他们对装修材料、家居用品及相关服务的需求也与日俱增。滨海新区对建材的大量需求使工程渠道销售量大增。

【品牌观察篇】

广东品牌占据天津建材市场的主流。马可波罗、金意陶、东鹏、冠珠等品牌在天津有较大的影响力，受消费者认可程度较高。山东、法库产区的陶瓷卫浴品牌由于靠近天津，凭借交通便捷的优势活跃于中低端的批发建材市场。

【城市前瞻篇】

《天津市城市总体规划（2005 年 -2020 年）》（以下简称《规划》）在文中提出了“双城双港、相向拓展、

一轴两带、南北生态”的城市规划理念，“双城”是指天津市中心城区和滨海新区核心区；“双港”是指天津港和天津南港；“南北”指市域中北部及南部。

《规划》将中心城区和滨海新区共同作为城市主要发展地区，分工协作，各有侧重，共同承担城市的综合职能。在滨海新区范围内构建“一轴、一带、三城区”的城市空间结构。“一轴”即沿海河和京津塘高速公路的城市发展主轴；“一带”即东部滨海城市发展带；“三城区”即滨海新区核心区、汉沽新城和大港新城。

国家信息中心经济预测部主任范剑平在今年就曾表示：“通过‘十一五’期间的建设，五年后滨海新区将具备北方经济龙头的雏形，成为带动环渤海区域以及北方地区经济的‘增长极’。”由此可见，得到国家大力开发滨海新区不但会带动天津全市的经济发展，还将引领长久以来被誉为“中国经济增长第三级”的环渤海经济区发展。随着中心城区改造和滨海新区等地开发建设，天津近年来不断加大力度发展基础设施、房地产等城市工程，对建材的需求旺盛，建材行业发展前景较为乐观。

三、太原

山西省省会，城市总面积 6988 平方千米，市区 1460 平方千米，建成区面积 330 平方千米（2009），总人口 420 万人（2010）。2012 年 3 月，全球知名房地产投资管理公司仲量联行发布《中国新兴城市 50 强》报告。通过综合测算得出结果，将北京、上海、广州、深圳纳为中国一线城市。而太原作为山西省省会被定位为三线城市（起步型）。

【市场概述篇】

这座经济发展水平在国内省会城市中排位靠后的中部城市，既没有能够称得上庞大的人口基数，亦没有“鄂尔多斯式”的经济爆发和疯狂的楼市泡沫，但却孕育了等于或凌驾于国内一线城市最高水平的卖场租金价格。由于紧邻河北天津，当瓷砖工程、批发需求量达到一定数目时，多数太原买家便会舍弃中间经销商环节，选择从河北厂家或天津市场的厂家直销处直接购取。这样的规则使得太原市场的瓷砖销售量难以出现较大的单量，“抛光砖年销售额能达到 200 万元已属十分难得的业绩”。广州、深圳这两座国内一线城市的卖场租金最高价格为 250 元 / 平方米 / 月左右，而中部地区经济发展水平最高的武汉卖场租金的上限亦不过 170 元 / 平方米 / 月。太原市居然之家春天店的租金均价 300 元 / 平方米 / 月，不含水电费。作为三线城市，这样的租金已然超越了国内一线城市高端卖场的最高水平，在国内的任何一座城市都堪称天价。

居然之家春天店的成功主要得益于地理位置的优越，周边交通四通八达、人流量密集，集聚了太原市众多高端商业地块，高端消费人群和消费能力突出，符合居然之家的高端定位，便于周边消费者就近消费。2011 年 5 月，居然之家在太原的第二家分店——河西店正式开业，在春天店原有基础上新增加了一万多平方米的国际进口家具馆和一万多平方米的家居饰品生活馆，总经营面积近 22 万平方米。河西店建成后一跃成为了华北地区规模最大、品类最全的高端家居购物中心。

2009 年，红星美凯龙正式进驻太原市，地处尖草坪区滨河西路北段，这里是太原的城郊结合部，被空旷荒凉的野地环绕，使得红星美凯龙成了这里最“另类”和最奢华的建筑。与居然之家同属国内知名连锁建材卖场的红星美凯龙，却在太原创造了 95 元 / 平方米 / 月超低租金价格，这样的价位连居然之家春天店的三分之一都不到，甚至还不及当地众多陶瓷批发市场。

【品牌观察篇】

这座因煤而享誉全球的城市，是国内外高端陶瓷卫浴品牌的集聚之地，除了耳熟能详的几大国内知名品牌，加德尼亚、蜜蜂、雅素丽、碧莎、艳达、名家范思哲、诺华贝尔、CK、高仪、卡德维、汉斯格雅等国外知名陶瓷卫浴品牌在太原亦设有品牌专卖店。

高端品牌的扎堆聚集为一站式高端卖场提供了广阔的发展空间，这使得太原的高端卖场在数量和规模上要远多于或大于传统卖场，且多数传统卖场仍以广东等知名陶瓷品牌的分店为主体，不少高端品牌在太原市场的分店多达三家以上。而河北、河南、山东等地的区域性品牌凭借距太原较近的地理和交通优势，在市场上亦占据一定的市场份额。

【产品流通篇】

当瓷砖工程、批发需求量达到一定数目时，多数太原买家便会舍弃中间经销商环节，选择从河北厂家或天津市场的厂家直销处直接购取。这样的规则使得太原市场的瓷砖销量难以出现较大的单量，对于瓷砖工装、批发需求量最大的抛光砖产品冲击最为明显。靠走量和薄利多销的方式赚取利润的品牌和产品的生存空间日趋狭窄。

润发洁具城是太原专营卫浴产品的建材市场，产品多以批发为主，兼营零售。市场内的卫浴品牌多达百余个，产地多为广东潮州和福建南安。稍高端的卫浴产品零售价也多在千元左右。

【城市前瞻篇】

国家统计局相关数据显示：2011 年中部六省会城市中，武汉 GDP 为 6788 亿元，长沙为 5432 亿元，郑州为 4912 亿元，合肥为 3623 亿元，南昌为 2617 亿元，太原仅为 2053 亿元，太原成了中部省会城市经济的最薄弱环节。

2010 年 7 月 20 日，为举全省之力发展太原经济，由山西省委常委、太原市委书记申维辰牵头的《加快太原城市群和经济圈发展研究》初稿形成。《研究》初稿显示，太原城市群和经济圈定位为：国家新能源建设服务中心、世界不锈钢和镁合金深加工基地、世界级煤机生产基地；华北和黄河中下游地区重要的物流、人流、资金流、信息流集散中心；全省经济、文化、政治和科技创新中心。

到 2015 年，太原城市群总人口达到 1000 万人；地区生产总值达到 6000 亿元，占到全省的 45%；财政总收入达到 950 亿元；城乡居民收入年均增长 10%；城镇化率达到 70%；城区建成区绿化覆盖率达 40% 以上，万元 GDP 能耗下降 25% 以上；万元工业增加值用水量累计减少 30% 以上；城镇登记失业率稳定在 4% 以下。

四、石家庄：城市与县城（城镇）抱团发展三、四级市场布局当加快

石家庄，地处华北平原中心腹地，河北省中南部，属于冀中南经济区；总面积 1.58 万平方公里，常住人口 1016.3788 万人，其中市区面积 455.8 平方公里，人口 286.2 万人（2010 年人口普查）。作为河北省省会，石家庄是国务院批准实行沿海开放政策和金融对外开放的城市之一。与北京、天津两大都市的距离均在 300 公里以内，如此优越的地理位置让石家庄成为“京津冀经济圈”的三大城市之一。但同时，由于北京、天津的强大经济气场，石家庄一度处于十分尴尬的境地。根据当地政府的最新规划，这座与京津唇齿相依的北方城市，正在积蓄力量，酝酿着新的经济发展和城市化战略。

【市场概述篇】

1016 万人口的石家庄，集聚了庞大复杂的消费能量，催生了数十家规模不一的建材市场，而这样的市场存量，似乎已经超出了整体需求，同时亦不可避免地加剧了价格竞争。依综合实力与知名度，当地具备一定规模的建材市场就有 11 家。

以怀特装饰城为代表的石家庄当地建材市场因“根深蒂固”，在石家庄拥有庞大的消费人群。尽管新兴建材市场不断增加，怀特装饰城因其多年积累的品牌和完善配套，在石家庄建材界依旧占据着不可动摇的地位。

2011 年，红星美凯龙第二家店正式开业，石家庄高端建材一站式购物平台迈向了一个新高度。然而，

持续的消费疲软和楼市下行迹象，严重打击了经销商的投资热情，致使红星美凯龙二期的 2 号馆迟迟未能开业。而伴随着这样的市场乱象，仍不断有新的建材市场陆续投建和启动招商，其中包括今年 6 月开业的居然之家建华店。与此同时，乐惠家建材连锁及银白佛装饰材料市场却因为土地使用权的问题，相继退市。2011 年下半年陶瓷卫浴及泛家居产品因消费疲软流通不畅，亦加剧了此类市场的终结。

【品牌观察篇】

在 2005 年以前，石家庄的陶瓷砖市场大部分属于山东品牌的天下，一些建材市场甚至小区处处可见山东瓷砖销售人员。后来随着消费力和设计品位的提升，广东陶瓷以整体空间展示和体验店的建设，逐渐拓展了石家庄的市场空间，加之不断投入品牌宣传和推广，广东瓷砖最终成为当地居民装修的首选。事实上，在石家庄各大主要街道和市场周围，随处可见的就是广东陶瓷卫浴的巨幅广告牌。广东陶瓷近几年在石家庄大范围扩张门店，海量宣传推广，给传统的“大腕”山东砖以强大围剿。

无论是红星美凯龙、居然之家此类全国建材连锁，还是怀特装饰城、红房子家居广场等本土建材市场，广东陶瓷知名品牌，如蒙娜丽莎、马可波罗、新中源、东鹏、欧神诺、冠珠、萨米特等陶瓷品牌都在此设有高规格专卖店。包括华东品牌如诺贝尔、斯米克等亦表现强势。

【产品流通篇】

因应用范围广泛、物美价廉、设计百搭等综合优势，抛光砖在石家庄的销量远大于其他产品，稳居销量首位。仿古砖在市场上的销量仅次于抛光砖。它的个性化和丰富花色，迎合了年轻人的审美需求，随着石家庄装饰设计水平的提升，仿古砖近年来销量持续走高，一度曾超越瓷片的销量。

相反，随着地砖上墙和玻璃幕墙、涂料产品的竞争，瓷片和外墙砖近年来在石家庄市场逐步走低。而微晶石与全抛釉这两款行业的热门产品最终因受价格与产品本身缺陷的限制，销量非常低。微晶石从开始正式亮相石家庄，产品均价高达 600 元 / 平方米，完全超出了石家庄绝大多数消费者的购买能力。尽管目前各大品牌均推出微晶石，价格有所下降，依然处于消费者心理的高位，难以扩大销量。全抛釉产品的销量有微幅上涨，但总体情况仍不太理想。

石家庄最大的卫浴市场——怀特卫浴中心，云集了国内外知名卫浴品牌，如 TOTO、科勒、法恩莎、浪鲸、惠达等卫浴品牌市场形象突出。从产品分类上看，传统卫浴产品销量保持着绝对占有率，整体卫浴因为价格和品牌选择余地不大，把大部分消费者挡在门外，智能卫浴的购买者更少，不过在各大品牌推出智能卫浴的同时，消费者开始关注和体验。

近几年以智能马桶为代表的智能卫浴产品逐渐走进卫浴市场，因其数字化、智能化等科技含量，逐渐受到年轻人的喜爱。目前影响智能卫浴销量的主要由两个原因，一是价格偏高，二是消费者对智能化科技型卫浴产品了解不够，消费习惯难以转变。

【城市前瞻】

河北省紧紧包围北京、天津两大直辖市，且距离较近，但石家庄作为省会城市，却一直未能从这样的京津冀经济圈中获益。起码人才的引进被北京和天津强势瓜分，甚至连河北省内的人才，亦流出到了北京和天津。与此类似的是，各种资源的开发亦逊于上述两大直辖市。

石家庄作为河北省省会，去年 GDP 生产总值 4082.57 亿元，全国城市 GDP 排名第 28 位，却低于同省的唐山市位列全省第 2 位，比唐山低了 1400 亿元。这让作为省会的石家庄压力巨大。为了促进石家庄市经济的持续快速发展，石家庄市城市总体规划纲要（2010~2020）开启了它的极地反击之旅。

窥探石家庄新的发展规划，未来以石家庄为都市核心，加快与正定、鹿泉、栾城、藁城一体化建设。同时，把县城作为推进城乡统筹的核心，优先集中力量培育各县（市）城区及沿交通干线城镇，形成一个都市区（石家庄）、两条城镇发展轴的“城镇”空间布局结构和“1 个都市区、13 个县城（县级市）、

28 个中心镇、63 个一般建制镇”的城镇等级结构。在县域经济发展区，按照“西部突出生态、中部创新高效，东部增产减污”的布局原则，推进产业向园区集中、园区向城镇集中，同时建设 22 个产业聚集区，带动县域经济发展。在中心城区，建立 8 个区级商业服务中心与相应的公共基础设施。此外，加快发展交通，在 2020 年之前建立地铁轨道三条线。

除此之外，石家庄市政府下发《2012 年度廉租住房项目建设实施（投资）计划通知》，今年石家庄市申请中央预算内投资廉租住房项目 23 项，建设廉租住房 6163 套，建筑面积 289372.7 平方米。而 2013 年石家庄市申请中央预算内投资廉租住房项目 10 个，建设廉租住房 1931 套，建筑面积 92659 平方米。大批量的廉租房建设则带动了石家庄建材行业的继续发展，为继续坚持的经销商提供了支撑可能。

根据上述规划，未来石家庄将通过各大县域经济和城镇经济的发展，来形成合力，试图通过城镇抱团突围，获得经济的快速、持续增长。由此，或可预见未来石家庄辖区内的县城乃至城镇市场，对于陶瓷卫浴流通是一个至关重要的渠道。

五、包头：市场发展空间有余，广东品牌优势渐失

包头是国务院首批确定的十三个较大城市之一，内蒙古第一大城市，也是内蒙古自治区最大的工业城市是我国重要的基础工业基地。据全国第六次人口普查数据显示，包头全市常住人口 265 万人，市区人口 210.71 万人，包头城市建成区面积 360 平方公里，为全国特大城市。

【市场概述篇】

包头虽然下辖七个市辖区，但从其繁荣程度、人口数量、地理位置等综合因素评定，包头真正意义上的市区应为昆都仑区、青山区、东河区、九原区四个市辖区。包头市区共有六个建材市场，他们分别为地处包头市昆都仑区、青山区、稀土高新开发区黄金交汇处的金荣装饰建材城，昆都仑的居然之家包头店，青山区的三森建材城，东河区的包头红星美凯龙全球家居生活广场、红星佳美建材城，青山区的青山哈达道建材市场。九原区离昆都仑区和青山区较近，因而金荣建材装饰城和青山哈达道建材市场以及居然之家包头店是九原区居民购买装饰材料的最佳选择。

从城市建设和规划的特点上来看，包头是典型的“多组团，多中心”的城市布局，这种城市布局使各个城区之间相距甚远，每个城区之间车程相距一般在一个小时左右，而包头市建材市场的布局在很大程度上也受到了这种“多组团，多中心”城市布局的影响，基本上呈现出“一区一市场”的特点。

【品牌观察篇】

包头的几个建材市场内广东品牌和华东品牌占整个市场的绝对优势，另外也有少量河南、福建、河北等地品牌。山东品牌因占尽地利优势在包头市场上也极具竞争力，另外山东砖和广东以及华东品牌相比具有绝对的价格优势，因此对消费者极具诱惑力。

2012 年绝大部分品牌的交易额、交易量、利润额都出现大幅度的下滑，与 2011 年同期相比一般下滑为 20%—30%，更有甚者甚至超出了 50%。

【产品流通篇】

目前抛光砖仍是包头的主流产品，销售量占整个市场销售总量的 50% 以上，另外全抛釉产品用量也在逐步攀升。但目前在包头市场上需求量仍然很少，究其原因，随着国家对房产的调控、楼市的限购，近两年商品房的成交数量一直呈下滑趋势，而 2012 年是房市的拐点，全抛釉主要用于家装。因而商品房的成交数量很大程度上影响了全抛釉产品的销售和流行。另外从价格上来看，全抛釉价格较高，属于高端产品，超出了普通消费者的消费水平。

卫浴方面，像TOTO、科勒、安华、法恩莎、航标、恒洁、阿波罗、惠达、九牧、箭牌、中宇、摩恩、尚高、益高等知名卫浴品牌都可在包头看到。目前整个包头卫浴市场仍以传统卫浴产品为主。目前包头市的消费者对智能卫浴和整体卫浴的概念还不是十分清晰，而且一些卫浴专卖店的店员对此方面的知识也是知之甚少，但是在有些高端的专卖店里面已经有智能卫浴在售卖。

【城市前瞻篇】

《包头市城市总体规划（2008-2020）》（简称《规划》）确定的城市规划区面积由885平方公里增加至1901平方公里。到2020年规划末期，市域总人口为340万人，城镇人口320万人，城市人口300万人（其中中心城区人口270万人，辅城人口30万人），城镇化率达到94.1%。

《规划》修编实现了六大突破，一是明确提出中心城市的发展目标。确定包头城市性质为：我国重要的工业基地，京津呼包银经济带重要的中心城市，内蒙古自治区的经济中心。二是城市布局进一步优化。规划强化了“一市两城、多组团、多中心”的城市布局，突出山、城、河、绿的城市格局特色。三是明确提出建设辅城的新设想。在市域城镇体系规划中，明确萨拉齐为包头市辅城，到2020年，辅城人口达到30万人，达到中等城市规模。四是明确提出了破解“工业围城”的指导思想。进一步整合工业用地，将其向东西两翼集中发展，形成四大工业园区。五是明确提出了长远的生态建设目标。规划建设“三横五纵”生态防护林带体系，创造有利于改善人居环境和物种运动的生态廊道。“三横”即大青山以北植被恢复、大青山南坡绿化、沿黄河湿地保护三大生态区域。“五纵”即依托昆河、四道沙河、西河、东河、五当沟等黄河支流建设纵向生态廊道。

六、呼和浩特：山东砖对广东砖市场冲击大

呼和浩特位于华北西北部，全市总面积为1.7万平方公里，总人口291万，建成区面积210平方公里，是一个以蒙古族为自治民族，汉、满、回、朝鲜等36个民族共同聚居的塞外名城。

凭借着对资源、能源的开发利用，一个个财富神话在民间不断涌现，一批批怀抱致富梦的淘金者纷纷从外地涌入这座塞外的首府城市，以此成就了一批具有巨大消费能力的高端消费群体和日益增长的消费人群。随着经济水平提升和城市化进程的推进，建材销售行业在呼和浩特亦随之飞速发展并逐步倾向成熟。

【市场概述篇】

呼市建材市场用“三年”来形容这几年呼市建材市场的格局变化，“三年内呼市含陶瓷交易功能的建材市场数量几乎翻了一番，三年前仅有四五家，而现在已经发展到了十家左右。”由于临近山东陶瓷产区，地处山东陶瓷销售市场半径之内，呼和浩特无疑成为了众多山东瓷砖品牌低价销售的地区之一，同时它也处于广东、华东等地全国性品牌的覆盖范围之内。市场重合之下，一场高性价比产品与高品牌附加值产品之间的市场博弈在全国两大知名陶瓷产区之间正激烈地进行着。

建材市场的扩张与城市规划有着密切的关联，呼市城市建设的布局为“东优、西联、南拓、北控”，这使得建材市场的分布亦向四方扩张。呼市除了建材市场数量的增加以及分布更加分散，和全国绝大多数城市一样，近几年高端卖场的崛起也是其建材市场的一大特点。2011年6月呼和浩特金盛国际家居正式开幕，总建筑面积达15万平米，集建材、家具、家装、影院、休闲、娱乐、餐饮于一体，是目前呼市规模最大、品牌最全、设施最优的装饰家居卖场。2011年11月，呼和浩特红星美凯龙全球家居生活广场正式开幕，呼和浩特红星美凯龙全球家居生活广场是红星美凯龙内蒙古市场的旗舰店，经营面积13万平方米，以其强大的品牌号召力集国内外品牌家居建材商家于麾下，至此呼市高端建材市场已增至5家，占建材市场总数量的一半。如今，尽管楼市在国家的调控下不大景气，建材销售市场十分冷淡，但呼市卖场的扩张并未因此而止步。

与通达建材市场仅有一路之隔的百姓建材市场计划于今年2012年10月正式开业，开业后的百姓建材市场定位于中低端市场，有点类似于国内的建材超市。

【品牌观察篇】

在国内大多数省会城市的建材市场，广东瓷砖品牌通常都能够通过难以比拟的品牌优势及效应占据市场的主导，但呼市例外。从呼市各大建材市场实地走访中发现，在呼市的大多数传统市场里，满目皆是山东、河北等北方产区的产品，广东瓷砖品牌十分罕见。就目前呼市建材市场来说，通达、佰安居建材市场的山东砖占到了90%以上。洪兴建材市场山东砖占70%以上，河北砖占25%，余下少量为东北、广东私抛厂等产品。

在呼市陶瓷市场，广东品牌仅局限于一些定位比较高端的卖场，在大多数传统建材市场几乎没有广东知名品牌的分销店，而且能够在呼市拥有两家店面以上的广东瓷砖品牌犹如凤毛麟角。和国内其他城市对比，在呼市市场的二三线佛山陶瓷品牌数量十分有限，占据高端卖场的仍然是国内的几大知名品牌。

【产品流通篇】

微晶石、全抛釉产品从2011年开始在呼市兴起，2012年便已向市场全面铺开。如今在呼市所有高端卖场里处处可见微晶石、全抛釉产品，而且事实表明，微晶石和全抛釉正渐渐被市场和消费者所接受。同时微晶石、全抛釉的价格下降幅度十分明显，2011年呼市市场上800×800（mm）规格的微晶石产品单片最低价是300元，600×600（mm）规格的单片最低价是240元，而现在800×800（mm）的市场最低价是180元。呼市多数卫浴商家的促销活动以一种近乎疯狂的方式进行着，打折后的产品普遍低于原价的一半，一款标价一万多元的智能马桶，打折后仅需5000元。尽管智能卫浴打折后价格并不算高，但仍超出了普通消费者的购买能力。普通消费者在购买装饰卫生间所需的卫浴产品时，全套下来费用一般控制在3000～4000元，对于一款售价超5000元的马桶，普通消费者实难接受。

【城市前瞻篇】

“一街五区”和“一核双圈一体化”城市规划要求：有序扩张城区规模、加快“城中村”改造，呼市“十二五”城市建设总体思路为：以建设加快推进“一街五区”建设为主体，打造首府“三大板块”现代化城市建设的框架；全力推进实施“东优、南拓、西联、中兴”的生产力空间开放战略，以补足城市短板、加强民生工程为核心，营造良好的城市环境；以生态文明塑造魅力城市，政治文化中心为基础，着力提升城市发展质量，努力打造一流首府城市。按照“一街五区”的新区发展规划，高标准改造和建设新华大街东延伸段，加快东客站交通枢纽区、如意总部基地、空港物流区、高职园区和滨河新区建设，努力打造功能完善、生态宜居、充满活力的现代化新型城区。

规划以改善群众居住和生活环境为目的，深入实施“新、亮、美、绿、净、畅”工程，加快旧城区改造步伐，完善道路、管网等基础设施，配套建设公共服务设施，增加公共活动空间和绿色空间。推进成吉思汗西街整体规划建设。坚持政府主导、统一规划、集中安置，统筹解决城市发展与居民保障问题，重点加快推进二环路周边的“城中村”改造，在二环路与绕城高速之间打造若干个组团发展区。

一份于2010年7月发布的《中国北方城市高端消费潜力排行榜》研究报告显示，在北京、天津、沈阳、大连、青岛、西安、济南、郑州、长春、哈尔滨、石家庄、呼和浩特、太原、乌鲁木齐、兰州、银川、西宁北方最重要的17座城市中，呼和浩特的高端消费能力居第12位。其排名虽然靠后，但在经济欠发达的西部城市中却居于前列。同时报告还指出，呼和浩特因集聚众多新富人群，未来高端消费潜力被看好。

第三节　华东地区

一、上海：华东品牌霸主地位遭华南品牌强烈冲击

上海，地处长江三角洲冲积平原前缘，东濒东海，北界长江，南临杭州湾，西与江苏省和浙江省接壤，是中国海岸线的中心点和长江出海的门户。凭此得天独厚的区位优势和地理条件，上海迅速发展成为中国的商业和金融中心。

在建筑陶瓷行业，以上海为龙头的长三角地区，包括周边的江浙地区，因其建陶企业形成扎堆之势，在地域又被笼统称为泛上海或大上海。

【市场概述篇】

“2005年～2007年，是建材刚性需求最旺的时候。”近10年期间，由于改制、经营不善、政府拆迁等原因，上海大大小小的建材市场已从原有的600多家缩减至200多家。

目前上海建材市场中生存较好的，莫过于三类，一类是以恒大、九星为代表的走量式仓储批发市场，一类是以喜盈门、好饰家、家饰佳等集中的宜山路建材一条街，还有一类即以红星•美凯龙、同福易家丽、金盛家居等为代表的高端连锁建材卖场。这些市场或卖场是目前最能代表上海的市场情况，且各有各的优势。但不论是仓储类的批发市场还是高端卖场，在未来近10年里都将继续共存，带动上海建材持续向前发展。

位于闵行区七宝镇九星村的综合批发市场，占地面积106万平方米，建筑面积近70万平方米，开设了五金、灯饰、陶瓷、石材、名贵木材、油漆涂料、酒店用品、文具礼品等二十大类专业分市场区。规模大、种类齐全，规划得宜，虽然品牌档次不是很高端，但是品牌和产品品类非常齐全。

而所谓宜山路建材一条街，包括喜盈门、好饰家、兴利达、科拉胜等等，从国内品牌到国外品牌，高档到中低档产品，在该“建材街”上均能找到。到目前为止，宜山路建材街仍然是上海大部分消费者选材购物的首选，因此也带动了周边建材卖场品牌影响力和销量的提升。受地理位置和综合品牌影响力的作用，该地段的租金极其昂贵，其中喜盈门的店面租金更是超过红星•美凯龙。不过，也正是由于位于中心城区，宜山路的交通较拥堵，优势已失其一，再加上该地段租金昂贵且涨幅惊人，长此以往，对商家而言这将是难以承受的压力。

相较而言，应变和抗风险能力最强的或许将会是第三类建材市场。诸如红星•美凯龙、同福易家丽、金盛家居等，目前他们的选址多集中在二环周边，地理位置优越，辐射能力较广，且交通方便，卖场的品牌知名度也已小有所成，少了外忧，最大的不确定性即是实际运作而已。

【品牌观察篇】

上海经济的飞速发展、人民生活水平的日益提高，快速地带动了陶瓷产业规模化、品牌化的发展。从20世纪90年代开始，“上海陶瓷”，已占据着全国同行业中的领军地位，无论是产品质量、功能创新、新品开发、时尚美观等方面，都走在全国前列。与全国其他省市和产区相比，大上海的格局独树一帜：以诺贝尔、斯米克、亚细亚、冠军等为代表的华东品牌和来自意大利、西班牙等国的国外品牌以及以广东为代表的华南品牌，三方各占据了大上海的不等的市场份额，形成了逐鹿之势。虽然近年来在上海市场，仍是以诺贝尔、斯米克、冠军为主的华东瓷砖品牌较多受到消费者和设计师的推崇和喜爱，其中诺贝尔在上海的销量更是遥遥领先于第二名，长期以来稳坐销量榜榜首位置。另外，蜜蜂、范思哲、加德尼亚等进口品牌也占有部分高端消费群体的市场份额。但是与此同时，以东鹏、马可波罗为首的华南瓷砖品牌经过近些年的坚守和积累之后，也紧追而上，不断地拉近与华东品牌的距离，年销售额也相继破亿。

作为上海的陶瓷品牌集中基地，也是各大品牌的仓储基地的恒大陶瓷建材市场，集中了60%的品牌总代理。金牌亚洲、蒙娜丽莎、欧美、冠珠、大将军、能强、博华等广东企业的旗舰店都云集于此。而广东品牌最早进入上海的是鹰牌和东鹏，并在上海设置了七、八百平方米的展厅。2008年，随着蒙娜丽莎旗舰店进驻上海，冠珠等品牌也纷纷入驻，再次点燃了广东企业进军上海市场的又一高潮。在其他的卖场，以广东品牌为代表的华南陶瓷、卫浴品牌的大型专卖店随处可见。广东品牌的大规模进驻，在某种程度上直接促进了华东陶瓷市场竞争的升级，也改变了竞争的格局。近年来，上海建材市场的格局已经发生了重大的变化：以广东等为代表的华南品牌日趋强烈的攻势下，华东品牌的霸主地位非但不再是坚不可摧，其销量、影响力、消费者认知度等都已有所下滑。

事实上，近两年来，众业内人士均表示未感受到华东品牌有何创新之举，其用来占据市场的产品也仅仅是抛光砖、瓷片等传统产品，营销推广活动也是寥寥无几。而华南品牌正好凭借在产品研发和营销推广两方的优势切入了市场，从华东品牌和国外进口品牌手中夺得了几分江山，甚至引领了部分市场。

【产品流通篇】

在上海这个国际化大都市，实木地板也一直以来深受上海家庭喜爱，尽管实木地板价格不断攀升，实木地板仍是大部分上海家庭装修时的首选。有别于其他城市，上海家庭在装修上90%以上会选购触觉温和的木地板来铺贴地面，仅在厨房、卫生间、阳台等小空间才选用抛光砖、瓷片等产品，这是瓷砖产品在上海地区零售量受限的主要原因。

由于地方文化的差异、经济发展的不平衡、对外开放程度等因素的影响，导致各地的消费理念也会出现差异化。尤其是上海这座国际城市，受到四面八方不同文化的冲击，以及上海悠久历史的沉淀，这里的消费者形成了一种鲜明独特的消费观念。上海多数消费者在选择瓷砖卫浴产品时，多以品牌、质量为第一选择，同时在价格这个问题上，上海人也显得特别精明。除了购买产品时候很懂得讲价以外，他们也很懂得选择消费的地方，以确保价格的最低。因此信誉度高和购买的产品有保障的建材超市和品牌专卖店成了首选之地。

在瓷砖产品品类中，抛光砖、瓷片由于品质稳定、物美价廉等因素，成为工程采购和家庭装修的首选产品，销量依然是最大的。由于上海较多建筑楼外立面使用涂料较多，因此，外墙砖销量一般；而随着全抛釉产品的流行，全抛釉产品受到越来越多的中高端消费者追捧，尽管目前销量并不算大，但销量却呈上升趋势，逐渐发展成为上海建材市场的流行产品；微晶石由于产品价格偏高，目前消费群体主要为部分高端客户和设计师群体；仿古砖在上海地区虽不及前几年火爆，但还是比较受青睐，仿古砖主要用于高档别墅以及高端人群的家庭装修。抛晶砖、艺术砖属于个性产品，主要起点缀作用，只有少数消费者选购，销量不大。

上海的卫浴间可以成为上海人生活水平提升的一个反映面。家庭中，卫浴间已不仅仅是一个用于解决生理需要的狭小空间，甚至有成为“家庭对外形象的重要表现”之趋势。上海人普遍认为，家庭的卫浴间至少应该配备以下设备：坐便器、纸巾架、洗手盆和淋浴设备。这种“设施配套”的模式在上海已经深入人心，无论家庭经济收入高低，这已经成为一种卫浴生活的最低要求，不同的只是产品的档次。随着上海经济的发展和居民生活水平的提高，卫浴刚性需求不断增加，同时各种公共消费场所和设施数量也不断增加，这些公共场所对卫浴产品的需求，也是必不可少的部分。对卫浴行业来说，上海是一个巨大的市场，然而，在这巨大的卫浴市场，却被少部分国外和国内知名品牌牢牢占据着，尤其是TOTO、科勒等国际卫浴品牌占据了市场的主要份额。

【城市前瞻篇】

上海市国民经济和社会发展第十二个五年规划纲要（2011~2015年）指出，上海将加快实现“四个率先”、加快建设“四个中心”和社会主义现代化国际大都市，紧紧围绕建设“四个中心”和社会主义现代化国际大都市的总体目标，坚持科学发展、推进“四个率先”，以深化改革扩大开放为强大动力，以保障和改善民生为根本目的，充分发挥浦东新区先行先试的带动作用和上海世博会的后续效应，创新驱动、转型发展，努力争当推动科学发展、促进社会和谐的排头兵。其中，浦东地区要推动新一轮城市功能和形态开发，加快发展现代服务业和战略性新兴产业，成为“四个中心”核心功能区、战略性新兴产业的主导区和国家改革示范区。

纲要中指出，把住房保障作为改善民生的重中之重，着力完善廉租住房、经济适用住房、公共租赁住房和动迁安置房“四位一体”的住房保障体系，适时调整保障性住房准入标准，确保符合条件的廉租住房申请家庭应保尽保，逐步扩大经济适用住房保障范围，鼓励探索更多的保障性住房供给方式。积极发展公共租赁住房，加快建设动迁安置房，“十二五”期间预计新增供应各类保障性住房 100 万套（间）左右。另外，纲要还规定要积极推进旧区改造和旧住房综合改造。坚持“拆、改、留、修”并举，全面实施旧区改造新机制和政策，在“十二五”期间，中心城区完成 350 万平方米左右二级旧里以下房屋改造，完成 5000 万平方米旧住房综合改造，并扩大旧住房综合改造范围，逐步对 20 世纪 70 年代以前建造的老公房实施综合维修。

二、杭州：家居产业遭受重创回迁房、保障房挽救市场

作为浙江省省会，其全市总面积 16596 平方公里，常住人口为 870.04 万人，市外流入人口为 235.44 万人。其中城区面积为 3068 平方公里，辖上城、下城、江干、西湖、滨江、余杭、拱墅、萧山 8 个区，人口约 635.27 万人。2011 年杭州 GDP 为 7011.8，位居全国第六。而民营经济约占全市 GDP 的 70% 左右，居民消费力强劲。

【市场概述篇】

杭州建材市场的发展始于 90 年代初期，最初的三个市场已经消亡，目前保留的最老牌市场是 1993 年开业的杭州陶瓷品市场。时至今日，杭州大大小小的建材市场近三十家，整个市场形态在二十年间发生巨变。而新时代的发展可谓杭州建材市场变迁的缩影。

1997 年，当马路市场、摊位市场兴起，家庭装修仍是个新鲜名词的时候，杭州新时代装饰材料市场正式开业；1998 年，新时代引入家装公司，经过不断补充调整成为当地第一个正规的综合性建材市场，这里孕育了九鼎、中冠、城建等现如今杭城大腕级的装饰公司；2005 年，新时代整体成功迁址城西古墩，更名为新时代装饰广场，一举成为华东首家一站式家居购物广场；2008 年，当所有的杭州卖场还在做单店，新时代在杭州首先提出了家居商圈的概念，并于今后的几年完成了 CBD 计划中新时代家居生活广场总店（古墩店）、新时代时尚家具馆紫金店、新时代丰潭店（经济馆）、新时代钱江新城店 4 个馆的建设，商圈构架基本形成。从马路市场、摊位市场到正规综合性市场，再到一站式商场乃至家居商圈盛行，正是杭州建材市场的发展历程。

杭州近三十个市场虽然不算扎堆，而是散布于江干、上城、余杭、西湖、萧山各区，但是其中半数以上都是超大规模卖场，加之市场区域日益扁平化，向周边县市的辐射功能减弱，多数商家感觉到，相对于杭州的市场容量，卖场总量已然过剩，竞争激烈，而没有精准市场定位，没有规模、商圈效应的市场，都将是首先被洗牌的对象。

【品牌观察篇】

品牌数量过多、百家争鸣斯米克、冠军渐被广东品牌赶超，杭州作为仅次北上广深一线的发达城市，是绝大多数瓷砖品牌盯上的蛋糕。几乎所有广东品牌都能在杭州见到，江西、山东、福建等地品牌也不少，还有许多国外品牌。品牌过多导致市场饱和，无论是高、中、低档，竞争均可用“残酷”形容。其杭州虽然有不少实力强劲的商家，但实则百家争鸣，即使是规模最大的商家也自认无法占据杭州城区一

成市场，几年前，诺贝尔、斯米克、冠军等华东品牌在杭州一直保持绝对霸主地位，压过广东品牌，如今随着萨米特、马可波罗等广东品牌的奋起，斯米克、冠军逐渐被赶超，但是不同于在宁波、温州等地斯米克、冠军、亚细亚一蹶不振的情况，斯米克、冠军仍然是杭州顶尖品牌。至于国外瓷砖品牌，从总量来看占据的市场份额不高，但比较流行，小蜜蜂、美生•雅素利等品牌都有较大影响力。

与瓷砖市场不同，卫浴市场由外资品牌主导，如科勒、TOTO、汉斯格雅、唯宝、伊奈的在杭州的市场份额要超过国内卫浴品牌，且消费者对其也有一定的忠诚度。尽管国外品牌相比国内品牌较为强势，但杭州也还是没有形成垄断的局面，而是呈现出群雄纷争的格局，没有任何一个国外品牌占绝对的主导地位。

【产品流通篇】

随着微晶石、全抛釉的工艺进一步成熟及价格下行，抛光砖市场份额将在3~5年内被压缩至较小比例。瓷片受地砖上墙的冲击，销量受到较大影响，主要销往周边县城，3D喷墨瓷片的销售则相对较好。外墙砖由于容易脱落、存在安全隐患而被政府倡导的涂料、外墙漆等代替，市场份额持续缩水，基本上只能销往农村乡镇。

仿古砖经过多年的发展，占据了一定的份额。当地消费者青睐欧式、地中海、田园等风格，因此小规格仿古砖具有不错的市场。不过，仿古砖市场主要被L&D、金意陶、马可波罗、楼兰、长谷及国外品牌主导。

抛晶砖在市面上流通多年，同样面对价格体系混乱的尴尬。尤其是全抛釉的出现对抛晶砖产生很大冲击，目前抛晶砖的销售较少，而个性化产品在杭州拥有非常不错的市场。

在整体卫浴方面，除非该代理商代理的品牌、产品的质量和服务非常强势，消费者可能会选择整套接受。此外，消费者对整体卫浴的认知度不高，有消费者会认为整体卫浴就是由马桶、面盆、浴缸、淋浴房、淋浴房五金挂件、橱柜、瓷砖等单品类产品组合而成，因而在购买卫浴产品时喜欢去品类集中的市场，也就是橱柜就应该在橱柜区，瓷砖就应该在瓷砖品牌集中区。如此一来，品类集中对品牌知名度、美誉度且专业性强的品牌而言，销售的效果和优势比较明显。因而，单品的市场份额依旧客观。

【城市前瞻篇】

2012年，杭州市政府出台了《杭州市“十二五”住房保障与房地产业发展规划》（下简称《规划》），预计2015年前商品住房年开发量约950万至1083万平方米。主城区年开发量约450万~583万平方米，五年建设总规模达2250万~2915万平方米。保障房建设方面，主城区5年总建设规模达到1390万平方米，约131万套，每年平均为278万平方米。这也意味着，保障性住房的供应量是商品住宅供应量的48~62%，比例非常大。除了主城区保障房建设外，萧山区、余杭区、富阳市、建德市、临安市、桐庐县、淳安县七区县（市），保障性住房五年总建筑规模也将达到360万平方米。其中，保障性住房内容包括廉租住房、经济适用住房、公共租赁住房等。

据了解，回迁房占据零售总量的70%。随着上城区、拱墅区、江干区等城区的快速发展，近年楼盘的交付中，回迁房占了较大比例。而回迁户并不受房地产新政的影响，其装修消费是刚性需求。此外，随着新农村建设政策的出台，加快了城镇化的步伐，萧山区、拱墅区的新农村改造项目在未来两年非常集中。市场未来的增长点在于回迁房、安居工程、新农村改造项目以及常规的市场商品。

此外，2011年，杭州市政府提出了城市东扩、沿江开发的战略，集群优势催热东部商圈发展，成为杭州未来发展的热点。

三、宁波：零售交易下滑四成市区东扩孕育新机

宁波是浙江第二大城市，全市总面积9816平方公里，人口760.57万（2010年），外来人口比例达

74.57%。其中，市区人口约220万。作为浙江三大经济中心之一，宁波港是中国货物吞吐量第一大港口，集装箱吞吐量则在2010年首次跃居第3位。2011年宁波市GDP位居全国16，达6000亿元，较2010年增长10%。

宁波以民营企业为主体，经济发展倚重外贸，在全球经济危机下面临出口订单缩水的困境，同样，宁波楼市虽然在限购令之下受到重挫，建材行业面临寒霜，但并未遭受毁灭性打击，尤其是在城市东扩步伐之下。

【市场概述篇】

2007年，宁波消费者品牌意识爆发，1996年建成的现代建筑装潢批发市场全面升级为综合型购物商城，并逐渐形成现代商城、现代陶瓷城、现代板材城、现代家电城、现代设计装饰大楼等十大板块构成的家居建材商圈。迄今，这个总经营面积高达六十多万平方米的"航空母舰"，容纳了宁波大部分瓷砖、卫浴、门窗、家具、灯饰等家居建材品牌，包括高、中、低各种档次品牌分区，能够真正做到一站式购物，占据绝对优势。

除了现代商城，宁波还有两家规模较大的正规卖场——银亿•新世纪家居装饰商城、红星美凯龙，二者与现代商城都相距不远。已经营业六年的银亿•新世纪家居装饰商城，地理位置其实优于现代商城、购物环境也更好，但该市场十分冷清，一直无法聚集人气。而红星美凯龙不仅没有人气，原本就不算太大的瓷砖卫浴区还出现多个空置店铺。据介绍，相比于高端市场的惨淡，一些仓储式市场反而拥有更好的生存空间。宁波的正规市场屈指可数，却存在许多仓储式批发市场。这些市场中既有现代商城、新世纪及红星美凯龙中各品牌商家的仓储基地，也有很多中小型批发商以仓库改造的店面。它们主要做一些县城、乡镇的分销，也有一些市场附近的消费者认为其经营成本低，产品价格也会更低，因而在这里购买产品。但是这些小型仓储市场大部分缺乏正规手续，面对宁波政府越来越严格的要求，接下来的2~5年中，将会被当作违章建筑要求拆除或者改建。

2012年10月，即将建成的华生国际家居广场（北仑）与恒大建材家居广场（鄞州区）相继开始招商，居然之家今年也落户宁波鄞州，三者均为集商业、办公、居住等功能于一体的城市综合体，是宁波重点规划项目。其中，华生国际为国有资产，得到宁波市政府及北仑区政府的高度重视与大力支持。另一方面，恒大与居然之家与原有的几个市场扎堆，势必加剧市场竞争，未来是老市场份额被挤压还是新市场举步维艰尚未可知。

【品牌观察篇】

与同一经济水平的城市相比，宁波瓷砖卫浴品牌偏少，且大品牌所占比例较小。从中低端到高端，80%以上的品牌总经销集中在现代商城。其中，诺贝尔、马可波罗、东鹏、金意陶、蜜蜂、楼兰、L&D、博德、新中源、冠珠等瓷砖品牌与科勒、TOTO、英皇、乐家、唯宝、汉斯格雅、箭牌、恒洁、安华、法恩莎等卫浴品牌在当地影响力较大。与诺贝尔同为华东品牌，斯米克、冠军、亚细亚的境遇却大不相同，在宁波日渐衰颓、沦至二三线，只有冠军尚在工程渠道上保持相对较好的销量。宁波也有美生•雅素丽、加德尼亚、伊加及部分不知名的国外品牌，但除了蜜蜂之外，余者均表现平平。

宁波交通运输发达，众多仓储式市场中存在大量广东、山东、福建、江西的三四线品牌，它们主要做周边县城乡镇的分销，在宁波具有一定生存空间，但竞争激烈、价格战不断升级。除此之外，宁波商家的展厅普遍偏小，即使是上述大品牌商家也基本上只有一两家专卖店，中小型商家展厅装修更显初级，缺少样板体验空间。

【产品流通篇】

仿古砖多年以来一直比较流行，虽然2012年受大环境冲击整体销量受到影响，但所占比重一直稳中有增。尤其是近几年田园风格较为流行，为小规格仿古砖带来市场。近两年全抛釉也成常规产品，销量与仿古砖比肩，微晶石也逐渐兴起。由于宁波市区面积不大，城乡结合部较多，抛光砖、外墙砖也保持着较大的份额。而瓷片近几年越来越受“地爬墙”现象的影响，市场遭遇较大打压。

对于卫浴产品，宁波消费者具有更加强烈的品牌意识，因此高端产品市场比较可观，但是消费者目前偏向于选择整体卫浴，从单品销售来看淋浴房、浴室柜、坐便器以及淋浴房五金配件必备四大件的销量依旧占据大头。智能卫浴和休闲卫浴的发展有待提升。

【城市前瞻篇】

宁波到 2011 年底，中心城区建成区面积由 2006 年底的 215 平方公里，扩大到 281 平方公里左右。而官方数据显示，2011 年底宁波市中心城区建成区面积达 284.91 平方公里。2011 年，宁波市制定了《加快构筑现代都市行动纲要 (2011-2015)》，预计到 2015 年，中心城区建成区面积要达到 300 平方公里以上，城市化率达到 70%。

根据《纲要》，到“十二五”末，宁波要实现三江片、镇海片、北仑片融合互动发展，建成东部新城、南部新城、东钱湖旅游度假区等重点区块，基本形成“一核两翼多节点”的网络型都市区新格局；实现城市功能高端化，建成一批高品位、辐射力强的城市综合体和产业新基地；城乡发展一体化。成为全省城乡一体化示范区，到 2015 年，全面小康村达 480 个以上，建成 200 个幸福美丽新家园（社区）。其中，江东区重点开建滨水区、宁穿路综合商务旅游休闲区、西北部区、甬江南岸区域、江南都市商务区，并于 2015 年前建成东外滩走廊；江北重点开建甬江北岸、姚江北岸、湾头休闲商务区、江北中央商务区、三江口滨水核心区、铁路北站货运枢纽、老外滩延伸区块，于 2014 年完成火车北站搬迁；鄞州重点开建长丰滨江休闲居住区，2015 年全面建成南部新城；镇海重点开建镇海新城、郑氏十七房文化旅游区、镇海大宗货物海铁联运枢纽港、大学科技园、九龙湖旅游度假区。北仑重点开建北仑滨海新城（春晓）、北仑西部城区、北仑滨海新城（梅山）3 个区块。

四、南京：青奥会带动工程销量

作为华东地区的省会城市，南京一直以来都是华东品牌的天下，然而，随着广东品牌的崛起，华东品牌在南京的市场份额被急剧打压，尤其是在中高端市场，不管是抛光砖、仿古砖，还是全抛釉、微晶石，广东品牌已经占据了绝对的主流。

2014 年，第二届夏季青年奥林匹克运动会即将在南京举办，南京市政府围绕这一项目的工程也正如火如荼地建设之中，这也为国家房地产调控政策下紧绷的建材消费诸注入了一丝活力。

【市场概述篇】

目前南京市场呈现出的是“两极分化”的消费与销售形势，南京市场一般分江北与江南，南京主城区位于江南，所以江南地区聚集了大量品牌化与高端化的瓷砖品牌，江南地区瓷砖品牌的推广往往比较重视品牌宣传与售后服务；江北地区则更多地是批发性的卖场与品牌聚集地，卖场与品牌主要以中低端为主，产品以向苏北地区批发与分销为主，产品的档次与价格都相对较低，产品品质与服务意识也相对较低。

在终端卖场的分布上，南京市的江东门金盛卖场和卡子门红星美凯龙两大高端卖场聚集了几乎所有在国内知名度较高的国内外高端瓷砖品牌，该两大卖场在南京成犄角之势，是南京人气最高的瓷砖卖场之一。而红太阳则是南京品牌最多的专业卖场，几乎囊括了南京所有建材超市的品牌，是集办公、经营、批发于一体的瓷砖专业卖场。目前南京市场整体趋势是亮光砖产品较为流行，市场占有率较高。尤其是全抛釉与微晶石的出现，让消费者看到不仅仅只有仿古砖才讲究设计，全抛釉与微晶石的整体空间设计、拼花、搭配感更加胜过仿古砖，这也让一部分喜欢亮光产品的中高端消费者离开了仿古砖的视野。

当前市场，南京瓷砖产品已经极大丰富，与以往有产品就等于有销量、不需要展示与服务的形势相比，当前的市场环境已经发生了巨大的变化。随着人民生活水平的提高和品牌与产品的极大丰富，尤其是在产品花色、系列、品质及整体展示上都比以往提出了更高的要求。

品牌要想在目前的市场中分得一杯羹，必须具备独特之处。

【产品流通篇】

目前，抛光砖产品的总销量能够占到南京市瓷砖总销量的6成左右，主要被运用在工程渠道及普通消费群体的零售渠道中。瓷片产品在南京的销量占瓷砖总销量的1成不到。仿古砖在南京2009年之前的销售形势比较乐观，尤其是在2006~2008年期间比较突出，近年来其销售形势有所下滑，在销量上要远低于南京瓷砖总销量1成的份额，主要是别墅装饰材料。目前的仿古砖在南京市场处于成熟期过后的变革期，未来或许经历了大规模新产品的更迭之后，仿古砖在南京市场也许又将成为市场的流行趋势。

全抛釉产品在南京的销售形势比较良好，预计在未来一两年内仍会是南京市场的流行趋势，尤其是2012年年初，南京市场大量的经销商都开始了不遗余力地推广全抛釉。全抛釉产品的强势，使得许多佛山大型瓷砖企业开始了全抛釉产品的单独招商，使得该产品在南京的推广走上了专业化的道路。总体而言，全抛釉在南京处于上升期，在中高端市场中是绝对的主流产品，其产品销量占南京瓷砖总销量的2成以上。

微晶石在南京高端市场受肯定程度也比较高，尤其是以博德、欧神诺、嘉俊为代表的微晶石高端品牌，在2009年前后，当微晶石产品在国内还没有流行的时候，仍孜孜不倦地将精力放在了微晶石产品的研发与推广上，也使其在南京设计师与高端消费群体中有着较高的认可度。作为高端个性化产品，微晶石在南京市场主要以设计师渠道为主流推广渠道，尤其是2011年以来，南京微晶石的发展趋势是很快的，尤其是今年以来，国内各大品牌都开始跟随博德、欧神诺、嘉俊的步伐开始推出自己的微晶石。这直接导致了微晶石产品同质化的趋势，产品总体价格呈现出了下降的趋势，也使市场将陷入拼价格的肉搏战之中，如果经济形势继续恶化，房地产调控持续紧张，也许这种局势还将持续升温。

木纹砖产品受关注程度越来越高，尤其是随着该产品技术的成熟和推广企业的日益增多，消费者也愿意选择该产品来代替实木地板。随着仿木纹瓷砖的问世，其易打理、防潮、无甲醛等实木地板无法具备的优势，在行业大量品牌极力推广的情况下被越来越多的消费者所熟知。目前南京市场木纹砖正处在一个逐渐被认知的阶段，其销售与受认可程度也日益高涨。

智能卫浴与整体卫浴目前在南京市场上，不管是各大卫浴品牌的推广力度还是消费者的消费需求都不大。更多的品牌都将销售与推广重点局限在马桶、洗手盆、淋浴房等传统产品上，即使有新品推广，也以这些传统领域为重点。智能卫浴与整体卫浴产品在目前技术条件下，工艺还不是很成熟，该产品在价位上还很难被大众接受，这也导致了各大卫浴品牌没有将精力放在这些产品的推广上，而商家推广与宣传的不足又导致了消费者认识的不足，使得该产品很难在销售上给卫浴企业带来提升作用。

【品牌观察篇】

长期以来，南京都是华东品牌的强势地区，但近年来随着广东品牌在品牌理念、产品品质、服务意识等方面的不断提升，广东产品在南京市场已经占据了大半江山，而且这种势头不可阻挡。可以说，广东品牌已经超越华东品牌，成为南京市场中高端市场的绝对主流。尤其是以马可波罗、金意陶的仿古砖，博德、嘉俊的微晶石，东鹏、宏宇的抛光砖以及简一的仿石材产品都深受南京消费者青睐。而华东品牌相对保守，其日渐衰落也成为了趋势。当前国内瓷砖品类的升级与革新几乎都源自广东企业，可以说广东品牌引领者中国瓷砖的流行趋势。

【城市前瞻篇】

根据2008年南京市规划局启动的南京市新一轮总规中，南京的城市性质为著名古都，江苏省省会，国家中心城市，到2015年前后，基本实现现代化；2030年前后城市国际化水平显著提高；远景跻身世界发达城市行列。2020年，预测南京市的常住人口1060万人，城镇人口910万人，城市化水平86%；2030年预测常住人口1300万人，城镇人口1170万人，城市化水平90%。2020年，城镇建设用地规模约为1050平方公里。

规划形成"两带一轴"城镇空间结构。"两带"是指拥江发展的江南城镇发展带和江北城镇发展带；"一轴"是指沿宁连、宁高综合交通走廊形成的南北向城镇发展轴。规划提出构建中心城-新城–新市镇市域城镇空间体系。三级城镇体系分别包括：主城和东山、仙林、江北三个副城组成的中心城；9个新城（龙潭、汤山、禄口、板桥、滨江、桥林、龙袍、永阳、淳溪）；34个新市镇。

中心城是南京区域中心城市功能的集中承载地，是现代都市区功能的核心区，重点发展现代服务业和高新技术产业，2020年人口规模约670万，建设用地约660平方公里。新城是一定地区内产业、城市服务功能和城镇化人口的集聚区，新城包括县城和产业主导型新城两种类型，2020年新城总人口规模约135万人。新市镇是建制镇和涉农地区的集中建设地区，是郊区县非农产业和人口的重要集聚地，是服务和带动广大乡村地区发展的基地，2020年新市镇总人口规模约105万。

五、合肥：销售渠道单一，设计师终端影响力逐步下降

至2011年止，合肥的市区面积为838.52平方公里，全市常住人口约752万人，其中市区常住人口355万人。作为华东地区的大城市，合肥市不论经济建设还是城市基础建设，都发展迅速，但与上海、南京等华东城市相比还有明显的差距，消费者的总体消费能力偏低，导致合肥建材市场上高端品牌销量平平，中高端品牌更加符合合肥人的消费需求。

【市场概述篇】

高端品牌的瓷砖很大一部分都要经过设计师或者是家装公司设计，据了解，为争夺设计师资源，某些品牌给设计师的返点达50%左右，过高的返点额度影响了正常的市场秩序。现今信息的透明度高，消费者对设计师抱有怀疑的态度，不再像以前那么信任他们。目前，合肥市场市场乱象明显，无促不销和高返点问题日愈加剧。

【品牌观察篇】

广东品牌占据合肥建材市场的主流，华东品牌在合肥的影响力并不太大，只能紧跟在广东品牌之后，中低端市场大部分被邻近的山东品牌占据，江西、四川等其他产区品牌由于档次较低、距离较远，在合肥市场上几乎看不到。

合肥市场上的瓷砖高端品牌除了马可波罗、诺贝尔、蒙娜丽莎、东鹏外，大多销量平平，难有起色，消费者的能力问题是制约高端品牌发展的最主要原因。作为省会城市，合肥的消费能力偏低，和华东城市的消费能力不匹配。

合肥卫浴的市场销量比瓷砖下滑更严重，TOTO、科勒、美标等国外知名卫浴品牌销售份额都不尽人意。相比国外品牌，法恩莎、东鹏、维可陶等国内品牌经营思路清晰，针对合肥高端消费群体较少的情况，将品牌定位向中高端转移，获得了较多消费者认可。

【产品流通篇】

全抛釉经过近两年的大力推广，受到越来越多消费者的认可，销量不断提高，在合肥市场上渐渐成

为主流产品。微晶石从2010就开始在合肥重点推广，消费者大多都知道这种靓丽高端的产品。不过微晶石在合肥的市场占有率很低，到现在还停留在设计师渠道，只有具备一定知名度的设计师才能推广得动，产品大部分用在高档别墅里面。由于微晶石价格过高，经销商一般会建议消费者将微晶石用于背景墙、玄关，而不建议大规模推广使用。因此，购买微晶石的消费者大部分会将这种产品用作点缀，极少会大面积使用。

抛光砖2012年的销量与2011年相比略有上升，主要是家装渠道和工程渠道使用量大。瓷片的使用以家庭装修为主，零售多，多用于回迁房、简装房的卫生间、厨房装修，中低端人群用量占绝大部分，中高端人群大部分都选择其他产品而不使用瓷片了。而仿古砖本身对消费者的要求相对较高，仿古砖在合肥短期内难以兴起。在合肥，木纹砖推向市场的产品很少，还属于推广初期；外墙砖仅限于少数低层建筑使用，销量可忽略不计；抛晶砖、艺术砖等个性化产品，对消费者的欣赏能力和收入水平要求较高，仅用于装饰主流产品，销量很少。

合肥的卫浴市场在2010年开始推广整体卫浴，到现在大部分商家都在卖整体卫浴空间产品，整体消费情况受到消费者的认可，但由于智能产品到现在还处于高价位，距离普通消费者还有一定的差距，这决定了智能产品的销量在短时间内难以扩大。

【城市前瞻篇】

中国社会科学院发布的《2011年中国城市竞争力蓝皮书：中国城市竞争力报告》显示，合肥在调查的294个城市中是最具潜力的二线城市之一。合肥市《国民经济和社会发展第十二个五年规划纲要》（简称《规划》）显示，合肥将建设现代化中心城区由滨湖新区、老城区和政务文化新区构成中心城区，打造成综合承载能力强的现代化城区。《规划》指出，将特色发展巢湖市、综合拓展庐江城区、优质建设长丰县城，将它们建设成城市副中心，还要加强新型名镇建设。“十二五”期间，合肥将累计建设保障性住房1000万平方米。

可以预见，随着老城区的基础设施、城中村、危旧房和棚户区更新改造，滨湖新区、政务文化新区等功能区建设完善，再加上巢湖、江城、丰县城市副中心不断拓展，合肥的建材市场将在未来几年前景可观。

六、青岛：知名品牌领跑市场全抛釉微晶石渐流行

青岛，总面积10654平方公里；人口766.36万。青岛市是我国东部沿海重要的经济中心城市，其所在的山东半岛经济区（8市）经济总量高达2.6万亿，仅次于长三角、珠三角和京津唐经济区。青岛周边有19个县进入全国百强县。

目前青岛海底隧道、跨海大桥通航，让青岛市打造主城区与各区市之间形成“一小时经济圈”、山东半岛城市群区域内各中心城市之间形成“四小时经济圈”变为现实。现在由青岛至黄岛只需7分钟车程，胶州湾跨海大桥则将“青岛—红岛—黄岛”三岛有机的联系在一起。

【市场概述篇】

青岛市辖市南、市北、四方、李沧、崂山、黄岛、城阳七区和即墨、胶州、胶南、平度、莱西五市（县级）。在青岛市的多个区县均建有规模不一的建材市场，如城阳区有城阳启城建材批发市场、红星美凯龙家居广场；李沧区有盛世德建材市场、达翁建材市场；四方区有苏尚国际家居建材市场、长沙路建材装饰市场；崂山区有“好一家”高科园装饰城；市北区有青岛装饰城等，约10家规模建材经营卖场。除上述市场外，青岛市其他各地区零星分布着连锁家居建材超市，如海博、富尔玛、百安居、银座、东方家园等。据了解，2012年青岛地区各建材市场形势普遍严峻，其陶瓷销量同比下滑幅度在20-30%，更有甚者达到50%。

【品牌观察篇】

马可波罗、诺贝尔、欧美、蒙娜丽莎、东鹏、兴辉、特地、罗马利奥、宏宇、法恩莎、浪鲸、箭牌、惠达、新中源、楼兰、尚高、TOTO、科勒等数十个知名品牌在青岛均设有店面，且销量占青岛建材整体销量的五成以上。因青岛是一个盛产品牌的城市，所以消费者品牌化意识非常高，对陶瓷卫浴的消费也不例外。青岛市民对装修比较讲究，一般会选用品牌瓷砖和洁具，但青岛居民收入并不很高，属于“低收入、高消费”城市。据了解，青岛工薪阶层目前月工资一般在3000~5000元，这也决定了多数消费者在采购时注重选用高性价比的品牌产品。如今的消费者首先要求商家保证产品品质，保证良好的服务；其次才会挑选性价比高的产品。只有满足了客户的理性需求，商家才能通过消费者口碑逐步树立在当地的品牌。

【产品流通篇】

在青岛，多数人是比较钟情于木地板的，致使地砖在青岛的销售空间相对较小。青岛家庭在装修上有别于其他城市，多数家庭会选购感觉温暖的木地板来铺贴地面，仅在厨房、卫生间地面才会使用抛光砖，但是随着地暖取暖方式的迅速普及，以及消费者注重环保意识的增强，抛光砖近期在青岛地区反而冲击木地板市场。

目前，瓷片与抛光砖仍是青岛建材市场销量最大的主流产品。其中，瓷片是高中低群体必选择的家装产品。此外，中档内墙砖受到青岛地区多数消费者的青睐。多数消费者在选择瓷砖时，多以品牌、质量为第一选择，同时又因为不高的收入，所以在采购时尽量以中档产品为主。从2011年下半年开始，全抛釉、微晶石产品在青岛地区逐渐流行，受到高档小区、别墅及豪华场所装修人士的追捧。2012年，全抛釉受到越来越多的中高端消费者关注，逐渐发展成为青岛建材市场流行产品。尽管目前销量并不算大，但销量却呈上升趋势。仿古砖在青岛地区虽不及前几年火爆，但还是保持了比较强劲的增长势头，像马可波罗等品牌产品仍不乏大批消费群体，品牌、服务好的产品占据明显优势。抛晶砖、抛金砖在青岛市场销量非常小，只有少数个性化人群会选购。

在各大建材卖场卫浴专卖区可以看到科勒、TOTO、箭牌、法恩莎、浪鲸、九牧、东鹏等知名品牌均已入驻青岛，目前智能卫浴产品渐受以80后为主的家装主力军青睐，该消费群体注重个性化、智能化及环保性，智能卫浴产品今后有较大上升空间。同时，传统卫浴产品在一段时间内仍将是主流产品，是大多家庭消费者的首选。

【城市前瞻】

“十二五”期间，青岛将积极打造蓝色经济区，全面落实山东半岛蓝色经济区发展规划，坚持陆海统筹，突出体制创新和科技进步，大力培育海洋优势产业，打造我国科学开发海洋资源、走向深海的桥头堡。城市发展布局方面，立足提升全市城镇化水平，优化整合全市域国土空间资源，以环胶州湾区域为核心，以组团布局为主要形态，形成各组团布局有机衔接、功能定位清晰的网络化城市空间结构，构建“环湾型、组团式、多层次”的大城市发展新格局。全市人口规模950万，城镇化率达到75%左右。

举办2014年世界园艺博览会，将为青岛全面展示良好城市形象，提高国际知名度提供新的契机。青岛市成为国家创新型城市和三网融合城市等试点，有利于通过制度创新集聚创新能量，激发发展活力。大桥、隧道、地铁、铁路、港口等重大基础设施建成使用和新国际机场建设，城市大框架全面展开，城镇化进程加快推进，为青岛市发展提供了广阔空间和持续动力。

七、福州：新生代经销商崭露头角多渠道运作掌握市场主动权

福州位于福建省东部沿海，闽江下游，东濒东海，与台湾省隔海相望，西接三明市、南平市，北接

宁德市，南邻莆田市、泉州市，现辖五区、六县、两个县级市和一个经济区。作为福建省的省会城市，福州是国务院1984年5月首批的14个沿海港口城市之一，是福建九个设区市中的第一大城市，是中国大陆离台湾省最近的省会中心城市，是海西现代金融服务业中心，是一个肩负促进中国统一大业历史使命的特殊地域经济综合体，因此，在海峡西岸经济区的建设中占有着重要的意义。

从2009年国务院正式下发《关于支持福建省加快建设海峡西岸经济区的若干意见》至今，海西战略晋升国家战略已三年。而作为海西的中心城市，福州肩上在担当辐射和带动福建全省发展的历史使命的同时，自身也迎来了史上最好的发展机遇。

【市场概述篇】

福州本身面积不大，从东到西直线开车过去不到30分钟就能把福州走完，只要有一个建材市场都能辐射到周边地区，但现在福州建材市场却是遍地开花，几乎每一个区都有一个建材市场以上。粗略算下来，当地建材卖场大大小小就有十多家，其中高端卖场有喜盈门、红星•美凯龙、居然之家、新南方；建材超市有拓福建材市场、百安居；老的建材市场有南方建材市场、汇多利建材市场、福州上渡建材市场等，金山区还有今年新开业的左海（金山）名品家居广场，而这还不包含正在筹建或濒临倒闭的新老市场，各卖场竞争是越来越激烈。

【品牌观察篇】

据统计，目前在福州市场，瓷砖品牌有80%的都来自佛山，其中东鹏、马可波罗、L & D、楼兰、简一、罗马利奥、冠珠等广东品牌的市场认知度和市场占有率相对较高；而道格拉斯、蜜蜂、雅素丽、加德尼亚等国外高端瓷砖品牌在福州高端卖场上也设有专卖店，但由于价格较高，产品销量不大。

相对于卫浴品牌，消费者对瓷砖的品牌概念没有那么强，随着消费需求的升级，消费者对中高端的产品的消费欲望越来越强，对品牌的选择是越来越注重，很多时候是冲着某个品牌而来，未来终端市场的竞争是品牌的竞争。

【产品流通篇】

抛光砖、瓷片由于物美价优深受福州市区及周边地区中低端消费群体的喜爱；以及工程建设对建材产品的需求量与日俱增，目前福州建材市场仍以抛光砖、瓷片产品的需求量最大，居销量榜首。2009年，以唯美集团为主的仿古砖品牌在市场上抢尽了风头，近两年全抛釉、仿石材等数码喷墨产品的兴起，不仅抢占福州了较大的市场份额，更是当前最热门、最具人气的产品。而木纹砖逐渐被消费者所接受，多于阳台、书房、卧室、茶馆等空间，销量日渐增长。福建晋江作为外墙砖的主要产区之一，由于地理位置优势减少了运输、人力等成本，外墙砖具备价格竞争优势，使用量也较为可观。

作为各大厂家商家热推的产品——微晶石，由于产品价格以及产品缺陷，消费群体限于部分高端客户和设计师群体，处于"叫好不叫座"的尴尬处境。福州一些较具实力的经销商也由于微晶石的出厂价格高，销量少，"不敢轻易备货"。

随着福州消费者对卫浴品牌的意识和需求越来越强烈，在选择购买卫浴产品时也越来越理智，从品牌、外观、功能等各方面都会综合考虑，只要具备一定经济实力的消费者一般都不会购买低端产品。科勒、TOTO、乐家、美标、高仪等外籍卫浴品牌以及箭牌、九牧、中宇、法恩莎、和成等国内知名品牌共同主导着福州的高端卫浴市场。

传统卫浴产品因其物美价廉比较符合福州当地人的消费水平，在福州建材市场的销量最大。但整体卫浴随着厂家商家近些年的大力推广，需求量也逐渐在上升。智能卫浴方面的销量在逐渐提高，TOTO、阿波罗卫浴每年都有接近20%的增长。

【城市前瞻篇】

从2009年国务院正式下发《关于支持福建省加快建设海峡西岸经济区的若干意见》至今，“海西”晋升国家战略已三年。三年新征程，海西建设不断提速，海西效应逐渐显现。

对于福州在海西全局中的地位，福建省委曾经用“重、重、重”加以强调。福州正以高起点、高标准、高水平、高层次推进海西省会中心城市建设。而对于福州未来的发展前景，叶仕立、黄森茂等经销商都很有信心。

随着海西战略的不断推进和发展，以及福厦高铁时代的到来，福州作为海西中心城市的地位和作用更加突出，城市辐射力和集聚力增强，福州房地产也快速发展，地产企业积极走出去开拓外地市场，树立海西大区域营销的意识也越来越强。

八、厦门：岛内岛外一体化、海峡西岸经济区等融城举措助推建材市场发展

自1980年10月国务院批准厦门设立经济特区，区位优势凸显，经过32年的发展，厦门的经济得到迅猛发展，而厦门也经历着一场由岛内西部向东延伸、厦门本岛向岛外扩张的城市化“革命”。根据《厦门城市总体规划》（2011～2020年），到2020年，厦门岛外重点着眼于空间拓展、产业聚焦以及新城的开发和建设。而岛内则着眼于产业转型、功能提升、旧城旧村改造、城市综合体和东部新城区建设，岛内外迎来了前所未有的城市扩张机遇。

在岛内岛外一体化、厦漳泉大都市区同城化、海峡西岸经济区发展等一系列宏伟的发展计划的逐步实施，“海集同翔”多中心城市结构的出现也将带来前所未有的发展空间。这其中与城市建设紧密相连的建材行业，也将得到一个前所未有的发展机遇。

【市场概述篇】

市场已进入白热化的竞争阶段，飞速发展的经济使得房地产业异常的火爆，亦使得建材市场的分布呈现了由点到面、由岛内向岛外扩张的局面。市场容量并不大的厦门有四个总面积超过10万平方米的建材大市场，形成了以吉家家世界、红星•美凯龙、喜盈门、江头片区四足鼎立的局面。此外，随着红星•美凯龙和喜盈门等高端卖场的进驻，截流了部分消费群体，使得岛内原有的江头建材商圈最早的优势不再。

【品牌观察篇】

在厦门渠道建设比较成熟的国内卫浴企业当属福建南安和广东两大卫浴品牌派系。以中宇、九牧、辉煌、申鹭达等南安卫浴渠道建设已深入三、四级市场，成为乡镇众多消费者喜爱的品牌。而广东品牌如乐华系、鹰卫浴等深耕厦门三四级市场，在短短的几年时间发展成为厦门知名度较高的品牌，此外，随着海西卫浴战略的推广和发展，九牧卫浴营销总部由南安迁移厦门，立足厦门市场布局全国。

而瓷砖则主要来自广东、浙江、上海、淄博、福建五大生产基地，其中广东的陶瓷品牌占据绝对的主导地位，即使是江头市场、台湾街一带的低端市场也不例外。据了解，厦门市场除了诺贝尔、新中源、欧神诺、东鹏、博德、金舵、金意陶、冠军、蒙娜丽莎等国内数十个知名品牌外，还出现了蜜蜂、雅素丽、道格拉斯等国外知名品牌，其中大部分品牌均有在吉家家世界、红星•美凯龙、喜盈门等主流市场布点。

【产品流通篇】

目前厦门市场仍以抛光砖的需求量最大，随着岛内综合城市体的规划、岛内岛外一体化进程的推进、“厦漳泉”闽南金三角城市群的形成、海峡西岸经济区的发展规划，使得大量的商品房、商业写字楼、住宅小区以及酒店休闲场所等也随着拔地而起，用量最大的当属传统热销产品抛光砖。而全抛釉产品因

其品质的提升以及高性价比在市场上获得了较好的反响，位居第二。微晶石对于厦门消费者不是新鲜事物，近几年就有在市场上进行推广和销售，但因其昂贵的价格以及尚未成熟的市场氛围而“夭折”。然而经过前期的市场培育，目前微晶石在厦门市场日趋流行，且销量也呈现增长之势。随着“十二五”规划的出台，新城区建设、旧城区的改造以及新农村的建设势必将会加快速度，高端商品房、商务写字楼以及经济适用房将拔地而起，高性价比的产品如瓷片、仿古砖等在市场上将更受欢迎。此外，随着厦门旅游业的发展，景区吸引力增强，带动了岛内外酒店、休闲场所等项目的发展，使艺术砖、个性砖也占据了一定的市场份额。

近两年，随着智能卫浴生产厂家的增多，以及厦门市民生活水平的提升，智能卫浴在厦门市场的需求量逐步提升。随着厦门消费群体的逐渐年轻化，80后、90后成为市场的消费主体，他们在选择家居产品时更看重智能化、个性化。目前整体卫浴在厦门市场并没有完全推广开来，只限于部分高级酒店、别墅等，一方面是被其昂贵的价格拒之门外，另一方面是整体卫浴的概念需要一段时间和一个过程。传统产品因物美价廉受大众喜爱，仍是厦门市场的主流。

【市场前瞻篇】

国务院批复的《厦门市深化两岸交流合作综合配套改革试验总体方案》中，在翔安南部规划了两岸新兴产业和现代服务业合作示范区，面积156平方公里，比厦门岛还大。岛外各区将由卫星城逐步发展为新城组团，一个“多中心”的城市空间结构呼之欲出，岛内将不再是厦门唯一的市中心，“海集同翔”都有望成为“市中心”。

随着岛内外一体化进程建设加快，“厦漳泉大都市区同城化”也进入了实质性的阶段，即加快厦门、漳州、泉州三市实行同城化，打造闽南金三角，其间一批重大同城化项目加快实施，若干公共服务信息平台建成投入使用，部分领域实现一体化，厦漳泉大都市区同城化是打造海西经济区南翼重要的增长极。

而经济的发展，市场的繁荣与城市化进程有着密切的关联，而厦门作为海峡西岸经济区发展的最为核心的城市，也因其独特的区位优势、快速发展的经济以及城市的影响力等各方面得天独厚的优势，未来必将成为海峡西岸经济区建设的龙头城市。

九、南昌：“中三角”战略背景下城市扩容为陶瓷卫浴流通预留空间

南昌——江西省省会，地处江西省中部偏北区域，连接中国三大重要经济圈（长三角、珠三角、海西区）。鄱阳湖生态经济区核心城市，中国长江中下游地区特大中心城市；面积：7402.36平方公里，人口：504.3万（2010年），建成区面积302平方公里（2010年）。

随着中部崛起战略的启动，南昌至长沙、武汉两大城市的距离均在400公里左右，在经济上你追我赶，在城市升级中齐头并进。它们之间有竞争，有互补，尤其在“中三角”城市群雏形显现之后，它们的未来更多的关系应该是在竞合中寻求特色发展。

【市场概述篇】

南昌作为全国重要建陶产区，其建材市场的数量明显偏少，南昌含建筑卫生陶瓷交易功能的上规模的建材市场仅7个，且部分建材市场规模偏小、管理紊乱。市场与市场之间的竞争却日益加剧，几近白热化，有不少建材市场由于经营不善，变身空城或黯然退场。

2002年底，位于洪都南大道、拥有400多家店铺的南昌市热心陶瓷大市场在一片锣鼓声中开业，由于规模大，且地段、区域位置均十分便利，在当时被许多人看好，但让人意想不到的是，该市场在2002年底开张之后没多久就偃旗息鼓。近400家店面几乎“全军覆没”。而在2003年高调进入南昌市场的红星美凯龙也在2011年黯然撤出南昌市，随着喜盈门、巨汇家居等家居卖场进驻南昌，南昌各家卖场租金打起价格战，使得经营大型家居卖场利润越来越薄。

一站式大型家居卖场是南昌市建材市场的发展趋势，南昌的各大高端建材市场，相继入驻了橱柜、地板、陶瓷、卫浴、成型门、集成吊顶、布艺、配饰等各种产品品牌，很大程度上改变了传统市场杂乱无章的经营格局，将产品清晰分类后分区陈列，便于消费者自己寻找，同时亦提高了商场的购物环境，巨汇建材市场由以前的传统老建材市场转型升级而来，2012年二月份正式开业。与此同时，成立于1993年的南昌洛阳路建材市场也早在2010年底就开始进行大刀阔斧的整体升级、改造。由南昌商业储运总公司与广东新中源（集团）有限公司共同开发的南昌国际商贸博览中心已基本完成，预计在2012年年底即可投入使用。

【品牌观察篇】

单从地理位置上而言，产能规模排位全国前十的主要产区湖北、湖南、河南等地与其紧邻或相距不远，为其提供了源源不断的建筑卫生陶瓷资源，与广东省的物理距离亦优势明显。金意陶、嘉俊、宏宇、欧神诺、东鹏、诺贝尔、蒙娜丽莎、斯米克、马可波罗、冠珠、新中源、大将军、顺辉、萨米特，安蒙、科勒、TOTO、恒洁、浪鲸等国内国外知名陶瓷卫浴品牌在南昌主要陶瓷交易市场均设有专卖店。而江西本土陶瓷品牌却难觅踪迹，仅太阳等极少数注重品牌建设的江西品牌设有专卖店，江西本土陶瓷产品在质量上与广东产品对比尚存在一些差距。

【产品流通篇】

目前南昌建材市场抛光砖、瓷片产品的市场需求量最大，而且抛光砖、瓷片由于物美价廉、使用范围广、生产工艺简单成熟、产品品类齐全，适合大众消费，容易被消费者所接受。仿古砖和外墙砖市场热度居次，而仿古砖因不容清理、使用范围窄、价格稍高等原因在市场表现力上不及抛光砖产品。微晶石、全抛釉等高端产品因价格高在南昌市场的销量十分有限，普通民众仍难以接受。不过随着人们生活水平及消费水平的提升，微晶石、全抛釉等高端产品的需求量将有所上升。而抛晶砖、艺术个性砖等产品的市场用量则微小，仅局限于酒店、KTV、部分别墅小区等高端消费场所。

目前，一些高端卫浴品牌，如科勒、TOTO、美标等都在做整体卫浴产品。整体卫浴是面向中高端消费群体，无论是国产品牌还是国际品牌，整体卫浴产品的价格都远远高于普通卫浴产品。目前以整体卫浴形式出售的只占总销售额的1/4左右，而这其中绝大部分是走工程路线，多为商务酒店卫生间。另一方面，智能化的卫浴产品则正日益受到热衷于“数字化”、“高科技”、“智能化”的80后、90后的青睐。

【城市前瞻篇】

在鄂湘赣三省的联手鼎力推进下，中部崛起的大幕已经拉开，武汉、长沙、南昌三省会城市构建的“中三角”战略已经启动。相比武汉和长沙，南昌多年以来并没有发挥应有的“经济带动、城市辐射”作用。2011年，长沙GDP近5700亿元，武汉则超过6700亿元，南昌仅为2600亿元，南昌成了“中三角”区域的最薄弱环节。

根据江西省政府《关于进一步推进城镇化发展的实施意见》的规划内容，“十二五”末南昌城市建成区面积将达到350平方公里；到2020年，经济总量占全省比重达到30%左右，城市建成区面积达到500平方公里。按照规划，南昌的城市半径将向周边范围扩容数十公里，随着省市两级政府大力实施“大南昌”战略意见的出台，南昌的房地产、建材消费都会迎来新的发展契机。除了加快城市扩容，撤县建区步伐，扩充全市版图及人口数量外，老城区的改造亦将会带动陶瓷砖消费。

第四节　华中地区

一、郑州：中原经济区建设进入实施阶段，仓储批发类建材市场外迁

郑州总面积 7446.2 平方公里，人口 910 万，是中国建城区面积和建城区人口第十三大城市、中西部地区主要大城市之一、国家级战略“中原经济区”的中心城市，也是中部地区的金融中心、中部地区大都会和主要经济中心。2011 年，郑州市完成生产总值 4912.7 亿元，位列全国大中城市第 20 位。

2011 年，“中原经济区”建设列入国家“十二五”发展规划，上升为国家战略，近期又被国务院批准进入整体推进、全面实施阶段，成为拉动郑州经济发展的强大引擎。同时，随着“中原崛起”、新型城镇化引领战略的持续推进，郑州经济始终保持高速发展，城市规模快速增大，进而拉动房地产业高速成长，为建材家居业创造了发展良机。

【市场概述篇】

郑州位于联结东、中、西三大地带的中部腹地，有着承东启西、接北进南的得天独厚的区位优势。在东部加速产业升级和西部加大开发的形势下，一方面能够承接东部沿海地区产业和资本的梯度转移，另一方面利于将中西部地区发展成为潜在的市场。无可比拟的区位优势，促使郑州经济始终保持快速发展，进而带动材家居市场快速扩张增容。

目前郑州集聚了红星美凯龙、居然之家、凤凰城、五洲精品陶瓷城、东建材大世界、中原百姓广场、新家居建材商场、郑州陶瓷城、集美精品洁具城、中原陶瓷城等建材家居市场 40 多家，初级建材市场不计其数。在市场快速发展的同时，竞争也愈加激烈，由于缺乏统一的规划和管理，郑州家居建材市场在一定程度上出现了盲目建设、重复建设、无序发展的现象，市场竞争越来越激烈，产品同质化严重。

2012 年 6 月，郑州市政府出台了《关于加快推进中心城区市场外迁工作的实施意见》，责令三环以内及商都路两侧的商品批发交易市场三年内必须外迁，并在新郑市龙湖镇规划 1.5 万亩土地建设全国最大的建材市场集聚区。《意见》显示，郑州批发类市场搬迁 2012 年启动，2013 年和 2014 年重点搬迁，2015 年全面搬迁，到 2015 年 6 月全部搬迁完毕。据初步了解，这次批发市场外迁会涉及大小批发类建材市场十几个。批发市场大举外迁，在郑州引发了新一轮的地产投资热潮。按照规划，177 个批发市场外迁后，根据行业属性打造 10 个市场集聚区，最终形成占地约 54 平方公里的产业新区。旧市场的拆迁与新市场的兴建，都会拉动房地产业的高速发展。

【品牌观察篇】

环顾国内陶瓷卫浴行业，且不说福建、江西、湖南、四川、广西等省及自治区的品牌，就广东的品牌而言就上千家，呈现多而杂的状态。具有巨大消费市场和辐射力的郑州成为全国陶瓷卫浴品牌的集聚地。鹰牌、马可波罗、简一、东鹏、诺贝尔、宏陶、威尔斯、金意陶、新中源、冠珠、博德、嘉俊，高仪、杜拉维特、科勒、TOTO、美标、箭牌、法恩莎、中宇、九牧、恒洁、富兰克等知名瓷砖、卫浴品牌在郑州均设有专卖店，其中，大部分品牌均有三、四个专卖店分布于几个主流市场，中小品牌的数量则难以统计。可以说，郑州市场几乎涵盖了整个陶瓷行业的所有品牌和所有陶瓷产地的产品。相对于高端品牌来说，低端品牌则更为畅销。这是由于河南城镇化引领战略的实施，以及经济适用房，新农村建设等使低端品牌的需求量增大。

【产品流通篇】

郑州市场上的抛光砖销量能占到一半左右，仿古砖销量能占到三成至四成，全抛釉市场接受度在大

幅提升，微晶石由于价格高等原因还处于推广阶段。市场的发展是一个循序渐进的过程，新品取代老产品是必然的，抛光砖虽然现在仍然占据主导，但会被仿古砖、全抛釉、微晶石抢占了市场，内墙砖、外墙砖在市场上的销量都比较大，特别是喷墨内墙砖比较受欢迎。马赛克、艺术砖等个性化产品用量较小，但在高端一站式卖场里都可以见到。

郑州的卫浴品牌数量庞大，大多高端陶瓷家居卖场都单设卫浴品牌楼层，科勒、TOTO、箭牌、法恩莎、中宇、东鹏、安华、美标、摩恩、恒洁、浪鲸等国内外品牌均在郑州设有专卖店。传统卫浴仍占据郑州市场绝对主导，且多以单品购买为主。智能卫浴市场占有量很小，整体卫浴几乎为零。但是智能卫浴、整体卫浴将是未来发展趋势。

【城市前瞻篇】

2012年11月，国务院以国函正式批复了《中原经济区规划（2012—2020)》，标志着中原经济区建设进入了整体推进、全面实施的阶段。“中原经济区”共包括5省30个省辖市和3个县（区）。其中，郑州是中原经济区的核心城市之一。

目前，国家发展改革委已下达建设资金超过220亿元；财政部设立了每年10亿元的中原经济区建设专项补助资金，并同意规划建设郑州航空港经济综合实验区。这一系列举措为河南加快发展提供了支撑，也成为郑州加快发展的强劲动力。

近年来，通过城镇化引领战略的实施，郑州城镇化建设步入快车道。郑东新区建成区面积已达到50余平方公里，完成固定资产投资550.7亿元，成为郑州市的新城区。在2012年《政府工作报告》郑州市又提出了“两核六城十组团”发展战略，规划建设航空城、新郑新城、中牟新城、巩义新城、新密（曲梁）新城、登封新城，促城市规模的不断壮大，城市化进程的进一步加快。不论是中原经济区、城镇化引领战略实施，还是建材市场的规划搬迁，都将加快郑州城市扩容，蕴藏着巨大的市场潜力，必将加速郑州建材市场的繁荣和发展。特别是提出‘两核六城十组团’发展战略，将县城及郊区纳入城市发展规划，必将推动家居建材业发展格局的重新构建。

二、长沙：长株潭一体化、“3+5”城市群建设

长沙，位于湖南省东部，既是湖南的省会也是湖南的经济中心。

根据《长株潭城市群区域规划》，到2020年，湖南将把长、株、潭三个城市建设成为一个750万人口的大城市群；到2050年，人口要超过1000万人。而长株潭城市群的核心城区建成后，面积将达到4500平方公里。而随着这一系列宏伟的融城大计的逐步施行，长株潭城市群的立体式发展也将带来无数种想象的空间。这其中，与城市建设紧密相连的家居建材行业，也将得到一个前所未有的发展机遇。

【市场概述篇】

长沙建材市场分布最密集的区域聚集了南湖陶瓷地板城、南湖洁具橱柜城、三湘•家美建材广场、瑞祥陶瓷建材批发大市场、马王堆陶瓷建材市场、万家丽家居建材广场、东方家居、居然之家高桥店等大大小小十几个建材市场。在2007年以前，长沙的西、南区域一直没有大型的建材市场，无论是工装还是家装，单靠零星分布的小型建材市场，随着河西郁金香、城南红星•美凯龙等大型专业建材市场的进驻市场形势发生了转变。

2007年11月初，经过升级、扩建，总建筑面积达3.5万平方米的郁金香家居装饰建材市场正式对外营业，成为河西规模最大的家居建材卖场。随即，郁金香与隔街相望的广大环球家具超市联手打造了大河西家居建材商圈的雏形。

2010年4月29日，河西建材商圈再添新军，长沙广源家居建材中心正式开业。也将东鹏、多乐士、华润、立邦、万象等国内外知名品牌带到望城，初步实现了“品牌建材一站购齐”。

2011 年初，“长沙大河西国际商贸物流城”项目规划近万亩，其中，一期用地约 1700 亩，总建筑面积约 1200 万平米。涵盖了建材、陶瓷、家具、五金机电、家电等 10 大市场，商铺约 6 万个。

2013 年下半年，位于长沙市望城区的湾田•国际建材总部基地也将正式开门营业。该项目总规划占地 5000 亩，计划投资 300 亿，规划建筑面积 500 万平米。

自此，一个以郁金香、广大环球为核心的大河西家居建材商圈基本形成，环绕在其周边的安居乐家居建材广场、金盛建材市场、涧塘建材批发市场等也先后落户开业。其核心商业圈就是整个岳麓区，次级商业圈包括宁乡县、望城区及开福区部分区域，边缘商业圈则辐射到湘西北的常德市和益阳市。

【品牌观察篇】

目前长沙的陶瓷砖市场主要以广东的产品为主，其次是江西、湖北以及湖南本地的产品，也有部分来自福建的外墙砖产品。在万家丽、马王堆、红星•美凯龙、居然之家、郁金香等主要建材市场，几乎知名的广东籍陶瓷砖品牌都在这些市场的显目位置设有大型展厅或者高档专卖店。与此同时，来自江西、湖北、湖南本地以及来自福建的外墙砖产品也在长沙占有一定的市场份额。

TOTO、科勒、唯宝、高仪、汉斯格雅、得而达、伊纳斯等外籍卫浴品牌几乎占据了每一个卖场的“半壁江山”。随着长沙的飞速发展，市场潜力巨大，越来越多的外籍品牌也纷纷加快了抢滩长沙市场的步伐。而法恩莎、箭牌、安华、惠达、四维、恒洁、九牧、帝王等国内知名卫浴品牌也在长沙的高端建材市场设有高档形象店。

【产品流通篇】

目前长沙建材市场仍以抛光砖、瓷片产品的需求量最大。而微晶石、全抛釉无论是推广力度还是宣传力度，都高于其他产品，所以在长沙市场日趋流行，且销量提升较快。

从目前市场销售情况来看抛光砖和瓷片的销售额至少占到 60% 以上，但产品的毛利润仅为 10%—20% 左右，而微晶石和全抛釉即使它只占全年总销售额的 35%，但它的利润却是抛光砖、瓷片的几倍，微晶石、全抛釉等新兴产品是当前陶瓷砖产品处于微利时代下经销商营利的重点产品，所以该类产品在市场上较为活跃。虽然全抛釉产品的价格高于其他产品，但由于它兼得抛光砖和仿古砖优势，很快为长沙部分有经济实力的消费者所认可和接受。

目前长沙市场仍以传统产品的销量最大，而智能化产品则是目前市场上日趋流行的产品。电脑蒸汽淋浴房、桑拿房、智能按摩浴缸、智能坐便器都享有一定的声誉。整体卫浴方面，一些高端卫浴品牌，如科勒、TOTO、美标等都在做整体卫浴产品。但受价格、消费理念等多方面的限制，整体卫浴在长沙尚未得到推广，只限于部分五星级酒店的高级套房、别墅、豪宅的使用。

【城市前瞻篇】

在 2006 年 11 月举行的湖南省第九次党代会上，湖南省委借鉴国内外城市群建设的经验，提出了加快“3+5”城市群建设的目标，即加快以长沙、株洲、湘潭 3 个城市为中心，以一个半小时通勤为半径，包括岳阳、常德、益阳、娄底、衡阳 5 个城市在内的“3+5”城市群建设，同时重视大湘西开发和湘南开放。以“3+5”城市群为主体形态，带动湖南省区域经济的协调发展，加快形成以特大城市为依托、大中小城市和小城镇协调发展的新型城市体系。

2007 年 12 月 14 日，国家发改委批准湖南省长沙、株洲、湘潭城市群为全国资源节约型和环境友好型社会建设综合配套改革实验区，这使“长株潭 3+5 城市群”的建设迈出了至关重要的一步。

2011 年 5 月 20 日，“3+5 城市群”建设目标的核心部分——长株潭一体化进程再次迈出了跨越式的一步：当天，经国务院批准，望城正式撤县设区，成为长沙市的第六区，开辟了区域经济社会发展的新纪元。望城撤县设区后，给省会长沙带来的最直接变化是城区面积的大扩容——长沙城区的面积扩大了一倍，由原来的954.6平方公里增至1923.6平方公里，长沙也因此具备了更加广阔的发展空间。

事实上，以长株潭为中心的“3+5”城市群，基本处于洞庭湖平原及延伸带，几乎囊括了湖南全部精华，也是湖南最具活力的经济走廊。该区域土地面积7.78万平方公里，人口4025万，分别占全省的36.7%和59.8%，加快“3+5”城市群建设步伐，对于加速湖南经济社会发展，推动中部崛起具有重大意义。而作为“3+5”城市群的最为核心的城市——长沙，也因其所处的地理位置、经济实力、政治影响力等条件，未来也必将成为华中地区的商贸中心。

三、株洲、湘潭：长株潭融城效应助推株洲、湘潭城市扩容

根据“3+5”城市群建设远程规划，到2020年，其核心部分——长株潭城市群将发展成为我国中西部地区具有综合优势和强大竞争力的主要城市密集区之一，成为辐射与服务中南地区的经济引擎之一。

规划中，在空间结构上，长沙中心城区、株洲河西城区、湘潭河东城区成为长株潭三大主中心。在三市产业分工上，长沙以高新技术产业和第三产业为重点；株洲依托原有的基础优势和自身交通中心地位，增创工业新优势；湘潭则加速传统工业的优化升级，并建成新型的加工工业中心和新兴的科教基地。从2011年到2020年，长沙主要向东发展，并加快向南发展；湘潭主要向北发展，兼顾向东；株洲主要向河西发展，适度北上，三市相向发展。

【市场概述篇】

2009年以前，株洲市共有天元建材市场、石峰建材市场、白石港建材市场、红港陶瓷精品城、中南建材大市场、江山建材大市场等几家建材市场。但这些市场由于经营时间较长，普遍为经营档次低的街区式商铺，配套设施不完善、建筑陈旧等问题非但使众多经营户的需求不能得到满足，也显然已经滞后于城市发展的步伐，无法满足消费者的购买需求。同年9月，石峰建材市场完成了由沿街商铺向高端卖场转型升级的改变——石峰•万博珑家居购物广场正式开门营业。是目前株洲人流量最大、生意最火爆、成交量最大的建材市场。

2011年底入驻株洲市场的红星美凯龙家居广场，以其集团连锁化、品牌高端化的模式，再次为株洲整个家居建材行业注入了一股新的血液。

2012年高端家居建材卖场——家家美建材家居广场落户湘潭会对传统市场的经营模式带来巨大冲击。据了解，这个投资13亿元、总建筑面积27万平方米的大型卖场分为两期：一期建材馆52100平方米将于2012年9月底正式开业，二期64300平方米家具馆预计在2013年启动营业。

总体来说集合多种零售业态和服务设施的多功能综合体已经成为当下的一个新潮，也将是湘潭家居建材卖场今后的发展方向。

【品牌观察篇】

在株洲、湘潭各大卖场，新中源、诺贝尔、亚细亚、宏宇、东鹏、冠珠、新粤、汇亚、金意陶、欧神诺、萨米特等广东品牌和华东品牌几乎占据着每一个建材市场的显要位置。与此同时，湖南、江西、湖北以及佛山的一些中低端产品也以其价格优势，在株洲、湘潭占有较大的市场份额。

【产品流通篇】

目前株洲、湘潭的建材市场仍以抛光砖、瓷片产品的需求量最大，但是株洲虽然只是一个地级城市，但消费能力却不低，全抛釉、微晶石等高端产品目前也赢得了一部分高端客户的认可和欢迎。相比传统的抛光砖、瓷片等，微晶石、全抛釉确实给株洲的高端消费群体带来了耳目一新的感觉。微晶石开始在株洲的一些豪宅、别墅中开始应用。

目前在株洲、湘潭仍以传统卫浴为主流产品，智能产品的量也比较大，并且每年都在增长。整体卫

浴虽然价格比较高，但从目前的市场来看，一部分消费者也开始慢慢接受。

【城市前瞻篇】

根据《湘潭市城市总体规划（2010-2020 年）》，明确湘潭为长株潭地区中心城市之一，城市规划区由中心城区和易俗河镇等 7 个乡镇组成，规划区面积为 1069 平方公里，到 2020 年，中心城区城市人口要达到 110 万人，中心城区建设用地扩大至 110 平方公里。

《规划》要求，湘潭要实行城乡统一规划管理，进一步优化中心城区“一江两岸”的山水城市布局，以湘江为纽带，形成“五片一中心”的组团式布局结构；要逐步完善中心城区功能，提高中心城区对周边地区经济社会发展的辐射带动能力。

而根据《株洲市城市总体规划 2006-2020》规定，株洲市河西将成为未来株洲城市的主要发展方向，无论是高新技术，还是会展业、教育科研、生活居住和休闲娱乐的发展都十分迅速。

事实上，佳兆业地产、美的地产等上市公司目前已经在株洲河西攻城略地，滨江花园、鸿洋地产等多个项目的投资开发，引导了株洲河西开发的新一股热潮。在未来几年内，随着株洲城市大开发如火如荼地进行，多个高端楼盘的建设完成，将带来数以万计的中、高端消费群，家居建材的消费量将成几何倍地增加。

预计未来几年在长株潭融城效应的促使下，株洲及周边地区家居建材的消费量将达到 1000 亿元。如何叩开未来株洲即将诞生的千亿家居建材“豪门时代”成为了株洲未来发展的一项题中之意。

四、武汉：市场需求两极分化，“1+6”城市规划促进远城区发展

武汉，湖北省省会城市，中部唯一的副省级城市，中部地区最大的城市及中部中心城市，素有“九省通衢”之称。面积：8494 平方公里；人口：1002 万（2011 年），其中城镇人口 578 万，主城区人口长期居全国第四，仅次于上海、北京、广州；建成区面积：507.04 平方公里 (2011 年)。

2010 年 3 月 8 日，国务院批复《武汉市城市总体规划》，确定武汉市性质由中部重要的中心城市上升为中部地区的中心城市，规划一出，无疑加大了湖北省政府、武汉市政府抢抓机遇，加快武汉建设的步伐。未来的武汉在国家“中部崛起”的政策支持下，将面临着更高、更快、更大的发展契机。

武汉是中国内陆最大的水陆空交通枢纽，具有承东启西、沟通南北、维系四方的作用。独特的区位优势造就了武汉得天独厚的地理位置和四通八达的交通优势，成就了武汉繁华的商业环境，同时亦成就了建材产业在武汉的兴旺昌盛。

【市场概述篇】

据统计武汉已经汇集了 2 家居然之家、7 家欧亚达、6 家好美家、2 家百安居、南国大武汉家装广场、金盛家居、龙阳康家建材家居、香江家居、宜家建材市场、家盛时代、金太阳建材城、金鑫家居等新兴高端建材卖场，再加上汉西铁路建材市场、华中建材市场（665 仓库）等传统建材卖场，武汉已经汇聚了近 30 家大型的家居建材市场，主要分布在武昌、汉口两地，其中武昌以建材超市和家居卖场居多，汉口则以传统的大型卖场为主。

欧亚达、居然之家、好美家等高端卖场仅有少量陶瓷卫浴品牌入驻。反之华中建材市场、汉西铁路建材市场、宜佳装饰材料广场、雄楚大道装饰广场等多个传统建材市场甚至出现了“一铺难求”的现象。传统建材市场入驻的陶瓷卫浴品牌丰富，产品种类齐全。

【品牌观察篇】

在武汉各大传统建材市场，以广东、福建、江西、湖北、湖南的品牌和产品最为普遍。不过，广东一线品牌依旧是市场的主流。各大传统、高端卖场内处处充斥着广东陶瓷卫浴产品的身影。绝大部分江

西、湖北、湖南等产地的产品仍然只能偏居传统批发市场一隅，靠走量和低利润来维持市场和生存。在高低端品牌云集的武汉市场，不适应市场竞争和缺乏足够竞争力的品牌一个接连一个渐挤出，每年都会有一批广东、福建陶企的直营店因经营不善而退出武汉市场。激烈的市场竞争让武汉市场的陶瓷品牌更替很频繁。

【产品流通篇】

目前抛光砖、瓷片在武汉的使用量最大，多用于工装。其中抛光砖 800×800（mm）的最为流行，瓷片 300×600（mm）的最受欢迎，这也是抛光砖、瓷片产品遍布武汉市场的原因之一。此外，由于武汉昼夜温差较大、冬冷夏热，居民卧室装修多喜欢使用木质地板，而不是仿古砖等瓷砖产品。这使得仿古砖在武汉的家装市场上表现得并不突出，多使用于酒店、宾馆、KTV 等娱乐休闲场所。而微晶石、全抛釉等高端陶瓷产品随着市场的普及和价格的降价，越来越被普通的大众消费所接受。马赛克、艺术砖等个性化产品也在武汉建材市场内随处可见，甚至在部分定位高端的一站式卖场里也可看到马赛克产品的身影。在华中建材市场和汉西铁路建材市场经营马赛克产品的专卖店超过了 20 家。

【城市前瞻篇】

在武汉市第十二次党代会的报告中，关于“城市规划建设和管理”部分，提出了构建“1+6”城市发展格局。具体来说是，积极促进新城发展，加快形成以主城区为核心、6 个新城区轴向发展的空间框架。主城区基本控制在三环线以内，新城区各集中规划建设一座中等规模、功能完善、特色鲜明的新城。

事实上，随着这几年武汉市区房价的一路高涨和居高不下，不少年轻人迫于生活压力，纷纷在东西湖区、江夏区、黄陂区等近郊地区买房定居。据相关数据显示，武汉市郊区域的房价已经上涨至 4500 元 ~6000 元 / 平方。有关人士分析认为，随着武汉四环线的建成通车及地铁、城际铁路的修通，武汉部分远城区将与市区无缝对接，届时部分远城区将会成为更多武汉年轻人投资兴业的首选之地。

此外，也是在武汉市第十二次党代会上，武汉凭借“中部崛起”的政策机遇，喊出了“建设国家中心城市”的口号。围绕这样的目标，未来的武汉必将在统筹城乡发展、加快城市化进程上做出更大的努力。

第五节　华南地区

一、广州：九成精装房致工程渠道竞争激烈

广州在 2008 年住房城乡建设部发布《关于进一步加强住宅装饰装修管理的通知》之时就已经在中心城区推广精装房项目，目前精装房的数量已占到中心城区商品房总量的近九成。目前广州的市场容量格局是高端品牌重点抢占别墅等为数不多的毛坯住宅，而大部分品牌则将目光转向了工程、二手房以及换修市场。

作为珠三角乃至整个华南地区的中心城市，广州通过“东进西联南拓北优”战略不断扩建城区，而广佛肇一体化以及最近国家级南沙新区的成立更是为广州的发展提供了后劲。

【市场概述篇】

百康居装饰材料市场是广州早期高端建材市场的典型代表，虽然到目前为止，它仍是广州极具代表性的建材市场之一，客流量也不在少数，但随着 2000 年之后吉盛伟邦、花花世界等高端建材市场的兴起，该卖场的高端消费群流失严重。这一情况也同样发生在吉盛伟邦和花花世界两大建材市场。因为花花世界的搬迁和马会家居的兴起，位于广州市珠江新城的马会家居，取代了吉盛伟邦和高德美居（原“花花

世界”）两大建材市场，成为了广州高端建材市场的代表。

此外，由于广州白云机场的规划建设，原位于黄石路附近的安华以及合城等定位偏中低端的批发市场有可能会被要求重建。白云机场一旦建成，必定是广州的又一国际性对外窗口，周边比较杂乱的建材市场必定会被收回。

广州建材市场随着城市发展以及多年的竞合，慢慢由零散的态势向商场式卖场集中，并过渡到以中高端卖场为主的局面。

【品牌观察篇】

广州是一个高端品牌高度集中的市场。这其中不乏诸多国外知名品牌，包括蜜蜂、宝路莎、置砖廊、汉斯格雅、唯宝等，国内品牌也尽是知名高端品牌代表，如东鹏、马可波罗、欧神诺、诺贝尔等。与内地市场不同，广州市场发展较为成熟，精装房整个房产市场占据将近九成，导致工程渠道竞争激烈，广州零售交易基本寄望于二手房、换修房。

消费者强硬的购买力使广州建材市场内的品牌化运营有了市场依据，广州是一个包容且开放的平台，作为改革开放后首批设立的14个沿海开放的城市之一，经过30多年的发展之后，广州市场已经不单纯仅是‘商品交换的场所和领域’，更多的是一个国内典型的各类商品与品牌的集中展示平台。许多来自佛山的国内知名品牌在此地省却仓储、物流成本，更是纷纷入驻、形成了各自的辐射圈。部分品牌包括东鹏、浪鲸等均以分公司模式进驻，即使经销商也有充分的便利与厂家联动。尽管广州的中高端市场被佛山品牌所占据，但在批发市场也不乏来自江西、四川的陶瓷品牌。

卫浴方面，科勒、TOTO、乐家等国外知名品牌在此地均有不错的销售成绩，中宇、九牧等国内品牌难免受其影响。这些品牌在与国外品牌竞争时，单靠相对偏低的价位已明显感到吃力。反过来讲，正是这种激烈的竞争反而促使国内品牌加速发展。国外品牌在设计、展销方面的成绩也成为其学习参考的对象。

【产品流通篇】

目前，广州市场上的各类陶瓷产品的占有份额抛光砖为40% ～ 45%，瓷片和仿古砖分别为20%，全抛釉为10% ～ 15%。

随着陶瓷砖产品不停推陈出新，抛光砖虽已退出了市场的主流之列，但是从销量上来说，依然占据着广州市场近40%的份额；仿古砖作为曾经的市场主流，由于受到全抛釉和微晶石产品的冲击，其销量亦有所下滑；瓷片和外墙则一直处于弱势的地位；微晶石和全抛釉产品一经推出即受到中高端消费者的推崇，市场份额明显上升，且前景十分看好；抛晶砖和艺术个性砖则由于受到使用范围的限制，虽然属于受欢迎之列，但销量相对较少。

卫浴产品方面，由于顾客拥有比较前卫的消费观念，许多遭遇推广尴尬的前瞻性产品诸如智能马桶、坐便器等在此地拥有者相对较好的市场反应，智能卫浴已然上升为流行产品之列，占据了可观的市场份额，智能卫浴的出现，对传统卫浴产品形成了冲击，抢占了该类产品的市场份额。在马会家居等高端卖场之中，整体卫浴体验馆亦不乏其数，而一些定制化产品专卖店（目前多为厨卫产品）正悄然兴起。

【城市前瞻篇】

2010年2月，国家住房和城乡建设部发布的《全国城镇体系规划》明确提出建设五大国家级中心城市，广州作为珠三角地区的中心赫然在列。

而在此之前的2009年，广州、佛山、肇庆第一次提出了广佛肇经济圈的概念。2011年，指导广佛肇经济圈建设的纲领性文件《广佛肇经济圈发展规划(2010年-2020年)》出台，明确了广佛肇经济圈总体发展空间格局，至此，作为珠三角三大经济圈中生产总值与消费能力最大的经济圈开始了逐步一体化融化的进程。

2012 年 9 月 6 日，国务院正式批复《广州南沙新区发展规划》，明确了南沙新区发展的战略定位、发展目标、重点工作、政策支持，标志着南沙新区成为国家级新区，南沙新区的开发建设上升到国家战略，站在了新的发展起点上。这也成为了南沙新区、广州乃至广东省发展的重大机遇。

据 2011 年 9 月公布的《南沙新区总体概念规划》，南沙新城规划的远景目标是到 2050 年，南沙新区在经济、社会、生态环境、国际化等方面应达到香港及其他国际先进城市水平。也就是将用 40 年左右时间，将广州南沙建设成国际智慧海滨城市、粤港澳全面合作的国家级新区、珠三角世界级城市群的新枢纽，在经济、社会、环境、国际化等方面达到香港及其他国际先进城市水平。届时，南沙新区人口稳定在 240 万人左右（2011 年人口普查登记对象 30 万人左右），经济总量达到 18000 亿元人民币，人均地区生产总值达到 75 万元，第三产业增加值占 GDP 比重达到 85% 至 90%。

二、深圳：高端与个性化产品销售平稳

作为中国改革开放的排头兵，深圳 30 年来始终走在中国城市经济发展的前列，作为一个移民城市，深圳自改革开放初起，就吸引了来自国内外的年轻力量在此创业、发展、成长、壮大。在建材消费领域，以年轻化、时尚化为代表的群体占据了深圳建材消费的主流，在这一趋势的背后，高端化、个性化瓷砖品牌首当其冲成为了陶瓷行业的受益者。

随着深港一体化的不断推进，深圳的瓷砖消费越来越受到香港的影响，越来越多的深圳人开始接受仿古砖等欧式风格的产品与消费习惯，而香港消费者对瓷砖的消费也越来越喜欢到深圳选购，可以说深圳的瓷砖市场是深港一体化的市场，在香港与内地经贸往来日益密切的今天，深圳瓷砖市场蕴含的潜力不可限量。

【市场概述篇】

目前，深圳建材市场主要包括家乐居、乐安居、家乐园、国安居、华美居等，这些建材卖场共同的特点就是装修高档，入驻品牌主要以佛山、华东高端品牌为主，且卖场分店遍布宝安区、龙华新区、罗湖区、福田区、南山区等黄金商业地段，租金从 70~230 元 / 平方米不等，尤其是原深圳关内区域内的建材市场，高昂的租金使得这些高端卖场在本市场区域内几乎都没有仓库存在，在周边地段选择仓库成为了无奈之举。各大建材卖场在全市黄金地段的布局，也让深圳这样一个国内一线城市的建材卖场布局，使商家之间的竞争达到了白热化的程度，以往以低价位、高出货量盈利的品牌在市场竞争中已经步履维艰，微晶石、木纹砖、田园风等高端、个性、小众化的产品与品牌走在了竞争的最前列。

【产品流通篇】

深圳市场总体而言，抛光砖在销售量上还是主流产品，约占到了深圳全市瓷砖总销售量的 40%，2012 年受国家宏观经济及全球经济不景气影响，整个深圳市场的瓷砖消费较以往相比，总销售额下降幅度达到了 40% 左右。

2012 年深圳瓷片产品需求、出货量总体而言变化不是很大。2010 年、2011 年以来，国内瓷片产能发展迅速，尤其是江西等非广东产区产能扩张后，瓷片市场竞争激烈，产品利润持续下滑。但由于大将军、利家居等一线瓷片企业配套比较齐全，抛光砖、瓷片等在一个中心配送，形成了国内最完善的瓷片配套体系，因此这些品牌不管是在价格上，还是在销量上，都保持了稳定势头。

目前，深圳仿古砖消费的主流仍然是高端消费人群，这些消费的区域主要是原深圳关内区域，同时，由于深港一体化的不断推进，长期以来都青睐于仿古砖的香港消费者，其中大部分人都会选择到深圳选购仿古砖产品，因此深圳仿古砖消费其实是一个深港两城的共同行为。

微晶石在深圳的推广主流依赖于工程和设计师渠道，并且借助以往博德、欧神诺、特地、嘉俊等佛

山一线品牌的推广，微晶石在广大深圳消费者心中已经形成了品位、文化、时尚、高端的印象，在这些企业的共同努力下，微晶石产品在深圳的市场已经越来越大。

【城市前瞻篇】

深圳市场的瓷砖消费整体上受到宏观调控影响，但不像某些国内泡沫经济很大的城市那么明显，因为作为一个以年轻移民为主体的城市，深圳对房产及建材消费的刚性需求仍然相当巨大。只是在当前国家地产调控政策之下，大部分有刚性需求的消费者正在持币观望当中，因此从瓷砖零售的需求上来说，未来深圳市场前景无限广阔。

在工程建设领域，深圳市近年来，建成了很多汽车、电子等高端购物中心，大量城中村、旧厂房改造，基本上都是以超高的大楼或者高档社区为主，这些工程对建材的需求量都相当大。目前，国家房产调控政策及宏观经济政策，对商业地产没有起到多大影响，且越来越多的旧城改造或城中村的改造等城市建设项目被提上市政府的议事日程。

深圳市关内就是靠这样的城市更新来拉动需求。而在关外，2010 年深圳市实现关内、关外一体化后，包括今年设立了光明新区、龙华新区、大龙新区、坪山新区，这几个新区功能强化后，无论是城市建设，还是关外的楼盘、地铁、网络干线网点机一部拓展、交通进一步便利，也预示着关外的工程发展将有着巨大的空间。

同时，在工程项目上，现在深圳诸如佳兆业、星河地产、中海地产等的很多地产企业都在实行全国布局的战略，加强与这些企业的合作将意味着，即使建材产品并没有在深圳区域使用，也将在深圳签订合约，建材的销售将在深圳实现。

三、南宁：仿古砖跻身主流产品之列

南宁土地面积 22112 平方公里，市区面积 6476 平方公里，划分为兴宁、青秀、西乡塘、江南、良庆、邕宁“六区”，总人口为 666.16 万，其中市区人口为 344 万人。

南宁地处中国华南、西南和东南亚经济圈的结合部，是环北部湾沿岸重要经济中心，具有得天独厚的区位优势和地缘优势。西江支流邕江流经南宁，湘桂、黔桂、黎湛和南昆铁路也在此交汇，南宁成为新崛起的大西南出海通道枢纽城市。

然而，南宁经济一度比较落后，直至 2004 年迎来首届东盟博览会，才开始飞速发展。2008 年，国家批准实施《广西北部湾经济区发展规划》，确定南宁以组团的功能，发挥首府中心城市作用，重点发展高技术产业、会展、物流等现代服务业，这些举措再次加速了南宁的经济发展和城市建设。这八年的发展，也带动南宁建材市场形成新的格局。

【市场概述篇】

与其他省会城市相比，南宁并不大，GDP 总量排名无缘全国各市 GDP 排名前 50 位。然而，6476 平方公里、人口仅 344 万人的南宁市区（包括兴宁、青秀、西乡塘、江南、良庆、邕宁六城区），却有 11 个建材市场，但是大部分市场本身发展尚不成熟，除了快环建材市场规模较大、地理位置较好、规划相对清晰，形成配套齐全的八大区域，并容纳了高、中、低端各类家居产品外，其他市场限于规模或前期规划不足，在产品配套方面相对欠缺，西大建材市场、万泰隆建材市场、仙葫泰吉建材市场等更是区域划分混乱，塑料管道、木门、灯饰、瓷砖、卫浴等各类店铺随机分布。

随着南宁经济的发展，当地消费者对购物环境的要求也在提高，并且倾向于“一站式”购物。2006 年，富安居的出现满足了这一需求，它的成功也刺激了南宁建材市场向中高端方向发展，虎邱建材家居城以及采用一站式家居商场 + 独栋展厅模式的大嘉汇、长旺相继出现。尚在筹建的南大健康家园、华南城市场定位同样如此，传统建材市场在南宁的主导地位逐渐被打破。随着越来越多高端卖场的出现，数量远超市场容量的南宁建材市场将面临洗牌，3~5 年内南宁市场应该会发生很大的改变，一方面政府将对建材市场进行规范，另一方面，原始的市场会被淘汰，还有部分市场可能会因土地租期已到而被拆。

【品牌观察篇】

广西本身是陶瓷产区，又毗邻广东，与福建、湖南、江西产区相距不远，加之交通运输方便，具有丰富的瓷砖、卫浴资源。其中，广东瓷砖、卫浴品牌与福建卫浴品牌占据绝对主导地位。从 2003 年开始，快环、富安居、天地源、大商汇、长旺、大嘉汇等建材市场陆续建成，瓷砖、卫浴产品，也随之步入日趋激烈的品牌竞争时代。

南宁市场已有小蜜蜂、诺贝尔、宏陶、威尔斯、金意陶、新中源、冠珠、东鹏、鹰牌、马可波罗、简一、博德、嘉俊，高仪、杜拉维特、科勒、TOTO、美标、箭牌、法恩莎、中宇、九牧、恒洁、富兰克等数十个知名瓷砖、卫浴品牌，其中，大部分品牌均有三、四个专卖店分布于几个主流市场。与瓷砖相比，南宁卫浴市场除了科勒、箭牌、中宇、法恩莎、九牧等品牌专卖店规模较大外，大多数品牌规模较小。为了抢占市场，大品牌都纷纷推出各类经济型产品，对二三线品牌造成很大影响。面对大环境和一线品牌的双重挤压，二三线品牌承受了巨大的压力。同时低端品牌具有价格优势，在南宁以及周边县城、乡镇具有很大的市场空间。

【产品流通篇】

南宁市场近几年的变化不仅表现为消费者品牌意识提升，产品流通结构也发生了很大的改变，抛光砖、瓷片市场份额逐步减少，仿古砖跻身主流产品之列，全抛釉、微晶石也比较流行。从 2007 年开始，抛光砖的市场份额就开始被仿古砖吞食，而且利润不断减薄。市场需求逐渐向高端发展，目前有一定品位的中端客户都会选择仿古砖。使用仿古砖的工程项目也越来越多。尽管如此，抛光砖的销量仍然最大，其销量应该占据总量的 50% 左右。

瓷片，尤其是低端瓷片的销售日益下滑。2009 年以来，南宁开始出现许多地砖上墙的现象，仿古砖、全抛釉、微晶石均对瓷片市场造成不小冲击。

总之，南宁与一线城市仍然存在一定差距，马赛克、艺术砖、手工砖等个性化产品需求量较小，在市场中也比较少见。

据了解，传统产品仍是南宁卫浴市场的主流，休闲卫浴、智能卫浴市场接受度不高，整体卫浴需求逐步上升但目前销量不大。据统计 10% 的消费者选择购买科勒、TOTO 等国外产品，20% 选择箭牌、法恩莎、中宇、东鹏、恒洁等国内大品牌，60% 则会购买价格较低的潮州产品。

【城市前瞻篇】

2004 年东盟博览会永久落户南宁后，南宁的经济开始飞速发展。短短 8 年内，开发了琅东、凤岭、五象等三个新区，而富安居这一高端建材市场也依靠这些新城区逐步成长。

2008 年国家批准实施《广西北部湾经济区发展规划》，确定南宁以组团的功能，发挥首府中心城市作用，重点发展高技术产业、会展、物流等现代服务业，成为面向中国与东盟合作的区域性国际城市、综合交通枢纽和信息交流中心。

统计数据显示，从 2003 年以来，南宁的 GDP 连续 9 年保持两位数增长，2011 年南宁 GDP 首破 2000 亿，达 2211.51 亿元，同比增长 13.5% 以上。南宁的现代建筑——高档写字楼、豪华住宅区、休闲娱乐购物中心每年以 10% 左右的速度在增长。在这期间，其住宅市场整体均价也上涨至 6000 多元 / 平方米。

中共南宁市委十一届三次全会明确南宁 2012 年的经济工作侧重于大力推进现代产业、五象新区、重大基础设施、民生保障等“四大建设”。计划安排 149 亿元建设资金，重点推进新区“三纵三横”主干路网框架全面形成；将建成二十六中五象新校区、良庆区玉洞小学扩建项目，加快推进市三中五象新校区、邕宁高中龙岗新校区、玉龙学校、良庆区人民医院、南宁市综合档案馆及五象湖工程等建设；计划安排156亿元建设资金，加快百项重点产业项目建设；重点推进广西文化产业城、体育产业城、台湾健康产业园、广西铜鼓博物馆、广西美术馆、龙象谷一期等项目建设等项目。

四、海口：卖场高端化成趋势品牌需求两极分化明显

2010年1月4日，国务院发布《国务院关于推进海南国际旅游岛建设发展的若干意见》。至此，海南国际旅游岛建设正式步入正轨。而海口作为海南的省会城市，也迎来前所未有的发展机遇。而随着国际旅游岛政策的颁布，海南城市化进程在不断的推进，经济水平也在不断的提升，这也给建材销售行业带来无限机遇，同时也在推进海南建材市场向前发展，并走向成熟。

【市场概述篇】

海口的建材卖场起始于长堤路。80年代后期，只有几户人家在海口长堤路上租铺面卖瓷砖等建材产品。而随着1988年海南建省办经济特区，长堤路的聚集效应迅速显现，当时繁荣时卖卫浴、瓷砖等各类建材的店铺高达60多家，而这是海口建材卖场的第一轮扩张。而在1992年，沿着城西路两侧建起了大量的沿街铺面出租，而这就是今天的城西建材城的雏形。随后，塔光村也规划建设了塔光陶瓷城。城西和塔光两大建材市场的崛起掀起了海口建材卖场的第二轮扩张热潮。2001年10月，位于滨海大道的海南建材城启动建设。2003年，位于南海大道的万佳家居装饰广场筹建。随后，城西版块有三家规模不大的建材城落户其间，塔光也加建了两排铺面，以巩固老市场的强势局面。至此，始于2001年的海口建材卖场第三轮扩张热潮已进入扫尾阶段，四大建材卖场板块格局已经形成。海口建材卖场实现了从城西和塔光“双雄对峙”到“四足鼎立”的蜕变。2010年3月，总建筑面积达5万平方米的亚豪建材城开业，打破了海口只有万佳一家中高端建材卖场的记录。

2012年9月，海口市国土资源局发布《公告》，夏瑶村棚户区（城中村）改造项目以挂牌方式交易，塔光陶瓷城也将升级改造。最具影响力的海南知名专业市场完成了其销售世界陶瓷名牌精品的使命，至此落下了帷幕。另一方面，距离万佳、亚豪不到两百米的国度建材城定位更加高端，并于2012年9月正式开业，目前已有道格拉斯、L&D、博德、新中源、鹰牌、欧神诺、特地等国内外一线瓷砖品牌进驻。

至此，海口建材市场已完成第四轮扩张升级。由于定位的差异以及消费群体的不同，以经营中高端品牌为主的万佳、亚豪、国度三大卖场的南海大道商圈，将与以城西建材城、新华陶瓷市场为代表的中低端品牌的城西商圈在竞争中走向更成熟的发展。而卖场的逐步成熟，将带给消费者更佳的购物环境、更透明的价格和更优的服务。

【品牌观察篇】

海口没有生产瓷砖卫浴的专业厂家，瓷砖卫浴产品主要来自广东和福建两大生产基地，其中广东的陶瓷品牌占据绝对的主导地位。据了解，马可波罗、东鹏、蒙娜丽莎、道格拉斯、新中源、L & D、金意陶、大将军、冠珠、宏宇、箭牌、鹰卫浴、科勒、TOTO、恒洁、尚高、法恩莎、阿波罗、汉斯格雅、金牌等国内内知名瓷砖卫浴品牌在海口建材市场品牌知名度、影响力以及店面建设等方面获得了大众的认可。尤其是马可波罗、蒙娜丽莎、东鹏等高端品牌通过工程、家装设计、零售等多渠道发展以及宣传推广在海口的品牌优势凸显。

目前海口的消费群体以本土消费者和外来消费者为主，且对建材产品的需求两极分化更加明显。而在海南的商品房购买者以内陆消费者居多，这一类消费群体购房的目的更多的是用于投资或者自居，像这些外来的高端客户采购产品还是比较钟情于高端品牌集中、购物环境舒适的一站式建材卖场，比如万佳和亚豪，在购买产品时更讲究品牌的知名度和影响力。而海口本地的消费者由于收入水平有限，且由于他们比较容易满足于当下的生活，对品牌的意识和追求度不够，在选择陶瓷卫浴产品时多倾向于传统

中低端批发老市场，而位于城西建材城的冠珠、新中源、大将军等性价比高的品牌就颇受当地人的欢迎。

【产品流通篇】

目前海口建材市场抛光砖、瓷片产品需求量最大。在海南国际旅游岛的背景下，瓷片、抛光砖因用量最大、物美价廉、产品品类规格齐全，是人均GDP低的海口建材市场工程或家装项目最容易也是首选的材料。此外，瓷片还是受到抛光砖、仿古砖上墙的“贴身紧逼”，随着仿古砖、抛光砖工艺的革新和设备的改造，高端瓷片在同价位上，后两者的竞争优势日趋明显。而低档的瓷片虽然能够摆脱仿古砖、抛光砖的蚕食，且市场需求量大，但随着市场的竞争的逐渐增加，瓷片的市场份额被压缩显而易见。然而，随着喷墨印刷技术的运用，3D喷墨瓷片因其丰富逼真的纹理效果、具一格的装饰风格以及易清洁打理而备受海南消费者的喜爱。微晶石在海口日趋流行，但是市场份额却不大，且多数用于别墅。效果接近实木的木纹砖逐渐被消费者所接受，多用于阳台、卧室等空间。全抛釉接近于玉石，因其美观度和硬度优于抛光砖，市场接受度高。而抛晶砖、艺术砖等用量少，仅用于做配饰或点缀。此外，马赛克产品在海口建材市场几乎是一篇空白。

据了解，进驻万佳建材商圈和城西建材商圈的国内一二线品牌很多，卫浴产品的种类丰富，导致了市场出现供过于求的现象。而TOTO、科勒、鹰卫浴、箭牌、法恩莎、澳斯曼、尚高等国内外知名品牌都集中在万佳建材家居广场以及亚豪建材家居广场，而城西建材城多以批发为主，名不见经传的卫浴品牌居多。在海口建材市场，无论是在工程还是零售市场，国内品牌的影响力要高于国际品牌。随着消费者消费观念的改变，在购买卫浴产品时更倾向于一站式购齐，因而整体卫浴的出现对单品销售形成了冲击，浴缸、蒸汽房等销量逐渐下滑。智能卫浴逐渐被消费者接受，是将来的趋势，但其维修率高，整体而言销量一般。

【市场前瞻篇】

2012年5月8号，海口市委十二届二次全体（扩大）会议，通过了《中共海口市委关于贯彻落实省第六次党代会精神的若干意见》文件指出，今后5年，海口将加快建设环北部湾中心城市和国际旅游岛中心城市，发挥省会城市聚集规模效应，辐射周边地区，形成规划统筹、管理同步、资源互补、产业联动、城乡一体、交通便捷的省会经济圈。海口将充分发挥中心城市的极核作用，沿东线高速、西线高速、海口—文昌高速、海口—屯昌高速、海口—洋浦高速五条轴线，有序推进一批卫星镇和旅游小镇建设，形成城镇密集带。以轴线城镇为纽带，推进人口向城镇转移，产业向园区集聚，加快琼北地区城镇化进程。加速形成琼北城市集群，放大海口中心城市的溢出效应，促进周边市县功能不断完善。

另外，为了推动以港兴市，整合海港、空港、综合保税区资源，实现港区联动，形成“前店后厂”格局，将建成现代港区物流中心，带动琼北港口发挥资源优势，形成港区物流产业链，做大琼北临港经济圈，明确指出重点建设“三大物流园区”、“五大物流中心”和“五个专业配送中心”的目标。随着国际旅游岛的建设以及海口作为中心城市的聚集、辐射、带动能力的增强，以海口为中心的省会经济圈的“极核作用”将更为凸显。势必给建材行业的发展带来“春天的气息”。

第六节　西南地区

一、昆明：“桥头堡”战略助推建材行业发展

由于特殊的地理位置，再加上“西部大开发”的持续进行，昆明的建材市场面对的就不仅仅是整个云南省，更是拥有整个东南亚、南亚乃至中东、南欧、非洲等地区的广阔市场。

2009年7月，胡锦涛在云南考察工作时，提出了把云南建设成为我国面向西南开放桥头堡的要求。“桥头堡政策”的提出，在2003年由云南省提出的建设以滇池为核心、“一湖四片”和“一湖四环”的“新昆明”建设规划的基础上，给云南，尤其是昆明的建材市场带来了更大的发展机会。

【市场概述篇】

纵然业内一直有声音称建材超市和高端建材卖场已成为或将成为发展趋势，但是在昆明，依然是素有“总部基地”之称的大商汇占据着绝对的主导地位。而且在昆明各建材商的认知中，在未来很长一段时间内，即使高端建材卖场和建材超市在昆明能得到很好的发展，但是用以品牌展示的“总部基地”模式仍会得以持续发展。据统计，现在昆明涉及陶瓷卫浴的建材市场和卖场除北边有少数两家，更多的是集中在南边的广福路周边，其中包括大商汇、居然之家、红星美凯龙、华洋家居、中林建材以及菊花村建材一条街。

昆明建材市场真正崛起是在2005年大商汇出现，以其总体量和类似于品牌的“总部基地”定位吸引了大部分建材商的眼光，也带给了消费者全新的消费感受。经过7年的发展，这个由国际建材装饰城、国际茶城、国际商务公寓等功能板块构成的复合型商业项目已经形成了面向西南，全面辐射东南亚地区的超大型商业中心。即使对比外来高端建材卖场红星美凯龙和居然之家，大商汇在昆明消费者的认知中，仍是不可替代的所在。2008年前后，红星美凯龙和居然之家相继进驻昆明市场，凭借优越的硬件条件和运作模式成功在昆明市场迅速站稳了脚跟，对昆明本土建材卖场形成了非常大的冲击，加速了诸如华洋家居、德胜家居、西南建材等卖场的转型升级。

随着西部大开发和“桥头堡”战略的持续推进，昆明建材市场变动颇大。近期，大商汇的开发商——新希望集团又传出了“我们将投资52亿元，再造大商汇”的消息。新大商汇将成为集酒店、电影院、购物区于一体的新商业中心。红星美凯龙方面也有了“在已完成100亿元投资的基础上，未来三年还将再投资120亿元”的计划。

【品牌观察篇】

细数昆明建材市场的瓷砖卫浴品牌，广东品牌与华东品牌占据着绝对的主导地位，如马可波罗、欧神诺、嘉俊、东鹏、冠珠、箭牌、法恩莎等，此外，还有部分国外品牌，如雅素丽、汉斯格雅等瓷砖卫浴品牌，亦占据了一席之地。而来自江西、山东以及四川等产区的陶瓷卫浴品牌和产品常见于中低端批发建材市场。

城中村改造偏慢，导致城市化进程偏慢，再加上国家调控政策的影响，对于下游企业来说，无房可交也就没有消费需求。在这样的情况下，市场对瓷砖卫浴产品的需求量减少，在相关人士的统计中，今年昆明建材市场的客流量比前年下滑了50%。但是部分高端品牌，尤其是广东陶瓷卫浴品牌由于产品性价比高，终端投入大，在行业和消费者口碑中形成了比较好的影响，销量反而实现了小幅度上涨，占据了市场上较大的比重。

【产品流通篇】

在云南这个少数民族高度集中的省份，昆明消费者对瓷砖产品的需求也呈现出了异于其他地区的特点，与其他大都市消费者追求‘返璞归真’的喜好不一样的是，昆明消费者大多喜欢艳丽、花俏一些的产品，所以个性化产品在昆明是比较受欢迎的。全抛釉产品在近几年来受到了厂家的大力推广，已经成了大众化的商品，占据了昆明市场比较大的份额，尤其是抢占了很大一部分抛光砖的市场。而微晶石属于小份额产品，微晶石不会成为行业的主流，或许该类产品在某个时间段内会成为高端消费者的首选，但是最终还是会回归自然，如全抛釉，甚至是抛光砖、哑光类产品。

对于日渐流行的智能产品，各市场反应是“流行，但销量有限”。智能卫浴虽已初步打开了昆明市场，在店面展示中也属主要展示部分，但是实际销售情况却受到价格以及售后服务等一系列的影响，使很多消费者“望而却步”。

【城市前瞻篇】

2003年，云南省委、省政府提出：从2003年到2020年，要用18年时间，以滇池的保护和生态建设为前提，建设以滇池为核心、“一湖四片”和“一湖四环”的现代新昆明。

2009年7月，胡总书记在云南考察工作时，提出了把云南建设成为我国面向西南开放桥头堡的要求。在新昆明规划和“桥头堡”战略的共同推动下，昆明的城市化发展取得了长足的前进。尤其是昆明市的东南板块，由于新区开发和一些新项目的建设，极大的带动了建材的发展。

2012年10月底，《云南省加快建设面向我国西南开放重要桥头堡总体规划（2011-2020)》正式获国务院批准。规划中涉及一系列财政和金融支持措施，明确要把云南桥头堡打造成为我国向西南开放的国际大通道、沿边开放的试验区和实施走出去战略的先行区、外向型特色优势产业基地。

《意见》和《总体规划》相继出台后，整个桥头堡建设的框架也大致清晰，即云南将在国际大通道与进出口加工基地建设，以及大湄公河次区域、中国-东盟自由贸易区、孟中印缅合作机制建设等方面取得新的突破。

二、贵阳：消费者品牌需求强烈卖场一枝独秀

贵阳因位于境内贵山之南而得名，贵阳目前所辖区域包括“一市三县六区”，即清镇市、修文县、息烽县、开阳县，以及贵阳市云岩、南明、小河、花溪、乌当、白云六区。

到2011年为止，贵阳共有常住人口432万多人，市区面积240多平方千米，2011年全年生产总值为1383.07亿元，2012年贵阳以投资拉动为重点，确保固定资产投资完成2480亿元，这是贵阳市今年推动发展的重点。一方面，确保国家、省属项目完成投资280亿元；另一方面，突出“世界500强、国内500强企业，现有产业中的上下游延伸和横向配套项目，关联度高的新业态项目”三个重点招商，力争引进市外资金增长30%以上。重点抓好总投资3834.6亿元的173个省级重大工程和重点项目建设，年内完成投资616亿元。

国家统计局数据显示，2011年贵阳城镇居民人均收入19420元，也就是月均1618元，“低收入、高消费”正是贵阳消费形态的真实写照，这一点也在贵阳消费者选择陶瓷卫浴品牌的热衷度上体现得淋漓尽致。

【市场概述篇】

由于贵阳地处山区，无论经济能力还是消费意识，或是潮流引导等对周边的城市辐射有限，加之经济发展、人口以及城区面积等因素，贵阳市场所辖范围较小，因此建材市场很少，主要的市场有红星美凯龙、体育馆市场（包括双龙卫浴城）、居然之家。

2007年7月开业的西南国际家居装饰博览城，位于贵阳市新规划的金阳新区。“博览城”总规划面积360亩，营业面积达30万平方米，集家具、建材、装饰、休闲于一体，曾是贵州省规模最大、品种最全的综合型市场。刚开业时吸引了众多品牌入驻，由于金阳新区目前人口并不多，尽管楼盘林立但入住率不高，这也直接导致了西南博览城的人气极少。与西南博览城同处金阳新区的居然之家，因其定位与所处的金源世纪购物广场位于贵阳的首个超级大盘世纪城内，在2010年开业时而备受商家追捧，之后并是反响平平。

红星美凯龙2008年进驻贵阳，其原址前身是2006年开业的本土家居卖场富源美家居，也是当时贵阳唯一定位高端的卖场。尽管富源美地理位置优越，但其招商的号召力与影响力还不足以撼动国内乃至国际的一线品牌。2008年，富源美与红星美凯龙达成协议，最终成为股东之一，不再参与卖场经营，

并更名为红星美凯龙，卖场面积也由原来的 8 万平方米增加至近 16 万平米，这与面积尚不到 6 万的居然之家划了一道巨大的鸿沟。至此，红星美凯龙开启了“独霸”贵阳市场的篇章。

【品牌观察篇】

国内一线陶瓷品牌马可波罗、东鹏、欧神诺、诺贝尔、冠军、斯米克、金意陶、罗马利奥、L&D、简一、蒙娜丽莎、鹰牌、陶一郎、嘉俊，卫浴品牌 TOTO、科勒、美标、箭牌、乐家、杜拉维特、汉斯格雅、惠达、浪鲸、益高等在贵阳市场上都能见到。尽管贵阳下属的清镇市也是历史较长的陶瓷产区，但因为没有品牌，清镇的产品在贵阳市场难以见到。

【产品流通篇】

在全抛釉、微晶石产品出现之前，哑光以及半抛类产品在贵阳市场的空间较大，前两类产品出现后，逐渐挤压了后两类产品的市场空间，至于抛光砖的市场则在进一步下滑中。按照贵阳消费者的消费习惯，对于流行产品的接受度与热情度都很高，全抛釉、微晶石等产品的前景广阔。对于个性化陶瓷产品，诸如抛晶砖、个性背景墙、马赛克等，在贵阳市场上并不多见。

专业的卫浴品牌在贵阳市场已经经历了近十年的培育过程，中高端消费者大多已经经历过装修第一套房时对建材卫浴的选择，有了一定的品牌认知与审美基础。目前，贵阳市场的整体卫浴比单品更贴近消费者的需求，销售前景也更好。其次，智能卫浴产品在贵阳刚推出时受到了热捧，当智能卫浴的消费主流转向群体更为庞大的中产阶级时，因为数量的增加，就出现了不同的声音，有支持，也有质疑。但毋庸置疑，在贵阳市场上，智能卫浴本身已是一个不可或缺的产品类别，同时也具有很强的生命力。

【城市前瞻篇】

2012 年 1 月，国务院颁发了《国务院关于进一步促进贵州经济社会又好又快发展的若干意见》（国发〔2012〕2 号）的文件，文件对黔中经济区和贵安新区建设提出了明确要求，贵安新区的规划建设对发挥黔中经济区辐射带动作用、培育内陆开放型经济示范区和构建区域协调发展新格局有着重要意义。

贵安新区建设即是以贵阳——安顺为核心，以遵义、毕节、都匀、凯里等城市为支撑的黔中经济区。推进贵阳—安顺经济一体化发展，加快建设贵安新区，重点发展装备制造、资源深加工、战略性新兴产业和现代服务业。把贵安新区建设成为内陆开放型经济示范区。形成以航天航空为代表的特色装备制造，资源深加工基地，区域性商贸物流中心和科技创新中心，鼓励在土地，投资，科技创新等领域先行试行。

其总体布局为“一主三副，两带多极”、即以贵安新区规划范围涉及贵阳市花溪区，清镇市和安顺市西秀区、平坝县等县（区、市），约 1560 平方公里的空间范围，现状人口 65 万人，耕地 2.74 万公顷，地区总值 113 亿元，规划建设用地约 500 平方公里，规划人口约 500 万人。

三、成都：北改搬迁将形成建材市场新集聚地

成都现辖 9 区 4 市 6 县，面积 1.24 万平方公里，总人口 1082 万人。然而成都作为西部最大的商贸中心，背靠四川 8700 万人口的巨大市场，辐射西南、全国乃至部分东南亚和中亚地区。2004 年社会消费品零售总额达 875.3 亿元，位居中国西部地区第一。2011 年位居全国 16 位。

依靠四通八达的交通网和得天独厚的区位优势，成都吸引了来自国内外知名陶瓷、卫浴品牌的入驻，为成都建材产业的繁荣昌盛做出了巨大贡献。目前，成都建材市场正面临一场大迁移，将市内建材市场向市外青白江进行转移。

【市场概述篇】

据悉，业内人士通常以成都市三环线作为市内外建材市场的一个分界线，把市三环以内的建材市场

划分为市内市场，而三环以外的则属于市外市场。

成都建材市场的分布主要集中在东、南、西、北四个方位，东门主要有新世纪装饰城、辉煌灯具市场、东恒灯具城；南门有新世纪装饰城、博美、东方家园、红星美凯龙、百安居、八一装饰城、富森•美家居（南）；北门有富森•美家居、金府装饰城、512 建材市场、府河建材城、西部精品装饰城、青龙建材城、白莲建材城、博美精品；西门有博美、东方家园、魁树街永陵路等。此外，根据成都“北改”规划，在成都市外青白江区新建了大港、佳飞、青龙国际、华川等建材市场。上述建材市场大部分位于三环以内，但也有部分位于三环以外。据不完全统计，成都市场内大约有专业建材市场和家居卖场 30 几家，以陶瓷、卫浴为主的主要集中在北门。成都建材市场不仅多，而且分布集中。近年来建材行业不景气，市场销售低迷，致使原有的市场份额被进一步压缩，造成建材市场和家居卖场之间、品牌和品牌之间的竞争不断加剧。

随着成都“北改”规划的实施，将推动城区内 76 个专业建材市场外迁，特别是三环路内的老旧建材市场如“5.12”、“金府”“白莲”、“青龙”等建材市场在今年内将逐步完成搬迁转移。此次北改给成都市建材家居巨头布局成都北城提供了一个发展契机，同时也向着引领中国西部家居产业的未来发展目标迈出了坚实的一步。青白江内现已有华川银地国际建材城、佳飞国际建材家居市场等 10 个大型建材城项目，各园区内骨干道路、管网等基础配套设施建设现已基本完成。此外，大港建材城、青龙建材城等市场已初具规模，成都北部建材市场聚集区初步显现。

【品牌观察篇】

成都家装建材市场内汇聚了来自国内外知名陶瓷、卫浴品牌。其中以广东为主的陶瓷卫浴品牌在高端市场中一直占据绝对的统治地位，而以四川为主的本地品牌则在中低端市场上具有很强的影响力，目前整个品牌市场已形成两分天下之势。

据了解，金意陶、嘉俊、博德、宏宇、冠军、欧神诺、东鹏、诺贝尔、蒙娜丽莎、斯米克、马可波罗、冠珠、新中源、大将军、萨米特等瓷砖品牌，安蒙、科勒、TOTO、法恩莎、恒洁、浪鲸、中宇等国内外知名卫浴品牌在成都主要建材市场和家居卖场都有专卖店。而本地陶瓷卫浴品牌也不遑多让，如白塔、万茂、福布斯、米兰诺、香奈儿、君悦、陶仙坊、美莱雅、凯蒂斯、麦氏、帝王、四维等在各建材市场内都有专卖店，且店面的面积、装修的效果完全不输广东品牌。此外，重庆、湖北等地区也有部分陶瓷卫浴品牌进驻了成都建材市场。

不同的是，以广东为主的国内外知名陶瓷卫浴品牌一直牢牢占据着中高端市场，而本地品牌则只能在中低端市场上生存并牢牢占据这一层次的消费市场。虽然也有部分本地品牌勉强挤进了高端市场，但是与国内外知名品牌之间还是存在很大的差距。

在成都，以广东为主的国内外知名品牌一般都分布在红星美凯龙、富森、博美等高端家居卖场，以零售为主，而本地品牌大多分布在 5.12、青龙、白莲、府河等建材市场，主要以批发为主。

【产品流通篇】

成都建材市场抛光砖销量在不断下滑，抛光砖市场份额逐渐被仿古砖、全抛釉取代，瓷片和外墙市场销售量次之。外墙主要以走工程渠道为主，目前成都以及周边城市扩张新建，对外墙的需求量也相对较稳定，抛晶砖、马赛克等艺术瓷砖销售表现平平。

据了解，成都卫浴市场汇聚了来自国内外的卫浴品牌，像科勒、TOTO、中宇、恒洁、法恩莎、安蒙、帝王、鹰牌、九牧、英皇等卫浴品牌都在成都家装建材市场内有专卖店，其中富森（北门）就有卫浴品牌店面近 150 家。成都卫浴市场主要是走品牌路线，因此在销售中主要以整体卫浴为主，单件次之。虽然整体卫浴的销售量在不断增长，但目前而言，单件销售仍然是卫浴行业的主流。

【城市前瞻篇】

作为西部特大型城市之一成都，在城市化发展进程中仍然在不断的转型升级。在市委十一届九次全会中提出，全面启动城北片区新一轮全面规划，力争用几年时间实现城北面貌大变化。

据了解，北改工程主要是对东起新成华大道，西至西大街——金牛大道（老成灌路），南抵一环路（局部至府河），北至绕城高速金牛、成华北边界，总面积约195平方公里（含绕城高速内新都区部分区域）的区域进行统一规划，集中对总面积约104平方公里"四轴四片"中金牛、成华区的重点区域实施改造。据初步统计，北改工程项目约360个，总投资约3300亿元，其中今年拟启动的项目约200个，总投资超过1500亿元。

而此次"北改"也承接了成都市三环以内陶瓷卫浴建材市场的转移，以"5.12"、"青龙"、"白莲"在内的76家建材市场都要从城三环以内搬迁至北城新都、青白江、龙泉一带。而作为北改建材市场的承接地区，新都和青白江地区也兴起一批新兴的家居建材市场。

随着北改的启动，建材家居巨头商们也纷纷发力成都北城，一时间，整个北城成为了家装建材市场新的聚集地。从目前北改工程市内建材市场搬迁的情况来看，拥有大港、佳飞、华川、青龙（国际）等多家大型家装建材市场的青白江区，未来将成为成都乃至整个西部最大的陶瓷建材城。

四、重庆：4千万平米公租房致产品结构性竞争加剧

重庆，中央直辖市，下辖19区15县4自治县，是典型的组团式城市，辖区总面积8.24万平方千米，为北京、天津、上海三市总面积的2.39倍，是中国面积最大的城市，其中主城建成区面积为647.78平方千米。2020年全市总人口3250万人，城镇人口2280万人；主城区城镇人口1200万人，其中中心城区700万人。

同时，重庆也是五大国家中心城市之一，长江上游地区经济中心、金融中心和创新中心，及航运、政治、文化、科技、教育、通信中心，国家重要的现代制造业基地，全国综合交通枢纽。2011年国务院批复的《成渝经济区区域规划》把重庆定位为国际大都市。位于重庆主城区北部，由渝北区、江北区以及北碚区的部分地区组成的两江新区是中国内陆第一个国家级新区，亦是国家统筹城乡综合配套改革试验区的先行区。

2011年中国城市竞争力研究会在香港发布《第十届中国城市竞争力排行榜》，重庆首次跻身全国前十强，以本地特有的优势压倒武汉、成都位居中西部第一。重庆尤其在城市成长竞争力排名中，首次超过北京、上海等城市，仅次于天津，位居全国第二。

2011年重庆市实现GDP10011.13亿元，同比增长16.4%，增速跃居全国第一，位居中国大陆第七。

【市场概述篇】

重庆的建材市场形成了以红星美凯龙、居然之家大型商场式家居卖场为主，建玛特、聚信美等本土卖场为辅的布局。而在各个区域也都拥有各自具有代表性的市场，如渝中区的家佳喜、大渡口区的大渡口陶瓷市场、马家岩区域的大川、临江等建材市场。在红星美凯龙与居然之家进驻重庆市场前，建玛特的购物环境、营销方式等在重庆市场较为领先，随着2006年红星、居然的进驻，建玛特从定位高端跌落中端，其自身不注重卖场持续升级以抗衡红星、居然对高端市场的蚕食有很大关系，在营销手法上也较逊于这两大全国家居卖场的巨头。

2006年、2007年，红星美凯龙与居然之家的分别进驻，给重庆建材市场格局带来了翻天覆地的变化，至今为止，居然之家在重庆已有金源店、二郎店两处，居然之家也分别有南北红星成掎角之势。

【品牌观察篇】

与大多数一二线城市相同，重庆的陶瓷砖市场主要以广东产品为主，但凡不错的品牌都能在各类不

同定位的市场看到踪迹，高端市场会有定位中端的品牌，低端市场也能看到高中端品牌的身影。但与一些靠近产区的城市不同，尽管与夹江产区相隔不远，但重庆市场上夹江的陶瓷品牌很少，江西、湖南的品牌则更罕见，仅分布在一两个低端的批发市场。

卫浴品牌的情况则与陶瓷恰好相反，重庆市场上的卫浴品牌界限异常分明。红星美凯龙、居然之家、聚信美乃至建玛特等卖场是国外卫浴品牌以及国内一二线卫浴品牌的天下。而在区域性的中低端市场内，上述卫浴品牌几近绝迹，目之所及皆是不知名的品牌。

近两年的市场对陶瓷卫浴产品的消费需求呈现两极分化的态势，中端品牌受房地产政策及市场变化的波及最大，而在重庆中端品牌的情况更为严重。

【产品流通篇】

微晶石已经成为了重庆建材市场比较受关注的产品。此外，全抛釉产品相对成熟，深受重庆家装设计公司的欢迎，并且占据了市场的较大流通量。曾经是主流产品的仿古砖由于受到全抛釉和微晶石产品的冲击，其销量和受欢迎度亦有所下滑；瓷片和外墙则一直处于弱势的地位；抛晶砖和艺术个性砖则由于受到使用范围的限制，虽然属于受欢迎之列，但是就销量而言则属少量。

随着建材市场的日益成熟，重庆消费者在选购卫浴产品时会从品牌、外观、功能等方面综合考虑。所以，单品销售依然遥遥领先于整体卫浴。在高端消费层面，智能卫浴已然上升为流行产品之列，占据了一定的市场份额。但是由于重庆整体的工薪水平并不高，对于智能产品的整体需求量仍占较少的份额，在普通工薪阶层消费者中，传统卫浴产品的销量依然很可观。

【城市前瞻篇】

2011年10月15日，国务院正式批复同意修订后的《重庆市城乡总体规划（2007-2020年）》（以下简称《总规》）。到2020年，重庆市主城区城镇建设用地将达1188平方公里，主城城镇人口1200万人，中心城区人口700万，成为包括北京、天津、上海、广州在内的全国五大中心城市之一。

鉴于中心城区越来越拥挤的问题，2007年《总规》中规划，主城按“一城五片、多中心组团式”的布局结构，即五大片区，16个组团，8个分功能区，6个城市副中心。修订后的《总规》有一些变化，城市副中心与组团都增多。今后，老百姓居住、工作不用再局限于解放碑、观音桥，在其他片区一样能够生活便利。

《总规》的规划范围为全市行政辖区，辖区面积8.24万平方公里，分为市域城镇体系规划和主城区城乡总体规划两个层次。在市域城镇体系建设上，我市要构建“一圈两翼”的区域空间结构，即以主城区为中心的一小时经济圈，以万州为中心的三峡库区核心地带为渝东北翼，以黔江为中心的乌江流域和武陵山区为渝东南翼。规划至2020年，形成1个特大城市、6个大城市、25个中等城市和小城市、495个左右小城镇的城镇体系。

第七节　西北地区

一、兰州：第五个国家级新区花落兰州，806平方公里新区建设将带动建材产品需求

兰州，甘肃省省会，西北地区第二大城市，面积13085.6平方公里，人口361.61万（2010年）。

2012年8月20日，国务院印发了《国务院关于同意设立兰州新区的批复》，同意设立兰州新区。至此，兰州新区成为继上海浦东新区、天津滨海新区、重庆两江新区、浙江舟山群岛新区之后，国务院批复的第五个国家级新区，也是西北地区的第一个国家级新区。

据了解，建设兰州新区，对探索西北老工业城市转型发展和承接东中部地区产业转移的新模式，增强兰州作为西北地区重要中心城市的辐射带动作用，扩大向西开放，推动西部大开发，促进区域协调发展，具有重要意义。

【市场概述篇】

近年来，随着兰州房地产业持续发展和人们生活水平的提高，使得处于下游的兰州家居建材行业得到蓬勃发展。据统计，目前兰州市大大小小的建材家居市场有近二十家，其中不乏经营面积上万平方米的装饰建材市场。从东到西，从南到北，老牌建材市场、新型建材超市、品牌建材城、专业建材市场星罗棋布。

2005年东方家园入驻兰州西站商圈，是外埠建材圈地兰州的典型。而当时的九洲国际建材中心，在开发如火如荼的九州落址，九洲国际建材中心投资商的身份——美国信尔诺基金管理公司，是国外投资者看好兰州、圈地兰州的最好例证。与此同时，红星美凯龙和居然之家也盯紧兰州市场，其中红星美凯龙已经奠基动工，预计2013年就可以开门营业。

一时间，兰州建材市场风起云涌，国内外强势品牌重新改写兰州家居建材市场格局的状况已成定局。建材超市与摊位制市场、本土建材商和“外来大鳄”的一场激烈厮杀在所难免。

【品牌观察篇】

位于兰州火车站附近的兰海陶瓷洁具广场无疑是相对高端的陶瓷批发市场，它以超大规模的卖场以专卖店形式，汇聚了许多国内一、二线瓷砖、卫浴的所有品牌，来自广东、华东的绝大部分知名品牌都能见其身影。无论是卖场档次、入驻品牌、经营模式还是产品质量均明显高于陈官营陶瓷市场。在兰海陶瓷洁具广场，来自广东、华东的国内一、二线品牌几乎占领了该市场的每一角落，如：诺贝尔、马可波罗、新中源、冠军、TOTO、科勒、法恩莎、嘉俊、博德等。由此可以看出，由于本土消费者对洁具、瓷砖的选购要求不断增强，兰州市场同样是一个品牌主导的市场。

而陈官营陶瓷批发市场这个兰州最大、最早的陶瓷市场，却是典型的摊位制传统市场，里面聚集了来自广东、山东、四川、内蒙古及本土陶瓷企业的产品，大大小小的商铺林立，品牌混杂，这个由原西固陶瓷玻璃批发市场逐步发展而成的陶瓷市场，目前有3大贸易区，除瓷砖、洁具外，还有部分石材、涂料等建材产品，大都装修简单，人气较旺，也是辐射西北周边市场的批发基地。但卖场环境、入驻品牌和产品档次却明显低于东部兰海市场。在陈官营陶瓷市场，闻所未闻的品牌比比皆是，这里的产品除了来自广东、华东外，更多是来自山东、四川、内蒙古及本土企业，价格非常透明，竞争异常激烈，完全就是一个由价格主宰的大卖场。

不同市场面对的是不同的需求。在兰州市场，高端市场运作会越来越规范，低端市场也有它的市场所在。换言之，无论是高端产品还是中低端产品，它总能找到属于它的市场。

【产品流通篇】

目前兰州建材市场仍以抛光砖、瓷片产品的需求量最大。外墙砖方面，由于西北城市的墙体外立面大量使用涂料，外墙砖的市场份额不高。此外，由于消费者认知度不高，仿古砖销量也表现一般；个性砖、抛晶砖只是工装或家装项目中的点缀，销量极少。

2012年微晶石、全抛釉等喷墨产品很受一些高端消费者的欢迎，这两类产品将在兰州市场上得到更大的推广和普及。一方面，微晶石、全抛釉等新兴产品是当前陶瓷砖产品处于微利时代下经销商营利的重点产品；另一方面，虽然全抛釉产品的价格高于其他产品，但由于它兼得抛光砖和仿古砖优势，很快为兰州部分有经济实力的消费者所认可和接受。

在兰州市场，一些贴牌的和仿造的卫浴产品主要集中在甘肃荔昌陶瓷市场、甘肃鸿安家居广场以及陈官营陶瓷批发市场。而TOTO、科勒、法恩莎、高仪、席玛、尚高、箭牌、杜菲尼、欧路莎、澳斯曼等国际、国内知名品牌都集中在兰海陶瓷洁具广场、雁滩家具家居，总而言之，在兰州市场，国内品牌的影响力要高于国际品牌。目前传统卫浴产品在兰州市场占的比重最大，智能卫浴的销量相对较少，整体卫浴方面，由于价格较高，加之很多消费者反映不易打理，所以整体销量不大。

【城市前瞻篇】

据了解，兰州新区位于兰州北部秦王川盆地，地处兰州、西宁、银川三个省会城市共生带的中间位置，是国家规划建设的综合交通枢纽，也是甘肃与国内、国际交流的重要窗口和门户，距兰州市区38.5公里，距西宁198公里，距银川420公里。规划面积806平方公里，辖永登、皋兰两县五镇一乡，现有总人口10万人。其总体目标是成为国家战略实施的重要平台，西部区域复兴的重要增长极，兰州城市拓展的重要空间。根据规划，截至2015年，该区域GDP达到500亿元左右，2030年GDP达到2700亿元左右。

兰州新区获批为第五个国家级新区，为兰州乃至甘肃全省的发展都注入了一剂强心针。兰州新区根据资源和生产要素禀赋、区位条件以及新区在甘肃省乃至西北地区发展中所承担的功能，在未来将发挥着重要的作用。

据了解，设立兰州新区，这也是构建我国“新西三角”经济圈的需要。“新西三角”经济圈，是指重庆联合成都、西安和兰州，建立以重庆为中心的成渝城市群和以西安为中心的关中城市群、以兰州为中心的西兰银城市群为核心的西部地区大经济实体。

有关专家表示，“新西三角”经济圈可以形成与东部地区相当的经济总量，形成我国东中西相平衡的战略格局，让西部特别是西北欠发达地区与全国人民一道跨入全面小康地区具有重大意义。同时，也可成为为继珠三角、长三角和京津冀之后又一经济增长极。

二、西安：建材市场过度膨胀竞争加剧，陶瓷卫浴产品结构变化明显

千年古都—西安，古称“长安”“京兆”，是世界四大文明古都之一，也是中国历史上建都时间最长、建都朝代最多、影响力最大的都城。作为副省级城市和陕西省省会，西安历史文化底蕴深厚，是中华文化的代表区域之一。西安还是国家西部地区重要的知识技术创新中心，欧亚大陆桥中国段和黄河中上游地区中心城市，中西部地区最大最重要的科研、高等教育、国防科技工业和高新技术产业基地。2011年国务院颁布《全国主体功能区规划》，西安被定位为全国唯一的“历史文化基地”城市。

西安北临渭河、南依秦岭，面积9983平方公里（2011年），人口846.78万（2010），辖9区4县。西安地处中国陆地版图中心和中西部两大经济区域的结合部，是西北通往中原、华北和华东各地市的必经之路。在全国区域经济布局上，西安作为新亚欧大陆桥中国段——陇海兰新铁路沿线经济带上最大的西部中心城市，是国家实施西部大开发战略的桥头堡，具有承东启西、连接南北的重要战略地位。

近年来，西安经济始终保持高速发展态势，特别是“省市共建大西安”发展战略的实施，“西咸一体化”进程加快，西安城市建设亦步入快车道。经济的发展和城市的扩容，为西安建材家居业注入了一支“强心剂”，也推动了建材家居市场的跨越发展。

【市场概述篇】

近年来，西安经济始终保持高速发展态势，经济增长连续9年保持了13%及以上的速度。特别是2012年，随着“西咸一体化”战略的实施，城市面积迅速扩大，建材家居业迎来难得的发展契机，也成为建材家居市场迅速膨胀的一年，西安目前聚集了4家大明宫建材家居城、4家红星美凯龙、大明宫建材家居批发基地、居然之家、东方美居建材灯饰城、世纪金花美居生活家、原点新城家居城、金茂建材市场等建材家居市场近20家，初级建材市场不计其数，特别是太华路北二环到北三环两侧，规模不

大的建材市场一家挨着一家。

随着成立于 1993 年的老大明宫建材市场拆迁，传统卖场日渐式微，被快速扩张的大明宫建材家具城、红星美凯龙等高端卖场所取代。虽然传统建材市场整体来说竞争力大大减弱，但由于都是中低端品牌，具有较强的价格优势，对普通大众消费者仍然具有很大的吸引力。

【品牌观察篇】

目前，西安市场几乎涵盖了整个陶瓷行业所有品牌和所有陶瓷产地的产品。诺贝尔、宏陶、威尔斯、金意陶、新中源、冠珠、东鹏、鹰牌、马可波罗、简一、博德、嘉俊，高仪、杜拉维特、科勒、TOTO、美标、箭牌、法恩莎、中宇、九牧、恒洁、富兰克等知名瓷砖、卫浴品牌在西安均设有专卖店，其中，大部分品牌均有三、四个专卖店分布于几个主流市场，中小品牌的数量则难以统计。从总体来看，西安高端建材家居市场以广东品牌、福建品牌为主，但广东品牌依然占有绝对优势，依然是市场的主导力量。

【产品流通篇】

据 2012 年全国各省市建筑卫生陶瓷产量统计数据显示，1-6 月全国陶瓷砖产量为 42.8334 亿平方米，同比增长了 3.8%，而作为西部重要陶瓷产区的陕西以 59.3% 的增速位居全国第一。同时，又紧邻河南、湖北、四川等陶瓷卫浴产区，资源非常丰富。

仿古砖、全抛釉等高端陶瓷产品增幅明显，已经成为主流产品。但从总体销量来看，抛光砖依然最大，总量应该占到 60% 左右。 而微晶石登陆西安不久，由于价格相对较贵，市场接受度低，还处于推广阶段。马赛克、艺术砖等个性化产品在高端一站式卖场均可见到，但用量较小，仅限于部分别墅小区和高端消费场所。

西安的卫浴品牌数量庞大，各个高端陶瓷家居卖场都单设有卫浴品牌楼层，科勒、TOTO、箭牌、法恩莎、中宇、东鹏、恒洁、安华、美标、摩恩、恒洁、浪鲸等国内外品牌均在西安设有专卖店，且店面面积都比较大。

据了解，西安消费者在选购家居产品时更加注重的是经济实惠，因此，传统卫浴仍占据西安市场的绝对主导，且多以单品购买为主。而价格偏高的智能卫浴接受程度偏低，整体卫浴的消费则有一定提升。不过整体卫浴、智能卫浴是未来的方向，将来会逐渐被普通消费者所接受。

【城市前瞻篇】

近年来，特别是西部大开发战略实施以来，西安的发展不断加快，城市面貌正在发生日新月异的变化，经济社会进入了加速发展、加速提升的新阶段。

尤其在城市建设上，过去五年，西安建成区面积从 261 平方公里增加到 415 平方公里。完成市行政中心搬迁，确立了主城区、3 个副中心、5 个组团和 60 个重点镇的城镇体系。仅 2012 年，城市建设投资就高达 235 个亿。近日，陕西省提出了“省市共建大西安”的发展战略，为西安城市发展提供了良好的机遇。陕西省委、省政府出台的《关于省市共建大西安、加快推进创新型区域建设的若干意见》显示，大西安包括西安行政区域、咸阳城区和西咸新区，力图通过推进“西咸一体化”，加速城市化进程。

为加快“大西”安建设，陕西省将从财政税收、投资金融、土地指标等方面加大政策支持力度，特别是在资金投入方面，今后 5 年陕西省财政直接支持大西安建设的资金将超过 120 亿元，同口径增加两倍多。另外，通过调整城市设施配套费收费标准，还可使西安新增收入 60 余亿元。同时，明确提出今后五年的发展目标，到 2017 年，使西安城市竞争力在全国同类城市群中排位显著提升，初步建设成为一体化发展的国际化大都市、创新驱动的现代产业聚集区、文化生态大融合的国际旅游目的地和开放包容的内陆开放开发高地。这些政策和措施，已然预示着西安城市发展将实现的跨越。

三、银川：房产限购遏制外来人口购房，旧城改造影响卖场片区分布

银川，宁夏回族自治区首府，下辖3区（兴庆区、金凤区、西夏区）、2县（永宁县、贺兰县），代管一个县级市（灵武市），全市总面积9491平方公里，其中城市建成区至2011年为126.38平方公里。常住人口202.57万，城镇人口占150.67万，大部分为汉族，回族约48.17万。

银川是新亚欧大陆桥沿线的重要商贸城市，位于“呼-包-银-兰-青经济带”的中心地段，也是宁蒙陕甘周边约500公里范围内的区域性中心城市，区位优势明显。银川交通便捷，现已形成了公路、铁路、航空为主的立体交通网。4条国道、4条省道从境内穿越。银川至青岛、丹东至拉萨、银川至福州高速公路在银川汇聚贯通，机场高速、环城高速公路建成使用。包兰铁路纵贯银川南北，成为银川经济发展的大动脉。

银川是全国著名的移民城市，新中国成立以后曾有三次大规模的移民潮。1952-1954年，北京市政府组织一批移民前来援助建设，称为“北京移民”；1956-1958年，国家为支援当地经济建设，从外地调来了很多支宁干部，仅上海支宁的“文教大队”就来了三批，大约有一万人。同时，沿海许多大厂也迁到内地银川，此次迁徙有职工及家属达10万人之多，为银川最大的一次外来人口迁徙；知青下乡高潮中，浙江一大批青年知识分子在此安插落后，此为第三次移民潮。改革开放之后，更有许多外省人口来此打工、经商。大半个世纪的移民潮促进了当地的文化融合，也养成银川极具包容性的城市性格。源源不断的移民在支援当地建设的同时，也激活了消费市场，并一度成为当地购房的有生力量。

【市场概述篇】

长城装饰材料市场、月星家居、红星美凯龙等卖场分布在兴庆区，这些卖场交通便利，地理位置优越，客流量大。长城装饰材料市场位于长城东路与丽景南街交叉口，附近有兴隆洁具市场，红星美凯龙生活馆，对面有三森国际家居博览中心以及兴隆水暖市场等，是当地发展最早的建材市场。至如今，长城东路——丽景南街一带已成为银川市重要的建材卖场片区，成为当地人购买建材产品的首选之地。长城装饰材料市场经营方式粗放，市场布局不合理，各片区缺乏统一规划，呈现出极为落后的市场形态。即使如此，此地仍不乏一些知名陶瓷、卫浴品牌入驻。东鹏洁具、恒洁卫浴、欧派橱柜等知名品牌在此地均有店面。与此同时，随着城市的扩容发展，长城装饰材料市场所在地的区位优势越来越重要，人流越来越密集，每天进行货物批发的来往车辆给当地造成巨大的运输压力，长城装饰材料市场或将搬出老城区、另谋发展。

西夏建材城的入驻商户多位分销商。市政府把西夏区的建设作为带动城市发展的一股重要力量，然而一直以来西夏区都没能够聚集起充足的人流量，在此新城购房的市民更是少之又少。另一方面，新一轮房产政策对于该地城区建设也起到间接的遏制作用，少人问津的建设情况更是致使西夏区的城市配套建设缺乏原动力。西夏建材城或将承接长城装饰材料市场的周边转移，成为主营建材产品批发业务的新片区。然而如何聚集起客流量依旧是个困扰人心的问题。

【产品流通篇】

位于兴庆区丽景南街—新华东街的月星家居一带，则是银川另一个比较重要的建材市场片区。月星家居汇聚了嘉俊陶瓷、简一大理石、大自然地板等知名家居品牌，市场定位比较高端。许多国外著名的陶瓷、卫浴、木地板品牌均有入驻。

当地陶瓷市场仍以抛光砖为主流，逐渐崛起的全抛釉则显示当地人对该产品的热情正逐渐升温。相对于抛光砖而言，全抛釉花色更丰富，纹路更逼真，其能达到的效果也更加多样，全抛釉无论作为一种中端产品或者高端产品都得到更多消费者的认可，然而微晶石的价格虽然一再下降，在当地依然很难推广。很大程度上与其说是因为价格过高，倒不如说其产品本身的耐磨度、硬度等参数都仍待提高。

卫浴产品之不同于陶瓷产品，除了比较注重外部形态之外，功用属性更加重要。在消费观念较为落后的西北城市，卫浴产品的工业设计乃至装修过程中的空间设计都停留在消费需求尚待激活的层面，然而产品质量如何、性价比如何，则成为最被看重的衡量标准。这种对产品风格、空间设计的普遍重视不够，也导致整体卫浴在银川市场的推广难见效果。

【城市前瞻篇】

银川是新亚欧大陆桥沿线的重要商贸城市，位于“呼 - 包 - 银 - 兰 - 青经济带”的中心地段，也是宁蒙陕甘周边约 500 公里范围内的区域性中心城市，区位优势明显。银川交通便捷，现已形成了公路、铁路、航空为主的立体交通网。4 条国道、4 条省道从境内穿越。银川至青岛、丹东至拉萨、银川至福州高速公路在银川汇聚贯通，机场高速、环城高速公路建成使用。包兰铁路纵贯银川南北，成为银川经济发展的大动脉。另一方面，银川市区内部则有着城市体量小，消费群体偏小，整体工资水平等不足。在这种情况下，“立足银川，辐射周边”成为当地政府最为提倡的一种思路，也是建材经销商深挖市场的必由之路。

房产限购令颁布以来，银川市区内的房地产市场大受遏制，在建工程及新启动项目明显减少，移民人口购房受限。从另一个角度看，依靠外来人口激活本地经济发展却是银川市发展的一个不争事实。以后无论城建发展抑或房地产市场，依然需要向外部“借力”，完善城市形象，提高城市影响力，改善本地投资环境就成为其必须努力的方向。

老城改建、新城开发的进程，则导致一些旧有片区的功用属性发生改变，这种改变是缓慢的、某种程度上仍是不甚明朗的，然而却是不可逆转的。本地政府考虑到生态环境的需求，也势必朝向功能片区化方向努力、借以缓解中心城市的生态压力，这些都决定了当地泛家居市场的生存势必也沿着“立足银川，辐射周边”的总体思路往前发展。

四、乌鲁木齐：建材市场三足鼎立，差异定位各有份额

乌鲁木齐到 2020 年城市人口将达 500 万，城市发展将“南控、北扩、先西延、后东进”。乌鲁木齐位于新疆维吾尔自治区中北部，行政区总面积 1.42 万平方公里，全市 2010 年常住人口 311 万，全市人口中，族人口占总人口的 74.91%，各少数民族占 25.09%。现辖 7 区 1 县，2 个国家级开发区和一个出口加工区。乌鲁木齐是我国五个省区民族自治区域之一的新疆的首府，是全疆政治、经济、文化的中心，中国西部对外开放的重要门户，新欧亚大陆桥中国西段的桥头堡，地处亚洲大陆地理中心，是欧亚大陆中部重要的都市。

【市场概述篇】

乌鲁木齐目前有三个主要的建材市场，分别是位于水磨沟区的华凌陶瓷洁具城、新市区的木材厂、广汇美居物流园。

其中广汇美居总占地面积 1060 亩，规划建筑面积 134 万平方米。一期已开发土地面积 600 余亩，建成经营面积 71.36 万平方米，于 2003 年 12 月 7 日开始试营业。目前经营的品类有陶瓷卫浴、办公家具、电器、橱柜、灯具以及地面材料等，尽管起步最晚，但广汇美居目前俨然是乌鲁木齐建材市场的风向标。其进驻的陶瓷卫浴品牌皆为国内目前的一二线品牌，高端定位极为明显。其购物环境也有别于另两个建材市场。

华凌陶瓷洁具城建筑面积达 30 万平方米，是新疆最早的商场式建材卖场，定位中高端，汇集新疆所有的中高端品牌，由于代理佛山品牌为主的闽商占据该市场 70% 以上的比例，在华凌选购陶瓷就仿佛在佛山一般。其一度曾是乌鲁木齐市场上陶瓷卫浴产品购买的首选之地。

木材厂市场相对于前两家有着强势背景的卖场而言，在环境、管理上均无法相提并论。这一市场最

初由经销商们自发形成，随后木材厂经过转制最终有了现在木材厂的经营规模。目前在华凌、广汇的部分经销商总部也设于此。在木材厂，大部分以低端品牌、批发为主。

商场式的华凌、美居，与传统摊位制的木材厂因各自定位不同而形成了差异化竞争，对原本市场容量并不大的乌鲁木齐来说，是较为理性的布局。

【品牌观察篇】

闽商作为最早将陶瓷卫浴产品带入乌鲁木齐乃至新疆全域的群体，因其在早期首先引进了佛山陶瓷品牌，并在随后的发展过程中，佛山陶瓷的区域效应愈加凸显，在乌鲁木齐，佛山品牌是绝对主流。除了东莞的马可波罗以及华东的诺贝尔在乌市拥有较强的影响力外，东鹏、蒙娜丽莎、鹰牌、罗马里奥、强辉等单品牌企业，以及宏宇企业、新明珠集团、新中源集团、顺成陶瓷等旗下品牌均在乌市占有一席之地。在乌鲁木齐市场，国外陶瓷品牌几乎不见踪迹，这与其他省会城市也形成了区别。

卫浴产品相对而言，在三个市场中的品牌大相径庭。一二线卫浴品牌如科勒、TOTO、箭牌、东鹏、法恩莎、美标、英皇等基本集中于广汇美居。华凌市场多为潮州、福建的卫浴品牌。而在木材厂，除了一两家卫浴企业的总部之外，卫浴品牌并不多，但一些模仿知名品牌的名字不时进入视线。

【产品流通篇】

在乌鲁木齐，抛光砖占据较大的市场份额，瓷片销量也依旧很大，这与乌鲁木齐目前经济发展水平有关。乌市人均收入相差悬殊，富有阶层现在对全抛釉的接受度相对较高，但由于高消费人群较少，更为高端的微晶石在乌市难以普及。因为少数民族特色鲜明，对乌市的汉族人群影响也较大，在乌市，女性普遍喜爱色彩艳丽、花色繁杂的物品，因此乌鲁木齐市场上仿古砖产品，尤其是传统的田园风仿古砖品牌不在少数，伊莎、劳伦斯等品牌在华凌、广汇等均有专卖店，乌鲁木齐市场对于个性化产品的接受度相对较高。另外，抛晶砖类产品在乌市基本难寻踪迹，马赛克类的个性艺术砖虽然店面较多，但销量都不大，且无品牌专卖。

乌鲁木齐的整体卫浴销售，即一站式购齐卫浴用品的消费者占大多数，只购买单品的消费者较少，此外，智能卫浴目前在乌市还停留在概念上，主要还是以传统卫浴产品销售为主。

【城市前瞻篇】

根据公示的《乌鲁木齐城市总体规划》显示，到2020年，乌市的市域范围总面积为13787.6平方公里，下辖七区一县。其中，中心城区总面积1507平方公里，包括安宁渠镇、古牧地镇、铁厂沟镇、芦草沟乡、头屯河农场、三坪农场、五一农场、西山农场、104农场和乌昌路街道办事处。2020年，乌鲁木齐市域人口500万人，其中，中心城区人口将达到400万人左右，建设用地控制在500平方公里以内，人均建设用地125平方米。

届时，乌市规划市域城镇体系空间结构为“双轴、一城、一区、两群、多点”。“双轴”为沿兰新铁路和312国道形成主要城镇发展轴和沿216国道形成次要城镇发展轴；“一城”即乌鲁木齐城市及郊区；“一区”即乌鲁木齐市甘泉堡工业区；“两群”即南山、达坂城两个城镇组群；“多点”即市域内其他多个独立工矿和城镇型居民点。

此外，城市用地将按照“南控、北扩、先西延、后东进”的原则。向南严格控制，优化和整治；向北为主要发展方向（即目前广汇美居所在区域）；向西在保障生态和地质安全的前提下适度拓展；向东强化与市域北部地区的协调，预留发展空间。

五、西宁：房市蓬勃发展激活建材产业链

西宁，青海省省会，下辖四区三县五十个乡（镇），市区面积350平方公里，人口222.80万，为青

海省第一大市。市区海拔2261米，气候宜人，是消夏避暑胜地，有“中国夏都”之称。优越的自然、气候条件使西宁成为西北不可多得的宜居城市之一，吸引周边城市人群纷纷在此购房、旅游，从而刺激了本地房产市场的蓬勃发展。

西宁是典型的移民城市，多民族聚集、多宗教并存。地处黄土高原与青藏高原、农业区与牧业区、汉文化与藏文化的三大结合部，是青藏高原唯一的人口过百万的中心城市。常住人口中除汉族以外，还有土、回、藏、撒拉等少数民族，少数民族人口54.36万，占总人口的25.55%。这种多元化的消费群体构成促使本地的建材终端发育具有非常明显的地域色彩。深居西北内陆所导致的交流不便则进一步助长了这种市场发育的独特性。

【市场概述篇】

西宁房地产市场的发展与东部城市相比，呈现出明显的滞后性。前几年，在东部及中部城市迅速发展的时候，西宁房市却仍在萌芽状态。如今内地房市渐趋饱和、房产限购政策收紧，西宁却迎来了房产市场的春天。这几年，城建脚步加快产生了巨大的建材产品缺口；随着外来人口的涌入，住房刚需也保持强劲发展的势头。

从市场分布上看，北山家居、湟水河建材市场、朝阳建材市场以及家美家居等几个主要建材市场连片分布在城北区。其中北山家居、湟水河建材市场等均是成立时间比较早的老市场，入驻品牌繁杂，既有马可波罗、金意陶、蒙娜丽莎这样的佛山知名品牌，也散布着来自江西、四川等地的低档砖。整个建材市场缺乏布局，不同功能的片区杂乱分布。当北山家居、湟水河建材市场满足于粗放经营的同时，一些具有前瞻性思维与专业眼光的新势力已经悄然兴起。诸如家美家居、朝阳国际这样的高端建材卖场的出现，正体现了这一潮流。一些总部设在北山家居精品超市的实力品牌，原本即有着店面升级的需求，于是在出现这种高端卖场之后纷纷入驻。从粗放经营的建材市场到标榜一站式服务的大型专业化商场的转变，体现出本地卖场的升级脉络，也昭示出消费群不断成熟的品牌认知意识。与此同时，一些佛山知名品牌诸如东鹏、欧神诺、金舵等更是纷纷在朝阳国际建起都座的大型体验店，规模气势足可与总部展厅相媲美。

西宁建材市场有如此大的规模和潜力，一方面是因其人口多、城市规模大，另一方面则是由于其比较高的城市化率（官方统计约65.44%）。高质量的消费群不仅确保了住房刚需，也为建材终端品牌化操作提供市场依据。

【品牌观察篇】

北山家居、湟水河建材市场、朝阳建材市场等几个老牌市场发现，广东品牌的瓷砖占据绝对优势，其他来自四川、山东、河南等地的中低档砖也占据一定市场份额。市场布局原始粗放，中低档产品分布混乱。位于城北区的朝阳国际建材市场聚集了诸如东鹏、欧神诺、金舵、卓远等广东品牌，并且均为独栋体验馆。而家美家居也同样汇聚起诺贝尔、马可波罗、罗马里奥、欧神诺等实力品牌。这些成立相对较晚的建材卖场，无论是入驻品牌档次、操作运营或者店面形象，均展现出更加专业化的精神面貌。可以想见，随着这些新兴势力的崛起，整个西宁建材市场的层次都将得以提升。而只有通过这种终端的品牌化操作方式，才能完成整个行业的品牌化之路。

【产品流通篇】

西宁作为一个移民城市，到目前为止每年仍有充沛的外来人口进入，使得本地住房刚需一直保持着强劲的增长势头。无论居民家装需要，还是一些工装房项目，其对应的产品仍以抛光砖为绝对主流，而西宁市200多万的人口以及源源不断的外来移民也以消费该类产品为主导。另一方面，城市配套的发展，诸如咖啡馆、酒吧之类特色空间的跟进，则促进了仿古砖的发展。对于微晶石而言，西宁建材市场并没有什么积极的反应。由于本地消费群体构成复杂，多民族人口占据较大比重，表面光亮的微晶石并不符合这一消费群体的审美习惯。

智能产品一直以来被生产厂商视为卫浴行业发展的大势所趋，然而由于各种原因，其在终端的推广却并不顺利。智能产品价格高，结构复杂，后期维护难，一旦出故障维修成本比较高。由于西宁地处偏远，一些专业化的维修团队难免有些跟不上；另一方面，当地的水质问题也成为限制智能产品普及的重要原因。

【城市前瞻篇】

西宁地处青海省东部，黄河支流湟水上游，四面环山，三川会聚，扼青藏高原东方之门户，地理位置十分重要，古有“西海锁钥”之称。如今，随着“西部大开发”战略的深化，西宁的地缘优势也变得愈加突出，从而给其城市发展带来重要机遇。西宁市现辖城东区、城中区（含城南新区）、城西区、城北区、海湖新区、国家经济开发区及大通、湟中、湟源三个县，总面积7649平方千米，其中市辖区面积380平方千米。截至2011年11月1日，西宁市总人口达220.87万人，占全省39.25%。是当之无愧的青藏第一大城市。

多民族聚居、多宗教并存则养育了西宁市巨大的包容性。到目前为止，西宁依然是西部重要的移民城市。这股源源不断的“移民潮”推动西宁市进入城市建设的黄金期。随着其不断壮大，兰州对西北城市的辐射力度则逐渐变小，西宁或将成为西北最重要的建材产品集散地。与此同时，西北部生态脆弱，气候恶劣等条件限制了陶瓷产业在当地的发展，建材产品比较依赖于广东、四川等地的产品供给。随着城市的发展及配套的逐步完善，这一巨大的市场缺口势必将承接东部地区相对过剩的瓷砖产能。

附　录

附录 1　中国建筑卫生陶瓷协会组织架构

中国建筑卫生陶瓷协会第六届理事会

会长：
叶向阳，中国建筑材料联合会副会长
名誉会长：
丁卫东，中国建筑卫生陶瓷协会
副会长：
王兴农，山东耿瓷集团总公司，董事长
王彦庆，唐山惠达陶瓷集团股份有限公司，总裁
卢伟坚，上海福祥陶瓷有限公司，董事长
叶荣恒，广东博德精工建材有限公司，董事长
叶德林，广东新明珠陶瓷有限公司，董事长
边　程，广东科达机电股份有限公司，总经理
刘纪明，四川省新万兴瓷业有限公司，董事长
刘爱林，佛山大宇新型材料有限公司，董事长
孙守年，山东淄博城东企业集团有限公司，董事长
许传凯，路达（厦门）工业有限公司，总经理
闫开放，咸阳陶瓷研究设计院，院长
何　乾，佛山金意陶陶瓷有限公司，董事长
何新明，广东东鹏陶瓷股份有限公司，董事长
吴声团，福建晋江市矿建釉面砖厂，董事长
吴国良，福建省华泰集团公司，董事长
张剑光，山东地王集团，董事长
杨宝贵，福建南安协进建材有限公司，总经理
苏国川，福建晋江豪山建材公司，董事长
苏锡波，广东梦佳陶瓷实业有限公司，总经理
陈　环，广东陶瓷协会，常务副会长
陈克俭，上海斯米克建筑陶瓷股份有限公司，总经理
孟令来，唐山梦牌瓷业有限公司，董事长
肖智勇，漳州万佳陶瓷工业有限公司，董事长兼总经理
林　伟，佛山鹰牌陶瓷有限公司，总裁

林孝发，九牧集团有限公司，董事长
武庆涛，北京国建联信认证中心有限公司，总经理
骆水根，杭州诺贝尔集团有限公司，董事长
徐胜昔，华窑中亚窑炉责任有限公司，董事长
贾　锋，华耐集团公司，董事长
梁桐灿，广东宏陶陶瓷有限公司，董事长
萧　华，广东蒙娜丽莎陶瓷有限公司，董事长
黄建平，广东唯美陶瓷工业有限公司，董事长
黄英明，珠海市斗门区旭日陶瓷有限公司，董事长
温建德，四川白塔新联兴陶瓷有限责任公司，董事长
谢伟藩，广东恒洁卫浴有限公司，总经理
鲍杰军，佛山欧神诺陶瓷有限公司，董事长
缪　斌，中国建筑卫生陶瓷协会，秘书长
霍镰泉，广东新中源（集团）有限公司，总裁

中国建筑卫生陶瓷协会各办事机构及分支机构负责人

秘书长：缪　斌（兼）
副秘书长：何 峰、夏高生、王　巍、尹　虹、宫　卫

行业工作部：何　峰（兼）
联络部：夏高生（兼）
信息部：宫　卫（兼）
市场展贸部：宫　卫（兼）
财务部：何 峰（兼）
培训部：缪 斌（兼）
外商企业联谊会：陈丁荣、夏高生
职业经理人俱乐部：张旗康（兼）、余 敏（兼）
青年企业家俱乐部：林津（兼）
《中国建筑卫生陶瓷》杂志编辑部：陶马龙
《中国建筑卫生陶瓷年鉴》编辑部：尹　虹（兼）、刘小明

卫浴配件分会：王　巍（兼）
建筑琉璃制品分会：徐　波
色釉料原辅材料分会：刘爱林（兼）
淋浴房分会：邓贵智
装饰艺术陶瓷专业委员会：夏高生（兼）
精细陶瓷制品专业委员会：缪　斌（兼）
流通分会：刘　勇（兼）
窑炉暨节能技术装备分会：管火金（兼）
陶瓷板分会：徐　波、刘继武
高级顾问：陈丁荣、陈 帆、史哲民

附录 2　2012 年全国各省市建筑卫生陶瓷产量统计

地区名称	卫生陶瓷		陶瓷砖	
	产量（万件）	增长(%)	产量（万平方米）	增长(%)
总 计	19971	4.05%	899260	3.35%
北 京	178	1.6%	0	0.0
天 津	46	17.5%	37	1027.2%
河 北	2717	6.7%	19359	12.9%
山 西	0	0.0	1283	-53.2%
内蒙古自治区	0	0.0	1142	1.9%
辽 宁	0	0.0	56213	15.69%
吉 林	0	0.0	550	-35.4%
黑龙江	0	0.0	42	-35.6%
上 海	339	-6.0%	1150	-18.1%
江 苏	98	116.8%	610	-56.0%
浙 江	0	0.0	9349	28.7%
安 徽	0	0.0	5512	-7.8%
福 建	609	4.2%	217068	29.54%
江 西	24	-2.4%	63934	6.9%
山 东	88	136.8%	93186	-4.1%
河 南	6466	8.35%	26959	20.7%
湖 北	1773	27.0%	36067	14.7%
湖 南	725	-2.7%	12170	230.0%
广 东	5996	-1.95%	222666	-15.4%
广西壮族自治区	253	17.0%	21731	32.8%
海 南	0	0.0	0	0.0
重 庆	564	50.2%	12305	2.5%
四 川	90	-6.0%	58213	-28.0%
贵 州	0	0.0	6952	15.1%
云 南	0	0.0	3649	23.9%
西藏自治区	0	0.0	0	0.0
陕 西	0	0.0	21035	66.2%
甘 肃	0	0.0	2371	15.1%
青 海	0	0.0	5	-36.8%
宁夏回族自治区	0	0.0	2470	-2.0%
新疆维吾尔自治区	5	23.4%	3229	8%

附录3 2012年1月～12月建筑卫生陶瓷进出口商品数量及金额

商品名称	出口商品数量					出口商品金额			
	数量单位	本月实际	本月增长率%	本年累计	累计增长率%	本月实际	本月增长率%	本年累计	累计增长率%
出口									
卫生陶瓷	万件	484.50	-12.4	5512.82	-4.2	9631.8	13.4	93347.5	10.4
1. 瓷制固定卫生设备	万件	479.81	-12.5	5456.29	-4.5	9500.2	13.6	91775.6	10.1
2. 陶制固定卫生设备	万件	4.69	0.2	56.54	42.9	131.6	0.1	1571.9	29.5
陶瓷砖	万平方米	10968.26	6.1	10862064	6.6	86652.7	75.6	635237.2	33.3
1. 上釉的陶瓷砖	万平方米	6818.72	12.2	66459.47	8.8	53016.5	104.1	361081.1	45.6
①上釉的陶瓷砖、瓦、块等	万平方米	40.94	-17.5	622.54	47.6	315.9	13.2	3636.4	39.9
②其他上釉的陶瓷砖、瓦、块等	万平方米	6777.78	12.4	65836.93	8.6	52700.6	105.1	357444.7	45.7
2. 未上釉的陶瓷砖	万平方米	4149.54	-0.3	42161.18	4.2	33636.1	43.9	274156.1	20.0
①未上釉的陶瓷砖、瓦、块等	万平方米	7.59	116.2	76.37	-49.3	108.0	405.2	789.7	41.2
②其他未上釉的陶瓷砖、瓦、块等	万平方米	4141.95	-0.4	42084.81	4.3	33528.2	43.6	273366.4	19.9
其他建筑陶瓷	吨	40972	22.6	527989	23.2	6083.8	252.1	34257.9	80.4
1. 陶瓷建筑用砖	吨	36078	26.4	488946	25.7	5571.9	251.1	31931.6	82.2
①陶瓷制建筑用砖	吨	9569	14.9	253014	57.4	120.4	77.7	1963.3	85.2
②陶瓷制铺地砖、支撑或填充等用砖	吨	26510	31.2	235932	3.4	5451.5	258.8	29968.3	82.0
2. 陶瓷瓦	吨	4740	-1.8	35405	-5.3	468.3	239.6	1978.1	45.3
3. 其他建筑用陶瓷制品	吨	153	173.6	3638	58.3	43.7	1260.9	348.2	240.8
进口									
卫生陶瓷	万件	4.35	-41.1	69.75	-21.6	310.8	-46.4	5088.9	-24.0
1. 瓷制固定卫生设备	万件	4.10	-40.1	64.96	-23.7	296.5	-40.9	4680.9	-26.0
2. 陶制固定卫生设备	万件	0.25	-53.8	4.80	24.8	14.2	-81.7	408.0	11.4
陶瓷砖	万平方米	41.19	-42.0	518.26	-16.0	607.2	-40.2	7704.8	-17.1
1. 上釉的陶瓷砖	万平方米	35.68	-23.2	411.25	-9.5	498.0	-22.2	5529.3	-15.7
①上釉的陶瓷砖、瓦、块等	万平方米	0.50	50.0	6.66	175.3	4.7	-28.0	83.5	-1.4
②其他上釉的陶瓷砖、瓦、块等	万平方米	35.18	-23.5	404.59	-10.1	493.3	-22.1	5445.8	-15.9
2. 未上釉的陶瓷砖	万平方米	5.52	-72.9	107.01	-29.7	109.3	-71.0	2175.5	-20.6
①未上釉的陶瓷砖、瓦、块等	万平方米	0.12	475.4	1.35	284.3	3.7	-52.0	53.9	35.1
②其他未上釉的陶瓷砖、瓦、块等	万平方米	5.40	-73.2	105.66	-30.1	105.6	-71.4	2121.6	-21.4
其他建筑陶瓷	吨	700	-43.6	20094	1.4	32.6	-58.0	982.9	18.6
1. 陶瓷建筑用砖	吨	98	1071.1	5181	15.8	4.6	94.4	303.0	136.3
①陶瓷制建筑用砖	吨	95	1300.3	4760	8.2	3.9	183.8	185.7	89.1
②陶瓷制铺地砖、支撑或填充等用砖	吨	2	50.2	421	462.1	0.7	-27.9	117.3	290.5
2. 陶瓷瓦	吨	602	-50.1	14598	-4.4	27.9	-54.5	618.7	-5.7
3.其他建筑用陶瓷制品	吨	0	0.0	316	266.4	0.0	0.0	61.2	37.0

附录 4　2012 年中国水龙头进出口

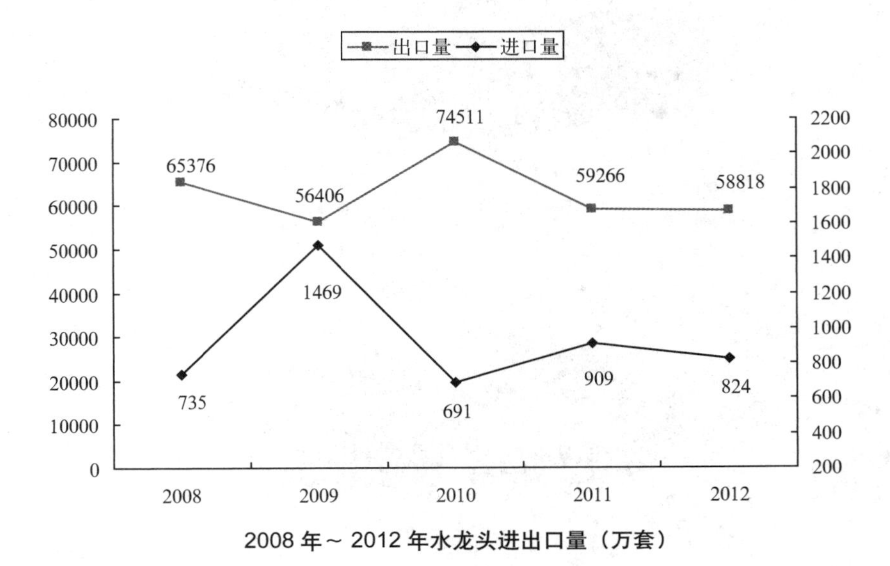

2008 年～ 2012 年水龙头进出口量（万套）

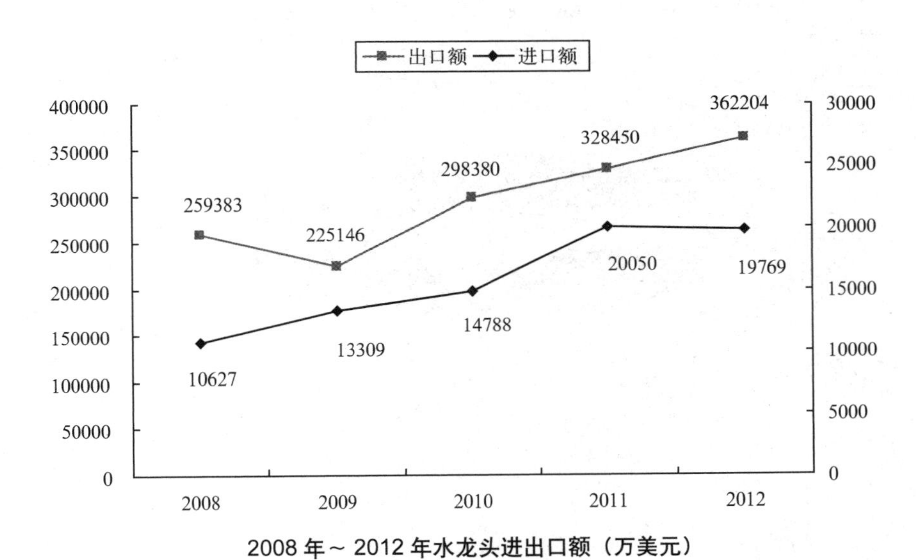

2008 年～ 2012 年水龙头进出口额（万美元）

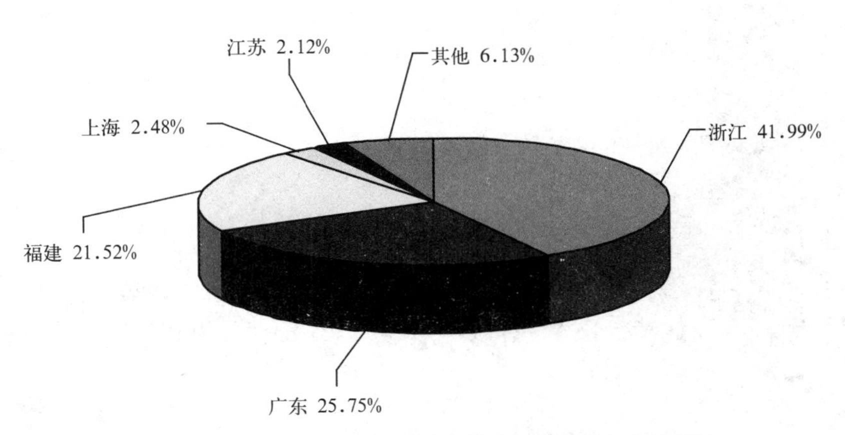

2012 年 1 月～ 12 月水龙头（出口额）各省市所占比例（%）

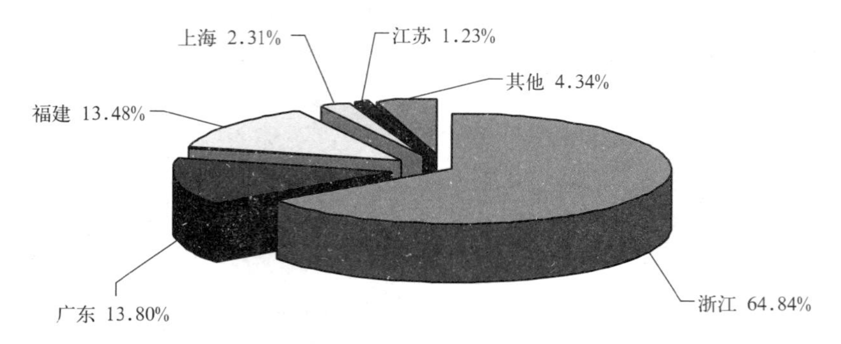

2012年1月～12月水龙头(出口量)各省市所占比例(%)

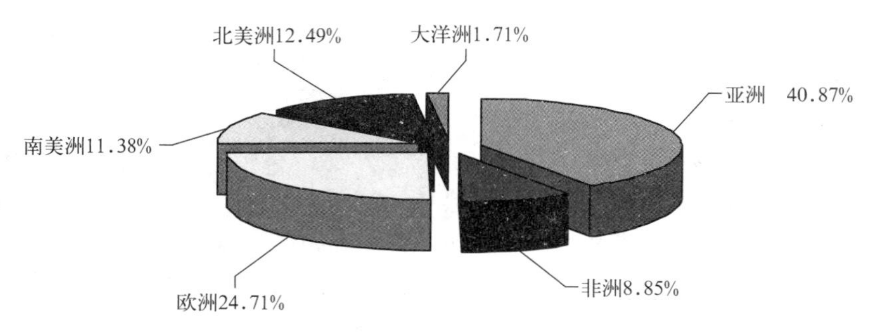

2012年1月～12月水龙头(出口量)流向各大洲所占比例(%)

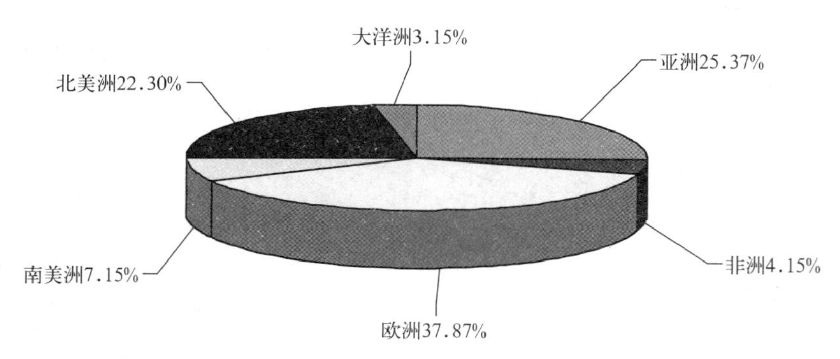

2012年1月～12月水龙头(出口额)流向各大洲所占比例(%)

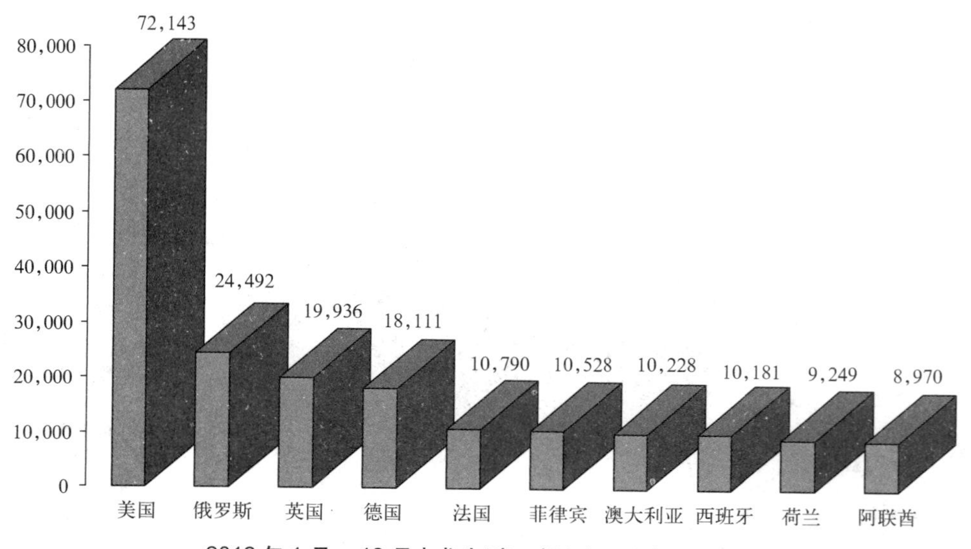

2012年1月～12月水龙头(出口额)主要流向(万美元)

附录 5 2012 年中国塑料浴缸进出口

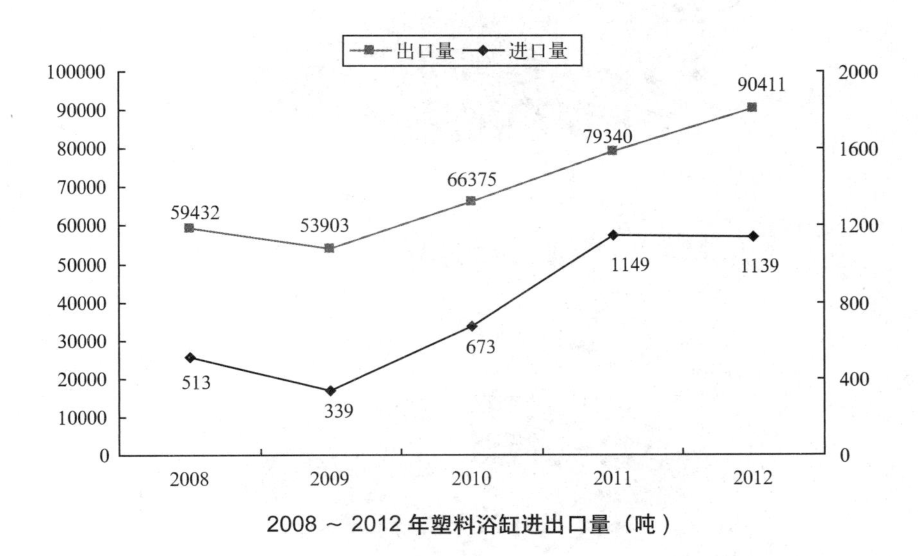

2008 ～ 2012 年塑料浴缸进出口量（吨）

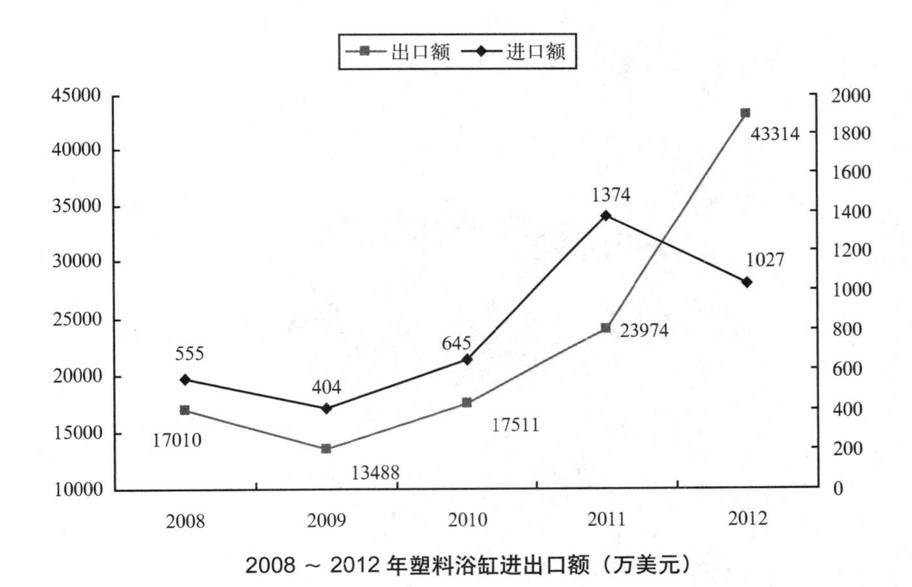

2008 ～ 2012 年塑料浴缸进出口额（万美元）

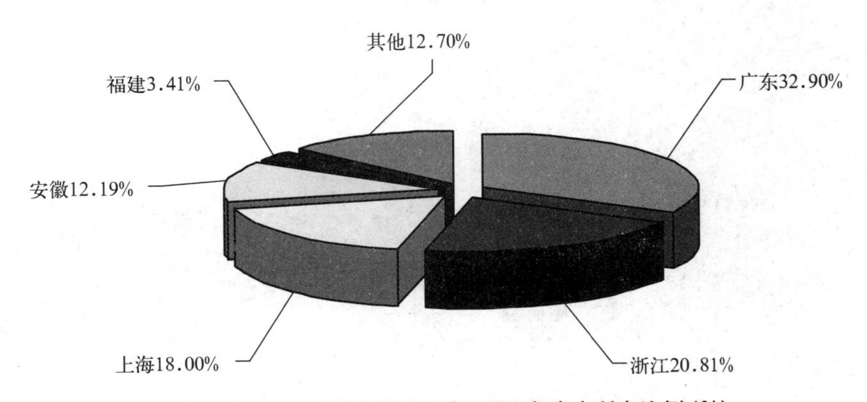

2012 年 1 月～ 12 月塑料浴缸（出口量）各省市所占比例（%）

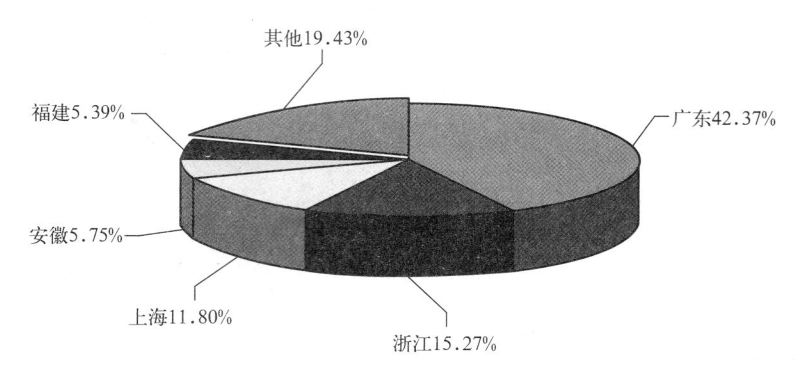

2012 年 1 月～ 12 月塑料浴缸（出口额）各省市所占比例（%）

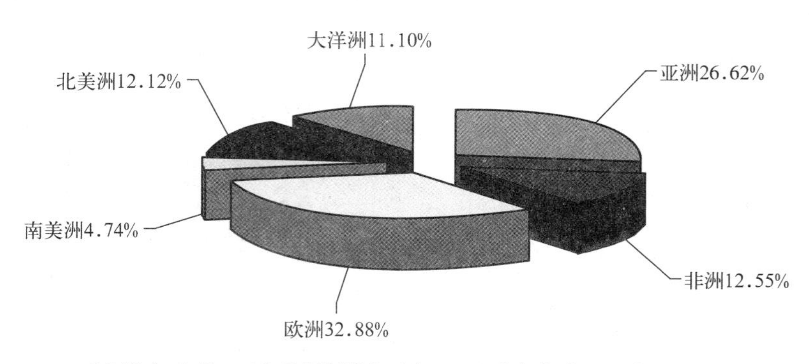

2012 年 1 月～ 12 月塑料浴缸（出口量）流向各大洲所占比例（%）

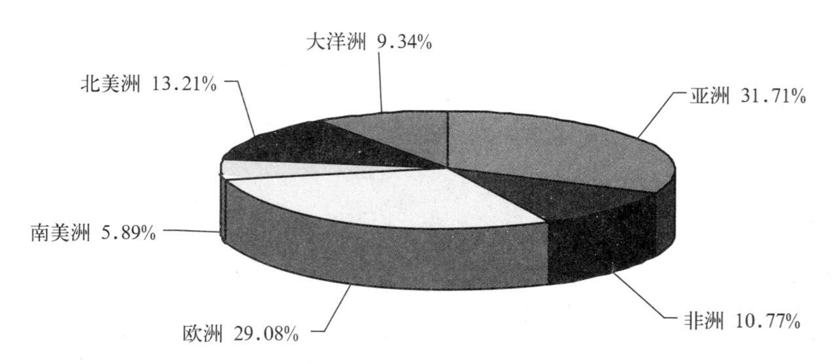

2012 年 1 月～ 12 月塑料浴缸（出口额）流向各大洲所占比例（%）

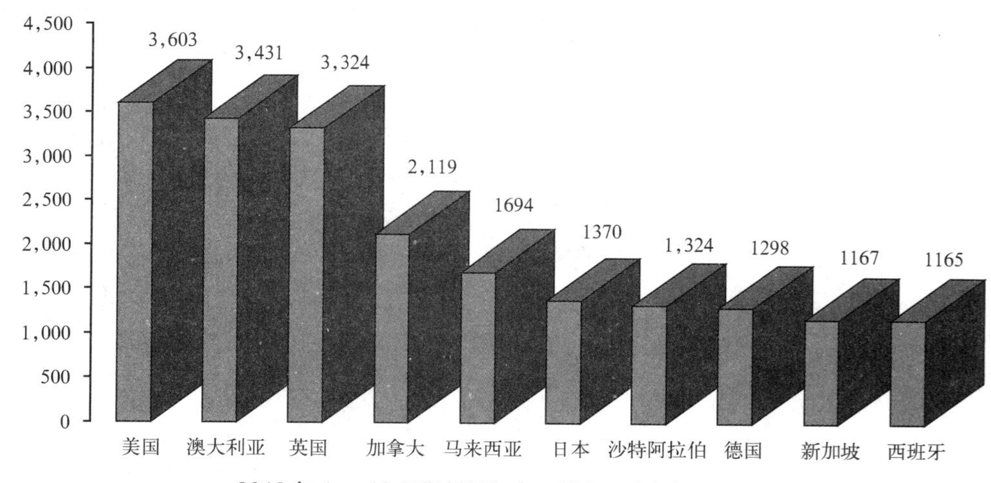

2012 年 1 ～ 12 月塑料浴缸出口额主要流向（万美元）

附录 6 2012 年中国淋浴房进出口

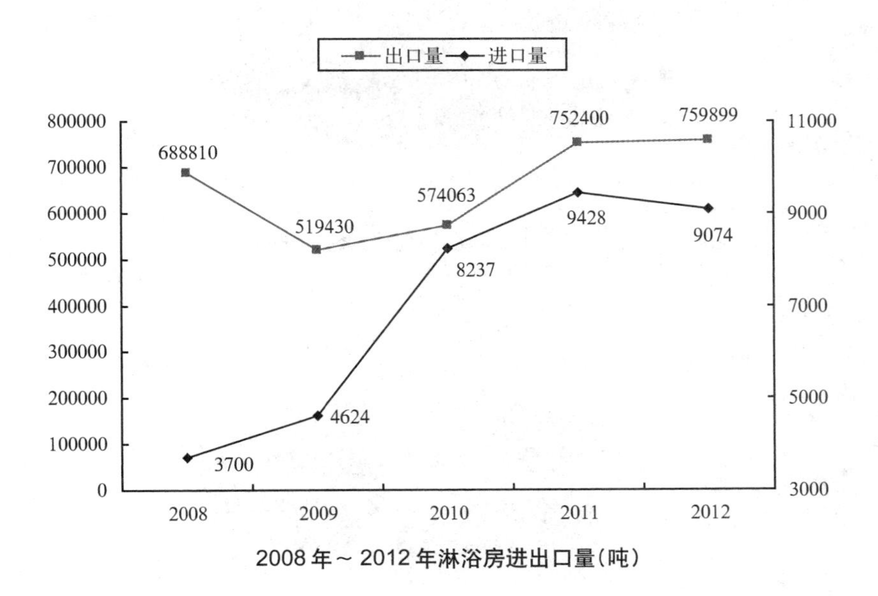

2008 年～2012 年淋浴房进出口量(吨)

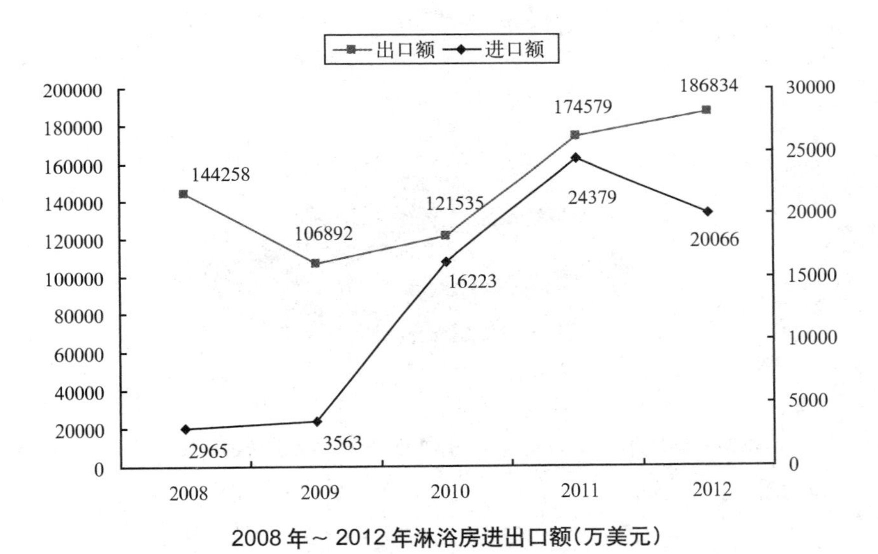

2008 年～2012 年淋浴房进出口额(万美元)

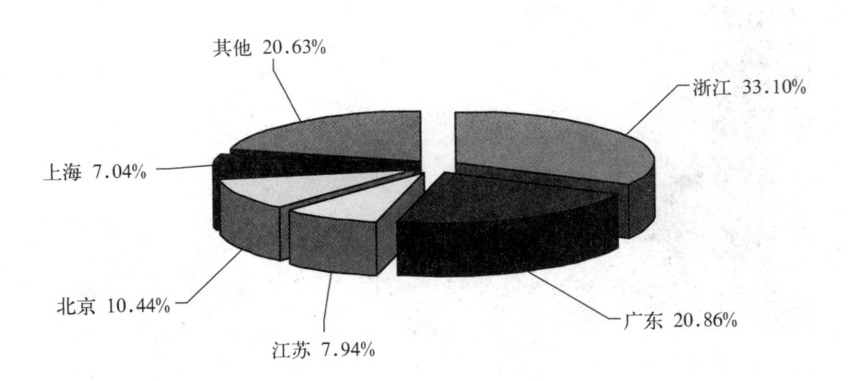

2012 年 1 月～12 月淋浴房（出口量）各省市所占比例（%）

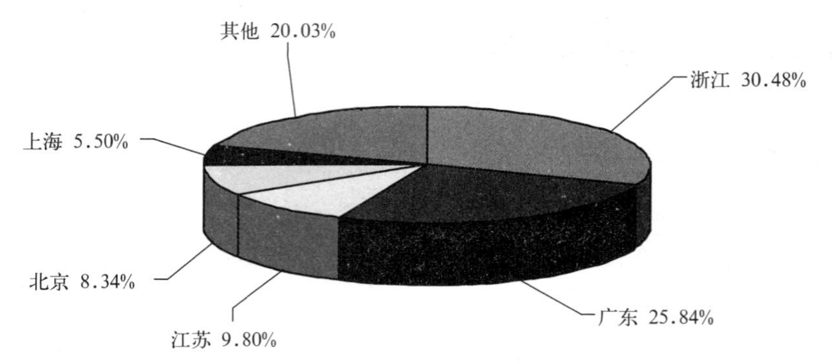

2012 年 1 月～ 12 月淋浴房（出口额）各省市所占比例（%）

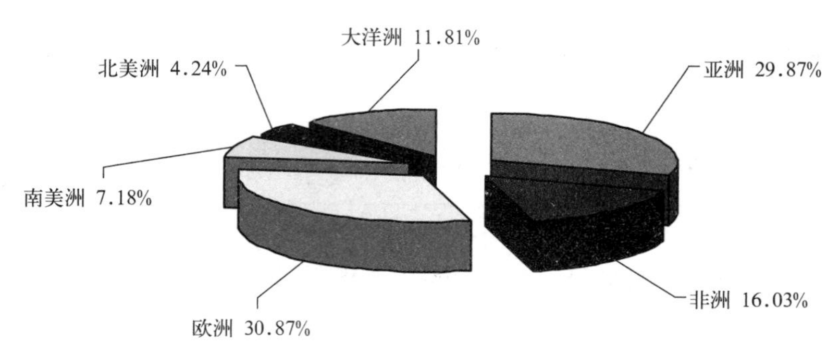

2012 年 1 月～ 12 月淋浴房（出口量）流向各大洲所占比例（%）

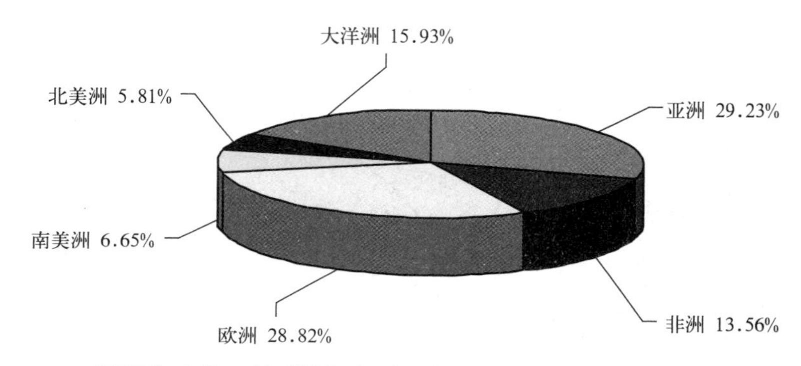

2012 年 1 月～ 12 月淋浴房（出口额）流向各大洲所占比例（%）

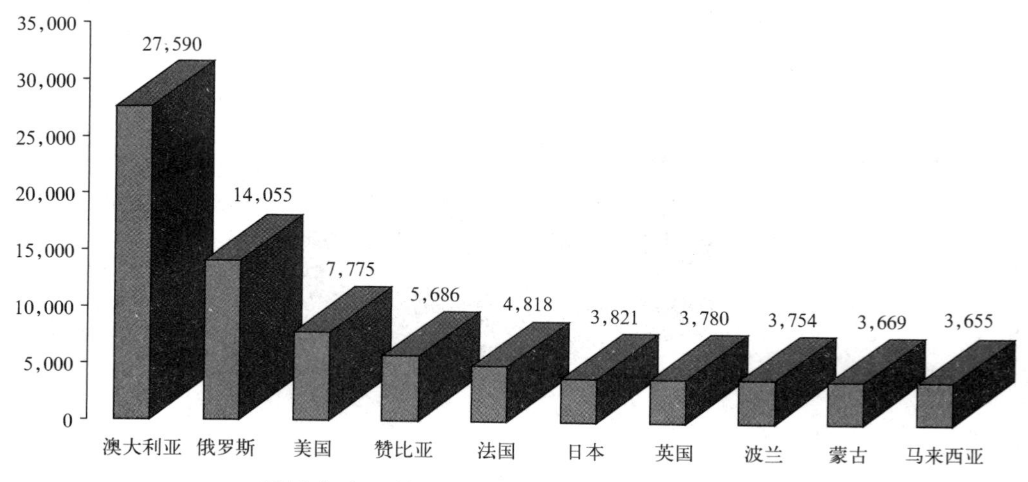

2012 年 1 ～ 12 月淋浴房出口额主要流向（万美元）

附录 7　2012 年中国坐便器盖、坐便器盖圈进出口量

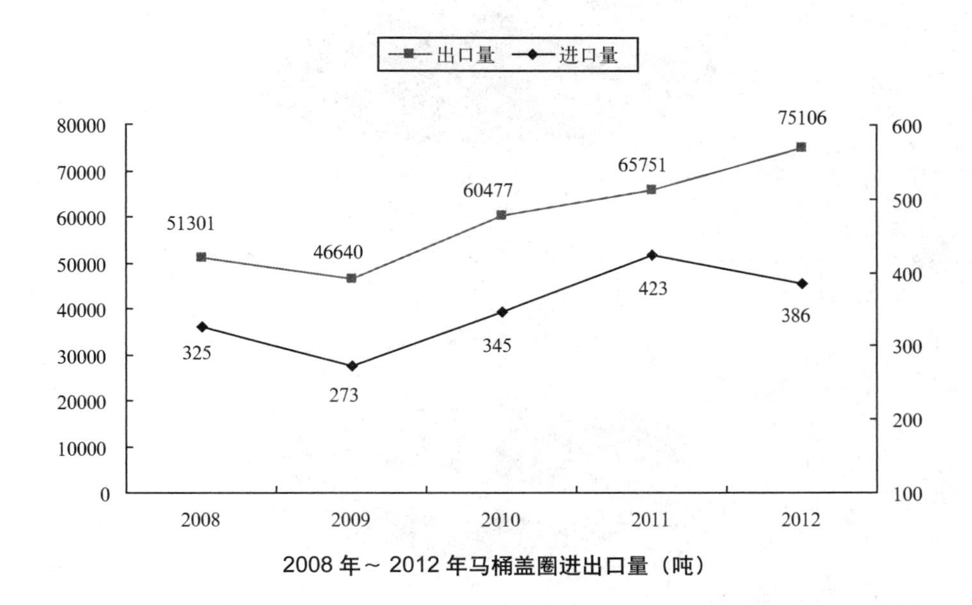

2008 年～ 2012 年马桶盖圈进出口量（吨）

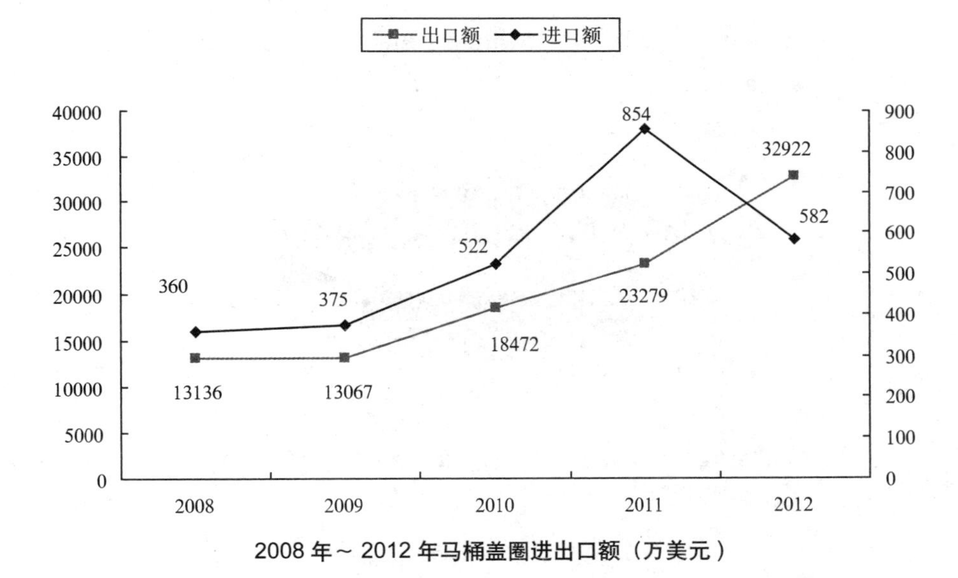

2008 年～ 2012 年马桶盖圈进出口额（万美元）

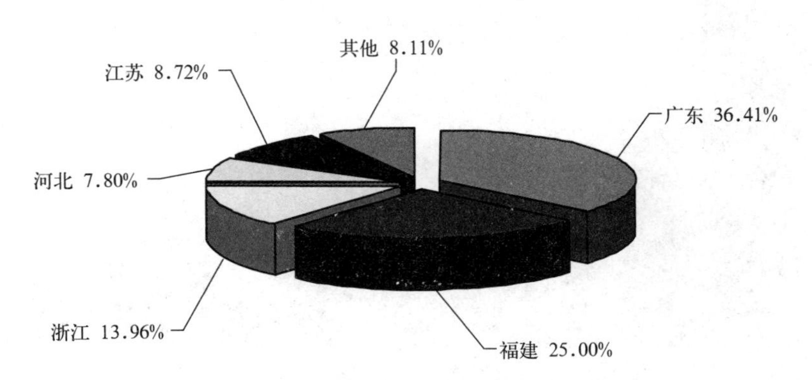

2012 年 1 月～ 12 月坐便器盖圈（出口量）各省市所占比例（%）

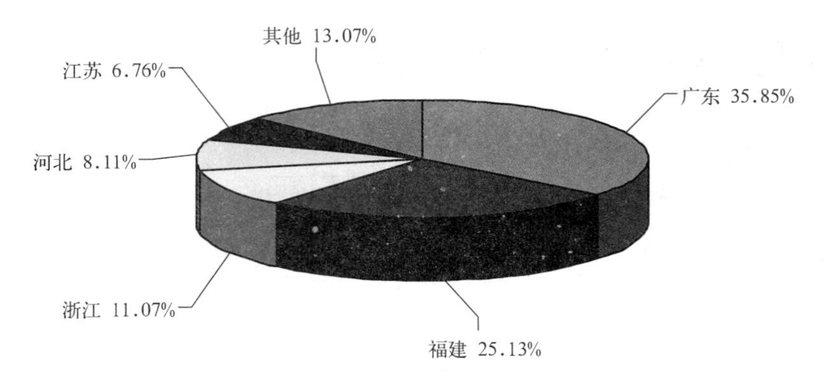

2012 年 1 月～ 12 月马桶盖圈（出口额）各省市所占比例（%）

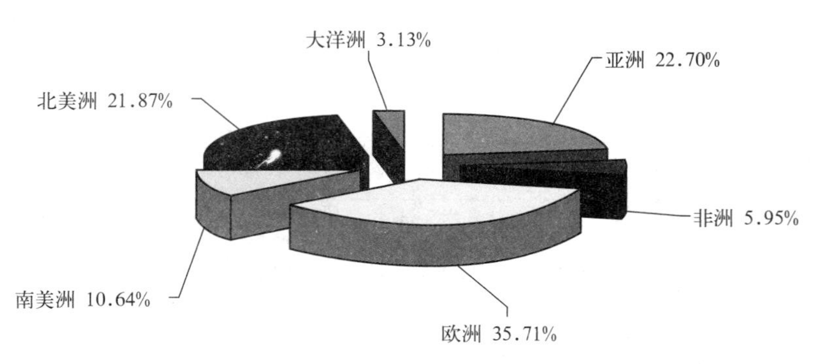

2012 年 1 月～ 12 月马桶盖圈（出口量）流向各大洲所占比例（%）

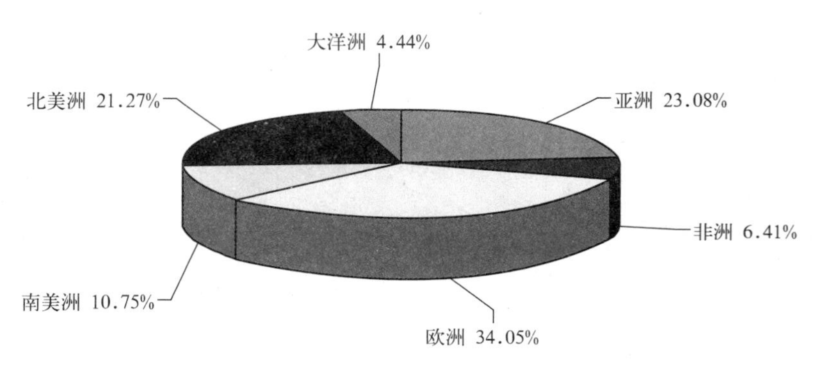

2012 年 1 月～ 12 月马桶盖圈（出口额）流向各大洲所占比例（%）

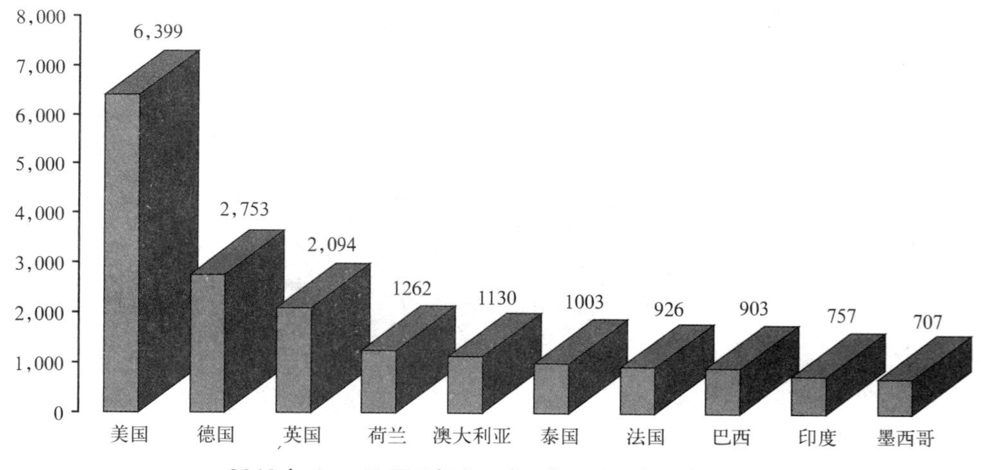

2012 年 1 ～ 12 月马桶盖圈出口额主要流向（万美元）

附录 8 2012 年中国水箱配件进出口

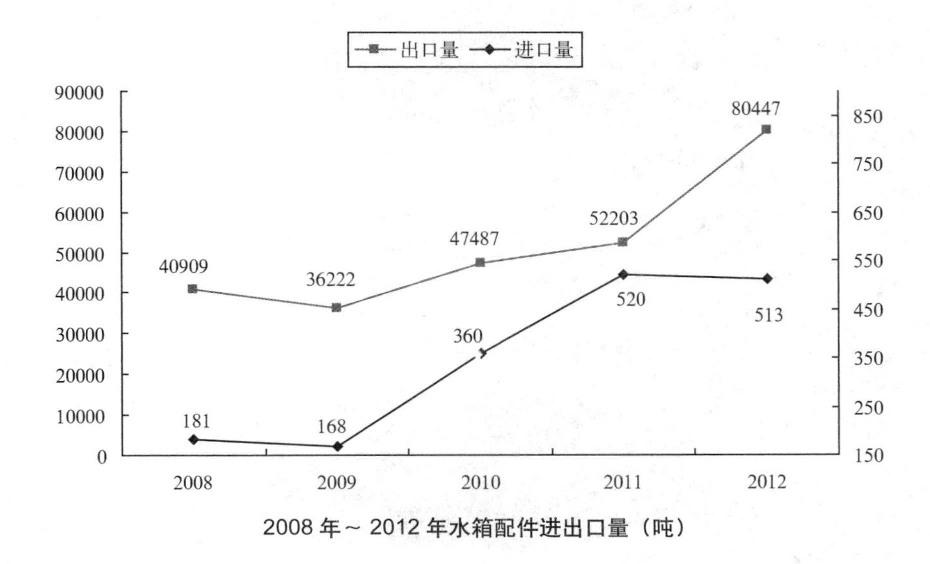

2008 年～ 2012 年水箱配件进出口量（吨）

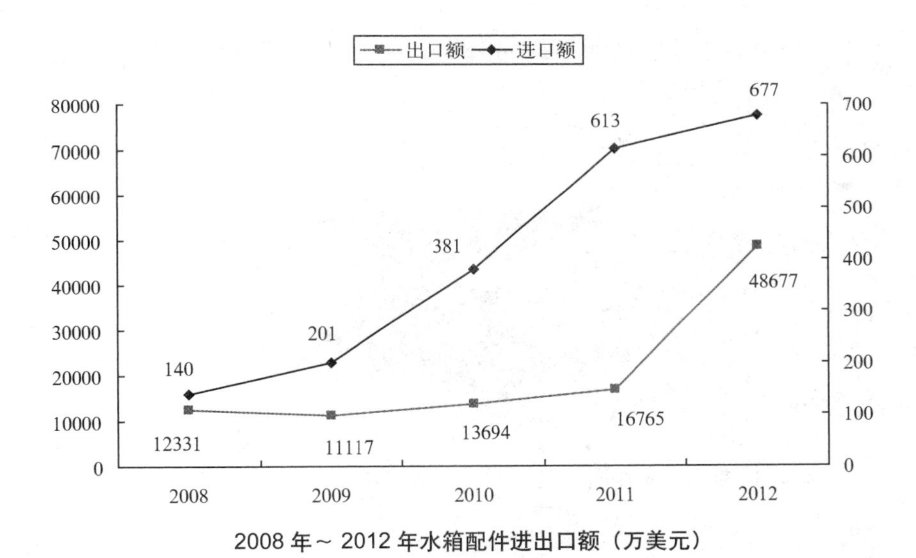

2008 年～ 2012 年水箱配件进出口额（万美元）

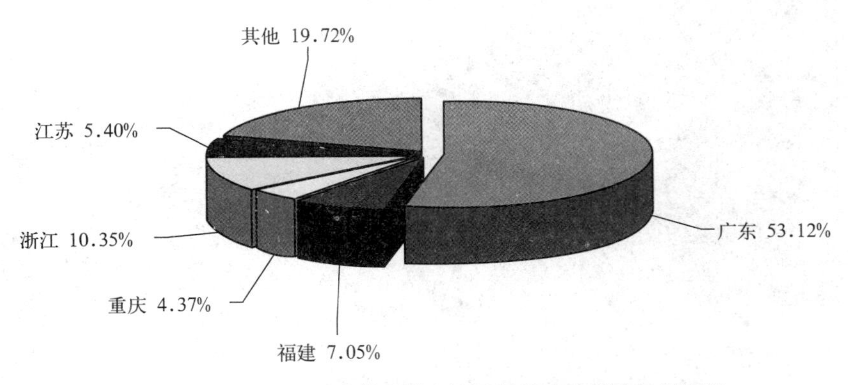

2012 年 1 月～ 12 月水箱配件（出口量）各省市所占比例（%）

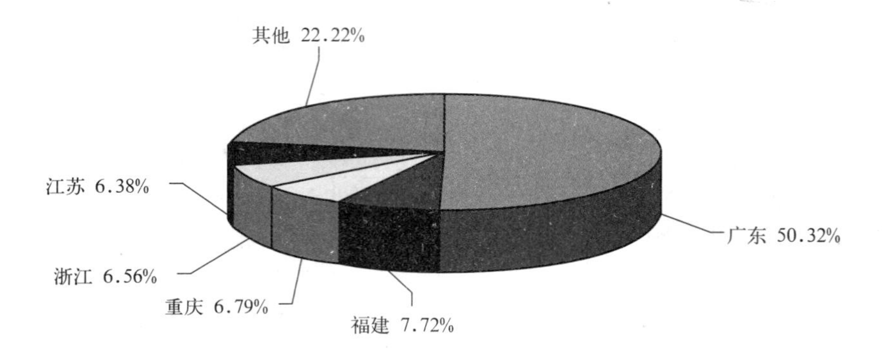

2012 年 1 月～ 12 月水箱配件（出口额）各省市所占比例（%）

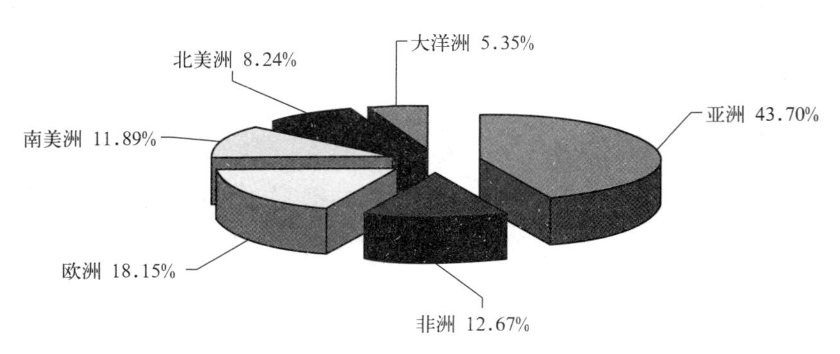

2012 年 1 月～ 12 月水箱配件（出口量）流向各大洲所占比例（%）

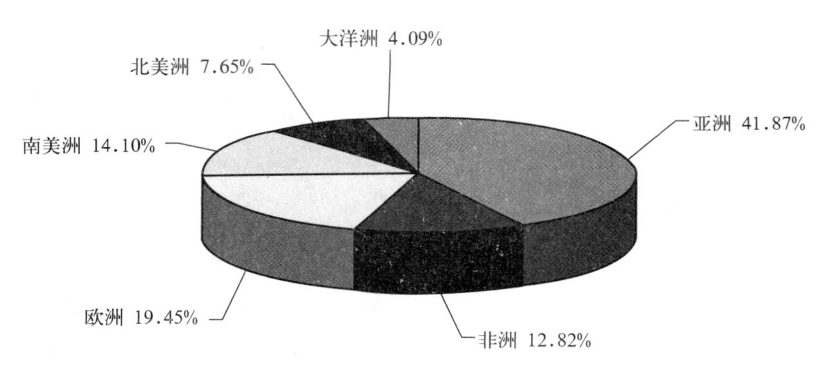

2012 年 1 月～ 12 月水箱配件（出口额）流向各大洲所占比例（%）

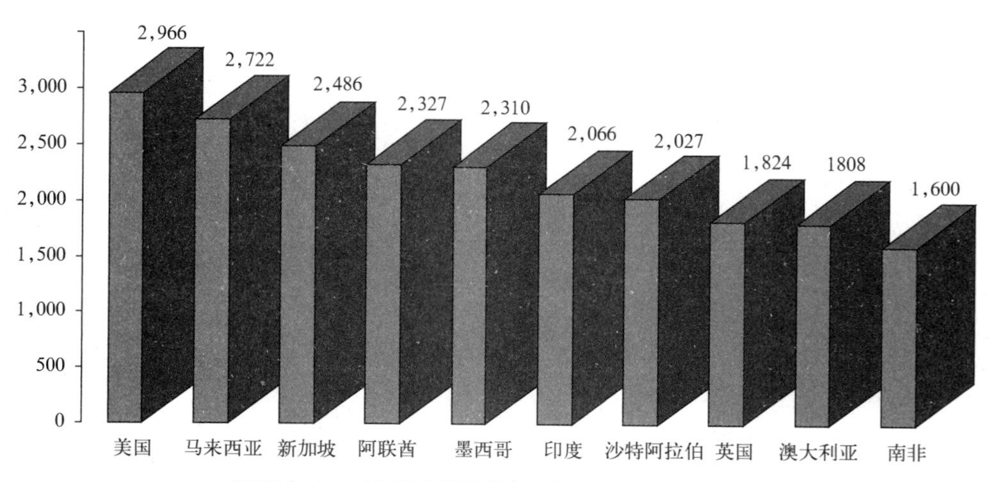

2012 年 1 ～ 12 月水箱配件出口额主要流向（万美元）

附录 9　表格目录

后　记

《中国建筑卫生陶瓷年鉴》（建筑陶瓷·卫生洁具 2012）是继《中国建筑卫生陶瓷年鉴（2008 首卷）》之后的建筑卫生陶瓷行业的第五部综合性年鉴。

《中国建筑卫生陶瓷年鉴》（建筑陶瓷·卫生洁具 2012）的编纂准备工作得到了各级协会、相关政府部门、编委会成员、各个产区、相关媒体以及众多企业的大力支持，他们提供了大量信息和稿件，使年鉴的资料不断得到补充和完善，提高了年鉴中所收录信息的准确性及权威性，从而使年鉴更贴近行业、贴近企业、贴近实际。

中国建筑卫生陶瓷协会领导高度重视年鉴的编纂出版工作，协会领导多次亲临年鉴编辑部，关心指导年鉴的编写工作。

《中国建筑卫生陶瓷年鉴》（建筑陶瓷·卫生洁具 2012）采用分类编排法，内容包括大事记、政策与法规、技术进步、产品、产区等，全书共分十二章，约 70 万字，全面、系统地记述了过去一年中，中国建筑卫生陶瓷行业发展的新举措、新发展、新成就和新情况，是集资料、数据、情报、文献为一体的多元化信息载体和大型工具书，具有重要的史料价值、实用价值和收藏价值。

《中国建筑卫生陶瓷年鉴》（建筑陶瓷·卫生洁具 2012）在总目录的编排上基本延续了《中国建筑卫生陶瓷年鉴（2008 首卷）》至今的目录编排，在个别章节略作调整。第一章 2012 年全国建筑卫生陶瓷发展综述由尹虹负责，缪斌、宫卫、黄宾参加撰写；第二章大事记由尹虹负责，尹虹、陈冰雪、吴春梅、朱思琪、张扬等参加编写，其中第六节协会工作大事记，由中国建筑卫生陶瓷协会编写提供；第三章政策与法规由尹虹、刘小明、吴春梅负责；第四章建筑卫生陶瓷生产制造前三节由尹虹负责，尹虹、黄惠宁、胡俊、林文富、冯青、黄宾、吴春梅编写，其中第四节陶瓷机械装备由刘小明、尹虹整理；第五章建筑卫生陶瓷专利由鄢春根指导，鄢春根、尹虹、吴春梅编写；第六章建筑卫生陶瓷产品由刘小明负责并编写；第七章卫浴产品与第八章营销与卖场由刘小明负责，刘小明、朱思琪编写；第九章建筑陶瓷产区与第十章卫浴产区由刘小明、孙春云负责并编写；第十一章 2012 年世界陶瓷砖生产消费发展报告由尹虹负责并根据相关资料编译完成，参加编译工作的有：黄志坚、张诗华、胡绍坚、唐钫；第十二章 2012 年全国各地终端卖场报告，是根据中国建筑卫生陶瓷协会与《陶瓷信息》报社联合组织的"陶业长征" 2012 年全国各地终端卖场调查结果整理，尹虹、吴春梅、毛国中、唐钫、周建盛整理编写；附录由尹虹负责，附录 1-8 的资料由中国建筑卫生陶瓷协会提供，尹虹、吴春梅整理；《中国建筑卫生陶瓷年鉴》中的彩页图片由中国建筑卫生陶瓷协会及相关企业提供，尹虹、刘小明、陈冰雪、朱思琪、吴春梅整理。

在《中国建筑卫生陶瓷年鉴》编纂资料收集过程中，具体得到中国陶瓷产业信息中心、中国陶瓷知识产权信息中心、国家建筑卫生陶瓷质量监督检验中心、全国建筑卫生陶瓷标准化技术委员会、咸阳陶瓷研究设计院、华南理工大学材料学院、景德镇陶瓷学院、佛山市禅城区科技局、各地陶瓷协会及各产瓷区政府等有关单位的鼎力协助，特别感谢《陶瓷信息》、《陶城报》、《陶瓷资讯》、《创新陶业》等专业平面媒体及"中国建筑卫生陶瓷网"、"华夏陶瓷网"、"中国陶瓷网"、"中洁网"等网站提供的资料记录，编辑部在此衷心感谢为年鉴编纂、出版付出辛勤劳动的各级领导和参编人员，衷心感谢所有关心、支持《中国建筑卫生陶瓷年鉴》编纂、出版的行业人士。

《中国建筑卫生陶瓷年鉴（2008 首卷）》出版以来，得到行业大众的普遍支持，现在《中国建筑卫生陶瓷年鉴》（建筑陶瓷·卫生洁具 2012）问世，希望能得到大家一如既往的支持。同时编者由于经验、水平所限，文中数据采集难免挂一漏万，错漏之处在所难免，敬请读者批评、指正。以便《中国建筑卫生陶瓷年鉴》编写工作不断改进提高。

《中国建筑卫生陶瓷年鉴》编辑部
2013 年 10 月 8 日

MODENA
astc kiln

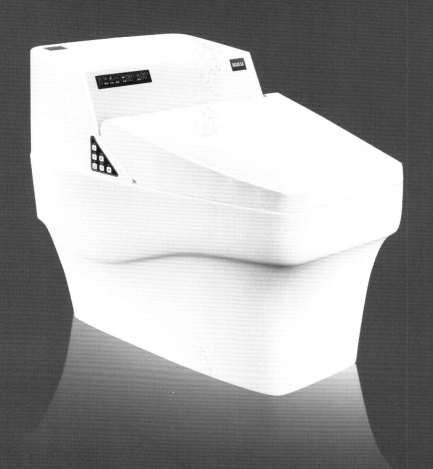

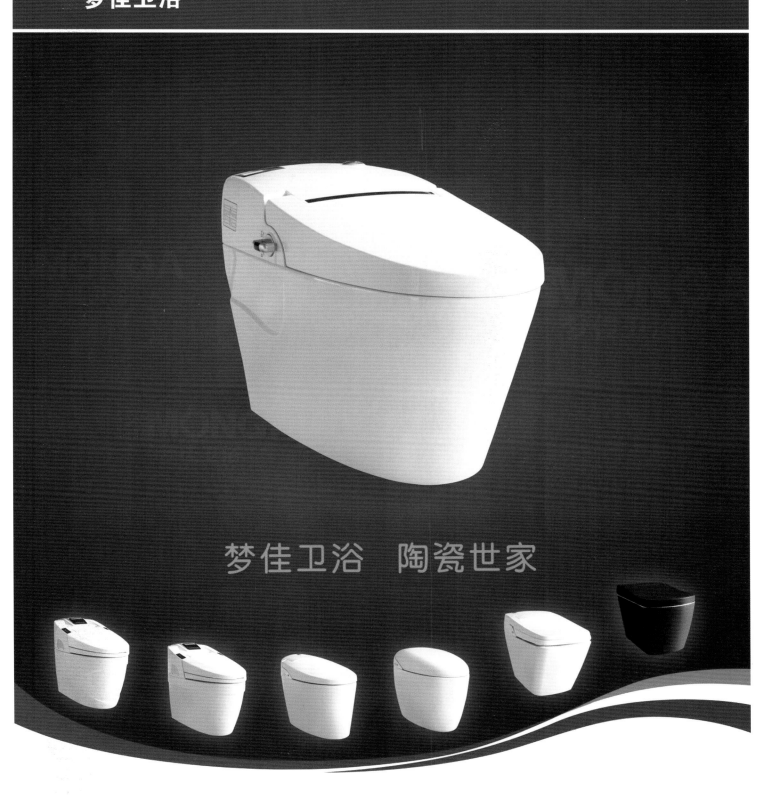

陶瓷信息
亚太经济时报
在这里，读懂中国陶瓷

市场
产区新闻·广东
文化副刊
产业
职场
产区新闻·华北
绿周刊
深度
卫浴
专栏
产品
营销管理
专题